한국산업인력공단 변경된 출제기준에 따른 **안별정리**

자동차정비 기능장

Master Craftsman Motor Vehicles Maintenance

작업형실기

GoldenBell

★ 불법복사는 지적재산을 훔치는 범죄행위입니다.
저작권법 제97조의 5(권리의 침해죄)에 따라 위반자는 5년 이하의 징역 또는 5천만원 이하의 벌금에 처하거나 이를 병과할 수 있습니다.

머리말

정말, 허투루 만들지 않았다!!

한국산업인력공단 「자동차정비기능장」 출제기준을 보면 **직무내용**에서 "자동차 정비에 관한 **최상급의 숙련 기능**을 가지고, **현장지도** 및 **감독**을 수행하며, 경영층과 생산 계층을 유기적으로 결합시켜주는 **현장의 관리자**로서의 역할에 맞는 직무를 수행" 한다고 명시하고 있다.

무려 1년이라는 시간 동안의 지리한 싸움의 결과물이다.
짬짬이 업무 후에 분해 → 측정 → 진단하여 촬영(2,000여 컷)을 곁들여 규정한다는 것은 결코 만만한 것이 아니었다.

이 책 구성의 주안점은 출제기준 '수행준거'에 충실하였다.

① 자동차 **일반적 사항**과 **실무**(엔진, 섀시, 전기·전자)에 관한 지식 및 안전작업 기준을 바탕으로 **성능**을 **분석**하고 **답안지**를 **작성**할 수 있도록 하였다.

② 자동차 정비용 장비 및 공구를 사용하여 자동차 **엔진, 섀시, 전기·전자** 등의 **분해** → **측정** → **검사**할 수 있도록 **규정**된 **성능상태**로 정비할 수 있도록 편성하였다.

③ **자동차 정비**에 관한 실무지식으로 **수리작업** 내용을 **분석**하고 작업 및 지시할 수 있도록 보여주고 있다.

끝으로 이 책으로 실기시험에 대비하는 수험생들에게 영광스런 합격이 있기를 바랍니다. 곳곳에 미흡한 점이 많으리라 생각되며 차후 계속 보완해 나갈 것입니다. 이 책을 만들기까지 물심양면으로 도와주신 김길현 사장님과 직원 여러분에게 진심으로 감사드립니다.

2017년 4월
지은이 일동

차례

01안 | 자동차정비기능장

기관
1. 타이밍 벨트(체인)와 스로틀보디 탈·부착 ······ 2
2. 기관 및 시동 관련회로 점검 후 시동작업 ······ 34
3. 기록표 요구사항 점검·측정 ······ 48
4. 시동결함 및 부조발생 원인 ······ 63

섀시
1. 브레이크 마스터 실린더 탈·부착 및 작동상태 확인 ······ 70
2. 전자제어 동력 조향장치 파워펌프 탈·부착 및 에어빼기작업 ······ 76
3. 기록표 요구사항 점검·측정 ······ 83

전기
1. 시동모터 탈·부착 및 작동상태 확인, 점검 및 측정 ······ 86
2. 회로점검 및 기록표 작성 ······ 93
3. 파형 측정 ······ 123

02안 | 자동차정비기능장

기관
1. 캠축 오일 리테이너와 인젝터 탈·부착 ······ 144
2. 기관 및 시동 관련회로 점검 후 시동작업 ······ 150
3. 기록표 요구사항 점검·측정 ······ 153
4. 시동결함 및 부조발생 원인 ······ 166

섀시
1. 유압식 동력 조향장치 오일펌프 탈·부착 ······ 166
2. 전자제어 동력 조향장치 핸들 컬럼 샤프트 탈·부착 및 작동상태 확인 ······ 168
3. 기록표 요구사항 점검·측정 ······ 179

전기
1. 와이퍼 모터 탈·부착 및 작동상태 확인, 점검 및 측정 ······ 183
2. 회로점검 및 기록표 작성 ······ 199
3. 파형 측정 ······ 222

03안 | 자동차정비기능장

기관
1. 크랭크축 리테이너와 고압 연료펌프 탈·부착 ········· 240
2. 기관 및 시동 관련회로 점검 후 시동작업 ············ 249
3. 기록표 요구사항 점검·측정 ·················· 249
4. 시동결함 및 부조발생 원인 ·················· 266

섀시
1. 전륜 현가장치 쇽업소버 코일 스프링 탈·부착 ········ 267
2. 쇽업소버 액추에이터 탈·부착 및 작동상태 확인 ······· 276
3. 기록표 요구사항 점검·측정 ·················· 286

전기
1. 에어컨 가스 회수 및 에어컨 컴프레서 탈·부착 및 가스 충전 후 작동상태 확인, 점검 및 측정 ················· 287
2. 회로점검 및 기록표 작성 ···················· 296
3. 파형 측정 ······························ 313

04안 | 자동차정비기능장

기관
1. 타이밍 벨트와 가변 밸브 타이밍 장치 탈·부착 ········ 316
2. 기관 및 시동 관련회로 점검 후 시동작업 ············ 323
3. 기록표 요구사항 점검·측정 ·················· 325
4. 시동결함 및 부조발생 원인 ·················· 329

섀시
1. 브레이크 마스터 실린더 탈·부착 및 작동상태 확인 ····· 329
2. 브레이크 캘리퍼 탈·부착 및 에어빼기 작업 후 작동상태 확인 ··· 330
3. 기록표 요구사항 점검·측정 ·················· 333

전기
1. 블로워 모터 탈·부착 및 작동상태 확인, 점검 및 측정 ···· 339
2. 회로점검 및 기록표 작성 ···················· 347
3. 파형 측성 ······························ 353

05안 | 자동차정비기능장

기관
1. 타이밍 벨트 텐셔너와 배기가스 재순환 장치(EGR)탈·부착 ··· 362
2. 기관 및 시동 관련회로 점검 후 시동작업 ············ 364
3. 기록표 요구사항 점검·측정 ·················· 367
4. 시동결함 및 부조발생 원인 ·················· 373

섀시
1. 전륜 현가장치 로어암 탈·부착 및 조향장치 작동상태 확인 ··· 373
2. 인히비터 스위치 탈·부착 및 1단에서 최고 단까지 주행 작동시험 ··· 381
3. 기록표 요구사항 점검·측정 ·················· 385

전기
1. 발전기 및 관련 벨트 탈·부착 및 작동상태 확인, 점검 및 측정 ··· 394
2. 회로점검 및 기록표 작성 ···················· 403
3. 파형 측정 ······························ 421

06안 | 자동차정비기능장

기관
1. 디젤기관 타이밍 벨트의 아이들(공전) 베어링과 고압펌프 탈·부착 ······· 426
2. 기관 및 시동 관련회로 점검 후 시동작업 ······························· 431
3. 기록표 요구사항 점검·측정 ·· 431
4. 시동결함 및 부조발생 원인 ·· 431

섀시
1. 자동변속기 분해·조립 ·· 432
2. 인히비터 스위치 탈·부착 및 작동상태 확인 ···························· 439
3. 기록표 요구사항 점검·측정 ·· 440

전기
1. 라디에이터 팬 탈·부착 및 작동상태 확인, 점검 및 측정 ················ 445
2. 회로점검 및 기록표 작성 ·· 456
3. 파형 측정 ··· 457

07안 | 자동차정비기능장

기관
1. 흡기캠축과 오일펌프 탈·부착 ·· 464
2. 기관 및 시동 관련회로 점검 후 시동작업 ······························· 472
3. 기록표 요구사항 점검·측정 ·· 476
4. 시동결함 및 부조발생 원인 ·· 476

섀시
1. 허브베어링 분해·조립 및 작동상태 확인 ······························ 477
2. 등속조인트 탈·부착 및 부트 교환, 작동상태 확인 ······················ 480
3. 기록표 요구사항 점검·측정 ·· 482

전기
1. 파워 윈도우 레귤레이터 탈·부착 및 작동상태 확인, 점검 및 측정 ······· 482
2. 회로점검 및 기록표 작성 ·· 493
3. 파형 측정 ··· 501

08안 | 자동차정비기능장

기관
1. 배기캠축과 인젝터 탈·부착 ·· 514
2. 기관 및 시동 관련회로 점검 후 시동작업 ······························· 521
3. 기록표 요구사항 점검·측정 ·· 525
4. 시동결함 및 부조발생 원인 ·· 526

섀시
1. MDPS 조향기어박스 탈·부착 및 작동상태 확인 ························ 526
2. MDPS 컬럼 샤프트 탈·부착 및 작동상태 확인 ························· 531
3. 기록표 요구사항 점검·측정 ·· 536

전기
1. 에어컨 콘덴서 탈·부착 및 작동상태 확인, 점검 및 측정 ················ 538
2. 회로점검 및 기록표 작성 ·· 546
3. 파형 측정 ··· 546

09안 | 자동차정비기능장

기관
1. 배기캠축과 오토래시(HLA) 탈·부착 552
2. 기관 및 시동 관련회로 점검 후 시동작업 558
3. 기록표 요구사항 점검·측정 558
4. 시동결함 및 부조발생 원인 558

섀시
1. 전륜 현가장치 로어암 탈·부착 및 작동상태 확인 559
2. 유압식 동력 조향장치 오일펌프 탈·부착 및 에어빼기 작업 후 작동상태 확인 559
3. 기록표 요구사항 점검·측정 559

전기
1. 와이퍼 모터 탈·부착 및 작동상태 확인, 점검 및 측정 565
2. 회로점검 및 기록표 작성 565
3. 파형 측정 566

10안 | 자동차정비기능장

기관
1. MLA와 흡기캠축 탈·부착 572
2. 기관 및 시동 관련회로 점검 후 시동작업 579
3. 기록표 요구사항 점검·측정 582
4. 시동결함 및 부조발생 원인 588

섀시
1. ABS 모듈 탈·부착 및 브레이크 장치 작동상태 확인 589
2. 유압식 동력 조향장치 오일펌프 탈·부착 및 에어빼기 작업 후 작동상태 확인 593
3. 기록표 요구사항 점검·측정 594

전기
1. 중앙 집중제어장치(BCM, ETACS, ISU)탈·부착 및 리모컨 입력, 점검 및 측정 594
2. 회로점검 및 기록표 작성 598
3. 파형 측정 599

11안 | 자동차정비기능장

기관
1. 타이밍벨트와 가변밸브 타이밍 장치(CVVT 또는 VVT)탈·부착 604
2. 기관 및 시동 관련회로 점검 후 시동작업 604
3. 기록표 요구사항 점검·측정 604
4. 시동결함 및 부조발생 원인 605

섀시
1. 전륜 현가장치의 쇽업소버 코일스프링 탈·부착 및 작동상태 확인 605
2. 유압식 동력 조향장치 핸들 컬럼샤프트 및 작동상태 확인 605
3. 기록표 요구사항 점검·측정 606

전기
1. 파워 윈도우 레귤레이터 탈·부착 및 작동상태 확인, 점검 및 측정 606
2. 회로점검 및 기록표 작성 606
3. 파형 측정 607

출제기준

>>> **자동차정비기능장 [실기]**

직무분야	기계	중직무분야	자동차	자격종목	자동차정비기능장	적용기간	

○ **직무내용** 자동차정비에 관한 최상급의 숙련기능을 가지고, 현장지도 및 감독을 수행하며, 경영층과 생산계층을 유기적으로 결합시켜주는 현장의 관리자로서의 역할에 맞는 직무를 수행

○ **수행준거**
1. 자동차 정비실무에 관한 지식 및 안전기준을 바탕으로 성능을 분석하고 시험성적서를 작성할 수 있다.
2. 자동차의 정비용 장비 및 공구를 사용해 자동차 엔진을 분해 측정하고 고장을 진단할 수 있고 규정된 엔진의 성능 상태로의 정비를 수행할 수 있다.
3. 자동차의 정비용 장비 및 공구를 사용해 자동차 섀시장치를 분해 측정 검사할 수 있고 규정된 섀시의 성능 상태로의 정비를 수행할 수 있다.
4. 자동차의 정비용 장비 및 공구를 사용해 자동차 전기전자장치를 분해 측정 검사할 수 있고 규정된 성능 상태로의 정비를 수행할 수 있다.
5. 자동차 차체 및 보수도장에 관한 실무지식으로 수리작업 내용을 분석하고 작업 및 지시를 할 수 있다.

실기검정방법	복합형	시험시간	7시간 30분 정도 (필답형 1시간 30분, 작업형 6시간 정도)

주요항목	세부항목	세세항목
1. 자동차 일반사항	1. 자동차 정비 안전 및 장비 관련사항 이해하기	1. 정비 공정 수립 및 안전사항을 적용할 수 있다. 2. 자동차 관련 안전기준을 준수할 수 있다. 3. 정비 관련 시험기와 장비 보수 및 유지 관리할 수 있다.
2. 자동차 실무에 관한사항	1. 엔진 실무에 관한사항 이해하기	1. 가솔린엔진을 이해할 수 있다. 2. 디젤 및 LPG엔진을 이해할 수 있다. 3. 엔진 전자제어장치를 이해할 수 있다. 4. 흡배기 및 과급장치를 이해할 수 있다. 5. 배출가스 제어장치를 이해할 수 있다.
	2. 섀시 실무에 관한사항 이해하기	1. 동력전달장치를 이해할 수 있다. 2. 현가 및 조향장치를 이해할 수 있다. 3. 제동장치를 이해할 수 있다. 4. 주행 및 종합 진단을 이해할 수 있다.
	3. 전기전자장치 실무에 관한 사항 이해하기	1. 전기전자에 관한 사항을 이해할 수 있다. 2. 각종 편의 및 보안장치를 이해할 수 있다. 3. 등화회로 및 계기장치를 이해할 수 있다.
	4. 차체수리 및 보수도장 실무에 관한 사항 이해하기	1. 차체수리에 대하여 이해할 수 있다. 2. 보수도장에 대하여 이해할 수 있다. 3. 도료에 대하여 이해할 수 있다.

주요항목	세부항목	세세항목
3. 엔진정비작업	1. 엔진 정비·검사하기	1. 가솔린엔진을 정비할 수 있다. 2. 디젤엔진을 정비할 수 있다. 3. LPG엔진을 정비할 수 있다.
	2. 연료장치 정비·검사하기	1. 가솔린 연료장치를 정비할 수 있다. 2. 디젤 연료장치를 정비할 수 있다. 3. LPG 연료장치를 정비할 수 있다.
	3. 배출가스장치 및 전자제어장치 정비·검사하기	1. 가솔린 배출가스장치를 정비할 수 있다. 2. 디젤 배출가스장치를 정비할 수 있다. 3. LPG 배출가스장치를 정비할 수 있다. 4. 가솔린 전자제어장치를 정비할 수 있다. 5. 디젤 전자제어장치를 정비할 수 있다. 6. LPG 전자제어장치를 정비할 수 있다.
	4. 엔진 부수장치 정비하기	1. 윤활장치를 정비할 수 있다. 2. 냉각장치를 정비할 수 있다. 3. 과급장치를 정비할 수 있다. 4. 기타 장치를 정비할 수 있다.
4. 섀시정비작업	1. 동력전달 장치 정비·검사하기	1. 클러치 및 수동변속기를 정비할 수 있다. 2. 자동변속기/무단변속기를 정비할 수 있다. 3. 드라이브 라인을 정비할 수 있다. 4. 동력배분장치를 정비할 수 있다.
	2. 조향 및 현가장치 정비·검사하기	1. 조향장치를 정비할 수 있다. 2. 현가장치를 정비할 수 있다.
	3. 제동 및 주행 장치 정비하기	1. 제동장치를 정비할 수 있다. 2. 주행장치 및 타이어를 정비할 수 있다. 3. 제동 및 주행장치에 대한 종합정비를 할 수 있다.
5. 전기전자장치정비작업	1. 엔진 관련 전기전자장치 정비·검사하기	1. 시동장치를 정비할 수 있다. 2. 점화장치를 정비할 수 있다. 3. 충전장치를 정비할 수 있다.
	2. 차체 관련 전기장치 정비·검사하기	1. 등화회로 및 계기장치를 정비할 수 있다. 2. 공기조화장치를 정비할 수 있다. 3. 각종 편의 및 보안장치를 정비할 수 있다. 4. 통신라인을 정비할 수 있다.

국가기술자격검정 실기시험문제 1안

1. 기 관

1. 주어진 전자제어 기관에서 시험위원의 지시에 따라 타이밍 벨트(체인)와 스로틀보디를 탈거하고 시험위원에게 확인 후 다시 조립(부착)하여 기관 및 시동 관련회로를 점검한 후 시동작업과 기록표의 요구사항을 점검 및 측정하고 기록표에 기록하시오.(단, 시동되지 않는 경우 2과제는 작업할 수 없음)
2. 주어진 기관에서 시험위원의 지시에 따라 기록표 요구사항을 점검 및 측정하여 기록하시오.
3. 주어진 자동차에서 크랭킹은 가능하나 시동되지 않고 시동된 후에도 부조가 발생합니다. 고장부위를 수리하고 기록표를 작성하시오.

2. 섀 시

1. 주어진 자동차에서 시험위원의 지시에 따라 브레이크 마스터 실린더를 탈거하고 시험위원에게 확인 후 다시 조립(부착)하여 작동상태를 확인하고 기록표의 요구사항을 점검 및 측정하여 기록하시오.
2. 주어진 전자제어 전기유입식 동력 조향장치(EPS) 및 전자식 동력 조향장치(MDPS) 자동자에서 시험위원의 지시에 따라 파워펌프를 교환(탈·부착)하여 에어빼기 작업을 실시하고, 조향장치 작동상태를 확인하고, 기록표의 요구사항을 점검 및 측정하여 기록하시오.

3. 전 기

1. 시험위원의 지시에 따라 자동차에서 시동모터를 탈거하고 시험위원에게 확인 후 다시 조립(부착)하여 작동상태를 확인하고 기록표의 요구사항을 점검 및 측정하고 기록표에 기록하시오.
2. 주어진 자동차에서 정비지침서의 회로도를 이용하여 기록표에서 요구하는 회로를 점검하고, 이상이 있으면 이상내용을 기록표에 기록한 후 정비하시오.
3. 주어진 자동차에서 시험위원 지시에 따라 기록표의 요구사항을 점검 및 측정하여 기록하시오.

자동차정비기능장

국가기술자격검정실기시험문제 1안

| 자 격 종 목 | 자동차정비 기능장 | 작 품 명 | 자동차 정비 작업 |

- 비 번호
- 시험시간 : 6시간 30분(기관 : 140분, 섀시 : 130분, 전기 : 120분)
  ※ 시험 안 및 요구사항 일부내용이 변경될 수 있음

기능장 1안 — 기관 1

타이밍 벨트(체인)와 스로틀보디 탈·부착

주어진 전자제어 기관에서 시험위원의 지시에 따라 타이밍 벨트(체인)와 스로틀보디를 탈거하고 시험위원에게 확인 후 다시 조립(부착)하시오.

주의사항 !!

■ **부품 분해 조립 시 주의사항**

① 분해·조립 작업은 반드시 대상 부품의 **정면**에서 한다.
② 분해한 부품에서 볼트 및 너트를 빼내지 말고 되도록 **끼워진 상태로 부품**을 **탈거**한다.
③ 분해하기 위해 볼트 및 너트를 풀 때는 **바깥쪽에서 중앙**을 향하며, **조일 때는 중앙에서 바깥쪽**을 향하도록 하고, 특히 **실린더 헤드 볼트**의 경우는 풀고, 조이는 순서에 주의하여야 변형을 방지할 수 있다.
④ 분해한 부품의 접촉면이 **바닥에 직접 닿지 않도록 주의**한다.
⑤ 부품은 분해한 순서로 정리 정돈한 후 **분해의 역순으로 조립**한다.
⑥ 조립이 복잡한 부품은 **표기를 한 후 분해**한다.
⑦ 볼트 및 너트는 반드시 토크 렌치를 이용하여 **규정 토크**로 조이되 하나의 부품에 개수가 여러 개일 경우 2~3회 정도 나누어 조인다.
⑧ **개스킷 및 오링**은 반드시 **신품으로 교환**한다.
⑨ 부품 대를 사용하며 조립을 위하여 **아래 칸부터 채워서 위로 올라오도록 정리**한다.

01 타이밍 벨트 탈·부착 [1]

01 엔진 부속부품 명칭 : 크랭크축 풀리, 발전기 풀리, 워터펌프 풀리, 팬벨트

02 워터펌프 풀리 고정 볼트 유격조정

워터펌프 고정 볼트(10mm)를 유림한다.

03 발전기 커넥터 탈거

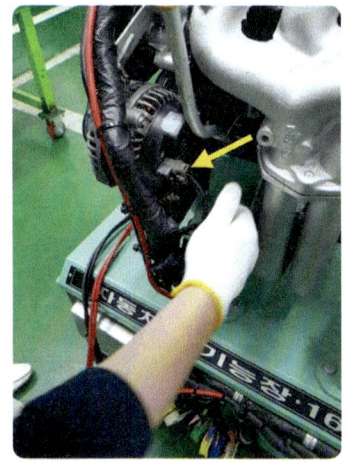

발전기 커넥터를 탈거한다.

04 발전기 B단자 분리

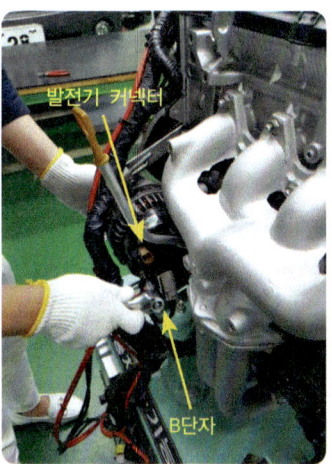

발전기 B단자를 수공구(12 또는 13mm)를 이용하여 분리한다.

05 발전기 탈거

고정 볼트와 관통볼트를 유림한 후 유격조정 볼트를 반 시계방향으로 돌려 팬벨트를 탈거하고 발전기를 탈거한다.

06 발전기 탈거 후 관련부품

발전기, 관통볼트, 고정 볼트와 유격조정볼트, 팬벨트

07 워터펌프 풀리 탈거

4개의 고정 볼트(10mm)를 푼 후 워터펌프 풀리를 탈거한다.

08 크랭크 축 풀리 탈거

크랭크 축 고정 볼트(19mm)를 화살표 방향으로 돌려 푼 후 크랭크 축 풀리와 플레이트를 탈거한다.

09 타이밍 벨트 상부커버 탈거

상부 커버를 고정하고 있는 4개의고정 볼트(10mm)를 푼 후 탈거한다.

10 타이밍 벨트 하부커버 탈거

고정 볼트(10mm) 모두를 푼 후 하부커버를 탈거한다.

⑪ 타이밍 벨트 및 관련 부품

위에서 부터 캠 축 스프로킷, 타이밍 벨트, 아이들 베어링, 타이밍 벨트 유격조정 볼트, 크랭크 축 스프로킷, 타이밍 벨트 텐셔너 고정 볼트, 타이밍 벨트 텐션 베어링

⑫ 타이밍 마크

캠축과 크랭크 축 스프로킷 두 곳의 타이밍 마크

⑬ 캠축 스프로킷의 타이밍 마크

그림 원 안 구멍의 중심과 붉은 색(1자 홈) 중심이 일치하면 된다.

⑭ 크랭크 축 스프로킷의 타이밍 마크

그림 원 안 크랭크 축 스프로킷의 백색 삼각형 홈과 프런트 커버의 돌기가 일치하면 된다.

⑮ 타이밍 벨트 장력 유림

유격조정 볼트를 반 시계방향으로 돌려 유림한 후 고정 볼트를 같은 방향으로 돌려 유림 시킨다.

⑯ 타이밍 벨트 텐셔너 조정

그림과 같이 텐션 베어링을 좌측으로 당겨 타이밍 벨트 장력을 유림한 후 고정 볼트를 가볍게 시계방향으로 돌려 체결한다.

⑰ 타이밍 벨트 탈거

그림과 같이 타이밍 벨트를 탈거한다.

⑱ 타이밍 벨트 텐셔너 조정상태 확인

그림과 같이 타이밍 벨트 텐셔너가 좌측으로 이동되어 고정되어 있는지 확인한다.

⑲ 타이밍 벨트 장착

그림과 같이 타이밍 마크 일치상태를 확인한 후 캠축 스프로킷부터 아이들 베어링, 크랭크 축 스프로킷, 텐션 베어링 순으로 장착한다.

참고 타이밍 벨트 회전방향 확인

⑳ 타이밍 벨트 장력조정

유격 조정볼트를 유림한 후 텐션 베어링이 우측으로 충분히 밀려 나오면 유격조정볼트와 고정 볼트를 규정 토크로 조인다.

참고 텐션 스프링 탄성만으로 장력을 조정하다.

㉑ 장력 확인

그림과 같이 손가락으로 화살표 방향으로 당겨 보았을 때 무거움을 느끼면 되며 다시 한 번 고정 볼트 조임 량을 확인한다.

㉒ 타이밍 마크 확인

타이밍 벨트 장착 상태에서 크랭크축을 2회전 돌려 캠축과 크랭크 축 스프로킷 두 곳의 타이밍 마크 일치 상태를 확인한다.

㉓ 타이밍 벨트 하부커버 장착

그림과 같이 하부 커버 고정 볼트(10mm)를 규정토크로 조여 장착한다.

㉔ 타이밍 벨트 상부커버 장착

상부커버 고정 볼트(10mm)를 규정토크로 조여 장착한다.

㉕ 크랭크축 풀리 장착

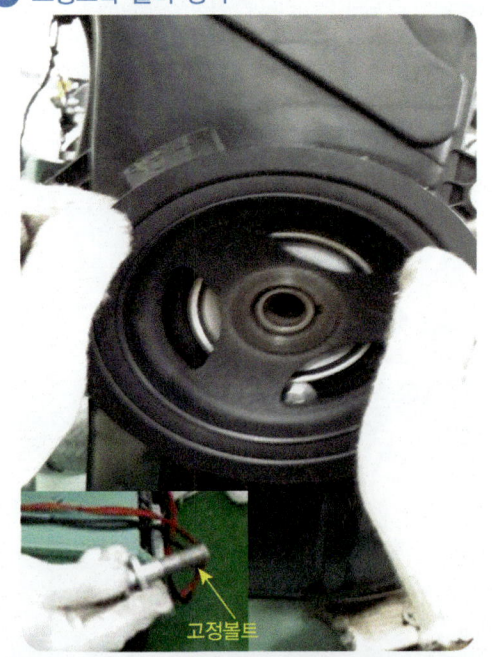

고정볼트

크랭크 축 플레이트와 풀리를 장착한 후 고정 볼트(19mm)를 규정 토크로 조인다. **참고** 크랭크축 풀리의 타이밍 이동 마크와 타이밍 벨트 하부 커버에 표시되어 있는 고정마크의 "T"자가 일치하면 타이밍 마크는 정확히 맞는 것이다. (단, 조립 과정에서 크랭크축이 회전하지 않았을 경우 임)

㉖ 워터펌프 풀리 장착

그림과 같이 워터펌프 풀리를 장착한 후 4개의 고정 볼트(10mm)를 규정 토크로 조인다.
참고 풀리 장착방향 확인

작업형실기

27 팬벨트 장착 및 장력 조정

그림과 같이 팬벨트를 설치한 후 유격조정 볼트를 시계방향으로 돌려 장력을 조정하고 고정 볼트와 관통볼트 고정너트를 규정토크로 조인다.

28 팬벨트 장력 확인

그림과 같이 벨트의 처짐량(장력)을 확인한다.
참고 벨트 장력게이지로 측정하면 정확한 처짐량을 확인할 수 있다.

02 타이밍 벨트 탈·부착 [2]

01 엔진 부속부품 명칭

크랭크축 풀리, 발전기, 팬벨트, 워터펌프 풀리, 타이밍 벨트 상부 커버

02 팬벨트 탈거

워터펌프 고정 볼트(10mm) 4개를 유림 한다. 그림의 좌측과 같이 관통볼트 고정 너트와 고정 볼트를 유림한 후 유격조정볼트를 반 시계방향으로 돌려 팬벨트 장력을 푼 다음 벨트를 탈거한다.

03 타이밍 벨트 상부커버 탈거

상부 커버를 고정하고 있는 고정 볼트(10mm)를 푼 후 탈거한다.

9

자동차정비기능장

04 크랭크축 풀리 및 타이밍 벨트 하부커버 탈거

크랭크 축 풀리 고정 볼트(12mm)를 푼 후 크랭크 축 풀리를 탈거하고 하부커버 고정 볼트(10mm)를 푼 다음 하부커버를 탈거한다.

06 흡·배기 캠축 타이밍 마크

흡, 배기 캠 축 스프로킷 상단의 원 안에 위치한 두 곳의 타이밍 마크 참고 정지 상태에서는 캠 축 스프로킷 상단의 벨트 처짐량이 크게 존재함.

07 크랭크 축 스프로킷 및 기타 타이밍 마크

그림 좌측의 원 안 밸런스 샤프트 타이밍 마크이고, 중앙의 원 안은 크랭크 축 마크이며 우측은 오일펌프 쪽 밸런스 샤프트 마크이다.

05 타이밍 벨트 및 관련 부품

위에서 부터 타이밍 벨트 A, 아이들 베어링, 밸런스 샤프트 스프로킷(오일펌프), 크랭크 축 스프로킷, B벨트 텐션 베어링, 오토프리 텐셔너, 밸런스 샤프트, 타이밍 벨트 A 텐션 베어링

08 오토프리 텐셔너 탈거 후

그림 원 안의 볼트(12mm) 두 개를 풀어 오토프리 텐셔너를 탈거한다.

09 타이밍 벨트 A 및 텐션베어링 탈거

그림과 같이 타이밍 벨트 A를 탈거한 후 텐션 베어링 브래킷 고정 볼트(14mm)를 푼 후 탈거한다.

10 관련 부품 및 크랭크 축 스프로킷 탈거

위에서부터 타이밍 B벨트, 크랭크 각 센서, 플레이트, 크랭크 축 고정 볼트(22mm)를 반 시계방향으로 돌려 푼 후 크랭크 축 스프로킷을 탈거한다.

11 크랭크 각 센서 및 플레이트, 텐션베어링 탈거

크랭크 각 센서 고정 볼트(10mm)를 푼 후 센서 및 플레이트 탈거, B벨트 텐션베어링 고성 몰트(12mm)를 푼 다음 텐션 베어링을 탈거한다.

12 B벨트 탈거

그림과 같이 타이밍 벨트 B를 탈거한다.

13 타이밍 벨트 및 관련부품 탈거 후

위 그림은 타이밍 벨트 A, B 및 관련부품을 탈거한 후의 모습

14 오토프리 텐셔너 고정 핀 장착

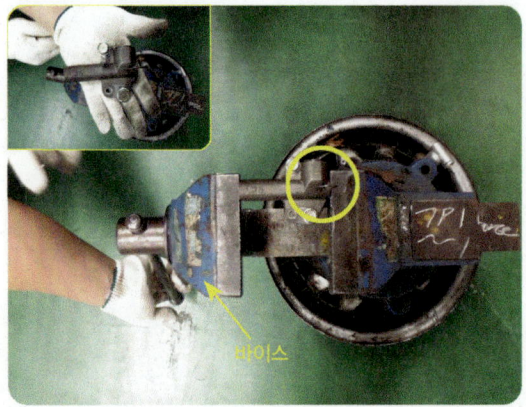

오토프리 텐셔너 텐션 핀을 바이스로 압축하여 고정 핀을 장착한다.

15 타이밍 B벨트 장착

밸런스 샤프트와 크랭크샤프트 마크를 맞춘 상태에서 B벨트를 장착하고 텐션베어링을 장착한 후 베어링을 시계방향으로 돌려 장력을 조정한 다음 고정 볼트를 규정 토크로 조인다. 벨트를 상단 화살표 방향으로 올려 보았을 때 프런트 하우징에 닿지 않을 정도면(해당 차량 지침서 참조) 정상이다.

> 참고 B벨트 회전방향 확인 후 장착, 텐션베어링의 돌출부는 벨트가 빠져 나오는 것을 막아주는 역할을 하므로 장착 시 주의 할 것.

16 플레이트 및 크랭크 각 센서 장착

플레이트와 크랭크각 센서를 같이 설치한 후 센서 고정 볼트를 규정 토크로 조인다.

> 주의 플레이트 방향 주의하여 장착할 것.

17 크랭크축 스프로킷 및 고정 볼트 장착

그림과 같이 크랭크축 스프로킷을 장착한 후 고정 볼트를 규정 토크로 조인다.

⑱ 텐션베어링 및 오토프리 텐셔너 장착

그림과 같이 텐션베어링과 오토프리 텐셔너를 장착한 후 고정 볼트를 규정 토크로 조인다.

⑳ 타이밍 벨트 장착

타이밍 마크 일치상태를 확인한 후 크랭크 축 스프로킷부터 우측 밸런스 샤프트, 아이들 베어링, 배기캠축 스프로킷, 흡기캠축 스프로킷, 오토프리 텐셔너 순으로 장착한다.

참고 우측 밸런스 샤프트는 2회전에 한번 마크가 일치되므로 주의하여야 하며, 실린더 블록의 14mm 확인용 볼트를 탈거한 후 중형 드라이버를 삽입 시 약 100~150mm 가량 들어가면 정상이다.

⑲ 타이밍 벨트 회전방향 확인

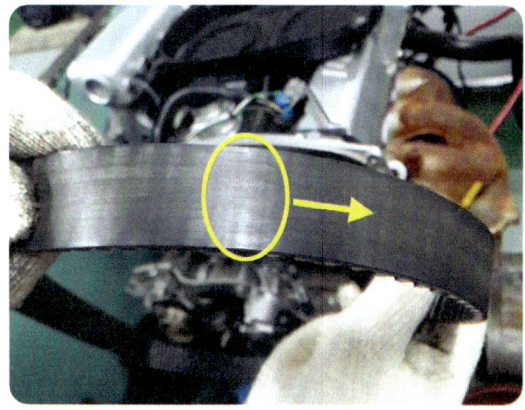

타이밍 벨트에는 화살표로 회전방향이 표시되어 있으므로 장착 시 시계방향으로 향하게 장착할 것. 참고 화살표가 없을 시 글자의 윗부분이 엔진 방향을 향하게 장착

㉑ 캠축 타이밍 마크 확인

그림 원 안 흠, 배기 쪽 백색(1자) 홈과 실린더 헤드 커버에 표기된 돌기와 일치하면 된다.

㉒ 크랭크 축 및 기타 타이밍 미그 확인

오토프리 텐셔너 고정 핀을 탈거한 후 크랭크 축 플레이트 홈과 프런트 커버의 돌기와 일치, 우측 밸런스 샤프트 홈과 프런트 커버의 돌기, 좌측 밸런스 샤프트 원에 표기된 홈과 프런트 커버의 홈이 일치하면 된다.
(오토프리 텐셔너 고정 핀 탈거)

㉓ 크랭크 축 회전 후 타이밍 마크 확인

타이밍 벨트 장착 상태에서 크랭크축을 6회전 돌려 캠축과 크랭크 축 플레이트 세 곳의 타이밍 마크, 기타 타이밍 마크 일치 상태를 확인한다.

㉔ 타이밍 벨트 하부커버 장착

그림과 같이 하부 커버 고정 볼트(10mm)를 규정토크로 조여 장착한다.

㉕ 크랭크축 풀리 및 고정 볼트 장착

크랭크 축 풀리를 장착한 후 고정 볼트(12mm) 4개를 규정 토크로 조인다.

㉖ 타이밍 벨트 상부커버 및 팬벨트 장착

그림과 같이 타이밍 벨트 상부커버를 장착한 후 워터펌프 풀리를 장착한다. 팬벨트를 장착하고 벨트 장력을 조정한다.

작업형실기

03 타이밍 벨트 탈·부착 [3]

01 엔진 부속부품 명칭

타이밍벨트 상부 커버, 엔진 브래킷, 발전기, 타이밍벨트 하부 커버, 크랭크 축 풀리, 오토프리 텐션 베어링, 겉 벨트

02 겉 벨트 탈거

오토프리 텐션 베어링 고정 볼트(17mm)를 반 시계방향으로 돌린 후 겉 벨트를 탈거한다.

03 크랭크축 고정 볼트 탈거

크랭크 축 고정 볼트(22mm)를 푼 후 크랭크 축 풀리 고정 볼트(12mm)를 탈거한다.

04 크랭크 축 풀리 탈거

그림과 같이 크랭크 축 풀리를 탈거한다.

05 타이밍 벨트 커버 탈거

타이밍 벨트 상부 커버와 하부 커버 고정 볼트(10mm)를 푼 후 탈거한다.

06 엔진 브래킷 탈거

엔진 브래킷 고정 볼트를 푼 후 탈거한다.

07 타이밍 벨트 및 관련 부품

위에서 부터 캠 축 스프로킷, 아이들 베어링, 타이밍 벨트, 오토프리 텐셔너, 워터펌프 스프로킷, 크랭크 축 스프로킷

08 크랭크 축 스프로킷의 타이밍 마크

그림 원 안 크랭크 축 스프로킷의 백색 홈과 프런트 커버의 돌기가 일치하면 된다.

09 캠축 스프로킷의 타이밍 마크

그림 원 안 백색 홈과 실린더 헤드와 커버의 경계선이 일치하면 된다.

10 타이밍 벨트 장력 유림

타이밍 벨트 오토프리 텐셔너 육각 돌기를 수공구를 이용하여 시계방향으로 돌린 후 장력을 유림 시킨다.

11 타이밍 벨트 탈거

그림과 같이 타이밍 벨트를 탈거한다.

12 타이밍 마크 확인

위 그림 원 안 백색 홈과 실린더 헤드와 커버의 경계선이 일치하는지, 아래 그림 원 안 크랭크 축 스프로킷의 백색 홈과 프런트 커버의 돌기가 일치되는지 드라이버를 이용하여 확인한다.

⑬ 오토프리 텐셔너 탈거

오토프리 텐셔너 고정 볼트(14mm)를 푼 후 탈거한다.

⑭ 오토프리 텐셔너 장착

그림 원 안 장력조절 홈에 고정 핀을 삽입하여 초기설치 위치로 세팅을 한다.

⑮ 타이밍 벨트 회전방향 확인

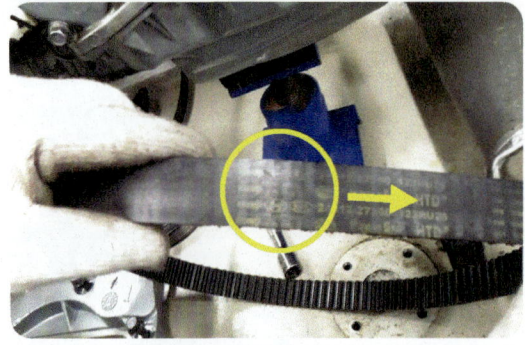

타이밍 벨트에는 화살표로 회전방향이 표시되어 있으므로 장착 시 시계방향으로 향하게 장착할 것.
참고 화살표가 없을 시 글자의 윗부분이 엔진 방향을 향하게 장착

⑯ 타이밍 벨트 장착

타이밍 마크 일치상태를 확인한 후 크랭크 축 스프로킷부터 워터펌프 스프로킷, 아이들 베어링, 캠축 스프로킷, 오토프리 텐셔너 순으로 장착한다.

⑰ 오토프리 텐셔너 고정 핀 탈거 및 장력조정

그림과 같이 오토프리 텐셔너 고정 핀을 탈거하여 장력을 조정한다.
참고 크랭크축을 2회전 돌려 캠축과 크랭크 축 스프로킷 두 곳의 타이밍 마크 일치 상태를 확인한다.

⑱ 엔진 브래킷 장착

그림과 같이 엔진 브래킷을 장착한다.

⑲ 타이밍 벨트 커버 장착

그림과 같이 상부와 하부 커버 고정 볼트(10mm)를 규정토크로 조여 장착한다.

⑳ 크랭크축 풀리 장착

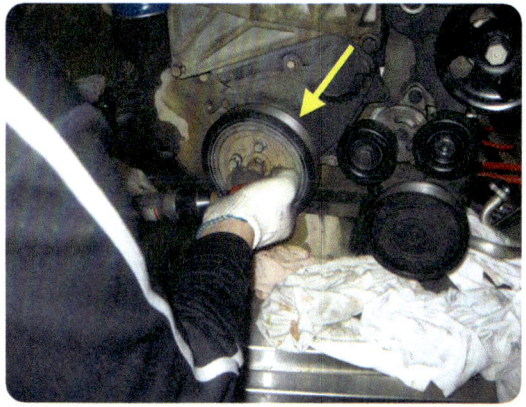

크랭크 축 풀리를 장착한 후 고정 볼트(22mm)와 풀리 고정 볼트를 규정 토크로 조인다.

㉑ 겉 벨트 장착

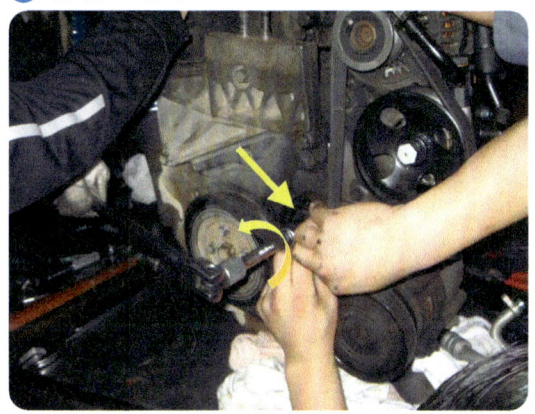

오토프리 텐셔너를 반 시계방향으로 돌린 후 겉 벨트를 장착한다.

㉒ 겉 벨트 장력 확인

그림과 같이 화살표 방향으로 겉 벨트를 당기거나 눌러 장력을 점검한다.

04 타이밍 체인 탈·부착 [1]

01 엔진 부속부품 명칭

실린더 헤드 커버, 파워 스티어링 펌프 풀리, 아이들 베어링, 발전기, 에어컨 컴프레서 풀리, 오토프리 텐션 베어링, 크랭크축 풀리, 겉 벨트, 워터펌프 풀리

02 엔진 마운트 브래킷

엔진 마운트 고정 볼트(17mm)를 유림한다.

03 엔진 마운트 브래킷 및 실린더 헤드 커버 탈거

그림과 같이 가래지 잭을 설치한 후 엔진 마운트 브래킷을 탈거하고 실린더 헤드 커버를 탈거한다.

작업형실기

04 겉 벨트 및 워터펌프 풀리 탈거

오토프리 텐션 베어링 고정 볼트(17mm)를 반 시계방향으로 돌린 후 겉 벨트를 탈거한 후 워터펌프 고정 볼트(10mm)를 푼 후 풀리를 탈거한다.

05 분해 후 부품

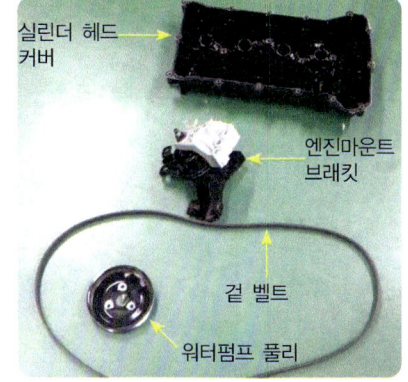

실린더 헤드 커버, 엔진 마운트 브래킷, 겉 벨트, 워터펌프 풀리

06 아이들 베어링과 오토프리 텐셔너 탈거

엔진 브래킷과 아이들 베어링 및 오토프리 텐셔너를 탈거한다.

07 분해 후 부품

오토프리 텐셔너, 엔진 브래킷, 오토프리 텐셔너 베어링, 아이들 베어링

08 크랭크 축 풀리 및 타이밍 체인 커버 탈거

크랭크 축 고정 볼트(22mm)를 푼 후 풀리를 탈거하고 에어컨 컴프레서 브래킷과 타이밍 체인 커버 고정 볼트를 푼 다음 탈거한다.

09 분해 후 부품

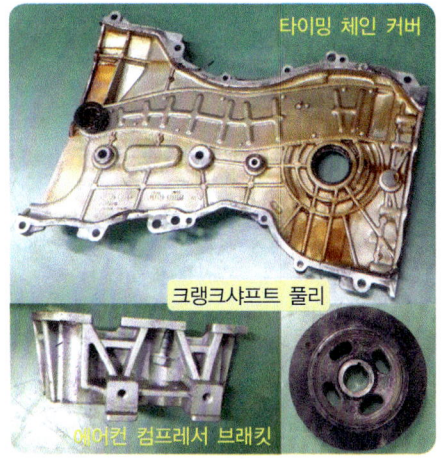

타이밍 체인 커버, 크랭크샤프트 풀리, 에어컨 컴프레서 브래킷

⑩ 타이밍 체인 및 관련 부품

타이밍 체인, 흡기 캠 샤프트 스프로킷, 배기 캠 샤프트 스프로킷, 체인 가이드, 오토프리 텐셔너, 크랭크축 스프로킷, 오일펌프 오토프리 텐셔너, 오일펌프 체인

⑪ 캠 샤프트 스프로킷 타이밍 마크

배기 캠 샤프트 스프로킷 원안의 홈과 체인의 어두운 색의 중앙과 일치된 상태와 흡기 캠 샤프트 스프로킷 원안의 홈과 체인의 어두운 색의 중앙과 일치된 상태

⑫ 크랭크샤프트 스프로킷 타이밍 마크

크랭크샤프트 스프로킷 원안의 홈과 체인의 어두운 색의 중앙과 일치된 상태

⑬ 분해 후 부품

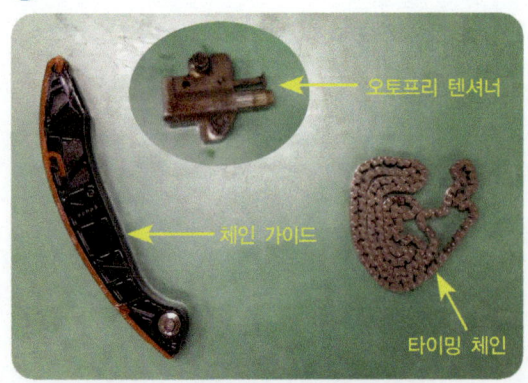

오토프리 텐셔너, 타이밍 체인, 체인 가이드

⑭ 체인가이드 설치

우측 체인가이드를 그림과 같이 설치한 후 좌측 가이드를 화살표 위치에 장착한다.

작업형실기

⑮ 타이밍 체인 및 설치상태 확인

타이밍 마크를 확인하고 타이밍 체인을 설치한 후 좌측 체인가이드를 우측으로 당겨 마크 일치 상태를 재확인한다.

⑯ 오토프리 텐셔너 장착

그림과 같이 오토프리 텐셔너 고정 볼트(10mm)를 규정 토크로 조여 장착한다.

⑰ 타이밍 체인 커버 장착

그림과 같이 타이밍 체인 커버 고정 볼트를 규정토크로 조여 장착한다.

⑱ 1번 초기점화상태 확인

그림과 같이 1번 배기 및 흡기 캠의 위상을 확인하여 1번 실린더가 압축행정 상태 인지 확인한다.

23

⑲ 실린더 헤드커버 장착

그림과 같이 실린더 헤드커버 고정 볼트를 규정토크로 조여 장착한다.

⑳ 엔진 브래킷 및 오토프리 텐셔너 장착

엔진 브래킷과 오토프리 텐셔너 고정 볼트를 규정토크로 조여 장착한다.

㉑ 엔진 마운트 브래킷 및 겉 벨트 장착

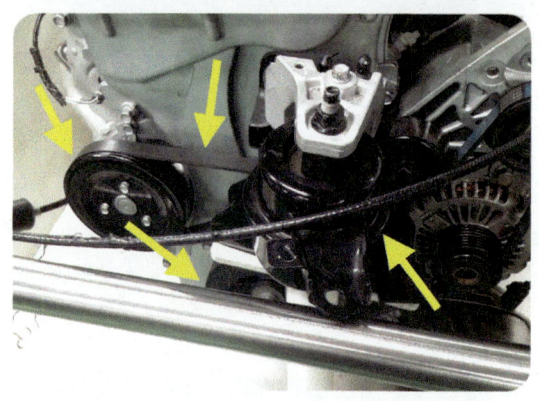

그림과 같이 엔진 마운트 브래킷, 워터펌프 풀리, ▶ 아이들 베어링, 크랭크샤프트 풀리를 장착한 후 오토프리 텐션 베어링 고정 볼트(17mm)를 반시계방향으로 돌린 후 겉 벨트를 장착한다.

05 타이밍 체인 탈·부착 [2]

① 엔진 부속부품 명칭

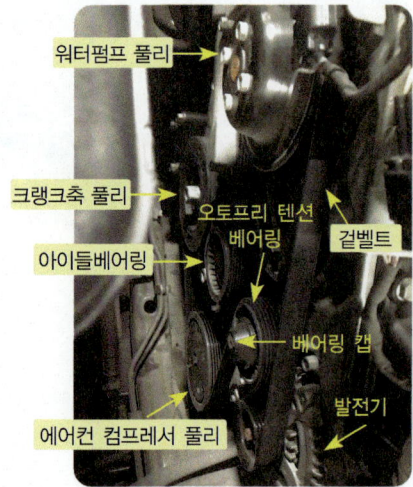

워터펌프 풀리, 크랭크축 풀리, 아이들 베어링, 오토프리 텐션 베어링, 겉 벨트, 발전기, 베어링 캡, 에어컨 컴프레서 풀리

② 단품 엔진 부속부품 명칭

우 뱅크, 좌 뱅크, 워터펌프 풀리, 타이밍 체인 커버, 아이들 베어링, 오토프리 텐션 베어링, 크랭크샤프트 풀리

03 우 뱅크 실린더 헤드 커버 탈거

실린더 헤드커버 고정 볼트(10mm)를 푼 후 탈거한다.

04 좌 뱅크 실린더 헤드 커버 탈거

실린더 헤드커버 고정 볼트(10mm)를 푼 후 탈거한다.

05 오일 팬 탈거

오일 팬 고정 볼트(10mm)를 푼 후 탈거한다.

06 워터펌프 풀리 탈거

풀리 고정 볼트(10mm) 4개를 푼 후 탈거한다.

07 아이들 베어링 탈거

아이들 베어링 고정 볼트를 푼 후 탈거한다.

08 오토프리 텐셔너 탈거

오토프리 텐셔너 고정 볼트를 푼 후 탈거한다.

09 크랭크 축 풀리 탈거

크랭크 축 풀리 고정 볼트를 푼 후 탈거한다.

10 워터펌프 탈거

워터펌프 고정 볼트(12mm)를 푼 후 탈거한다.

⑪ 타이밍 체인 커버 탈거

타이밍 체인커버 고정 볼트를 푼 후 탈거한다.

⑫ 우 뱅크 오토프리 텐셔너 탈거

오토프리 텐셔너 고정 볼트를 푼 후 탈거한다.

⑬ 우 뱅크 체인가이드 및 오일펌프 체인가이드 탈거

체인가이드 및 오일펌프 체인가이드 고정 볼트를 푼 후 탈거한다.

⑭ 우 뱅크 체인가이드 텐션 바 및 체인 탈거

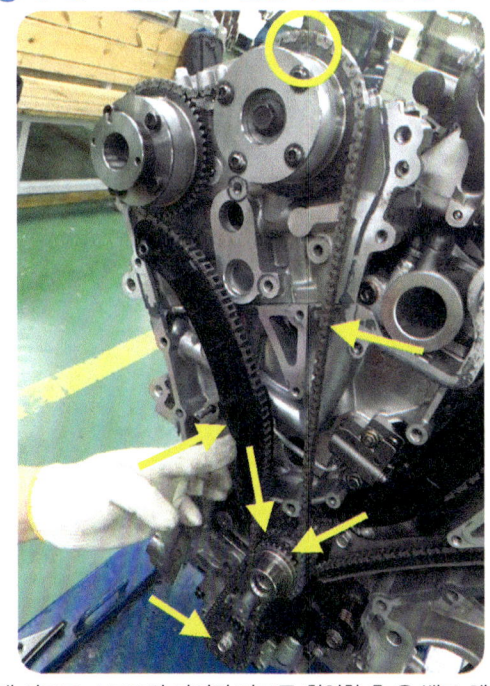

캠 샤프트 스프로킷 타이밍 마크를 확인한 후 우 뱅크 체인 가이드 텐션 바와 체인, 크랭크샤프트 스프로킷을 탈거하며, 오일펌프 스프로킷 및 체인가이드 텐션 바와 체인, 크랭크 샤프트 스프로킷을 탈거한다.

⑮ 좌 뱅크 타이밍 마크 및 오토프리 텐셔너 탈거

그림 상단의 원 안 흡기 캠 샤프트 스프로킷 홈과 짙은 황색을 띠는 체인 중앙과 일치하면 되며, 오토프리 텐셔너 고정 볼트를 푼 후 탈거한다.

⑯ 좌 뱅크 배기 캠 샤프트 타이밍 마크

그림 상단의 원 안 배기 캠 샤프트 스프로킷 홈과 짙은 황색을 띠는 체인 중앙과 일치하면 된다.

⑰ 크랭크샤프트 타이밍 마크와 체인 탈거

그림과 같이 원 안 크랭크샤프트 스프로킷 홈과 짙은 황색을 띠는 체인 중앙과 일치하면 되며, 체인가이드 텐션 바, 체인가이드 고정 볼트를 푼 후 체인을 탈거한다.

⑱ 타이밍 체인

그림과 같이 좌측은 우 뱅크, 우측은 좌 뱅크 타이밍 체인이다.

19 타이밍 체인 탈거 후

우 뱅크 및 좌 뱅크, 오일펌프 체인과 스프로킷을 탈거한 후 엔진 본체

20 좌 뱅크 체인 및 오일펌프 체인 장착

좌 뱅크 타이밍 마크를 확인한 후 체인가이드 및 체인을 설치하고 오일펌프 스프로킷 고정 볼트와 크랭크샤프트 스프로킷, 체인을 장착한다.

21 오일펌프 체인가이드 텐션 바 장착

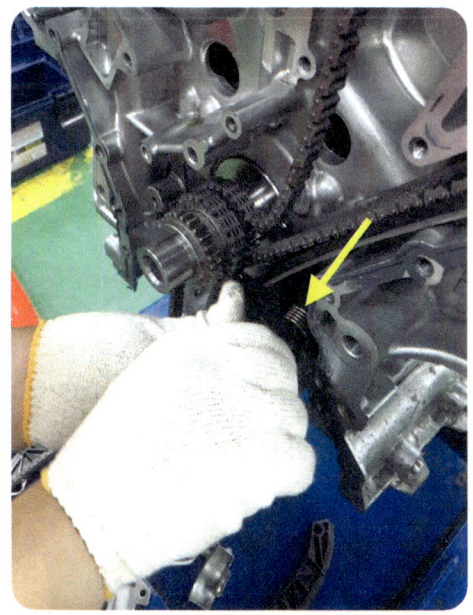

그림과 같이 오일펌프 체인가이드 텐션 바 고정 볼트를 규정 토크로 조인다.

22 타이밍 마크 확인 및 좌 뱅크 체인장착

체인가이드 텐션 바를 설치한 후 흡기 캠 샤프트 스프로킷을 좌우로 회전시키면서 타이밍 마크를 확인한다. 체인에 유격이 생기면 오토프리 텐셔너를 설치하고 고정 볼트를 규정 토크로 조인다. 다시 한 번 타이밍 마크와 체인 장력을 점검한다.

㉓ 좌 뱅크 체인가이드 장착

그림과 같이 좌 뱅크 체인가이드 고정 볼트를 규정 토크로 조인다.

㉔ 오일펌프 체인가이드 및 우 뱅크 체인 설치

그림과 같이 오일펌프 체인가이드 고정 볼트를 규정토크로 조인 후 크랭크샤프트 스프로킷과 우 뱅크 체인을 설치한다.

㉕ 우 뱅크 체인가이드 텐션 바 장착

배기 캠 샤프트 스프로킷을 좌우로 회전시키면서 체인가이드 텐션 바를 설치한다.

㉖ 체인가이드 및 오토프리 텐셔너 장착

그림과 같이 우 뱅크 및 오일펌프 체인가이드 설치 후 고정 볼트를 규정토크로 조인다. 또한 오토프리 텐셔너를 장착한 후 체인 장력과 전체적인 타이밍 마크의 정렬상태를 확인한다.

㉗ 타이밍체인 커버 장착

타이밍체인 커버 고정 볼트를 규정토크로 조여 장착한다.

㉘ 오일 팬 장착

그림과 같이 오일 팬 고정 볼트를 규정토크로 조여 장착한다.

㉙ 크랭크축 풀리 및 워터펌프 장착

크랭크축 풀리를 장착한 후 고정 볼트를 규정토크로 조인 후 워터펌프를 장착한다.

㉚ 타이밍 표시 확인

크랭크축 풀리의 타이밍 이동마크와 타이밍 체인 커버에 표시되어 있는 고정마크의 "I"자가 일치하면 타이밍 마크는 정확히 맞는 것이다.

㉛ 타이밍 마크 확인

그림과 같이 캠 스프로킷 타이밍 마크 4곳을 확인한다.

㉜ 실린더 헤드커버 및 기타부품 장착

좌, 우 뱅크 실린더 헤드커버 및 물 펌프 풀리, 아이들 베어링, 오토프리 텐셔너 고정 볼트를 규정토크로 주여 장착한다.

06 스로틀보디 탈·부착

㉑ 엔진 부속부품 명칭

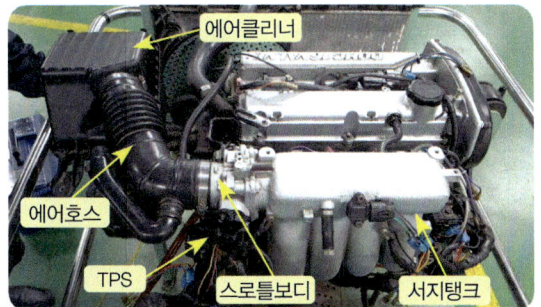

에어 클리너, 서지탱크, 스로틀보디, TPS, 에어호스

㉒ 브리더 호스 및 에어호스 탈거

브리더 호스를 분리하고 에어호스 고정밴드를 탈거한 후 에어클리너 커버를 탈거한다.

03 TPS 커넥터 탈거

TPS(스로틀포지션센서) 커넥터 고정 핀을 누른 상태에서 커넥터를 탈거한다.

04 ISC 커넥터 탈거

ISC(아이들 스피드 컨트롤) 커넥터 고정 핀을 누른 상태에서 커넥터를 탈거한다.

05 냉각 순환호스 및 액셀러레이터 케이블 탈거

냉각 순환호스 고정밴드를 분리하고 2개의 호스를 탈거하며, 액셀러레이터 케이블 유격조정 너트 및 고정너트를 유림한 후 액셀러레이터 레버에서 케이블 추를 탈거한다.

06 스로틀보디 고정너트 및 볼트 탈거

스로틀보디 고정 너트 및 볼트를 푼 후 탈거한다.

참고 공간이 협소하므로 소 복스 사용

07 스로틀보디 탈거

스로틀보디와 개스킷을 탈거한다.

08 분해 후 부품

스로틀레버, 스로틀밸브, TPS, ISC

09 개스킷 및 스로틀보디 설치

개스킷을 서지탱크에 장착 후 스로틀보디를 정 위치에 설치한다.

10 스로틀보디 장착

고정너트 및 볼트를 규정토크로 조여 장착한다.

11 냉각 순환호스 장착

냉각 순환호스 2개를 장착한 후 고정밴드를 조인다.

12 TPS 커넥터 장착

그림과 같이 TPS 커넥터를 센서에 끼운다.

13 ISC 커넥터 장착

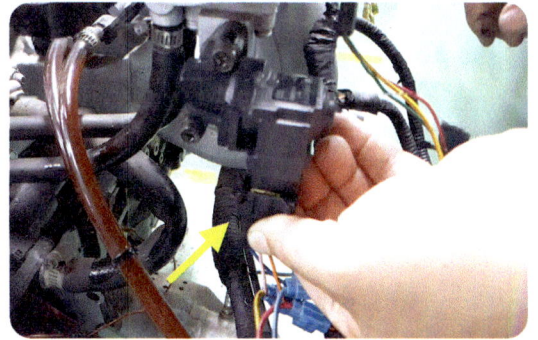

그림과 같이 ISC 커넥터를 끼운다.

14 에어호스 및 액셀러레이터 케이블 장착

에어호스를 스로틀보디에 끼운 다음 에어클리너 커버를 장착하고 고정밴드를 조인 후 브리더 호스를 장착한다. 액셀러레이터 레버에 케이블 추를 장착한 다음 유격조정 너트 및 고정너트를 조인다.

참고 규정값에 맞도록 케이블 유격조정

자동차정비기능장

기능장 1안 — 기 관 1

기관 및 시동 관련회로 점검 후 시동작업

기관 및 시동 관련회로를 점검한 후 시동작업과 기록표의 요구사항을 점검 및 측정하고 기록표에 기록하시오.(단, 시동되지 않는 경우 2과제는 작업할 수 없음)

01 현대 아반떼 1.5DOHC

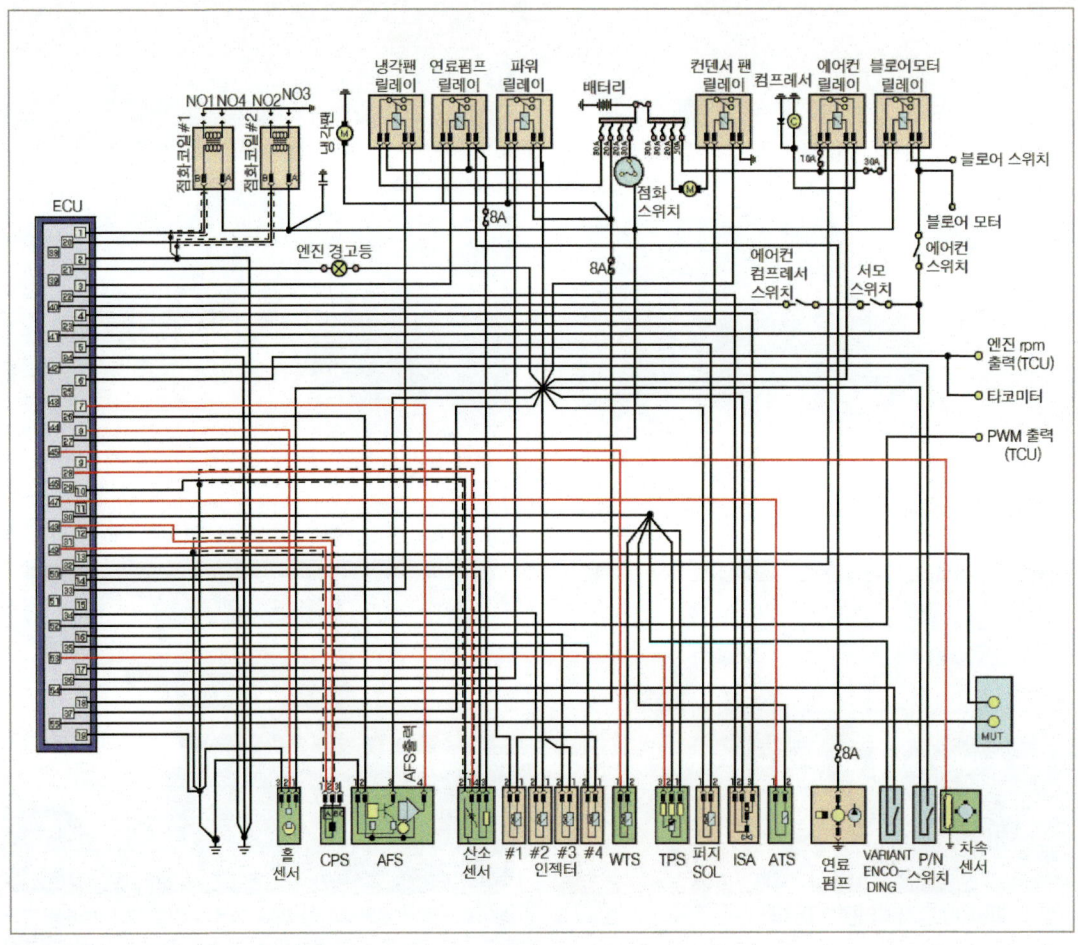

02 한국 GM 레간자

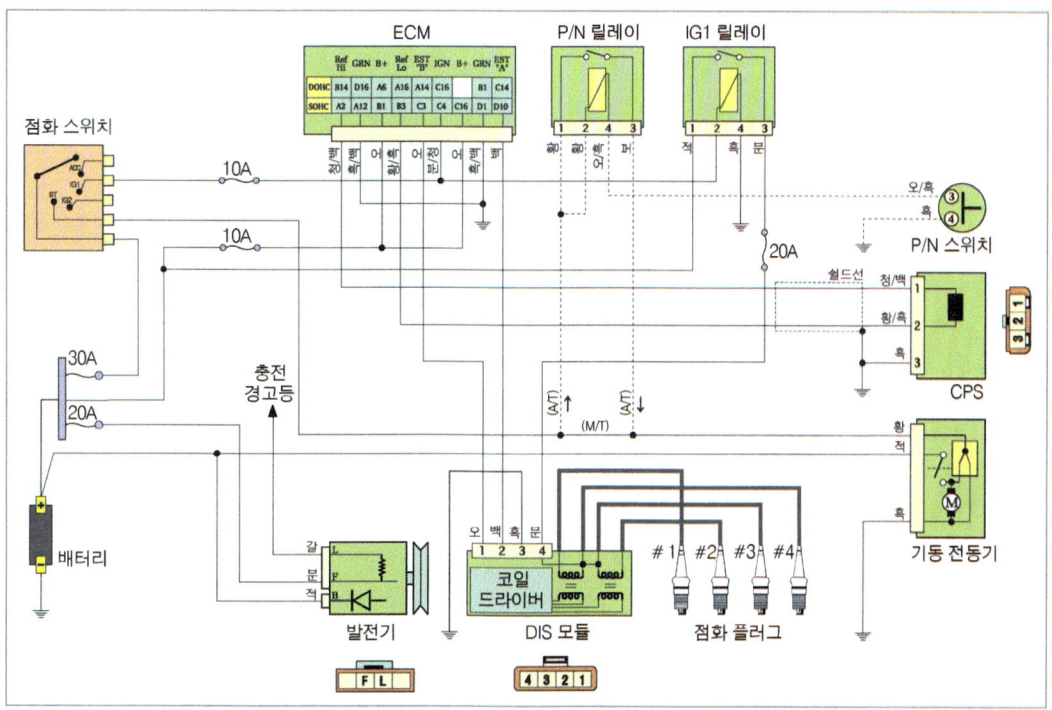

03 기아 스펙트라

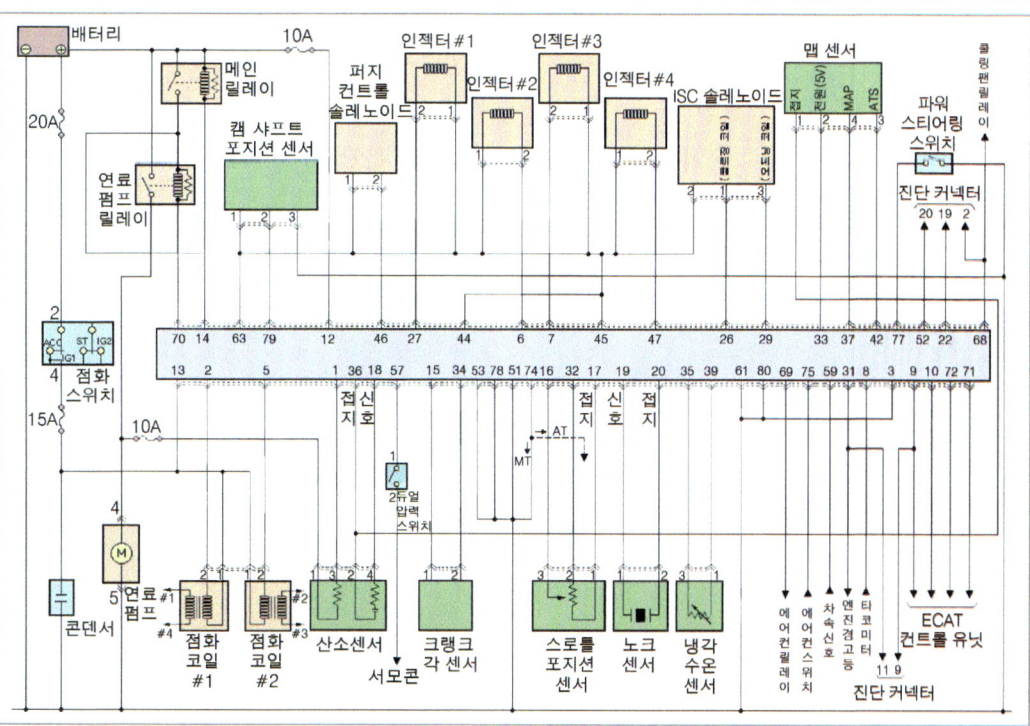

04 점검 부위

01 엔진 부속부품 명칭

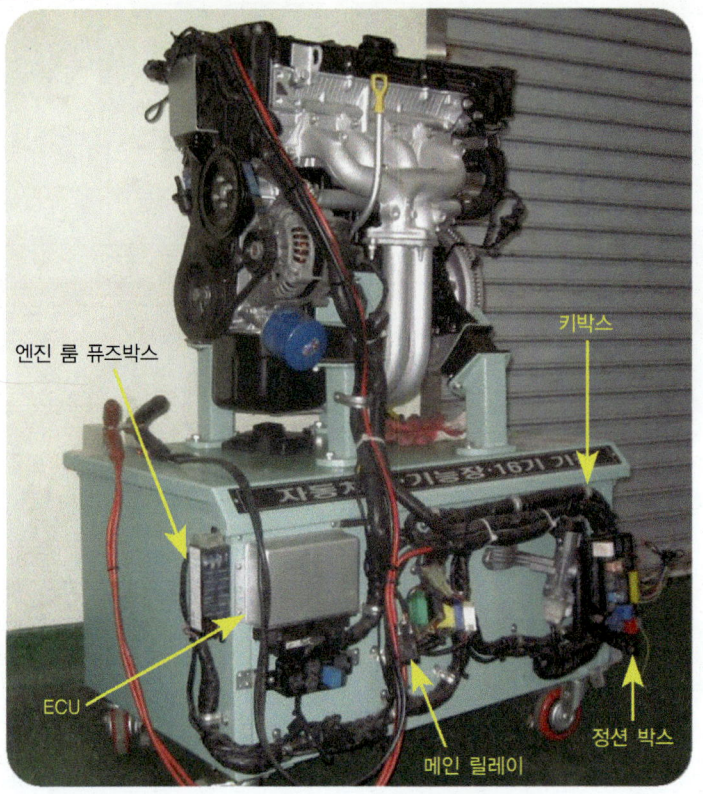

키 박스, 정션박스, 메인릴레이, ECU, 엔진 룸 퓨즈박스

02 CKP 센서 커넥터

CKP(크랭크 앵글 센서) 커넥터 탈거(빠짐), 커넥터 단자 접촉 불량

03 CKP 센서 탈거

CKP 센서 탈거, 센서 파손

04 CKP 센서 간극 조정

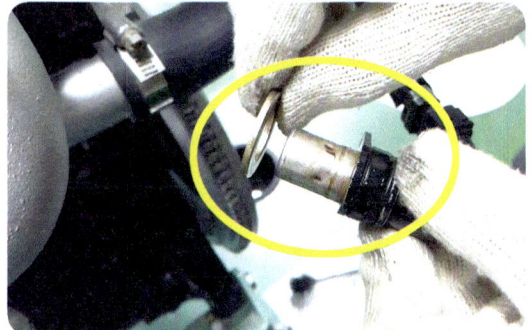

CKP 센서 장착 시 두꺼운 와셔를 넣어 센서 간극을 크게 만든 경우

05 기동전동기 명칭

ST단자, 마그네틱 스위치, 브러시 고정 피스, M단자, B단자

06 ST단자

ST단자 커넥터 탈거

07 M단자 접촉상태

M단자 고정너트를 유림 하여 필요전류가 흐르지 못하게 한 상태

08 M단자 분리

M단자에서 계자코일 전원 공급선을 탈거한 상태

09 B단자 접촉상태

B단자 고정너트를 유림 하여 필요전류가 흐르지 못하게 한 상태

10 B단자 분리

B단자에서 전원 공급선을 탈거하여 케이블을 감춰놓은 상태.

11 브러시 고정 피스 접촉상태

한 개의 고정 피스는 분리하고 다른 하나는 풀어놓아 충분한 전류가 흐르지 못하게 한 상태

12 브러시 고정 피스 분리

두 개의 고정 피스를 분리하여 전류가 흐르지 못하게 한 상태

13 마그네틱 스위치 탈거

그림과 같이 마그네틱 스위치를 탈거한 상태

14 마그네틱 스위치 플런저 탈거

그림과 같이 마그네틱 스위치 플런저를 탈거한 후 조립한 상태 참고 기동전동기만 회전 함.

15 ISC 밸브의 유로 막힘

ISC 밸브의 유로를 막고 조립한 상태
참고 시동 시 필요한 흡입공기 부족

⑯ 정션박스

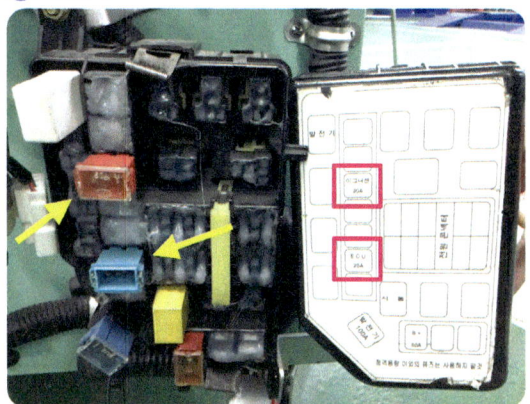

이그니션 30A, ECU 20A 보조 퓨즈블 링크

⑰ 점화코일 커넥터 탈거 및 접촉 불량

그림과 같이 점화코일 커넥터를 탈거한 상태, 커넥터 단자 접촉 불량

⑱ 점화코일 1차 단자 접촉 불량 및 탈거

그림과 같이 점화코일 1차 단자 고정너트를 풀어 접촉 불량으로 만들거나 단자 일부를 풀어놓은 상태

⑲ 메인릴레이 탈거

메인릴레이를 탈거한 상태

⑳ 공전속도 조정나사 탈거

그림과 같이 공전속도 조정나사를 탈거하여 스로틀밸브가 완전히 닫힘 상태로 유지시킨 경우

㉑ 공전속도 조정나사 조정

그림과 같이 공전속도 조정나사를 조정하여 스로틀밸브가 완전히 닫힘 상태로 유지시킨 경우

22 인젝터 커넥터 탈거

인젝터 커넥터를 전부 탈거하거나 2개 이상의 인젝터 커넥터를 탈거한 상태

23 고압 분배배선 탈거

그림과 같이 고압 분배배선 전부 탈거 및 2개 이상 탈거한 상태

24 고압 분배배선 장착순서 불량

분배배선 1-4번을 2-3번 코일에 장착하고 2-3번 분배배선을 1-4번 코일에 장착한 상태

25 접지선 접촉상태

접지선 고정 볼트를 유림 하여 필요전류가 흐르지 못하게 한 상태

26 접지선 분리

그림과 같이 전류가 흐르지 못하게 접지선을 탈거한 상태

27 Key 단자 접촉 불량

그림과 같이 Key 이그니션 단자 또는 ST단자, 전원단자 접촉 불량으로 인한 크랭킹 및 시동 불가능 상태

28 연료펌프

그림과 같이 연료펌프 커넥터 또는 단자 접촉 불량, 연료펌프 고착, 필터 막힘으로 인한 연료공급 불가 상태

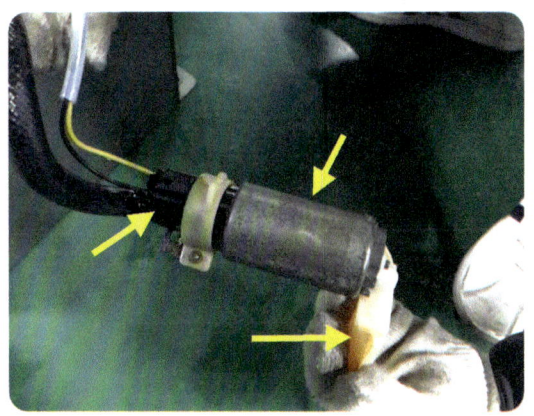

05 점검 및 측정 1 [흡기매니폴드 진공도]

01 엔진시동 ON

엔진 냉각수 온도 정상범위 및 공회전상태 유지확인
참고 클러스터 온도계 및 RPM 게이지 참조

02 측정값 판독

진공게이지 눈금을 판독한다.

답안작성 매니폴드 진공검사 화면에서 나타내는 수치(현재 값)를 측정값에 기록한다.

◆ 기관 1. 기록표
기관 번호 :

항 목	측정(또는 점검)		판정 및 정비(또는 조치)사항		득 점
	측 정 값	규정값(정비한계값)	판정(□에 '✔' 표)	정비 및 조치할 사항	
흡기매니폴드 진공도	420mmHg	400~500mmHg	☑ 양 호 □ 불 량	정상 또는 정비 및 조치사항 없음	

※ 진공게이지의 눈금을 판독한 수치를 측정값에 기재하고, 규정값은 주어진 값 또는 매뉴얼을 참고하여 작성한다.

06 점검 및 측정 2 [흡기매니폴드 진공도]

01 Hi-DS 초기화면

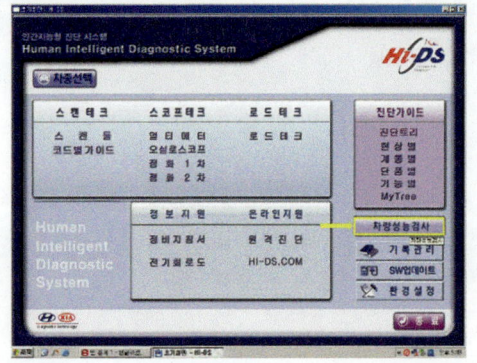

위 그림은 Hi-DS 초기화면이며, 차량성능검사를 클릭한다.

02 차량성능검사 선택

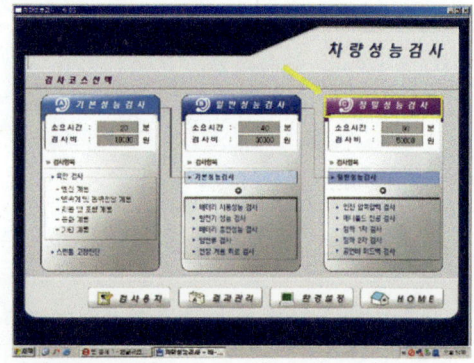

차량성능검사 화면에서 정밀성능검사 클릭

03 성능검사 차종선택

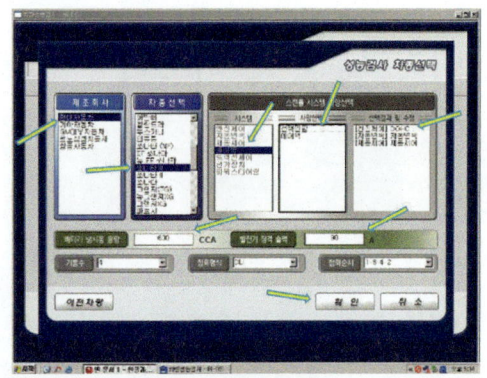

메이커, 차종, 스캔툴 시스템 사양선택(시스템, 사양선택, 선택결과 및 수정)을 클릭한 후 확인 버튼 클릭한다.

04 진공 프로브 설치

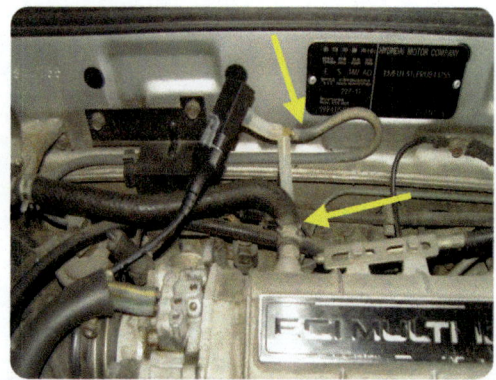

흡기다기관에 기 설치되어 있는 진공호스를 탈거하고 진공 프로브 니블 한쪽은 흡기다기관에 다른 한쪽은 기존 진공호스에 설치한다.

05 엔진시동 ON

엔진 냉각수 온도 정상범위 및 공회전상태 유지확인
참고 클러스터 온도계 및 RPM 게이지 참조

06 측정값 판독

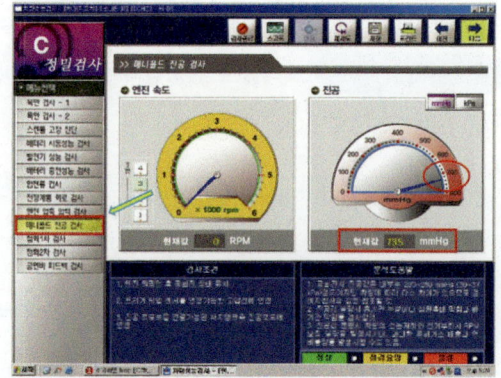

정밀검사 화면에서 매니폴드 진공검사 클릭한 후 측정값을 판독한다. 참고 트리거 픽업을 연결하지 않아 RPM이 나오지 않는 상태임.

| 답안작성 | 매니폴드 진공검사 화면에서 나타내는 수치(현재 값)를 측정값에 기록한다. |

◆ 기관 1. 기록표
기관 번호:

항목	측정(또는 점검)		판정 및 정비(또는 조치)사항		득점
	측정값	규정값(정비한계값)	판정(□에 '✔' 표)	정비 및 조치할 사항	
흡기매니폴드 진공도	735mmHg	250~350mmHg	□ 양 호 ☑ 불 량	흡기다기관 쪽 진공호스 빠짐, 진공호스 연결 후 재측정	

비 번호: 　　　시험 위원 확인:

07 점검 및 측정 3 [흡기매니폴드 진공도 파형]

01 Hi-DS Premium 아이콘

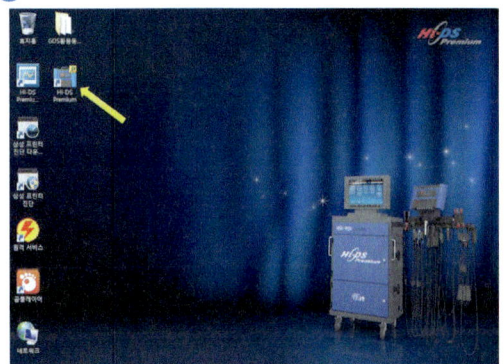

모니터 바탕화면의 Hi-DS Premium 아이콘을 더블 클릭한다.

02 로딩 화면

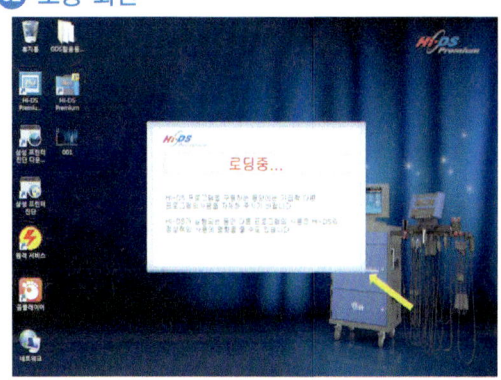

아이콘 더블 클릭 후 로딩화면

03 Hi-DS Premium 초기화면

위 그림은 Hi-DS Premium 초기화면이며, 차종선택을 클릭한다.

04 차종 및 엔진선택

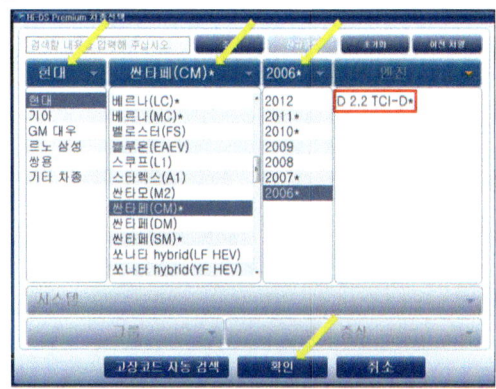

메이커, 차종, 연식, 엔진 형식을 클릭한 후 확인 버튼 클릭한다.

자동차정비기능장

05 시스템 및 엔진 시스템 설정

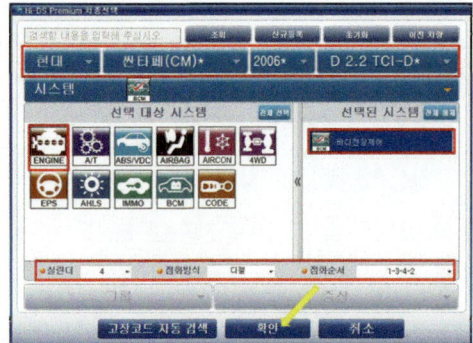

측정에 필요한 시스템을 선택 대상 시스템에서 선택하면 되며, 위 그림에서는 바디전장제어 시스템을 설정한 화면이다. 또한 실린더, 점화방식, 점화순서를 선택할 수 있으나 앞 화면에서 엔진형식을 선택하였기 때문에 기본적인 정보가 입력되어 있으므로 확인버튼을 클릭한다.

06 측정항목 선택화면

위 그림과 같이 화살표가 가리키는 오실로스코프를 클릭한다.

07 오실로스코프 초기화면

위 그림은 오실로스코프 초기화면이며, 채널1번이 선택된 기본화면이다.

08 진공 측정화면 선택

그림과 같이 하단 적색 원안에 있는 진공을 클릭한 후 오른쪽 위에 있는 화면변환 버튼을 클릭한다.

09 진공 프로브 설치

흡기다기관에 기 설치되어있는 진공호스를 탈거하고 진공 프로브 니블 한쪽은 흡기다기관에 다른 한쪽은 기존 진공호스에 설치한다.

10 공전 시 출력파형

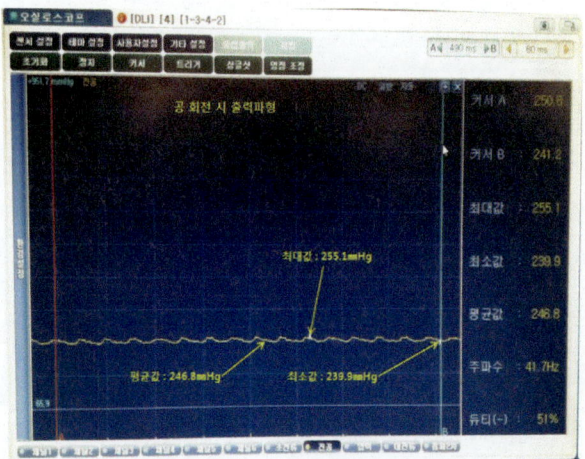

엔진 공회전 시 출력파형으로 최대값, 최소값, 평균값을 표기한 화면

작업형실기

⑪ 급가속 시 출력파형

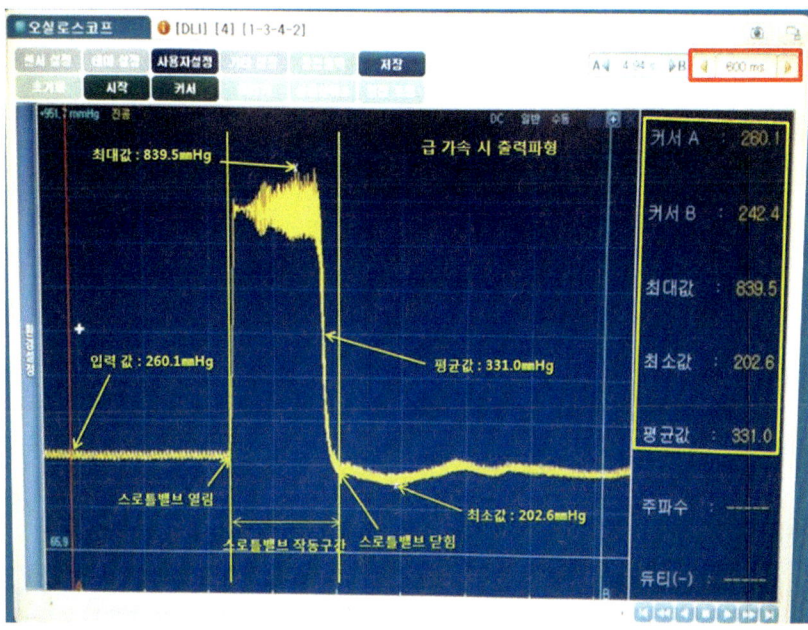

엔진 급가속 시 출력파형으로 시간 축을 600ms로 설정하고 스로틀밸브 작동구간을 기준으로 스로틀밸브 열림과 입력 값 260.1mmHg, 최대값 839.5mmHg, 최소값 202.6mmHg, 평균 값 331.0mmHg, 스로틀밸브 닫힘을 표기한 화면

⑫ 급가속 시 출력파형 출력물 : 급가속 시 파형 출력 및 분석내용 표기

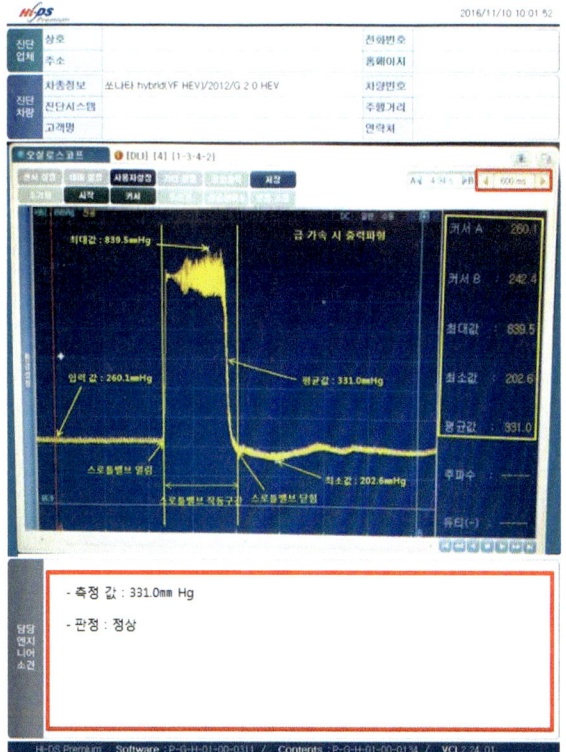

답안작성 급가속 시 파형 출력 및 분석내용 답안작성

◈ 기관 1. 기록표
기관 번호 :

비 번호		시험 위원 확 인	

항 목	측정(또는 점검)		판정 및 정비(또는 조치)사항		득 점
	측 정 값	규정값(정비한계값)	판정(□에 '✔' 표)	정비 및 조치할 사항	
흡기매니폴드 진공도	331mmHg	400~500mmHg	☑ 양 호 □ 불 량	정상 또는 정비 및 조치사항 없음	

⑬ 급가속 시 전체 출력파형

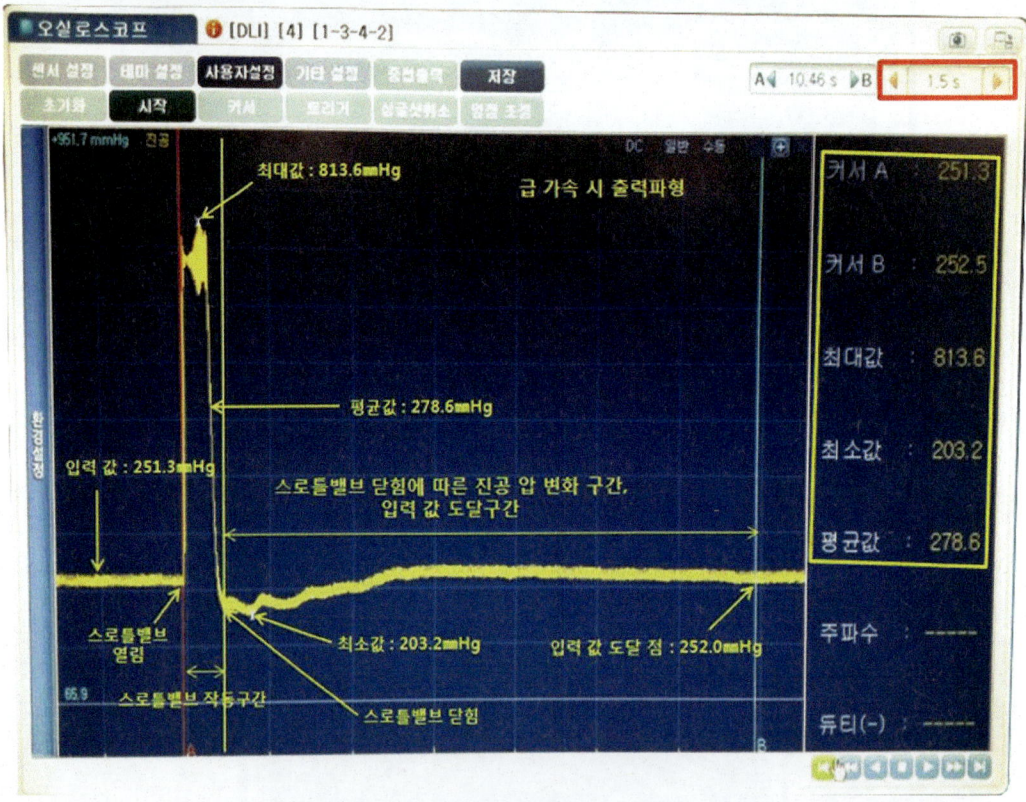

엔진 급가속 시 출력파형으로 시간 축을 1.5s로 설정하고 스로틀밸브 작동구간을 기준으로 스로틀밸브 열림과 입력 값 251.3mmHg, 최대값 813.6mmHg, 최소값 203.2mmHg, 평균 값 278.6mmHg, 스로틀밸브 닫힘을 표기한 화면

작업형실기

14 급가속 시 전체 출력파형 출력물 : 급가속 시 파형 출력 및 분석내용 표기

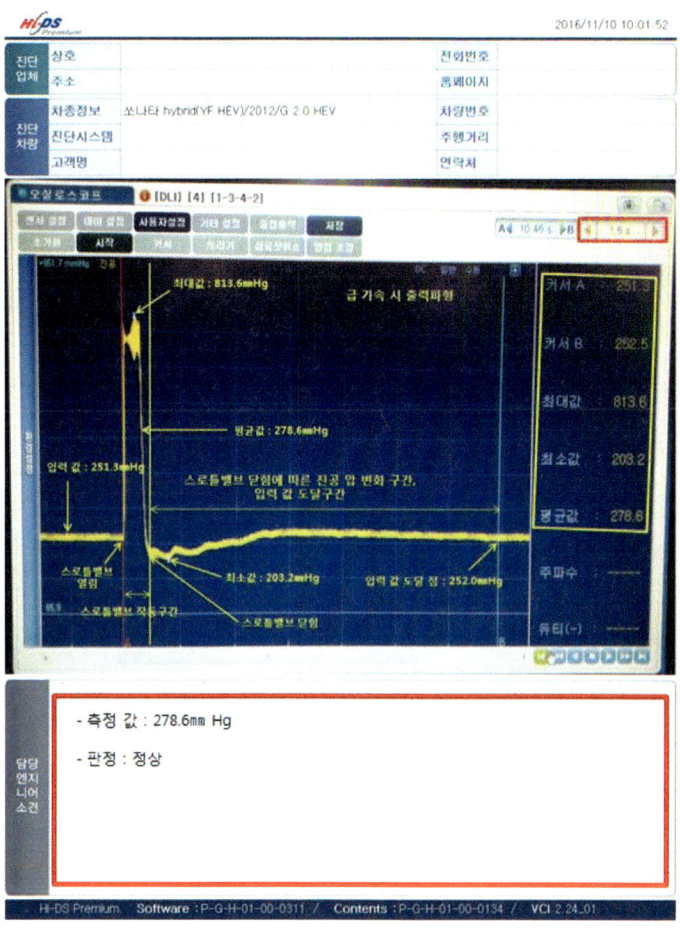

| 답안작성 | 급가속 시 파형 출력 및 분석내용 답안작성 |

◈ **기관 1. 기록표**
기관 번호:

| 비 번호 | | 시험 위원 확 인 | |

항 목	측정(또는 점검)		판정 및 정비(또는 조치)사항		득 점
	측 정 값	규정값(정비한계값)	판정(□에 '✔' 표)	정비 및 조치할 사항	
흡기매니폴드 진공도	278.6mmHg	250~350mmHg	☑ 양 호 □ 불 량	정상 또는 정비 및 조치사항 없음	

47

기능장 1안 - 기 관 2

기록표 요구사항 점검·측정

주어진 기관에서 시험위원의 지시에 따라 기록표 요구사항을 점검 및 측정하여 기록하시오.

01 점화파형 측정

01 측정항목 선택화면

위 그림과 같이 화살표가 가리키는 오실로스코프를 클릭한다.

02 점화장치 부품 명칭

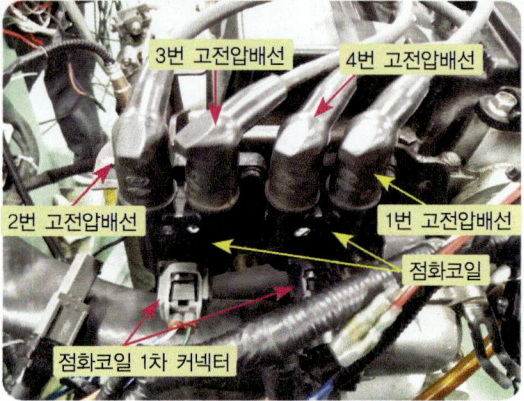

2번 고전압배선, 3번 고전압배선, 4번 고전압배선, 1번 고전압배선, 점화코일, 점화코일 1차 커넥터

03 트리거 픽업센서 설치

1번 고전압배선에 트리거 픽업센서를 설치한다.

04 채널 1번 (+)프로브 설치(DLI)

채널 1번 (+)프로브를 점화코일 1차(-)단자에 설치한다.

작업형실기

05 채널 1번 (+)프로브 설치(DIS)

채널 1번 (+)프로브를 점화코일 1차(-)단자에 설치한다.

06 채널 1번 (-)프로브 설치

채널 1번 (-)프로브는 접지한다.

07 채널 1번 프로브 설치(DIS)

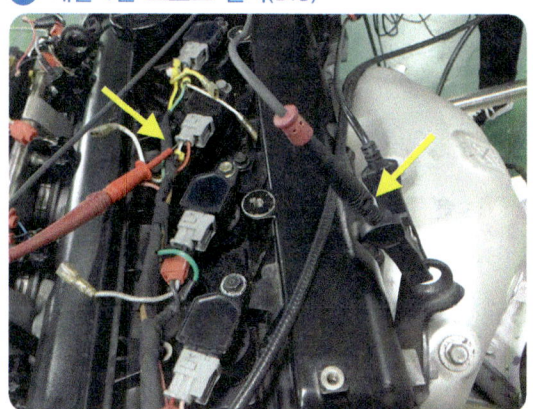

그림과 같이 채널 1번 (+)프로브를 점화코일 1차(-)단자에 설치하고 (-)프로브는 접지한다.

08 2차파형 프로브 설치

흑색(역극성) 프로브를 1번 고전압배선에 설치하고 4번 고전압배선에 적색(정극성) 프로브를 설치한다.

참고 파형 측정 시 파형의 서지전압이 까꾸로 나오면 두 개의 프로브 위치를 바꾼다.

09 공전 시 점화1차 파형(드웰시간)

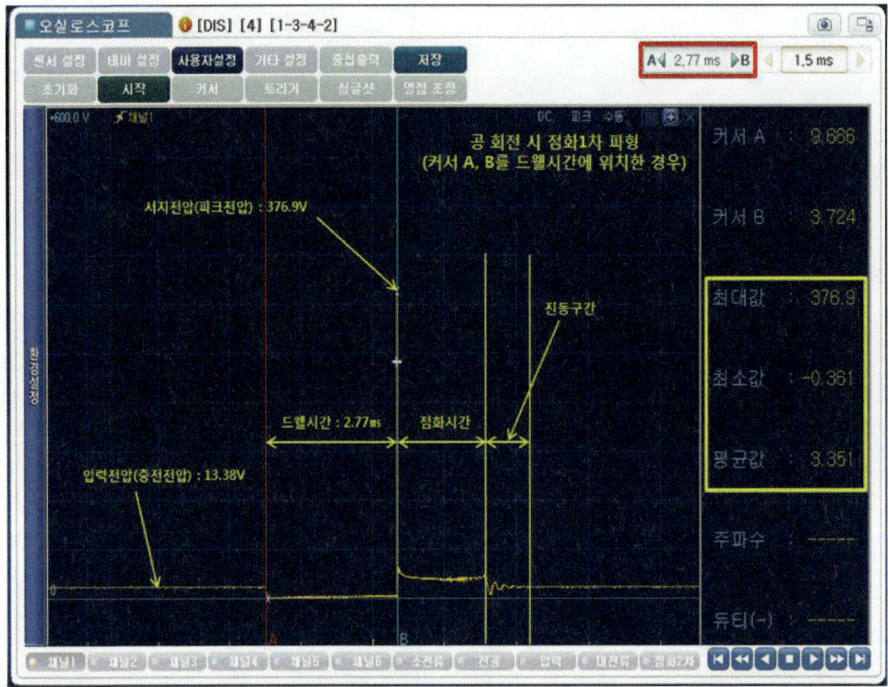

엔진 공회전 시 출력파형으로 커서 A, B를 드웰시간에 위치한 경우 입력전압, 서지전압, 드웰시간, 점화시간 구간, 진동구간을 표기한 화면

10 공전 시 점화1차 파형(드웰시간)

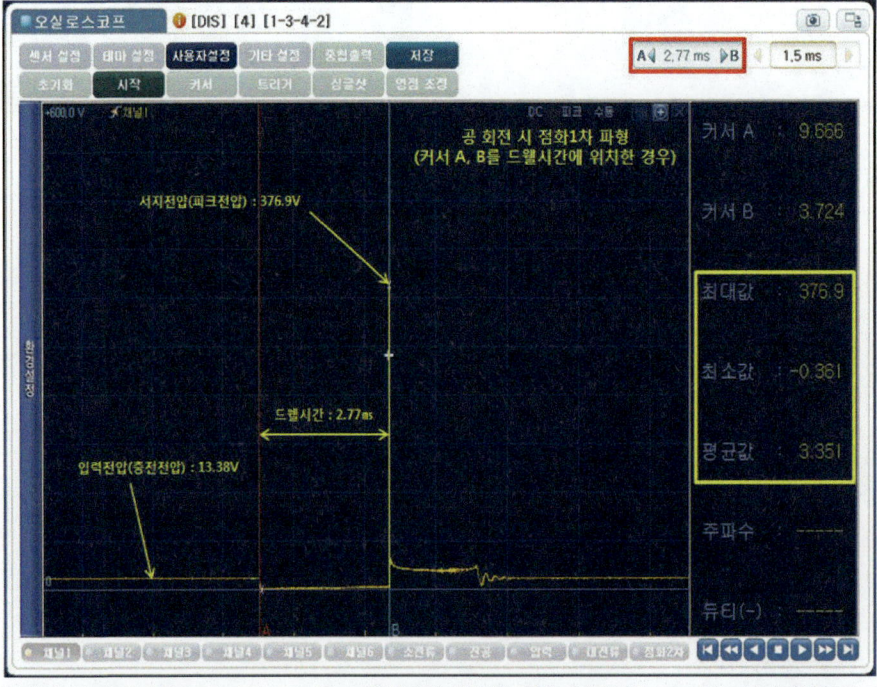

엔진 공회전 시 출력파형으로 커서 A, B를 드웰시간에 위치한 경우 입력전압 13.38V, 서지전압 376.9V, 드웰시간 2.77ms을 표기한 화면

⑪ 출력파형 출력물 : 파형 출력 및 분석내용 표기

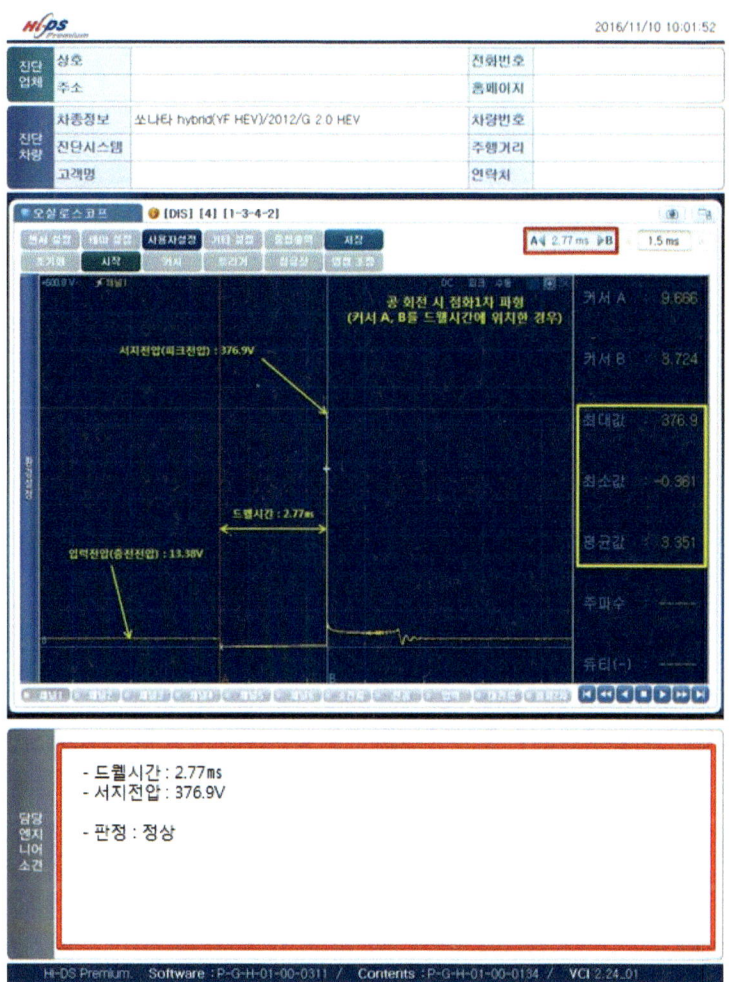

답안작성 — 파형 출력 및 분석내용 답안작성

◆ **기관 2. 기록표**

1) 파형　　　　　　　자동차 번호 :

비 번호		시험 위원 확　인	

항 목	파형 분석 및 판정			득 점
	분석항목	분석내용	판정(□에 '✔' 표)	
점화파형 측정	화염전파시간 : 서지전압 : 376.9V 드웰시간 : 2.77ms	분석내용은 출력물에 표시하시오.	☑ 양　호 □ 불　량	

※ 시험위원의 지시에 따라 공회전시에 점화(피크) 전압, 점화시간, 점화시기(또는 타이밍 위상 분석) 단, 위상 분석은 캠각 센서와 크랭크각 센서를 동시 비교합니다.

⑬ 공전 시 점화1차 파형(점화시간)

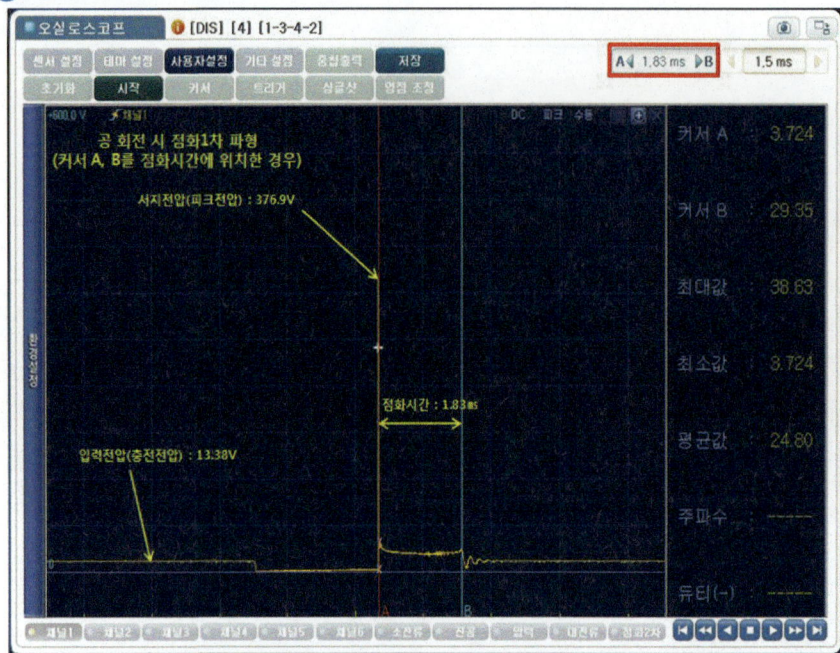

엔진 공회전 시 출력파형으로 커서 A, B를 점화시간에 위치한 경우 입력전압 13.38V, 서지전압 376.9V, 점화시간 1.83ms을 표기한 화면

⑭ 출력파형 출력물 : 파형 출력 및 분석내용 표기

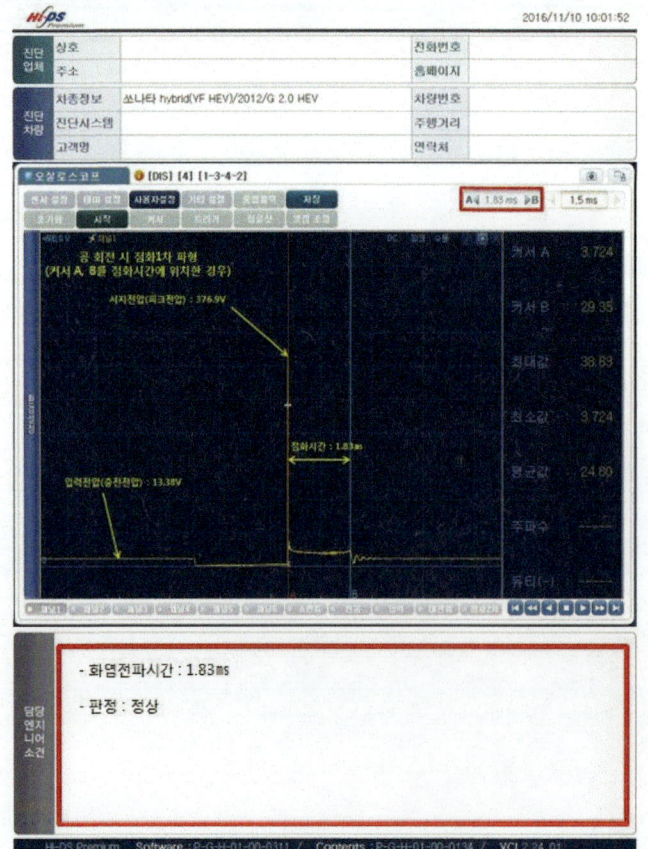

답안작성 — 파형 출력 및 분석내용 답안작성

◈ 기관 2. 기록표
1) 파형   자동차 번호 :

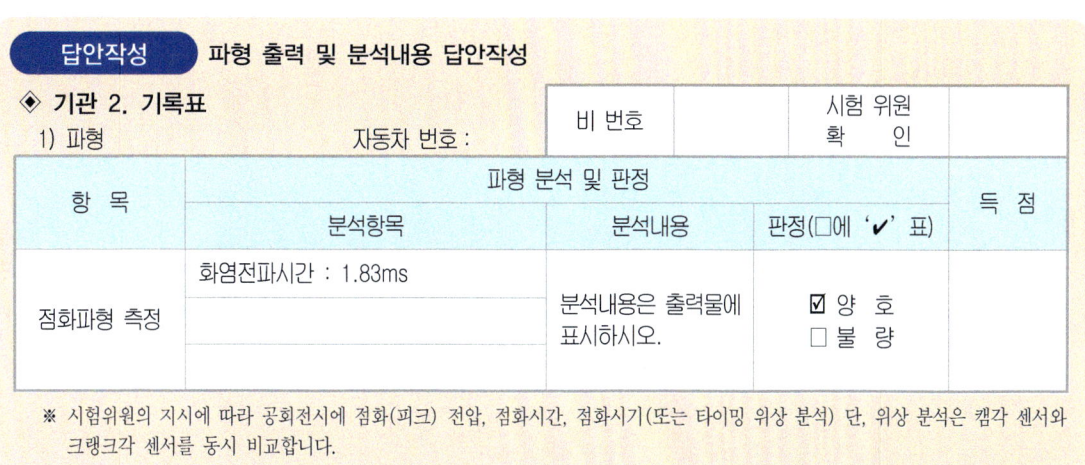

항 목	파형 분석 및 판정			득 점
	분석항목	분석내용	판정(□에 '✔' 표)	
점화파형 측정	화염전파시간 : 1.83ms	분석내용은 출력물에 표시하시오.	☑ 양 호 □ 불 량	

※ 시험위원의 지시에 따라 공회전시에 점화(피크) 전압, 점화시간, 점화시기(또는 타이밍 위상 분석) 단, 위상 분석은 캠각 센서와 크랭크각 센서를 동시 비교합니다.

16 공전 시 점화1차 파형(진동시간)

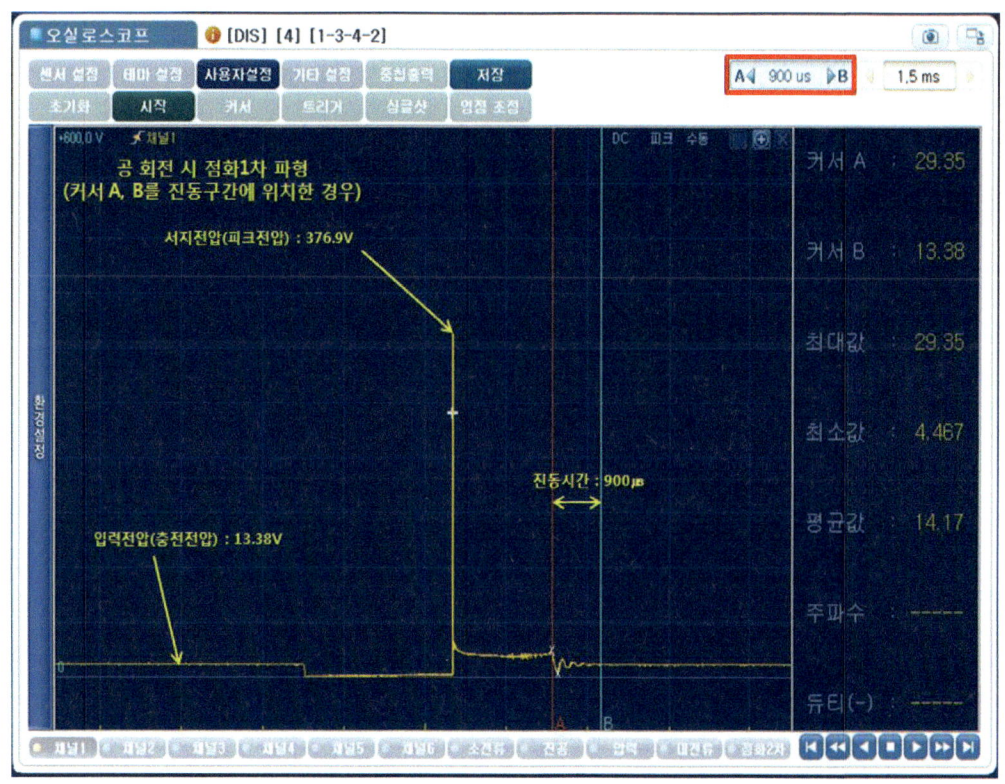

엔진 공회전 시 출력파형으로 커서 A, B를 진동시간에 위치한 경우 입력전압 13.38V, 서지전압 376.9V, 진동시간 900μs를 표기한 화면

⑰ 공전 시 점화2차 파형(전체)

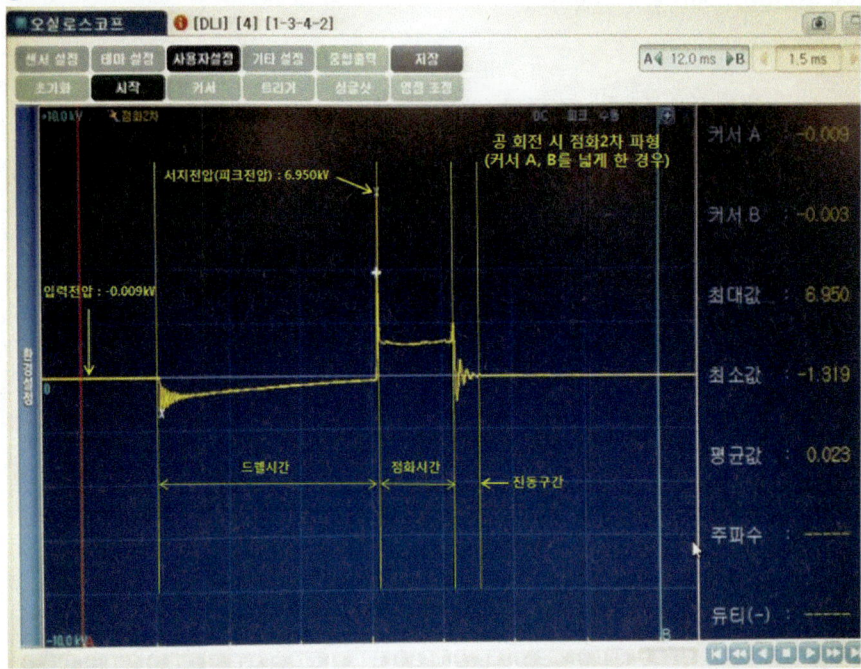

엔진 공회전 시 출력파형으로 커서 A, B를 입력전압에서부터 파형이 끝나는 후에 위치한 경우의 입력전압, 서지전압, 드웰시간, 점화시간 구간, 진동구간을 표기한 화면

⑱ 공전 시 점화2차 파형(드웰시간)

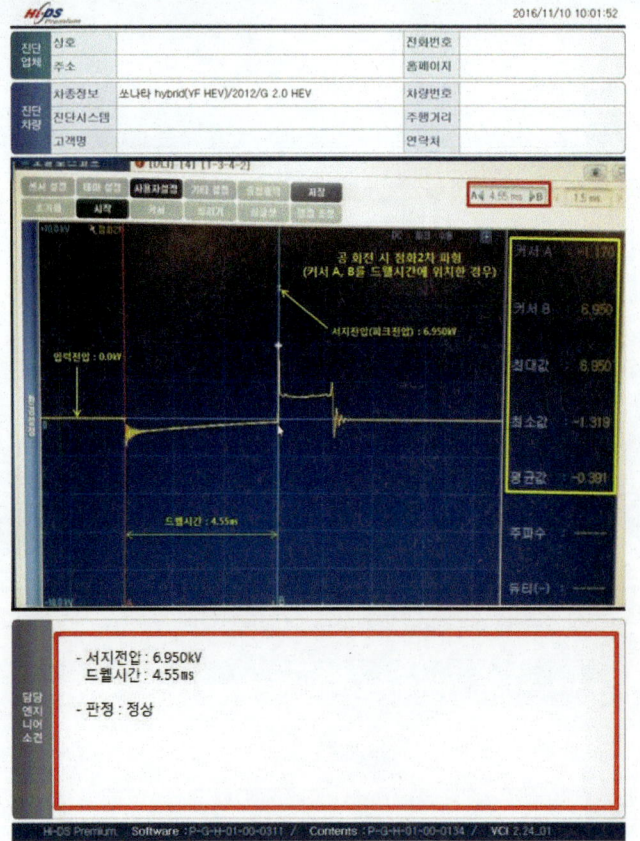

엔진 공회전 시 출력파형으로 커서 A, B를 드웰시간에 위치한 경우
입력전압 0.0kV,
서지전압 6.950kV,
드웰시간 4.55ms를
표기한 화면

작업형실기

답안작성 — 파형 출력 및 분석내용 답안작성

◆ **기관 2. 기록표**
1) 파형   자동차 번호 :

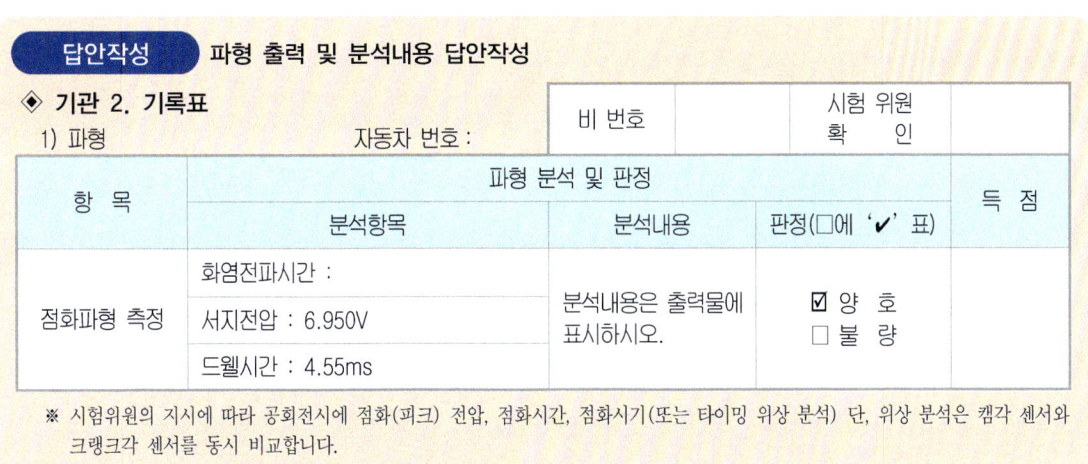

※ 시험위원의 지시에 따라 공회전시에 점화(피크) 전압, 점화시간, 점화시기(또는 타이밍 위상 분석) 단, 위상 분석은 캠각 센서와 크랭크각 센서를 동시 비교합니다.

21 공전 시 점화2차 파형(점화시간)

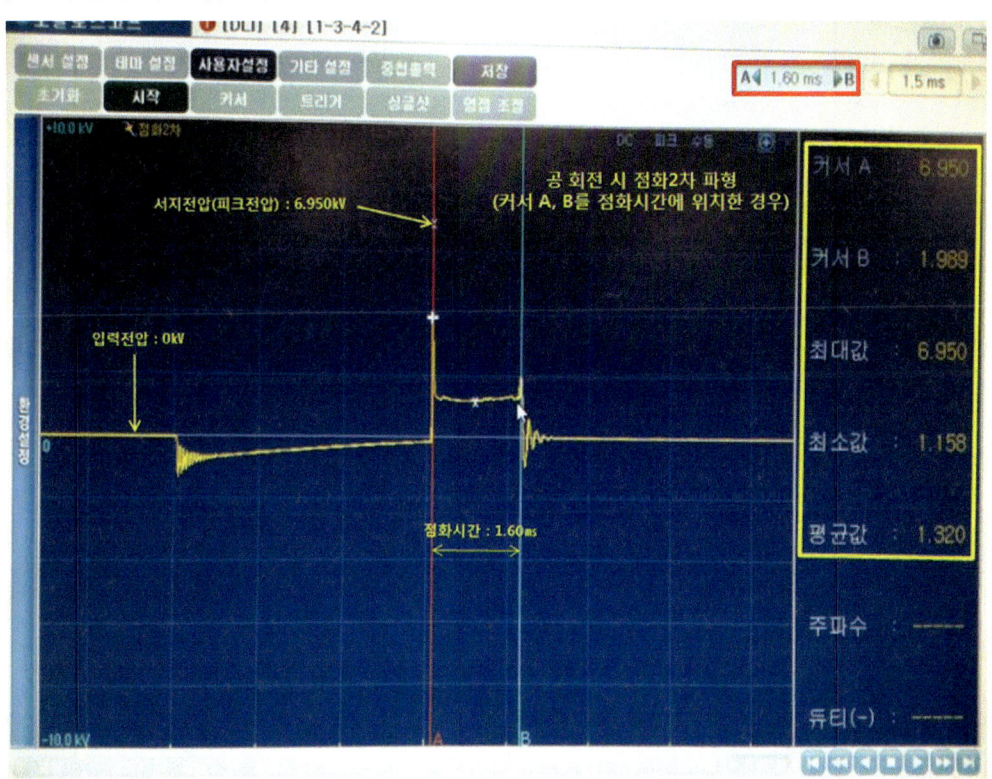

엔진 공회전 시 출력파형으로 커서 A, B를 점화시간에 위치한 경우 입력전압 0.0kV, 서지전압 6.950kV, 점화시간 1.60ms를 표기한 화면

자동차정비기능장

㉒ 출력파형 출력물 : 파형 출력 및 분석내용 표기

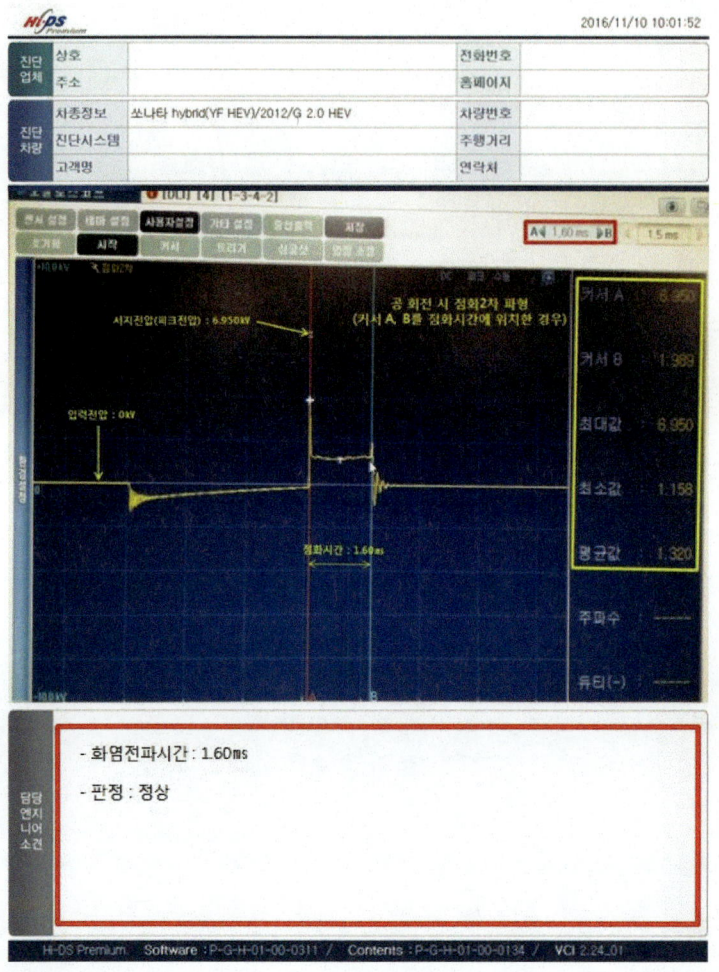

답안작성 파형 출력 및 분석내용 답안작성

◈ 기관 2. 기록표

1) 파형   자동차 번호 :

| 비 번호 | | 시험 위원 확 인 | |

항 목	파형 분석 및 판정			득 점
	분석항목	분석내용	판정(□에 '✔' 표)	
점화파형 측정	화염전파시간 : 1.60ms	분석내용은 출력물에 표시하시오.	☑ 양 호 □ 불 량	
	서지전압 :			
	드웰시간 :			

※ 시험위원의 지시에 따라 공회전시에 점화(피크) 전압, 점화시간, 점화시기(또는 타이밍 위상 분석) 단, 위상 분석은 캠각 센서와 크랭크각 센서를 동시 비교합니다.

㉔ 공전 시 점화1차 파형(진동시간)

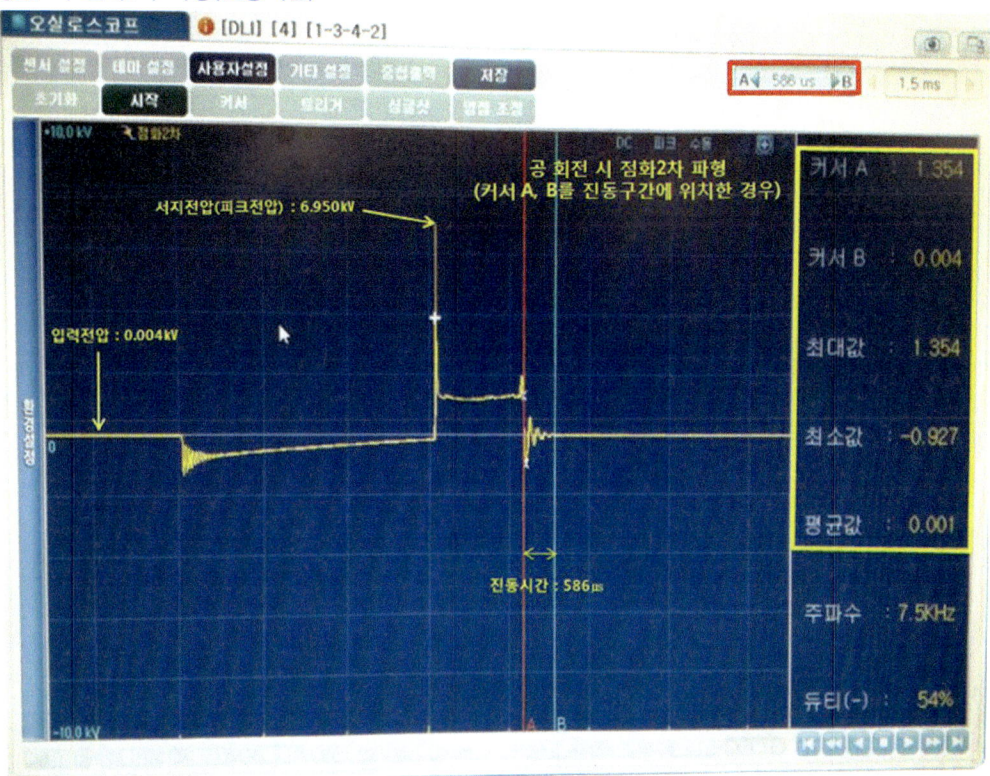

엔진 공회전 시 출력파형으로 커서 A, B를 진동시간에 위치한 경우 입력전압 0.004kV, 서지전압 6.950kV, 진동시간 586μs 을 표기한 화면

02 가솔린 배기가스 측정

01 시험기 각부 명칭(전면)

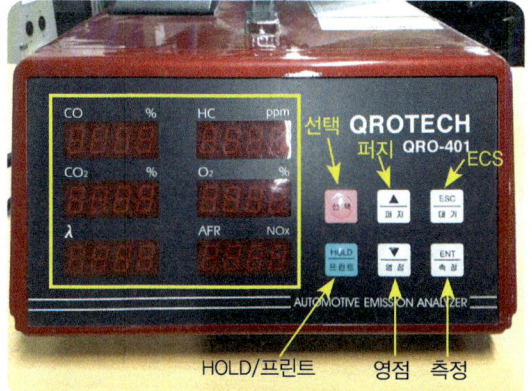

선택, 퍼지, ESC(대기), 측정(ENT), 영점, HOLD(프린트), CO, HC, CO_2, O_2, λ, NOx

02 시험기 각부 명칭(후면)

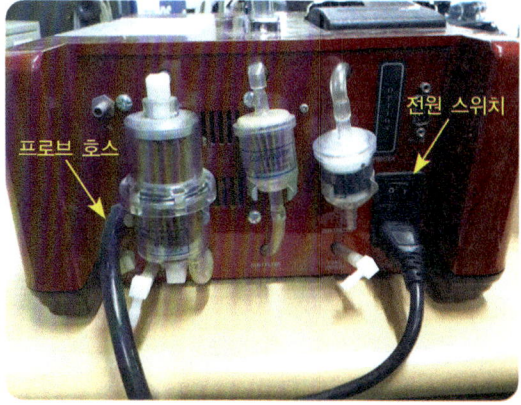

프로브 호스, 전원스위치

03 기타 명칭과 전원스위치 ON상태의 초기화면

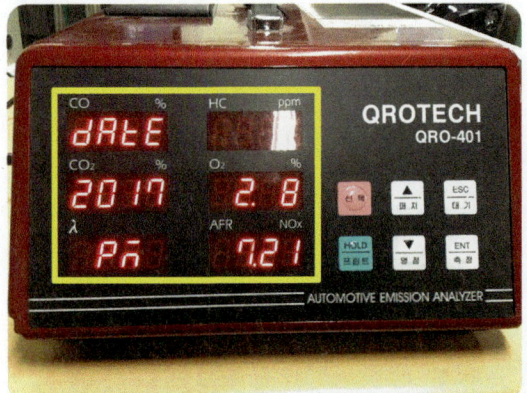

프린터, 측정 프로브, 전원스위치 ON 상태의 초기화면

04 퍼지화면

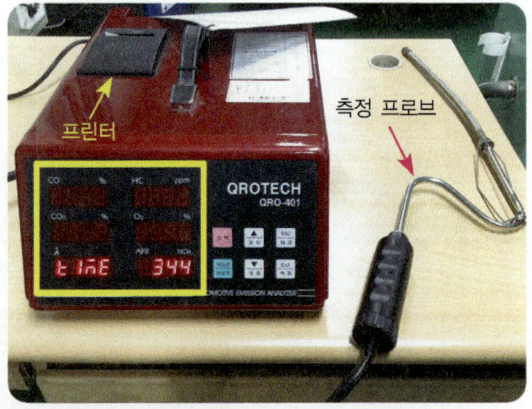

자동으로 퍼지상태로 전환됨.
(344초, 측정 조건에 따라 퍼지시간은 변동됨)

05 초기시동(fast idle)

최초 시동 ON후 모습이며, Fast idle상태로 1,300rpm이고 냉각수 온도게이지가 낮은 위치에 있다.

06 워밍업 후

측정 준비를 위하여 엔진이 정상 공회전 상태인지 확인한다.(엔진 RPM 및 온도게이지)

07 퍼지완료

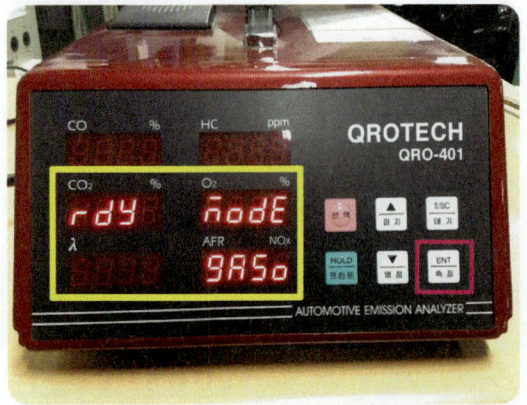

퍼지작동이 끝나면 측정준비 화면으로 자동 변환된다. 측정 버튼 누름

08 측정 프로브 삽입

배기 파이프에 측정 프로브를 약 30cm이상 삽입한다.

작업형실기

⑨ 측정값 판독

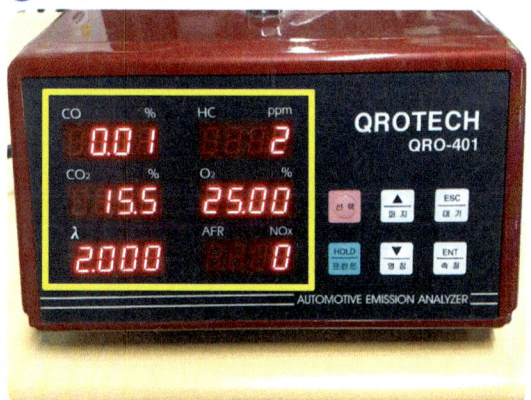

측정 프로브를 삽입하고 약 30초 이상 시간이 흐른 후 측정 값이 일정하게 유지될 때 수치를 판독한다.(CO 0.01%, HC 2ppm, CO_2 15.5%, O_2 25%, λ 2, NOx 0ppm)

⑩ 점화코일 커넥터 탈거

부조를 발생시키기 위하여 점화코일 커넥터 1개를 탈거한 상태임.

⑪ 측정값 판독

엔진부조에 따른 변화된 수치를 판독한다.(CO 0.24%, HC 0ppm, CO_2 15.6%, O_2 25%, λ 2, NOx 0ppm)

답안작성 측정 수치를 판독하고 답안지에 기록한다.

◆ 기관 2. 기록표
1) 점검 및 측정

항 목	점검(또는 측정)		판정 및 정비(또는 조치) 사항		득 점
	측정값	규정(기준)값 (정비한계값)	판정(□에 '✔' 표)	정비 및 조치할 사항	
CO	0.24%	1.0% 이하	□ 양 호 ☑ 불 량	점화코일 커넥터 장착 후 재측정	
HC	0ppm	120ppm 이하			
λ	2	1±0.1			

비 번호 / 시험 위원 확 인

【 배기가스 배출 허용기준(CO, HC) 】

차 종		제작일자	일산화탄소	탄화수소	공기과잉율
경자동차		1997년 12월 31일 이전	4.5% 이하	1,200ppm 이하	1±0.1 이내 다만, 기화기식 연료공급 장치 부착 자동차는 1±0.150이내 촉매 미부착 자동차는 1±0.20 이내
		1998년 1월 1일부터 2000년 12월 31일까지	2.5% 이하	400ppm 이하	
		2001년 1월 1일부터 2003년 12월 31일까지	1.2% 이하	220ppm 이하	
		2004년 1월 1일 이후	1.0% 이하	150ppm 이하	
승용 자동차		1987년 12월 31일 이전	4.5% 이하	1,200ppm 이하	
		1988년 1월 1일부터 2000년 12월 31일까지	1.2% 이하	220ppm 이하(휘발유·알코올자동차) 400ppm 이하(가스자동차)	
		2001년 1월 1일부터 2005년 12월 31일까지	1.2% 이하	220ppm 이하	
		2006년 1월 1일 이후	1.0% 이하	120ppm 이하	
승합·화물·특수 자동차	소형	1989년 12월 31일 이전	4.5% 이하	1,200ppm 이하	
		1990년 1월 1일부터 2003년 12월 31일까지	2.5% 이하	400ppm 이하	
		2004년 1월 1일 이후	1.2% 이하	220ppm 이하	
	중형·대형	2003년 12월 31일 이전	4.5% 이하	1200ppm 이하	
		2004년 1월 1일 이후	2.5% 이하	400ppm 이하	

※ 제작사별 차대번호 표기방식

1. 현대 자동차 차대번호의 표기 부호(화물차)

※ 차대번호 형식(VIN : Vehicle Identification Number – 현대 아반떼 XD)

K	M	H	D	N	4	1	A	P	3	U	6	6	0	6	2	0
①	②	③	④	⑤	⑥	⑦	⑧	⑨	⑩	⑪	⑫	⑬	⑭	⑮	⑯	⑰
제작 회사군			자동차 특성군						제작 일련 번호군							

① **K** : 국제배정 국적표시 – K : 한국, J : 일본, 1 : 미국,
② **M** : 제작사를 나타내는 표시 – M : 현대, L : 대우, N : 기아, P : 쌍용 자동차
③ **H** : 자동차 종별 표시 – H : 승용차, F : 화물트럭, J : 승합차량
④ **D** : 차종 – J : 엘란트라, E : 쏘나타3, F : 마이티, D : 아반떼 XD
⑤ **N** : 세부차종 및 등급 L : 스탠다드(STANDARD, L), M : 디럭스(DELUXE, GL),
　　　　　　　　　　　　　 N : 슈퍼 디럭스(SUPER DELUXE, GLS)
⑥ **4** : 차체형상 – 4도어 세단(4DR SEDAN)
⑦ **1** : 안전장치
　　 1 : 액티브 벨트 (운전석 + 동승석), 2 : 패시브 벨트 (운전석 + 동승석)
　　 3 : 운전석 – 액티브 벨트 + 에어백
　　 4 : 운전석과 동승석 – 액티브 벨트 + 에어백, 동승석 – 액티브 벨트 또는 패시브 벨트
⑧ **A** : 엔진형식 – N : 1500cc 가솔린 차량, D : 2000cc 가솔린 차량
⑨ **P** : 운전석 – P : 왼쪽 운전석, R : 오른쪽 운전석
⑩ **3** : 제작년도 – M : 1991, N : 1992, P : 1993, R : 1994, S : 1995, T : 1996, V : 1997, W : 1998,
　　　　 X : 1999, Y : 2000, 1 : 2001, 2 : 2002, 3 : 2003 ……
⑪ **U** : 공장 기호 – C : 전주공장, U : 울산공장, M : 인도공장, Z : 터키공장
⑫~⑰ **660620** : 차량 생산 일련 번호

2. 기아 자동차 차대번호의 표기 부호(쏘렌토)

K	N	A	J	C	5	2	1	8	2	A	0	5	4	1	5	8
①	②	③	④	⑤	⑥	⑦	⑧	⑨	⑩	⑪	⑫	⑬	⑭	⑮	⑯	⑰
제작 회사군			자동차 특성군						제작 일련 번호군							

- ① **K** : 국제배정 국적표시 – K : 한국, J : 일본, 1 : 미국,
- ② **N** : 제작사를 나타내는 표시 – M ; 현대, L : 대우, N : 기아, P : 쌍용 자동차
- ③ **A** : 자동차 종별 표시 – A : 승용차, C : 화물차, E : 전차종(유럽수출)
- ④⑤ **JC** : 차종 – JC : (쏘렌토), FE : 세라토, MA : 카니발, GD : 옵티마, FC : 카렌스
- ⑥⑦ **52** : 차체형상 – 52 : 5도어 스테이션 웨곤, 22 : 4도어 세단, 24 : 5도어 해치백, 62 : 5도어 밴
- ⑧ **1** : 엔진 형식 – 1 : 쏘렌토 2500cc 커먼레일 엔진
- ⑨ **8** : 확인란 – 8 : A/T+4륜 구동, 1 : 4단구동, 2 : 5단 수동, 3 : A/T, 4 : 4단 수동+4륜 구동, 5 : 5단 수동+4륜 구동, 6 : 4단 수동+서브 T/M, 7 : 5단 수동+서브T/M, 9 : CVT
- ⑩ **2** : 제작년도 – M : 1991, N : 1992, P : 1993, R : 1994, S : 1995, T : 1996, V : 1997, W : 1998, X : 1999, Y : 2000, 1 : 2001, 2 : 2002, 3 : 2003 ……
- ⑪ **A** : 공장 기호 – 화성(내수), S : 소하리(내수), K : 광주(내수), 6 : 소하리(수출), 5 : 화성(수출), 7 : 광 주(수출)
- ⑫~⑰ **054158** : 차량 생산 일련 번호

3. 한국지엠 자동차 차대번호의 표기 부호(누비라)

K	L	A	J	F	6	9	V	D	V	K	0	9	1	4	3	5
①	②	③	④	⑤	⑥	⑦	⑧	⑨	⑩	⑪	⑫	⑬	⑭	⑮	⑯	⑰
제작 회사군			자동차 특성군						제작 일련 번호군							

- ① **K** : 국제배정 국적표시 – K : 한국, J : 일본, 1 : 미국
- ② **L** : 제작사를 나타내는 표시 – M : 현대, L : 대우, N : 기아, P : 쌍용 자동차
- ③ **A** : 자동차 종별 표시 – A : 승용차 내수용
- ④ **J** : 차종 – J : 누비라, V : 레간자, T : 라노스
- ⑤ **F** : 변속기 형식 – F : 전륜구동・수동 변속기, A : 전륜 구동・자동 변속기
- ⑥⑦ **69** : 차체 형상 – 69 : 4도어 노치백, 35 : 웨건, 48 : 4도어 해치백
- ⑧ **V** : 원동기 형식 – Y : 1.5 SOHC・MPFI・FANⅠ, V : 1.5 DOHC・MPFI・FANⅠ, 3 : 1.8 DOHC・MPFI・FANⅡ
- ⑨ **D** : 용도구분 – D : 내수용
- ⑩ **V** : 제작년도 – M : 1991, N : 1992, P : 1993, R : 1994, S : 1995, T : 1996, V : 1997, W : 1998, X : 1999, Y : 2000, 1 : 2001, 2 : 2002……
- ⑪ **K** : 공장 기호 – K : 군산 공장, B : 부평공장
- ⑫~⑰ **091435** : 차량 생산 일련 번호

자동차정비기능장

4. 쌍용 자동차 차대번호의 표기 부호(체어맨)

K	P	B	N	E	2	A	9	1	2	P	0	3	1	2	9	9
①	②	③	④	⑤	⑥	⑦	⑧	⑨	⑩	⑪	⑫	⑬	⑭	⑮	⑯	⑰

제작 회사군 / 자동차 특성군 / 제작 일련 번호군

① **K** : 국제배정 국적표시 – K : 한국, J : 일본, 1 : 미국,
② **P** : 제작사를 나타내는 표시 – M : 현대, L : 대우, N : 기아, P : 쌍용 자동차
③ **B** : 자동차 종별 표시 – A : 소형 승용, B : 대형 승용, F : 중형승용, K : 소형승합,
   J : 중형 승합, H : 소형 화물, G : 중형 화물, C : 대형 화물
④ **N** : 차량 기본 형식
⑤ **E** : 차체형상 – C : 캡 오버, B : 본닛, S : 세미 트레일러, E : 기타형상, M : 단체구조, F : 프레임 구조
⑥ **2** : 세부 차종 – 2 : 승용
⑦ **A** : 기타 특성 – A : 일반, B : 승용겸 화물, C : 지프, E : 기타, G : 밴, F : 덤프, K : 견인, J : 구난
⑧ **9** : 원동기 구분 – 엔진 배기량으로 영문 및 아라비아 숫자로 표기
⑨ **1** : 대조 번호 – 1 : 미정정
⑩ **2** : 제작년도 – M : 1991, N : 1992, P : 1993, R : 1994, S : 1995, T : 1996, V : 1997,
   W : 1998, X : 1999, Y : 2000, 1 : 2001, 2 : 2002, 3 : 2003 ……
⑪ **P** : 공장 기호 – P : 평택
⑫~⑰ **031299** : 차량 생산 일련 번호

5. 자동차 등록증(쏘나타NF –2005)

자동차등록증

제2005-000060호   최초 등록일 : 2005년 05월 05일

① 자동차 등록 번호	02소 2885	② 차 종	중형승용	③ 용도	자가용
④ 차 명	NF 소나타(SONSTA)	⑤ 형식 및 연식	NF-20GL-A1		2005
⑥ 차 대 번 호	KMAHET41BP5A123456	⑦ 원동기 형식	G4KA		
⑧ 사 용 본 거 지					
소유자 ⑨ 성명(명칭)	○○○	⑩ 주민(사업자) 등록 번호	******-*******		
⑪ 주 소					

자동차 관리법 제8조등의 규정에 의하여 위와 같이 등록하였음을 증명합니다.

– 위반하기 쉬운사항 –
※ 위반시 과태료 처분(뒷면 기재 참조)
  ㅇ 주소 및 사업장 소재지 변경 15일 이내
  ㅇ 정기검사 만료일 전후 15일 이내
  ㅇ 책임 보험료 가입 만료일 이전 이내 가입(100만원 이하 과태료)
  ㅇ 말소 등록폐차일로 부터 30일 이내(50만원 이하 과태료)

2005 년 05 월 00 일

○○시장

작업형실기

기능장 1안 — 기관 3

시동결함 및 부조발생 원인

주어진 자동차에서 크랭킹은 가능하나 시동되지 않고 시동된 후에도 부조가 발생합니다. 고장부위를 수리하고 기록표를 작성하시오.

01 크랭킹은 가능하나 시동되지 않는 원인

01 ECU 커넥터

ECU 커넥터 탈거(빠짐), 커넥터 단자 접촉 불량

02 CKP 센서 커넥터

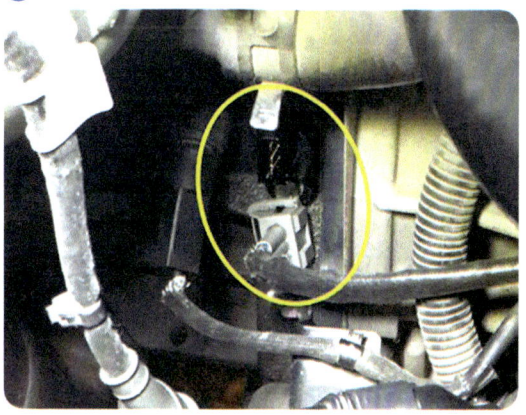

CKP(크랭크 앵글 센서) 커넥터 탈거(빠짐), 커넥터 단자 접촉 불량

03 연료펌프 커넥터

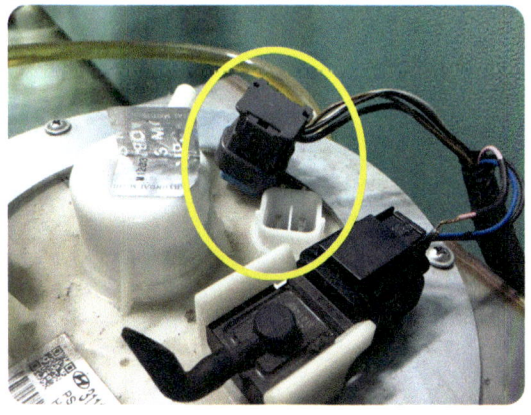

연료펌프 커넥터 탈거(빠짐), 커넥터 단자 접촉 불량

04 AFS 커넥터

AFS 커넥터 탈거(빠짐), 커넥터 단자 접촉 불량

05 점화코일 메인 커넥터

점화코일 메인 커넥터 탈거(빠짐), 커넥터단자 접촉 불량

06 인젝터 메인 커넥터

인젝터 메인 커넥터 탈거(빠짐), 커넥터단자 접촉 불량

07 엔진 룸 정션박스 캡

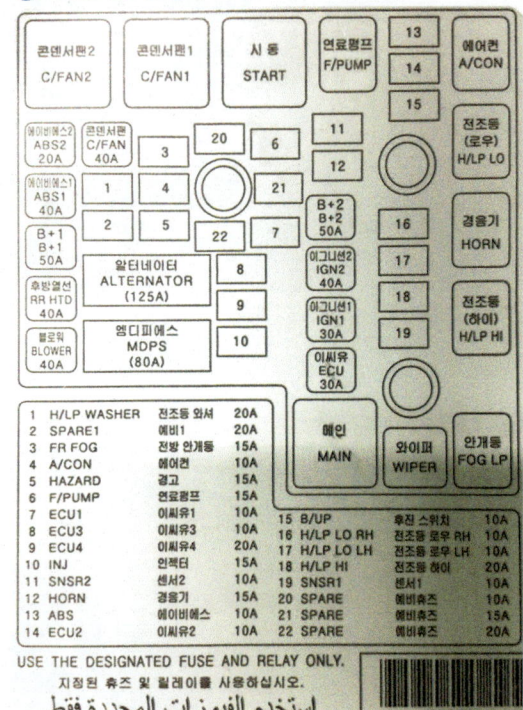

엔진 룸 정션박스 캡 각부 명칭

08 엔진 룸 정션박스

엔진 룸 정션박스 퓨즈 및 릴레이, 퓨즈블 링크 위치

09 인젝터 퓨즈

인젝터 퓨즈 탈거, 단선, 단자 파손

⑩ ECU 2 퓨즈

ECU 퓨즈 탈거, 단선, 단자 파손

⑪ 센서 1 퓨즈

센서 1 퓨즈 탈거, 단선, 단자 파손

⑫ 연료펌프 릴레이

연료펌프 릴레이 탈기, 릴레이 단품 불량

⑬ 메인 릴레이

메인 릴레이 탈기, 릴레이 단품 불량

⑭ 이그니션 1 보조 퓨즈블 링크

이그니션 1 보조 퓨즈블 링크 탈거, 단선, 단자 파손

⑮ ECU 30A 보조 퓨즈블 링크

ECU 30A 보조 퓨즈블 링크 탈거, 단선, 단자 파손

⑯ 점화코일 커넥터

점화코일 커넥터 전체 탈거 및 커넥터 단자 접촉 불량

⑰ Key 단자 접촉 불량

그림과 같이 Key 이그니션 단자 접촉 불량

⑱ 연료펌프

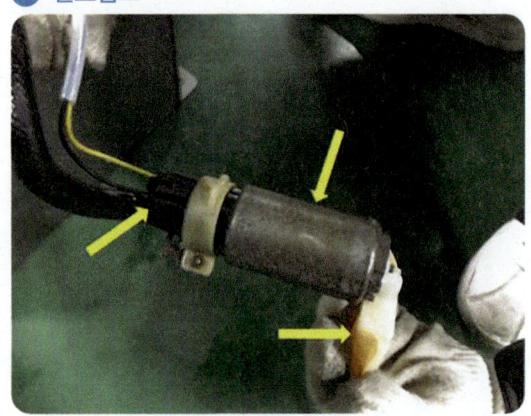

◀ 그림과 같이 연료펌프 커넥터 또는 단자 접촉 불량, 연료펌프 고착, 필터 막힘으로 인한 연료공급 불가 상태

02 부조 발생

① CMP(EX) 커넥터

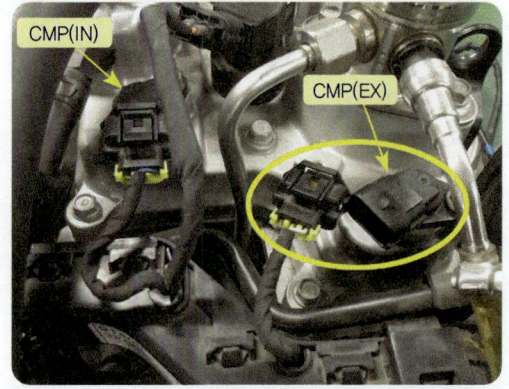

CMP(EX) 커넥터 탈거(빠짐), 커넥터 단자 접촉 불량

② CMP(IN) 커넥터

CMP(IN) 커넥터 탈거(빠짐), 커넥터 단자 접촉 불량

작업형실기

03 CMP(IN, EX) 커넥터

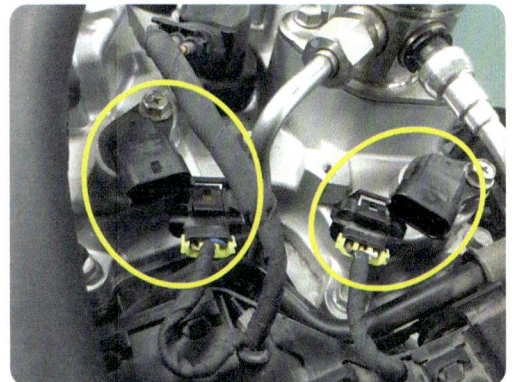

CMP(IN) 및 CMP(EX) 커넥터 탈거(빠짐), 커넥터 단자 접촉 불량

04 공회전 시 AFS 커넥터

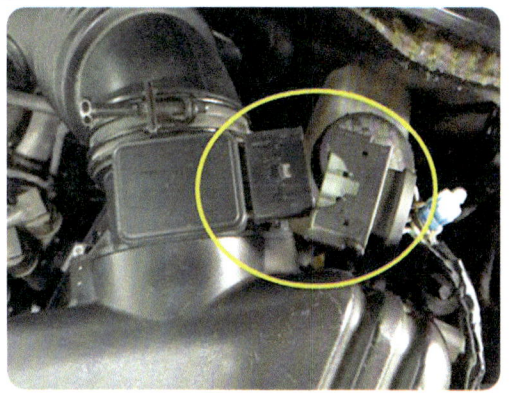

공회전 상태에서 AFS 커넥터 탈거(빠짐), 커넥터 단자 접촉 불량

05 점화코일 커넥터

2번 실린더 점화코일 커넥터 탈거(빠짐), 커넥터단자 접촉 불량

06 PCSV 진공호스

PCSV 진공호스 탈거(빠짐), 호스 파손

07 ETC 커넥터

ETC 커넥터 탈거(빠짐), 커넥터단자 접촉 불량

08 고압펌프 연료압력 조절기 커넥터

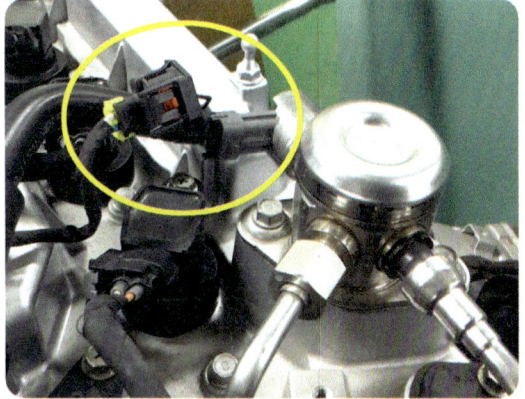

고압펌프 연료압력 조절기 커넥터 탈거(빠짐), 커넥터단자 접촉 불량

09 점화 플러그 간극(과대)

위쪽 플러그 간극상태 정상, 아래쪽 플러그 간극 과대

10 점화 플러그 간극(과소)

위쪽 플러그 간극상태 정상, 아래쪽 플러그 간극 과소

11 점화 플러그 간극

위쪽 플러그 간극상태 정상, 아래쪽 플러그 간극 없음

12 CMP 커넥터

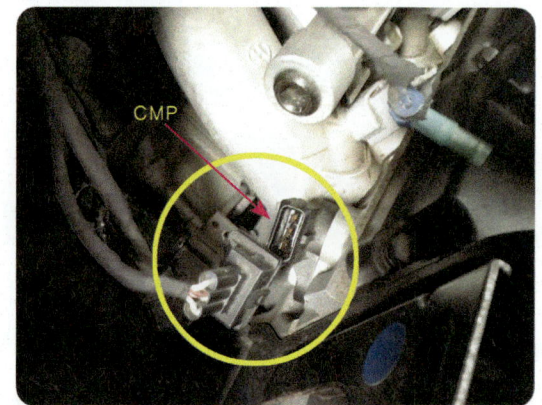

CMP 커넥터 탈거(빠짐), 커넥터 단자 접촉 불량

13 TPS 커넥터

TPS 커넥터 탈거(빠짐), 커넥터 단자 접촉 불량

14 브레이크 부스터 진공호스

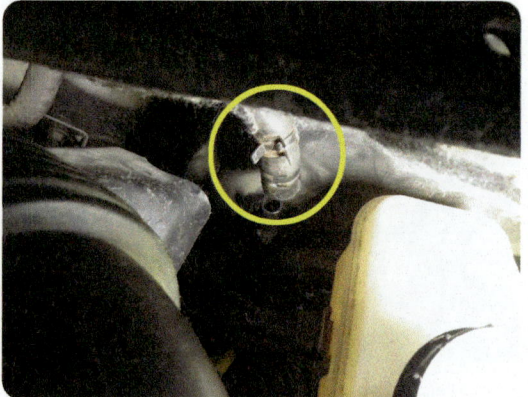

브레이크 부스터 진공호스 탈거(빠짐), 호스파손

⑮ PCV 진공호스　　　　　　　　　⑯ 고전압 분배배선

PCV 진공호스 탈거(빠짐), 호스파손　　고전압 분배배선 일부 탈거(빠짐)

03 시동결함 및 부조발생 기록표 작성

답안작성 위 ❶과 ❷ 그림을 참고하여 시동결함 점검 부위 및 내용, 정비 및 조치사항 기재

◆ 기관 3. 기록표
자동차 번호 :

항 목	점검(원인 부위)	내용 및 정비(또는 조치)사항		득 점
		원인 내용 및 상태	정비 및 조치사항	
시동 결함	엔진 룸 정션박스 내 ECU 보조 퓨즈블 링크	탈거	정격 퓨즈블 링크 장착 후 재점검	
	ECU(엔진 ECU) 커넥터	빠짐	ECU 커넥터 연결 후 재점검	
부조 발생	PCSV 진공호스	찢어짐	신품 진공호스 교환 후 재점검	
	2번 점화플러그	간극 과소	간극 규정값(1.0~1.2mm) 내로 조정 장착 후 재점검	

비 번호 : 　　　시험 위원 확 인 :

> 자동차정비기능장

기능장 1안
섀시 1

브레이크 마스터 실린더 탈·부착 및 작동상태 확인

주어진 자동차에서 시험위원의 지시에 따라 브레이크 마스터 실린더를 탈거하고 시험위원에게 확인 후 다시 조립(부착)하여 작동상태를 확인하고 기록표의 요구사항을 점검 및 측정하여 기록하시오.

01 브레이크 마스터 실린더 탈·부착 및 작동상태

01 관련부품 명칭

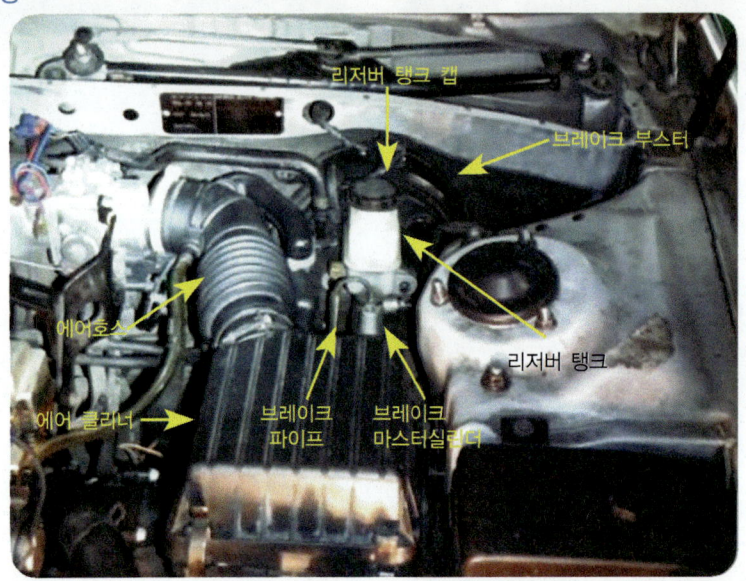

리저브 탱크 캡, 브레이크 부스터, 리저브 탱크, 브레이크 마스터 실린더, 브레이크 파이프, 에어 클리너, 에어호스

02 흡기계통 탈거

브리더 호스 및 에어호스, 에어클리너 캡을 탈거한다.

03 브레이크 오일 회수

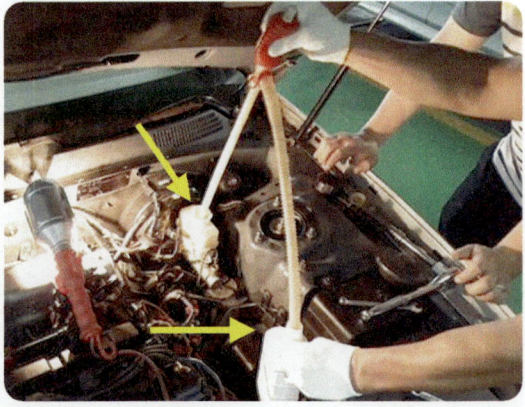

브레이크 마스터 실린더 리저브 캡을 열고 탱크 내에 있는 브레이크 오일을 회수한다.

04 브레이크 액 경고등 스위치

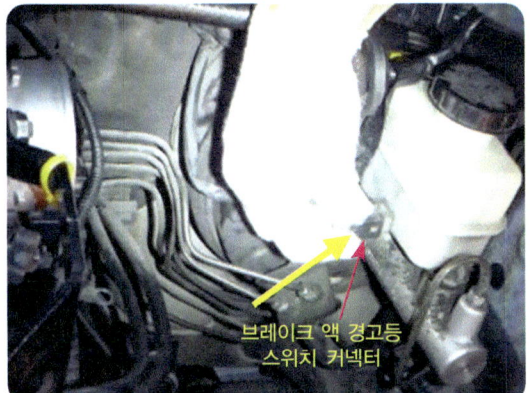

브레이크 액 경고등 스위치 커넥터를 탈거한다.

05 브레이크 파이프 및 마스터실린더 고정너트 탈거

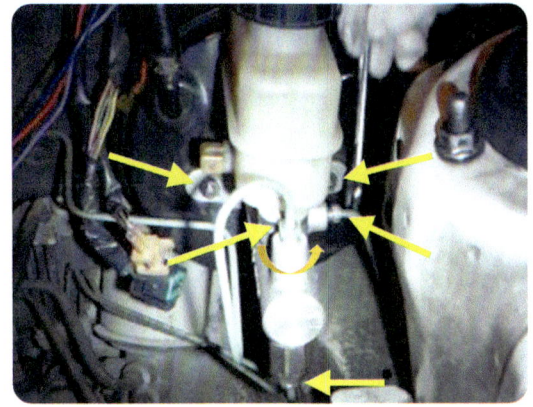

브레이크 파이프 3개의 너트를 풀어 탈거한 후 마스터 실린더 고정너트를 탈거한다.

06 마스터실린더 탈거

마스터 실린더를 탈거한다.

07 브레이크 마스터 실린더 장착

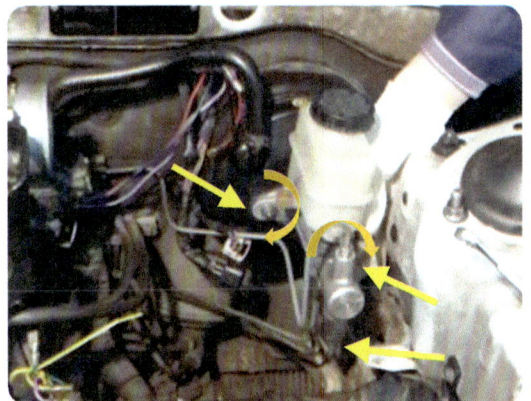

브레이크 부스터에 마스터 실린더를 설치하고 고정너트를 조인 후 브레이크 파이프 너트를 규정 토크를 조여 장착한다.

08 브레이크 액 경고등 스위치 장착

그림과 같이 브레이크 액 경고등 스위치 커넥터를 장착한다.

09 브레이크 오일 보충

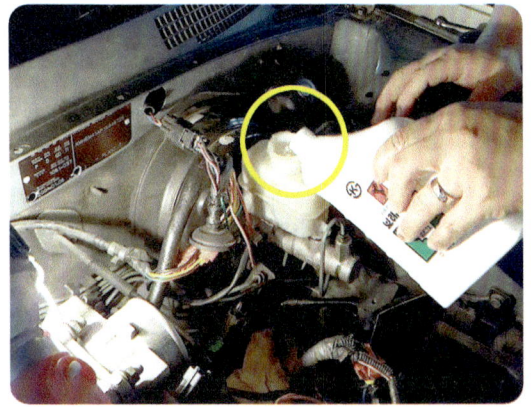

그림과 같이 리저버 탱크 캡을 열고 신품의 브레이크 오일을 보충한다.

⑩ 공기빼기 작업 1

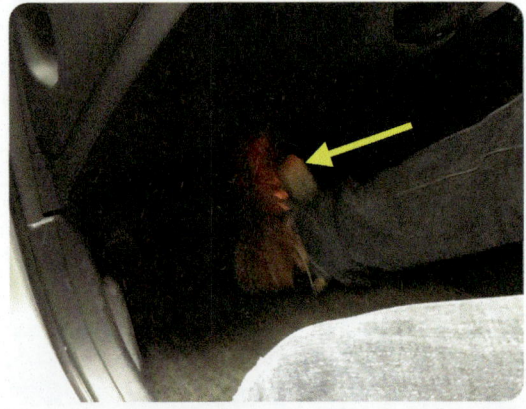

브레이크 페달을 반복적으로 밟아 유압이 상승되는 시점에서 페달을 꾹 밟고 있는 상태로 멈춘다.

⑪ 공기빼기 작업 2

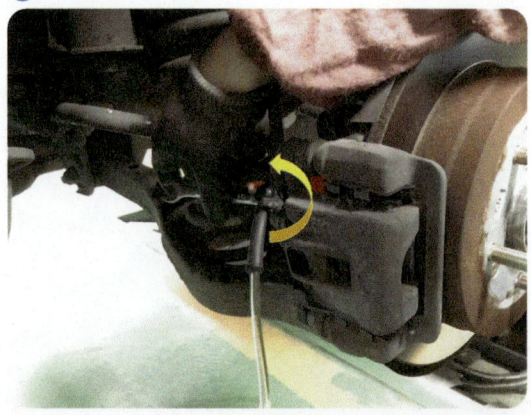

그림과 같이 폐유 브레이크 오일 통 호스를 브레이크 캘리퍼에 있는 에어 브리더 스크루에 장착하고 에어 브리더 스크루를 풀어 에어가 빠지면 다시 조인다. 같은 방법으로 반복하여 순수한 오일이 나올 때 까지 모든 브레이크 캘리퍼에서 실시한다.

⑫ 브레이크 오일 교환기

ON(오일교환), ON(폐유흡입), OFF(정지), 리저브 탱크 캡 커플링, 오일주입 캡, OFF(오일보충), 오일흡입호스

13 리저버 탱크 캡

그림과 같이 리저브 탱크 캡을 연다.

14 어댑터 설치

리저브 탱크에 어댑터를 설치한다.

15 커플링 연결

어댑터에 오일주입 커플링을 연결한다.

16 오일 교환기 작동

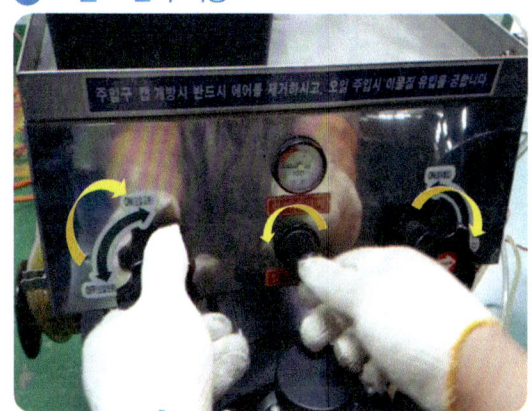

오일교환 스위치와 폐유흡입 스위치를 ON으로 한 후 압력 조절밸브를 반 시계방향으로 돌려 규정압력으로 조정한다.

17 브레이크 마스터 실린디 에어빼기

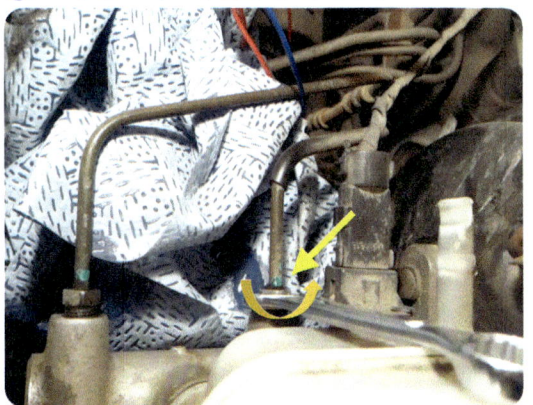

그림과 같이 브레이크 파이프 3개의 너트를 풀고 조임을 반복적으로 하여 에어빼기를 실시한다.

18 브레이크 캘리퍼 에어빼기 작업

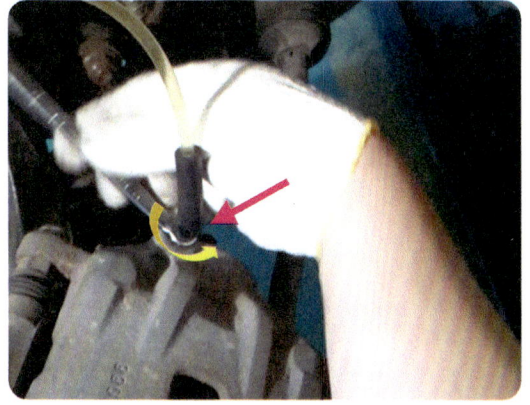

폐유 브레이크 오일 통 호스를 브레이크 캘리퍼에 있는 에어 브리더 스크루에 장착하고 에어 브리더 스크루를 풀어 에어가 빠지면 다시 조인다. 같은 방법으로 반복하여 순수한 오일이 나올 때 까지 모든 브레이크 캘리퍼에서 실시한다.

⑲ 에어브리더 스크루

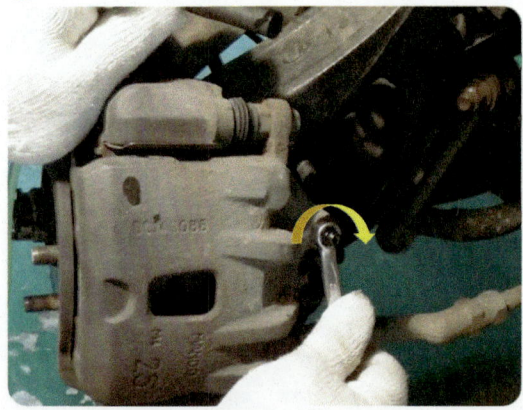

에어브리더 스크루에서 폐유 브레이크 오일 통 호스를 제거하고 규정 토크로 조인다.

⑳ 에어브리더 스크루 캡

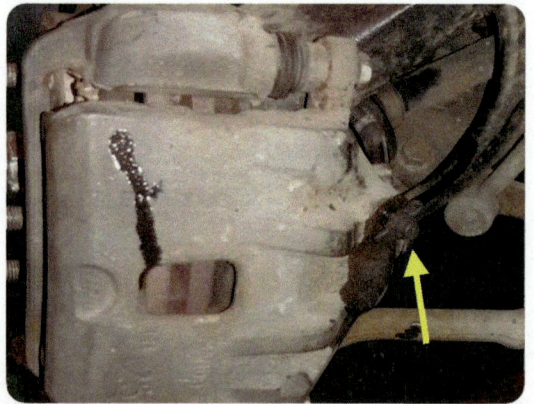

그림과 같이 에어브리더 스크루 캡을 덮는다.

02 제동력 시험

① 측정준비

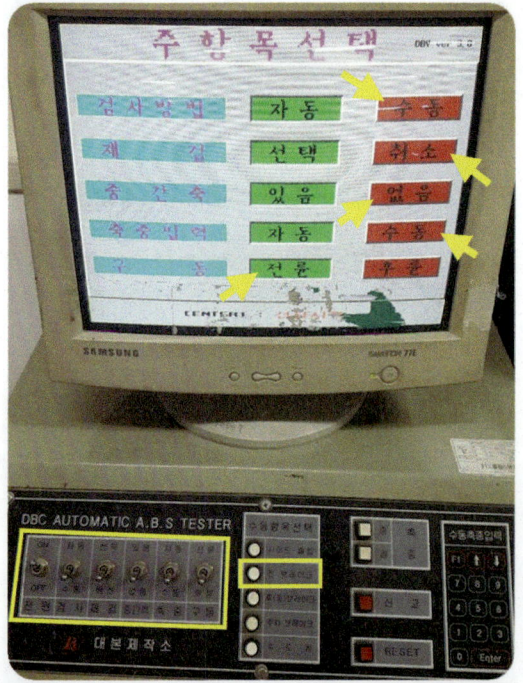

위 그림의 좌측 하단에 위치한 선택레버에서 전원 ON, 검사 수동, 재검 취소, 중간축 없음, 축중입력 수동, 구동 전륜으로 선택한 후 중앙에 있는 수동항목선택에서 전 브레이크 버튼을 누른다.

② 축중설정

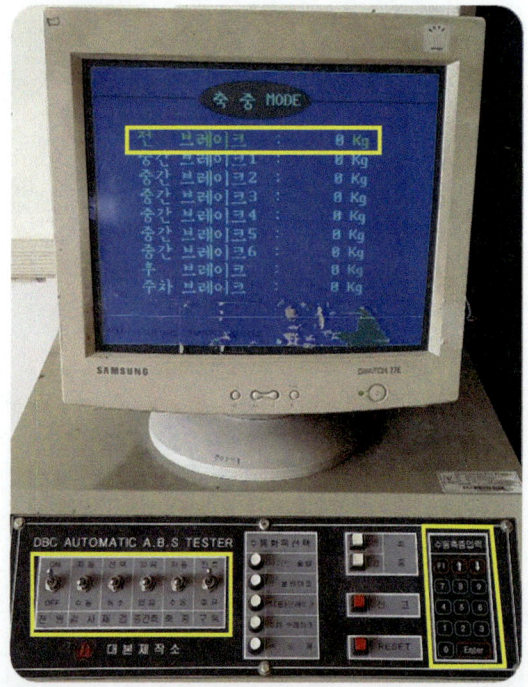

위 그림의 우측 하단에 위치한 수동축중입력 버튼을 이용하여 해당 차량 축중을 입력한다.

작업형실기

03 차량진입

브레이크 테스터 리프트에 차량을 수평으로 진입시킨다.

04 측정

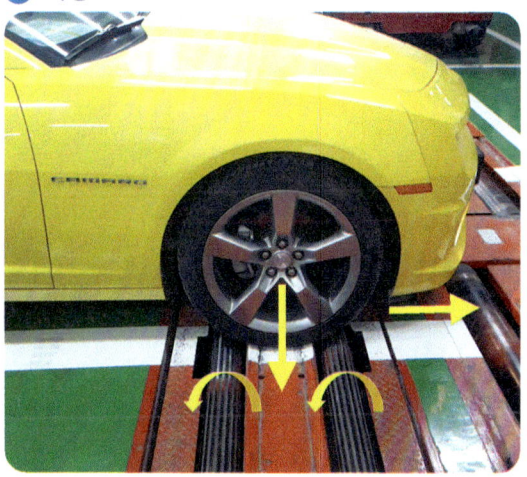

리프트 하강, 테스터 롤러 구동상태에서 브레이크 페달을 밟는다.

05 측정화면

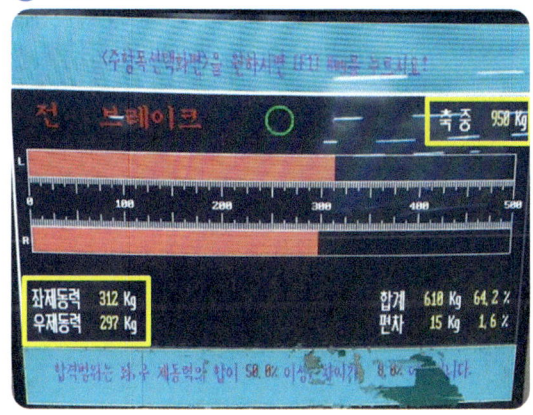

그림과 같이 화면에 나타난 수치를 확인한다.

06 계산공식 및 규정값

① 제동력 총합

$$\frac{앞·뒤·좌·우\ 제동력의\ 합}{차량\ 총중량} \times 100 = 50\% \text{ 이상 합격}$$

② 앞바퀴 제동력 합

$$\frac{앞,\ 좌·우\ 제동력의\ 합}{앞\ 축중} \times 100 = 50\% \text{ 이상 합격}$$

③ 뒷바퀴 제동력 합

$$\frac{뒤,\ 좌·우\ 제동력의\ 합}{뒤\ 축중} \times 100 = 20\% \text{ 이상 합격}$$

④ 좌우 제동력 편차

$$\frac{큰쪽\ 제동력 - 작은쪽\ 제동력}{당해\ 축중} \times 100 = 8\% \text{ 이내 합격}$$

⑤ 주차 브레이크 제동력

$$\frac{뒤,\ 좌·우\ 제동력의\ 합}{차량\ 중량} \times 100 = 20\% \text{ 이상 합격}$$

07 산출근거

답안지 작성을 위한 산출근거를 계산한다.

① 앞바퀴 제동력 합 $= \dfrac{312\text{kg} + 297\text{kg}}{950\text{kg}} \times 100 = 64.1\%$ 양호

② 앞바퀴 제동력 편차 $= \dfrac{312\text{kg} - 297\text{kg}}{950\text{kg}} \times 100 = 1.57\%$ 양호

답안작성 분석내용 표기 및 답안 작성하기

◆ 섀시 1. 기록표
자동차 번호:

비 번호		시험 위원 확 인	

항 목	측정(또는 점검)						판정	득 점
	측정 값			기 준 값			판정 (□에 '✔' 표)	
	구분	합(%)	편차(%)	해당축중	합	편차		
제동력 위치 ☑앞, □뒤 □에 '✔' 표시	좌 : 312kg 우 : 297kg	64.10%	1.5% 또는 1.57%	950kg	50%이상 또는 앞 축중의 50%이상	8%이내 또는 앞 축중의 8%이내	☑ 양 호 □ 불 량	
산출근거	제동력 합 $\dfrac{312kg+297kg}{950kg} \times 100 = 64.1\%$			제동력 편차 $\dfrac{312kg-297kg}{950kg} \times 100 = 1.57\%$				

※ 시험위원의 지시에 따라 수험자가 직접 조작 및 측정하고 단위의 누락이나 틀린 경우는 오답으로 채점합니다.

기능장 1안

섀시 전자제어 동력 조향장치 파워펌프 탈·부착 및 에어빼기작업

주어진 전자제어 전기유압식 동력 조향장치(EPS) 및 전자식 동력 조향장치(MDPS) 자동차에서 시험위원의 지시에 따라 파워펌프를 교환(탈, 부착)하여 에어빼기 작업을 실시하고, 조향장치 작동상태를 확인하고, 기록표의 요구사항을 점검 및 측정하여 기록하시오.

01 전자제어 동력 조향장치 파워펌프 탈·부착 및 에어빼기 작업

01 관련부품 명칭

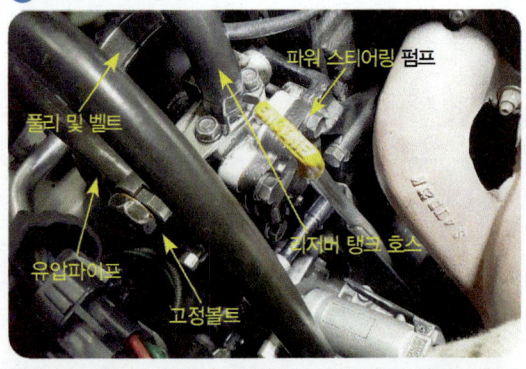

파워펌프 풀리 및 벨트, 파워 스티어링 펌프, 리저버 탱크 호스, 고정 볼트, 유압 파이프

02 리저브 탱크 호스 탈거

리저브 탱크 호스 고정밴드 위치를 이동한 후 호스를 탈거한다.

작업형실기

03 파워펌프 스위치 단자 탈거

파워펌프 상단에 위치한 펌프 스위치 단자를 탈거한다.

04 유압파이프 고정 볼트 탈거

그림과 같이 유압파이프 고정 볼트를 탈거한다.

05 고정 볼트 동 와셔

누유 방지를 위한 고정 볼트 양쪽에 동 와셔가 들어간다.

06 유격조정 고정 볼트 탈거

그림과 같이 파워펌프 유격조정 고정 볼트를 탈거한다.

07 유격조정볼트 탈거

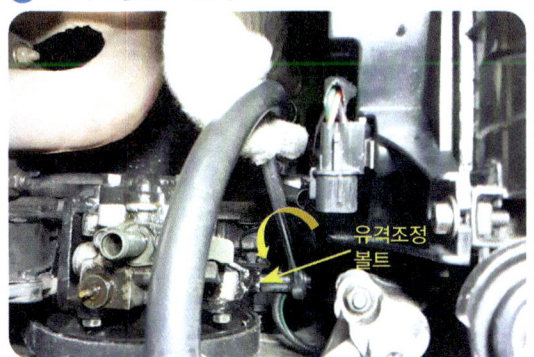

그림과 같이 유격조정볼트를 탈거한다.

08 파워펌프 벨트 탈거

그림과 같이 파워펌프 벨트를 풀리에서 탈거한다.

09 고정 볼트 탈거

파워펌프 앞쪽 고정 볼트를 탈거한다.

10 관통볼트 탈거

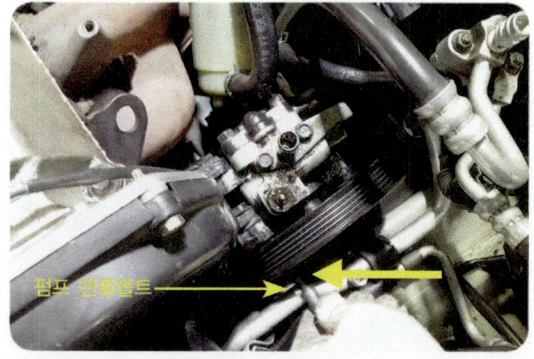

파워펌프 앞쪽 관통볼트를 탈거한다.

11 파워펌프 탈거

파워펌프를 브래킷에서 탈거한다.

12 파워펌프 단품

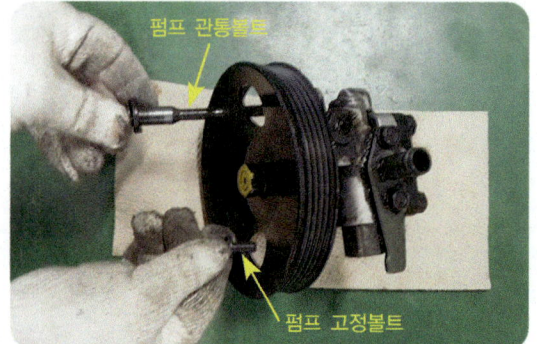

펌프 관통볼트, 파워펌프, 펌프 고정 볼트

13 파워펌프 설치

그림과 같이 파워펌프를 브래킷에 설치한다.

14 고정 볼트 및 관통볼트 장착

파워펌프 고정 볼트 및 관통볼트를 장착한다.

⑮ 파워펌프 벨트 장착

그림과 같이 파워펌프 벨트를 풀리에 장착한다.

⑯ 유압파이프 고정 볼트 장착

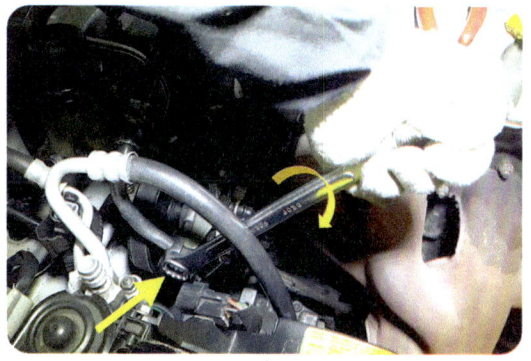

그림과 같이 유압파이프 고정 볼트를 장착한다.
참고 고정 볼트 양쪽에 동 와셔설치

⑰ 벨트 장력조정

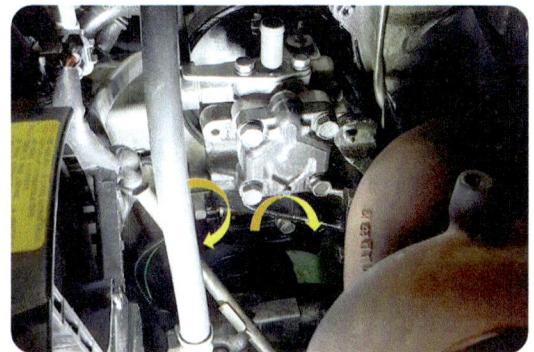

유격조정 볼트를 시계방향으로 돌려 장력을 규정값으로 조정한 후 고정 볼트를 규정토크로 조인다.

⑱ 파워펌프 스위치 단자 장착

펌프 스위치 단자를 장착한다.

⑲ 리저브 탱크 호스 장착

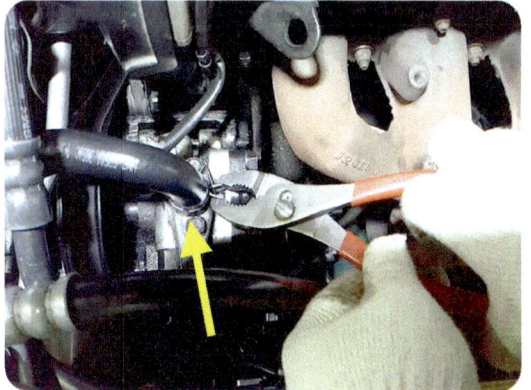

리저브 탱크 호스를 끼운 후 고정밴드를 장착한다.

⑳ 파워펌프 오일 량 점검

그림과 같이 파워 스티어링 펌프 리저브 탱크 캡을 열어 레벨게이지의 눈금에 따른 오일 량을 점검한다.

㉑ 오일 량 보충

그림과 같이 리저브 탱크에 파워오일을 보충한다.

㉒ 에어빼기 작업

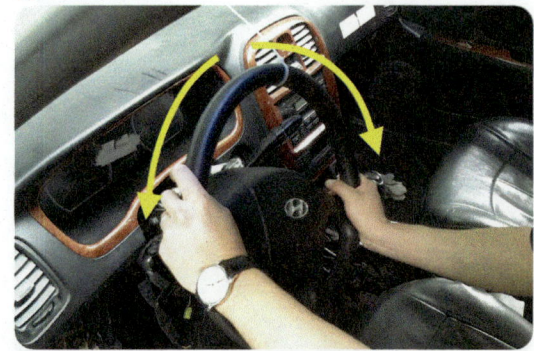

핸들을 좌우로 여러 번 돌려 에어빼기 작업을 실시한다.

㉓ 시동 후 에어빼기 작업

엔진 시동을 걸고 그림과 같이 핸들을 좌우로 여러 번 돌려 에어빼기 작업을 실시한다.

㉔ 오일 량 점검 및 조정

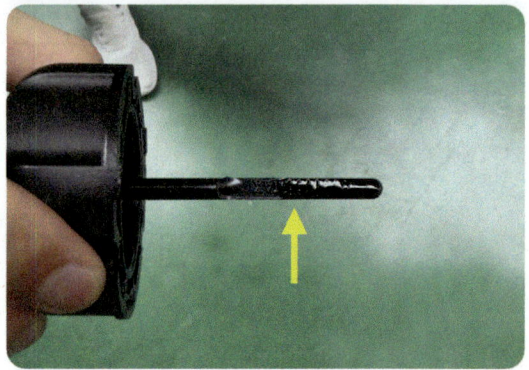

그림과 같이 파워 스티어링 펌프 레벨게이지의 눈금에 따른 오일 량을 점검한 후 부족 시 보충한다.

02 MDPS모터 전류파형(정지 시 측정)

① 차종선택 후 오실로 스코프 선택

차종선택 후 오실로 스코프 화면을 선택한다.

② 영점조정

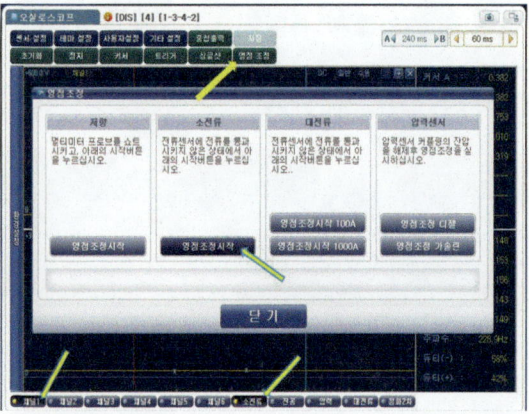

하단에 위치한 채널 1번과 소전류 선택 후 영점조정 클릭, 영점조정시작 클릭

03 영점조정 완료

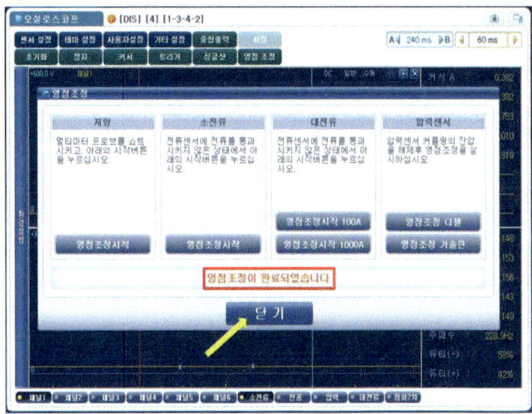

영점조정이 완료되었습니다. 나타나면 닫기 클릭

04 부품명칭

모터전원선, MDPS Motor

05 채널 1번 (+)프로브와 소 전류계 설치

채널 1번 (+)프로브와 소 전류계를 ▶
모터 전원 선에 설치한다.

06 정지 시 전압 전류파형

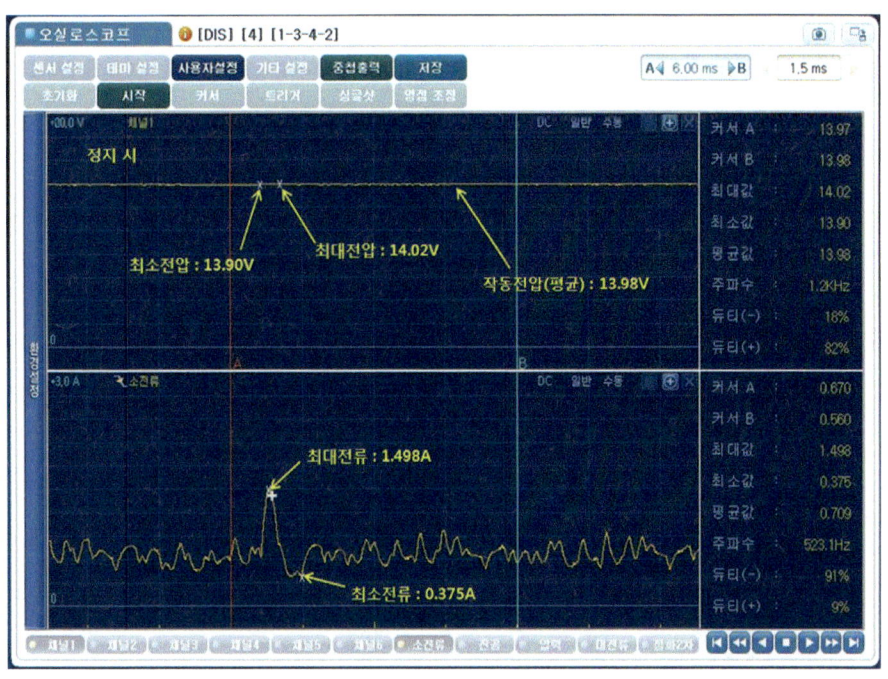

정지 시 출력파형으로 커서 A, B를 일정 구간에 위치한 경우
최소전압 13.90V,
최대전압 14.02V,
평균(작동)전압
 13.98V,
최대전류 1.498A,
최소전류 0.375A로
표기한 화면

07 출력파형 출력물 : 파형 출력 및 분석내용 표기

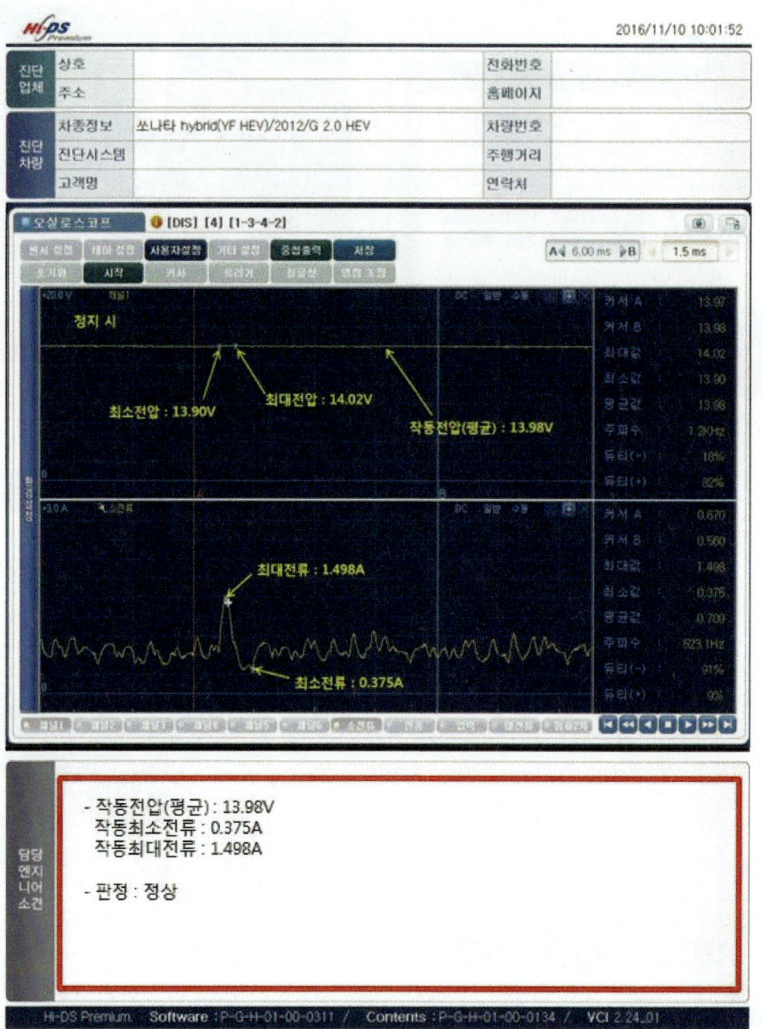

답안작성 — 분석내용 표기 및 답안 작성하기

◈ 섀시 2. 기록표

1) 파형   자동차 번호 :

항목	파형 분석 및 판정			득점
	분석항목	분석내용	판정(□에 '✔' 표)	
MDPS모터 전류파형 (정지시 측정)	작동전압 : 13.98V	분석내용은 출력물에 표시하시오	☑ 양 호 □ 불 량	
	작동최소전류 : 0.375A			
	작동최대전류 : 1.498A			

	비 번호		시험 위원 확 인	

82

기록표 요구사항 점검·측정

기능장 1안 / 섀시 2

기록표 요구사항을 점검 및 측정하여 기록하시오.

01 오일펌프 배출압력

01 입력호스 탈거

압력호스 고정 볼트를 그림과 같이 탈거한다.

02 어댑터 및 커플링 연결

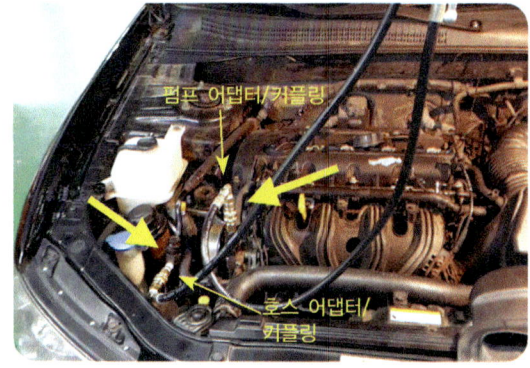

펌프 및 호스 어댑터와 커플링을 압력라인에 연결한다.

03 압력게이지 설치

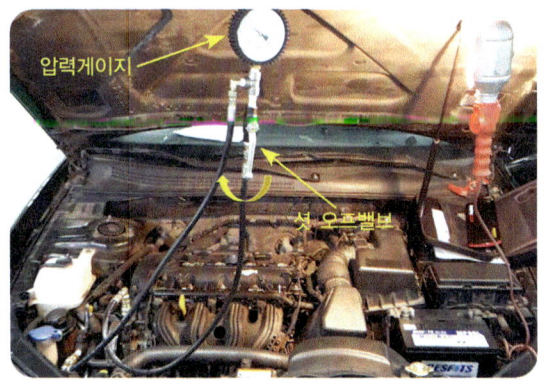

압력게이지를 설치하고 공기빼기 작업을 실시한 후 셧 오프 밸브를 닫는다.

04 압력측정(공회전 시)

엔진 공회전 상태에서 핸들 정지 시 압력(10~15bar)

05 압력측정(공회전 시)

엔진 공회전 상태에서 핸들 회전 시 압력(약 35bar)

06 압력측정(공회전 시)

엔진 공회전 상태에서 핸들 최대회전 부하 시 압력 (80~90bar)

답안작성 아래 3가지 측정 조건에 따라 분석내용 및 답안작성

항 목	측정(또는 점검)		판정 및 정비(또는 조치)사항		득 점
	측정값	규정값(정비한계값)	판정(□에 '✔' 표)	정비 및 조치할 사항	
오일 펌프 배출 압력	10~15bar	핸들 정지 시 8~20bar	☑ 양 호 □ 불 량	정상 (정비 및 조치사항 없음)	
유량제어 솔레노이드 저항			□ 양 호 □ 불 량		

항 목	측정(또는 점검)		판정 및 정비(또는 조치)사항		득 점
	측정값	규정값(정비한계값)	판정(□에 '✔' 표)	정비 및 조치할 사항	
오일 펌프 배출 압력	35bar	핸들 회전 시 25~40bar	☑ 양 호 □ 불 량	정상 (정비 및 조치사항 없음)	
유량제어 솔레노이드 저항			□ 양 호 □ 불 량		

항 목	측정(또는 점검)		판정 및 정비(또는 조치)사항		득 점
	측정값	규정값(정비한계값)	판정(□에 '✔' 표)	정비 및 조치할 사항	
오일 펌프 배출 압력	80~90bar	핸들 최대회전 부하 시 70~95bar	☑ 양 호 □ 불 량	정상 (정비 및 조치사항 없음)	
유량제어 솔레노이드 저항			□ 양 호 □ 불 량		

02 EPS 유량제어 솔레노이드 밸브저항

① 관련부품 명칭

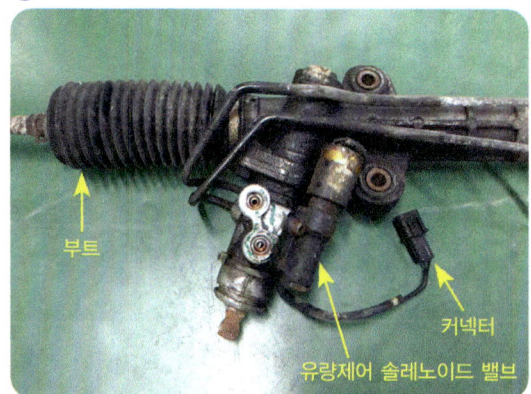

부트, 커넥터, 유량제어 솔레노이드 밸브

② 측정기 선택 레버를 저항에 위치

디지털 멀티미터 선택레버를 저항 위치로 선택

③ 측정 및 측정값 판독

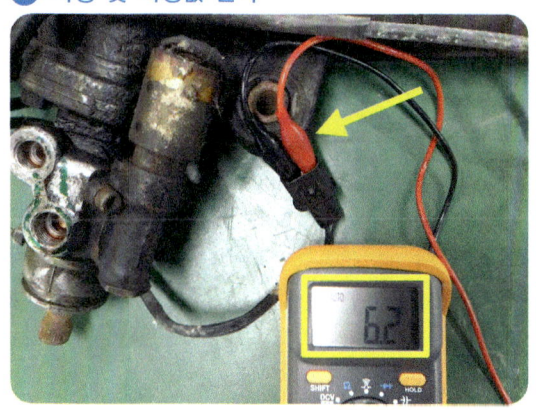

◀ 테스터기 리드 봉을 솔레노이드 밸브 커넥터 두 단자에 연결한 후 측정값을 판독한다.
(측정값 6.2Ω)

답안작성 — 측정조건에 따라 분석내용 및 답안작성

2) 점검 및 측정

항 목	측정(또는 점검)		판정 및 정비(또는 조치)사항		득 점
	측정값	규정값(정비한계값)	판정(□에 '✔' 표)	정비 및 조치할 사항	
오일 펌프 배출 압력	10~15bar	핸들 정지 시 8~20bar	☑ 양 호 □ 불 량	정상 (정비 및 조치사항 없음)	
유량제어 솔레노이드 저항	6.2Ω	5~8Ω	☑ 양 호 □ 불 량	정상 (정비 및 조치사항 없음)	

> 자동차정비기능장

기능장 1안 · 전 기 1

시동모터 탈·부착 및 작동상태 확인, 점검 및 측정

시험위원의 지시에 따라 자동차에서 시동모터를 탈거하고 시험위원에게 확인 후 다시 조립(부착)하여 작동상태를 확인하고 기록표의 요구사항을 점검 및 측정하고 기록표에 기록하시오.

01 시동모터 탈·부착 및 작동상태

01 배터리 접지

그림과 같이 배터리에서 접지선을 탈거한다.

02 흡기매니폴드 지지대

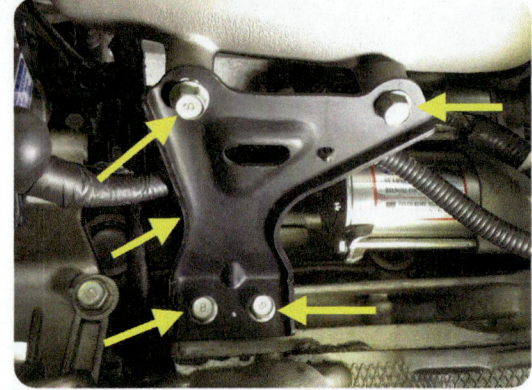

흡기매니폴드 지지대 고정 볼트를 탈거한다.

03 부품 명칭

ST단자 커넥터, B단자 커버부트

04 ST단자

ST단자 커넥터를 탈거한다.

05 B단자

B단자 커버부트를 제거하고 고정너트를 탈거한다.

06 시동모터 고정 볼트

시동모터 고정 볼트를 탈거한다.

07 탈거

그림과 같이 시동모터를 탈거한다.

08 시동모터 장착

그림과 같이 시동모터를 토크 컨버터 하우징에 장착하고 고정 볼트를 규정토크로 조인다.

09 B단자 장착

B단자를 설치하고 고정너트를 규정토크로 조인다.

10 ST단자 장착

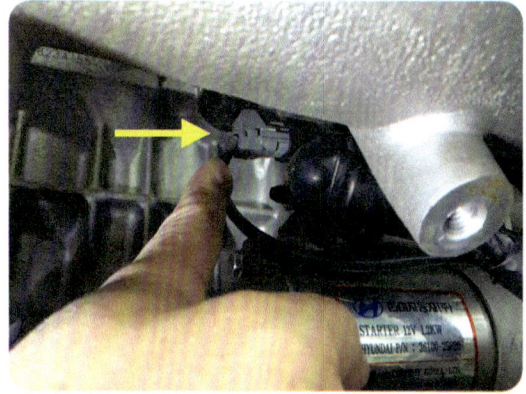

ST단자 커넥터를 ST단자에 장착한다.

⑪ 흡기매니폴드 지지대 장착

흡기매니폴드 지지대 고정 볼트를 규정토크로 조인다.

⑫ 배터리 접지선 장착

그림과 같이 배터리에서 접지선을 장착한다.

02 부하시험 배터리

① 부속부품 명칭
: 정션박스, 키 박스, 엔진 ECU

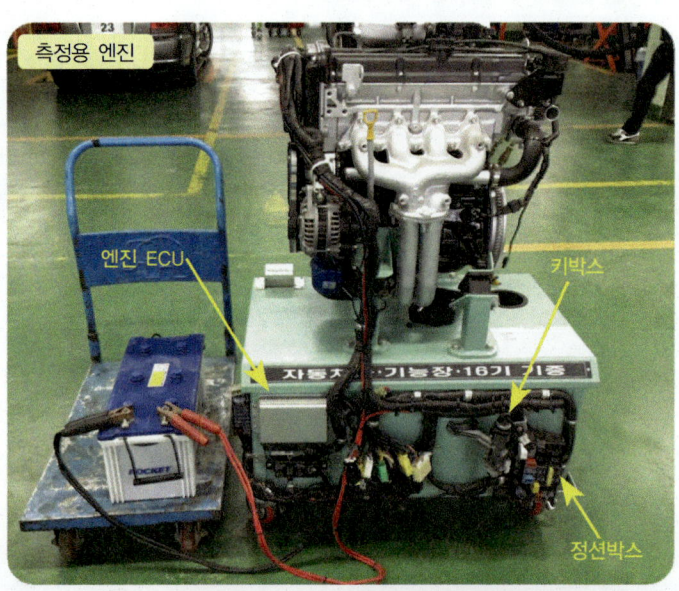

② 측정부위 명칭 : B단자, M단자, ST단자

03 점화코일 커넥터

크랭킹 시 점화가 일어나지 않도록 커넥터를 탈거한다.

04 CKP 커넥터

또는 CKP 커넥터를 탈거한다.

05 이그니션 30A 및 ECU 20A 퓨즈블 링크

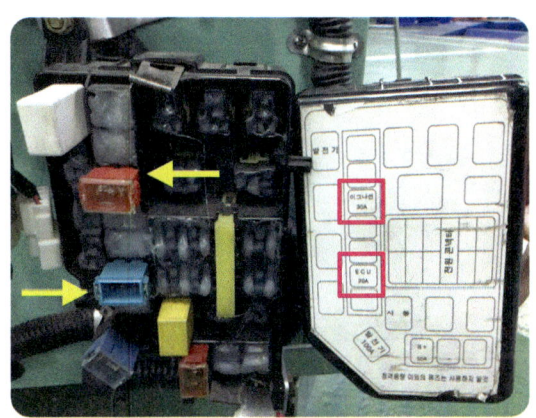

이그니션 또는 ECU 퓨즈블 링크를 탈거하여 시동이 걸리지 않도록 한다.

06 클램프 형 전류계

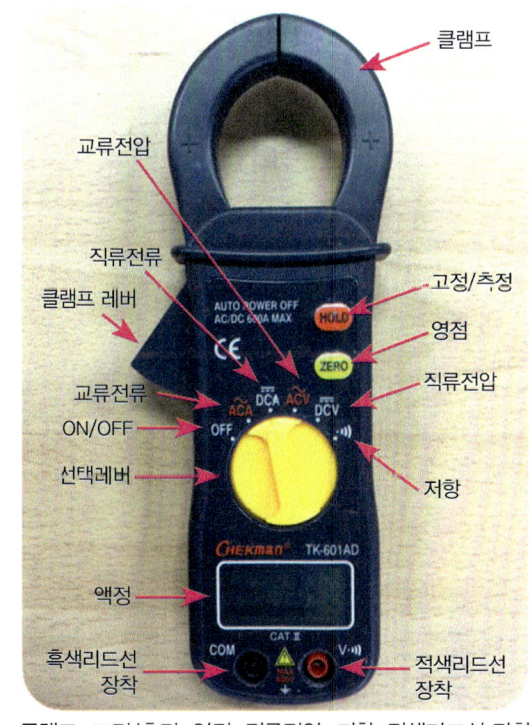

클램프, 고정/측정, 영점, 직류전압, 저항, 적색리드선 장착 구, 흑색리드선 장착 구, 액정, 선택레버, ON/OFF, 교류전류, 클램프 레버, 직류전류, 교류전압

07 선택레버

전류계의 선택레버를 DC A에 위치한다.

08 ZERO 버튼

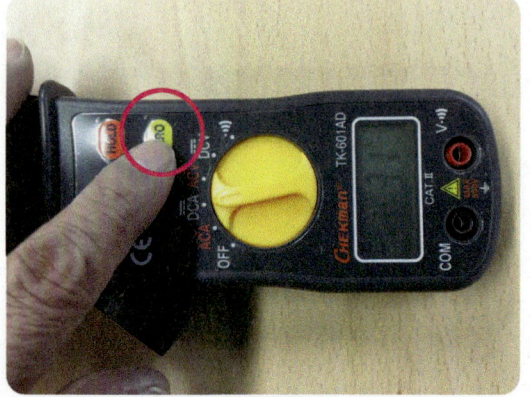

제로 버튼을 눌러 0점 조정을 한다.

09 0점 조정 완료

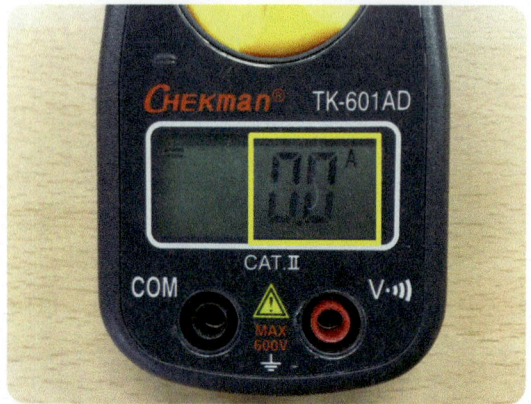

그림과 같이 0점 조정이 완료된 모습

10 전류계 설치 방법1

전류계를 기동전동기 마그네틱 스위치 B단자와 연결된 케이블에 설치한다.

11 전류계 설치 방법2

전류계를 배터리 (+)와 기동전동기 마그네틱 스위치 B단자와 연결된 케이블에 설치한다.

12 디지털 멀티미터

그림과 같이 선택레버를 DC V에 위치하고 COM에 흑색 리드선, V, Ω, mA 구에 적색 리드 선을 장착한다.

13 디지털 멀티미터 설치

그림과 같이 흑색 리드 선을 배터리 (−), 적색 리드 선은 배터리 (+)에 연결한다. [현재 배터리 전압 나타남 12.25V]

⑭ 전류계와 디지털 멀티미터 설치

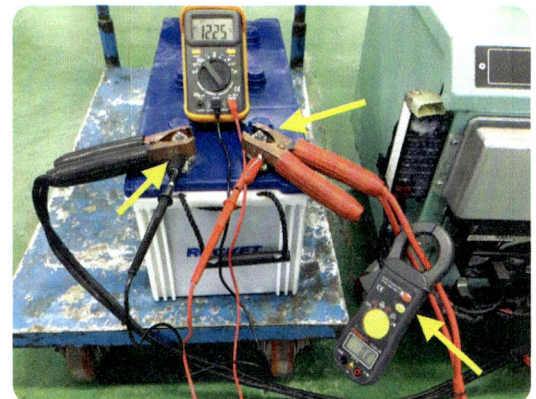

전류계와 전압계 설치모습

⑮ 엔진 크랭킹

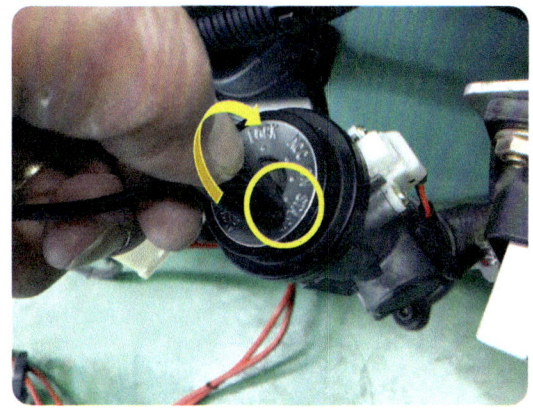

키를 스타팅 쪽으로 5~15초 동안 돌려 크랭킹 한다.

⑯ 측정값

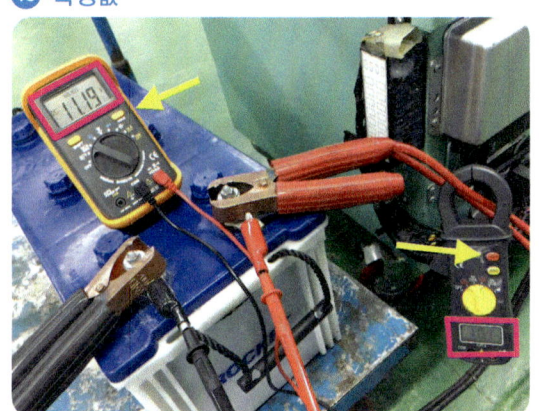

일정한 수치가 지속될 때 전압과 전류 값을 고정한다.

⑰ 전압값 판독 : 전압값 11.19V

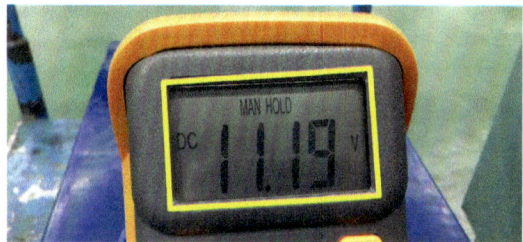

⑱ 전류 값 판독 : 전류 값 115.4A

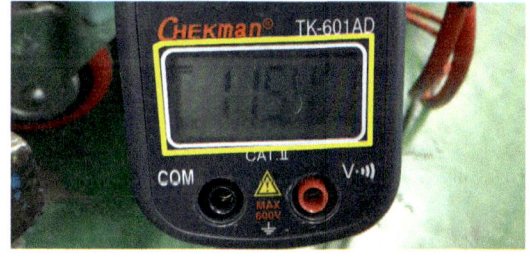

답안작성

배터리와 시동모터 간 전압강하량은 배터리 전압-크랭킹 시 전압이므로 12.25-11.19=1.06V 임.

◆ 전기 1. 기록표
자동차 번호 :

항 목	측정(또는 점검)		판정 및 정비(또는 조치)사항		득 점
	측정값		배터리 내부저항	정비 및 조치할 사항	
부하 시험 배터리	크랭킹 시 방전전류량 115.4A	배터리와 시동모터 간 전압 강하량 1.06V	☑ 양 호 ☐ 불 량	정상 (정비 및 조치사항 없음)	

비 번호:
시험 위원 확 인:

⑲ 선간전압

전압계를 배터리 (+)와 기동전동기 마그네틱 스위치 B단자 간에 연결

⑳ 측정값

그림과 같이 측정값은 0V이다.

㉑ 엔진 크랭킹

그림과 같이 키를 스타팅 쪽으로 5~15초 동안 돌려 크랭킹 한다.

㉒ 측정값

일정한 수치가 지속될 때 HORD 버튼을 눌러 전압값을 고정한다.

㉓ 전압값 판독

전압값 : 0.529V

답안작성 크랭킹 시 방전전류량은 115.4A, 배터리와 시동모터 간 전압 강하량[배터리 (+)와 기동전동기 마그네틱 스위치 B단자]은 0.529V 임.

◆ 전기 1. 기록표
자동차 번호 :

항 목	측정(또는 점검)		판정 및 정비(또는 조치)사항		득 점
	측정값		배터리 내부저항	정비 및 조치할 사항	
부하 시험 배터리	크랭킹 시 방전전류량 115.4A	배터리와 시동모터 간 전압 강하량 0.529V	☑ 양 호 ☐ 불 량	정상(정비 및 조치사항 없음)	

	비 번호	시험 위원 확 인

작업형실기

기능장 1안
전 기 2

회로점검 및 기록표 작성

주어진 자동차에서 정비지침서의 회로도를 이용하여 기록표에서 요구하는 회로를 점검하고, 이상이 있으면 이상내용을 기록표에 기록한 후 정비하시오.

01 파워 윈도우 회로점검

01 구성부품

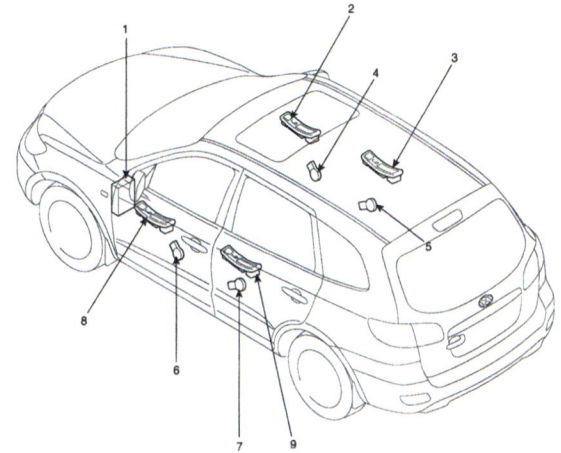

1. 실내 정션박스
2. 동승석 윈도우 스위치
3. 리어 윈도우 스위치
4. 프런트 윈도우 모터
5. 리어 윈도우 모터
6. 프런트 윈도우 모터
7. 리어 윈도우 모터
8. 운전석 파워 윈도우 메인스위치
9. 리어 윈도우 스위치

02 전원 배분도(1) : ALT 퓨즈블링크 150A, 파워 윈도우 퓨즈블링크 40A

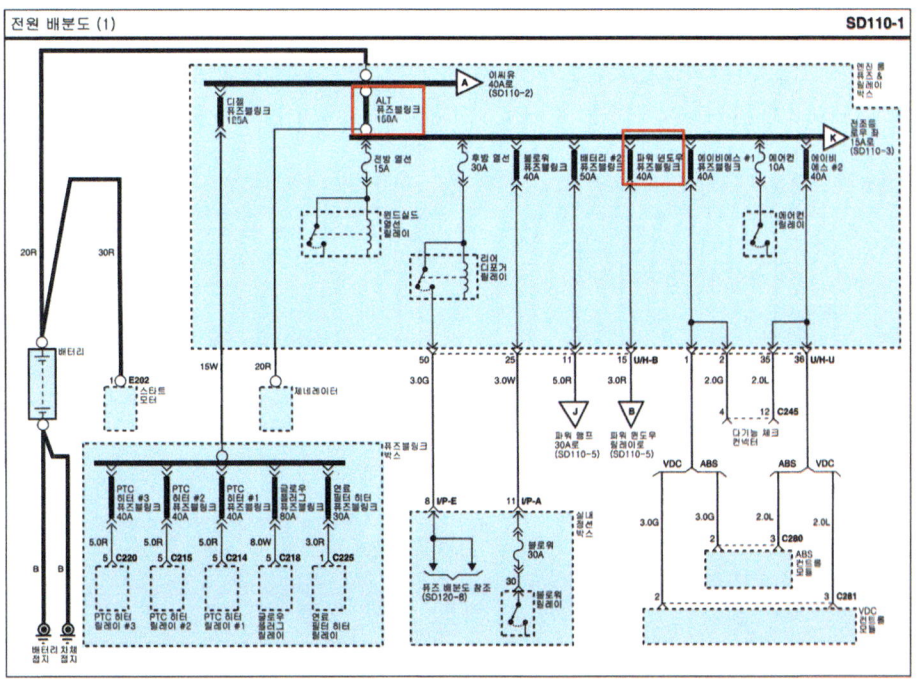

93

03 **전원배분도(5)** : 실내정션박스, 파워 윈도우 릴레이

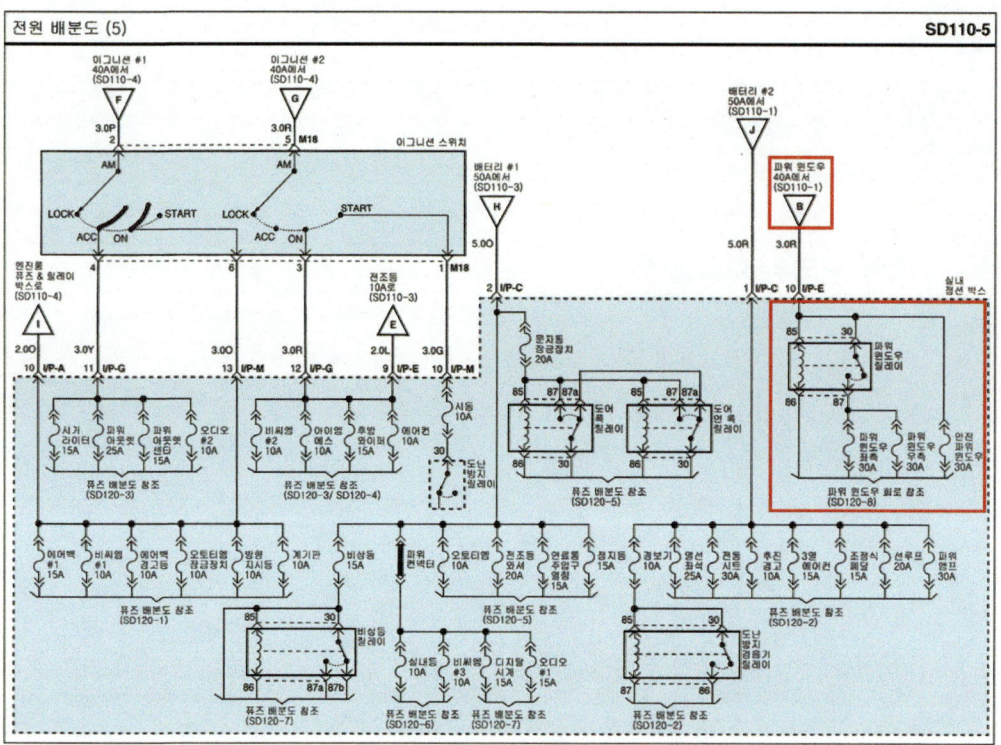

04 **전원배분도(8)** : 실내정션박스, 파워 윈도우 릴레이, 퓨즈, 스위치

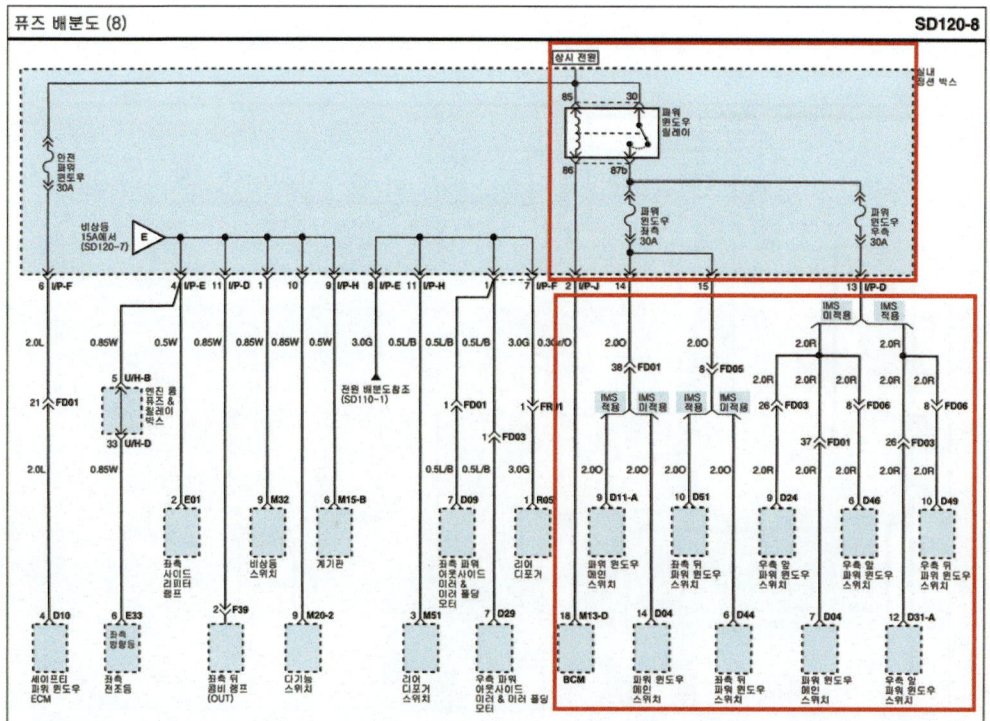

작업형실기

05 퓨즈 및 릴레이 1 : 퓨즈블링크, 퓨즈 연결회로

구분	표기	용량(A)	연결회로
퓨즈블링크	ALT	150A	퓨즈블링크(전방열선, 후방열선, 블로워, 에어컨, 배터리#2, 에이비에스#1, #2, 파워윈도우, 전조등 로우 좌, 전조등 로우 우, 전방 안개등
	디젤	125A	퓨즈블링크 박스(PCT 히터#1, #2, #3, 연료 필터, 글로우 플러그)
	배터리 #1	50A	퓨즈(문자동 잠금장치, 정지등, 연료통 주입구 열림, 오토티엠, 전조등 와셔, 비상등, 파워 컨넥터)
	배터리 #2	40A	퓨즈(파워 앰프, 열선 좌석, 전동 시트, 조정식 페달, 3열 에어컨, 후진 경고, 선루프, 경보기, 도난방지 경음기 릴레이)
	이씨유 메인	40A	엔진 컨트롤 릴레이
	컨덴서 팬	30A	컨덴서 팬#1 릴레이
	이그니션 #1	40A	이그니션 스위치
	이그니션 #2	40A	이그니션 스위치, 퓨즈(시동)
	블로워	40A	퓨즈(블로워)
	파워 윈도우	40A	퓨즈(파워 윈도우 릴레이, 안전 파워 윈도우)
	라디에이터 팬	40A	라디에이터 팬 릴레이
	에이비에스#1	40A	다기능 체크 컨넥터, ABS 컨트롤 모듈, VDC컨트롤 모듈
	에이비에스#1	40A	다기능 체크 컨넥터, ABS 컨트롤 모듈, VDC컨트롤 모듈
퓨즈	1 전방열선	15A	윈드 실드 열선 릴레이
	2 후방 열선	30A	리어 디포거 릴레이
	3 -	-	-
	4 전조등 로우 우	15A	우측 전조등 로우 릴레이
	5 경음기	15A	경음기 릴레이
	6 전조등 로우 좌	15A	좌측 전조등 로우 릴레이
	7 전조등 하이 표시등	10A	계기판
	8 알터네이터 디젤	10A	제너레이터
	9 에어컨	10A	에어컨 릴레이
	10 오토티엠	20A	4WD ECM, ATM 컨트롤 릴레이
	11 -	-	-

구분	표기	용량(A)	연결회로
퓨즈	12 미등 우	10A	우측 포지션 램프, 글로브 박스 램프, 우측 뒤 콤비램프(OUT), 조명등
	13 전방 안개등	10A	앞 안개등 릴레이
	14 센서 #3	15A	ECM
	15 미등 좌	10A	좌측 포지션 램프, 좌측 뒤 콤비램프(OUT)
	16 연료 펌프	15A	연료 펌프 릴레이
	17 전방 와이퍼	25A	다기능스위치, 레인센서 릴레이, 프런트 와이퍼 릴레이, 프런트 와이퍼 모터
	18 티씨유	15A	TCM
	19 에이비에스	10A	ABS컨트롤 모듈, G-YAW센서, VDC컨트롤 모듈, 4WD ECM, 연료 필터 히터 릴레이, 연료 필터 수분 경고 센서, 다기능 체크 컨넥터
	20 냉각팬	10A	
	21 후진등	10A	입력/출력 속도 센서, 인히비터 스위치, TCM, 후진등 스위치
	22 전조등	10A	퓨즈(전방 와이퍼)
	23 이씨유	10A	차속 센서, ECM, 에어 플로우 센서
	24 전조등 하이	20A	전조등 하이 릴레이
	25 센서#1	10A	연료 펌프 릴레이, 정지등 스위치, 이모빌라이저, 에어컨 릴레이, 컨덴서 팬#1, #2 릴레이, 라디에이터 팬 릴레이
	26 센서#2	15A	EGR액추에이터, 솔레노이드 밸브, 스로틀 플랩 액추에이터, 캠 포지션 센서, PTC히터 릴레이#1
	27 점화코일	20A	ECM
	28 SPARE	10A	-
	29 SPARE	15A	-
	30 SPARE	20A	-
	31 SPARE	25A	-
	32 SPARE	30A	-

06 퓨즈 및 릴레이 2 : 퓨즈블링크, 퓨즈 연결회로

표기	용량(A)	연결회로
시동	10A	도난 방지 릴레이
파워 윈도우 좌측	30A	파워 윈도우 메인 스위치, 좌측 뒤 파워 윈도우 스위치
파워 윈도우 우측	30A	파워 윈도우 메인 스위치, 우측 앞/뒤 파워 윈도우 스위치
선루프	20A	선루프 모터
전동 시트	30A	IMS컨트롤 모듈
안전파워 윈도우	30A	세이프티 파워 윈도우 ECM
열선 미러	10A	리어 디포거 스위치, 좌/우측 파워 아웃사이드 미러&미러 폴딩 모터
에어백 #1	15A	에어백 컨트롤 모듈#1
실내등	10A	핸즈프리 모듈, 계기판, 좌측 앞 도어 램프, 카고 램프, 리어 퍼스널 램프 LH/고, 맵램프, 운전석/조수석 화장 등 스위치
에어컨	10A	에어컨 컨트롤 모듈, 블로워 하이 릴레이, AQS센서, 실내온도&습도센서, 리어 에어컨 스위치, 선루프 모터, 리어 에어컨 릴레이, PTC히터 릴레이#2,#3, 실내 감광미러, 전조등 와셔 릴레이, 블로워 릴레이
열선 좌석	25A	운전석 조수석 시트 히터 컨트롤 모듈
파워 앰프	30A	DELPHI 앰프, 오디오 앰프
파워 아웃렛 센타	15A	리어 파워 아웃렛 #2
파워 아웃렛	25A	프런트 파워 아웃렛, 리어 파워 아웃렛#1
시가라이터	15A	프런트 파워 아웃렛
문자동 잠금장치	20A	도어 록/언록 릴레이, BCM, 좌측 앞/뒤 도어 록, 액추에이터, 우측 앞/뒤 도어 록 액추에이터, 테일 게이트 록 액추에이터
에어백 경고등	10A	계기판
오토티엠 잠금장치	10A	ATM키 록 모듈, VDC스위치, 운전석/조수석 시트 히터 컨트롤 모듈

표기	용량(A)	연결회로
방향지시등	10A	비상등 스위치
조정식 페달	15A	어드저스트 페달 릴레이
비상등	15A	비상등 릴레이, 비상등 스위치
후방 와이퍼	15A	리어 간헐 와이퍼 모듈, 다기능 스위치
에어컨 스위치	10A	에어컨 컨트롤 모듈
계기판	10A	핸스프리 모듈, MIS잭, 계기판, BCM, 세너레이터
비씨엠 #1	10A	BCN
연료통 주입구 열림	15A	연료 주입구 스위치
경보기	10A	도난 방지 경음기 릴레이, BCM, 도난방지 경음기
3열 에어컨	15A	리어 에어컨 릴레이
후진 경고	10A	후진 경고 부저
아이엠에스	10A	IMS 컨트롤 모듈, 레인 센서
오디오 #2	10A	파워 윈도우 메인 스위치, DELPHI 오디오, 오디오, 파워 아웃사이드 미러 폴딩 모터, BCM, MTS모듈, ATM 키 록 모듈, A/V헤드 모듈, 시계, 핸즈프리 모듈, 튜너 모듈
블로워	30A	블로워 릴레이, 에어컨 스위치 10A, 블로워 모터
정지등	15A	정지등 스위치
전조등 와셔	20A	전조등 와셔 릴레이
비씨엠 #3	10A	도어 워닝 스위치, IMS컨트롤 모듈, 파워 아웃사이드 미러 & 미러 폴딩 모터, 세큐리티 인디게이터, BCM, 파워 윈도우 메인 스위치, 우측 앞 파워 윈도우 스위치
디지털 시계	15A	시계, 자기진단점검단자, 에어 컨트롤 모듈
오디어 #1	15A	DELPHI 오디오, 오디오, MRS모듈, A/V헤드 모듈, 튜너 모듈, 네비게이션 모듈
오토티엠	10A	키 솔레노이드, 스포츠 모드 스위치
비씨엠#2	10A	레오스테트, BCM, EPS 모듈

07 파워 윈도우 회로(3) : 회로 체크 포인트

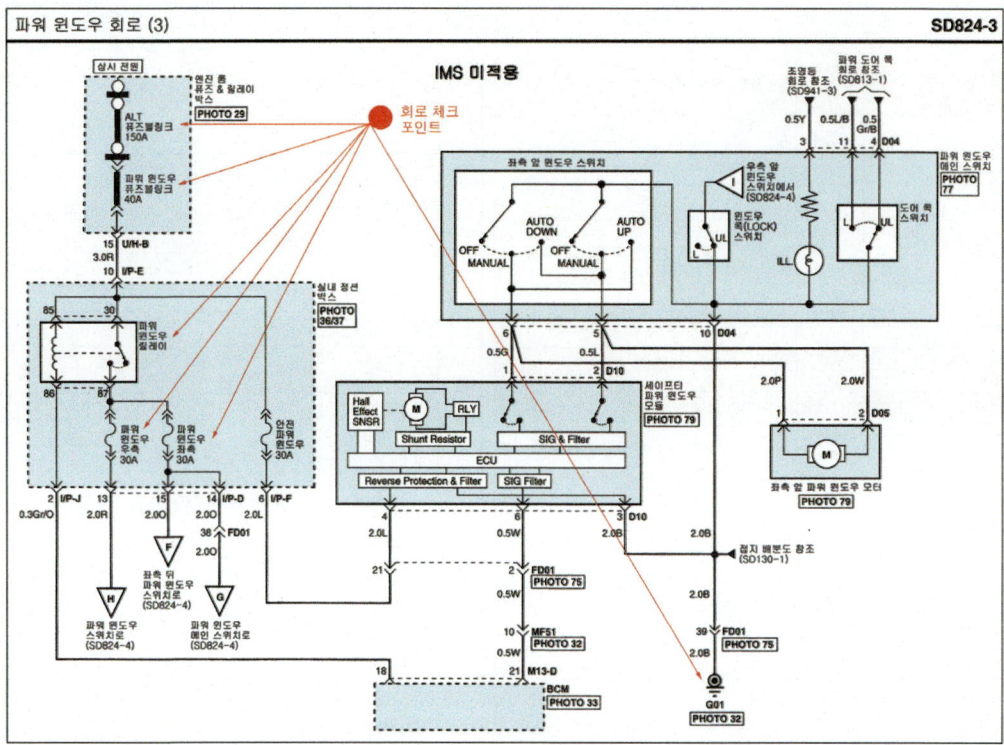

08 파워 윈도우 회로(4) : 회로 체크 포인트

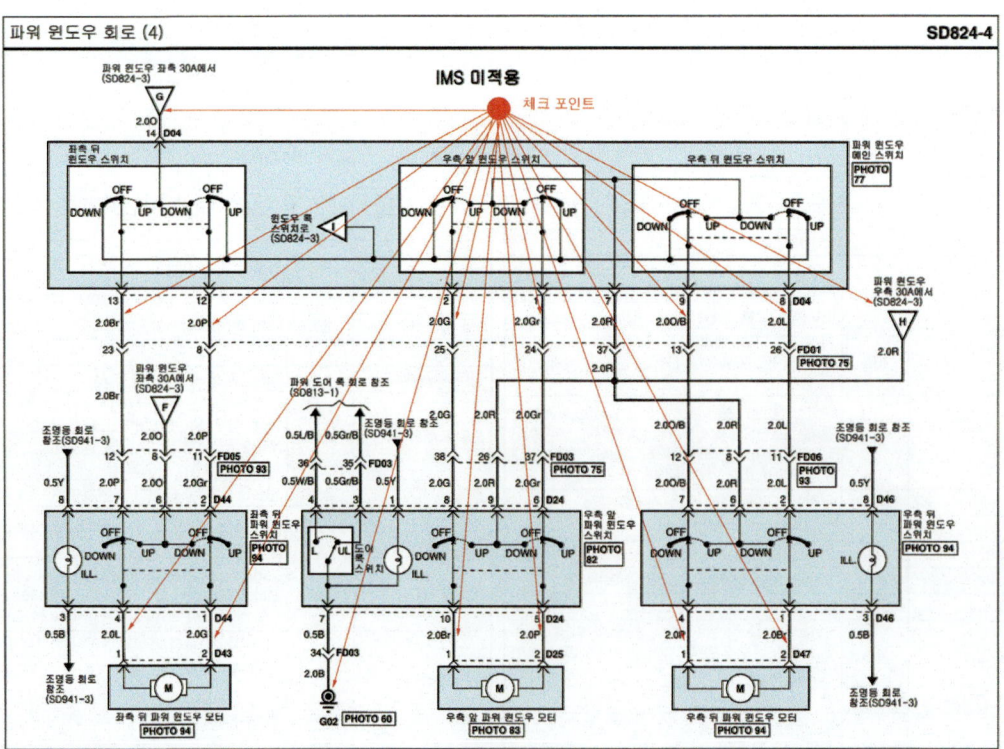

⑨ 우측 앞 파워 윈도우

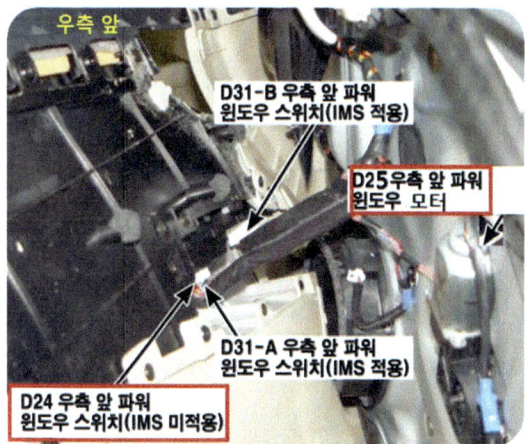

파워 윈도우 모터, 파워 윈도우 스위치

⑩ 우측 뒤 파워 윈도우

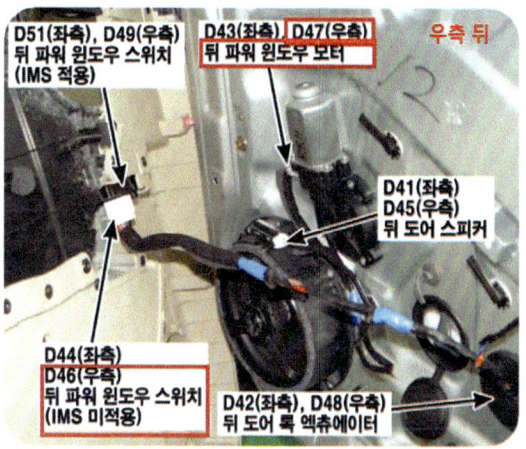

파워 윈도우 모터, 파워 윈도우 스위치

⑪ 좌측 앞 파워 윈도우

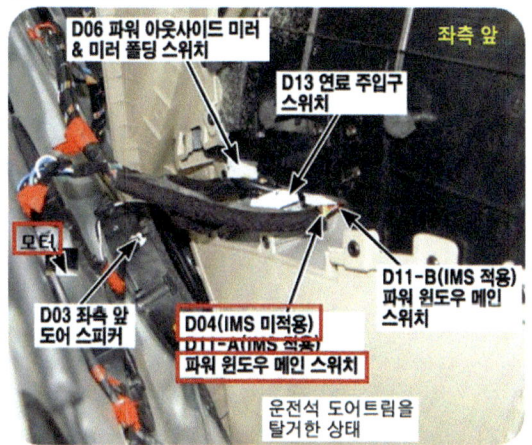

파워 윈도우 모터, 파워 윈도우 메인스위치

⑫ 좌측 뒤 파워 윈도우

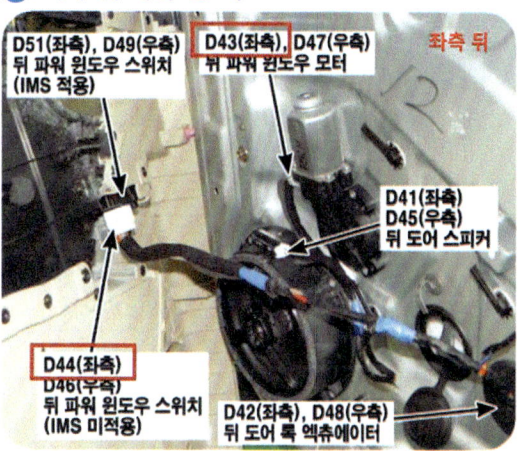

파워 윈도우 모터, 파워 윈도우 스위치

⑬ 파워 윈도우 메인 스위치 : 파워 윈도우 메인스위치, 스위치 커넥터

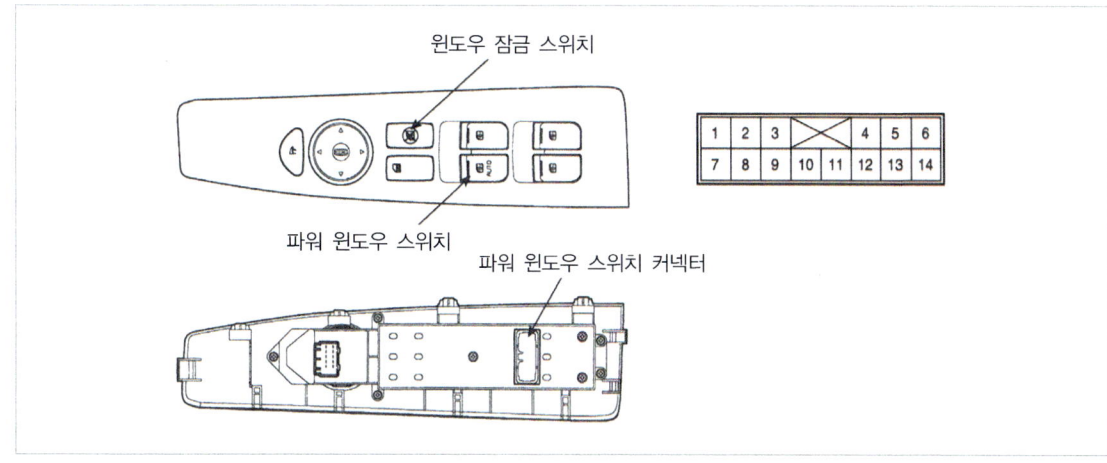

⑭ 조수석 측 파워 윈도우 스위치 점검 : 스위치 점검 방법 및 조치사항

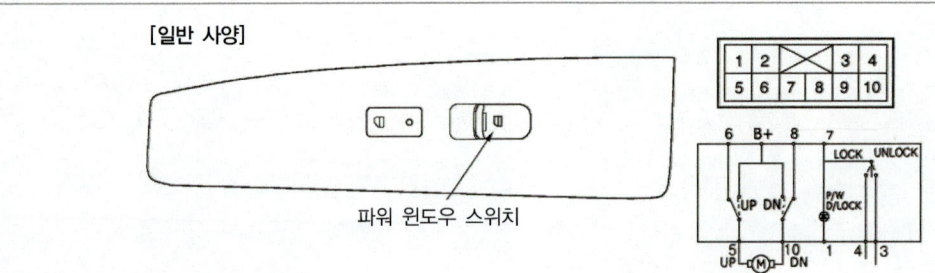

[일반 사양]

파워 윈도우 스위치

■ 동승석 파워 윈도우 스위치 점검
1. 배터리 (-)단자를 분리한다.
2. 프런트 도어 트림을 분리하고 파워 윈도우 스위치 모듈을 분리한다.

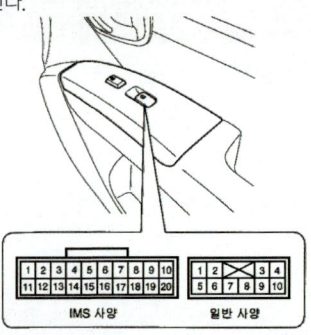

3. 스위치 단자 사이의 통전을 점검한다. 통전이 일치하지 않으면 스위치를 교환한다.

( ) : 일반사양

위치\단자	18(3)	19(4)	접지
록		○―――○	
언록	○―――――――○		

⑮ 프런트 파워 윈도우 모터

1. 프런트 도어 트림을 분리한다.
2. 와이어링 하니스에서 모터 커넥터를 분리한다.

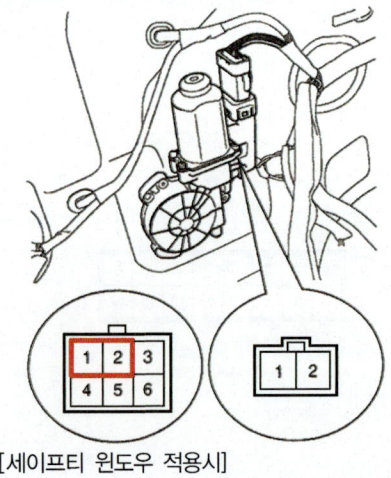

[세이프티 윈도우 적용시]

3. 모터 단자에 배터리를 바로 연결하여 모터가 부드럽게 작동하는지 점검한다. 그런 다음 극성을 바꾸어 모터가 반대 방향으로 부드럽게 작동하는지를 점검한다. 작동이 비정상이라면 모터를 교환한다.

위치		단자	1	2
좌측	UP	시계방향	⊖	⊕
	DOWN	반시계방향	⊕	⊖
우측	DOWN	시계방향	⊕	⊖
	UP	반시계방향	⊖	⊕

[운전석 세이프티 윈도우 적용시]

위치		단자	1	2
운전석	UP	시계방향	⊖	⊕
	DOWN	반시계방향	⊕	⊖

작업형실기

16 리어 파워 윈도우 모터 : 리어 파워 윈도우 모터 점검방법 및 조치사항

1. 리어 도어 트림을 분리한다.
2. 와이어링 하니스에서 모터 커넥터를 분리한다.
3. 모터 단자에 배터리를 바로 연결하여 모터가 부드럽게 작동하는지 점검한다. 그런 다음 극성을 바꾸어 모터가 반대 방향으로 부드럽게 작동하는지를 점검한다. 작동이 비정상이라면 모터를 교환한다.

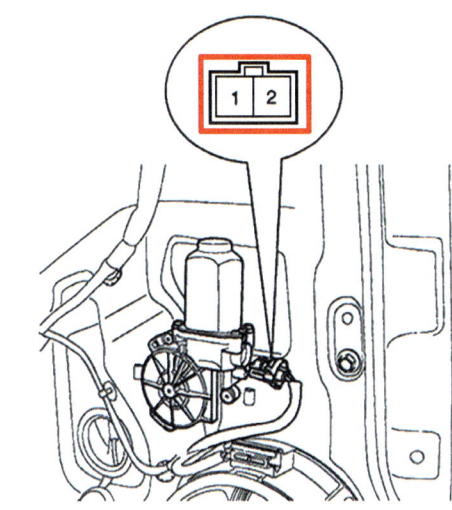

위치		단자	1	2
좌측	UP	시계방향	⊖	⊕
	DOWN	반시계방향	⊕	⊖
우측	DOWN	시계방향	⊕	⊖
	UP	반시계방향	⊖	⊕

참고자료 — 회로 고장부분과 내용 및 상태

고장부분	내용 및 상태	정비 및 조치할 사항
파워 윈도우 퓨즈블링크 40A 퓨즈	단선	파워 윈도우 퓨즈블링크 40A 교환 후 재점검
파워 윈도우 우측 30A 퓨즈	단선	파워 윈도우 우측 30A 퓨즈 교환 후 재점검
파워 윈도우 좌측 30A 퓨즈	단선	파워 윈도우 좌측 30A 퓨즈 교환 후 재점검
안전파워 윈도우 30A 퓨즈	단선	안전파워 윈도우 30A 퓨즈 교환 후 재점검
메인스위치 커넥터	탈거	메인스위치 커넥터 결합 후 재점검
서브스위치 커넥터 (앞 우측, 뒤 좌측, 뒤 우측)	탈거	서브스위치 커넥터 (앞 우측, 뒤 좌측, 뒤 우측) 결합 후 재점검
모터커넥터 (앞 좌측, 앞 우측, 뒤 좌측, 뒤 우측)	탈거	모터커넥터(앞 좌측, 앞 우측, 뒤 좌측, 뒤 우측) 결합 후 재점검

02　미등 회로점검 [1]

01 BCM 및 연료주입구 회로 : BCM 체크 포인트

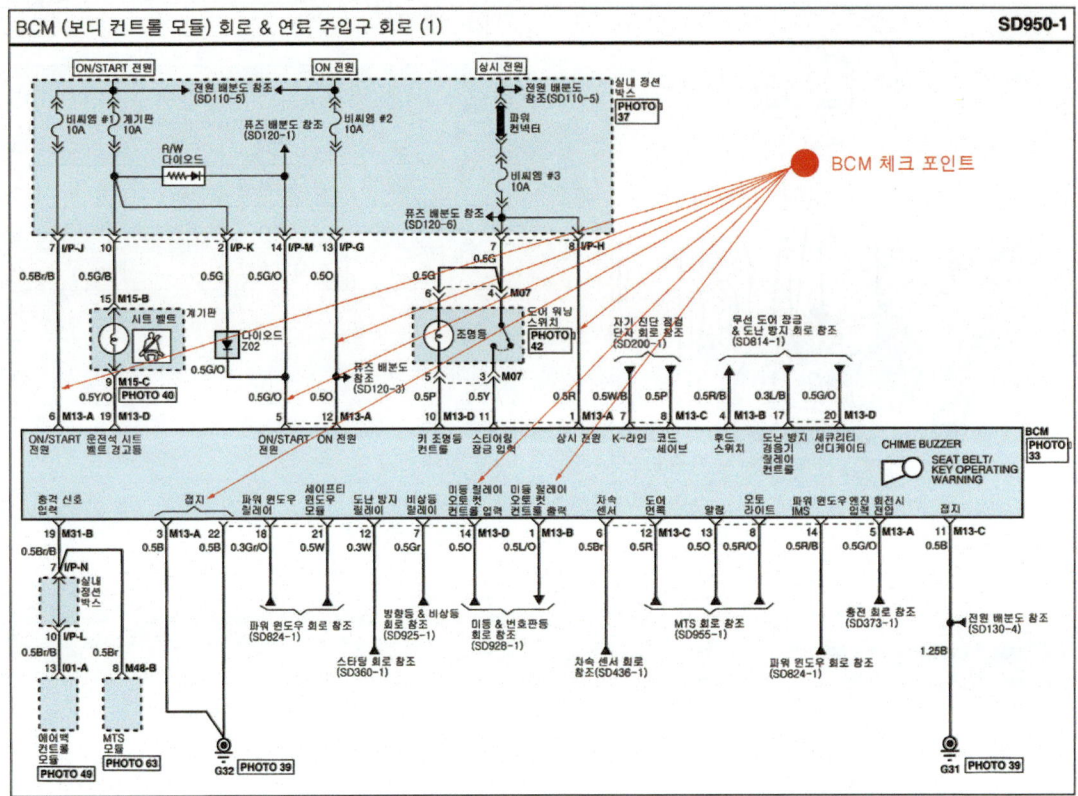

02 미등 및 번호판 등 회로 : 미등 및 번호판 등 커넥터와 단자번호

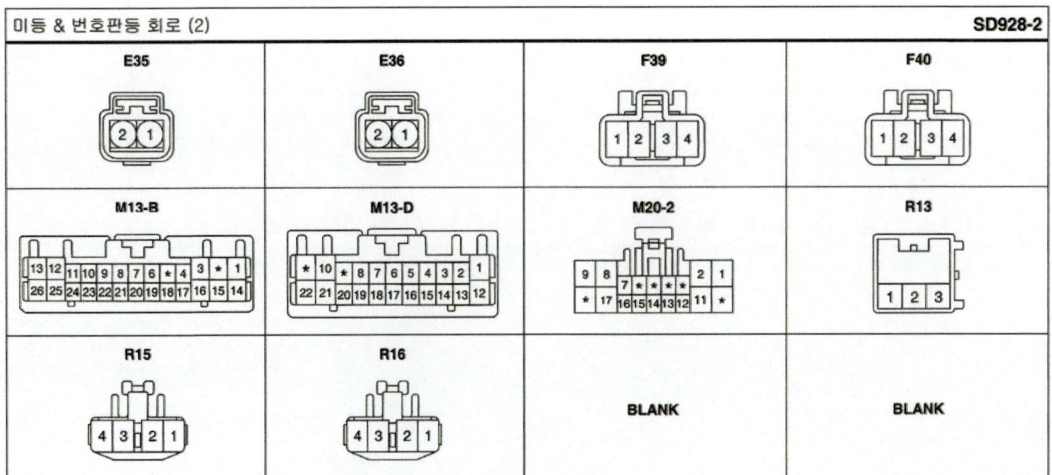

작업형실기

03 구성부품 : 방향지시등 스위치 및 단자배열

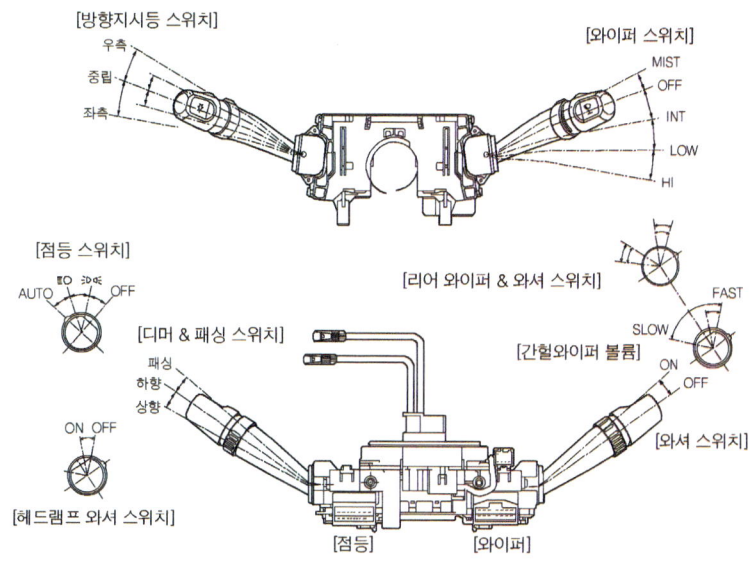

커넥터명칭	핀번호	명칭	커넥터명칭	핀번호	명칭
점등	1	헤드램프 패싱 스위치	와이퍼	1	와이퍼 하이 스피드
	2	헤드램프 하이빔 전원		2	와이퍼 로우 스피드
	7	우측 방향지시등 스위치		3	와이퍼 파킹
	8	플래셔 유닛 전원		4	미스트 스위치
	9	좌측 방향지시등 스위치		5	와이퍼 & 와셔 전원
	10	헤드램프 로우빔 전원		6	간헐 와이퍼(INT)
	11	디머 & 패싱 접지		7	프론트 와셔 스위치
	12	헤드램프 와셔 스위치		8	–
	13	헤드램프 와셔 스위치 접지		9	리어 와이퍼 & 와셔 접지
	14	미등 스위치		10	–
	15	헤드램프 스위치		11	리어 와이퍼
	16	리어포그램프/오토라이트 스위치		12	리어 와셔
	17	점등 스위치 접지		13	간헐 와이퍼 볼륨(INT)
	18	–		14	간헐 와이퍼 접지

04 다기능 스위치 : 다기능 스위치 및 각부 명칭

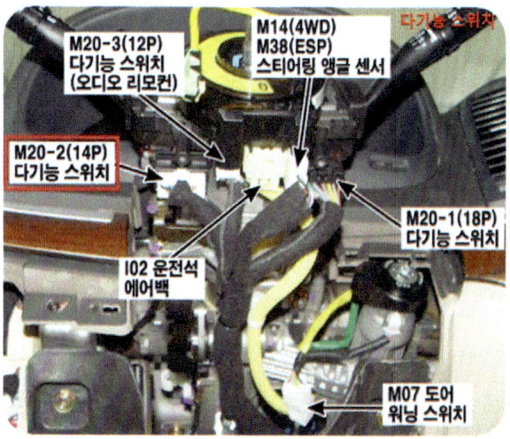

101

05 전원 배분도 : 엔진 룸 퓨즈 및 릴레이 박스 내 전원 배분도

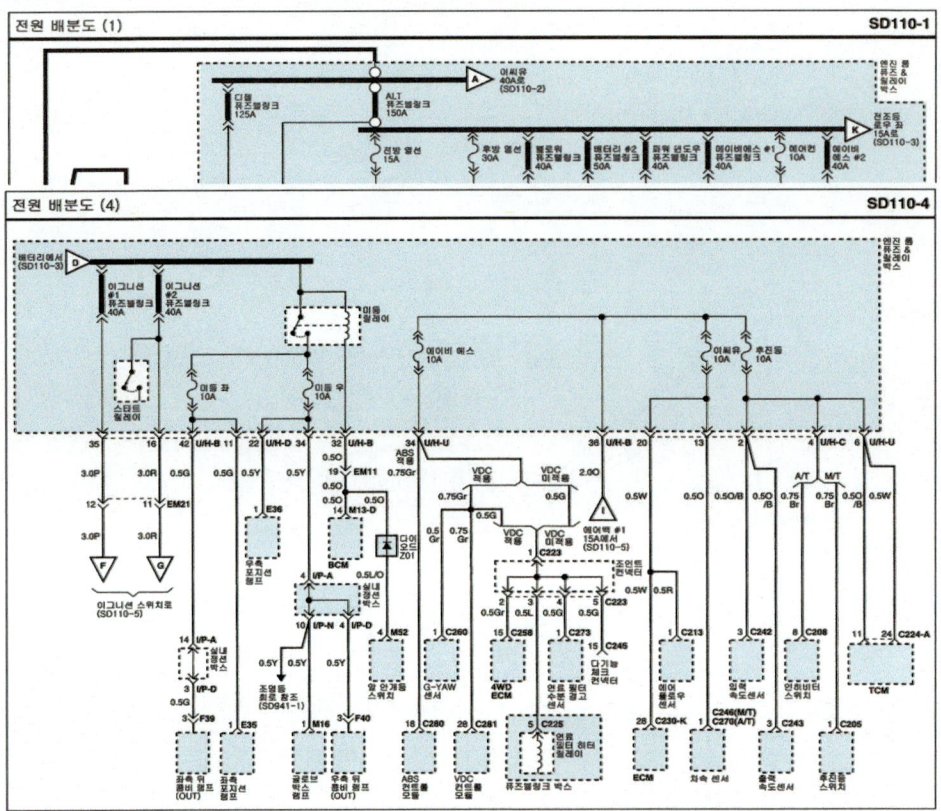

06 미등 및 번호판 등 회로 : 체크 포인트 및 고장부분

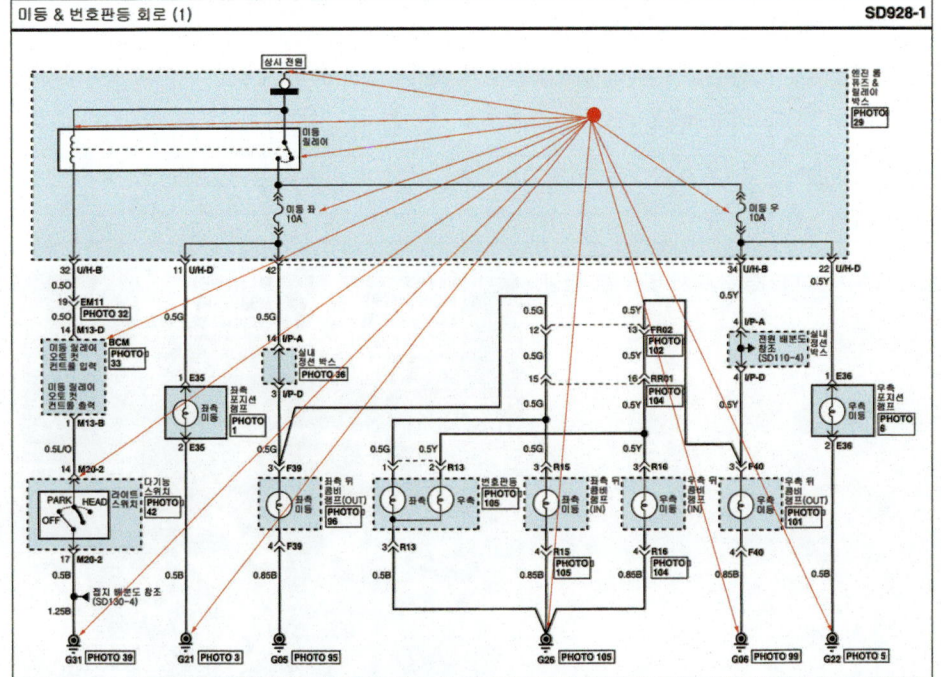

작업형실기

07 엔진 룸 릴레이 박스 : 구성 릴레이 및 명칭

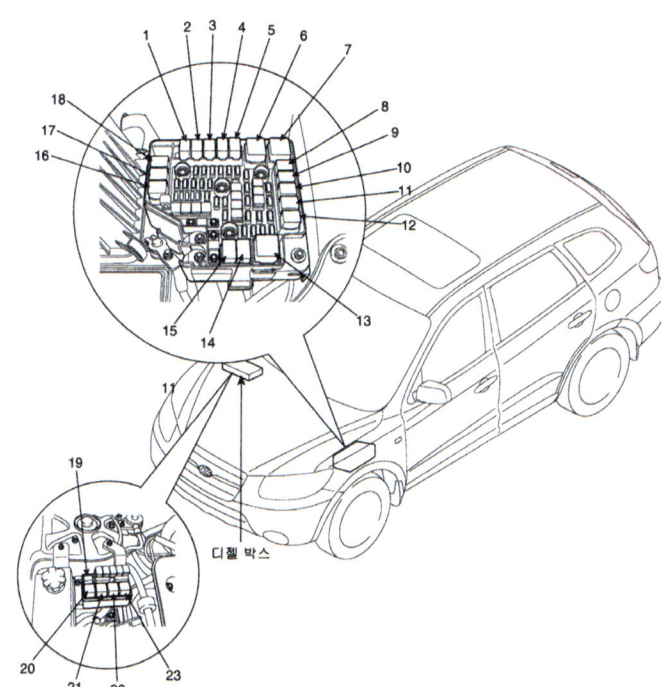

1. 자동변속기 릴레이
2. 냉각팬 릴레이
3. 프런트 안개등 릴레이
4. 에어컨 릴레이
5. 전조등(하이) 릴레이
6. 메인 릴레이
7. 시동 릴레이
8. 컨덴서 팬 2 릴레이
9. 컨덴서 팬 1 릴레이
10. 미등 릴레이
11. 전조등(로우 -좌측) 릴레이
12. 전조등(로우 -우측) 릴레이
13. 디포거 열선 릴레이
14. 윈드실드 열선 릴레이
15. 혼 릴레이
16. 와이퍼 릴레이
17. 레인센서 릴레이
18. 연료펌프 릴레이
19. 연료펌프 히터 릴레이
20. PTC 히터 릴레이 #2
21. 글로우 릴레이
22. PTC 히터 릴레이 #1
23. PTC 히터 릴레이 #3

08 엔진 룸 정션박스 : 엔진 룸 퓨즈 및 릴레이 위치

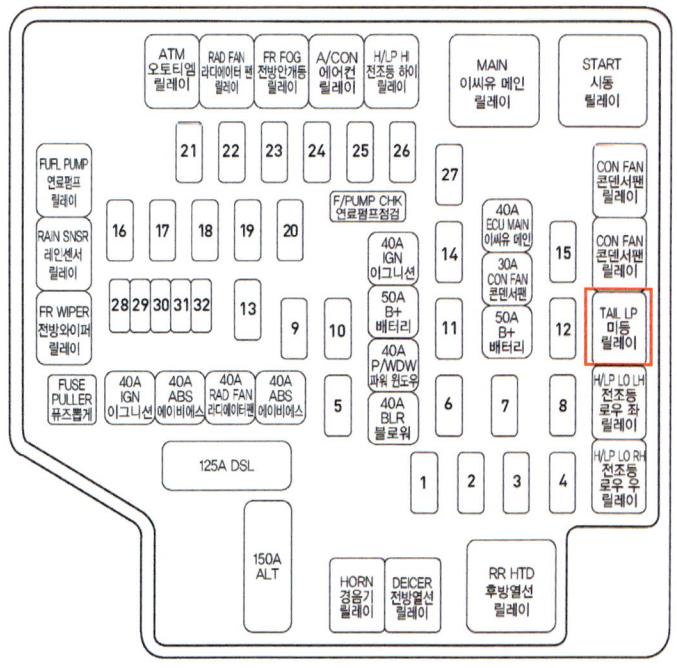

09 퓨즈 연결회로 : 퓨즈블링크, 퓨즈 연결회로

구분	표기	용량(A)	연결회로
퓨즈블링크	ALT	150A	퓨즈블링크(전방열선, 후방열선, 블로워, 에어컨, 배터리#2, 에이비에스#1, #2, 파워윈도우, 전조등 로우 좌, 전조등 로우 우, 전방 안개등
	디젤	125A	퓨즈블링크 박스(PCT 히터#1, #2, #3, 연료 필터, 글로우 플러그)
	배터리 #1	50A	퓨즈(문자통 잠금장치, 정지등, 연료통 주입구 열림, 오토티엠, 전조등 와셔, 비상등, 파워 컨넥터)
	배터리 #2	40A	퓨즈(파워 앰프, 열선 좌석, 전동 시트, 조정식 페달, 3열 에어컨, 후진 경고, 선루프, 경보기, 도난방지 경음기 릴레이)
	이씨유 메인	40A	엔진 컨트롤 릴레이
	컨덴서 팬	30A	컨덴서#1 릴레이
	이그니션#1	40A	이그니션 스위치
	이그니션#2	40A	이그니션 스위치, 퓨즈(시동)
	블로워	40A	퓨즈(블로워)
	파워 윈도우	40A	퓨즈(파워 윈도우 릴레이, 안전 파워 윈도우)
	라디에이터 팬	40A	라디에이터 팬 릴레이
	에이비에스#1	40A	다기능 체크 컨넥터, ABS 컨트롤 모듈, VDC컨트롤 모듈
	에이비에스#1	40A	다기능 체크 컨넥터, ABS 컨트롤 모듈, VDC컨트롤 모듈
퓨즈	1 전방열선	15A	윈드 쉴드 열선 릴레이
	2 후방 열선	30A	리어 디포거 릴레이
	3 -	-	-
	4 전조등 로우 우	15A	우측 전조등 로우 릴레이
	5 경음기	15A	경음기 릴레이
	6 전조등 로우 좌	15A	좌측 전조등 로우 릴레이
	7 전조등 하이 표시등	10A	계기판
	8 알터네이터 디젤	10A	제너레이터
	9 에어컨	10A	에어컨 릴레이
	10 오토티엠	20A	4WD ECM, ATM 컨트롤 릴레이
	11 -	-	-

구분	표기	용량(A)	연결회로
퓨즈	12 미등 우	10A	우측 포지션 램프, 글로브 박스 램프, 우측 뒤 콤비램프(OUT), 조명등
	13 전방 안개등	10A	앞 안개등 릴레이
	14 센서#3	15A	ECM
	15 미등 좌	10A	좌측 포지션 램프, 좌측 뒤 콤비램프(OUT)
	16 연료 펌프	15A	연료 펌프 릴레이
	17 전방 와이퍼	25A	다기능스위치, 레인센서 릴레이, 프런트 와이퍼 릴레이, 프런트 와이퍼 모터
	18 티씨유	15A	TCM
	19 에이비에스	10A	ABS컨트롤 모듈, G-YAW센서, VDC컨트롤 모듈, 4WD ECM, 연료 필터 히터 릴레이, 연료 필터 수분 경고 센서, 다기능 체크 컨넥터
	20 냉각팬	10A	-
	21 후진등	10A	입력/출력 속도 센서, 인히비터 스위치, TCM, 후진등 스위치
	22 전조등	10A	퓨즈(전방 와이퍼)
	23 이씨유	10A	차속 센서, ECM, 에어 플로우 센서
	24 전조등 하이	20A	전조등 하이 릴레이
	25 센서#1	10A	연료 펌프 릴레이, 정지등 스위치, 이모빌라이저, 에어컨 릴레이, 컨덴서 팬#1, #2 릴레이, 라디에이터 팬 릴레이
	26 센서#2	15A	EGR액추에이터, 솔레노이드 밸브, 스로틀 플랫 액추에이터, 캠 포지션 센서, PTC히터 릴레이#1
	27 점화코일	20A	ECM
	28 SPARE	10A	-
	29 SPARE	15A	-
	30 SPARE	20A	-
	31 SPARE	25A	-
	32 SPARE	30A	-

10 미등릴레이 오토 컷 컨트롤

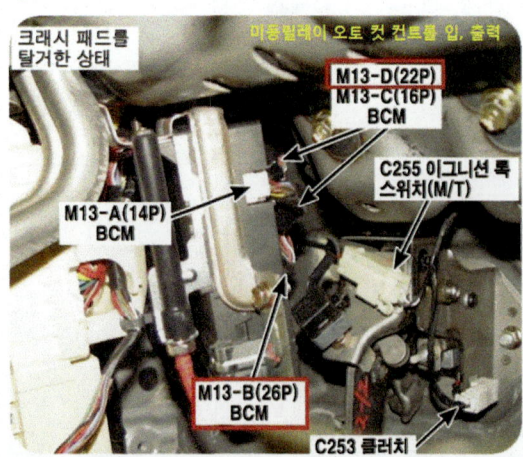

미등릴레이 오토 컷 컨트롤 입·출력

11 미등릴레이 점검

미등 릴레이 점검
1. 엔진룸 릴레이 박스에서 미등 릴레이를 분리한다.
2. 미등 릴레이 단자 85번과 86번 사이에 전원을 인가했을 때 87번과 30번 단자 사이에 통전이 되는지 점검한다.
3. 미등 릴레이 단자 85번과 86번 사이에 전원을 해지했을 때 87번과 30번 단자 사이에 통전이 되는지 점검한다.

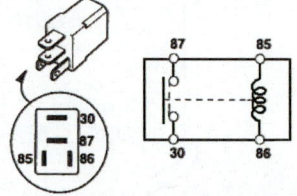

단자 위치	30	87	85	86
전원 해지시			○	○
전원 인가시	○	○	⊖	⊕

미등릴레이 점검방법

작업형실기

⑫ 점등 스위치 점검

1. 점등 스위치 각 위치에서 아래 터미널의 도통 상태를 점검한다.
2. 도통 상태가 바르지 않으면 점등 스위치를 교환한다.

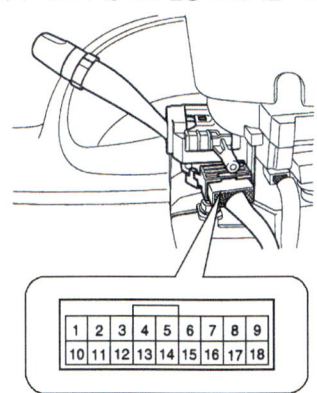

점등 스위치[오토 라이트 차량]

단자 위치	14	15	16	17
OFF				
I	○―|―○		○―|―○
II	○―	―○		
AUTO			○―	―○

점등 스위치[일반 차량]

단자 위치	14	15	16	17
OFF				
I	○―|―○		○―|―○
II	○	○	○	○

스위치 점검방법 및 조치사항

⑬ 우측 뒤 콤비램프

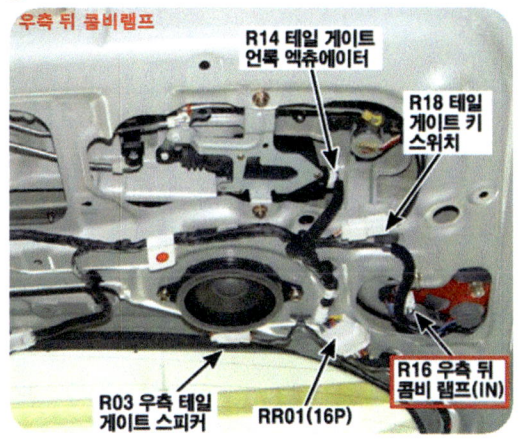

우측 뒤 콤비램프 및 커넥터

⑭ 좌측 뒤 콤비램프

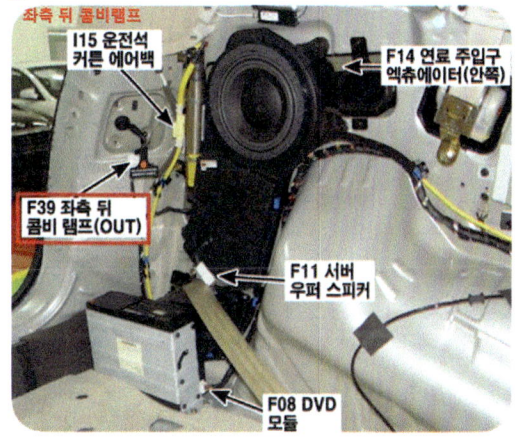

좌측 뒤 콤비램프 및 커넥터

⑮ 좌측 뒤 미등램프

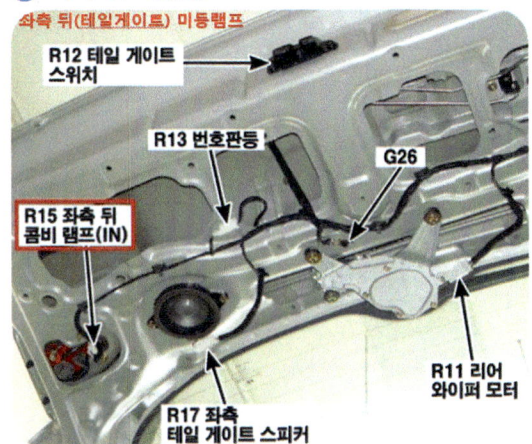

좌측 뒤(테일 게이트) 미등램프 및 커넥터

⑯ 좌측 앞 미등램프

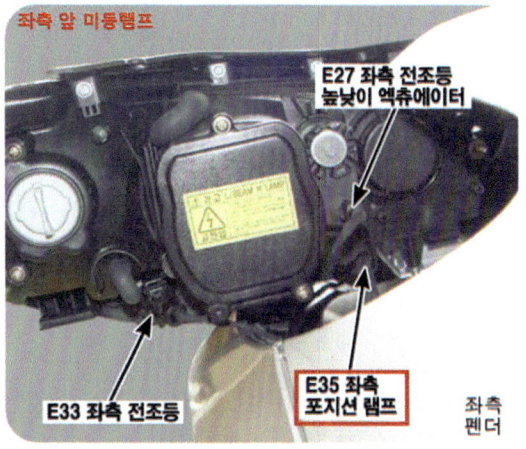

좌측 앞 포지션 램프 위치

03 미등 회로점검 2

01 엔진 룸 정션박스 캡

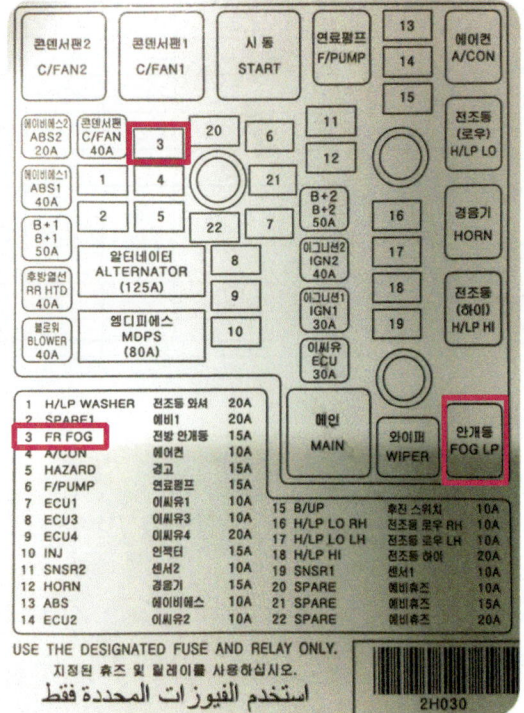

퓨즈 및 퓨즈블링크, 릴레이 명칭

02 엔진 룸 정션박스

미등퓨즈 및 릴레이 위치

03 스위치

미등 및 안개등 스위치 ON

04 스위치 커넥터

미등 및 안개등 스위치 커넥터 탈거상태

05 미등 퓨즈

미등퓨즈 상태 육안검사, 정상

06 퓨즈점검 1

램프 테스터를 이용하여 퓨즈의 전원 쪽 입력전원 점검, 램프 적색 점등 (클램프 접지, 탐침 봉 퓨즈전원 쪽)

07 퓨즈점검 2

램프 테스터를 이용하여 퓨즈의 출력 쪽 입력전원 점검, 램프 적색 점등, 정상 (클램프 접지, 탐침 봉 퓨즈 출력쪽)

08 퓨즈점검 3

그림과 같이 아날로그 멀티 테스터기를 이용하여 통전시험을 실시한다. 저항값이 나오면 정상 (선택레버를 저항 위치로 설정하고 흑색 리드 선은 COM, 적색 리드 선은 V, Ω, A구에 장착한 후 리드선 클램프를 퓨즈 양쪽단자에 연결한다.)

09 퓨즈점검 4

미등퓨즈 상태 육안검사, 단선

10 퓨즈점검 5

램프 테스터를 이용하여 퓨즈의 전원 쪽 입력전원 점검, 램프 적색 점등 (클램프 접지, 탐침 봉 퓨즈전원 쪽)

⑪ 퓨즈점검 6

램프 테스터를 이용하여 퓨즈의 출력 쪽 입력전원 점검, 램프 미 점등, 퓨즈단선(클램프 접지, 탐침 봉 퓨즈 출력 쪽)

⑫ 퓨즈점검 7

그림과 같이 아날로그 멀티 테스터기를 이용하여 통전시험을 실시한다. 저항값이 무한대이면 퓨즈단선

⑬ 퓨즈점검 8

미등퓨즈 상태 육안검사, 단자 한쪽 없음

⑭ 퓨즈점검 9

퓨즈단자가 있는 곳을 전원 쪽 방향으로 장착하고 램프 테스터를 이용하여 퓨즈의 전원 쪽 입력전원 점검, 램프 적색 점등됨 (클램프 접지)

⑮ 퓨즈점검 10

퓨즈의 출력 쪽 입력전원 점검, 램프 적색 점등, 퓨즈는 정상인 것으로 판단할 수 있다. 하지만 단자가 하나 없는 상태이므로 불량임.

⑯ 퓨즈점검 11

퓨즈단자가 있는 곳을 그림과 같이 출력 쪽 방향으로 장착

17 퓨즈점검 12

퓨즈의 전원 쪽 입력전원 점검, 램프 미 점등, 단자 없음

18 퓨즈점검 13

퓨즈의 출력 쪽 입력전원 점검, 램프 미 점등

19 안개등 릴레이 탈거

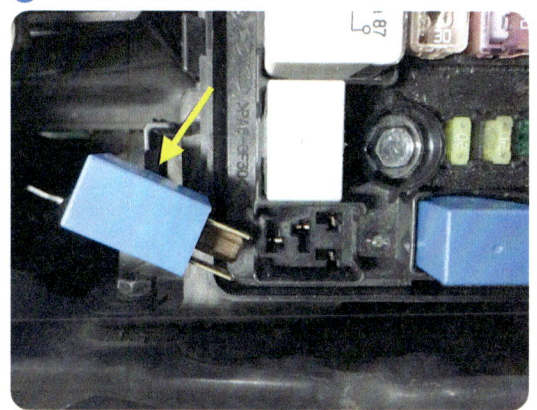

안개등 릴레이를 탈거한 상태

20 4핀 릴레이

그림과 같이 안개등 릴레이는 4핀으로 구성되어 있다.

21 릴레이 핀과 단자구성

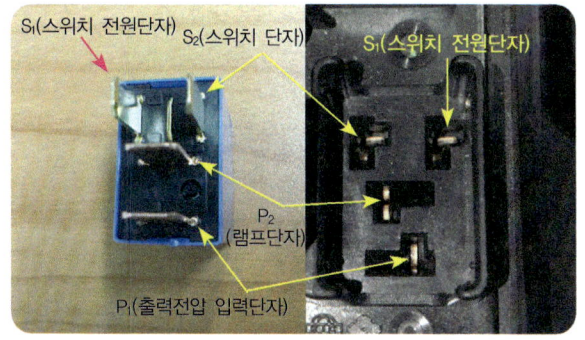

4핀과 단자에 대한 명칭

22 통전시험 1

그림과 같이 2개의 핀에 대한 통전시험실시, 저항값 나옴(S_1, S_2단자임을 확인할 수 있으며 정상상태 임)

㉓ 통전시험 2

그림과 같이 흑색 클램프를 이동한 후 2개의 핀에 대한 통전시험실시, 무한대(정상)

㉔ 통전시험 3

그림과 같이 흑색 클램프를 이동한 후 2개의 핀에 대한 통전시험실시, 무한대(정상)

㉕ 통전시험 4

그림과 같이 적색과 흑색 클램프를 이동한 후 2개의 핀에 대한 통전시험실시, 무한대(P_1, P_2단자임을 확인할 수 있으며 정상상태 임)

㉖ 통전시험 5

그림과 같이 파워 서플라이를 이용하여 여자전류를 S_1, S_2 단자 공급하고 P_1, P_2단자에 대하여 통전시험을 실시한다. 저항값 나오므로 정상임.(소모전류 0.1A)

㉗ 스위치 작동

그림과 같이 미등 스위치 ON, 안개등 스위치 OFF

㉘ 미등릴레이 탈거

미등릴레이를 탈거한 상태의 모습

29 전원점검 1

그림과 같이 테스트 램프 클램프를 접지한 상태에서 탐침 봉을 상단 좌측단자 점검 시 미 점등 됨

30 전원점검 2

그림과 같이 테스트 램프 클램프를 접지한 상태에서 탐침 봉을 상단 우측단자 점검 시 적색램프 점등 됨(S_1 또는 P_1단자 임.)

31 전원점검 3

그림과 같이 테스트 램프 클램프를 접지한 상태에서 탐침 봉을 하단 상부단자 점검 시 미 점등 됨

32 전원점검 4

그림과 같이 테스트 램프 클램프를 접지한 상태에서 탐침 봉을 하단 하부단자 점검 시 적색램프 점등 됨(S_1 또는 P_1단자 임.)

33 전원점검 5

그림과 같이 테스트 램프 클램프를 배터리(+)에 연결한 상태에서 탐침 봉을 상단 좌측단자 점검 시 미 점등 됨

34 전원점검 6

테스트 램프 클램프를 배터리(+)에 연결한 상태에서 탐침 봉을 상단 우측단자 점검 시 미 점등 됨

35 전원점검 7

그림과 같이 테스트 램프 클램프를 배터리(+)에 연결한 상태에서 탐침 봉을 하단 상부단자 점검 시 푸른색 램프 점등 됨 [P_2단자(램프단자)임.]

36 전원점검 8

테스트 램프 클램프를 배터리(+)에 연결한 상태에서 탐침 봉을 하단 하부단자 점검 시 미 점등 됨. 따라서 (+)전원이 나오므로 P_1단자임을 알 수 있다.

37 스위치 작동

그림과 같이 미등 스위치 및 안개등 스위치 ON

38 전원점검 10

그림과 같이 테스트 램프 클램프를 배터리(+)에 연결한 상태에서 탐침 봉을 상단 좌측단자 점검 시 푸른색 램프 점등 됨 [S_2단자(스위치 단자)임.]

39 스위치 커넥터 탈거

그림과 같이 스위치 커넥터를 탈거한 상태

40 전원점검 11

그림과 같이 테스트 램프 클램프를 배터리(+)에 연결한 상태에서 탐침 봉을 상단 좌측단자 점검 시 미 점등 됨을 확인할 수 있다. 따라서 상단 우측 단자는 S_1단자이다.

작업형실기

④ 우측 안개등 커넥터

그림은 우측 안개등 커넥터임.

④ 좌측 안개등 커넥터

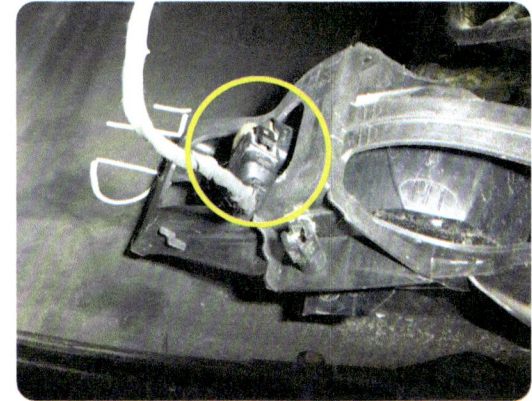

그림은 좌측 안개등 커넥터임.

④ 우측 안개등 커넥터 탈거

우측 안개등 커넥터를 탈거한 상태

④ 좌측 안개등 커넥터 탈거

좌측 안개등 커넥터를 탈거한 상태

④ 전원점검

그림과 같이 테스트 램프 클램프를 배터리(+)에 연결한 상태에서 탐침 봉을 하단 상부단자 점검 시 미 점등 됨.

④ 안개등 전구

점검 차량에서 안개등 전구를 탈거한 모습

113

㊼ 전구점검 1

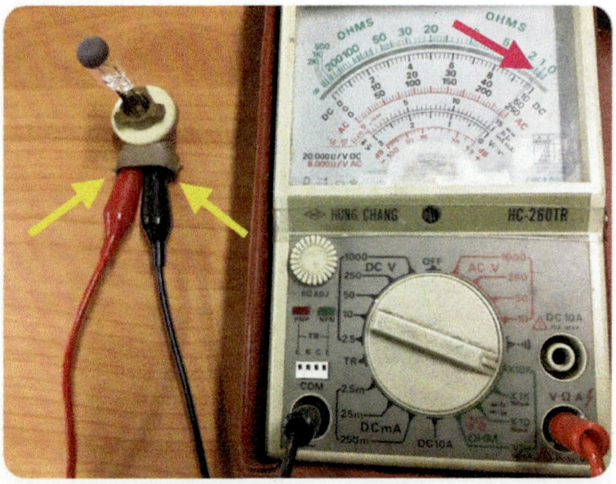

그림과 같이 아날로그 멀티 테스터기를 이용하여 통전시험을 실시한다. 저항값이 나오므로 정상임.

㊽ 전구점검 2

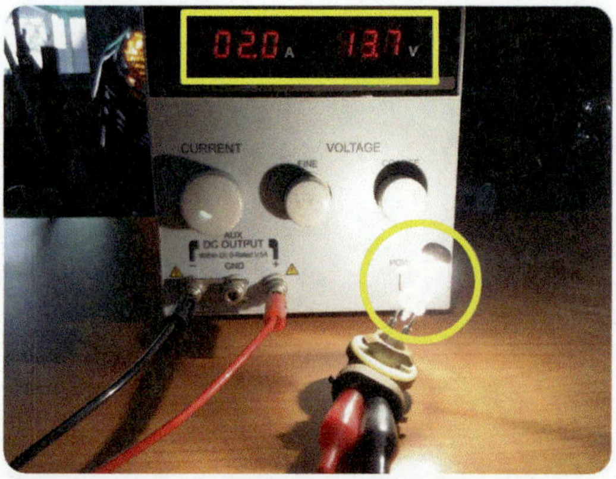

그림과 같이 파워 서플라이를 이용하여 여자전류를 전구에 공급하였을 때 램프가 점등됨.(소모전류 2.0A)

㊾ 미등 작동(앞)

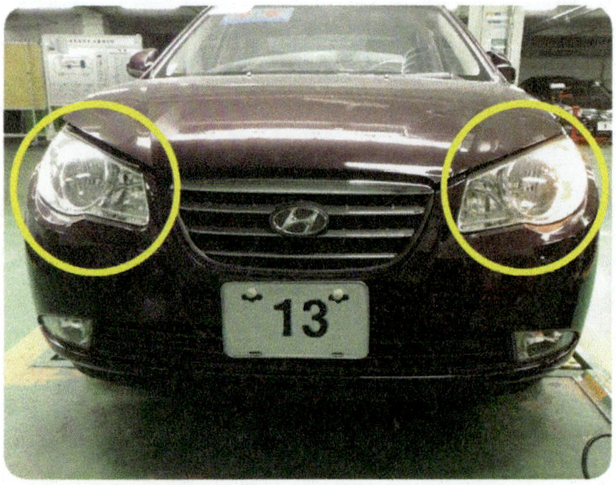

그림과 같이 미등을 점등한 상태에서 앞 우측 램프가 미 점등됨.

㊿ 앞 우측 미등 커넥터

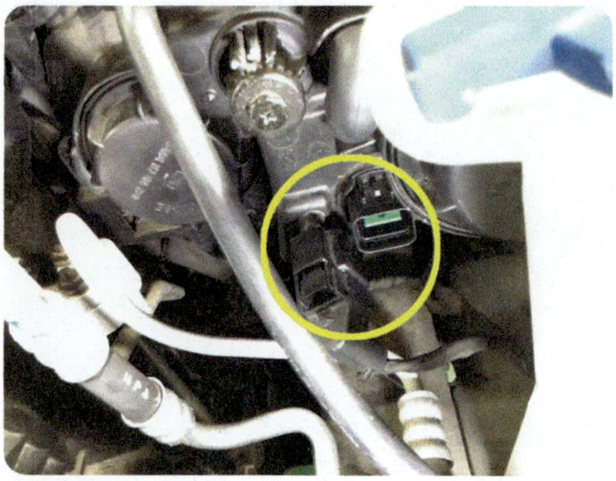

앞 우측 미등 커넥터 탈거 상태

(51) 미등 작동(뒤)

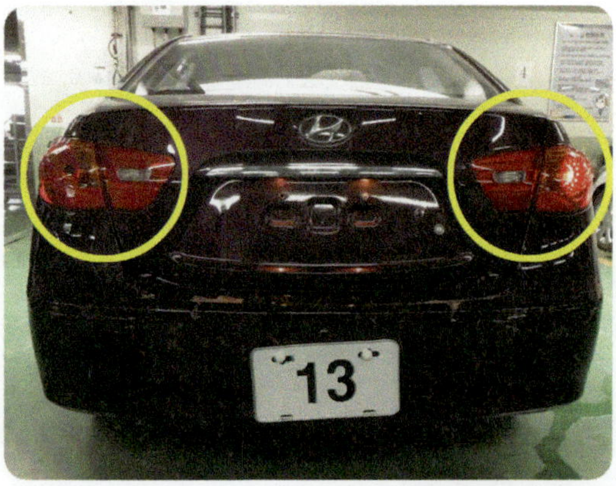

그림과 같이 미등을 점등한 상태에서 뒤 좌측 램프가 미 점등됨.

(52) 뒤 좌측 미등 커넥터

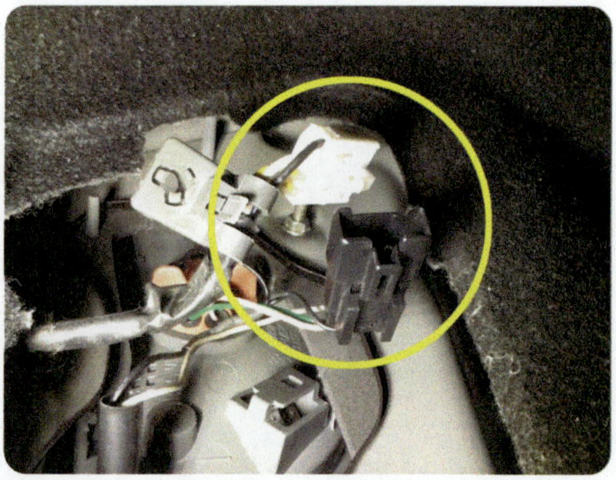

뒤 좌측 미등 커넥터 탈거 상태

53 뒤 좌측 미등 램프소켓

뒤 좌측 미등 램프소켓 탈거 상태

54 뒤 좌측 미등 램프

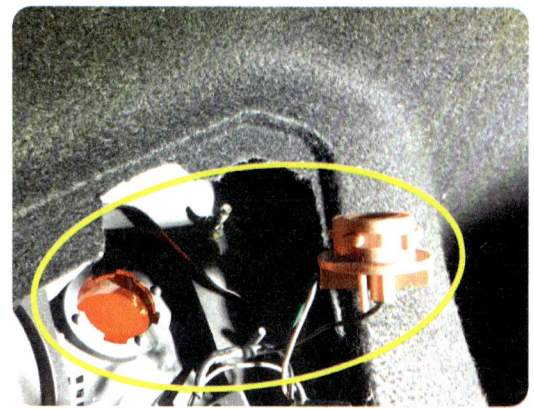

뒤 좌측 미등 램프 탈거 상태

55 미등 및 브레이크 전구 : 미등 및 브레이크 전구 모습

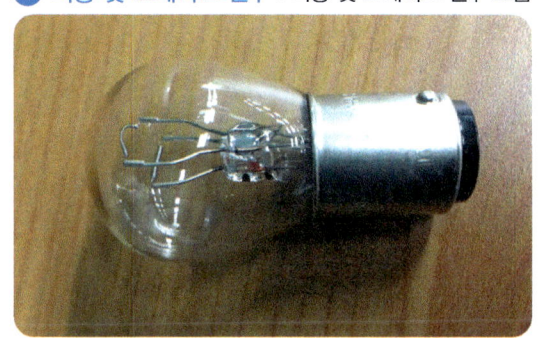

참고자료 회로 고장부분과 내용 및 상태

고장부분	내용 및 상태	정비 및 조치할 사항
ALT 150A 퓨즈블링크	단선	ALT 150A 퓨즈블링크 교환 후 재점검
미등(테일)램프 릴레이	없음	미등(테일)램프 릴레이 장착 후 재점검
미등(테일)램프 릴레이	솔레노이드 코일 단선	미등 릴레이 교환 후 재점검
미등(테일)램프 릴레이 포인트 접점	전원 인가 시 미 통전	미등 릴레이 교환 후 재점검
미등 10A LH 퓨즈	단선	미등 10A LH 퓨즈 교환 후 재점검
미등 10A RH 퓨즈	단선	미등 10A RH 퓨즈 교환 후 재점검
콤비네이션 스위치 커넥터	탈거	콤비네이션 스위치 커넥터 결합 후 재점검
미등(테일) LH(앞, 뒤, 콤비네이션)램프	단선	미등(테일) LH(앞, 뒤, 콤비네이션)램프 교환 후 재점검
미등(테일) RH(앞, 뒤, 콤비네이션)램프 번호등 램프	단선	미등(테일) RH(앞, 뒤, 콤비네이션)램프 및 번호등 램프 교환 후 재점검
전방안개등(FR FOG)릴레이	없음	전방안개등(FR FOG)릴레이 장착 후 재점검

04 와이퍼 회로점검

01 전원 배분도(3) : 엔진 룸 퓨즈 및 릴레이 박스

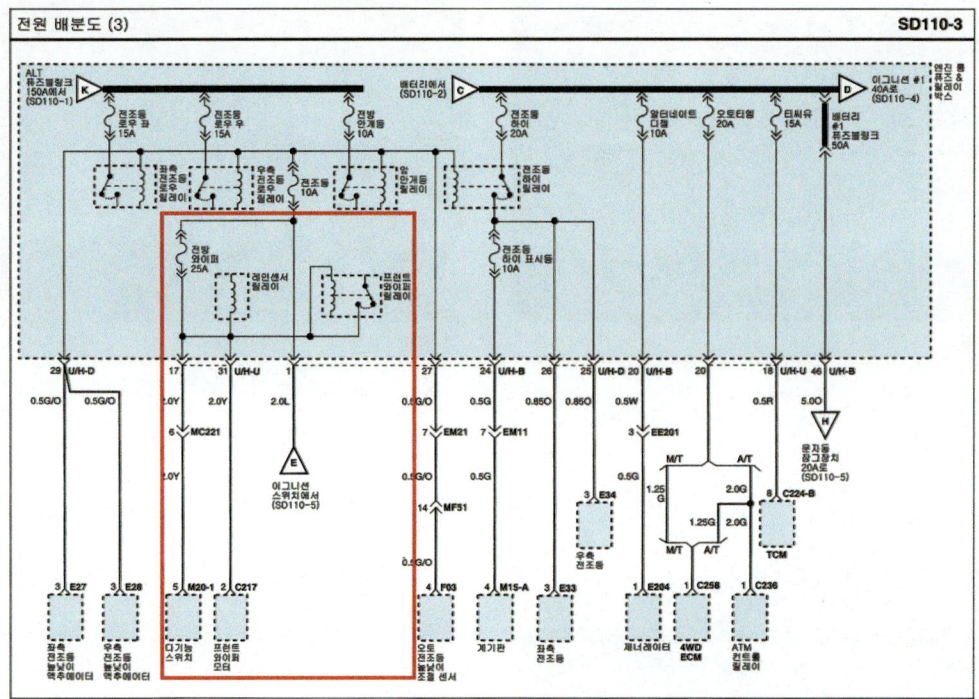

02 전원 배분도(5) : 이그니션 #2 40A, 퓨즈 배분도

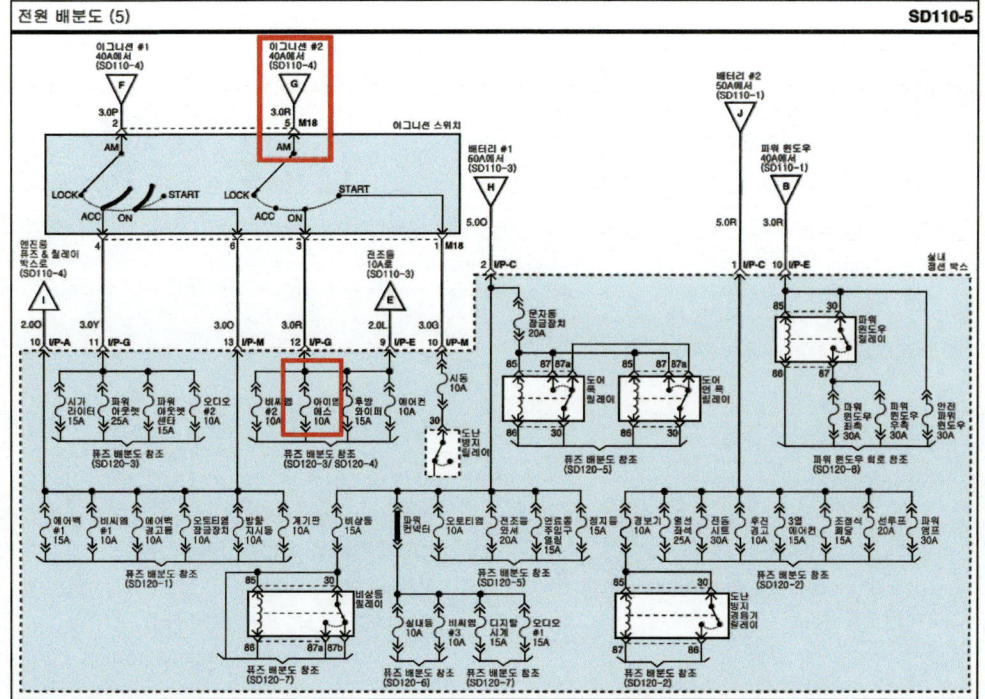

03 프런트 와이퍼 및 와셔 회로 : 체크 포인트

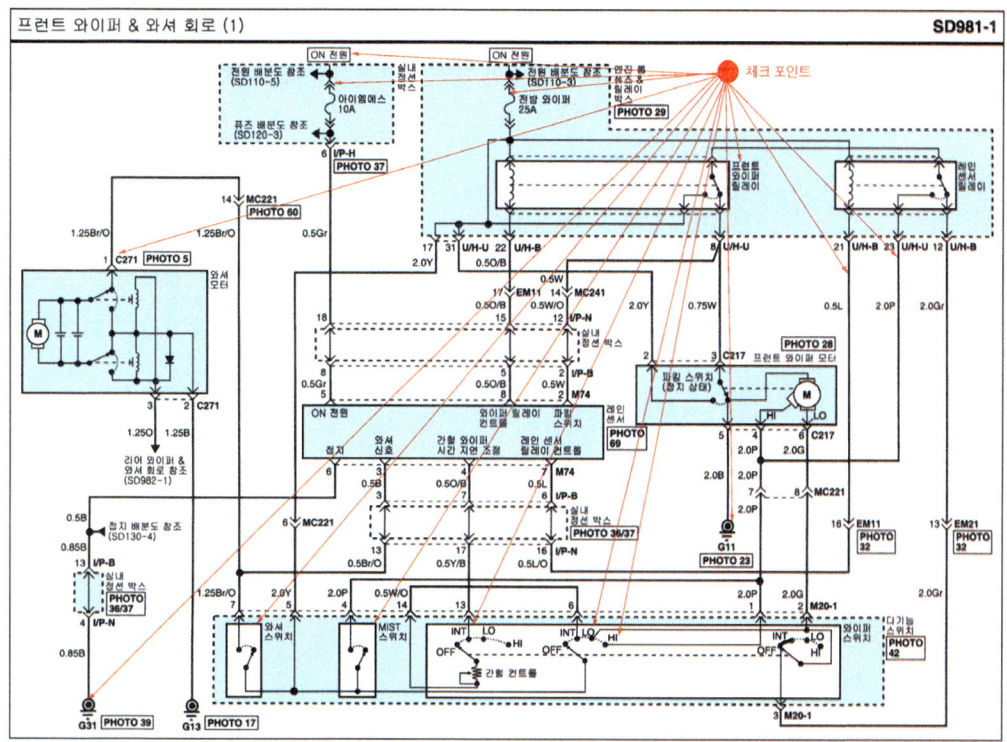

04 구성부품 : 방향지시등 스위치, 점등 스위치, 헤드램프 와셔 스위치, 단자배열

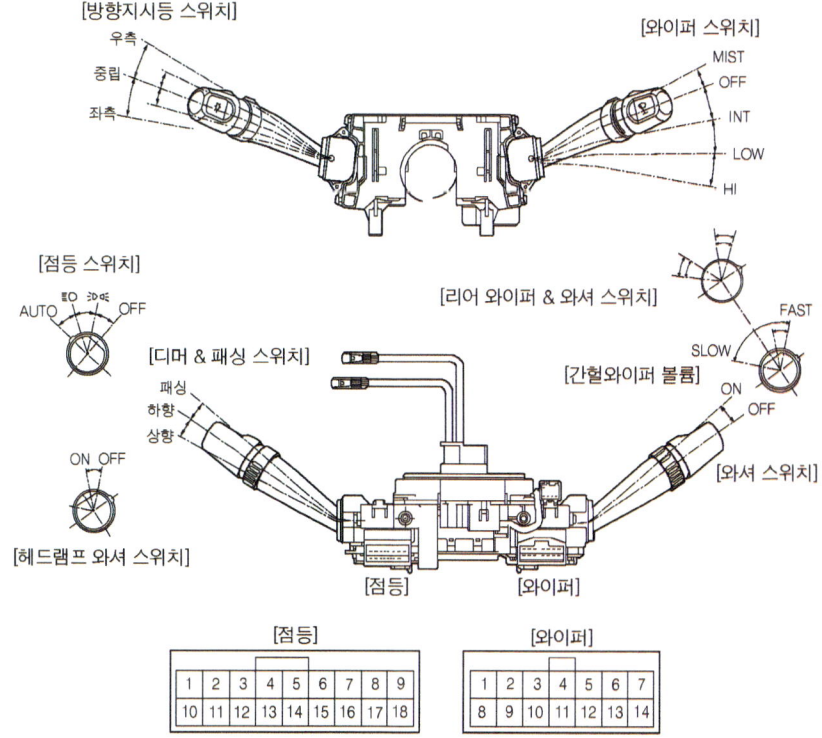

117

커넥터명칭	핀번호	명칭	커넥터명칭	핀번호	명칭
점등	1	헤드램프 패싱 스위치	와이퍼	1	와이퍼 하이 스피드
	2	헤드램프 하이빔 전원		2	와이퍼 로우 스피드
	7	우측 방향지시등 스위치		3	와이퍼 파킹
	8	플래셔 유닛 전원		4	이스트 스위치
	9	좌측 방향지시등 스위치		5	와이퍼 & 와셔 전원
	10	헤드램프 로우빔 전원		6	간헐 와이퍼(INT)
	11	디머 & 패싱 접지		7	프론트 와셔 스위치
	12	헤드램프 와셔 스위치		8	–
	13	헤드램프 와셔 스위치 접지		9	리어 와이퍼 & 와셔 접지
	14	미등 스위치		10	–
	15	헤드램프 스위치		11	리어 와이퍼
	16	리어포그램프/오토라이트 스위치		12	리어 와셔
	17	점등 스위치 접지		13	간헐 와이퍼 볼륨(INT))
	18	–		14	간헐 와이퍼 접지

05 엔진 룸 릴레이 박스 : 엔진룸 릴레이 박스 내 구성품

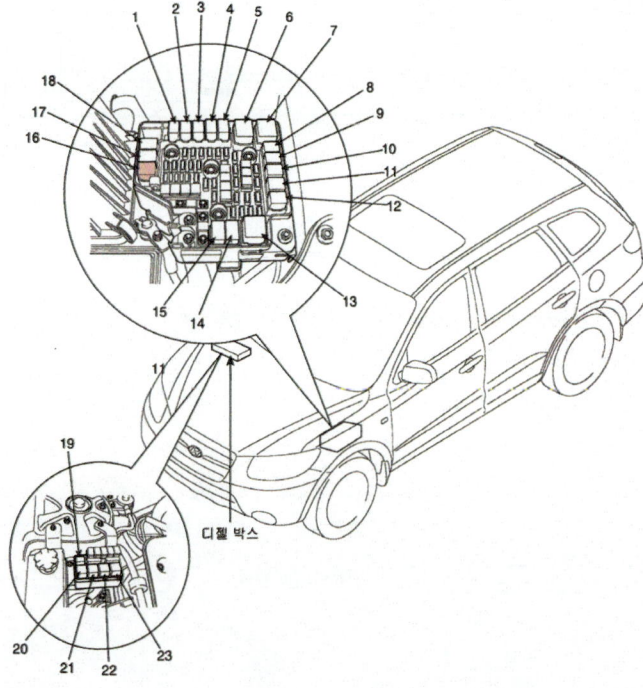

1. 자동변속기 릴레이
2. 냉각팬 릴레이
3. 프런트 안개등 릴레이
4. 에어컨 릴레이
5. 전조등(하이) 릴레이
6. 메인 릴레이
7. 시동 릴레이
8. 컨덴서 팬 2 릴레이
9. 컨덴서 팬 1 릴레이
10. 미등 릴레이
11. 전조등(로우 -좌측) 릴레이
12. 전조등(로우 -우측) 릴레이
13. 디포거 열선 릴레이
14. 윈드실드 열선 릴레이
15. 혼 릴레이
16. 와이퍼 릴레이
17. 레인센서 릴레이
18. 연료펌프 릴레이
19. 연료펌프 히터 릴레이
20. PTC 히터 릴레이 #2
21. 글로우 릴레이
22. PTC 히터 릴레이 #1
23. PTC 히터 릴레이 #3

06 엔진 룸 퓨즈 및 릴레이 : 엔진 룸 퓨즈 및 릴레이, 퓨즈블링크 위치

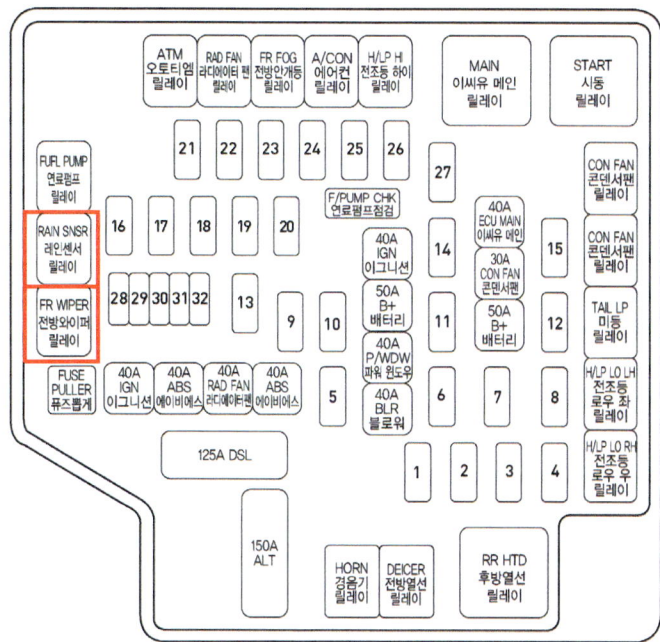

07 다기능 스위치 : 다기능 스위치 및 커넥터

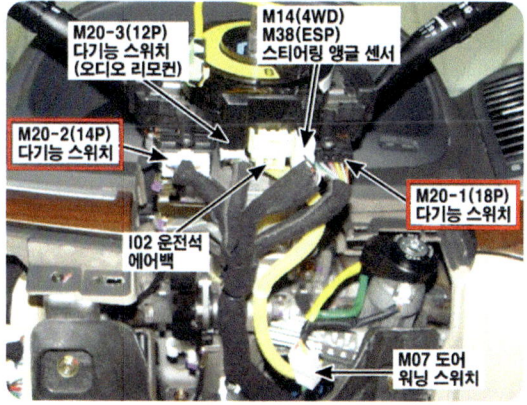

08 레인센서 : 레인센서 위치 및 커넥터 단자

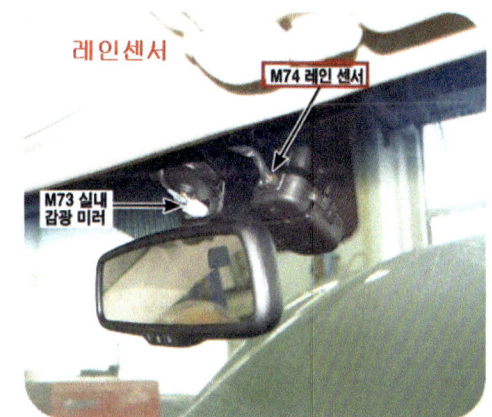

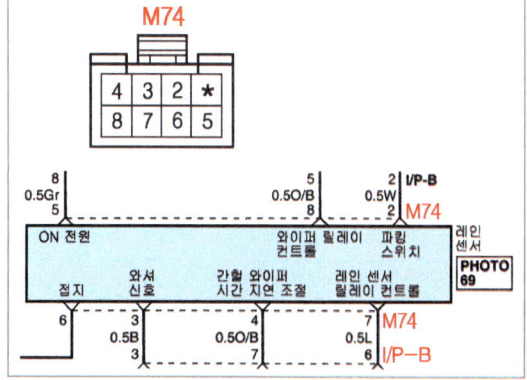

09 와이퍼 릴레이 : 와이퍼 릴레이 점검방법

1. 엔진룸 릴레이 박스에서 와이퍼 릴레이를 분리한다.
2. 미등 릴레이 단자 85번과 86번 사이에 전원을 인가했을 때 87번과 30번 단자 사이에 통전이 되는지 점검한다.
3. 미등 릴레이 단자 85번과 86번 사이에 전원을 해지했을 때 87번과 30번 단자 사이에 통전이 되는지 점검한다.

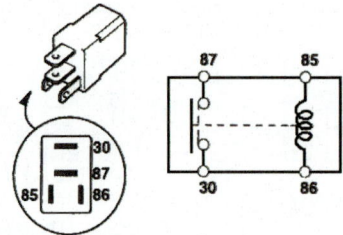

위치 \ 단자	30	87	85	86
전원 해지시			○——○	
전원 인가시	○——○	⊖——⊕		

10 퓨즈 연결회로 : 퓨즈블링크, 퓨즈 연결회로

구분	표기	용량(A)	연결회로
퓨즈 블링크	ALT	150A	퓨즈블링크(전방열선, 후방열선, 블로워, 에어컨, 배터리#2, 에이비에스#1, #2, 파워윈도우, 전조등 로우 좌, 전조등 로우 우, 전방 안개등
	디젤	125A	퓨즈블링크 박스(PCT 히터#1, #2, #3, 연료 필터, 글로우 플러그)
	배터리 #1	50A	퓨즈(문자통 잠금장치, 정지등, 연료통 주입구 열림, 오토티엠, 전조등 와셔, 비상등, 파워 컨넥터)
	배터리 #2	40A	퓨즈(파워 앰프, 열선 좌석, 전동 시트, 조정식 페달, 3열 에어컨, 후진 경고, 선루프, 경보기, 도난방지 경음기 릴레이)
	이씨유 메인	40A	엔진 컨트롤 릴레이
	컨덴서 팬	30A	컨덴서 팬#1 릴레이
	이그니션 #1	40A	이그니션 스위치
	이그니션 #2	40A	이그니션 스위치, 퓨즈(시동)
	블로워	40A	퓨즈(블로워)
	파워 윈도우	40A	퓨즈(파워 윈도우 릴레이, 안전 파워 윈도우)
	라디에이터 팬	40A	라디에이터 팬 릴레이
	에이비에스#1	40A	다기능 체크 컨넥터, ABS 컨트롤 모듈, VDC컨트롤 모듈
	에이비에스#1	40A	다기능 체크 컨넥터, ABS 컨트롤 모듈, VDC컨트롤 모듈
퓨즈	1	전방열선	15A	윈드 실드 열선 릴레이
	2	후방 열선	30A	리어 디포거 릴레이
	3	-	-	-
	4	전조등 로우 우	15A	우측 전조등 로우 릴레이
	5	경음기	15A	경음기 릴레이
	6	전조등 로우 좌	15A	좌측 전조등 로우 릴레이
	7	전조등 하이 표시등	10A	계기판
	8	알터네이터 디젤	10A	제너레이터
	9	에어컨	10A	에어컨 릴레이
	10	오토티엠	20A	4WD ECM, ATM 컨트롤 릴레이
	11	-	-	-

구분	표기	용량(A)	연결회로
퓨즈	12	미등 우	10A	우측 포지션 램프, 글로브 박스 램프, 우측 뒤 콤비램프(OUT), 조명등
	13	전방 안개등	10A	앞 안개등 릴레이
	14	센서 #3	15A	ECM
	15	미등 좌	10A	좌측 포지션 램프, 좌측 뒤 콤비램프(OUT)
	16	연료 펌프	15A	연료 펌프 릴레이
	17	전방 와이퍼	25A	다기능스위치, 레인센서 릴레이, 프런트 와이퍼 릴레이, 프런트 와이퍼 모터
	18	티씨유	15A	TCM
	19	에이비에스	10A	ABS컨트롤 모듈, G-YAW센서, VDC컨트롤 모듈, 4WD ECM, 연료 필터 히터 릴레이, 연료 필터 수분 경고 센서, 다기능 체크 컨넥터
	20	냉각팬	10A	-
	21	후진등	10A	입력/출력 속도 센서, 인히비터 스위치, TCM, 후진등 스위치
	22	전조등	10A	퓨즈(전방 와이퍼)
	23	이씨유	10A	차속 센서, ECM, 에어 플로우 센서
	24	전조등 하이	20A	전조등 하이 릴레이
	25	센서#1	10A	연료 펌프 릴레이, 정지등 스위치, 이모빌라이저, 에어컨 릴레이, 컨덴서 팬#1, #2 릴레이, 라디에이터 팬 릴레이
	26	센서#2	15A	EGR액추에이터, 솔레노이드 밸브, 스로틀 플랫 액추에이터, 캠 포지션 센서, PTC히터 릴레이#1
	27	점화코일	20A	ECM
	28	SPARE	10A	-
	29	SPARE	15A	-
	30	SPARE	20A	-
	31	SPARE	25A	-
	32	SPARE	30A	-

작업형실기

⑪ **와셔모터** : 와셔모터 및 탱크 위치

⑫ **프런트 와이퍼 모터**
: 프런트 와이퍼 모터 및 커넥터 단자

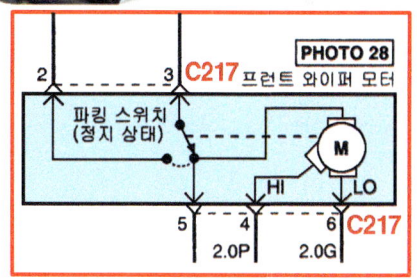

⑬ **와이퍼 및 와셔 스위치** : 와이퍼 및 와셔 스위치 점검 및 조치사항

1. 와이퍼 및 와셔 스위치의 각 위치에서 아래 터미널의 도금 상태를 확인한다.
   도금상태가 바르지 않으면 와이퍼 및 와셔 스위치를 교환한다.

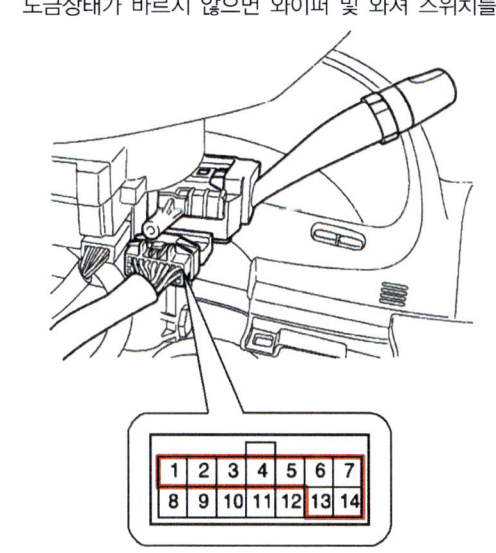

와이퍼 스위치
(레인센서 미적용)

위치＼단자	1	2	3	4	5	6	13	14
MIST				○─	─○			
OFF		○─	─○					
INT		○─	─○		○─	─○	○─\/\/\─○	
LOW				○──	──○			
HI	○							

(레인센서 적용)

위치＼단자	1	2	3	4	5	6	13	14
MIST				○─	─○			
OFF		○─	─○					
AUTO		○─	─○		○─	─○	○─\/\/\─○	
LOW				○──	──○			
HI	○				○			

와셔 스위치

위치＼단자	5	7
OFF		
ON	○───	───○

121

참고자료 — 회로 고장부분과 내용 및 상태

고장부분	내용 및 상태	정비 및 조치할 사항
IG 2 40A 퓨즈	단선	IG 2 40A 퓨즈 교환 후 재점검
전방와이퍼 25A 퓨즈	단선	전방와이퍼 25A 퓨즈 교환 후 재점검
아이엠에스 10A 퓨즈	단선	아이엠에스 10A 퓨즈 교환 후 재점검
릴레이(프런트, 레인센서)	솔레노이드 코일 단선	릴레이(프런트, 레인센서) 교환 후 재점검
릴레이(프런트, 레인센서) 포인트 접점	전원 인가 시 미 통전	릴레이(프런트, 레인센서) 교환 후 재점검
다기능 스위치 커넥터	커넥터 탈거	다기능 스위치 커넥터 결합 후 재점검
전방와이퍼 모터	커넥터 탈거	전방와이퍼 모터 커넥터 결합 후 재점검
전방와셔 모터	커넥터 탈거	전방와셔 모터 커넥터 결합 후 재점검
레인센서	커넥터 탈거	레인센서 커넥터 결합 후 재점검

답안작성

위에서 설명한 파워 윈도우, 미등, 와이퍼 회로 점검방법을 참조하여 고장부분, 내용 및 상태, 정비 및 조치사항을 기재한다.

◆ 전기 2. 기록표

자동차 번호 :

비 번호		시험 위원 확 인	

항 목	점검(또는 측정)		정비 및 조치 사항	득 점
	고장 부분	내용 및 상태		
파워윈도우회로	우측 앞 파워윈도우 스위치	커넥터 탈거	커넥터 연결 후 재점검	
미등회로	우측 앞 미등램프 커넥터	탈거	커넥터 연결 후 재점검	
와이퍼 회로	와이퍼 릴레이	빠짐(없음)	신품의 릴레이 장착 후 재점검	

작업형실기

기능장 1안 — 전 기 3

파형 측정

주어진 자동차에서 시험위원 지시에 따라 기록표의 요구사항을 점검 및 측정하여 기록하시오.

01 CAN 통신파형

01 구성부품

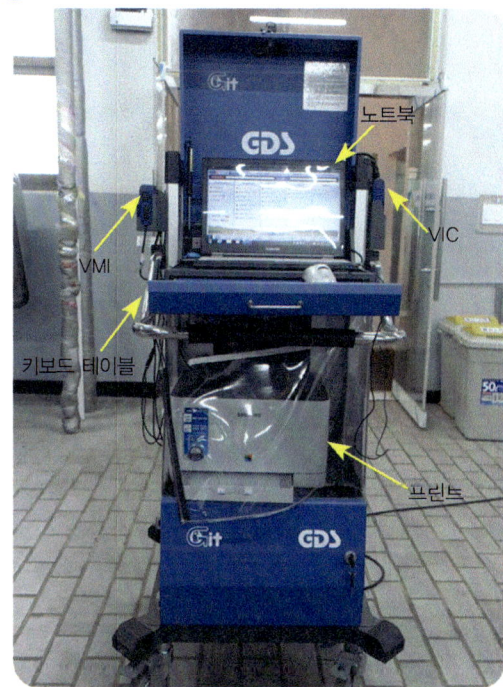

노트북, VIC, 프린터, 키보드 테이블, VMI

02 GDS 아이콘

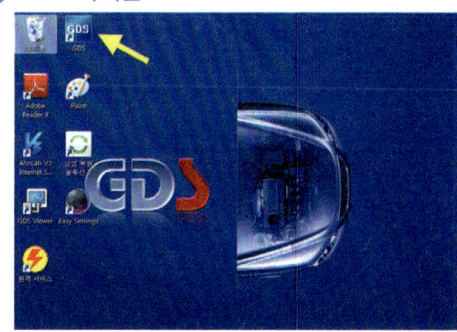

GDS 아이콘을 더블 클릭한다.

03 로딩

로딩 중 화면

04 VMI 전원 ON

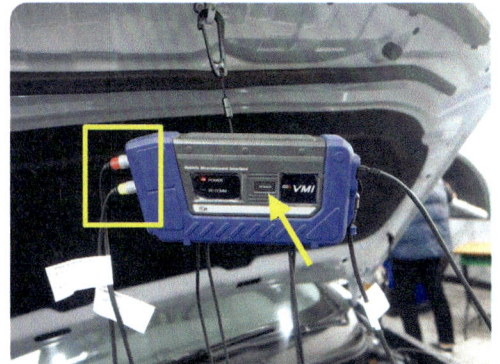

VMI에 채널 케이블을 연결하고 전원버튼을 ON한다.

05 초기화면

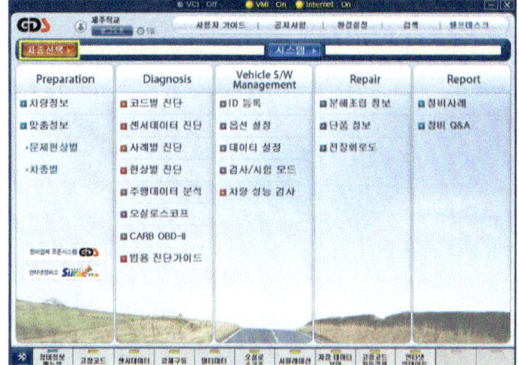

위 그림은 GDS 초기화면이며 차종선택을 클릭한다.

123

06 차종 및 시스템 선택

메이커, 차종, 연식, 엔진 시스템을 선택한다.

07 엔진시스템 선택

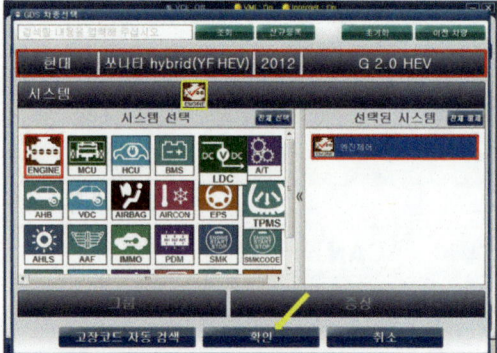

그림과 같이 좌측 적색으로 표시된 엔진제어를 클릭하고 확인 버튼을 클릭한다.

08 오실로스코프 선택

그림과 같이 두 개의 화살표가 가리키는 것 중 하나의 오실로스코프를 클릭한다.

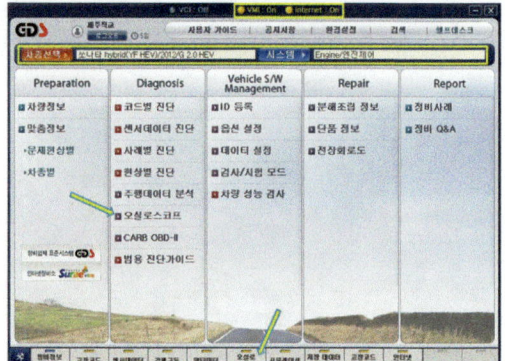

09 자기진단 점검단자 회로 1 : C-CAN, CCP-CAN, M-CAN, B-CAN 위치

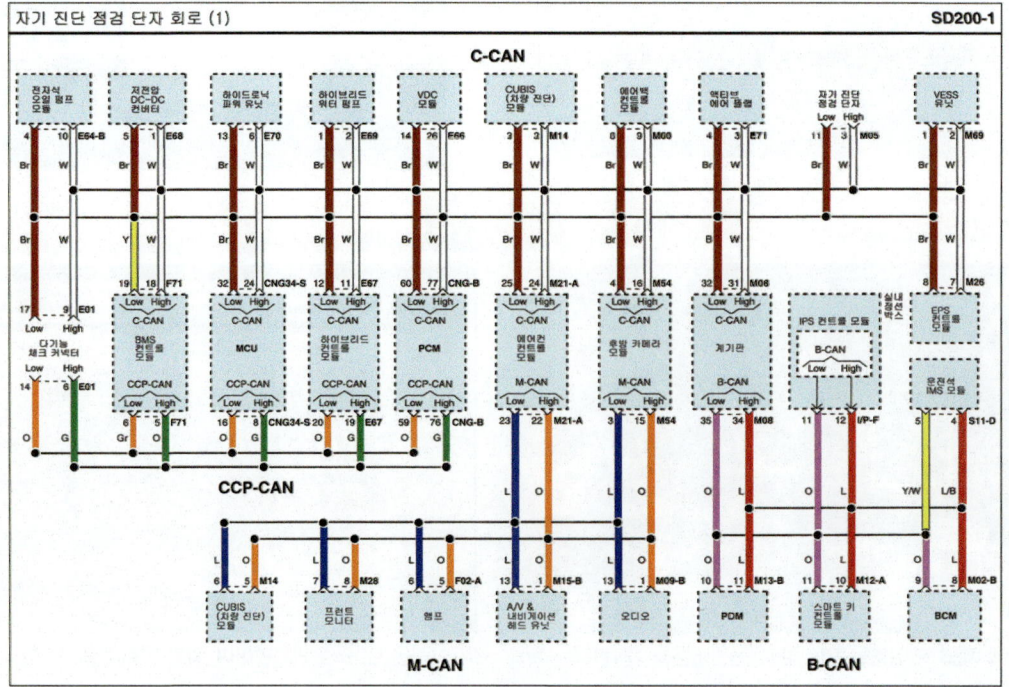

⑩ 자기진단 점검단자 회로 2 : C-CAN High, C-CAN Low 단자

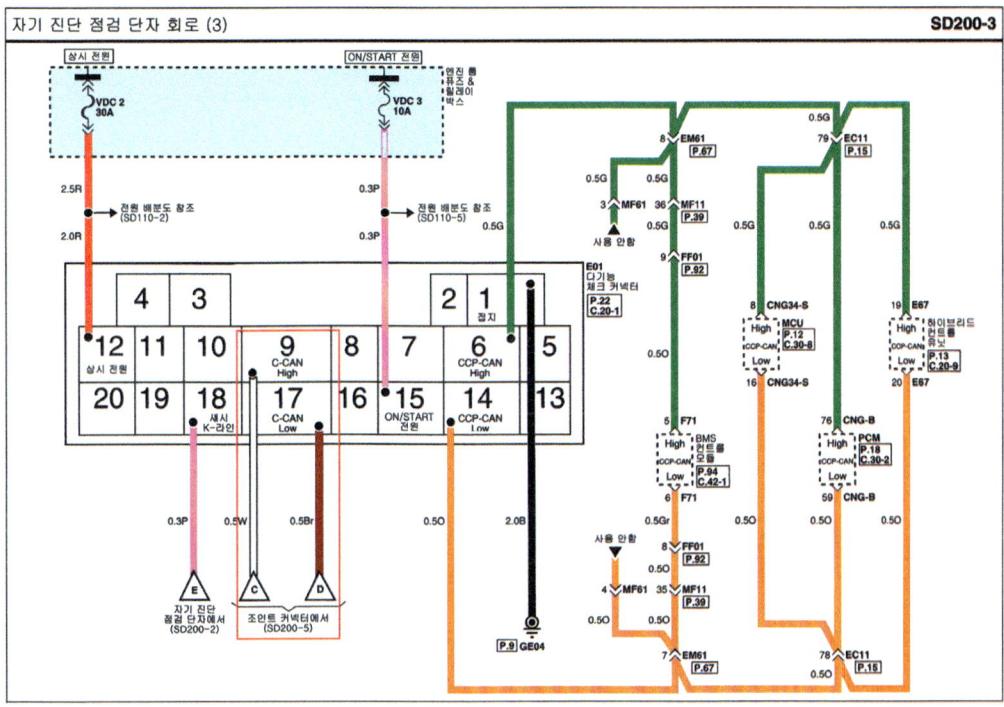

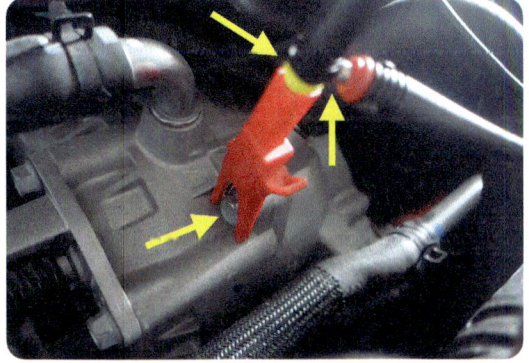

⑪ 채널 프로브 접지

채널 1, 2번 접지 프로브를 접지한다.

⑫ 채널 프로브 연결 1

그림과 같이 엔진룸 진단커넥터에 채널 1, 2번 측정 프로브를 C-CAN High, C-CAN Low 단자에 연결한다.

⑬ 채널 프로브 연결 2 : 타 차종 엔진룸 진단커넥터

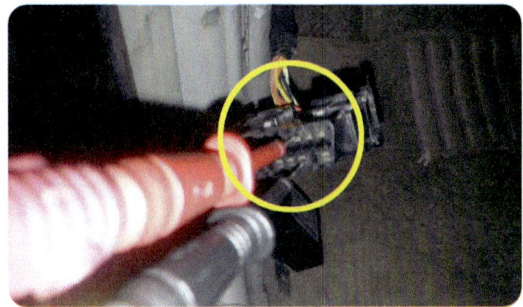

⑭ 채널 프로브 연결 3 : 실내 진단커넥터

⑮ 파형측정

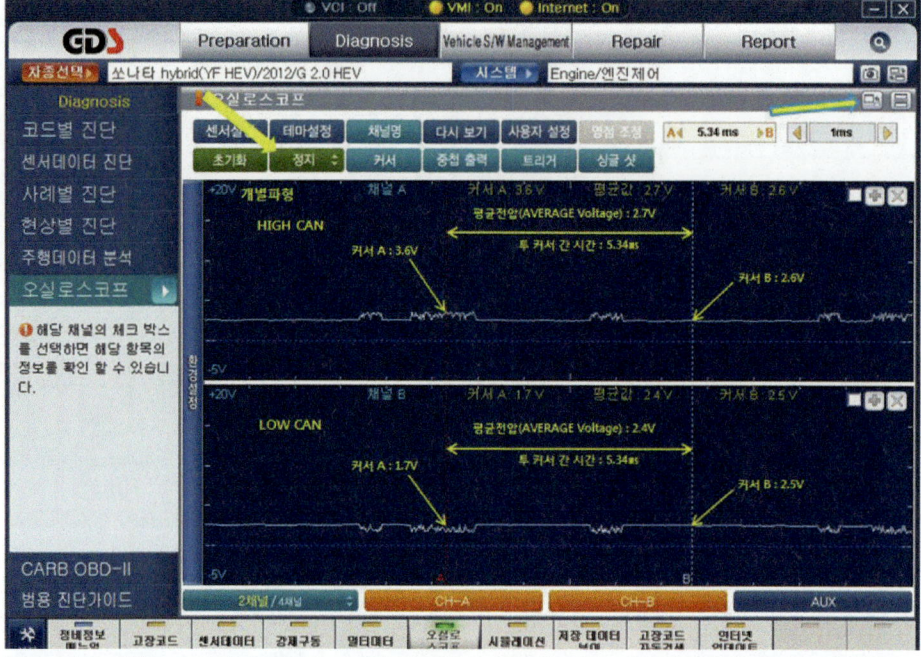

그림과 같이 노란색 화살표가 가리키는 정지 버튼을 클릭한 후 오른쪽 위에 있는 화면전환 버튼을 클릭한다. 위 그림은 개별파형으로 C-CAN High에 대한 커서 A전압, 커서 B전압, 투 커서 간 시간차, 평균전압과 C-CAN Low에 대한 커서 A전압, 커서 B전압, 투 커서 간 시간, 평균전압을 표기한 화면임.

⑯ 개별파형 출력화면 표기

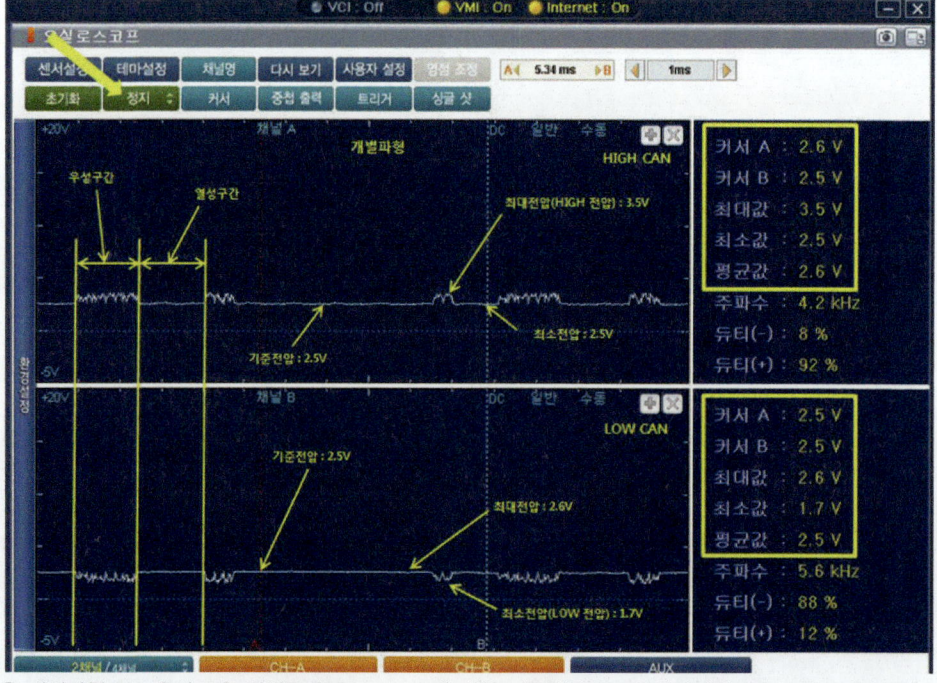

위 그림은 개별파형으로 우성구간, 열성구간, CAN High에 대한 기준전압 2.5V, 최대전압 3.5V, 최소전압 2.5V와 CAN Low에 대한 기준전압 2.5V, 최대전압 2.6V, 최소전압 1.7V를 표기함.

⑰ 화면출력

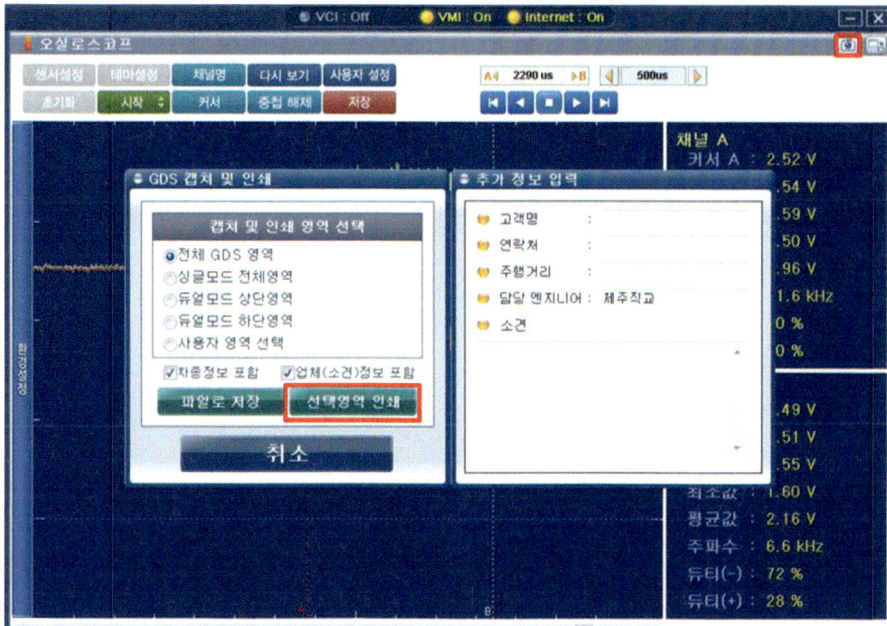

오른쪽 위에 위치한 출력 버튼을 클릭하면 GDS 캡처 및 인쇄 화면으로 전환되며 선택영역 인쇄를 클릭하면 출력된다.

⑱ 출력파형 출력물 1 : 파형 출력 및 분석내용 표기

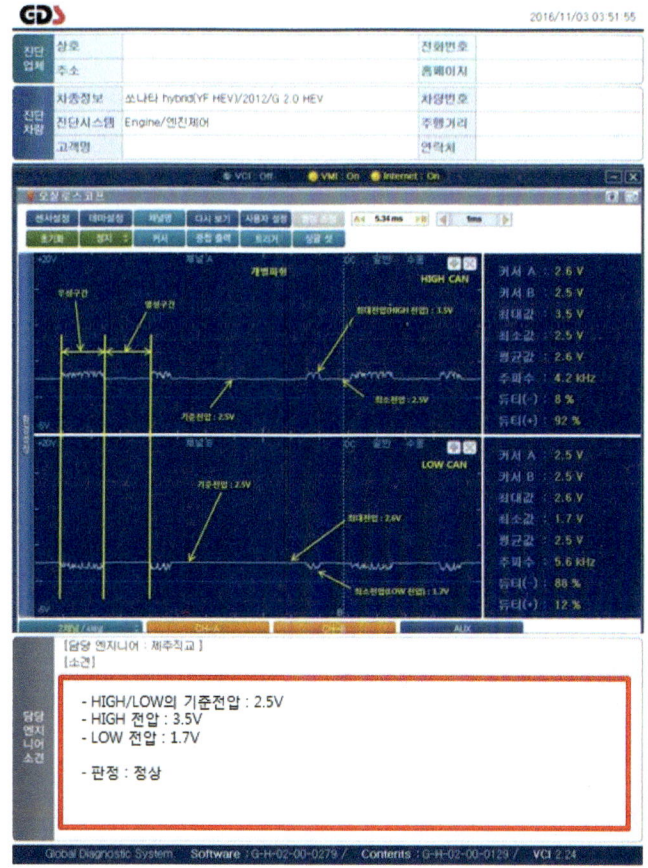

답안작성	파형 출력을 기준으로 답안작성				
◈ 전기 3. 기록표			비 번호	시험 위원 확 인	
1) 파형 자동차 번호 :					
항 목	파형 분석 및 판정				득 점
	분석항목	분석내용	판정(□에 '✔' 표)		
CAN 통신 파형	HIGH/LOW의 기준전압 : 2.5V	분석내용은 출력물에 표시하시오	☑ 양 호 □ 불 량		
	HIGH전압 : 3.5V				
	LOW전압 : 1.7V				

⑲ 중첩파형 출력화면 표기

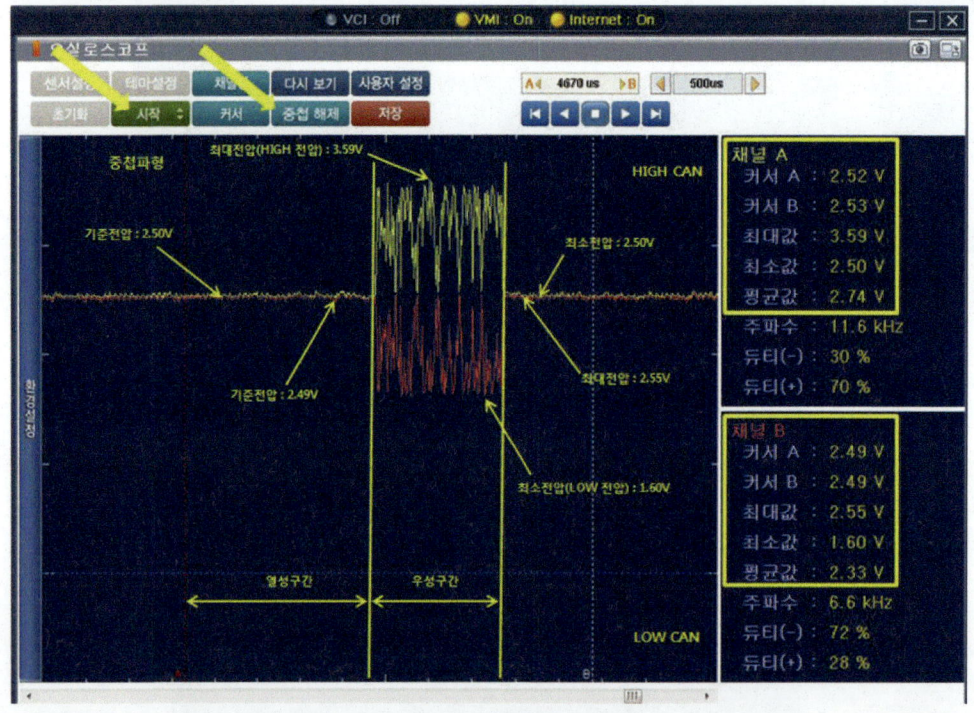

위 그림은 중첩파형으로 우성구간, 열성구간, CAN High에 대한 기준전압 2.50V, 최대전압 3.59V, 최소전압 2.50V와 CAN Low에 대한 기준전압 2.49V, 최대전압 2.55V, 최소전압 1.60V를 표기함. 좌측 상단의 두 번째 노란색 화살표가 가리키는 중첩해제 버튼을 클릭하면 개별파형으로 전환 됨.

⑳ 중첩파형 출력화면의 커서 위치에 따른 표기

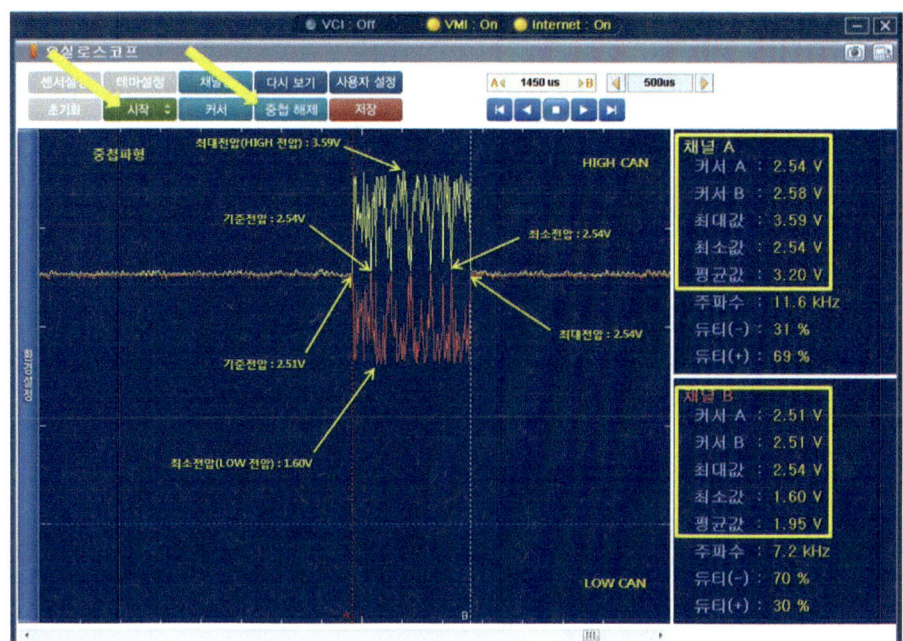

그림은 중첩파형으로 커서 A와 커서 B를 파형 시작과 끝나는 지점에 위치한 상태에서 CAN High에 대한 기준전압 2.54V, 최대전압 3.59V, 최소전압 2.54V 와 CAN Low에 대한 기준전압 2.51V, 최대전압 2.54V, 최소전압 1.60V 를 표기함

참고 투 커서 시간차 1450㎲

㉑ 출력파형 출력물 2 : 파형 출력 및 분석내용 표기

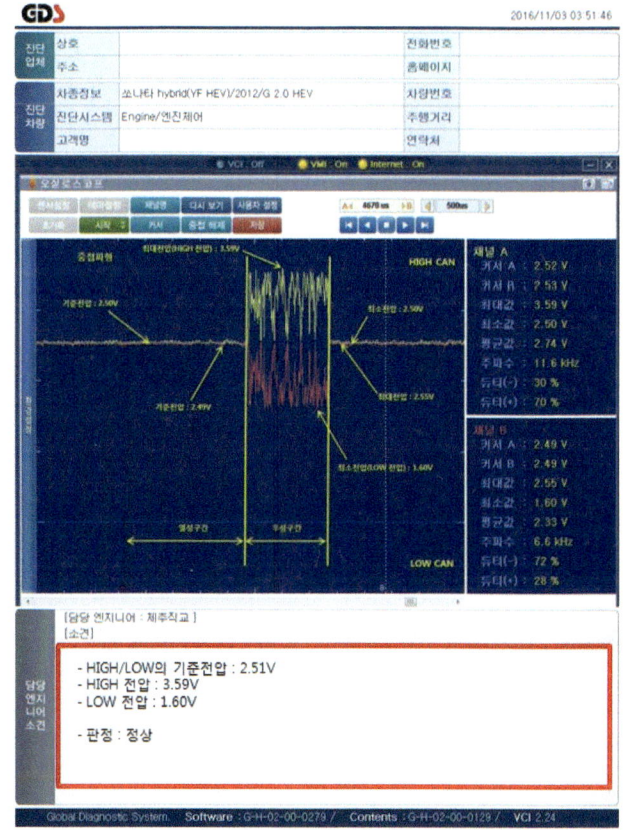

자동차정비기능장

답안작성 파형 출력을 기준으로 답안작성

◈ 전기 3. 기록표
1) 파형 자동차 번호 :

항목	파형 분석 및 판정			득 점
	분석항목	분석내용	판정(□에 '✔' 표)	
CAN 통신 파형	HIGH/LOW의 기준전압 : 2.51V HIGH전압 : 3.59V LOW전압 : 1.60V	분석내용은 출력물에 표시하시오	☑ 양 호 □ 불 량	

비 번호 :
시험 위원 확 인 :

02 점검 및 측정[유해가스 감지 센서(AQS) 출력전압] [1]

01 관련부품 명칭

AQS, 혼, 에어컨 콘덴서, 앞 범퍼

02 AQS

AQS(유해가스 감지센서) 위치

03 AQS 스위치 작동

AQS 스위치 버튼 ON 또는 에어컨이나 히터를 ON한 후 AQS 스위치 버튼 ON하여도 된다.

04 측정 프로브 연결

AQS 단자에 디지털 멀티미터 측정 프로브 탐침 봉을 연결하고 흑색 리드선 프로브는 접지한다.

작업형실기

05 입력단자 출력전압

출력전압이 12.242V이므로 입력단자임.

06 출력전압

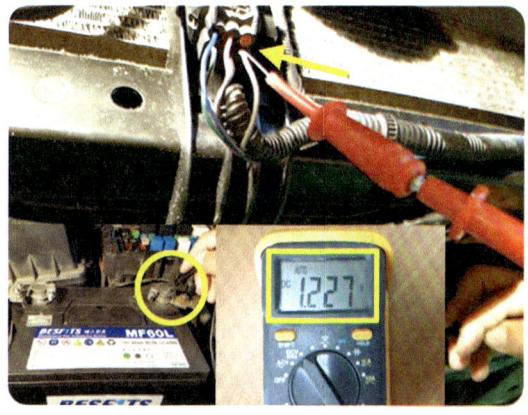

그림과 같이 우측 끝 단자에 측정 탐침 봉을 연결한 후 출력 값을 판독한다.
(유해가스 미 감지 시 출력전압 1.227V)

07 유해가스 분사

그림과 같이 유해가스 감지 조건을 위하여 캬브레터 클리너를 센서에 분사한다.

08 감지 시 출력전압

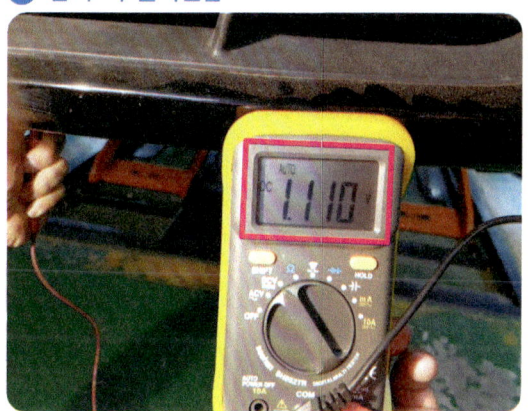

유해가스 감지 시 출력값을 판독한다.
(출력선압 1.110V)

답안작성 측정값을 기준으로 답안작성

2) 점검 및 측정

항 목	측정(또는 점검)		판정 및 정비(또는 조치)사항		득 점
	측정값		판정(□에 'ν' 표)	정비 및 조치할 사항	
유해가스 감지 센서(AQS) 출력전압	감지 : 1.110V		☑ 양 호 □ 불 량	정비 및 조치사항 없음(또는 정상)	
	미감지 : 1.227V				
핀 서모센서 저항 및 출력전압	저항 :		□ 양 호 □ 불 량		
	전압 :				

131

03 점검 및 측정 [유해가스 감지 센서(AQS) 출력전압] 2

01 오실로스코프 화면 설정

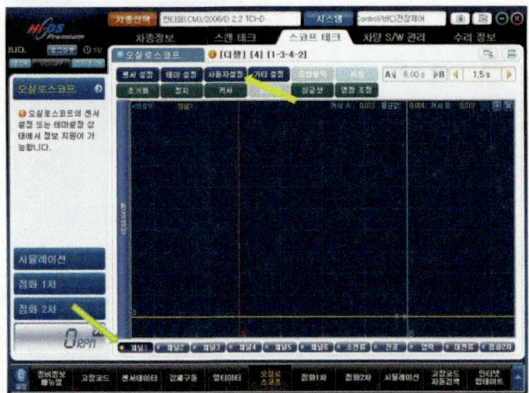

채널 1번 선택 후 사용자설정 클릭한다.

02 사용자설정 입력

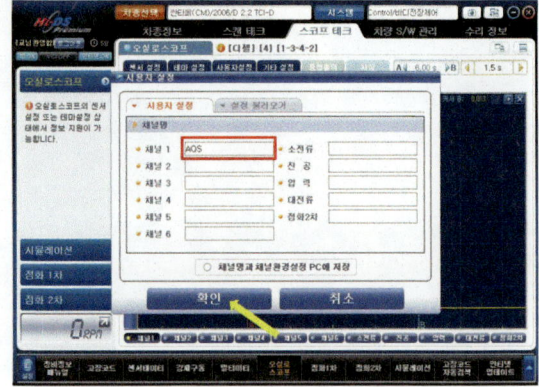

채널 1번에 센서명을 입력한다.(의무사항 아님)

03 개요 및 검사 : AQS 개요 및 검사방법

개 요

1. 외기온도 센서 옆에 장착되어 있으며, 대기 중에 함유되어 있는 유해가스를 감지하여 오염 지역에서는 내기 모드로, 청정 지역에서는 외기 모드로 자동 전환된다. AQS는 배기가스를 비롯하여 대기 중에 함유되어 있는 유해 및 악취가스를 감지하여 이들 가스의 실내 유입을 차단함으로써 운전자와 동승자의 건강을 고려한 AIR QUALITY SYSTEM이다.

2. 검지 대상
   ① 디젤엔진 배기가스 : NO, NO_2, SO_2
   ② 가솔린 및 LPG 엔진 배기가스 : CxHy, CO

검 사

1. AQS 작동시 2 – 3 단자 출력 전압을 측정한다.

구 분	출력 신호(2-3)	내/외기 상태
보통 상태	4~5V	외기
GAS 감지 상태	0~1V	내기

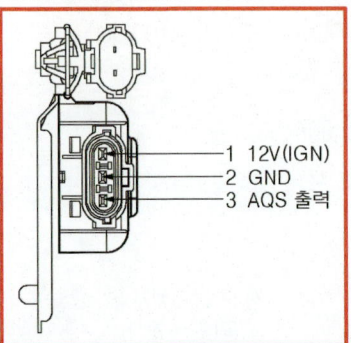

1 12V(IGN)
2 GND
3 AQS 출력

2. AQS 진단 및 페일 세이프 기능 : IG ON시 AQS 선택 여부에 관계없이 7초간 신호선 단선 여부를 감지한다.
   (1) IG ON시 AQS 선택여부에 관계없이 7초간 신호선 단선 여부를 감지한다.

04 채널준비

그림과 같이 배터리 프로브를 배터리 터미널에 연결한 후 채널 1번 접지 프로브를 (-)에 연결한다.

05 센서

외기온도센서, AQS

06 측정 프로브 설치

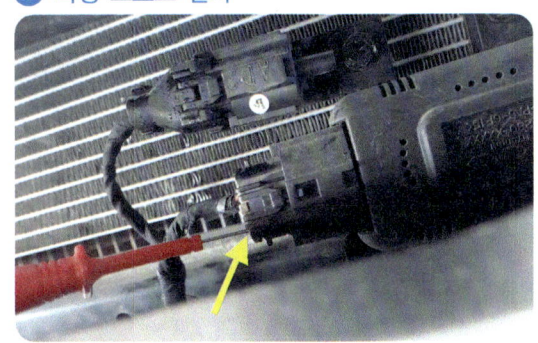

그림과 같이 측정 프로브 탐침 봉을 센서 출력단자에 연결한다.

07 유해가스 분사

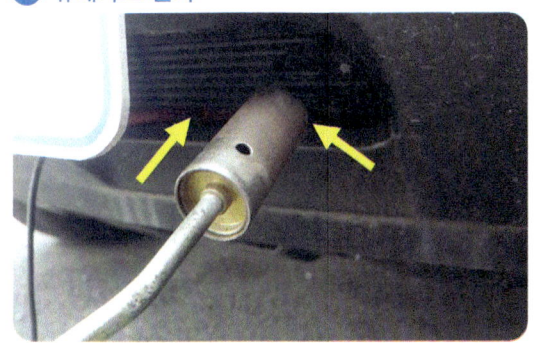

그림과 같이 유해가스 감지 조건을 위하여 부탄가스를 센서에 분사한다.

08 파형측정

그림은 커서 A를 유해가스 미 감지 구간에 커서 B를 감지 구간에 위치시킨 후 커서 A전압, 커서 B전압, 투 커서 간 시간차, 평균전압, 최대전압, 최소전압을 표기함.

09 파형분석

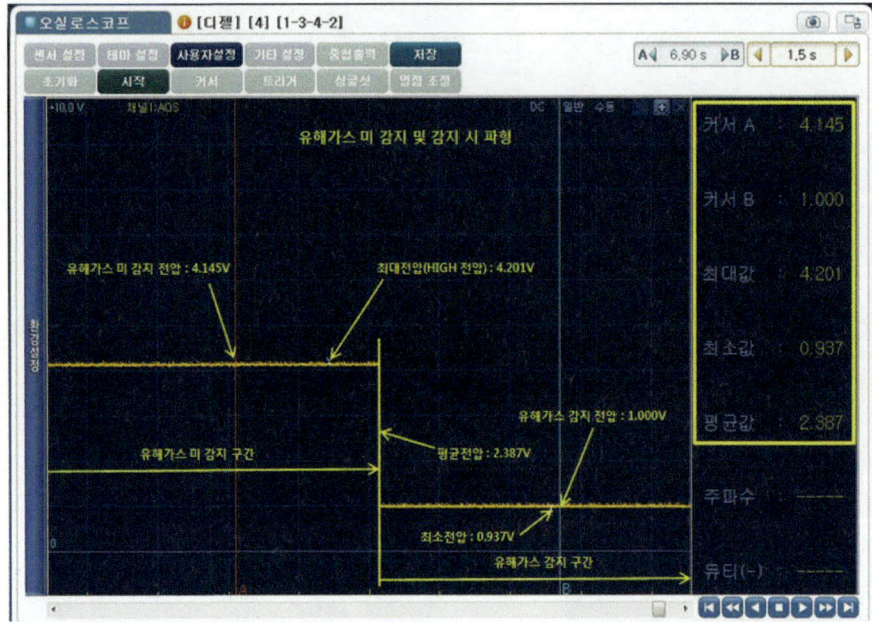

그림은 유해가스 미 감지 구간과 감지구간을 설정하였고 커서 A를 유해가스 미 감지 구간에 커서 B를 감지 구간에 위치시킨 후 커서 A전압 4.145V, 커서 B 전압 1.000V, 투 커서 간 시간차 6.90s, 평균전압 2.387V, 최대전압 4.201V, 최소전압 0.937V를 표기함.

10 출력파형 출력물 2 : 파형 출력 및 분석내용 표기

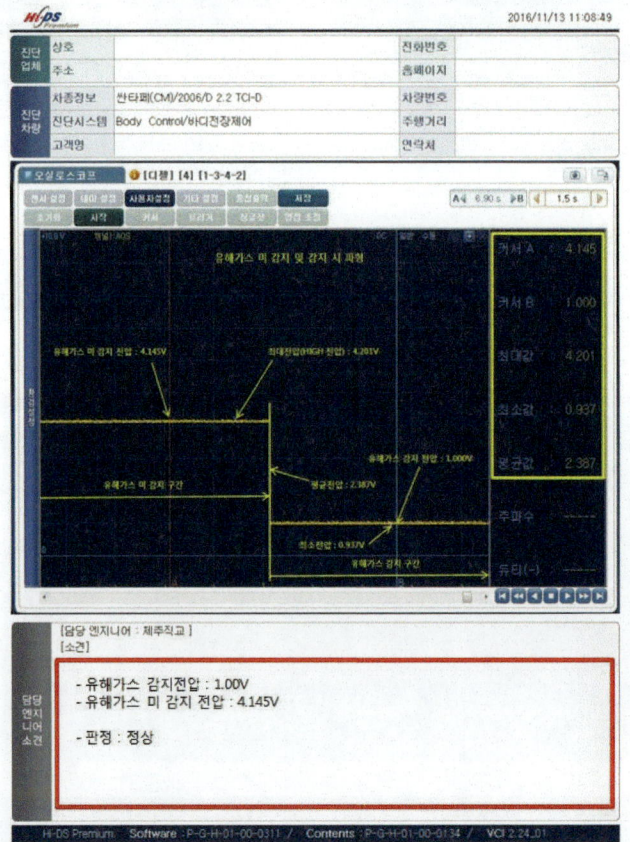

작업형실기

답안작성 파형 출력 및 분석내용 표기

2) 점검 및 측정

항 목	측정(또는 점검)		판정 및 정비(또는 조치)사항		득 점
	측정값		판정(□에 '✔' 표)	정비 및 조치할 사항	
유해가스 감지 센서(AQS) 출력전압	감지 : 1.00V		☑ 양 호 □ 불 량	정비 및 조치사항 없음(또는 정상)	
	미감지 : 4.145V				
핀 서모센서 저항 및 출력전압	저항 :		□ 양 호 □ 불 량		
	전압 :				

04 점검 및 측정 [핀 서모센서 저항 및 출력전압] [1]

01 콘솔박스 탈거

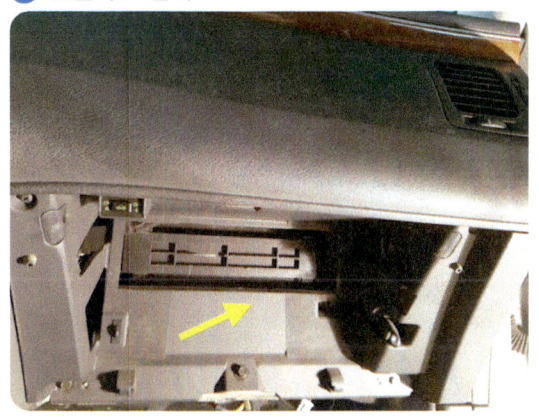

동승석에 위치한 콘솔박스 어셈블리를 탈거한다.

02 측정기 프로브 설치

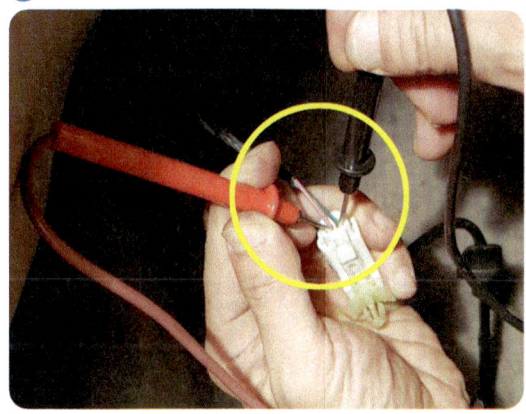

디지털 멀티미터 리드선 프로브를 센서 단자에 설치한다.

03 에어컨 작동

에어컨을 ON하고 내기로 설정한다.

04 측정값 판독

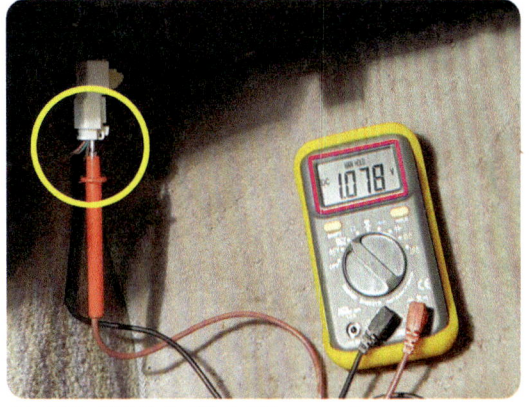

측정값을 판독한다. (출력전압 1.078V)

05 핀 서모 센서 탈거

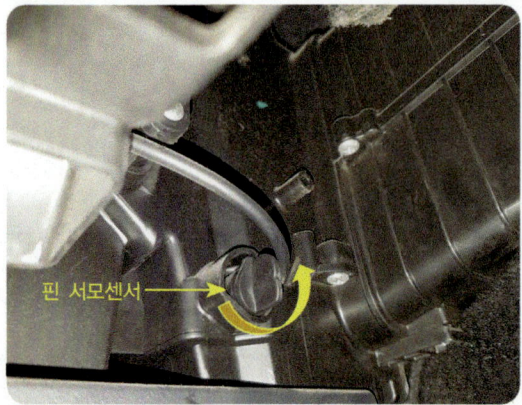

핀 서모 센서를 그림과 같이 화살표 방향으로 돌려 탈거한다.

06 커넥터 탈거

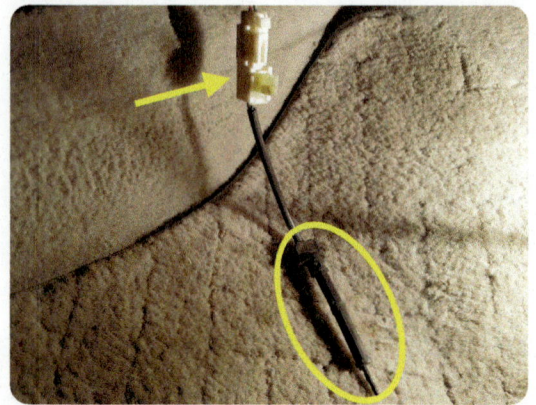

센서 커넥터를 분리하여 센서를 탈거한다.

07 저항측정

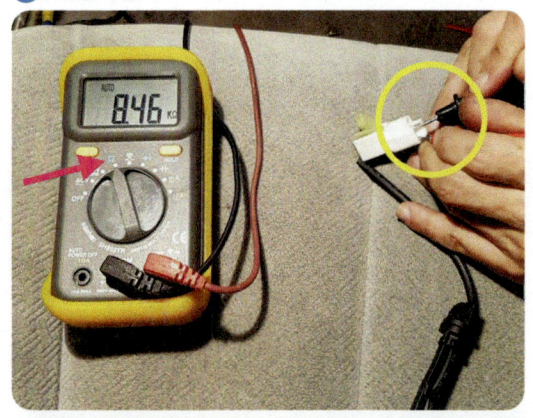

그림과 같이 디지털 멀티미터 리드선 프로브를 센서 단자에 설치한 후 저항값을 판독한다.(출력저항 8.46kΩ)

답안작성 측정값을 기준으로 답안작성

2) 점검 및 측정

항 목	측정(또는 점검)		판정 및 정비(또는 조치)사항		득 점
	측정값		판정(□에 '✔' 표)	정비 및 조치할 사항	
유해가스 감지 센서(AQS) 출력전압	감지:		□ 양 호 □ 불 량	정비 및 조치사항 없음(또는 정상)	
	미감지:				
핀 서모센서 저항 및 출력전압	저항 : 8.46kΩ		☑ 양 호 □ 불 량		
	전압 : 1.078V				

05 점검 및 측정 [핀 서모센서 저항 및 출력전압] [2]

01 멀티미터 선택

그림과 같이 멀티미터 기능을 선택한다.

02 전압선택

멀티미터 화면에서 전압을 선택한다.
(화면 전환 시 전압측정화면으로 선택됨.)

03 센서위치 : 이배퍼레이터 코어, 이배퍼레이터 온도 센서

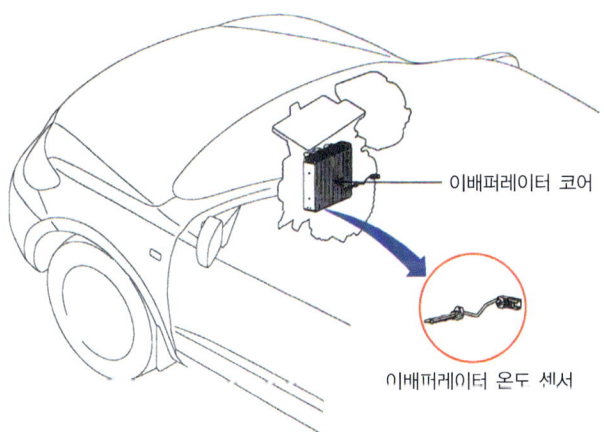

04 검사방법 : 검사방법과 규정값

개 요

1. 엔진 시동을 건다.
2. 에어컨 스위치를 ON시킨다.
3. 멀티 테스터를 서미스터에 연결한 후 2번과 3번 단자의 도통을 확인한다.
4. 멀티 테스터를 이배퍼레이터 온도 센서에 연결한 후 1번과 2번 단자의 저항을 측정한다.

온도 [℃]	저항[kΩ]	전압[V]
-10	13.56	2.88±0.5
-5	10.37	2.55±0.5
0	8.000	2.22±0.5
5	6.222	1.91±0.5
10	4.877	1.64±0.5
15	3.851	1.39±0.5
20	3.063	1.17±0.5
25	2.453	0.98±0.5
30	1.978	0.83±0.5
35	1.605	0.69±0.5
40	1.310	0.58±0.5
45	1.075	0.49±0.5
50	0.888	0.41±0.5

05 핀 서모 센서

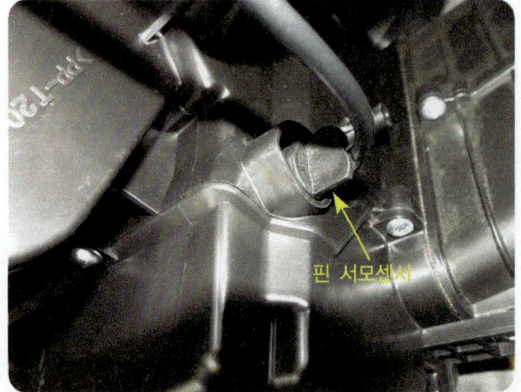

핀 서모 센서 위치

06 핀 서모 센서 커넥터

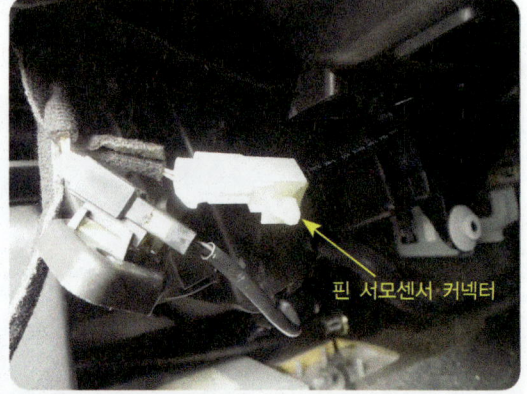

핀 서모 센서 커넥터 위치

07 측정 탐침 봉 설치

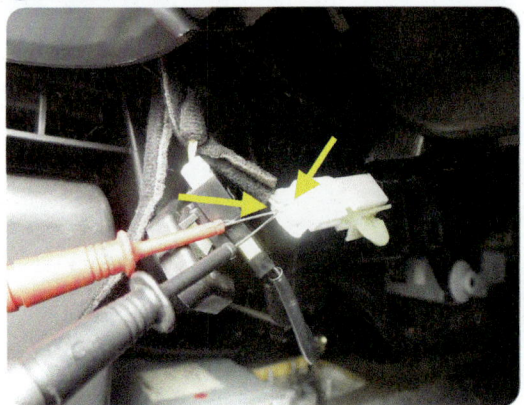

그림과 같이 멀티미터 탐침 봉을 센서 단자에 설치한다.

08 에어컨 작동

에어컨을 ON하고 내기로 설정한다.

09 측정값 판독(초기)

작동 초기 시 측정값을 판독한다.(출력전압 1.130V)

10 측정값 판독(일정시간 후)

일정시간 이후 측정값을 판독한다.(출력전압 2.193V)

작업형실기

⑪ 멀티미터 저항으로 전환

멀티미터 기능을 저항으로 전환한 후 측정 프로브를 접촉시킨다.

⑫ 영점조정 실시

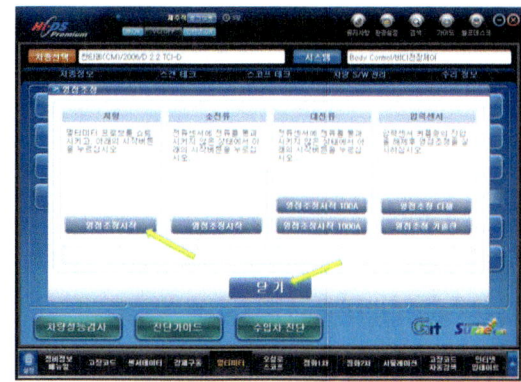

그림과 같이 저항 영점조정시작 버튼을 클릭한 후 영점조정 완료되면 닫기를 클릭한다.

⑬ 영점조정 완료

위 그림은 영점조정이 완료된 화면이다.

⑭ 테스터기 연결방법

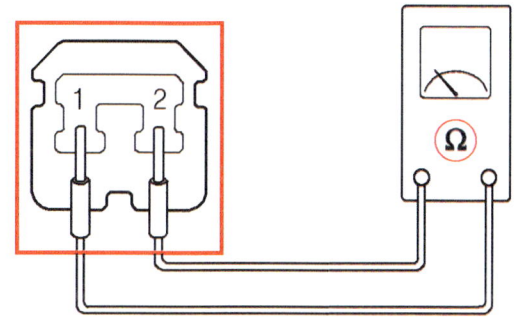

그림과 같이 멀티미터 리드 선을 센서 단자에 연결한다.

⑮ 센서 및 커넥터

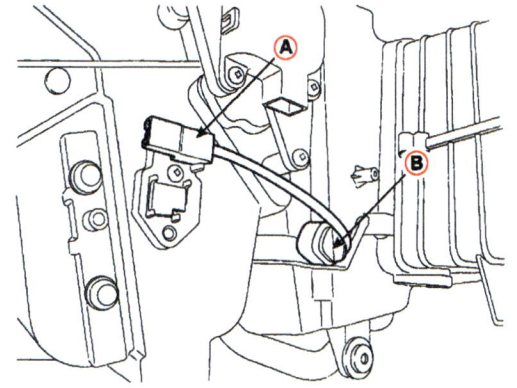

핀 서모 센서 및 커넥터

⑯ 커넥터 단자

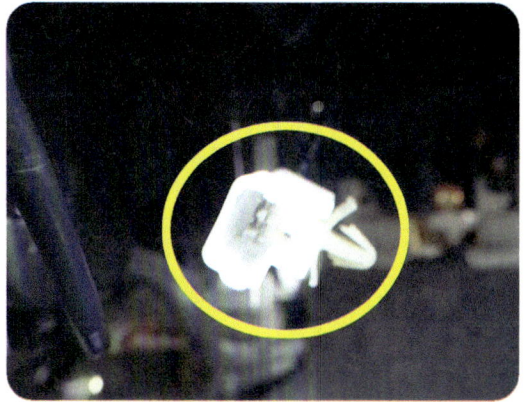

센서 커넥터 단자 모습

자동차정비기능장

⑰ 멀티미터 측정 봉 설치

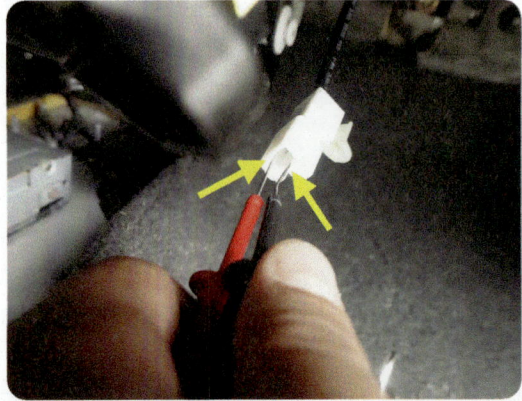

그림과 같이 멀티미터 탐침 봉을 센서 단자에 설치한다.

⑱ 저항값 판독

저항값을 판독한다.(출력저항 12.3kΩ)

⑲ 출력선택

그림과 같이 화살표가 가리키는 출력버튼을 클릭한다.

⑳ 화면출력

우측에 위치한 출력 버튼을 클릭하면 캡처 및 인쇄 화면으로 전환되며 선택영역 인쇄를 클릭하면 출력된다.

㉑ 출력화면(전압) : 출력 및 분석내용

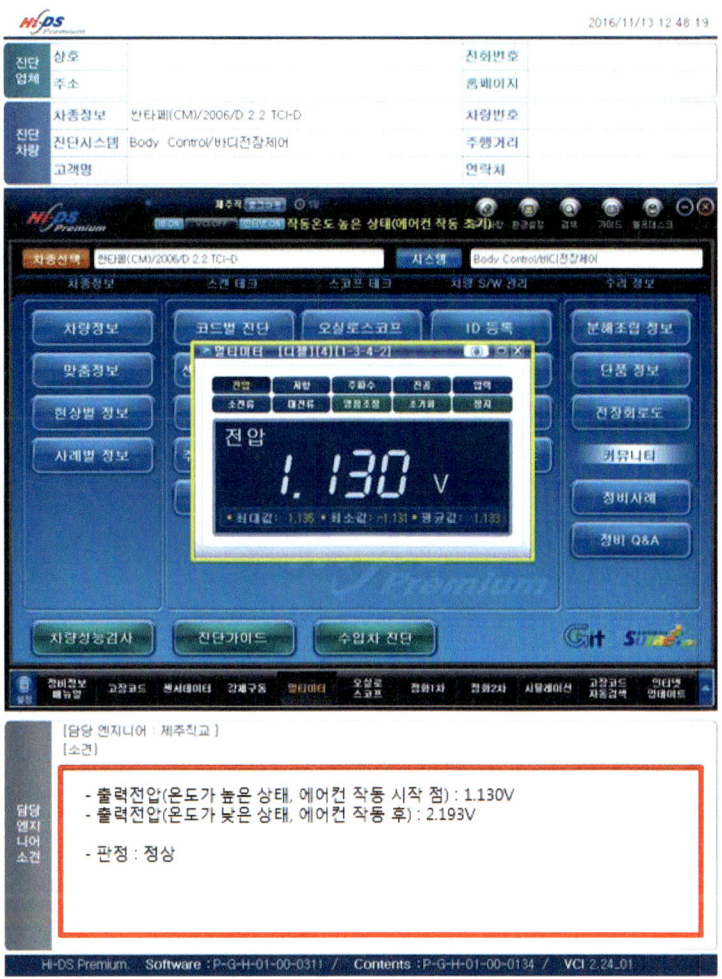

답안작성   센서 온도가 낮은 상태 측정값을 기준으로 답안작성

2) 점검 및 측정

항 목	측정(또는 점검)		판정 및 정비(또는 조치)사항		득 점
	측정값		판정(□에 '✔'표)	정비 및 조치할 사항	
유해가스 감지 센서(AQS) 출력전압	감지:		□ 양 호 □ 불 량	정비 및 조치사항 없음(또는 정상)	
	미감지:				
핀 서모센서 저항 및 출력전압	저항 : 12.3kΩ		✔ 양 호 □ 불 량		
	전압 : 2.193V				

자동차정비기능장

㉒ 출력화면(저항) : 출력 및 분석내용

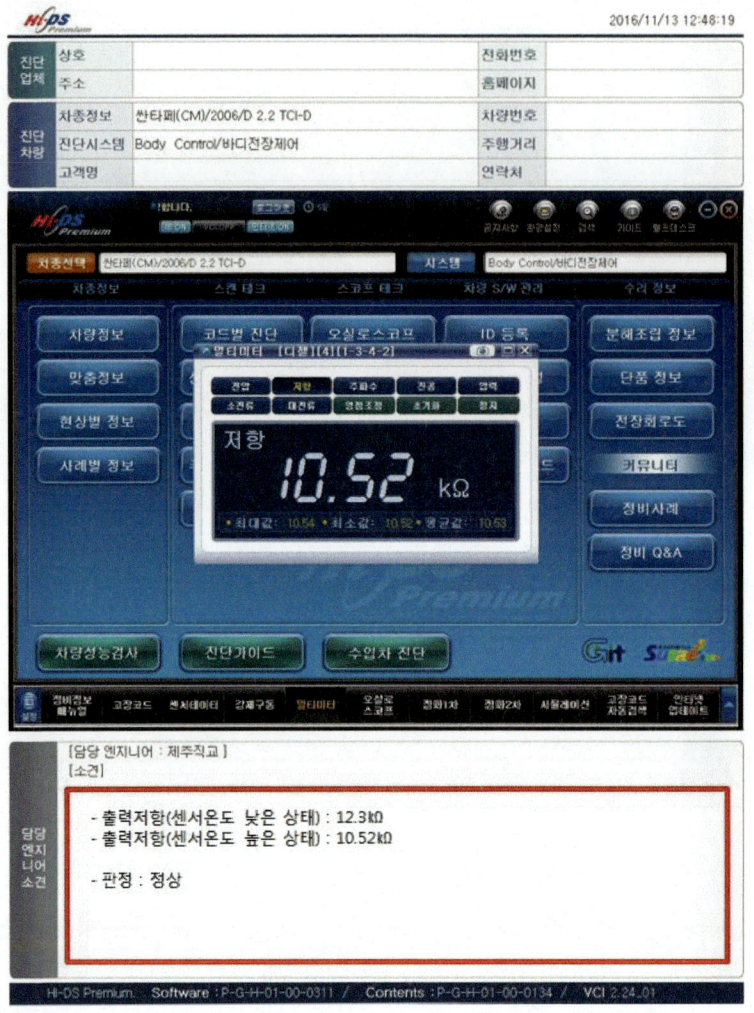

답안작성	센서 온도가 높은 상태 측정값을 기준으로 답안작성

2) 점검 및 측정

항 목	측정(또는 점검)		판정 및 정비(또는 조치)사항		득 점
	측정값		판정(□에 'v' 표)	정비 및 조치할 사항	
유해가스 감지 센서(AQS) 출력전압	감지:		□ 양 호 □ 불 량	정비 및 조치사항 없음(또는 정상)	
	미감지:				
핀 서모센서 저항 및 출력전압	저항 : 10.52kΩ		☑ 양 호 □ 불 량		
	전압 : 1.130V				

국가기술자격검정 실기시험문제 2안

1. 기 관

1. 주어진 전자제어 기관에서 시험위원의 지시에 따라 캠축 오일 리테이너와 인젝터 모두를 탈거하고 시험위원에게 확인 후 다시 조립(부착)하여 기관 및 시동 관련회로를 점검한 후 시동작업과 기록표의 요구사항을 점검 및 측정하고 기록표에 기록하시오.(단, 시동되지 않는 경우 2과제는 작업할 수 없음)
2. 주어진 기관에서 시험위원의 지시에 따라 기록표 요구사항을 점검 및 측정하여 기록하시오.
3. 주어진 자동차에서 크랭킹은 가능하나 시동되지 않고 시동된 후에도 부조가 발생합니다. 고장원인을 찾아 수리 후 기록표에 기록하시오.

2. 섀 시

1. 주어진 자동차에서 시험위원의 지시에 따라 유압식 동력 조향장치 오일펌프를 탈거하고 시험위원에게 확인 후 다시 조립(부착)하여 조향장치 작동상태를 점검한 후 기록표의 요구사항을 점검 및 측정하여 기록하시오.
2. 주어진 전자제어 유압식 동력 조향장치 자동차에서 시험위원의 지시에 따라 핸들 컬럼 샤프트를 교환(탈·부착)하여 작동상태를 확인하고, 기록표의 요구사항을 점검 및 측정하여 기록하시오.

3. 전 기

1. 시험위원의 지시에 따라 자동차에서 와이퍼 모터를 탈거하고 시험위원에게 확인 후 다시 조립(부착)하여 작동상태를 확인하고 기록표의 요구사항을 점검 및 측정하고 기록표에 기록하시오.
2. 주어진 자동차에서 정비지침서의 회로도를 이용하여 기록표에서 요구하는 회로를 점검하고, 이상이 있으면 이상내용을 기록표에 기록한 후 정비하시오.
3. 주어진 자동차에서 시험위원 지시에 따라 기록표의 요구사항을 점검 및 측정하여 기록하시오.

자동차정비기능장

국가기술자격검정실기시험문제 2안

| 자 격 종 목 | 자동차 정비기능장 | 작 품 명 | 자동차 정비 작업 |

- 비 번호
- 시험시간 : 6시간 30분(기관 : 140분, 섀시 : 130분, 전기 : 120분)
※ 시험 안 및 요구사항 일부내용이 변경될 수 있음

기능장 2안 기 관 캠축 오일 리테이너와 인젝터 탈·부착

주어진 전자제어 기관에서 시험위원의 지시에 따라 캠축 오일 리테이너와 인젝터 모두를 탈거하고 시험위원에게 확인 후 다시 조립(부착)하시오.

01 캠축 오일 리테이너 탈·부착

01 팬벨트 및 타이밍벨트 커버 탈거

팬벨트를 탈거하고 워터펌프 풀리, 크랭크 축 풀리, 타이밍 벨트 상부와 하부커버를 탈거한다.

02 타이밍 벨트 탈거

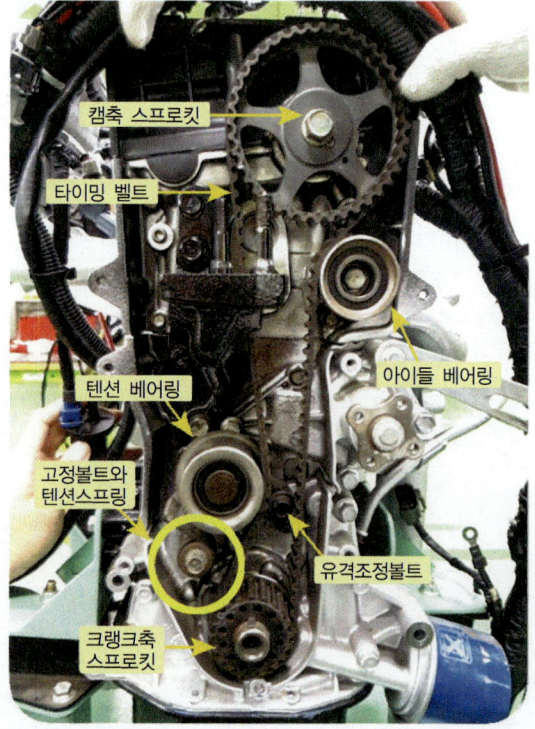

1안 타이밍 벨트 탈부착 1의 ⑪~⑱번 참조

작업형실기

03 고압 분배배선 탈거

4개의 고압 분배배선을 탈거한다.

04 PCV 호스와 브리더 호스 탈거

그림과 같이 PCV 호스와 브리더 호스를 탈거한다.

05 실린더 헤드커버 고정 볼트 탈거

그림과 같이 실린더 헤드커버 고정 볼트(10mm)를 탈거한다.

06 실린더 헤드커버 탈거

실린더 헤드 커버

실린더 헤드커버를 탈거한다.

07 캠축 스프로킷 고정 볼트

그림과 같이 배기캠축 스프로킷 고정 볼트(17mm)를 탈거한다.

08 캠축 베어링 캡 탈거

1번

그림과 같이 배기캠축 저널 캡을 탈거한다.
참고 1번 저널 캡 만 탈거하여도 된다.

09 캠축 오일 리테이너 탈거

그림과 같이 캠축 오일 리테이너를 탈거한다.

10 캠축 오일 리테이너

탈거 후 캠축 오일 리테이너 모습

11 캠축 오일 리테이너 장착

그림과 같이 신품의 캠축 오일 리테이너를 장착한다.

12 캠축 베어링 캡 조립

배기캠축 저널 캡 고정 볼트를 규정토크로 조인다.

13 캠축 스프로킷 장착

그림과 같이 배기캠축 스프로킷을 설치하고 고정 볼트를 규정토크로 조인다.

14 타이밍 벨트 장착

1안 타이밍 벨트 탈부착 1의 ⑲~㉒번 참조

⑮ 타이밍벨트 커버 및 팬벨트 장착

1안 타이밍 벨트 탈부착 1의 ㉓~㉘번 참조

⑯ 실린더 헤드커버 장착

그림과 같이 실린더 헤드커버를 설치하고 고정 볼트를 규정 토크로 조인다.

⑰ 고압 분배배선 및 PCV 호스와 브리더 호스 장착

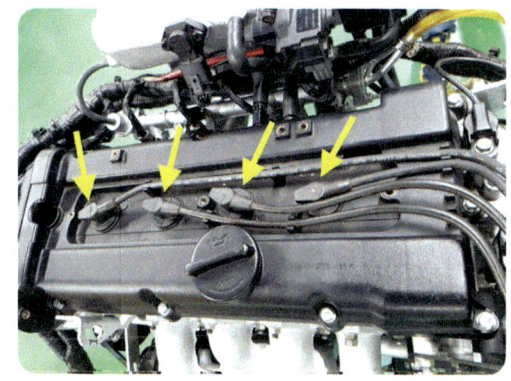

◀ 그림과 같이 고압 분배배선과 PCV 호스, 브리더 호스를 장착한다.

02 인젝터 탈·부착

01 부속부품 명칭

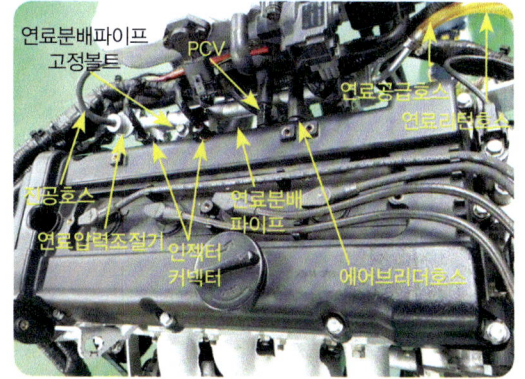

연료분배 파이프 고정 볼트, PCV, 연료공급호스, 연료 리턴 호스, 에어 브리더 호스, 연료분배 파이프, 인젝터 커넥터, 연료압력 조절기, 진공호스

02 PCV 호스 및 브리더 호스 탈거

그림과 같이 PCV 호스와 브리더 호스를 탈거한다.

03 인젝터 커넥터와 진공호스 탈거

4개의 인젝터 커넥터를 분리하고 연료압력조절기 진공호스를 탈거한다.

04 연료호스 탈거

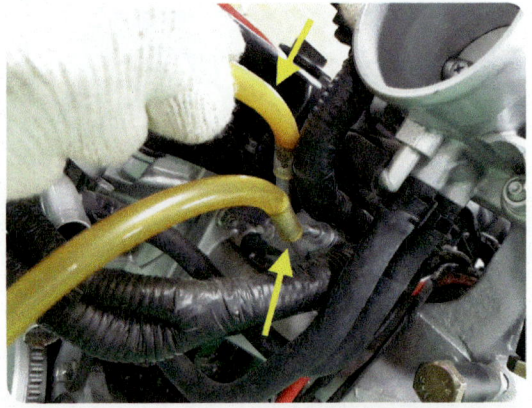

그림과 같이 연료공급 및 리턴호스를 탈거한다.

05 연료분배 파이프 고정 볼트 탈거

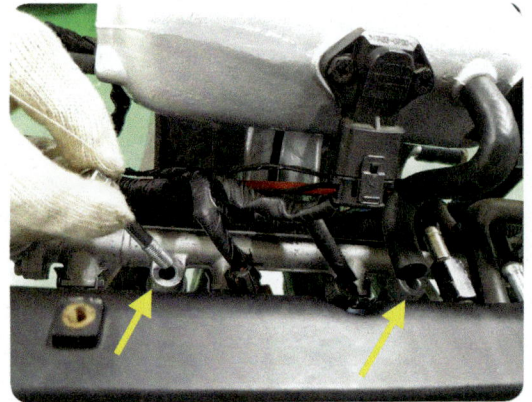

연료분배 파이프 고정 볼트(12mm) 2개를 탈거한다.

06 연료분배 파이프 및 인젝터 탈거

그림과 같이 연료분배 파이프와 인젝터를 탈거한다.

07 연료분배 파이프 및 인젝터

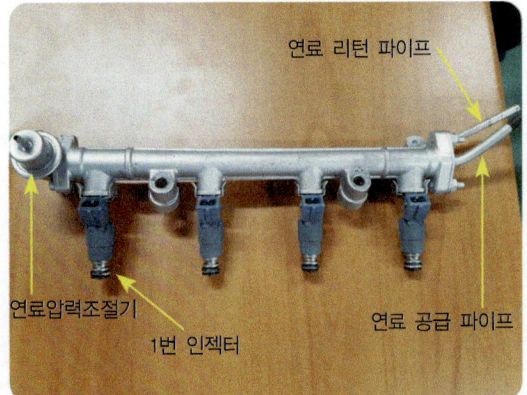

분해 후 연료분배 파이프와 인젝터 모습

08 인젝터

연료분배 파이프에서 인젝터를 탈거한다.

09 연료분배 파이프 및 인젝터 설치

그림과 같이 연료분배 파이프와 인젝터를 설치한다.

10 연료분배 파이프 장착

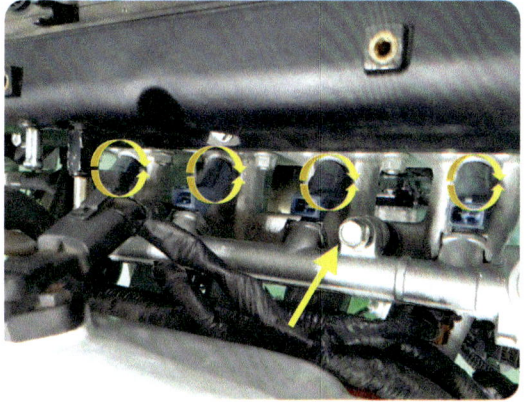

그림과 같이 인젝터 시일 링이 파손되지 않도록 4개의 인젝터를 회전시키면서 정확한 위치에 안착시키고 고정 볼트를 규정토크로 조여 장착한다.

11 PCV 호스 및 브리더 호스, 인젝터 커넥터 장착

그림과 같이 PCV 호스와 브리더 호스, 인젝터 커넥터를 장착한다.

12 연료압력조절기 진공호스 및 연료호스 장착

연료압력조절기 진공호스와 연료공급 및 리턴호스를 장착한다.

기능장 2안 - 기 관 1

기관 및 시동 관련회로 점검 후 시동작업

기관 및 시동 관련회로를 점검한 후 시동작업과 기록표의 요구사항을 점검 및 측정하고 기록표에 기록하시오.(단, 시동되지 않는 경우 2과제는 작업할 수 없음)

01 점검 부위 : 1안 참조 (36~41페이지)

02 점검 및 측정 1 [연료펌프 공급압력 및 작동전류]

01 엔진시동 ON

그림과 같이 엔진시동을 ON한다.

02 연료압력을 판독

연료압력은 약 3.2kg/cm² 이다.
주의 규정값과 같은 단위로 판독할 것.

03 연료펌프 커넥터 및 배선

위 그림은 연료펌프 커넥터와 배선이며, 적색 화살표가 가리키는 곳이 (+)배선이다.

04 전류계 설치 및 측정

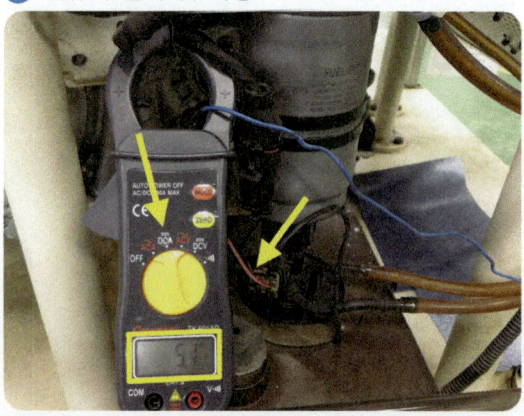

클램프 타입의 전류계를 설치한 후 측정값(5.1A)을 판독한다.
주의 측정기 설치 전 선택레버를 DC A로 한 후 제로버튼을 눌러 0점 조정을 한다.

작업형실기

답안작성 — 연료펌프 측정내용 답안작성

◆ 기관 1. 기록표
자동차 번호 :

비 번호		시험 위원 확 인	

항 목		측정(또는 점검)		판정 및 정비(또는 조치)사항		득 점
		측 정 값	규정값(정비한계값)	판정(□에 '✔' 표)	정비 및 조치할 사항	
연료 펌프	작동 전류	5.1A	2~6A	☑ 양 호 □ 불 량	정비 및 조치사항 없음 또는 정상	
	공급 압력	3.2kg/cm²	2.5~4kg/cm²	☑ 양 호 □ 불 량	정비 및 조치사항 없음 또는 정상	

03 점검 및 측정 2 [연료펌프 작동전류]

01 측정항목 선택화면

위 그림과 같이 화살표가 가리키는 멀티미디를 클릭한다.

02 멀티미터 초기화면

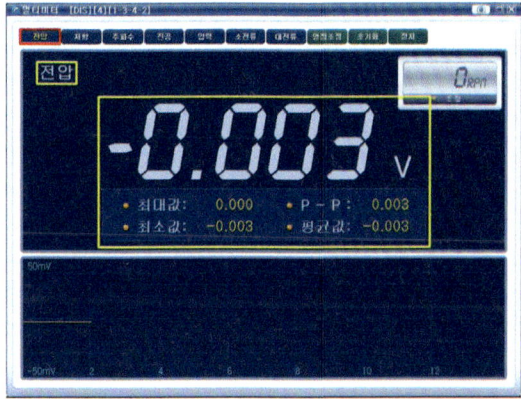

위 그림은 멀티미터 초기화면이며, 전압이 기본화면이다.

03 소전류 선택화면

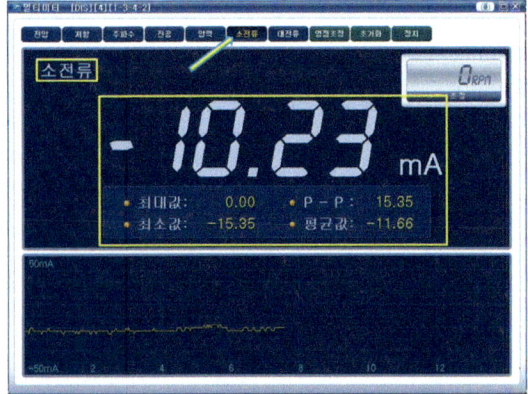

소 전류를 클릭한 후 소 전류 화면으로 전환된 상태

04 영점조정 초기화면

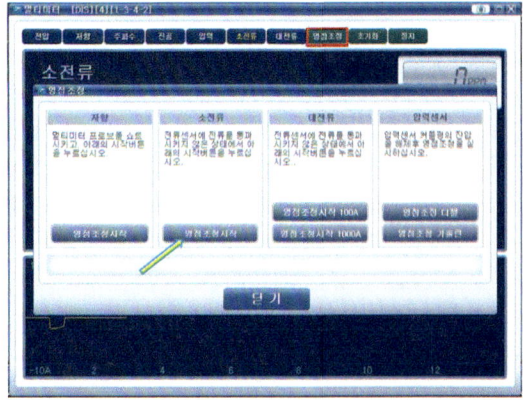

위 그림은 영점 조정 초기화면으로 영점조정시작을 클릭한다.

151

자동차정비기능장

05 영점조정 중

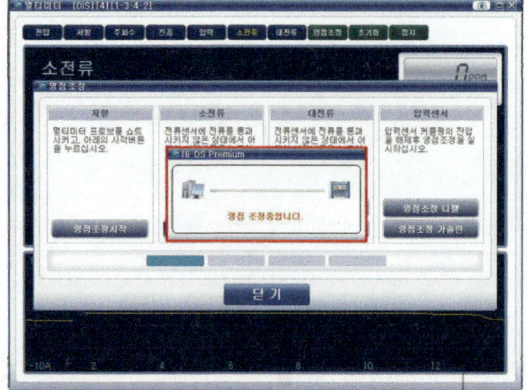

위 그림은 영점 조정 진행 중인 화면이다.

06 영점조정 완료화면

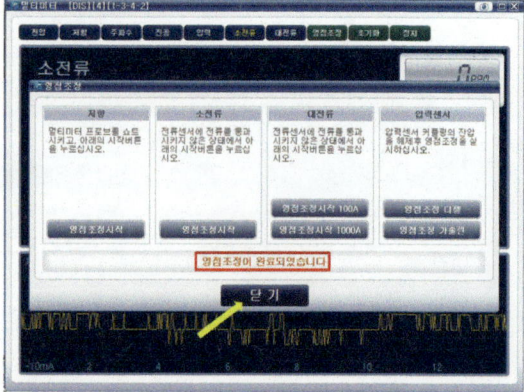

영점조정이 완료되면 영점조정이 "완료되었습니다."라고 표시된다. 닫기 클릭

07 영점조정 완료화면

위 그림은 영점조정이 완료 된 후 0.000mA라고 표시된다.

08 소 전류계 설치

그림과 같이 연료펌프 배선에 소 전류계를 전류의 흐름방향이 맞도록 설치한다.

09 측정

◀ 측정값(3.816A)을 판독한다.

152

작업형실기

답안작성 — 연료펌프 측정내용 답안작성

◆ 기관 1. 기록표
자동차 번호 :

항목		측정(또는 점검)		판정 및 정비(또는 조치)사항		득점
		측정값	규정값(정비한계값)	판정(□에 '✔' 표)	정비 및 조치할 사항	
연료 펌프	작동 전류	3.816A	2~6A	☑ 양 호 □ 불 량	정비 및 조치사항 없음 또는 정상	
	공급 압력	3.2kg/cm²	2.5~4kg/cm²	☑ 양 호 □ 불 량	정비 및 조치사항 없음 또는 정상	

기능장 2안 기관 2 — 기록표 요구사항 점검·측정

주어진 기관에서 시험위원의 지시에 따라 기록표 요구사항을 점검 및 측정하여 기록하시오.

01 가솔린 인젝터파형 측정

01 환경설정

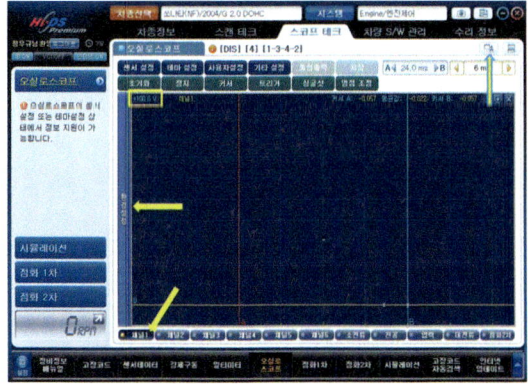

위 그림과 같이 채널1에서 화살표가 가리키는 환경설정을 클릭하여 전압을 100.0V로 선택한 후 오실로스코프 확대 버튼을 클릭한다.

02 기본설정 화면

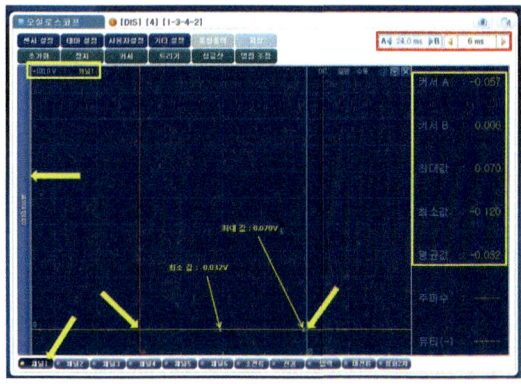

커서 A, 최소값, 최대값, 커서 B 전압과 두 커서간 시간차를 볼 수 있다.

03 채널 1번 (-)프로브 접지

채널 1번 (-)프로브를 접지한다.

04 채널 1번 (+)프로브 설치

채널 1번 (+)프로브를 인젝터 접지배선에 설치한다.

05 채널 1번 프로브 설치 모습

채널 1번 (+)프로브와 (-)프로브 설치모습

06 점화스위치 ON

점화스위치를 ON한다.

07 출력화면

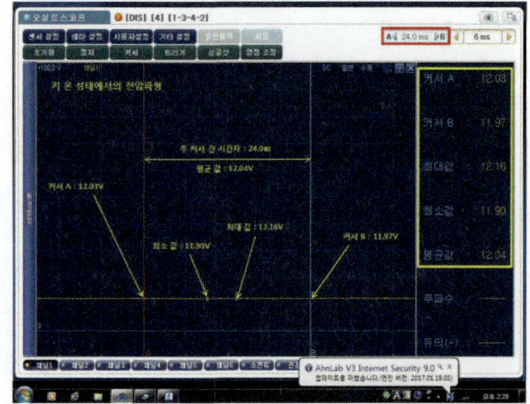

점화스위치 ON상태의 전압파형으로 커서 A 12.03V, 최소값 11.90V, 최대값 12.16V, 커서 B 11.97V, 평균전압 12.04V와 투 커서간 시간차 24.0ms를 나타낸다.

08 엔진시동 ON

엔진 시동을 ON한 후 정상 공전RPM 상태

09 공전 시 인젝터 파형

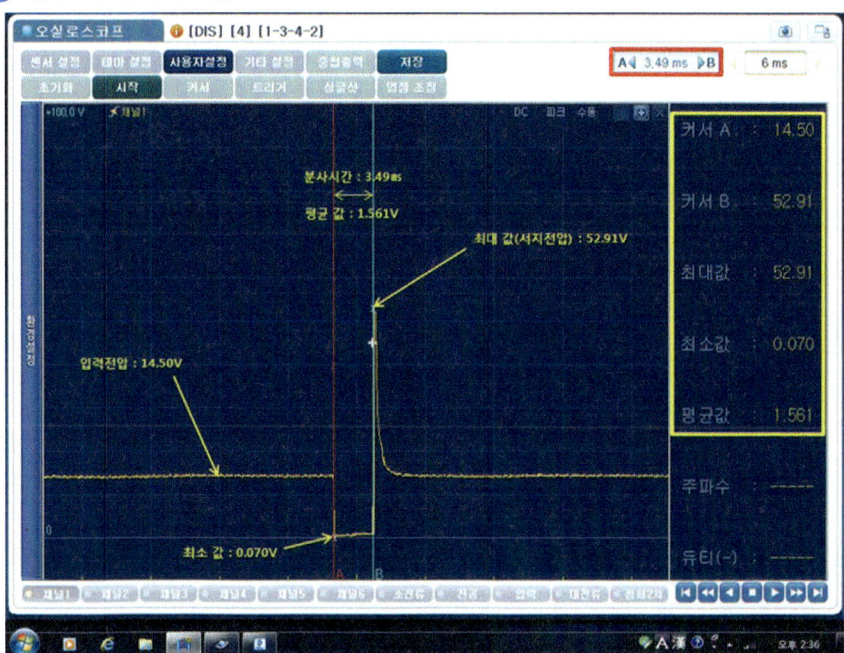

엔진 공회전 시 출력 파형으로 커서 A, B를 인젝터 분사 시간에 위치한 경우
입력전압 14.50V,
서지전압 52.91V,
분사시간 3.49ms,
평균(TR-ON : 작동) 전압 1.561V,
최소전압 0.070V로 표기한 화면

10 출력파형 출력물 : 인젝터 파형 출력 및 분석내용 표기

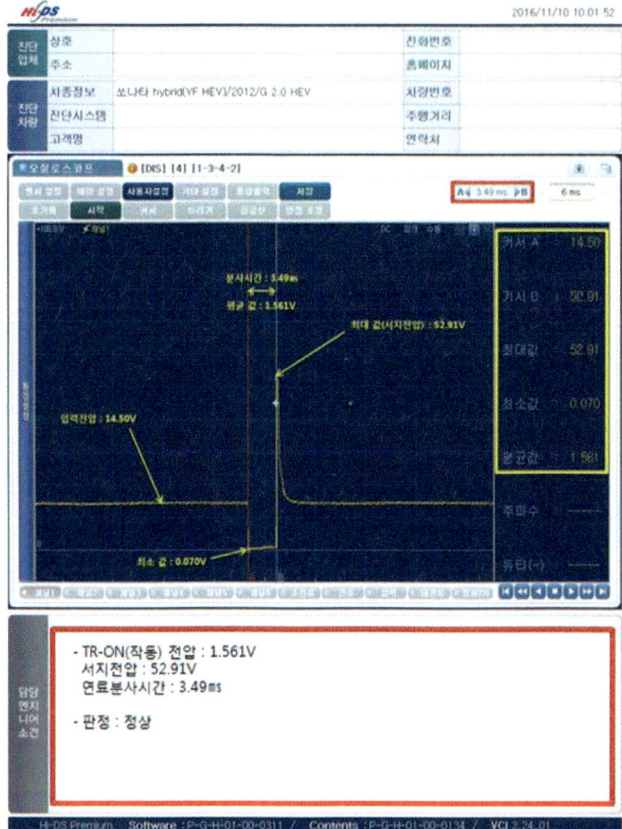

자동차정비기능장

답안작성 인젝터 파형 출력 및 분석내용 답안작성

◆ 기관 2. 기록표

1) 파형　　자동차 번호 :

| 비 번호 | | 시험 위원 확 인 | |

항 목	파형 분석 및 판정			득 점
	분석항목	분석내용	판정(□에 'V'표)	
가솔린 인젝터 전압 및 전류 파형	TR-ON(작동)전압 : 1.561V 서지전압 : 52.91V 연료분사시간 : 3.49ms	분석내용은 출력물에 표시하시오.	☑ 양 호 □ 불 량	

※ 주의사항 : 분석항목 및 내용은 출력물에 표기하며 관련 사항은 시험위원의 지시에 따른다.

⑪ 인젝터 커넥터 1개 탈거

부조 발생을 위하여 인젝터 커넥터 1개를 탈거한 상태

⑫ 엔진 RPM

엔진 RPM이 상승된 상태임.(약 1,050rpm)

⑬ 엔진 부조 시 인젝터 파형

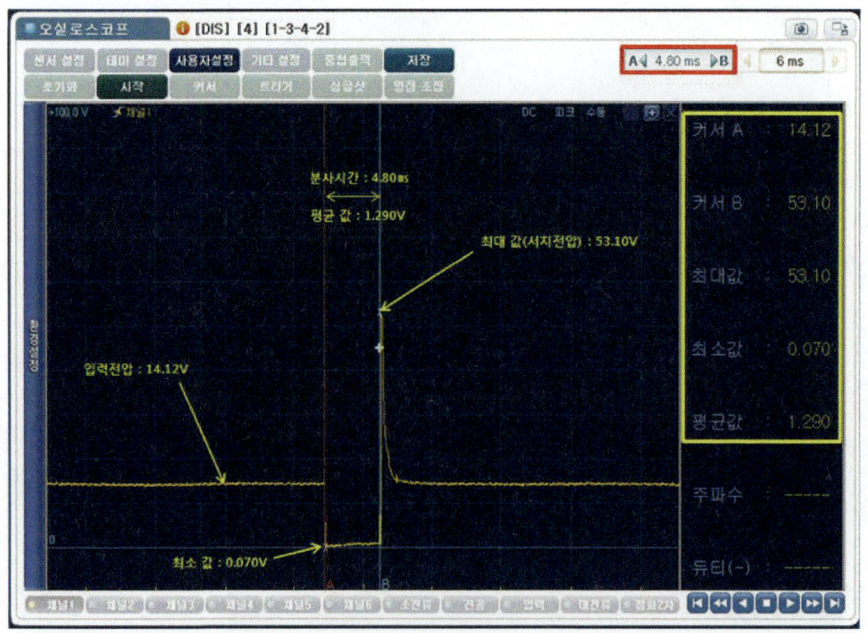

엔진 공회전 부조 시 출력파형으로 커서 A, B를 인젝터 분사시간에 위치한 경우 입력전압 14.12V, 서지전압 53.10V, 분사시간 4.80ms, 평균(TR-ON : 작동)전압 1.290V, 최소전압 0.070V로 표기한 화면
참고
분사시간 증가함.

⑭ 출력파형 출력물 : 엔진 공회전 부조 시 파형 출력 및 분석내용 표기

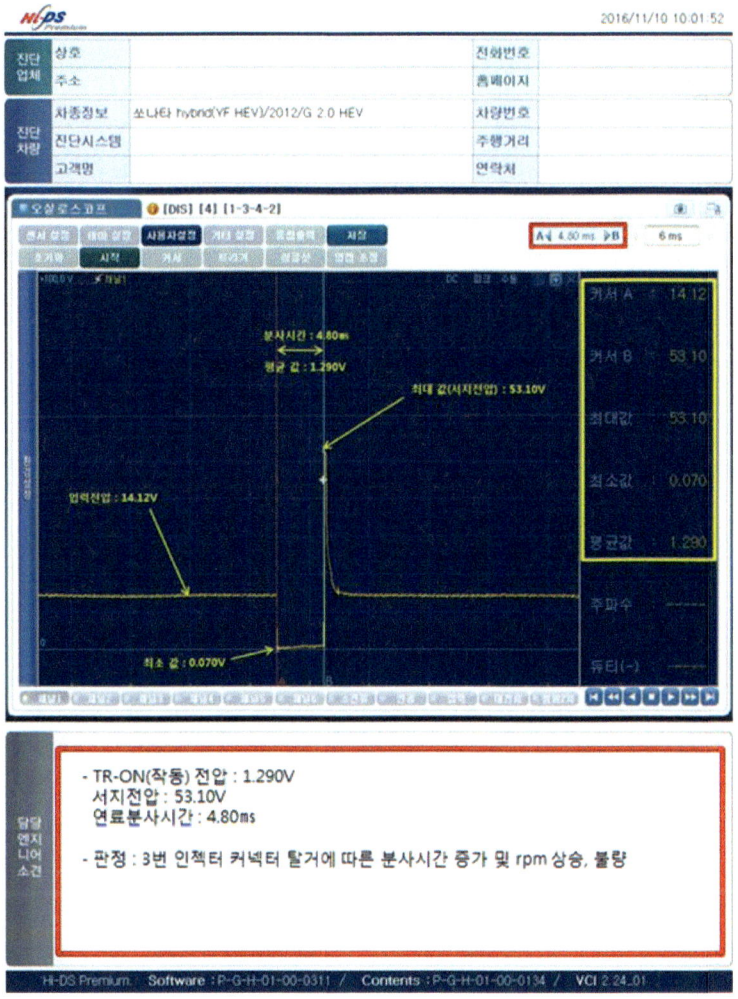

답안작성 : 엔진 공회전 부조 시 파형 출력 및 분석내용 답안작성

◈ 기관 2. 기록표

1) 파형   자동차 번호 :

비 번호		시험 위원 확 인	

항 목	파형 분석 및 판정			득 점
	분석항목	분석내용	판정(□에 '✔'표)	
가솔린 인젝터 전압 및 전류 파형	TR-ON(작동)전압 : 1.290V 서지전압 : 53.10V 연료분사시간 : 4.80ms	분석내용은 출력물에 표시하시오.	□ 양 호 ☑ 불 량	

※ 주의사항 : 분석항목 및 내용은 출력물에 표기하며 관련 사항은 시험위원의 지시에 따른다.

15 전압과 전류파형 화면

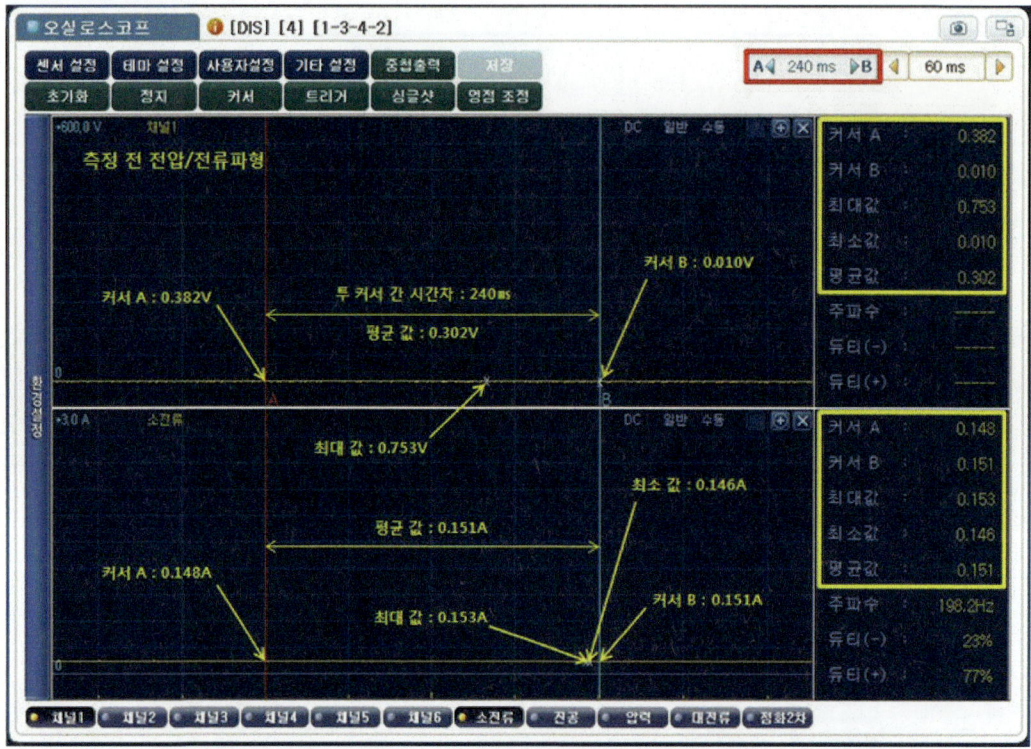

점화스위치 ON상태의 전압파형과 전류파형으로 커서 A 0.382V/0.148A, 최소값 0.146A, 최대값 0.753V/0.153A, 커서 B 0.010V/0.151A, 평균값 0.302V/0.151A, 투 커서간 시간차 240ms를 나타낸다.

16 영점조정 완료화면

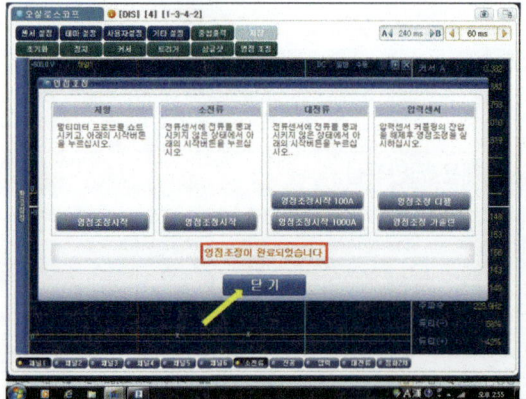

영점조정이 완료되면 영점조정이 "완료되었습니다." 라고 표시된다. 닫기 클릭

17 소 전류계 설치

그림과 같이 인젝터 접지배선에 소 전류계를 전류의 흐름방향이 맞도록 설치한다.

⑱ 공전 시 인젝터 전압 전류파형

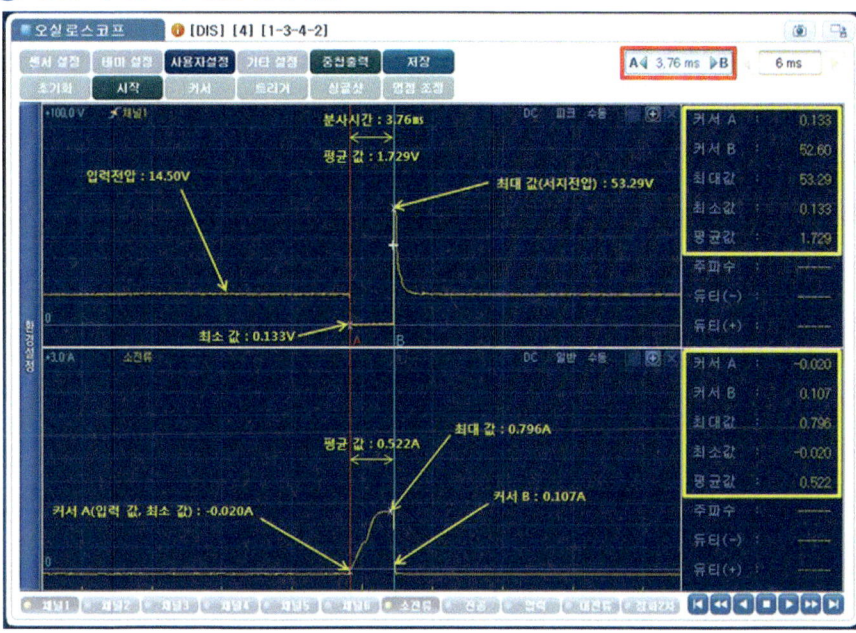

엔진 공회전 시 출력 파형으로 커서 A, B를 인젝터 분사 시간에 위치한 경우
입력전압 14.50V,
서지전압 53.29V,
분사시간 3.76ms,
평균전압 1.729V,
최소전압 0.133V와
입력전류 -0.020A,
평균전류 0.522A,
최대전류 0.796A,
커서 B값 0.107A로
표기한 화면

⑲ 출력파형 출력물 : 인젝터 파형 출력 및 분석내용 표기

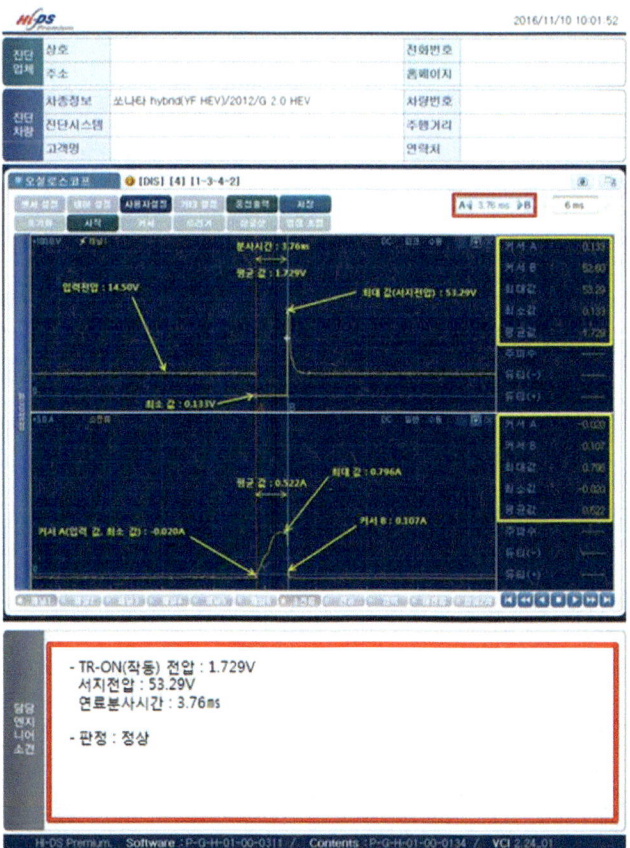

답안작성 — 인젝터 파형 출력 및 분석내용 답안작성

◆ 기관 2. 기록표
1) 파형   자동차 번호:

항목	파형 분석 및 판정			득 점
	분석항목	분석내용	판정(□에 '✔' 표)	
가솔린 인젝터 전압 및 전류 파형	TR-ON(작동)전압 : 1.729V 서지전압 : 53.29V 연료분사시간 : 3.76ms	분석내용은 출력물에 표시하시오.	☑ 양 호 □ 불 량	

※ 주의사항 : 분석항목 및 내용은 출력물에 표기하며 관련 사항은 시험위원의 지시에 따른다.

02 스로틀 위치센서(TPS)와 공기유량센서(AFS 또는 MAP) 1

01 TPS 측정 프로브 설치(채널 1)

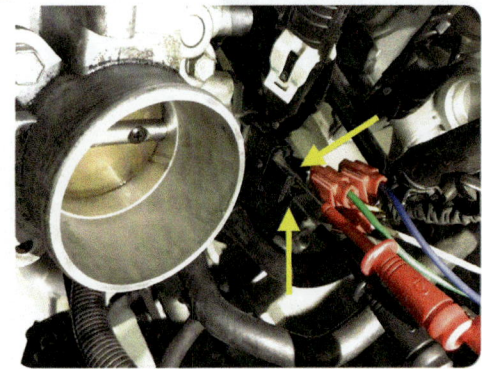

TPS에 채널 1번 프로브를 설치한다.

02 AFS 측정 프로브 설치(채널 2)

AFS에 채널 2번 프로브를 설치한다.

03 급가속 시 TPS 파형

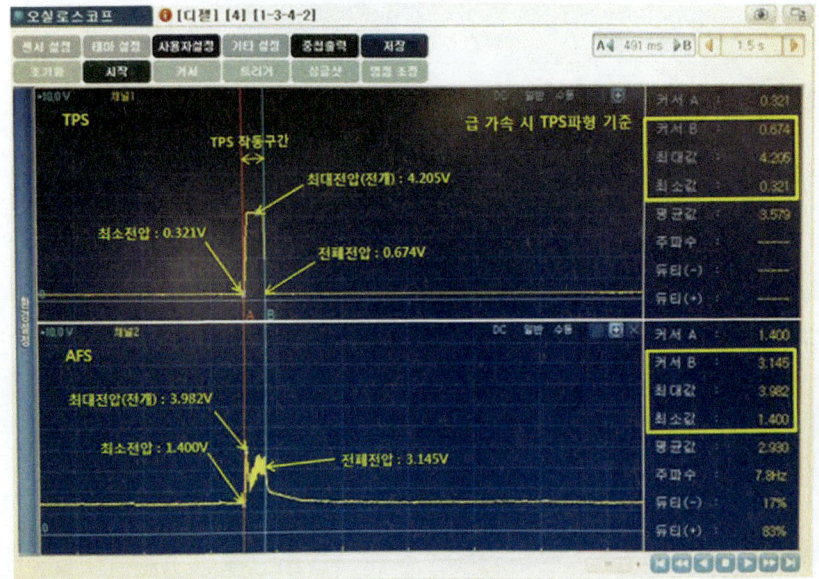

엔진 급가속 시 TPS 기준 출력파형으로 커서 A, B를 급가속 구간에 위치한 경우 TPS에 대한 최소전압 0.321V, 최대전압(전개) 4.205V, 전폐전압 0.674V와 AFS에 대한 최소전압 1.400V, 최대전압(전개) 3.982V, 전폐전압 3.145V로 표기한 화면

작업형실기

04 출력파형 출력물 : 급가속시 TPS 및 AFS 파형 출력 및 분석내용 표기

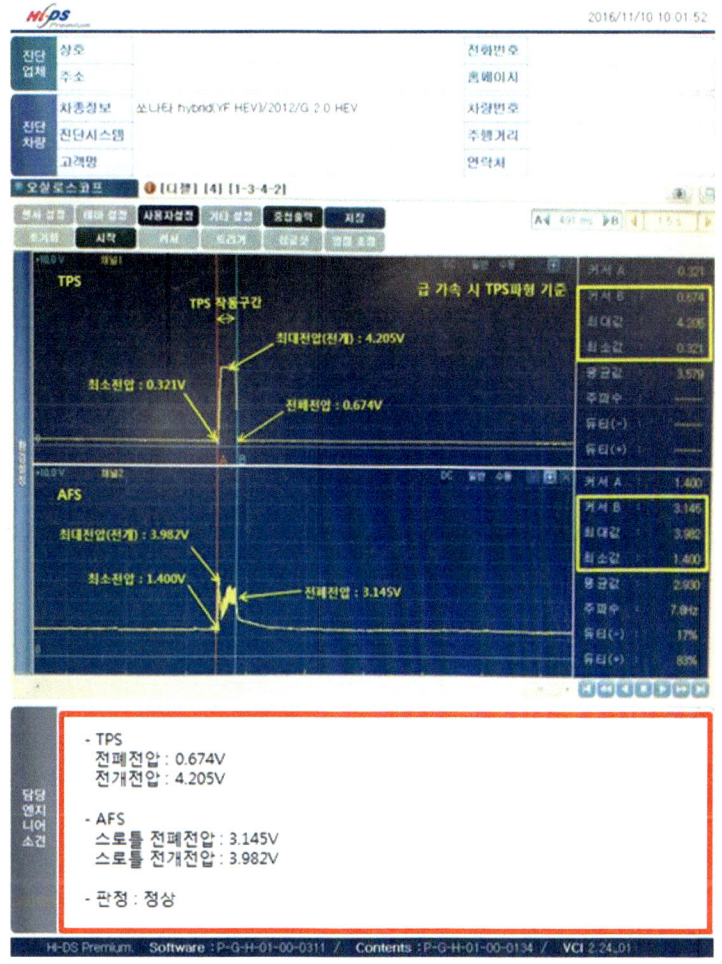

| 답안작성 | 급가속시 TPS 및 AFS 파형 출력 및 분석내용 답안작성 |

항 목	측정(또는 점검)		판정 및 정비(또는 조치)사항		득 점
	측정값	규정(기준)값 (정비한계값)	판정(□에 '✔' 표)	정비 및 조치할 사항	
스로틀 위치 센서(TPS)	전폐 : 0.674V	0.3~0.7V	☑ 양 호 □ 불 량	정상 또는 정비 및 조치사항 없음	
	전개 : 4.205V	4.0~5.0V			
공기유량 센서 (AFS 또는 MAP)	스로틀 전폐 : 3.145V	3.0~4.2V	☑ 양 호 □ 불 량	정상 또는 정비 및 조치사항 없음	
	스로틀 전개 : 3.982V	3.6~4.0V			

05 급가속 시 AFS 파형

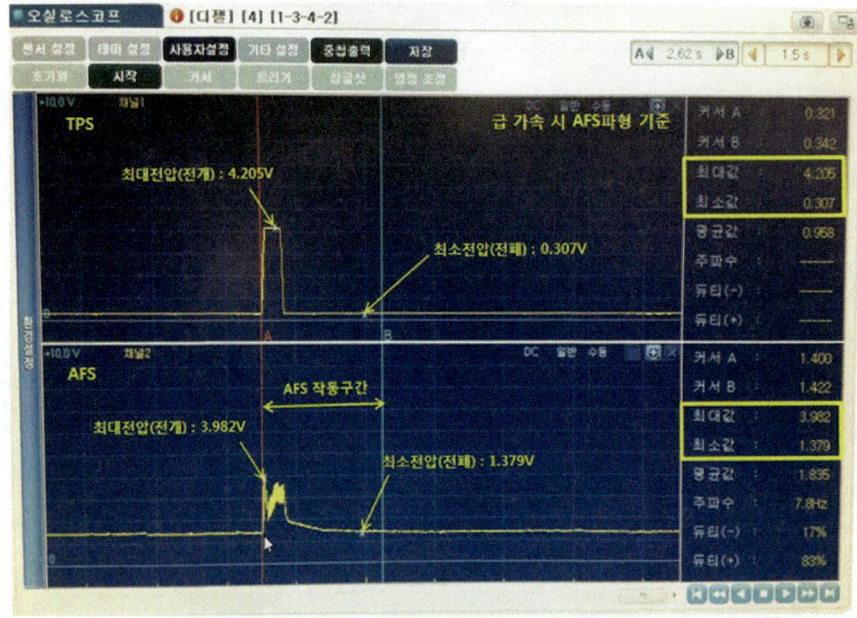

엔진 급가속 시 AFS 기준 출력파형으로 커서 A, B를 급가속 시작부분부터 AFS 출력값이 입력전압으로 회복되는 구간에 위치한 경우 TPS에 대한 최소(전폐)전압 0.307V, 최대전압(전개) 4.205V와 AFS에 대한 최소(전폐)전압 1.379V, 최대전압(전개) 3.982V로 표기한 화면

06 출력파형 출력물 : 급가속시 TPS 및 AFS 파형 출력 및 분석내용 표기

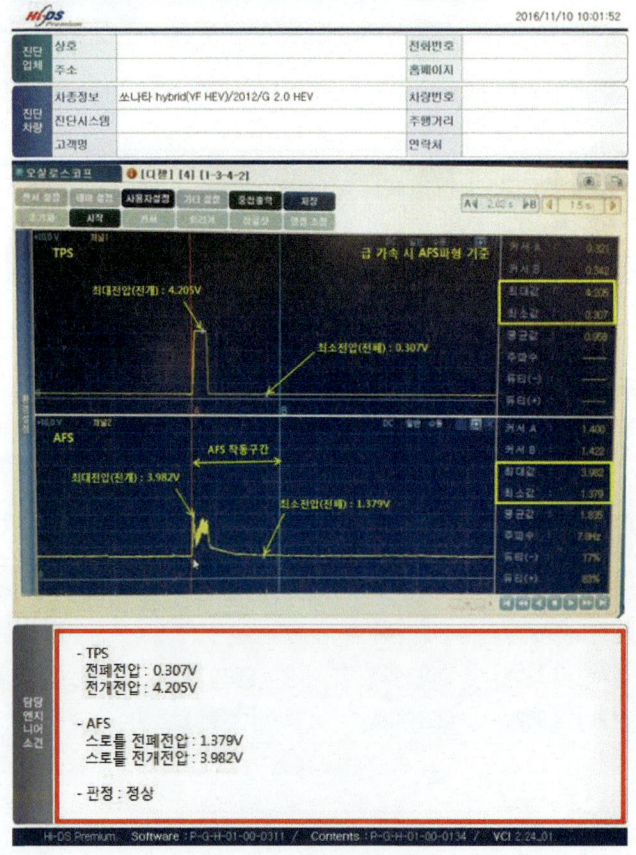

답안작성

급가속시 TPS 및 AFS 파형 출력 및 분석내용 답안작성

항 목	측정(또는 점검)		판정 및 정비(또는 조치)사항		득 점
	측정값	규정(기준)값 (정비한계값)	판정(□에 '✔' 표)	정비 및 조치할 사항	
스로틀 위치 센서(TPS)	전폐 : 0.307V	0.3~0.7V	✔ 양 호 □ 불 량	정상 또는 정비 및 조치사항 없음	
	전개 : 4.205V	4.0~5.0V			
공기유량 센서 (AFS 또는 MAP)	스로틀 전폐 : 1.379V	1.2~2.0V	✔ 양 호 □ 불 량	정상 또는 정비 및 조치사항 없음	
	스로틀 전개 : 3.982V	3.6~4.0V			

03 스로틀 위치센서(TPS)와 공기유량센서(AFS 또는 MAP) 2

01 차종 선택

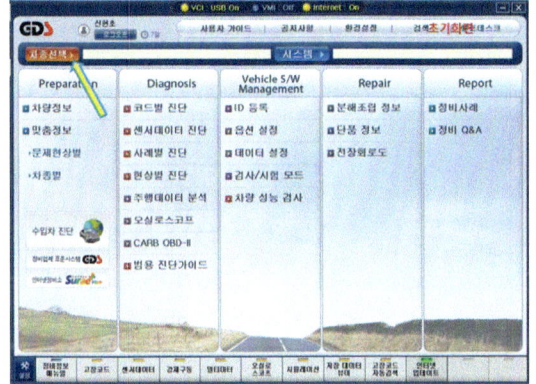

GDS 초기화면에서 차종 및 시스템을 선택한다.

02 DLC

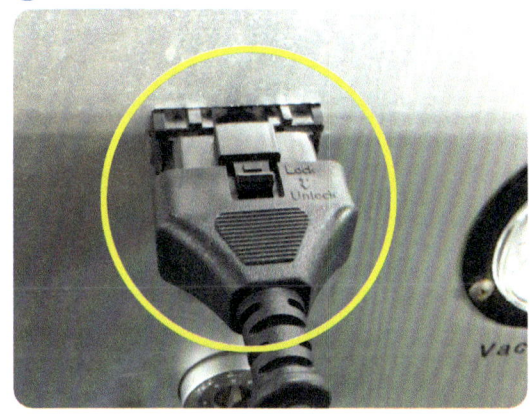

DLC에 진단 커넥터를 연결한다.

03 VCI 전원 ON

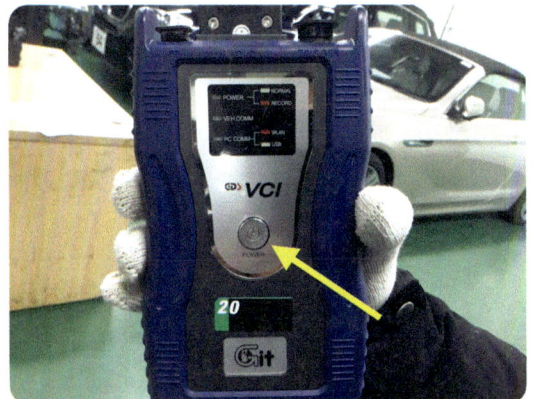

VCI 전원버튼을 눌러 ON한다.

04 엔진시동 ON

엔진시동을 ON한다.[정상적인 공회전 RPM]

자동차정비기능장

05 엔진선택

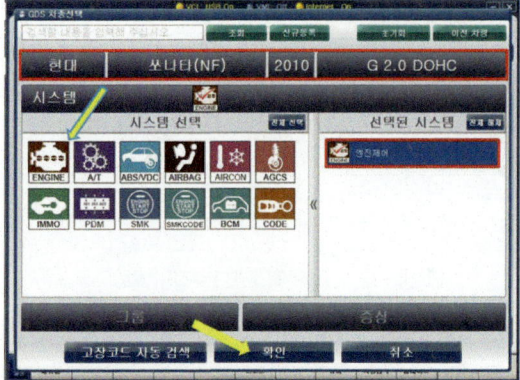

시스템 선택화면에서 엔진제어 클릭

06 센서데이터 선택

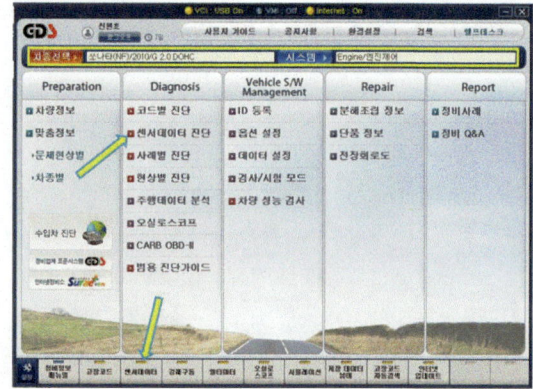

두 개의 화살표가 가리키는 것 중 센서데이터 진단 또는 센서 데이터를 클릭한다.

07 통신상태 화면

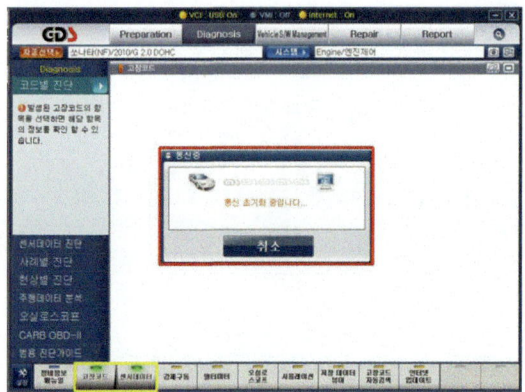

그림과 같이 통신 초기화 화면이 나타난다.

08 VCI 통신상태 확인

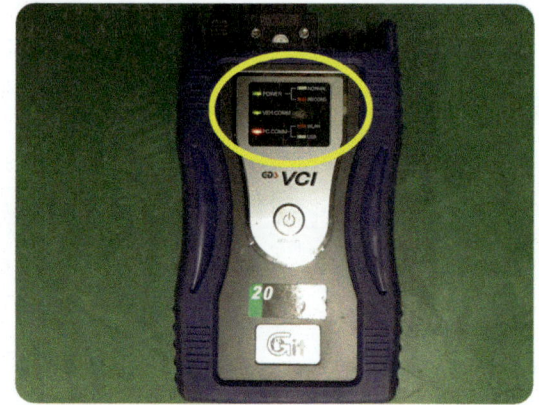

그림과 같이 정상적인 통신 상태이면 원안에 램프가 점등된다.

09 데이터 판독 1

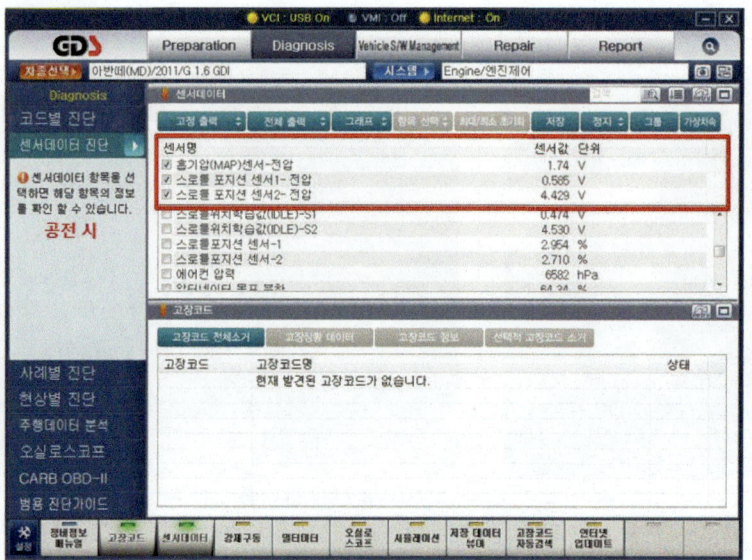

공회전 상태의 측정에 필요한 센서 항목을 고정한 화면으로 흡기압 센서, 스로틀 포지션 센서 1, 스로틀 포지션 센서 2 의 출력값이다.

⑩ 데이터 판독 2

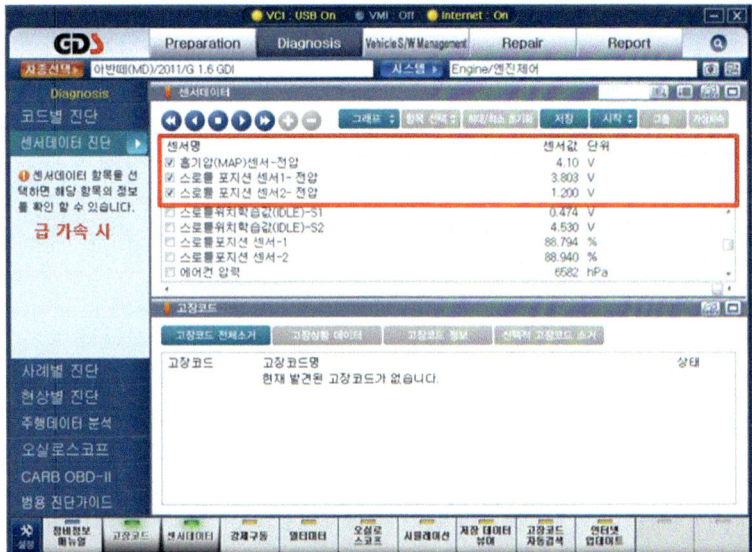

급가속 상태의 측정에 필요한 센서 항목을 고정한 화면으로 흡기압 센서, 스로틀 포지션 센서 1, 스로틀 포지션 센서 2의 출력값이다.

답안작성 파형 출력 및 분석내용 답안작성 [스로틀 포지션 센서 1 기준]

2) 점검 및 측정

항 목	측정(또는 점검)		판정 및 정비(또는 조치)사항		득 점
	측정값	규정(기준)값 (정비한계값)	판정(□에 '✔' 표)	정비 및 조치할 사항	
스로틀 위치 센서(TPS) 1	전폐 : 0.585V	0.4~0.8V	☑ 양 호 □ 불 량	정상 또는 정비 및 조치사항 없음	
	전개 : 3.803V	3.6~4.2V			
공기유량 센서 (AFS 또는 MAP)	스로틀 전폐 : 1.74V	0.5~1.9V	☑ 양 호 □ 불 량	정상 또는 정비 및 조치사항 없음	
	스로틀 전개 : 4.10V	3.8~4.6V			

⑪ 데이터 판독 3

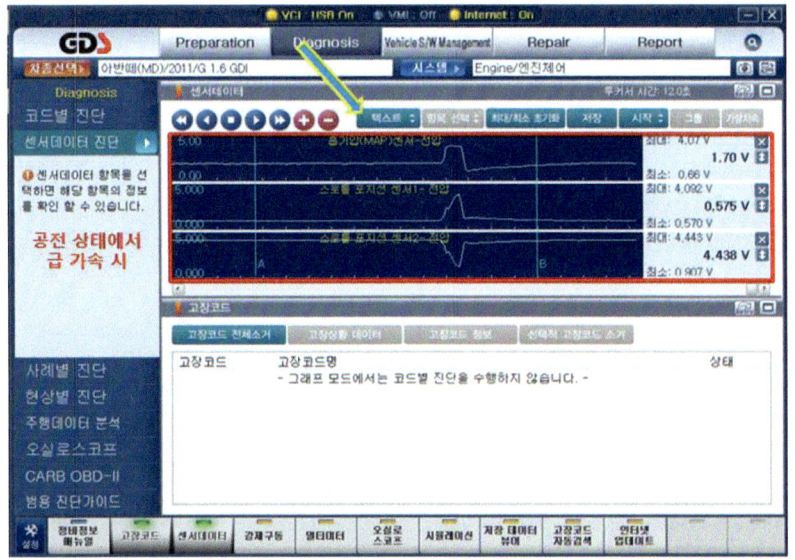

공회전에서부터 급가속 상태의 측정에 필요한 센서 항목을 고정한 화면으로 흡기압 센서, 스로틀 포지션 센서 1, 스로틀 포지션 센서 2의 출력값이다.

참고 화살표가 가리키는 그래프를 클릭하면 텍스트로 변함.

답안작성 — 파형 출력 및 분석내용 답안작성

2) 점검 및 측정

항목	측정(또는 점검)		판정 및 정비(또는 조치)사항		득점
	측정값	규정(기준)값 (정비한계값)	판정(□에 '✔' 표)	정비 및 조치할 사항	
스로틀 위치 센서(TPS) 1	전폐 : 0.570V	0.4~0.8V	☑ 양 호 □ 불 량	정상 또는 정비 및 조치사항 없음	
	전개 : 4.092V	3.6~4.2V			
공기유량 센서 (AFS 또는 MAP)	스로틀 전폐 : 0.66V	0.5~1.9V	☑ 양 호 □ 불 량	정상 또는 정비 및 조치사항 없음	
	스로틀 전개 : 4.07V	3.8~4.6V			

기능장 2안 — 기관 3

시동결함 및 부조발생 원인

주어진 자동차에서 크랭킹은 가능하나 시동되지 않고 시동된 후에도 부조가 발생합니다. 고장부위를 수리하고 기록표를 작성하시오.

01 크랭킹은 가능하나 시동되지 않는 원인 : 1안 참조 (63~66페이지)

02 부조발생 : 1안 참조 (66~69페이지)

03 시동결함 및 부조발생 기록표 작성 : 1안 참조 (69페이지)

기능장 2안 — 섀시 1

유압식 동력 조향장치 오일펌프 탈·부착

주어진 자동차에서 시험위원의 지시에 따라 유압식 동력 조향장치 오일펌프를 탈거하고 시험위원에게 확인 후 다시 조립(부착)하여 조향장치 작동상태를 점검한 후 기록표의 요구사항을 점검 및 측정하여 기록하시오.

01 유압식 동력 조향장치 오일펌프 탈·부착 : 1안 참조 (76~80페이지)

02 파워스티어링 펌프압력 : 1안 참조 (83~84페이지)

03 핸들 유격

01 측정 준비

그림과 같이 엔진 시동 후 핸들을 직진상태로 하고 자를 직각이 되도록 설치한다.

02 측정 시작

핸들을 좌측으로 돌리기 전 표시를 한다.

03 유격구간 표시

다시 핸들을 좌우로 가볍게 돌리면서 좌우측에 대하여 표시한다.

04 핸들 유격구간

중앙, 좌, 우측으로 움직인 유격표시

05 측정

자를 이용하여 전체 움직인 량에 대한 표시구간을 측정(10mm)한다.

06 핸들지름 측정

줄자를 이용하여 좌측 핸들 끝에서 우측 핸들 안쪽까지의 거리를 측정(320mm)한다.

> **답안작성** 규정값 = 핸들지름의 12.5%이하이므로 320×0.125=40mm, 따라서 40mm이하 임.

◆ 섀시 1. 기록표
자동차 번호 :

항 목	측정(또는 점검)		판정 및 정비(또는 조치)사항		득 점
	측정값	규정(기준)값 (정비한계값)	판정 (□에 '✔' 표)	정비 및 조치할 사항	
파워 스티어링 펌프 압력			✔ 양 호 □ 불 량	정상 또는 정비 및 조치사항 없음	
핸들 유격	10mm	40mm이하			

비 번호 : 　　　시험 위원 확 인 :

기능장 2안 / 섀시 2

전자제어 동력 조향장치 핸들 컬럼 샤프트 탈·부착 및 작동상태 확인

주어진 전자제어 유압식 동력 조향장치 자동차에서 시험위원의 지시에 따라 핸들 컬럼 샤프트를 교환(탈·부착)하여 작동상태를 확인하고, 기록표의 요구사항을 점검 및 측정하여 기록하시오.

01 전자제어 동력 조향장치 핸들 컬럼 샤프트 탈·부착 및 작동상태 확인

01 혼 스위치 탈거

그림과 같이 혼 스위치(핸들 커버)를 탈거한다.

02 에어백 커넥터 탈거

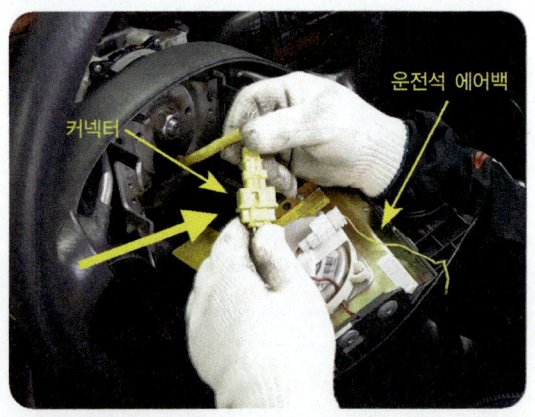

운전석 에어백 커넥터를 탈거한다.

03 핸들 탈거

핸들 고정너트를 그림과 같이 풀고 핸들을 탈거한다.

04 다기능 스위치 커넥터

그림과 같이 좌측 다기능 스위치 커넥터를 탈거한다.

05 다기능 스위치 우측 커넥터

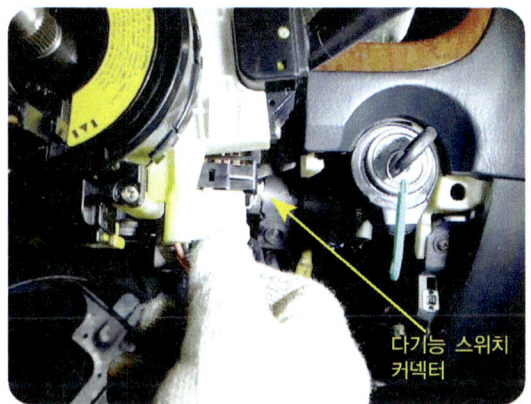

우측 다기능 스위치 커넥터를 탈거한다.

06 다기능 스위치 고정피스

그림과 같이 다기능 스위치 고정피스를 탈거한다.

07 다기능 스위치 딜거

다기능 스위치 어셈블리를 탈거한다.

08 핸들 컬럼 고정 볼트 탈거

그림과 같이 핸들 컬럼 상부 좌측 고정 볼트를 탈거한다.

09 핸들 컬럼 우측 고정 볼트 탈거

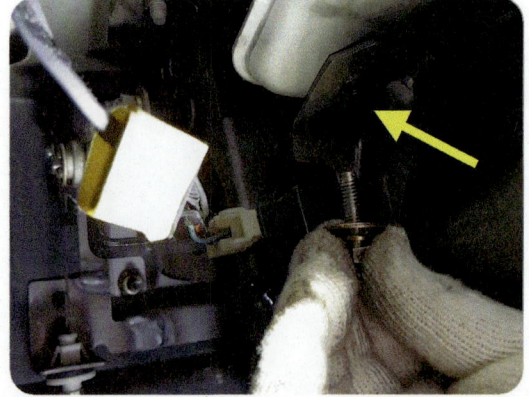

핸들 컬럼 상부 우측 고정 볼트를 탈거한다.

10 핸들 컬럼 하부 고정 볼트 탈거

핸들 컬럼 하부 좌우측 고정 볼트를 탈거한다.

11 유니버설 조인트 탈거

유니버설 고정 볼트를 푼 후 조인트를 탈거한다.
또한 키 박스 및 핸들 록 스위치 커넥터를 탈거한다.

12 핸들 컬럼 어셈블리 단품

키 박스 및 핸들 컬럼

13 핸들 컬럼 어셈블리 설치

그림과 같이 핸들 컬럼 어셈블리를 설치한다.

14 키 박스 커넥터 장착

키 박스 커넥터를 끼운다.

⑮ 핸들 록 스위치 커넥터 조립

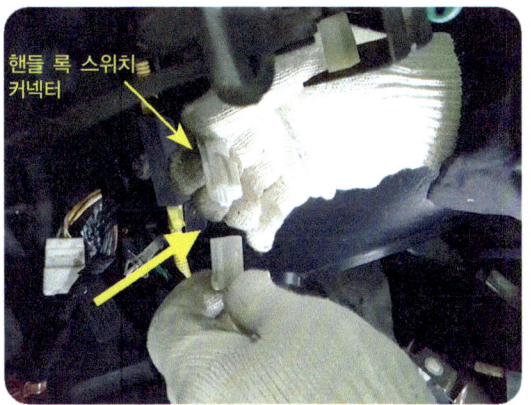

그림과 같이 핸들 록 스위치 커넥터를 장착한다.

⑯ 핸들 컬럼 상부 고정 볼트 장착

그림과 같이 핸들 컬럼 상부 고정 볼트를 규정토크로 조인다.

⑰ 핸들 컬럼 하부 고정 볼트 장착

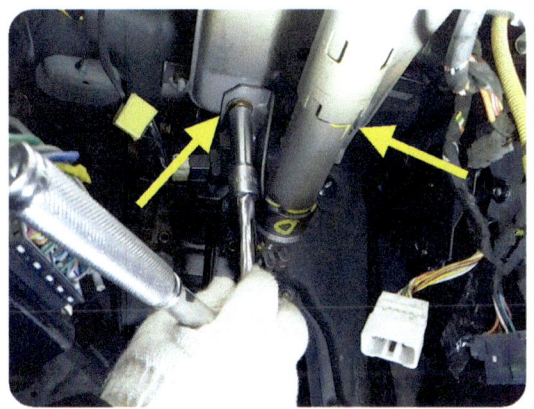

핸들 컬럼 하부 고정 볼트를 규정토크로 조인다.

⑱ 유니버설 조인트 장착

유니버설 고정 볼트를 규정토크로 조인다.

⑲ 다기능 스위치 어셈블리 장착

그림과 같이 다기능 스위치 어셈블리를 설치한 후 고정피스를 조여 장착한다.

⑳ 핸들 장착

그림과 같이 핸들을 직진상태로 설치한다.

21 핸들 장착

그림과 같이 핸들 고정너트를 규정토크로 조인다.

22 에어백 커넥터 정착

운전석 에어백 커넥터를 끼운다.

23 혼 스위치 장착

◀ 그림과 같이 혼 스위치(핸들 커버)를 조립한다.

02 자동변속기 입(출)력 센서 파형

01 차종선택 후 자동변속 시스템 선택

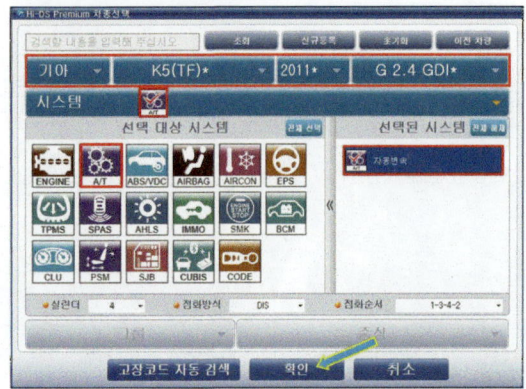

차종선택 후 선택대상 시스템에서 자동변속 시스템을 선택한다.

02 오실로스코프 선택

그림과 같이 오실로스코프를 클릭한다.

03 관련부품 명칭

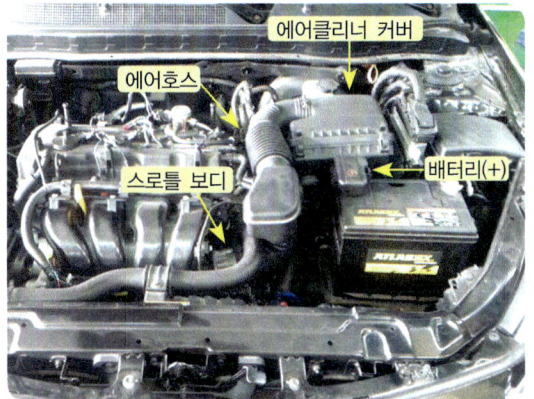

에어클리너 커버, 배터리(+), 스로틀 바디, 에어호스

04 ATM 솔레노이드 위치

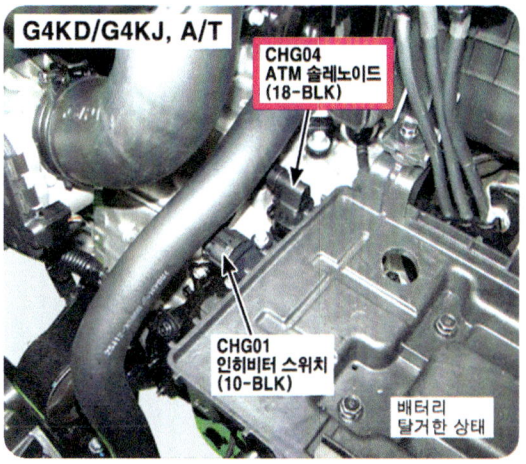

ATM 솔레노이드 위치 및 커넥터

05 관련부품 분해

에어클리너 커버 클립을 제거한 후 스로틀 바디 쪽 에어호스 밴드를 분리하고 에어클리너 어셈블리를 탈거한다.

06 관련부품 분해 후

에어클리너 커버, 에어클리너, 에어클리너 엘리먼트

07 ATM 솔레노이드 커넥터 캡

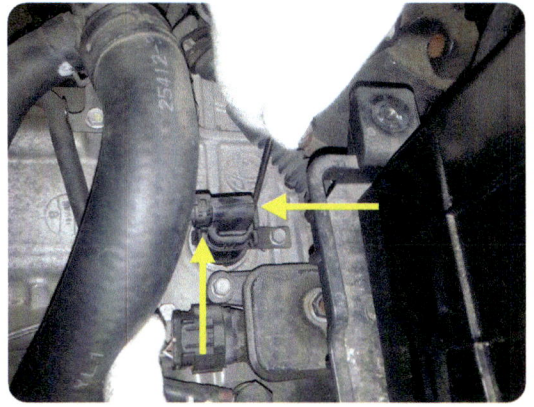

그림과 같이 ATM 솔레노이드 커넥터 캡의 양쪽 키를 분리한다.

08 ATM 솔레노이드 커넥터 탈거

그림과 같이 ATM 솔레노이드 커넥터를 탈거한다.

09 자동변속기 컨트롤 회로 : ATM 솔레노이드 밸브에 대한 입력스피드와 출력 스피드 위치

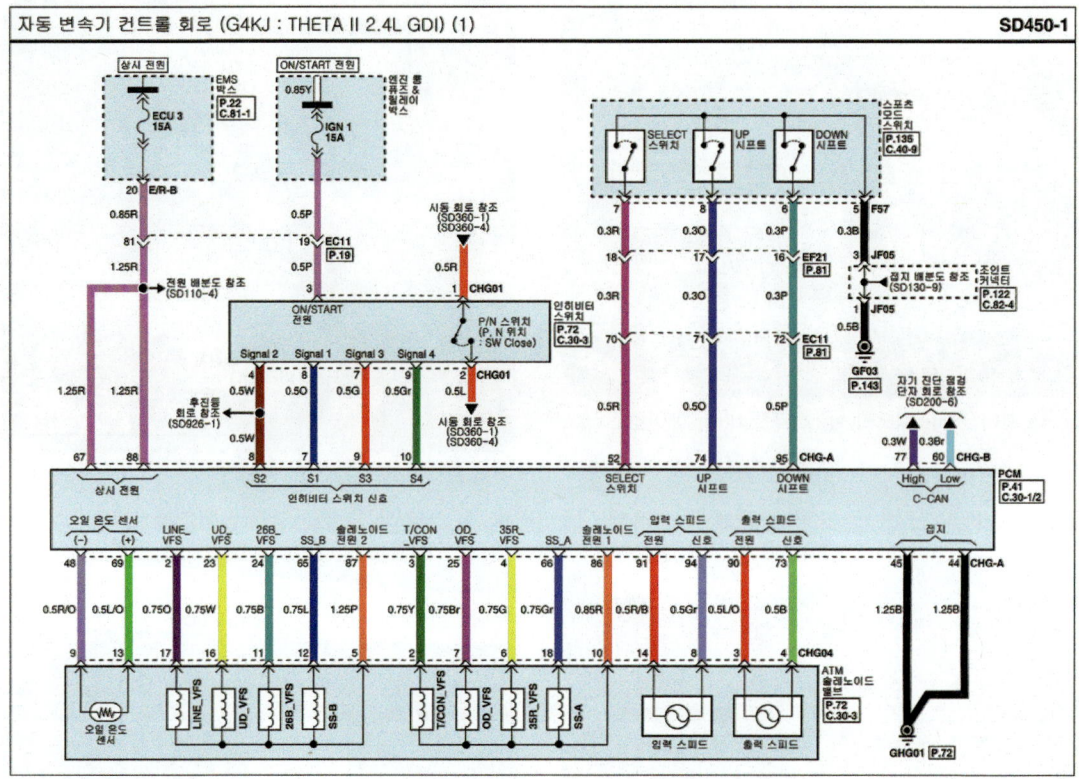

10 ATM 솔레노이드 커넥터 단자

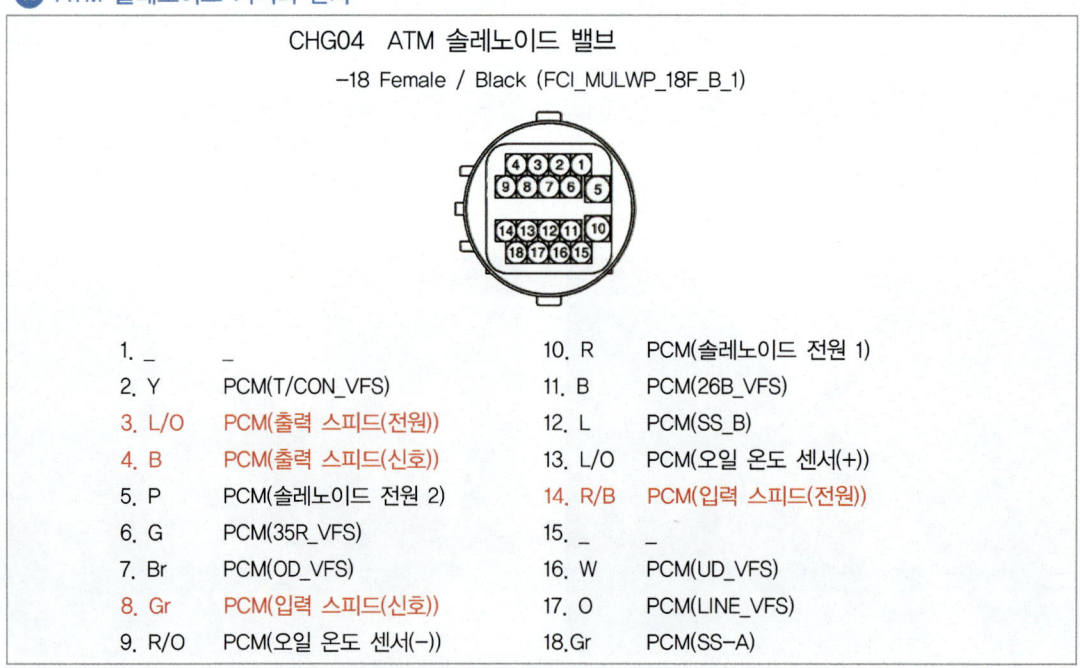

CHG04 ATM 솔레노이드 밸브
-18 Female / Black (FCI_MULWP_18F_B_1)

1. _   _
2. Y   PCM(T/CON_VFS)
3. L/O   PCM(출력 스피드(전원))
4. B   PCM(출력 스피드(신호))
5. P   PCM(솔레노이드 전원 2)
6. G   PCM(35R_VFS)
7. Br   PCM(OD_VFS)
8. Gr   PCM(입력 스피드(신호))
9. R/O   PCM(오일 온도 센서(-))
10. R   PCM(솔레노이드 전원 1)
11. B   PCM(26B_VFS)
12. L   PCM(SS_B)
13. L/O   PCM(오일 온도 센서(+))
14. R/B   PCM(입력 스피드(전원))
15. _   _
16. W   PCM(UD_VFS)
17. O   PCM(LINE_VFS)
18. Gr   PCM(SS-A)

출력 스피드 전원, 출력 스피드 신호 입력 스피드 신호, 입력 스피드 전원 단자

⑪ 측정 프로브 설치

채널 1번 전원 프로브를 8번 단자에 채널 2번 전원 프로브는 4번 단자에 설치한다.

⑫ 측정 프로브 설치상태

채널 1번과 채널 2번 접지 프로브를 배터리(-)에 설치한다.

⑬ 엔진시동 ON

엔진시동을 ON한다.

⑭ 선택레버 "D"

그림과 같이 선택레버를 D렌지에 위치한다.
[참고] 차량이 움직이지 않도록 리프트 상승상태

⑮ Drive 위치 공회전 상태의 입(출)력 센서 파형

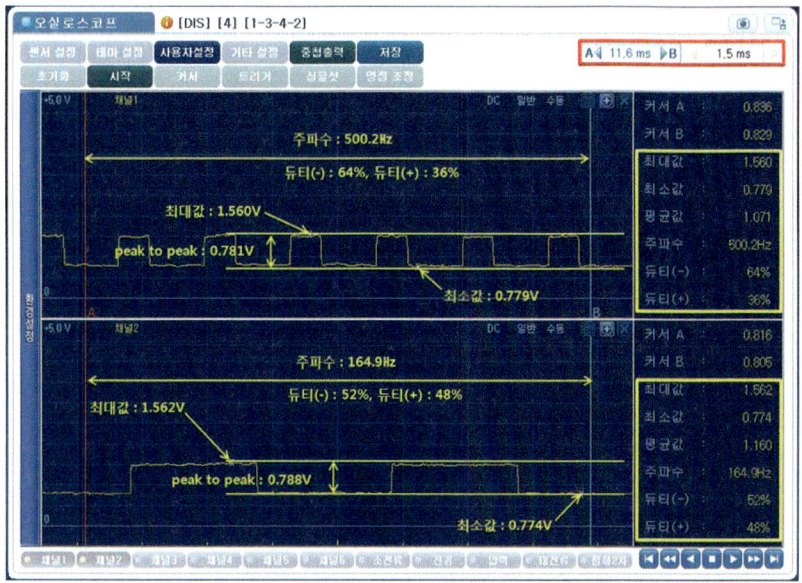

Drive 위치 공회전 상태의 입력과 출력 센서 파형으로 커서 A, B를 임의 구간에 위치한 경우
주파수, 듀티(-),
듀티(+),
최대값, peak to peak,
최소값을 표기한 화면

⑯ Drive 위치 공회전 상태의 입력 센서 파형

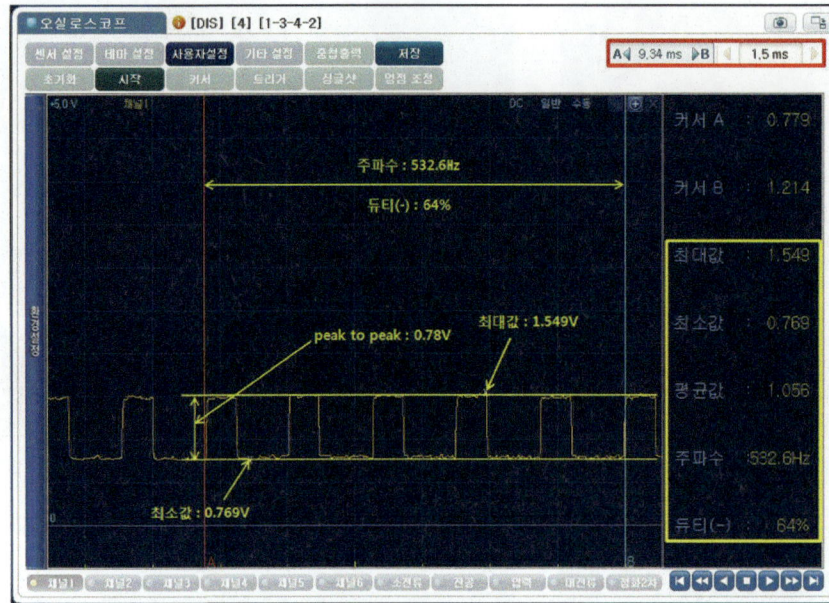

Drive 위치 공회전 상태의 입력 센서 출력파형으로 커서 A, B를 임의 구간에 위치한 경우
주파수 532.6Hz,
듀티(-) 64%,
최대값 1.549V,
peak to peak 0.78V,
최소값 0.769V로
표기한 화면

⑰ 입력센서 출력파형 출력물 : 자동변속기 입력센서 파형 출력 및 분석내용 표기

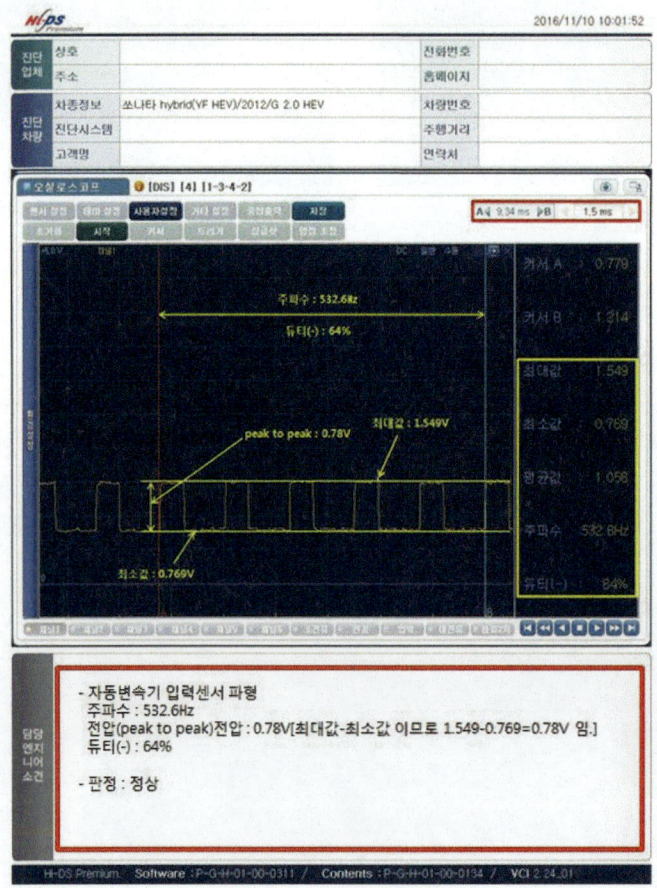

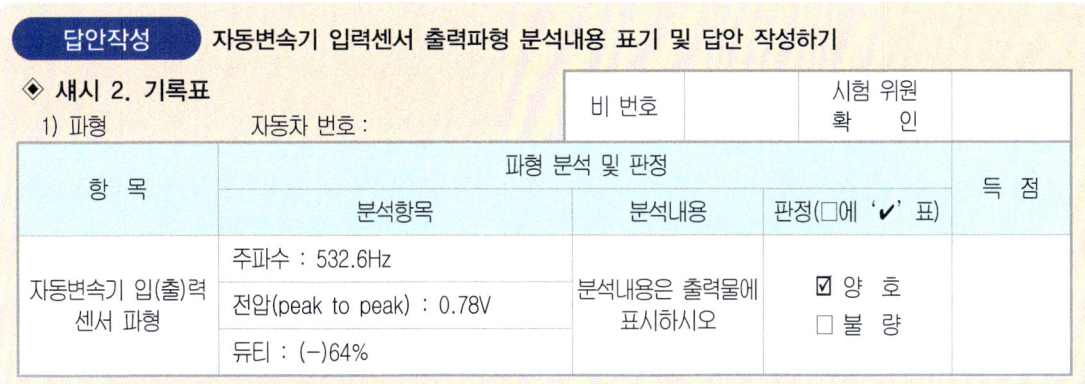

⑱ Drive 위치 공회전 상태의 출력 센서 파형

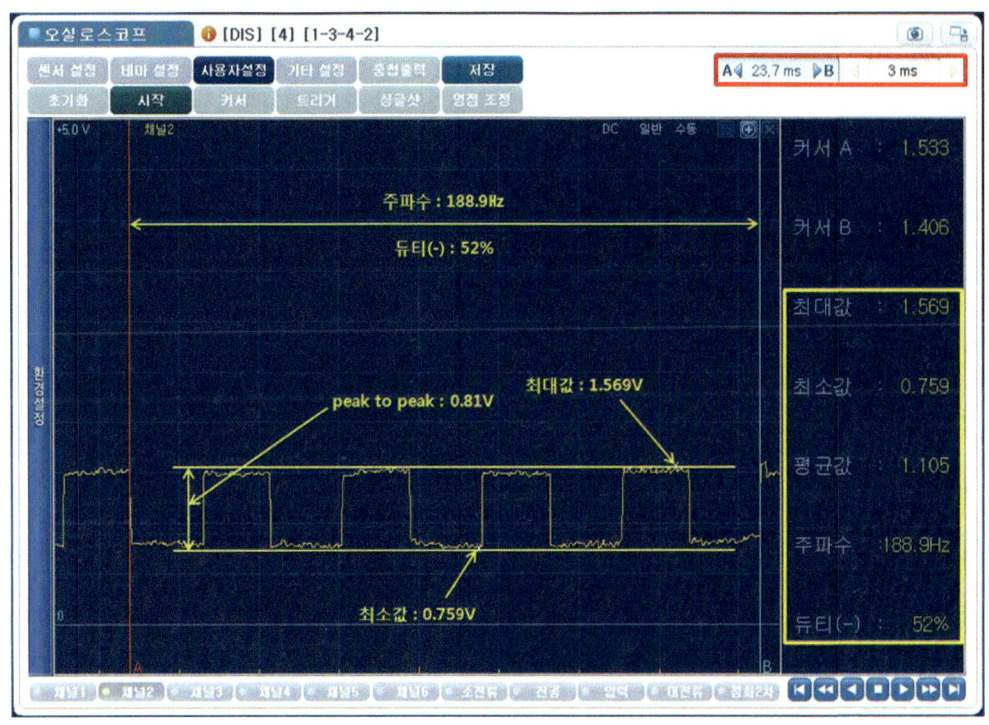

Drive 위치 공회전 상태의 출력센서 출력파형으로 커서 A, B를 임의 구간에 위치한 경우
주파수188.9Hz, 듀티(-) 52%, 최대값 1.569V, peak to peak 0.81V, 최소값 0.759V로 표기한 화면

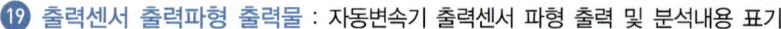

⑲ 출력센서 출력파형 출력물 : 자동변속기 출력센서 파형 출력 및 분석내용 표기

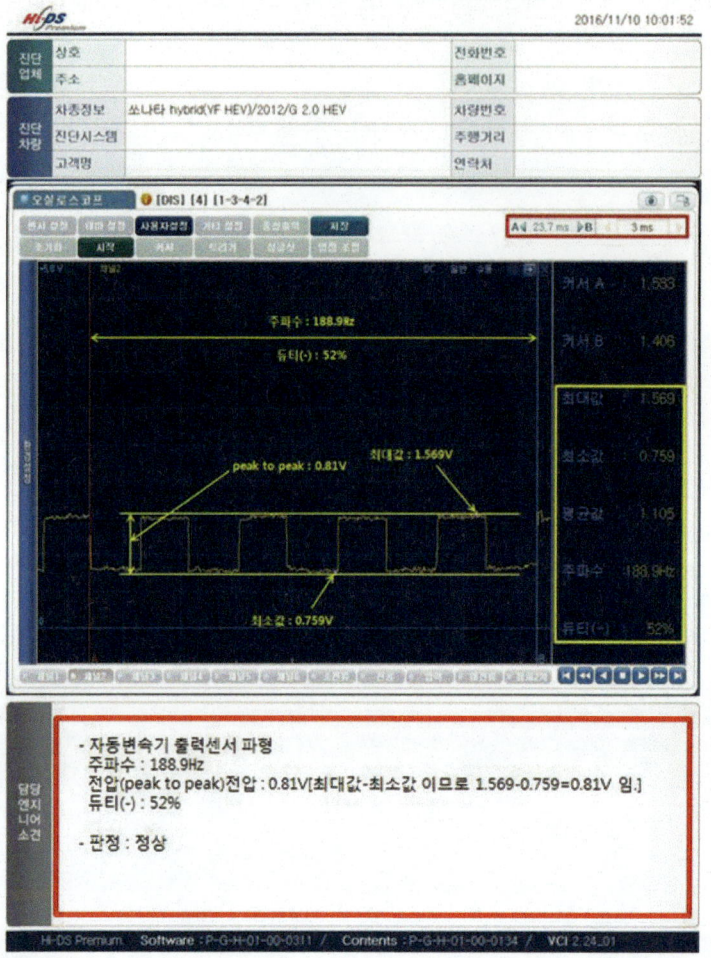

답안작성	자동변속기 입력센서 출력파형 분석내용 표기 및 답안 작성하기					
◆ 섀시 2. 기록표				비 번호	시험 위원 확　인	
1) 파형	자동차 번호 :					
항　목	파형 분석 및 판정				득 점	
^	분석항목		분석내용	판정(□에 '✔' 표)		
자동변속기 입(출)력 센서 파형	주파수 : 188.9Hz		분석내용은 출력물에 표시하시오	☑ 양　호 □ 불　량		
^	전압(peak to peak) : 0.81V		^	^		
^	듀티 : (−)52%		^	^		

기능장 2안 섀시 3 — 기록표 요구사항 점검·측정

기록표 요구사항을 점검 및 측정하여 기록하시오.

01 전륜 캠버와 전륜 토우

01 휠 얼라이먼트 테스터

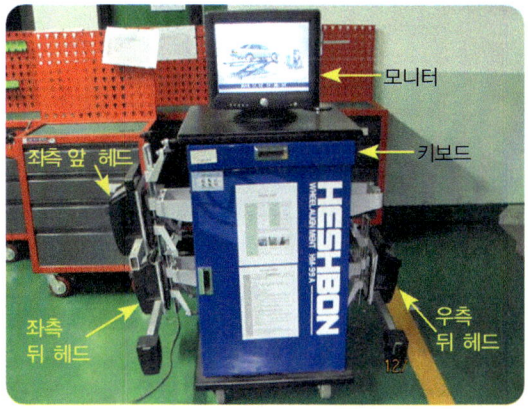

모니터, 키보드, 우측 뒤 헤드, 좌측 뒤 헤드, 좌측 앞 헤드이며 현재 모니터에 나타난 것은 초기화면이다.

02 측정 초기화면

F1 작업시작, F2 차량제원, F3 작업관리, F4 정비지침, F5 환경설정, F6 작업종료를 나타낸 것이다.
측정준비 순서는 메이커 선택, 차량선택 제조연도 선택, 휠 크기 선택이다.

03 센서 헤드 설치

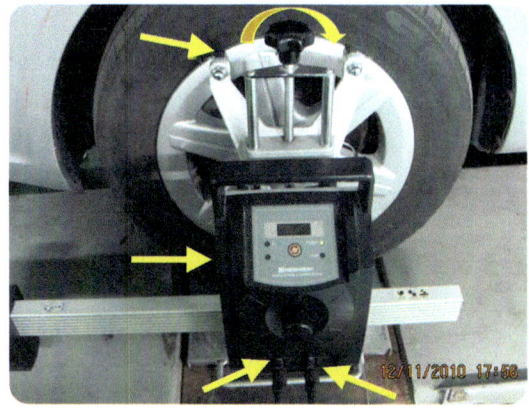

그림과 같이 센서 헤드를 휠에 최대한 밀착시킨 상태에서 휠 클램프 유격조정 핸들을 돌려 고정한 후 전원 케이블을 연결한다.

04 안전 고리 설치

측정 중 헤드가 탈거되어 바닥으로 떨어지는 것을 방지하기 위한 안전 고리를 설치한다. 나머지 휠에도 센서 헤드를 같은 방법으로 설치하고 전원을 ON한다.

05 잭 설치 및 상승

그림과 같이 차량의 앞과 뒤 멤버에 잭을 위치시킨 후 차량을 상승 시킨다.

06 선택레버 및 주차브레이크

선택레버는 N레인지에 위치시키고 주차브레이크는 OFF상태로 한다.

07 런 아웃

헤드가 자유롭게 움직일 수 있도록 고정레버를 푼 후 타이어를 전진방향으로 180° 회전시킨다.

08 확인버튼 ON

헤드를 상하로 움직여 헤드상단에 위치한 수평수포가 수평이 된 상태에서 확인버튼을 누른다.

09 런 아웃 2

그림과 같이 타이어를 전진방향으로 180° 회전시킨다.
[총 360°]

10 확인버튼 ON

헤드를 상하로 움직여 헤드상단에 위치한 수평수포가 수평이 된 상태에서 확인버튼을 누른다.

11 램프확인

런 아웃 확인램프가 점등되었는지 확인한 후 나머지 3개의 휠도 같은 방법으로 런 아웃을 실시한다.

12 브레이크 고정

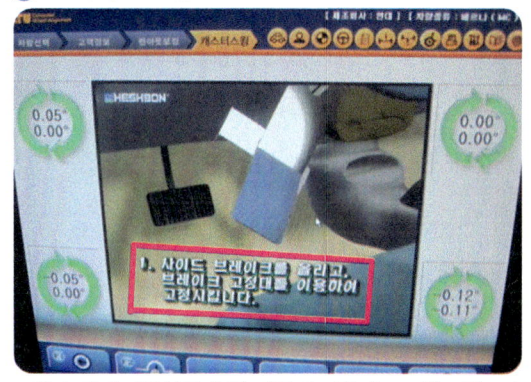

그림과 같이 좌우상하에 런 아웃이 정상적으로 완료된 모습이며 녹색으로 표기되어 있다. 화면의 지시대로 주차브레이크를 ON한 후 브레이크 고정 대를 이용하여 브레이크 페달을 고정한다.

13 차량 하강 및 헤드수평

그림과 같이 센서의 몸체를 상하로 움직여 수평수포가 수평이 되도록 한다.

14 헤드고정

헤드 고정 레버를 돌려 고정한다.

15 화면표시

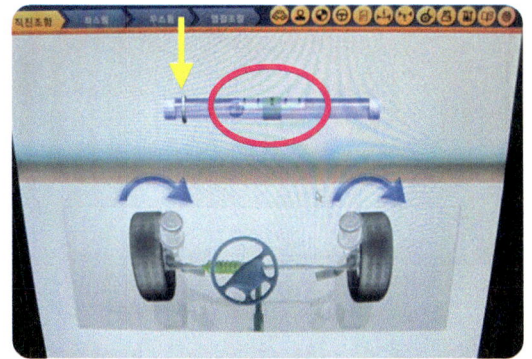

화면에서 타이어를 우측으로 돌리라고 표시한다.

16 화면에서 지시한 대로 타이어를 돌린다.

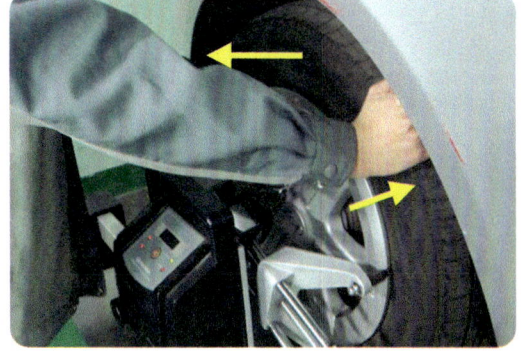

화면이 가리키는 원 안의 정상범위까지 타이어를 우측으로 조금씩 돌려 노란색 화살표가 가리키는 링이 양호 범위 내에 들어갈 때까지 돌린 후 멈춘다.

주의 센서 헤드는 광 투과식 임으로 빛을 가리지 않도록 타이어의 상단을 잡고 좌우로 회전시킨다.

⑰ 타이어 좌측 회전

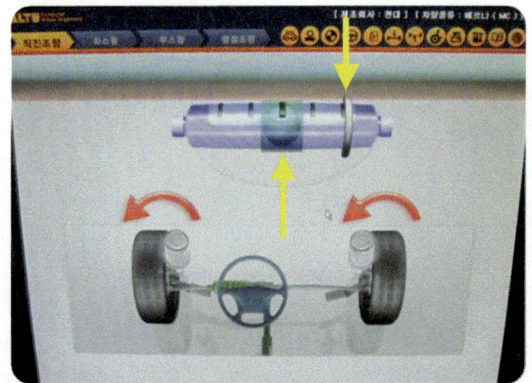

화면이 가리키는 정상범위까지 타이어를 좌측으로 조금씩 돌려 노란색 화살표가 가리키는 링이 양호 범위 내에 들어갈 때까지 돌린 후 멈춘다.

⑱ 타이어 우측 회전

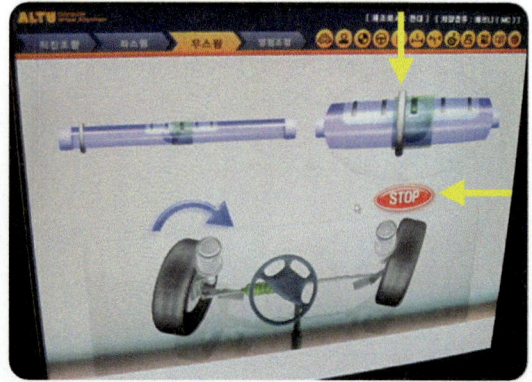

화면이 가리키는 정상범위까지 타이어를 우측으로 조금씩 돌려 노란색 화살표가 가리키는 STOP이라는 지시가 나타나면 멈춘 상태를 유지한다. 참고 측정완료

⑲ 측정값 판독

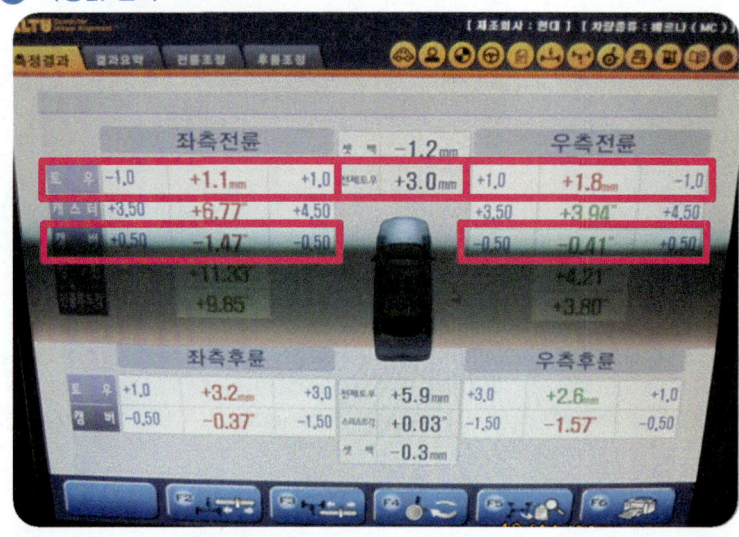

그림과 같이 좌측전륜, 우측전륜, 좌측후륜, 우측후륜에 대한 각 데이터 값과 전륜에 대한 셋백, 토우, 전체 토우, 캐스터, 캠버, 킹핀, 인플루드각, 후륜에 대한 토우, 전체 토우, 캠버, 스러스트 각, 셋백 값이 표기된다.

답안작성 시험위원의 지시사항 : 전륜 좌측캠버와 전륜 좌측 토우 측정 및 답안작성

2) 점검 및 측정

항 목	측정(또는 점검)		판정 및 정비(또는 조치)사항		득 점
	측정값	규정값(정비한계값)	판정(□에 '✔' 표)	정비 및 조치할 사항	
전륜 캠버	−1.47°	0±0.50°	□ 양 호 ✔ 불 량	조정불가 또는 토우 값 미세조정 후 재측정(또는 캠버볼트를 돌려 0°가 되도록 1.47° 조정한 후 재측정)	
전륜 토우	1.1mm	0±1.0mm	□ 양 호 ✔ 불 량	좌측 타이로드를 돌려 0mm가 되도록 −1.1mm조정한 후 재측정	

작업형실기

답안작성 시험위원의 지시사항 : 전륜 우측캠버와 전륜 우측 토우 측정 및 답안작성

2) 점검 및 측정

항 목	측정(또는 점검)		판정 및 정비(또는 조치)사항		득 점
	측정값	규정값(정비한계값)	판정(□에 '✔' 표)	정비 및 조치할 사항	
전륜 캠버	−0.41°	0±0.50°	☑ 양 호 □ 불 량	정비 및 조치사항 없음 또는 정상	
전륜 토우	1.8mm	0±1.0mm	□ 양 호 ☑ 불 량	우측 타이로드를 돌려 0mm가 되도록 −1.8mm조정한 후 재측정	

기능장 2안 전기 1

와이퍼 모터 탈·부착 및 작동상태 확인, 점검 및 측정

시험위원의 지시에 따라 자동차에서 와이퍼 모터를 탈거하고 시험위원에게 확인 후 다시 조립(부착)하여 작동상태를 확인하고 기록표의 요구사항을 점검 및 측정하고 기록표에 기록하시오.

01 와이퍼 모터 탈·부착 및 작동상태 확인

01 관련부품 명칭 : 와이퍼 블레이드, 블레이드 암, 커버, 고무커버 키

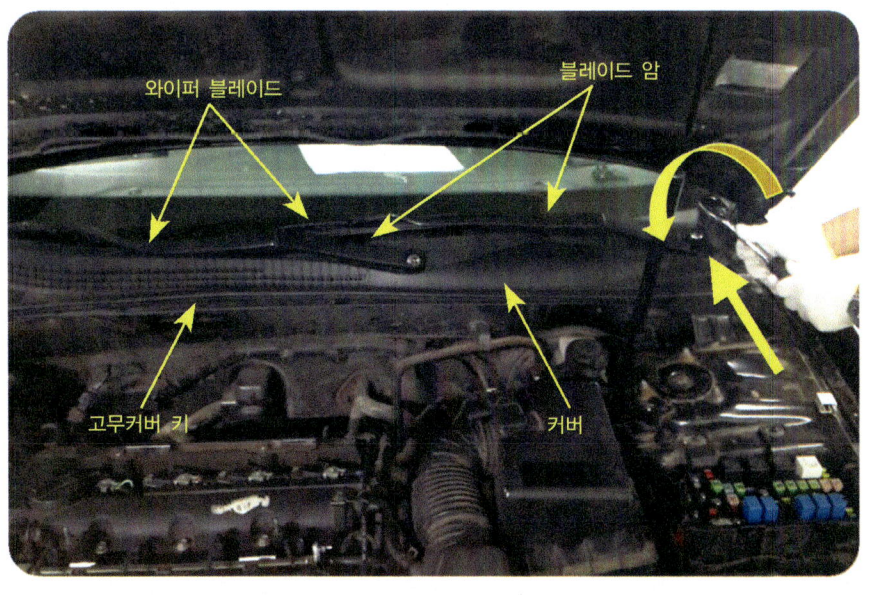

02 와이퍼 블레이드 암 탈거

그림과 같이 와이퍼 블레이드 암 고정너트를 탈거한다.

03 블레이드 암 탈거

와이퍼 블레이드 암을 탈거한다.

04 분해 후

운전석 블레이드 암, 동승석 블레이드 암

05 프런트 그라스 그릴

프런트 그라스 그릴 가이드 고무 및 그릴을 탈거한다.

06 와이퍼 모터 커넥터 탈거

그림과 같이 와이퍼 모터 커넥터를 탈거한다.

07 와이퍼 링크 탈거

와이퍼 링케이지 고정너트와 볼트를 그림과 같이 탈거한다.

08 와이퍼 모터 어셈블리 탈거

그림과 같이 와이퍼 모터와 링케이지를 탈거한다.

09 와이퍼 모터 어셈블리

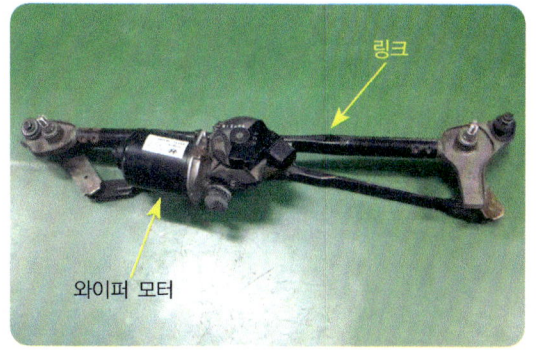

와이퍼 링케이지(링크), 모터

10 와이퍼 모터 어셈블리 설치

그림과 같이 와이퍼 모터와 링케이지를 설치한다.

11 와이퍼 링크 장착

와이퍼 링케이지 고정너트와 볼트를 규정토크로 조인다.

12 와이퍼 모터 커넥터 장착

와이퍼 모터 커넥터를 장착한다.

13 프런트 그라스 그릴 장착

그림과 같이 프런트 그라스 그릴 가이드 고무 및 그릴을 장착한다.

⑭ 블레이드 암 설치

와이퍼 블레이드 암을 설치한다.

⑮ 와이퍼 블레이드 암 조립

그림과 같이 와이퍼 블레이드 암 고정너트를 규정토크로 조인다.

02 와이퍼 Low 모드 시 전압

01 사용자 설정

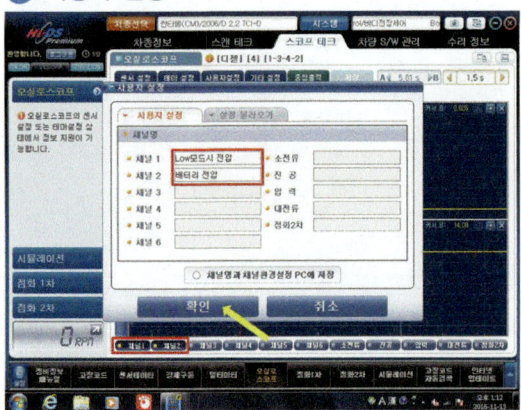

채널 1 Low모드 시 전압, 채널 2 배터리전압

02 환경설정 및 화면전환

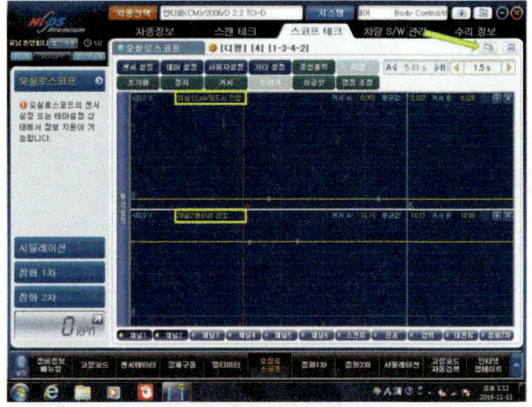

채널 1, 2번 측정환경설정 및 화면확대

03 초기화면

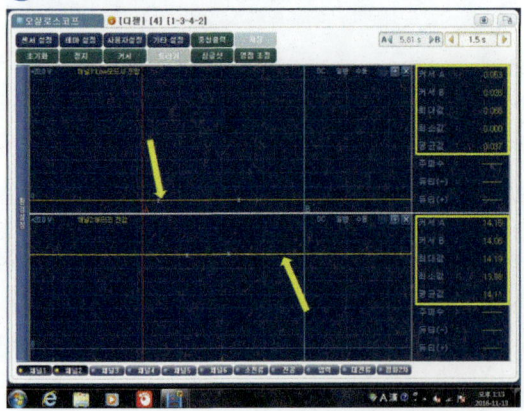

채널 1 Low모드 시 평균전압 0.037V, 채널 2 배터리 평균전압 14.11V

04 다기능 스위치

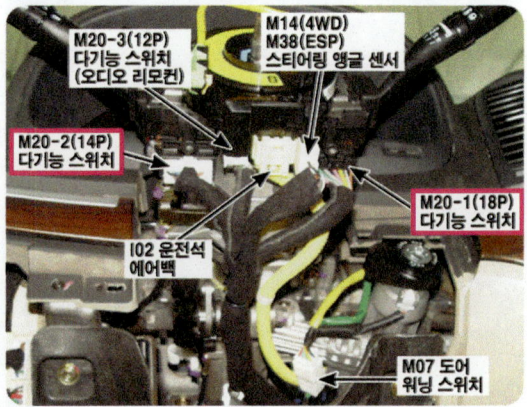

다기능 스위치 및 커넥터 위치정보

05 관련부품 위치 및 명칭

1. 윈드쉴드 와이퍼 암 & 블레이드
2. 와이퍼 & 와셔 스위치
3. 윈드쉴드 와셔호스
4. 윈드쉴드 와이퍼 모터 & 링 케이지
5. 와셔모터
6. 와셔 리저브
7. 헤드 램프 와셔 노즐

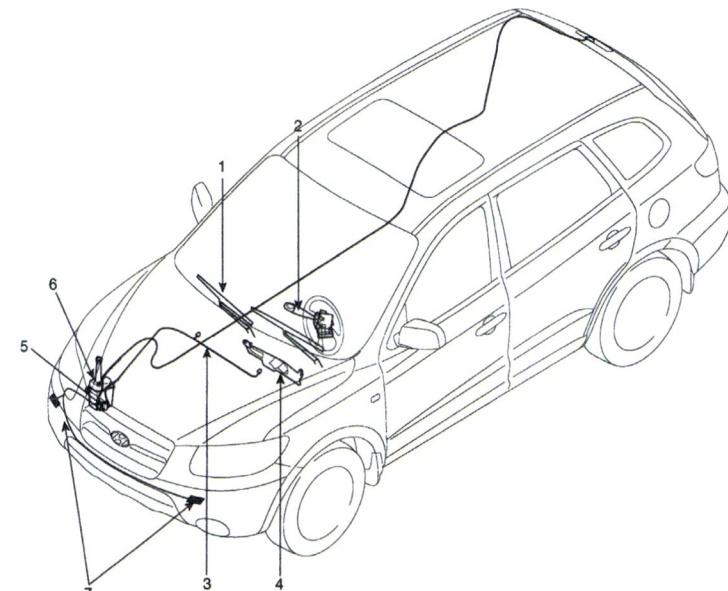

06 와이퍼 스위치 커넥터 단자

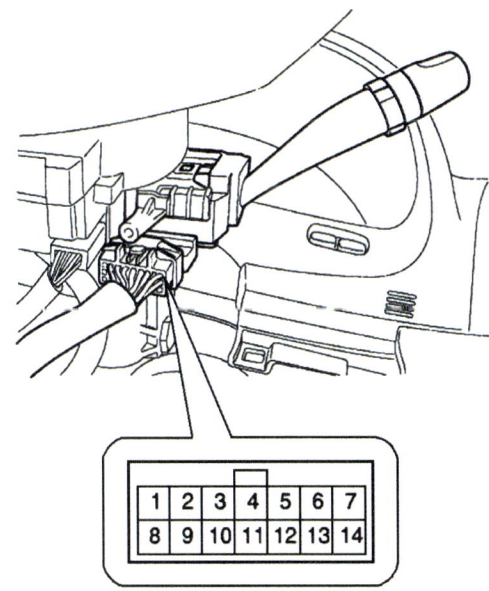

와이퍼 스위치 커넥터 단자번호

07 와이퍼 스위치

와이퍼 스위치
(레인센서 미적용)

단자 위치	1	2	3	4	5	6	13	14
MIST				○―○				
OFF		○―○						
INT		○―○			○―○		○⌇○	
LOW		○			○			
HI	○					○		

(레인센서 적용)

단자 위치	1	2	3	4	5	6	13	14
MIST				○―○				
OFF		○―○						
AUTO		○―○			○―○		○⌇○	
LOW		○			○			
HI	○					○		

위 그림은 와이퍼 스위치 회로이며, 레인센서 미적용과 센서를 적용한 회로임.

08 프런트 와이퍼 & 와셔회로 : 프런트 와이퍼 모터 및 다기능 스위치(와셔 스위치, MIST 스위치, 와이퍼 스위치)

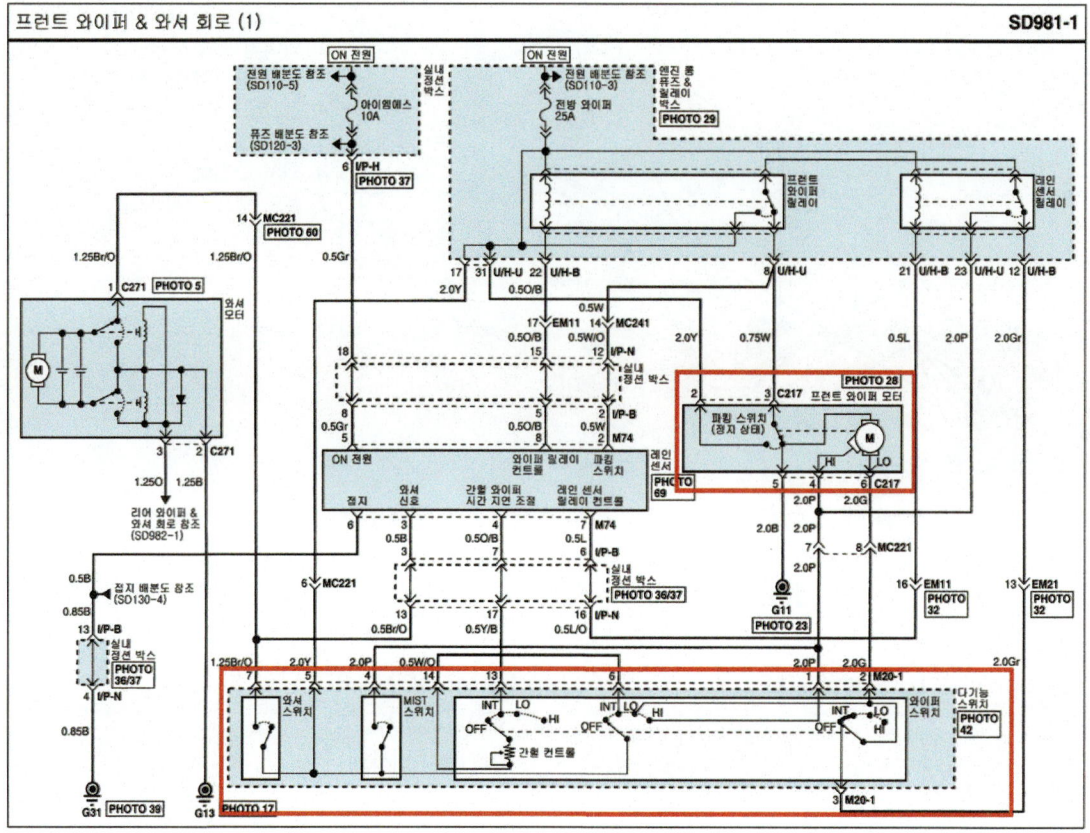

09 와이퍼 스위치

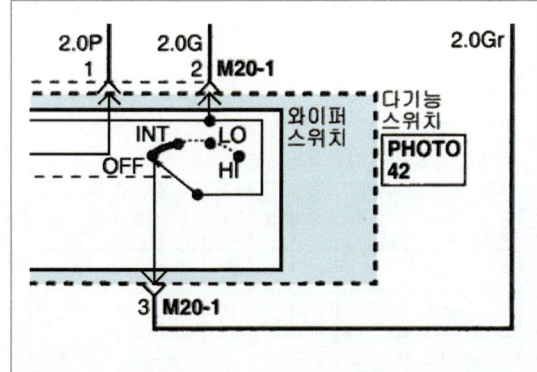

와이퍼 스위치 회로

10 와이퍼 스위치 M20-1

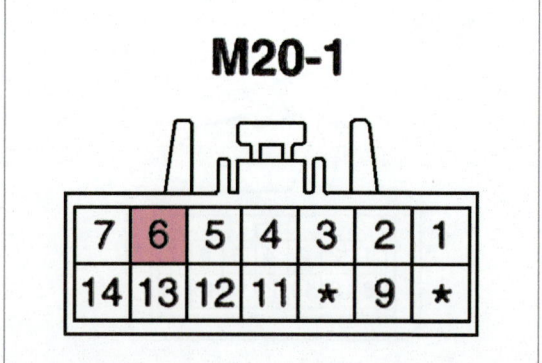

M20-1 커넥터 단자

⑪ 핸들 컬럼 커버

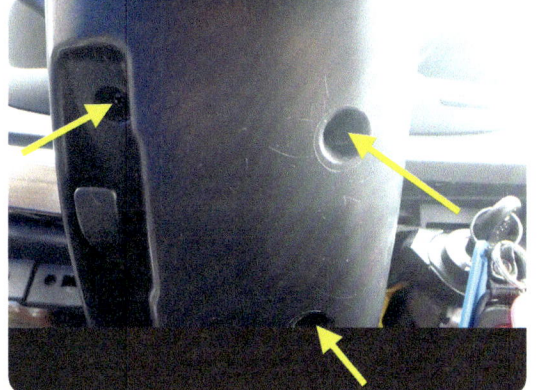

그림과 같이 핸들 컬럼 하부커버 피스를 푼다.

⑫ 핸들 컬럼 커버 상단 좌측

그림과 같이 핸들 컬럼 상단커버 좌측 피스를 푼다.

⑬ 핸들 컬럼 커버 상단 우측

그림과 같이 핸들 컬럼 상단커버 우측 피스를 푼다.

⑭ 와이퍼 스위치

그림 화살표가 가리키는 곳이 와이퍼 스위치 커넥터 임.

⑮ 접지 프로브 설치

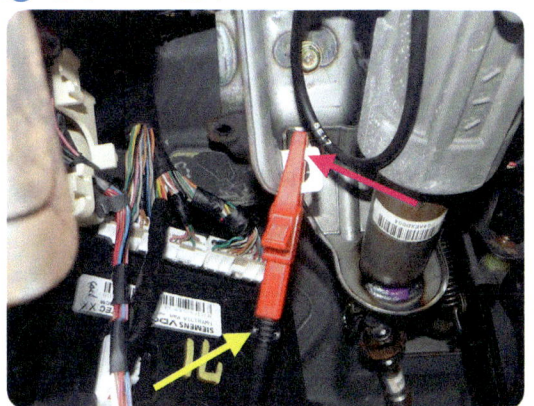

그림과 같이 접지 프로브를 접지한다.

⑯ 전원 프로브 설치

전원 프로브를 M20-1 커넥터 6번 단자에 설치한다.

17 채널 2번 설치

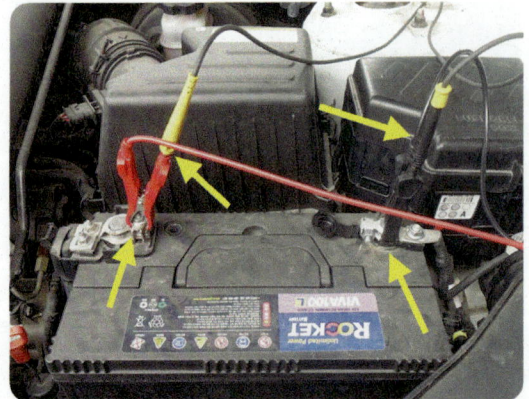

◀ 그림과 같이 채널 2번 프로브를 배터리 단자에 설치한다.

18 와이퍼 미 작동 및 작동 파형

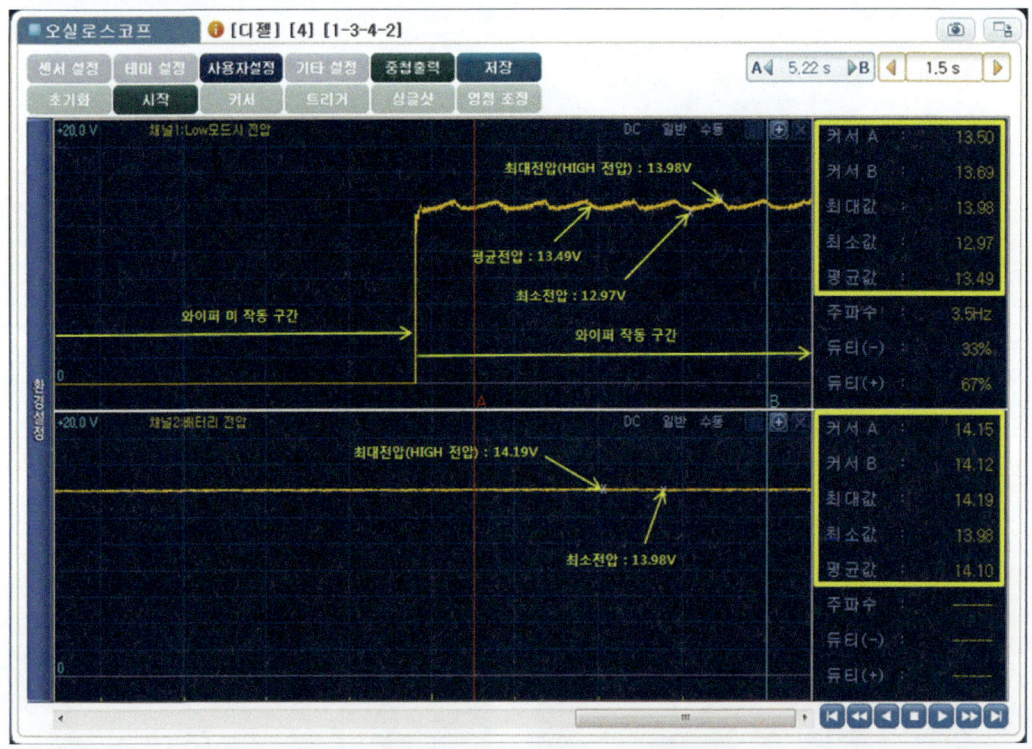

와이퍼 미 작동 구간과 작동 구간에서의 출력파형으로 커서 A, B를 작동구간 내 임의 구간에 위치한 경우 와이퍼 작동구간에 대한 최대전압 13.98V, 평균전압 13.49V, 최소전압 12.97V와 배터리에 대한 최대전압 14.19V, 최소전압 13.98V를 표기한 화면임.

작업형실기

⑲ 출력파형 출력물 : 파형 출력 및 분석내용 표기

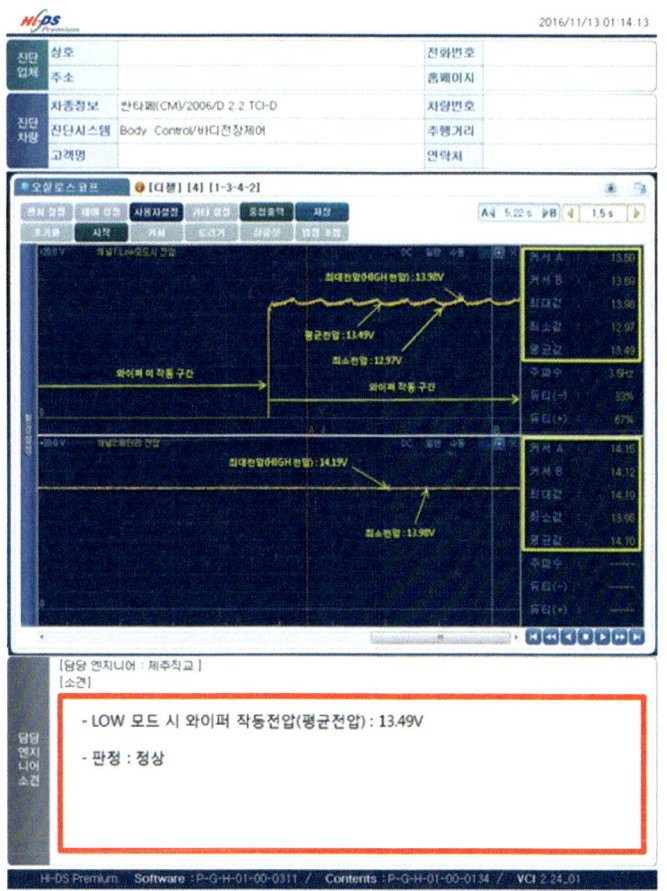

| 답안작성 | 와이퍼 작동 구간에서의 출력파형으로 커서 A, B를 작동구간 내 임의 구간에 위치한 경우 평균전압이 작동전압에 해당함. |

◈ 전기 1. 기록표
자동차 번호 :

| 비 번호 | | 시험 위원 확 인 | |

항 목		측정(또는 점검) 상태	정비 및 조치할 사항	득 점
와이퍼	LOW 모드 시 와이퍼 작동전압	전압 : 13.49V	정비 및 조치사항 없음 또는 정상	
	와셔 모터 작동전압	전압 :		

191

20 와이퍼 미 작동 및 작동 파형

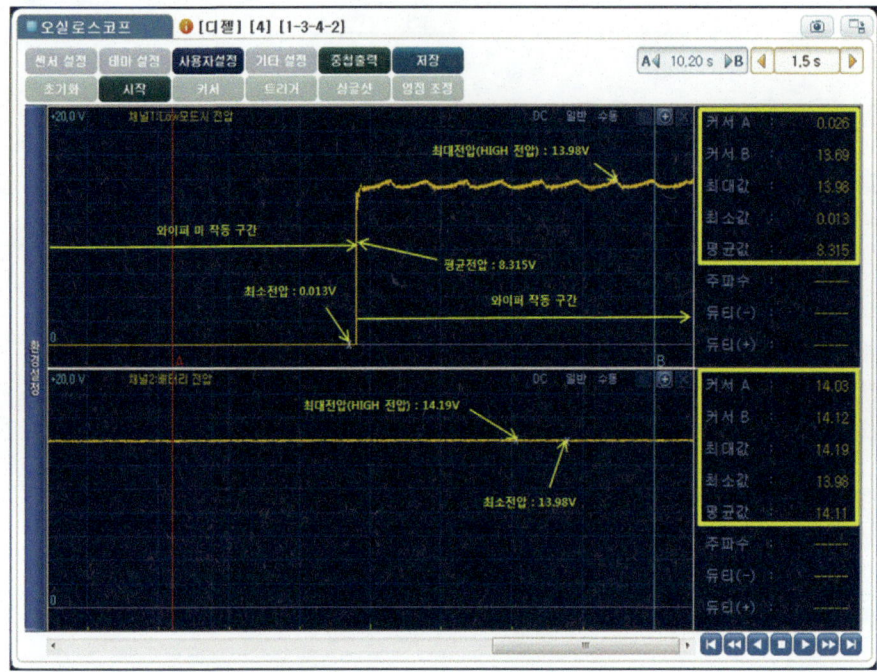

와이퍼 미 작동 구간과 작동 구간에서의 출력 파형으로 커서 A를 미 작동 구간에, 커서 B를 작동구간 내 임의 구간에 위치한 경우 와이퍼 작동과 미 작동구간에 대한
최대전압 13.98V, 평균전압 8.315V, 최소전압 0.013V와 배터리에 대한 최대전압 14.19V, 최소전압 13.98V를 표기한 화면임.

21 출력파형 출력물 : 파형 출력 및 분석내용 표기

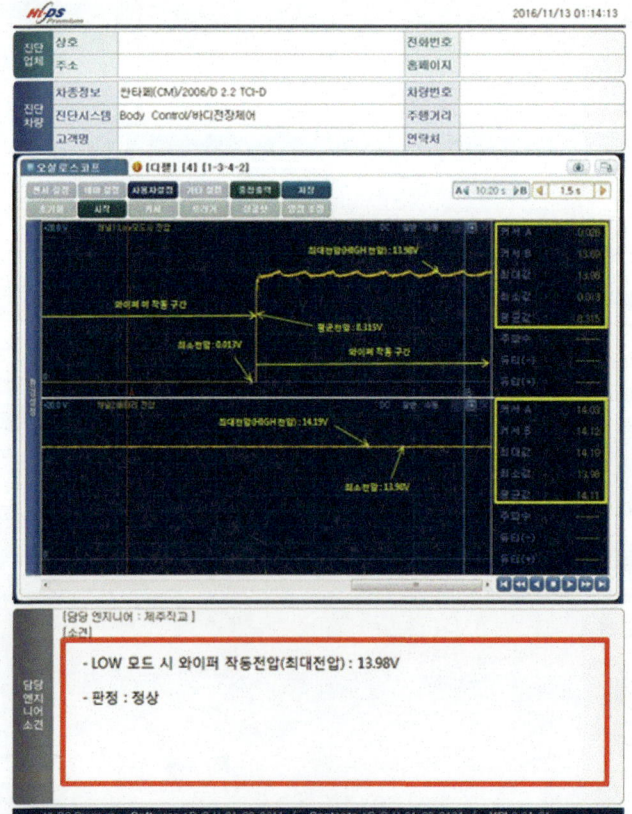

작업형실기

> **답안작성** 와이퍼 작동 구간에서의 출력파형으로 커서 A, B를 작동구간 내 임의 구간에 위치한 경우 최대전압이 작동전압에 해당함.

◆ 전기 1. 기록표

자동차 번호 :

항 목		측정(또는 점검) 상태	정비 및 조치할 사항	득 점
비 번호			시험 위원 확 인	
와이퍼	LOW 모드 시 와이퍼 작동전압	전압 : 13.98V	정비 및 조치사항 없음 또는 정상	
	와셔 모터 작동전압	전압 :		

03 와셔 모터 작동전압

01 다기능 스위치 : 다기능 스위치 및 커넥터 위치정보(M-20-2, M20-1)

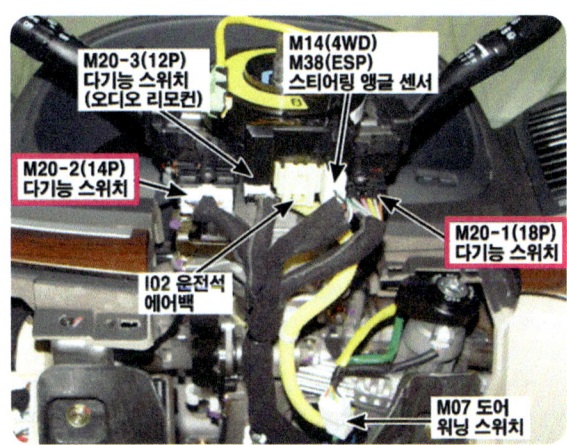

02 와이퍼 스위치 커넥터 단자

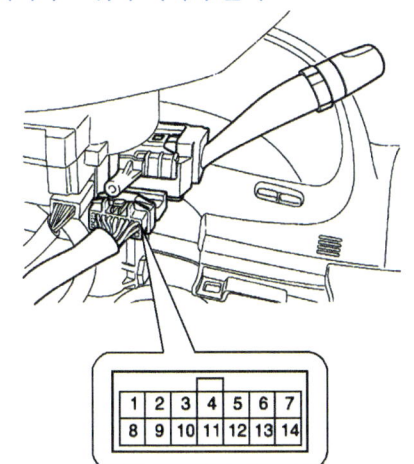

와이퍼 스위치 커넥터 단자번호

03 와셔 스위치

와셔 스위치

단자 위치	5	7
OFF		
ON	○――	――○

와셔 스위치 회로

04 프런트 와이퍼 & 와셔회로

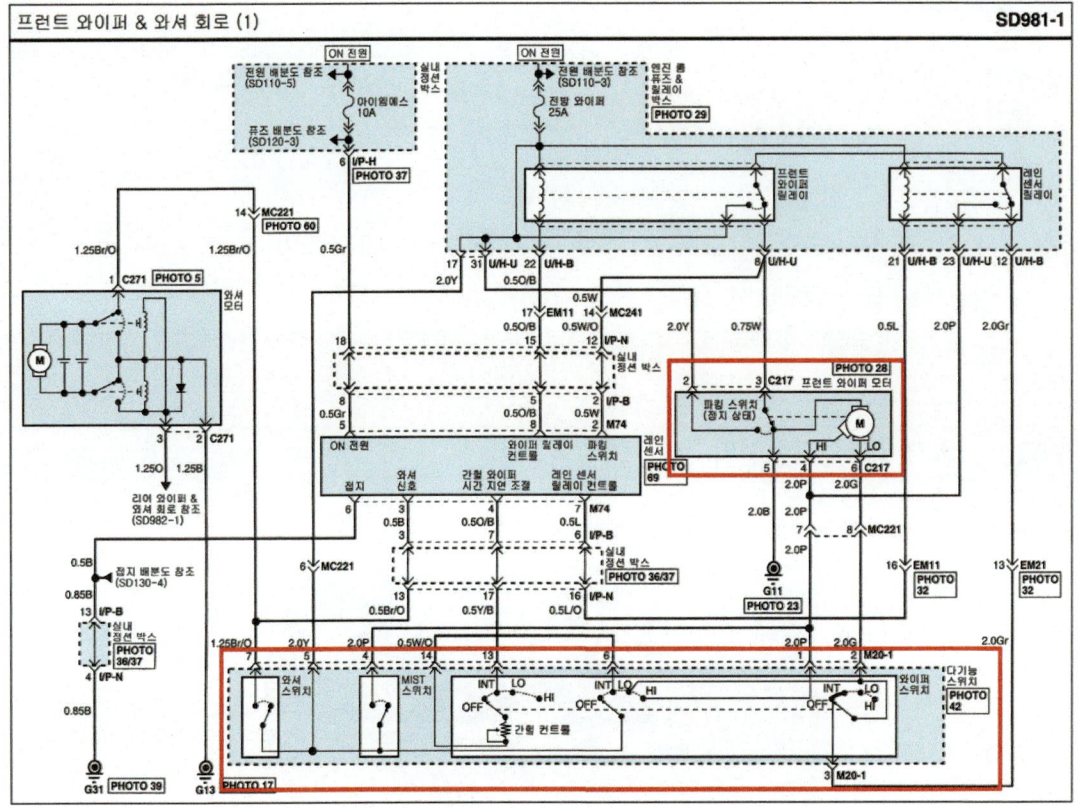

프런트 와이퍼 모터 및 다기능 스위치(와셔 스위치, MIST 스위치, 와이퍼 스위치)

05 와셔 스위치 회로

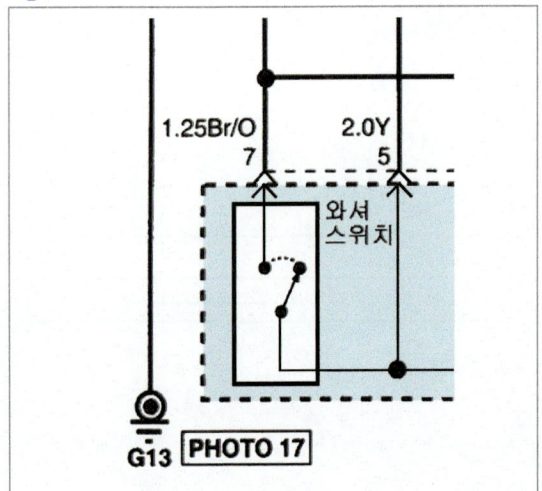

와셔 스위치 회로 단자

06 와이퍼 스위치 M20-1

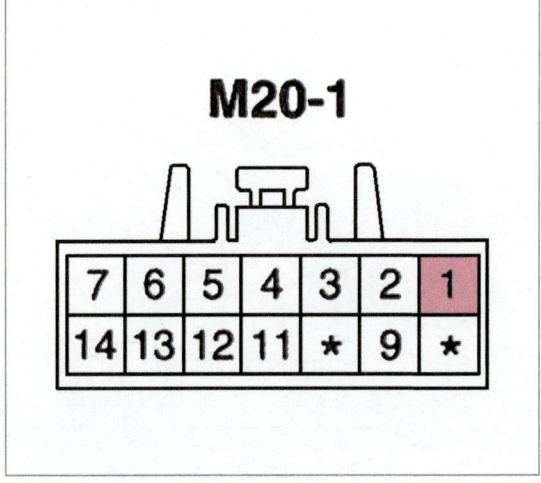

M20-1 커넥터 단자

07 1번 단자 위치

M20-1 커넥터 1번 단자

08 접지 프로브 설치

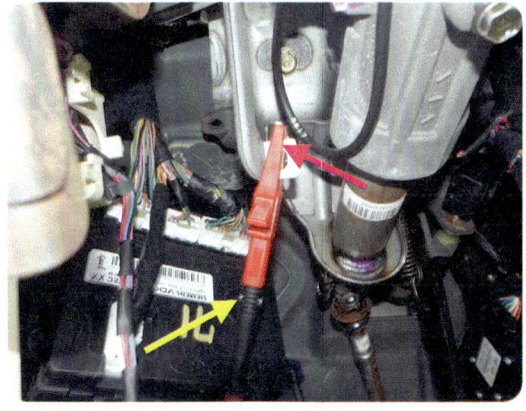

그림과 같이 접지 프로브를 접지한다.

09 전원 프로브 설치

전원 프로브를 M20-1 커넥터 1번 단자에 설치한다.

10 채널 2번 설치

그림과 같이 채널 2번 프로브를 배터리 단자에 설치한다.

⑪ 와셔 모터 미 작동 및 작동 파형

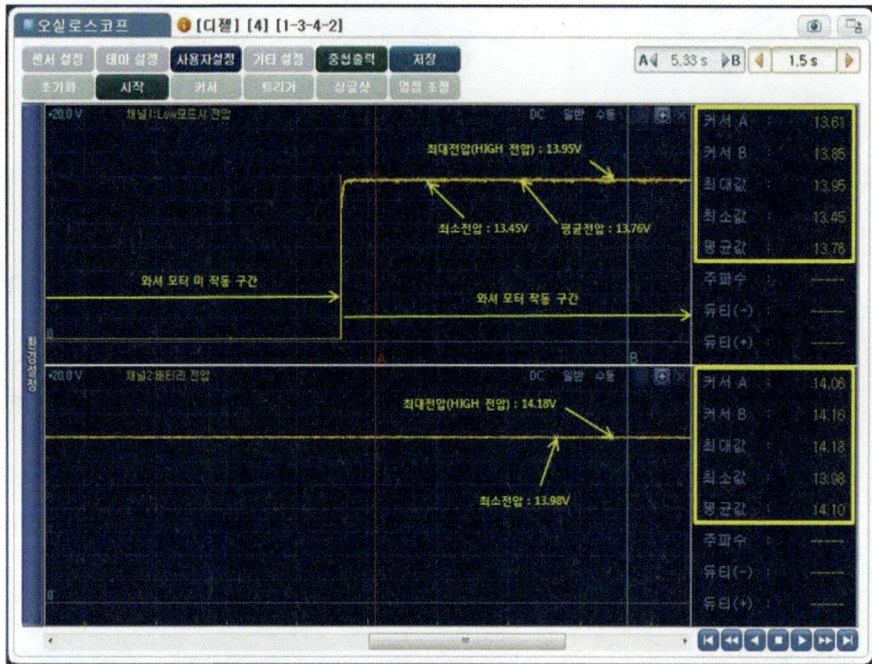

와셔 모터 미 작동 구간과 작동 구간에서의 출력파형으로 커서 A, B를 작동구간 내 임의 구간에 위치한 경우 와셔모터 작동구간에 대한 최대전압 13.95V, 평균전압 13.76V, 최소전압 13.45V와 배터리에 대한 최대전압 14.18V, 최소전압 13.98V을 표기한 화면임.

⑫ 출력파형 출력물 : 파형 출력 및 분석내용 표기

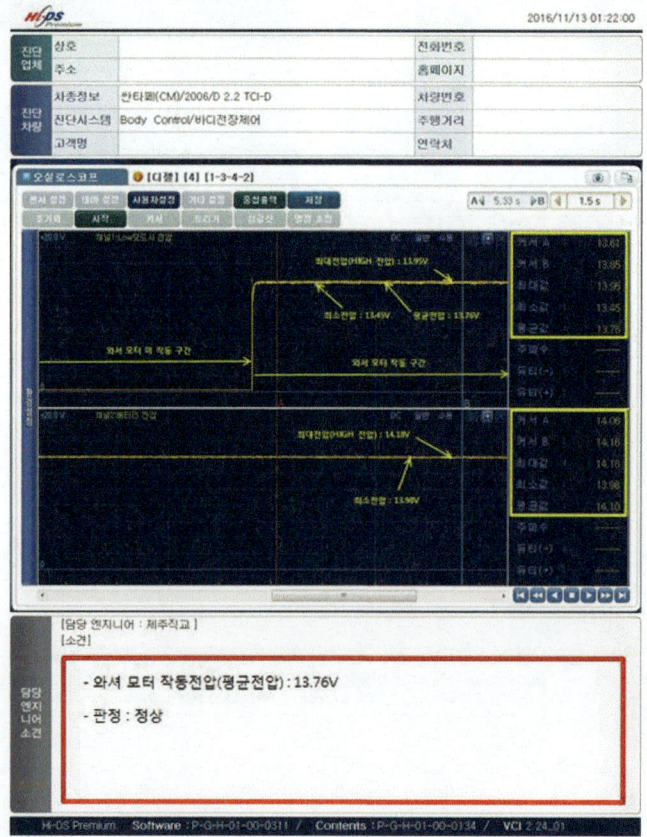

작업형실기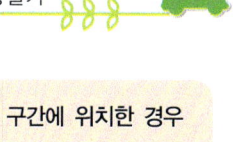

| 답안작성 | 와셔 모터 작동 구간에서의 출력파형으로 커서 A, B를 작동구간 내 임의 구간에 위치한 경우 평균전압이 작동전압에 해당함. |

◆ 전기 1. 기록표
  자동차 번호 :

| 비 번호 | | 시험 위원 확 인 | |

항 목		측정(또는 점검) 상태	정비 및 조치할 사항	득 점
와이퍼	LOW 모드 시 와이퍼 작동전압	전압 : 13.49V	정비 및 조치사항 없음 또는 정상	
	와셔 모터 작동전압	전압 : 13.76V		

⓭ 와셔 모터 미 작동 및 작동 파형

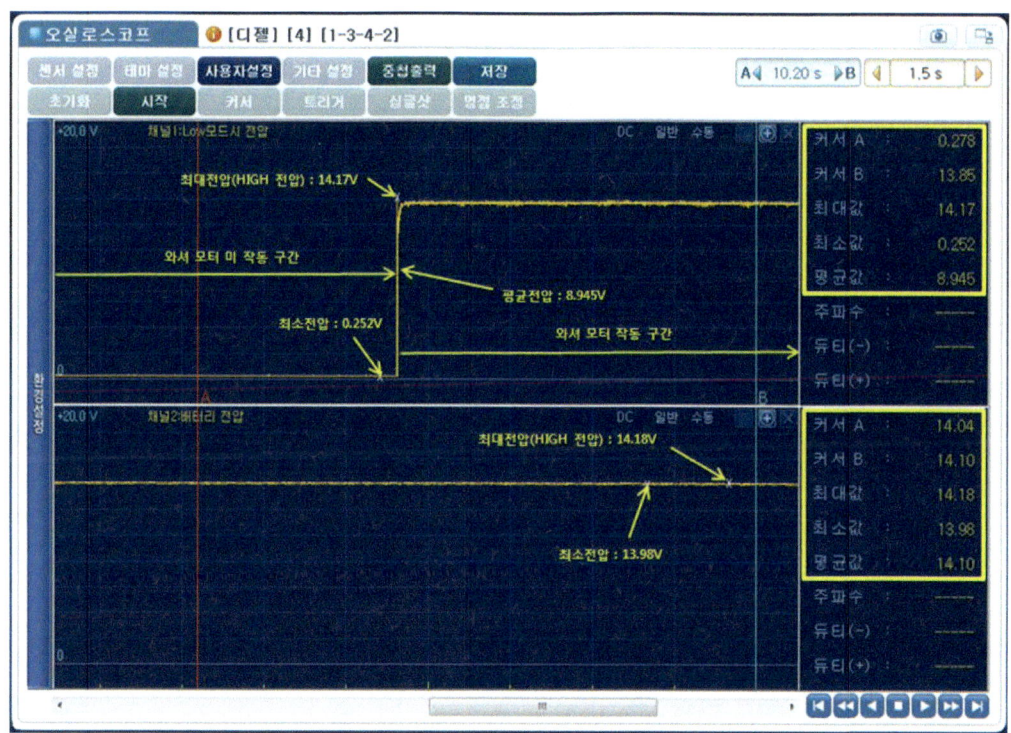

와셔 모터 미 작동 구간과 작동 구간에서의 출력파형으로 커서 A를 미 작동 구간에, 커서 B를 작동구간 내 임의 구간에 위치한 경우 와셔모터 작동구간에 대한 최대전압 14.17V, 평균전압 8.945V, 최소전압 0.252V와 배터리에 대한 최대전압 14.18V, 최소전압 13.98V을 표기한 화면임.

자동차정비기능장

⑭ 출력파형 출력물 : 파형 출력 및 분석내용 표기

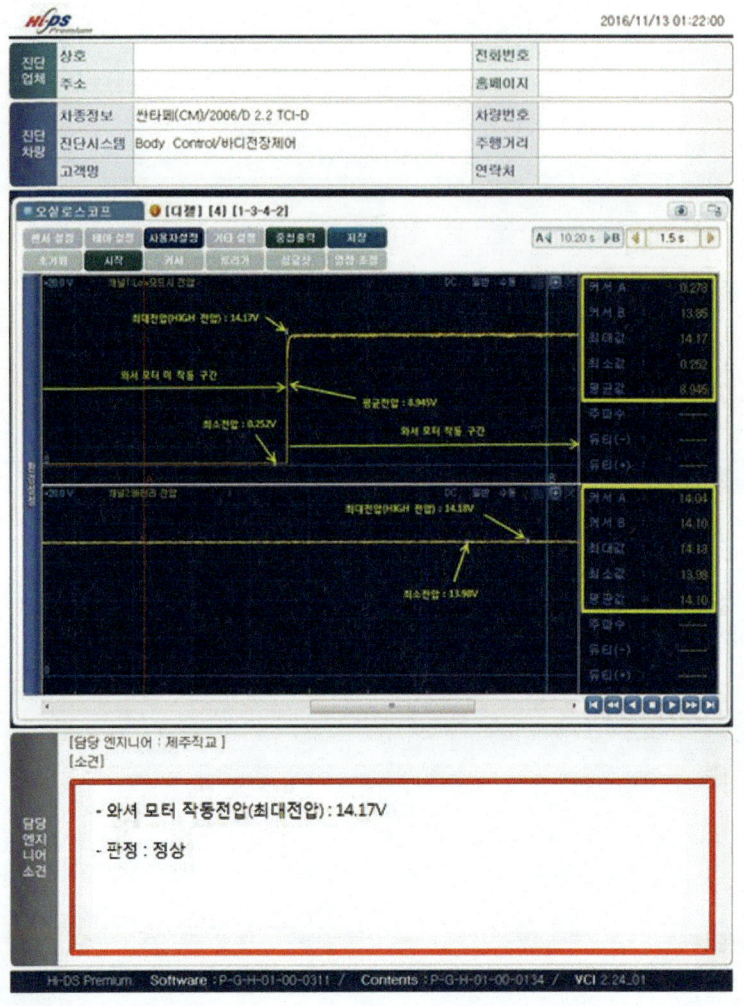

> 답안작성   와셔 모터 작동 구간에서의 출력파형으로 커서 A, B를 작동구간 내 임의 구간에 위치한 경우 최대전압이
> 작동전압에 해당함.

◆ 전기 1. 기록표
자동차 번호 :

| 비 번호 | | 시험 위원 확 인 | |

항 목		측정(또는 점검) 상태	정비 및 조치할 사항	득 점
와이퍼	LOW 모드 시 와이퍼 작동전압	전압 : 13.98V	정비 및 조치사항 없음 또는 정상	
	와셔 모터 작동전압	전압 : 14.17V		

기능장 2안 전기 2 — 회로점검 및 기록표 작성

주어진 자동차에서 정비지침서의 회로도를 이용하여 기록표에서 요구하는 회로를 점검하고, 이상이 있으면 이상내용을 기록표에 기록한 후 정비하시오.

01 에어컨 및 공조회로 점검

01 전원 배분도(1)

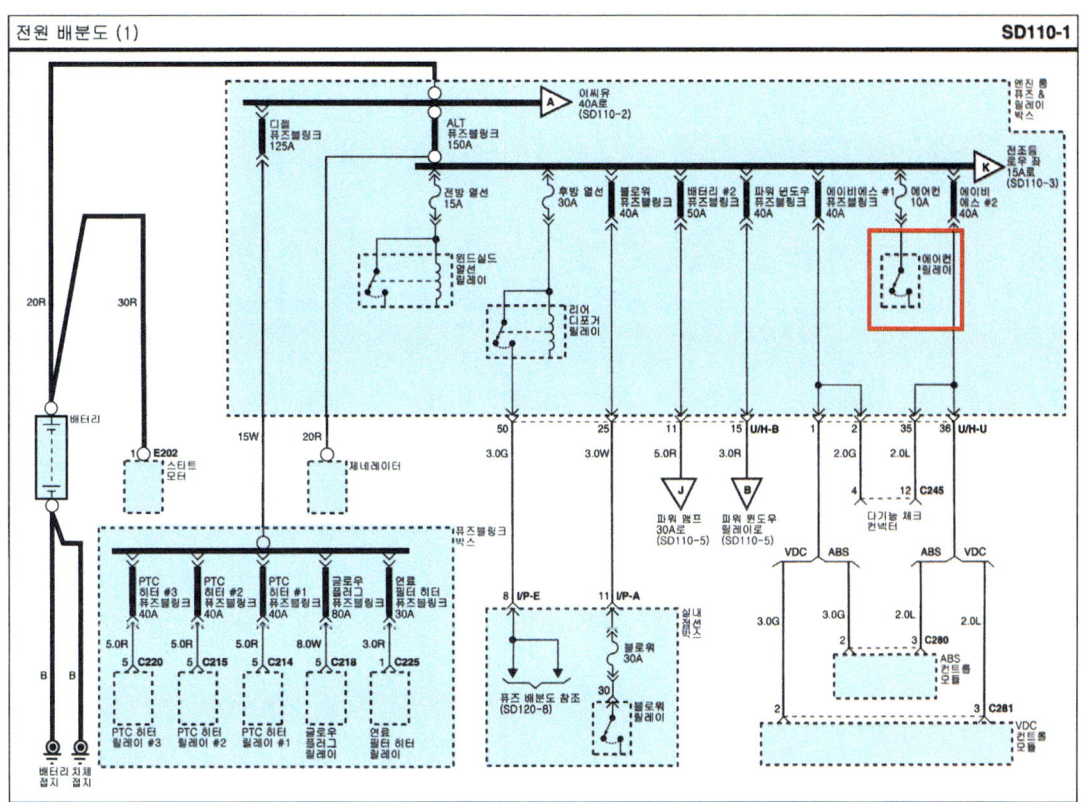

ALT 퓨즈블링크 150A, 에어컨 10A 에어컨 릴레이

02 전원 배분도(2) : 엔진 룸 퓨즈 & 릴레이 박스, 에어컨 릴레이, 퓨즈블링크 박스

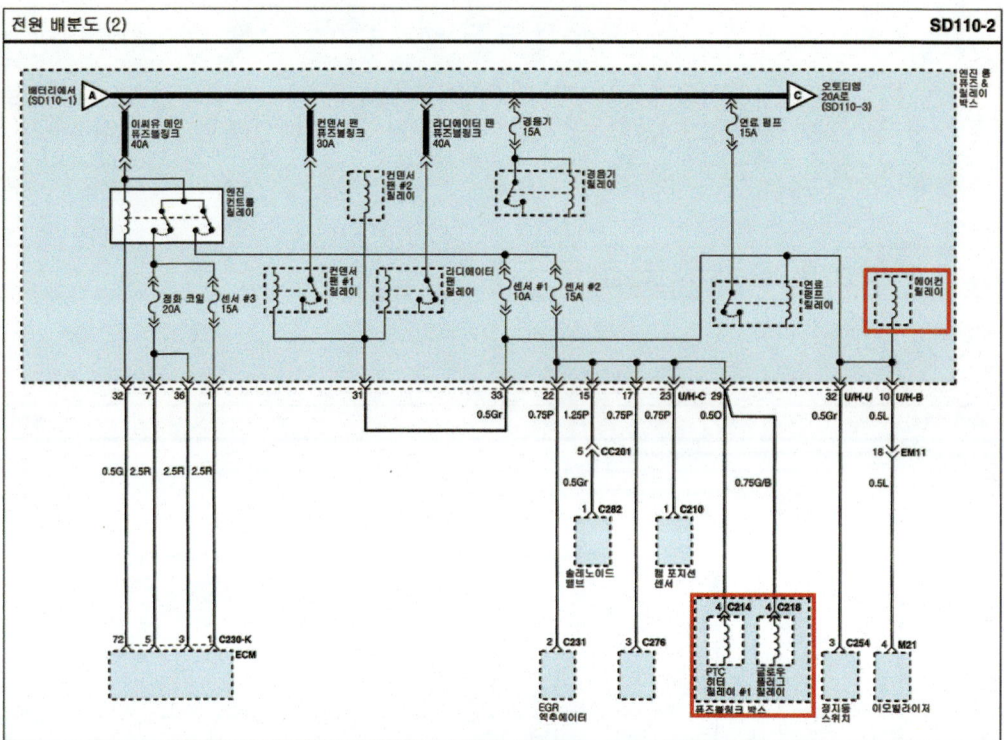

03 전원배분도(4) : 실내정션박스, 블로워 30A, 블로워 릴레이, 에어컨 스위치, 블로워 모터, 에어컨 컨트롤 모듈

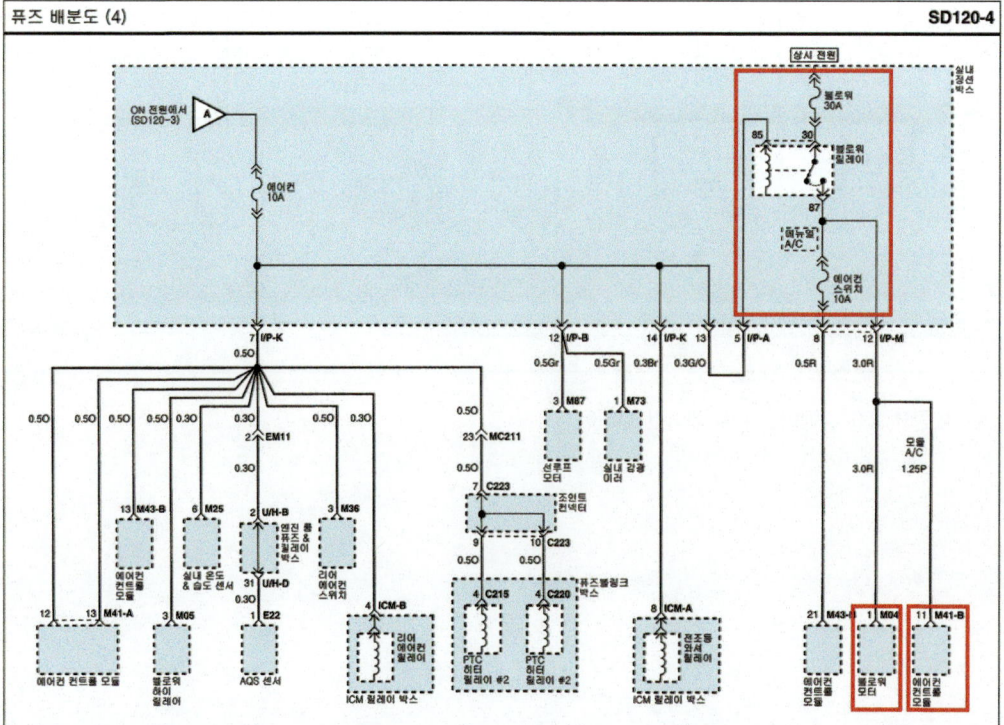

작업형실기

04 I/P-A(14P) : I/P-A(14P)

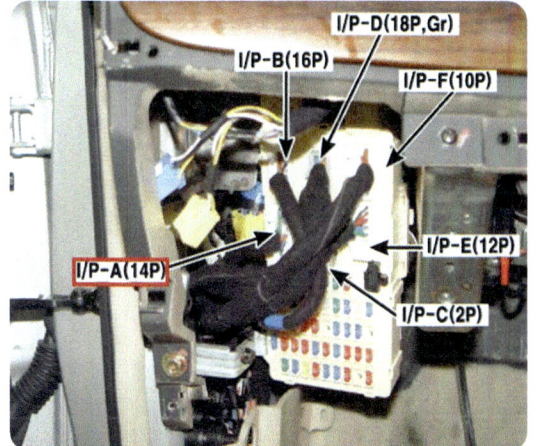

05 좌측 카울 크로스 멤버 : I/P-K(14P), I/P-M(16P)

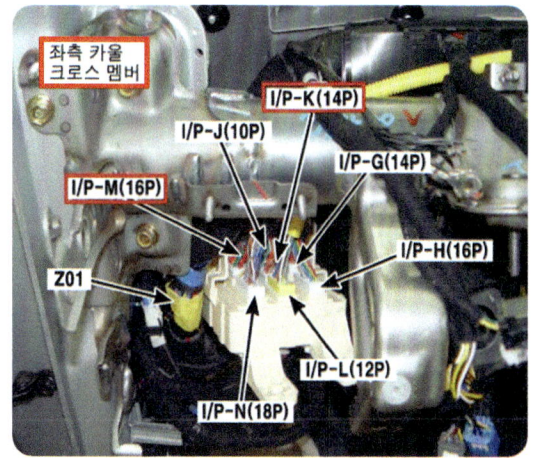

06 블로워 모터 : EM11(24P, G)

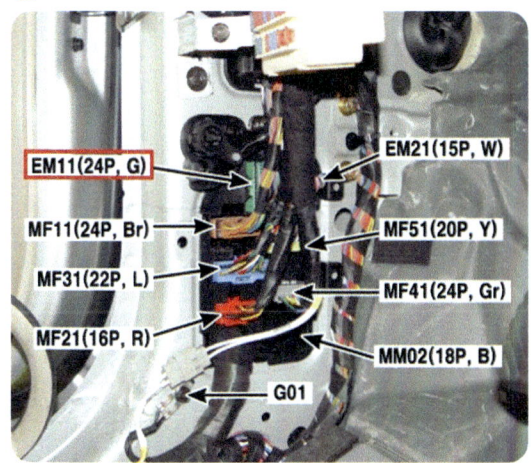

07 블로워 모터 : I/P-A(14P), I/P-E(12P)

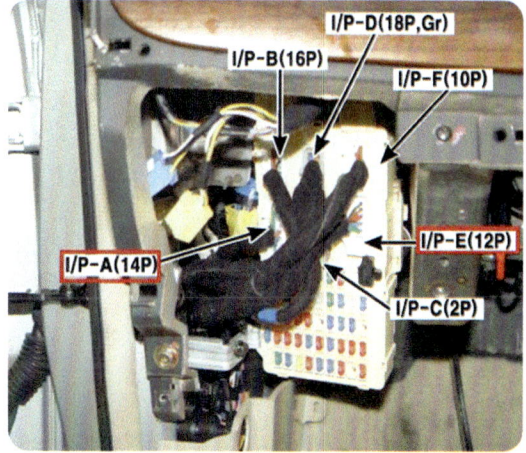

08 블로워 모터 PTC 컨트롤 : MC211(24P, L)

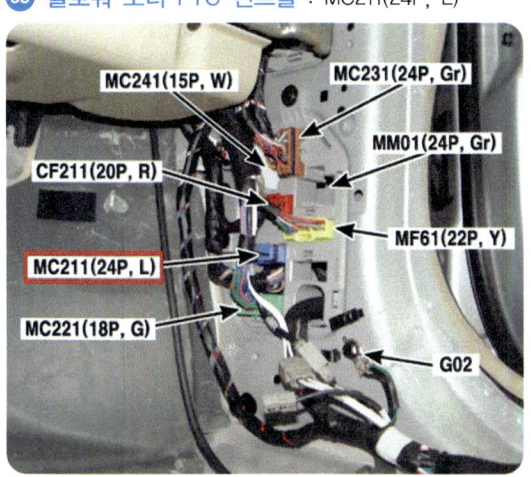

09 블로워 모터 접지 : G36

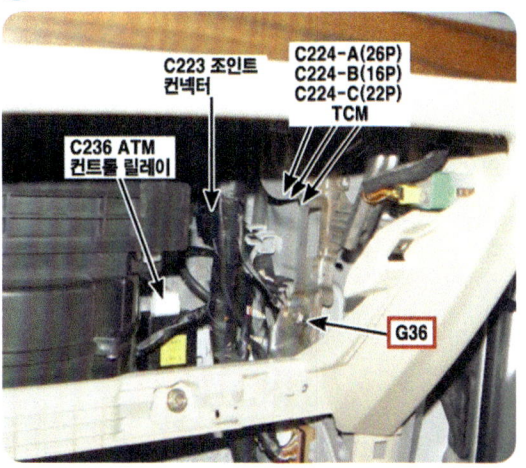

⑩ **블로워 모터 파워 트랜지스터** : M34 파워 트랜지스터

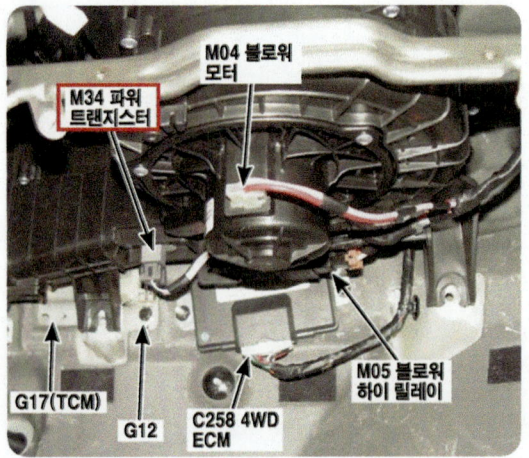

⑪ **블로워 모터** : M04 블로워 모터

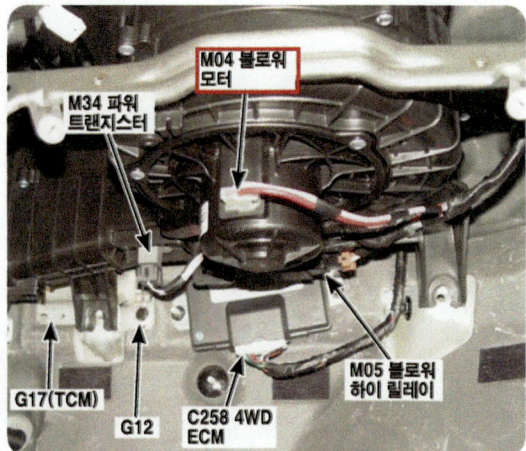

⑫ **에어컨 릴레이 점검** : 에어컨 릴레이 점검방법

1. 엔진룸 릴레이 박스에서 혼 릴레이(A)를 분리한다.

2. 파워 릴레이 단자 85번과 86번 사이에 전원을 인가했을 때 단자 87번과 30번 사이에 통전이 되는지 점검한다.

2. 파워 릴레이 단자 85번과 86번 사이에 전원을 해지했을 때 단자 87번과 30번 사이에 통전이 되지 않는지 점검한다.

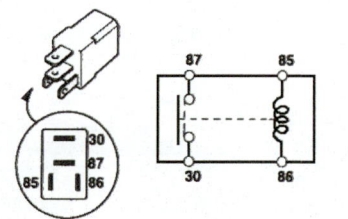

단자 위치	30	87	85	86
전원 해지시			○	─○
전원 인가시	○	─○	─	＋

⑬ **인테이크 액추에이터 및 에어컨 수온 센서**

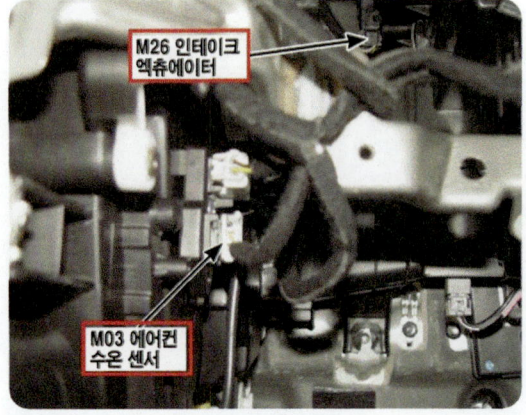

M26 인테이크 액추에이터, M03 에어컨 수온 센서

⑭ **트립 스위치 및 실내온도 & 습도센서**

M30 트립 스위치, M25 실내온도 & 습도센서

⑮ 퓨즈 연결회로 : 에어컨 관련 퓨즈 연결회로

표기	용량(A)	연결회로
시동	10A	도난 방지 릴레이
파워 윈도우 좌측	30A	파워 윈도우 메인 스위치, 좌측 뒤 파워 윈도우 스위치
파워 윈도우 우측	30A	파워 윈도우 메인 스위치, 우측 앞/뒤 파워 윈도우 스위치
선루프	20A	선루프 모터
전동 시트	30A	IMS컨트롤 모듈
안전파워 윈도우	30A	세이프티 파워 윈도우 ECM
열선 미러	10A	리어 디포거 스위치, 좌/우측 파워 아웃사이드 미러&미러 폴딩 모터
에어백 #1	15A	에어백 컨트롤 모듈#1
실내등	10A	핸즈프리 모듈, 계기판, 좌측 앞 도어 램프, 카고 램프, 리어 퍼스널 램프 LH/고, 맵램프, 실내등, 운전석/조수석 화장 등 스위치
에어컨	10A	에어컨 컨트롤 모듈, 블로워 하이 릴레이, AQS센서, 실내온도&습도센서, 리어 에어컨 스위치, 선루프 모터, 리어 에어컨 릴레이, PTC히터 릴레이#2,#3, 실내 감광미러, 전조등 와셔 릴레이, 블로워 릴레이
열선 좌석	25A	운전석,조수석 시트 히터 컨트롤 모듈
파워 앰프	30A	DELPHI 앰프, 오디오 앰프
파워 아웃렛 센타	15A	리어 파워 아웃렛 #2
파워 아웃렛	25A	프런트 파워 아웃렛, 리어 파워 아웃렛#1
시가라이터	15A	프런트 파워 아웃렛
문자동 잠금장치	20A	도어 록/연락 릴레이, BCM, 좌측 앞/뒤 도어 록, 액추에이터, 우측 앞/뒤 도어 록 액추에이터, 테일게이트 록 액추에이터
에어백 경고등	10A	계기판
오토티엠 잠금장치	10A	ATM키 록 모듈, VDC스위치, 운전석/조수석 시트 히터 컨트롤 모듈

표기	용량(A)	연결회로
방향지시등	10A	비상등 스위치
조정식 페달	15A	어드저스트 페달 릴레이
비상등	15A	비상등 릴레이, 비상등 스위치
후방 와이퍼	15A	리어 간헐 와이퍼 모듈, 다기능 스위치
에어컨 스위치	10A	에어컨 컨트롤 모듈
계기판	10A	핸즈프리 모듈, MTS잭, 계기판, BCM, 제너레이터
비씨엠 #1	10A	BCN
연료통 주입구 열림	15A	연료 주입구 스위치
경보기	10A	도난 방지 경음기 릴레이, BCM, 도난방지 경음기
3열 에어컨	15A	리어 에어컨 릴레이
후진 경고	10A	후진 경고 부저
아이엠에스	10A	IMS 컨트롤 모듈, 레인 센서
오디오 #2	10A	파워 윈도우 메인 스위치, DELPHI 오디오, 오디오, 파워 아웃사이드 미러&미러 폴딩 모터, BCM, MTS모듈, ATM 키 록 모듈, A/V헤드 모듈, 시계, 핸즈프리 모듈, 튜너 모듈
블로워	30A	블로워 릴레이, 에어컨 스위치 10A, 블로워 모터
정지등	15A	정지등 스위치
전조등 와셔	20A	전조등 와셔 릴레이
비씨엠 #3	10A	도어 워닝 스위치, IMS컨트롤 모듈, 파워 아웃사이드 미러 & 미러 폴딩 모터, 세큐리티 인디게이터, BCM, 파워 윈도우 메인 스위치, 우측 앞 파워 윈도우 스위치
디지털 시계	15A	시계, 자기진단점검단자, 에어컨 컨트롤 모듈
오디오 #1	15A	DELPHI 오디오, 오디오, MRS모듈, A/V헤드 모듈, 튜너 모듈, 네비게이션 모듈
오토티엠	10A	키 솔레노이드, 스포츠 모드 스위치
비씨엠#2	10A	레오스테트, BCM, EPS 모듈

⑯ 리어 에어컨 스위치 : M36 리어 에어컨 스위치

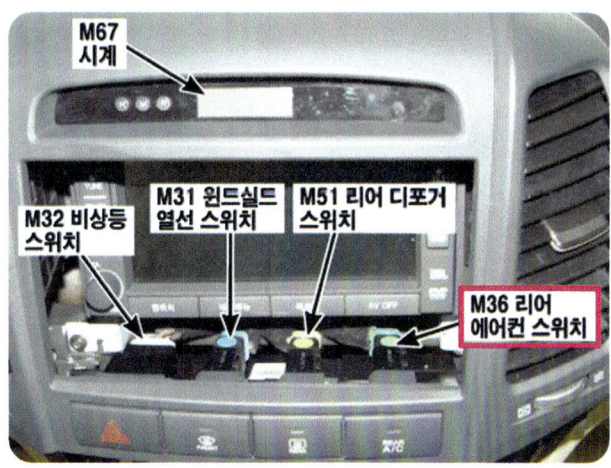

⑰ **퓨즈 및 퓨즈블링크 연결회로** : 이씨유 및 블로워 퓨즈블링크, 에어컨, 센서 관련 퓨즈 연결회로

구분	표기	용량(A)	연결회로
퓨즈블링크	ALT	150A	퓨즈블링크(전방열선, 후방열선, 블로워, 에어컨, 배터리#2, 에이비에스#1, #2, 파워윈도우, 전조등 로우 좌, 전조등 로우 우, 전방 안개등
	디젤	125A	퓨즈블링크 박스(PCT 히터#1, #2, #3, 연료 필터, 글로우 플러그)
	배터리 #1	50A	퓨즈(문자통 잠금장치, 정지등, 연료통 주입구 열림, 오토티엠, 전조등 와셔, 비상등, 파워 컨넥터)
	배터리 #2	40A	퓨즈(파워 앰프, 열선 좌석, 전동 시트, 조정식 페달, 3열 에어컨, 후진 경고, 선루프, 경보기, 도난방지 경음기 릴레이)
	이씨유 메인	40A	엔진 컨트롤 릴레이
	컨덴서 팬	30A	컨덴서 팬#1 릴레이
	이그니션 #1	40A	이그니션 스위치
	이그니션 #2	40A	이그니션 스위치, 퓨즈(시동)
	블로워	40A	퓨즈(블로워)
	파워 윈도우	40A	퓨즈(파워 윈도우 릴레이, 안전 파워 윈도우)
	라디에이터 팬	40A	라디에이터 팬 릴레이
	에이비에스#1	40A	다기능 체크 컨넥터, ABS 컨트롤 모듈, VDC컨트롤 모듈
	에이비에스#1	40A	다기능 체크 컨넥터, ABS 컨트롤 모듈, VDC컨트롤 모듈
퓨즈	1 전방열선	15A	윈드 실드 열선 릴레이
	2 후방 열선	30A	리어 디포저 릴레이
	3 -	-	-
	4 전조등 로우 우	15A	우측 전조등 로우 릴레이
	5 경음기	15A	경음기 릴레이
	6 전조등 로우 좌	15A	좌측 전조등 로우 릴레이
	7 전조등 하이 표시등	10A	계기판
	8 알터네이터 디젤	10A	제너레이터
	9 에어컨	10A	에어컨 릴레이
	10 오토티엠	20A	4WD ECM, ATM 컨트롤 릴레이
	11 -	-	-

구분	표기	용량(A)	연결회로
퓨즈	12 미등 우	10A	우측 포지션 램프, 글로브 박스 램프, 우측 뒤 콤비램프(OUT), 조명등
	13 전방 안개등	10A	앞 안개등 릴레이
	14 센서 #3	15A	ECM
	15 미등 좌	10A	좌측 포지션 램프, 좌측 뒤 콤비램프(OUT)
	16 연료 펌프	15A	연료 펌프 릴레이
	17 전방 와이퍼	25A	다기능스위치, 레인센서 릴레이, 프런트 와이퍼 릴레이, 프런트 와이퍼 모터
	18 티씨유	15A	TCM
	19 에이비에스	10A	ABS컨트롤 모듈, G-YAW센서, VDC컨트롤 모듈, 4WD ECM, 연료 필터 히터 릴레이, 연료 필터 수분 경고 센서, 다기능 체크 컨넥터
	20 냉각팬	10A	-
	21 후진등	10A	입력/출력 속도 센서, 인히비터 스위치, TCM, 후진등 스위치
	22 전조등	10A	퓨즈(전방 와이퍼)
	23 이씨유	10A	차속 센서, ECM, 에어 플로우 센서
	24 전조등 하이	20A	전조등 하이 릴레이
	25 센서#1	10A	연료 펌프 릴레이, 정지등 스위치, 이모빌라이저, 에어컨 릴레이, 컨덴서 팬#1, #2 릴레이, 라디에이터 팬 릴레이
	26 센서#2	15A	EGR액추에이터, 솔레노이드 밸브, 스로틀 플랫 액추에이터, 캠 포지션 센서, PTC히터 릴레이#1
	27 점화코일	20A	ECM
	28 SPARE	10A	-
	29 SPARE	15A	-
	30 SPARE	20A	-
	31 SPARE	25A	-
	32 SPARE	30A	-

⑱ 운전석 온도 액추에이터 및 모드 액추에이터

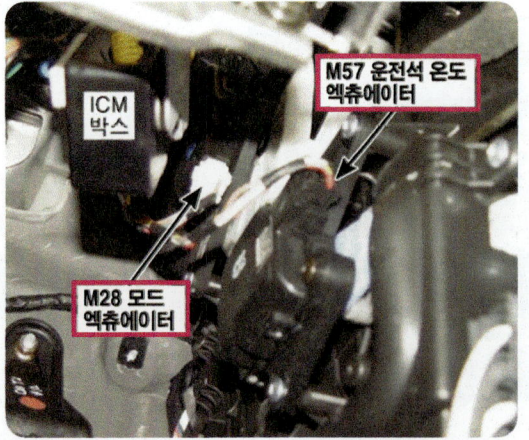

M57 운전석 온도 액추에이터, M28 모드 액추에이터

⑲ 온도 액추에이터 및 이배퍼레이터 센서

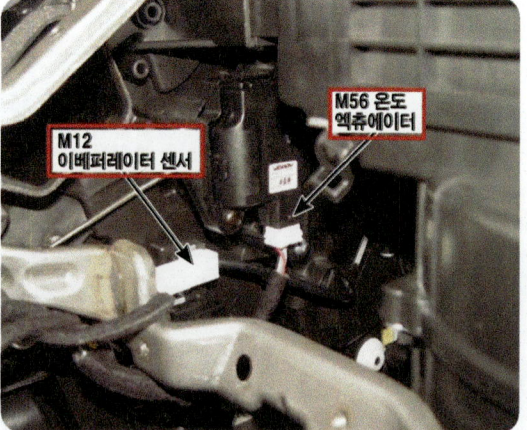

M56 온도 액추에이터, M12 이베퍼레이터 센서

작업형실기

⑳ 블로워 & 에어컨 회로(오토) (1) : 블로워 & 에어컨 회로(오토) (1) 체크 포인트

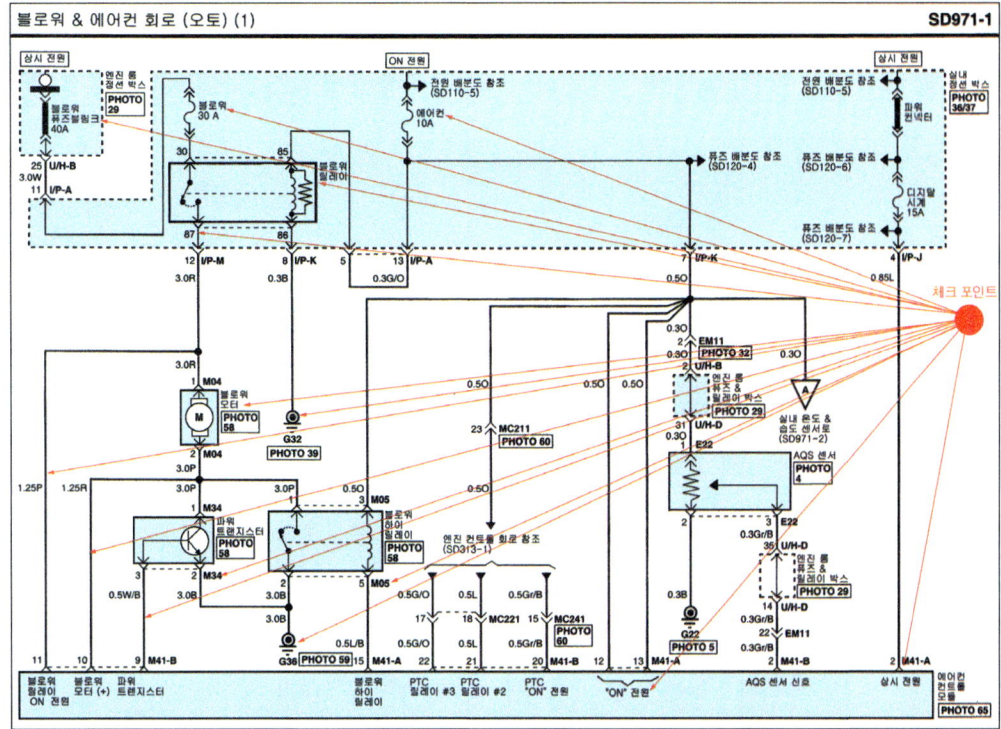

㉑ 블로워 & 에어컨 회로(오토) (2) : 블로워 & 에어컨 회로(오토) (2) 체크 포인트

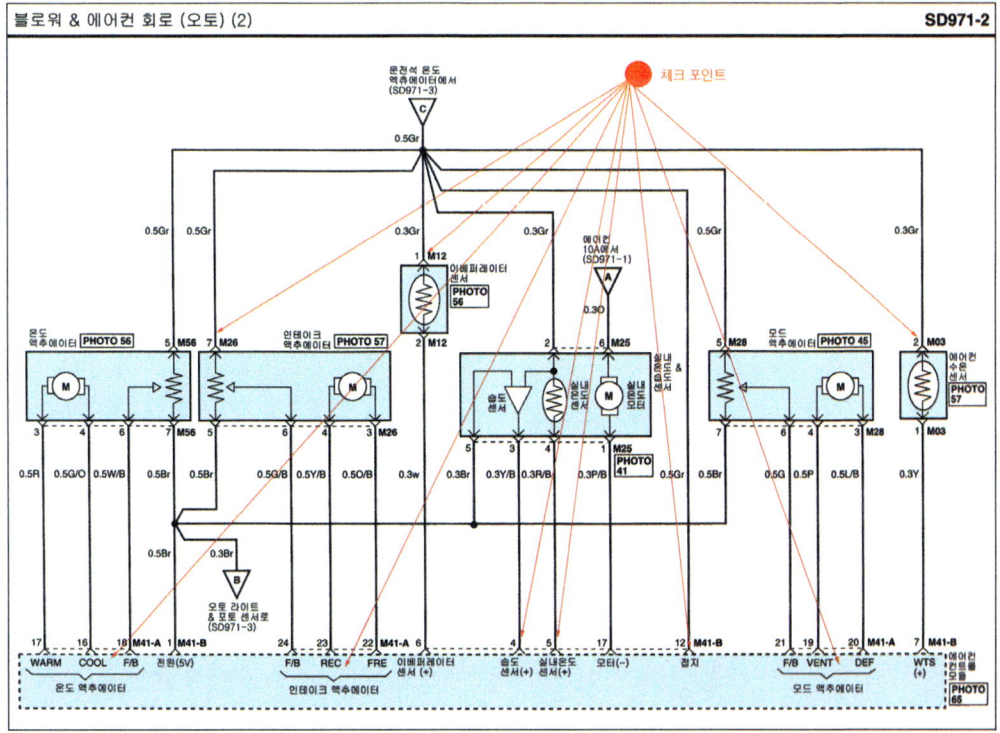

㉒ 블로워 & 에어컨 회로(오토) (3) : 블로워 & 에어컨 회로(오토) (3) 체크 포인트

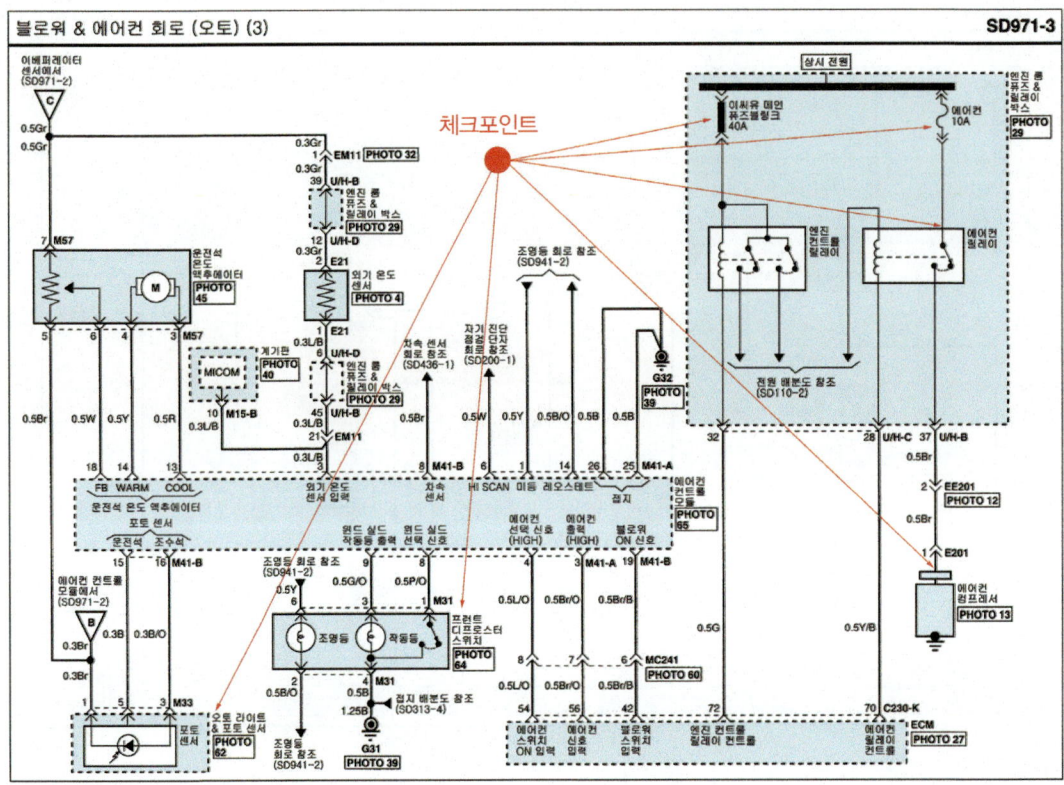

㉓ 오토 에어컨

M41-A(오토 에어컨), M41-B(오토 에어컨)

㉔ 에어컨 컴프레서

E201 에어컨 컴프레서

작업형실기

25 오토라이트 & 포토 센서

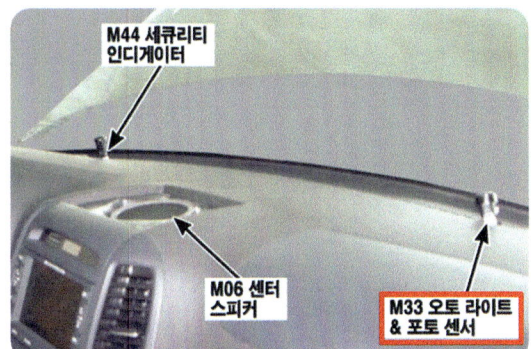

◀ M33 오토라이트 & 포토 센서

26 엔진 룸 릴레이 박스 : 엔진 룸 릴레이 박스 내 에어컨 릴레이

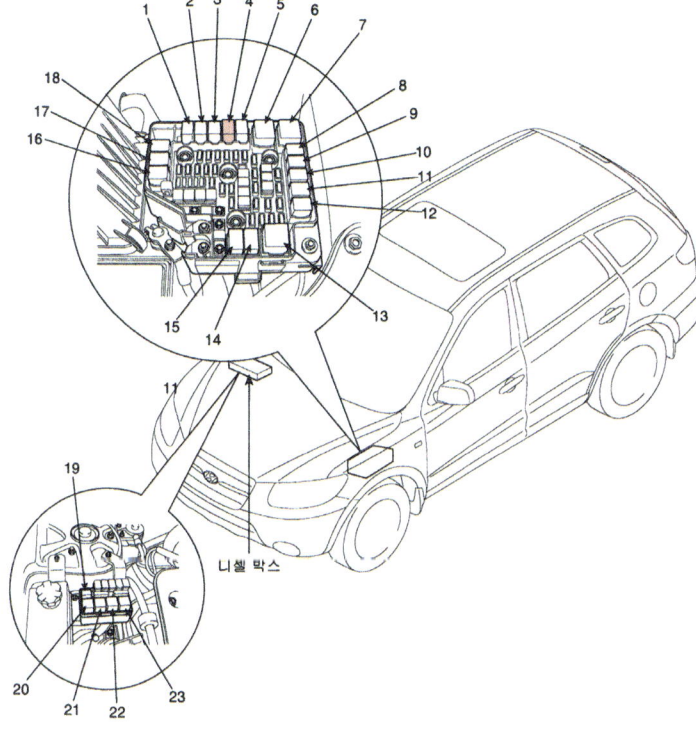

1. 자동변속기 릴레이
2. 냉각팬 릴레이
3. 프런트 안개등 릴레이
4. 에어컨 릴레이
5. 전조등(하이) 릴레이
6. 메인 릴레이
7. 시동 릴레이
8. 컨덴서 팬 2 릴레이
9. 컨덴서 팬 1 릴레이
10. 미등 릴레이
11. 전조등(로우 -좌측) 릴레이
12. 전조등(로우 -우측) 릴레이
13. 디포거 열선 릴레이
14. 윈드실드 열선 릴레이
15. 혼 릴레이
16. 와이퍼 릴레이
17. 레인센서 릴레이
18. 연료펌프 릴레이
19. 연료펌프 히터 릴레이
20. PTC 히터 릴레이 #2
21. 글로우 릴레이
22. PTC 히터 릴레이 #1
23. PTC 히터 릴레이 #3

27 엔진 룸 퓨즈 & 릴레이 박스 위치

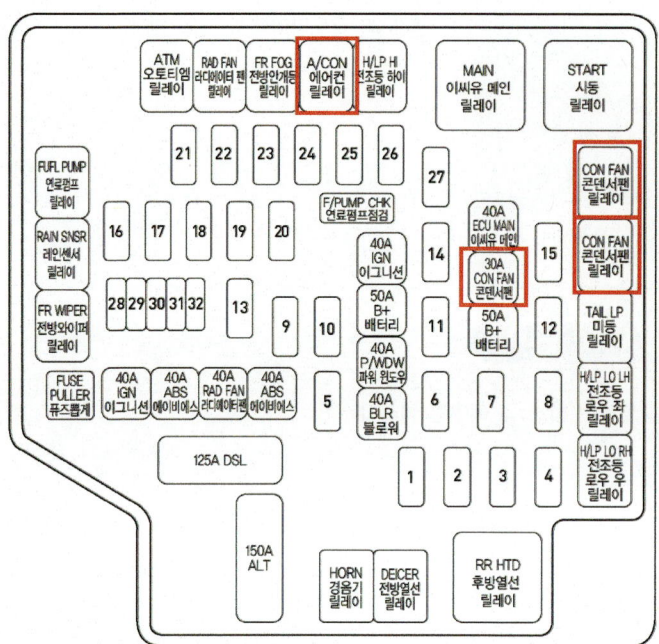

A/CON 에어컨 릴레이
30A CON FAN 콘덴서팬
CON FAN 콘덴서팬 릴레이
CON FAN 콘덴서 릴레이

참고자료 — 회로 고장부분과 내용 및 상태

고장부분	내용 및 상태	정비 및 조치할 사항
ECU 메인 엔진컨트롤 40A 퓨즈	단선	ECU 메인 엔진컨트롤 40A 퓨즈 교환 후 재점검
블로워 퓨즈블링크 40A	단선	블로워 퓨즈블링크 40A 교환 후 재점검
블로워 30A 퓨즈	단선	블로워 30A 퓨즈 교환 후 재점검
에어컨 10A 퓨즈	단선	에어컨 10A 퓨즈 교환 후 재점검
에어컨스위치 10A 퓨즈	단선	에어컨 스위치 10A 퓨즈 교환 후 재점검
트리플 스위치	커넥터 탈거	트리플 스위치 커넥터 연결 후 재점검
에어컨 릴레이 1	솔레노이드 코일 단선	에어컨 릴레이 교환 후 재점검
에어컨 릴레이 2 포인트 접점	전원 인가 시 미 통전	에어컨 릴레이 교환 후 재점검
에어컨 컴프레서 마그네틱 스위치 커넥터	탈거	에어컨 컴프레서 커넥터 연결 후 재점검
블로워 모터 커넥터	탈거	블로워 모터 커넥터 연결 후 재점검
파워 트랜지스터 커넥터	탈거	파워 트랜지스터 커넥터 연결 후 재점검
에어컨모듈 커넥터	탈거	에어컨모듈 커넥터 연결 후 재점검
포토센서 커넥터	탈거	포토센서 커넥터 연결 후 재점검
이배퍼레이터 센서 커넥터	탈거	이배퍼레이터 센서 커넥터 연결 후 재점검

작업형실기

02 전조등 회로점검

01 BCM 회로 및 연료 주입구 회로 : 전조등 와셔 회로 참조, 오토라이트 회로 참조

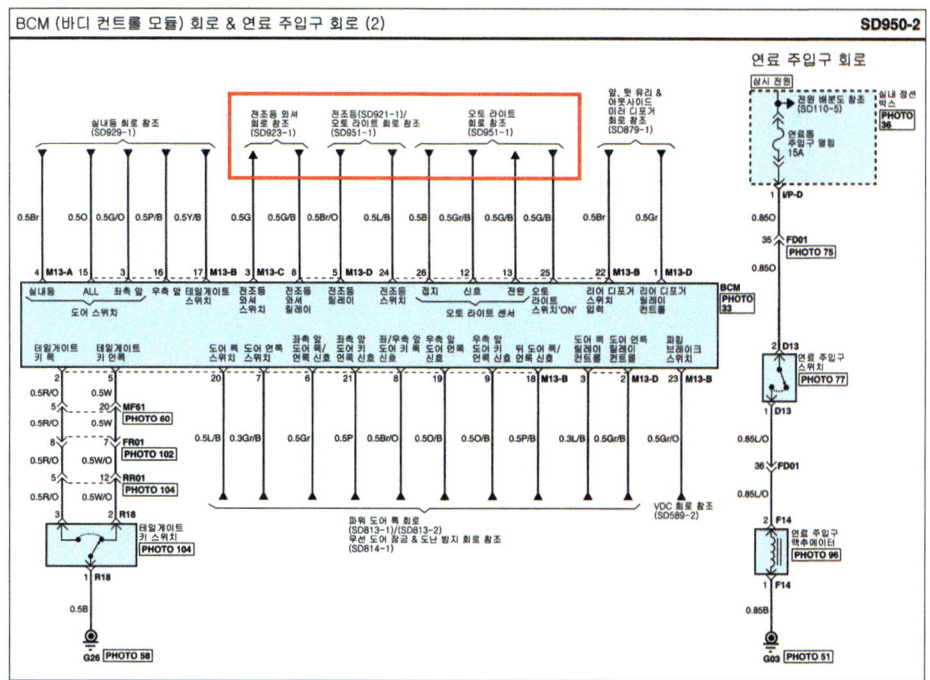

02 전원 배분도(1, 2 ,3) : 엔진 룸 퓨즈 & 릴레이 박스 내 전조등 좌, 우

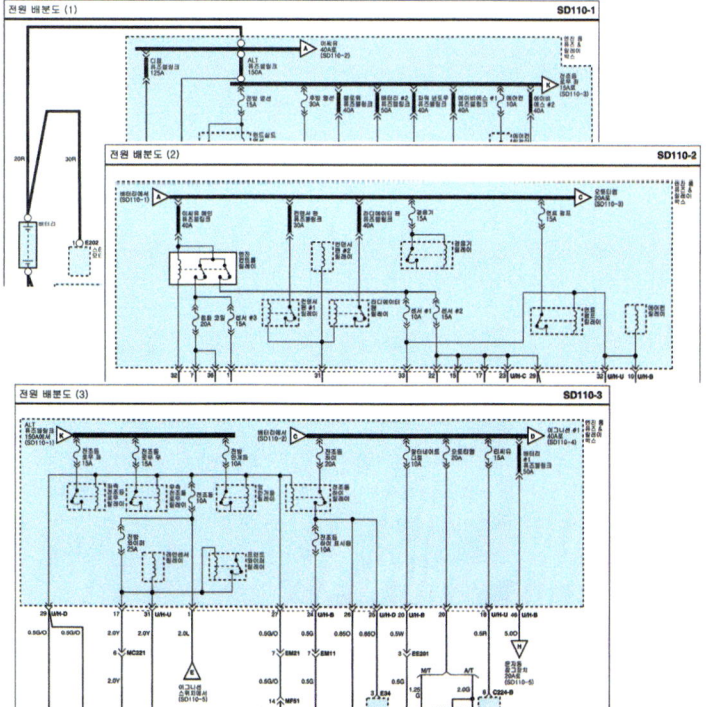

209

03 방향지시등 및 점등 스위치 : 점등 스위치 커넥터 단자

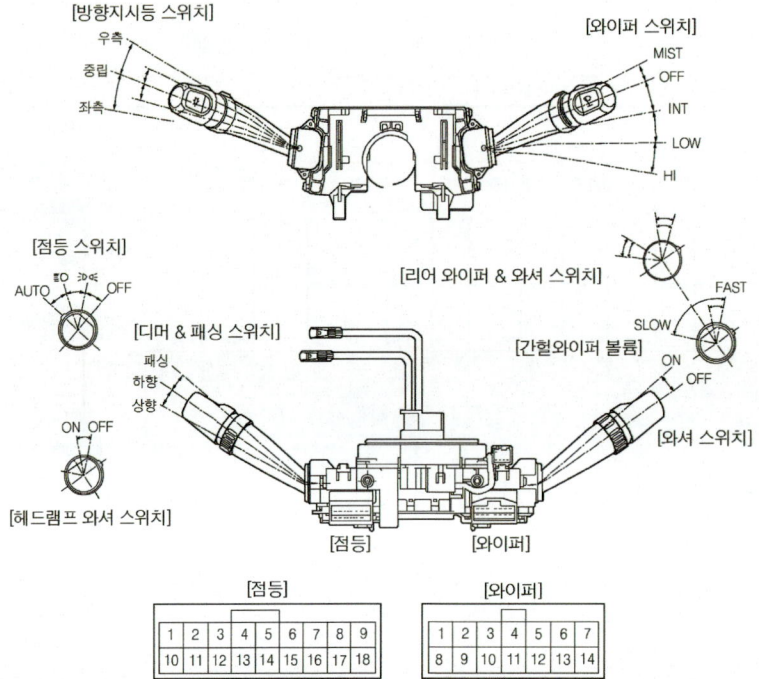

커넥터명칭	핀번호	명칭	커넥터명칭	핀번호	명칭
점등	1	헤드램프 패싱 스위치	와이퍼	1	와이퍼 하이 스피드
	2	헤드램프 하이빔 전원		2	와이퍼 로우 스피드
	7	우측 방향지시등 스위치		3	와이퍼 파킹
	8	플래셔 유닛 전원		4	미스트 스위치
	9	좌측 방향지시등 스위치		5	와이퍼 & 와셔 전원
	10	헤드램프 로우빔 전원		6	간헐 와이퍼(INT)
	11	디머 & 패싱 접지		7	프론트 와셔 스위치
	12	헤드램프 와셔 스위치		8	–
	13	헤드램프 와셔 스위치 접지		9	리어 와이퍼 & 와셔 접지
	14	미등 스위치		10	–
	15	헤드램프 스위치		11	리어 와이퍼
	16	리어포그램프/오토라이트 스위치		12	리어 와셔
	17	점등 스위치 접지		13	간헐 와이퍼 볼륨(INT))
	18	–		14	간헐 와이퍼 접지

04 다기능 스위치 : M20-2(14P)

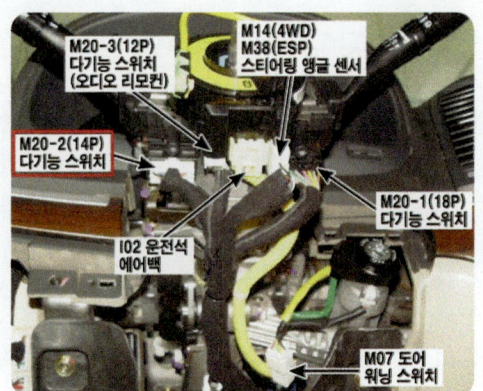

05 엔진룸 릴레이 박스 : 전조등(하이) 릴레이, 전조등(로우-좌측) 릴레이, 전조등(로우-우측) 릴레이

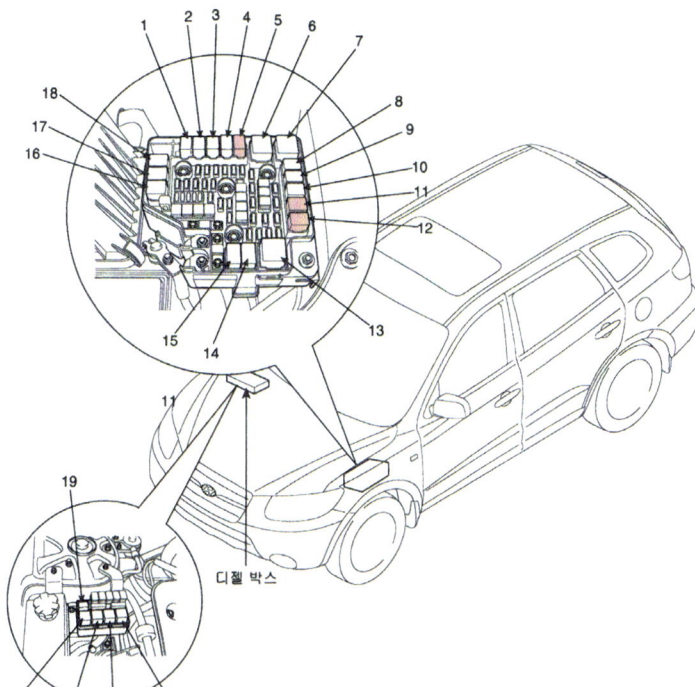

1. 자동변속기 릴레이
2. 냉각팬 릴레이
3. 프런트 안개등 릴레이
4. 에어컨 릴레이
5. 전조등(하이) 릴레이
6. 메인 릴레이
7. 시동 릴레이
8. 컨덴서 팬 2 릴레이
9. 컨덴서 팬 1 릴레이
10. 미등 릴레이
11. 전조등(로우 -좌측) 릴레이
12. 전조등(로우 -우측) 릴레이
13. 디포거 열선 릴레이
14. 윈드실드 열선 릴레이
15. 혼 릴레이
16. 와이퍼 릴레이
17. 레인센서 릴레이
18. 연료펌프 릴레이
19. 연료펌프 히터 릴레이
20. PTC 히터 릴레이 #2
21. 글로우 릴레이
22. PTC 히터 릴레이 #1
23. PTC 히터 릴레이 #3

06 엔진 룸 퓨즈 & 릴레이 박스 위치 : H/LP HI 전조등 릴레이, H/LP LO LH 릴레이, H/LP LO RH 릴레이

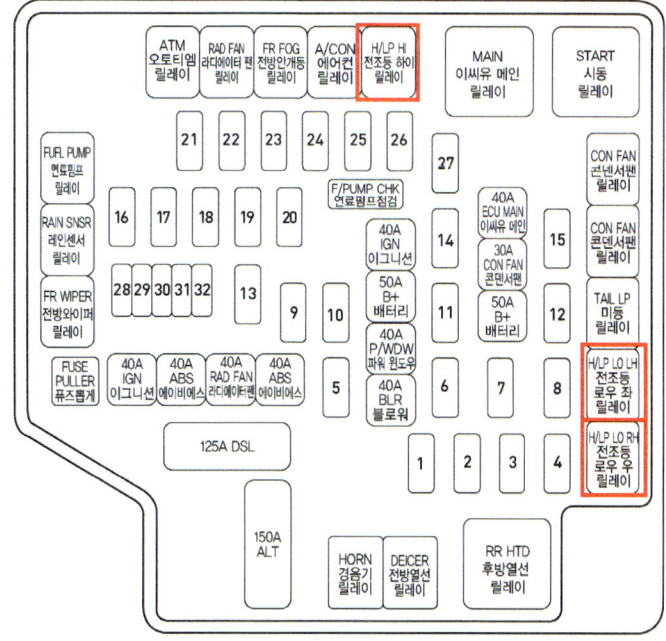

07 우측 전조등 : E34 우측 전조등

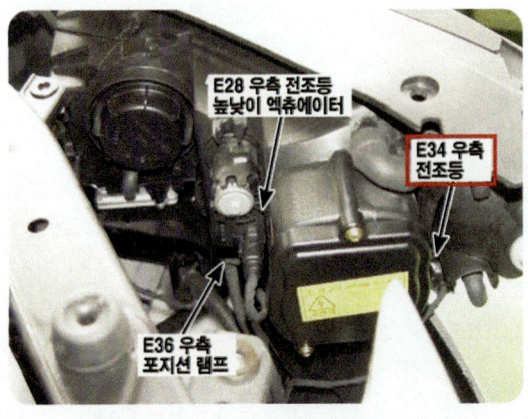

08 전조등 릴레이 점검 : 전조등 릴레이 점검방법

1. 엔진룸 릴레이 박스에서 전조등 릴레이를 분리한다.
2. 미등 릴레이 단자 85번과 86번 사이에 전원을 인가했을 때 87번과 30번 단자 사이에 통전이 되는지 점검한다.
3. 미등 릴레이 단자 85번과 86번 사이에 전원을 해지했을 때 87번과 30번 단자 사이에 통전이 되는지 점검한다.

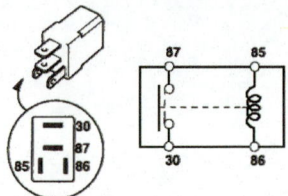

단자 위치	30	87	85	86
전원 해지시			○―――○	
전원 인가시	○―――○		⊖	⊕

09 퓨즈 및 퓨즈블링크 연결회로
: ALT, 전조등 로우 우, 전조등 로우 좌, 전조등하이 표시등, 전조등, 전조등 하이

구분	표기	용량(A)	연결회로
퓨즈블링크	ALT	150A	퓨즈블링크(전방열선, 후방열선, 블로워, 에어컨, 배터리#2, 에이비에스#1, #2, 파워윈도우, 전조등 로우 좌, 전조등 로우 우, 전방 안개등
	디젤	125A	퓨즈블링크 박스(PCT 히터#1, #2, #3, 연료 필터, 글로우 플러그)
	배터리 #1	50A	퓨즈(문자통 잠금장치, 정지등, 연료통 주입구 열림, 오토티엠, 전조등 와셔, 비상등, 파워 컨넥터)
	배터리 #2	40A	퓨즈(파워 앰프, 열선 좌석, 전동 시트, 조정식 페달, 3열 에어컨, 후진 경고, 선루프, 경보기, 도난방지 경음기 릴레이)
	이씨유 메인	40A	엔진 컨트롤 릴레이
	컨덴서 팬	30A	컨덴서 팬#1 릴레이
	이그니션 #1	40A	이그니션 스위치
	이그니션 #2	40A	이그니션 스위치, 퓨즈(시동)
	블로워	40A	퓨즈(블로워)
	파워 윈도우	40A	퓨즈(파워 윈도우 릴레이, 안전 파워 윈도우)
	라디에이터 팬	40A	라디에이터 팬 릴레이
	에이비에스#1	40A	다기능 체크 컨넥터, ABS 컨트롤 모듈, VDC컨트롤 모듈
	에이비에스#1	40A	다기능 체크 컨넥터, ABS 컨트롤 모듈, VDC컨트롤 모듈
퓨즈	1 전방열선	15A	윈드 실드 열선 릴레이
	2 후방 열선	30A	리어 디포거 릴레이
	3 -	-	-
	4 전조등 로우 우	15A	우측 전조등 로우 릴레이
	5 경음기	15A	경음기 릴레이
	6 전조등 로우 좌	15A	좌측 전조등 로우 릴레이
	7 전조등 하이 표시등	10A	계기판
	8 알터네이터 디젤	10A	제너레이터
	9 에어컨	10A	에어컨 릴레이
	10 오토티엠	20A	4WD ECM, ATM 컨트롤 릴레이
	11 -	-	-

구분	표기	용량(A)	연결회로
퓨즈	12 미등 우	10A	우측 포지션 램프, 글로브 박스 램프, 우측 뒤 콤비램프(OUT), 조명등
	13 전방 안개등	10A	앞 안개등 릴레이
	14 센서 #3	15A	ECM
	15 미등 좌	10A	좌측 포지션 램프, 좌측 뒤 콤비램프(OUT)
	16 연료 펌프	15A	연료 펌프 릴레이
	17 전방 와이퍼	25A	다기능스위치, 레인센서 릴레이, 프런트 와이퍼 릴레이, 프런트 와이퍼 모터
	18 티씨유	15A	TCM
	19 에이비에스	10A	ABS컨트롤 모듈, G-YAW센서, VDC컨트롤 모듈, 4WD ECM, 연료 필터 히터 릴레이, 연료 필터 수분 경고 센서, 다기능 체크 컨넥터
	20 냉각팬	10A	-
	21 후진등	10A	입력/출력 속도 센서, 인히비터 스위치, TCM, 후진등 스위치
	22 전조등	10A	퓨즈(전방 와이퍼)
	23 이씨유	10A	차속 센서, ECM, 에어 플로우 센서
	24 전조등 하이	20A	전조등 하이 릴레이
	25 센서#1	10A	연료 펌프 릴레이, 정지등 스위치, 이모빌라이저, 에어컨 릴레이, 컨덴서 팬#1, #2 릴레이, 라디에이터 팬 릴레이
	26 센서#2	15A	EGR액추에이터, 솔레노이드 밸브, 스로틀 플랫 액추에이터, 캠 포지션 센서, PTC히터 릴레이#1
	27 점화코일	20A	ECM
	28 SPARE	10A	-
	29 SPARE	15A	-
	30 SPARE	20A	-
	31 SPARE	25A	-
	32 SPARE	30A	-

⑩ 접지 1

계기판을 탈거한 상태 G31, G32

⑪ 접지 2

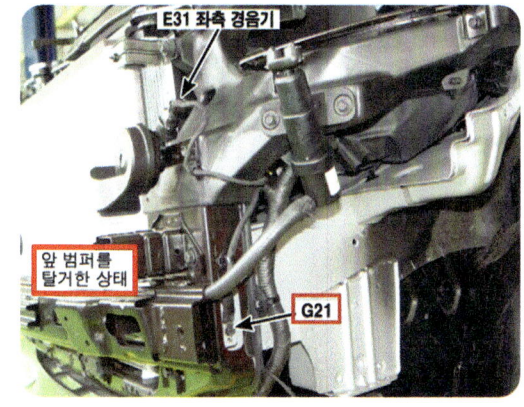

앞 범퍼를 탈거한 상태 G21

⑫ 커넥터

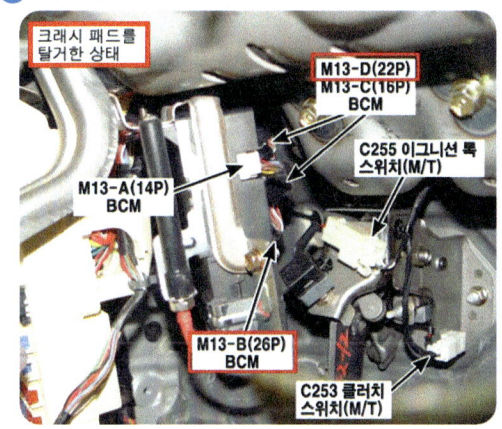

크래시 패드를 탈거한 상태 M13-B(26P) BCM, M13-D(22P)

⑬ 계기판

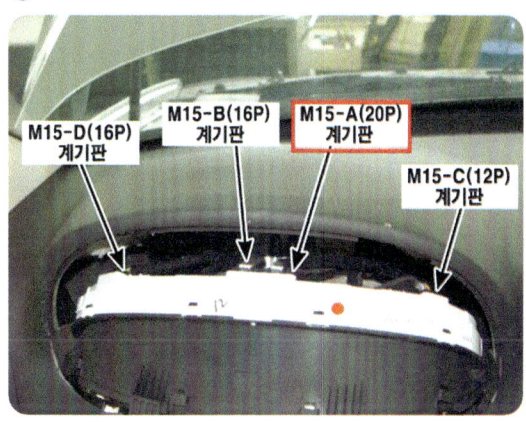

M15-A(20P) 계기판

⑭ 점등 스위치 점검 : 점등 스위치 및 디머/패싱 스위치 점검방법

1. 점등 스위치 각 위치에서 아래 터미널의 도통 상태를 점검한다.
2. 도통 상태가 바르지 않으면 점등 스위치를 교환한다.

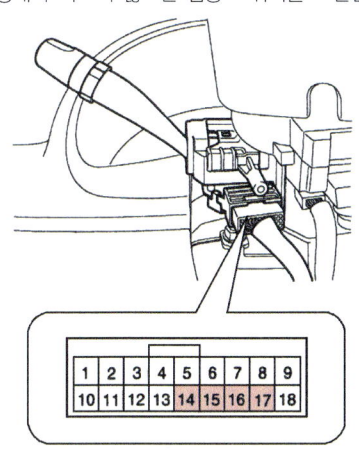

- 섬능스위치(오토라이트 차량)

위치 \ 단자	14	15	16	17
OFF				
I	O			O
II	O	O		
AUTO			O	O

- 점등스위치(일반 차량)

위치 \ 단자	14	15	16	17
OFF				
I	O			O
II	O	O	O	O

- 디머 및 패싱 스위치

위치 \ 단자	1	2	10	11
HU		O		O
HL	O			O
		O	O	

15 전조등 회로(1) : 전조등 회로(1) 체크 포인트

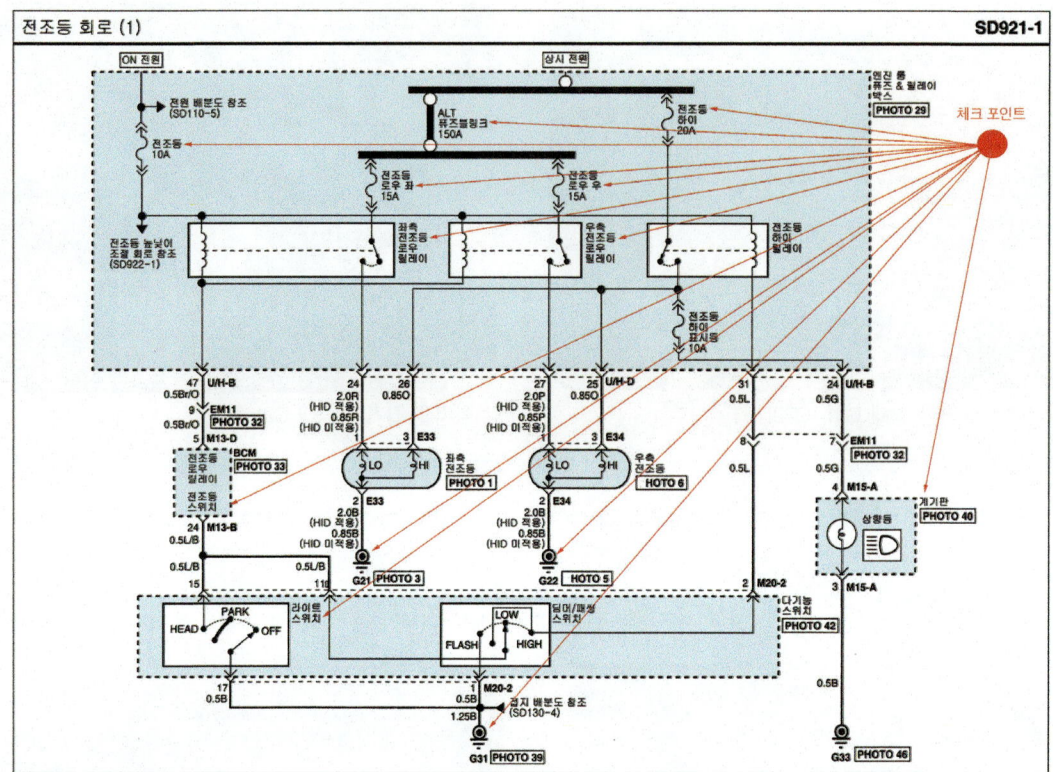

참고자료	회로 고장부분과 내용 및 상태	
고장부분	내용 및 상태	정비 및 조치할 사항
ALT 150A 퓨즈블링크	단선	ALT 150A 퓨즈블링크 교환 후 재점검
전조등 하이 20A 퓨즈	단선	전조등 하이 20A 퓨즈 교환 후 재점검
전조등 하이표시등 10A 퓨즈	단선	전조등 하이표시등 10A 퓨즈 교환 후 재점검
전조등 로우 15A LH 퓨즈	단선	전조등 15A 로우 LH 퓨즈 교환 후 재점검
전조등 로우 15A RH 퓨즈	단선	전조등 15A 로우 RH 퓨즈 교환 후 재점검
릴레이(좌, 우, 하이)	솔레노이드 코일 단선	릴레이(좌, 우, 하이) 교환 후 재점검
릴레이(좌, 우, 하이) 포인트 접점	전원 인가 시 미 통전	릴레이(좌, 우, 하이) 교환 후 재점검
콤비네이션 스위치 커넥터	탈거	콤비네이션 스위치 커넥터 결합 후 재점검
전조등 LH (로우, 하이)램프	단선	전조등 LH (로우, 하이)램프 교환 후 재점검
전조등 RH (로우, 하이)램프	단선	전조등 RH (로우, 하이)램프 교환 후 재점검
다기능 스위치 커넥터	빠짐	다기능 스위치 커넥터 결합 후 재점검

03 방향지시등 회로점검

01 전원 배분도(4) : 엔진 룸 퓨즈 & 릴레이 박스

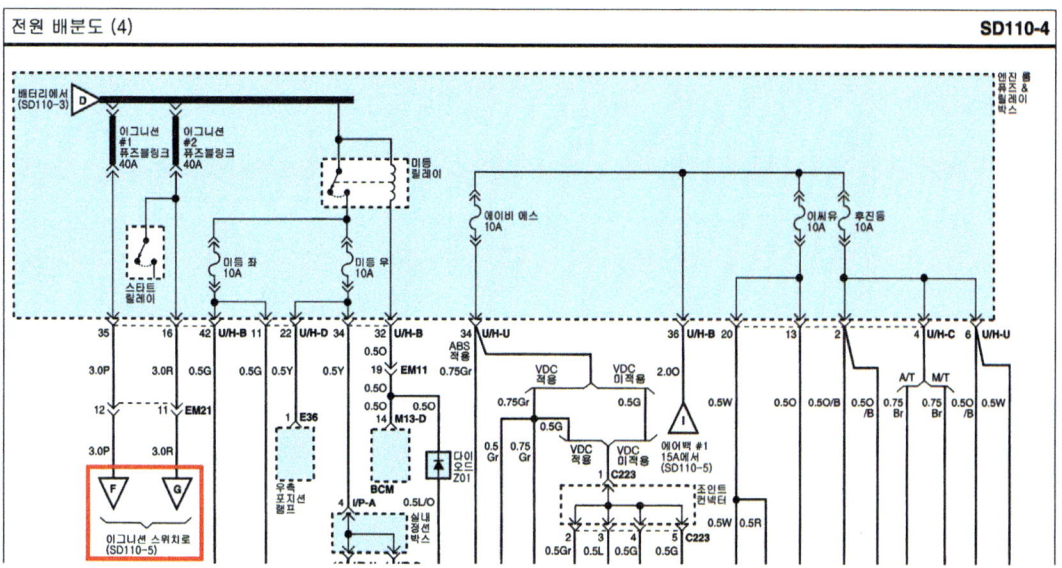

02 전원 배분도(5) : 실내 정션 박스 내 비상등 릴레이

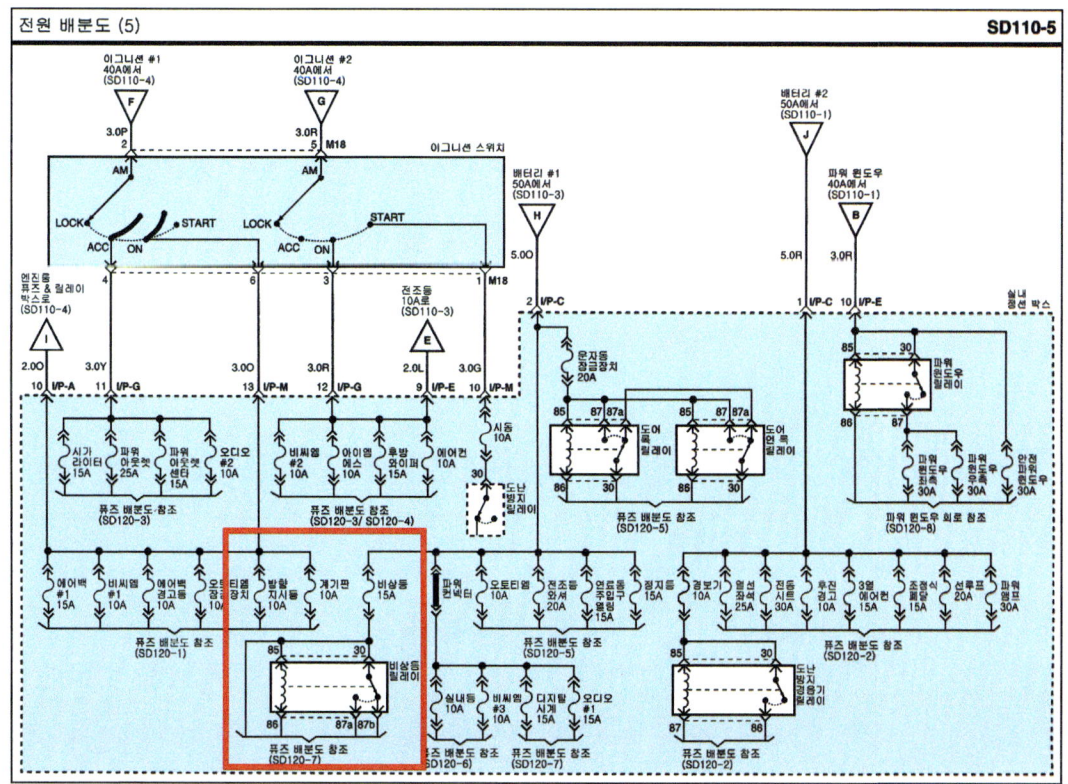

03 전원 배분도(7) : 실내 정션 박스 내 비상등, 비상등 릴레이

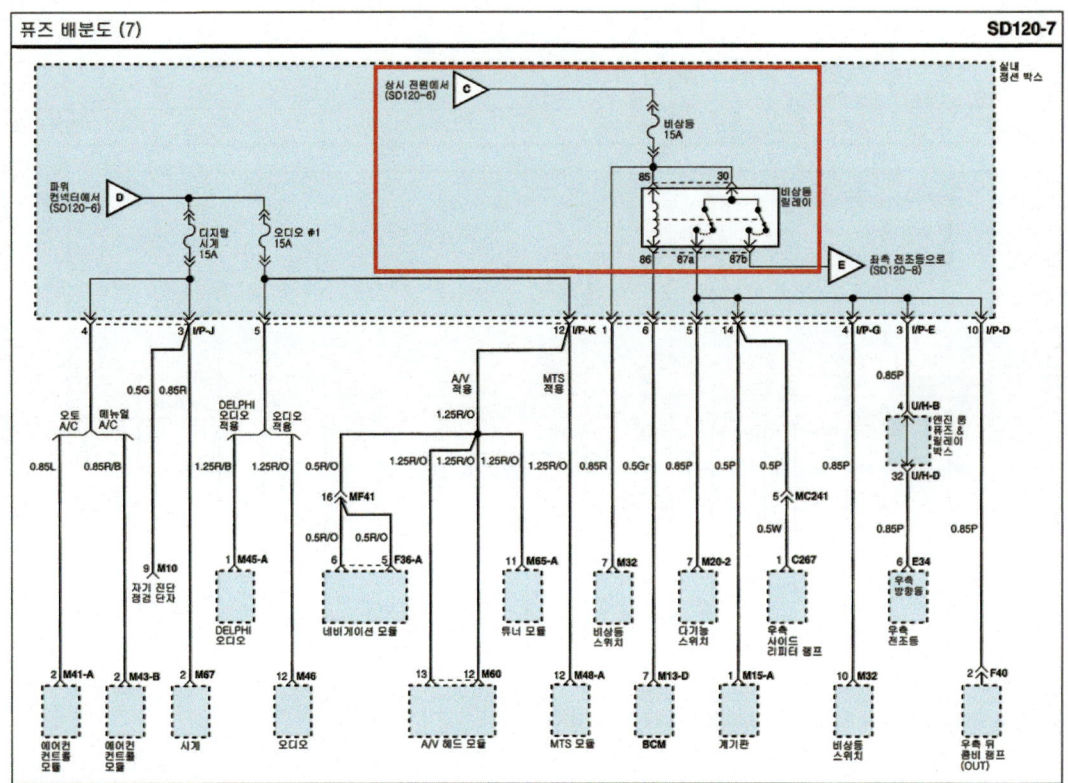

04 방향지시등 및 점등 스위치 : 방향지시등 및 점등 스위치 커넥터 단자

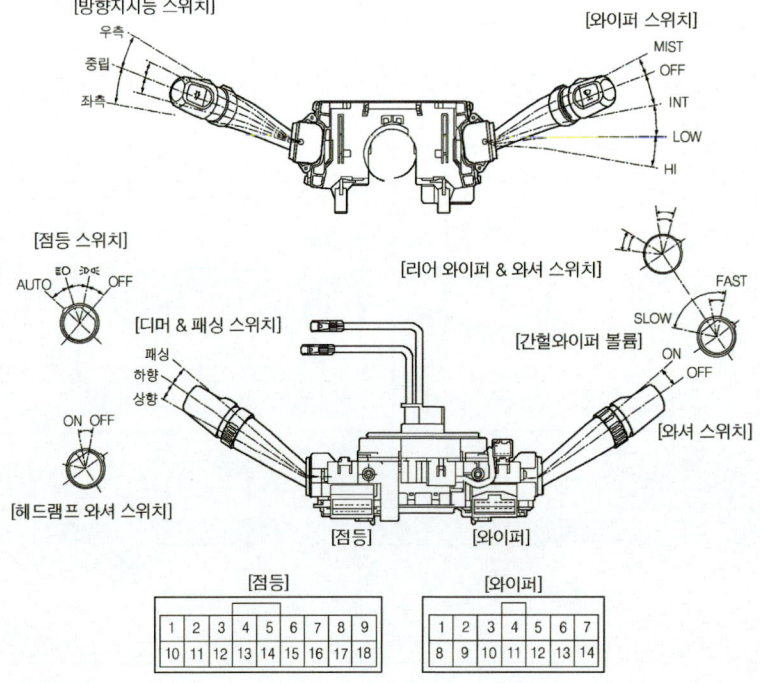

커넥터명칭	핀번호	명칭	커넥터명칭	핀번호	명칭
점등	1	헤드램프 패싱 스위치	와이퍼	1	와이퍼 하이 스피드
	2	헤드램프 하이빔 전원		2	와이퍼 로우 스피드
	7	우측 방향지시등 스위치		3	와이퍼 파킹
	8	플래셔 유닛 전원		4	이스트 스위치
	9	좌측 방향지시등 스위치		5	와이퍼 & 와셔 전원
	10	헤드램프 로우빔 전원		6	간헐 와이퍼(INT)
	11	디머 & 패싱 접지		7	프론트 와셔 스위치
	12	헤드램프 와셔 스위치		8	–
	13	헤드램프 와셔 스위치 접지		9	리어 와이퍼 & 와셔 접지
	14	미등 스위치		10	–
	15	헤드램프 스위치		11	리어 와이퍼
	16	리어포그램프/오토라이트 스위치		12	리어 와셔
	17	점등 스위치 접지		13	간헐 와이퍼 볼륨(INT)
	18	–		14	간헐 와이퍼 접지

05 I/P-G(14P) 및 I/P-H(16P)

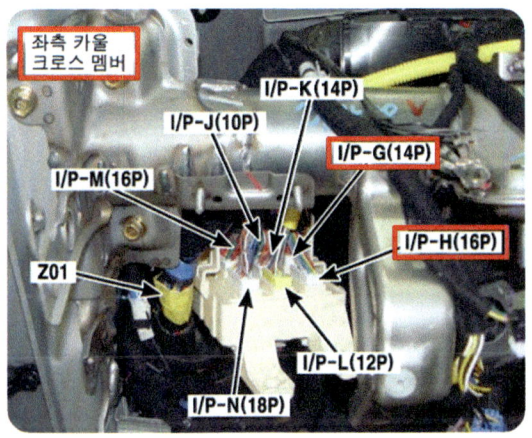

좌측 카울 크로스 I/P-G(14P), I/P-H(16P)

06 M13-D(22P)

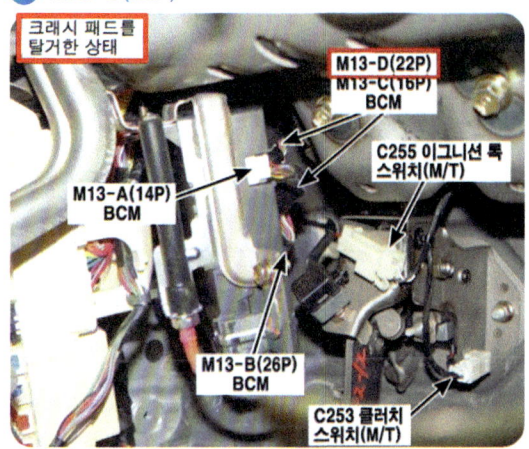

크래시 패드를 탈거한 상태 M13-D(22P)

07 다기능 스위치 위치

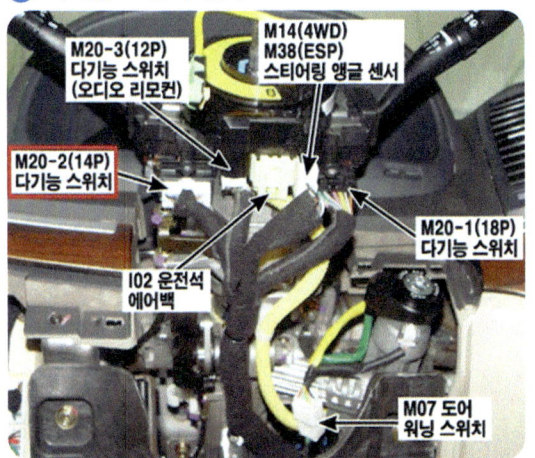

M20-2 다기능 스위치 커넥터 위치

08 다기능 스위치 커넥터 단자

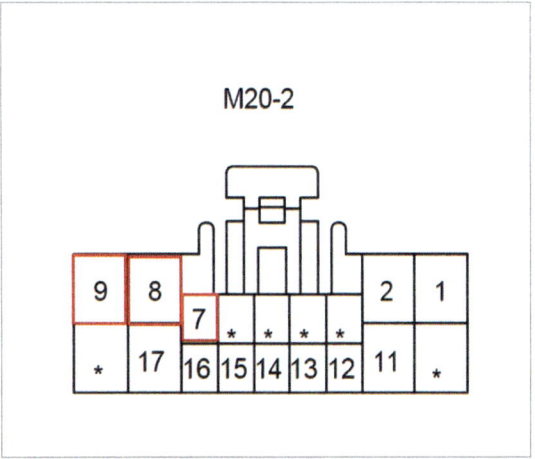

M20-2 다기능 스위치 커넥터 단자

09 퓨즈 연결회로 : 방향지시등, 비상등

표기	용량(A)	연결회로
시동	10A	도난 방지 릴레이
파워 윈도우 좌측	30A	파워 윈도우 메인 스위치, 좌측 뒤 파워 윈도우 스위치
파워 윈도우 우측	30A	파워 윈도우 메인 스위치, 우측 앞/뒤 파워 윈도우 스위치
선루프	20A	선루프 모터
전동 시트	30A	IMS컨트롤 모듈
안전파워 윈도우	30A	세이프티 파워 윈도우 ECM
열선 미러	10A	리어 디포거 스위치, 좌/우측 파워 아웃사이드 미러&미러 폴딩 모터
에어백 #1	15A	에어백 컨트롤 모듈#1
실내등	10A	핸즈프리 모듈, 계기판, 좌측 앞 도어 램프, 카고 램프, 리어 퍼스널 램프 LH/고, 맵램프, 실내등, 운전석/조수석 화장 등 스위치
에어컨	10A	에어컨 컨트롤 모듈, 블로워 하이 릴레이, AQS센서, 실내온도&습도센서, 리어 에어컨 스위치, 선루프 모터, 리어 에어컨 릴레이, PTC히터 릴레이#2,#3, 실내 감광미러, 전조등 와셔 릴레이, 블로워 릴레이
열선 좌석	25A	운전석,조수석 시트 히터 컨트롤 모듈
파워 앰프	30A	DELPHI 앰프, 오디오 앰프
파워 아웃렛 센타	15A	리어 파워 아웃렛 #2
파워 아웃렛	25A	프런트 파워 아웃렛, 리어 파워 아웃렛#1
시가라이터	15A	프런트 파워 아웃렛
문자동 잠금장치	20A	도어 록/언록 릴레이, BCM, 좌측 앞/뒤 도어 록 액추에이터, 우측 앞/뒤 도어 록 액추에이터, 테일게이트 록 액추에이터
에어백 경고등	10A	계기판
오토티엠 잠금장치	10A	ATM키 록 모듈, VDC스위치, 운전석/조수석 시트 히터 컨트롤 모듈

표기	용량(A)	연결회로
방향지시등	10A	비상등 스위치
조정식 페달	15A	어드저스트 페달 릴레이
비상등	15A	비상등 릴레이, 비상등 스위치
후방 와이퍼	15A	리어 간헐 와이퍼 모듈, 다기능 스위치
에어컨 스위치	10A	에어컨 컨트롤 모듈
계기판	10A	핸즈프리 모듈, MTS잭, 계기판, BCM, 제너레이터
비씨엠 #1	10A	BCN
연료통 주입구 열림	15A	연료 주입구 스위치
경보기	10A	도난 방지 경음기 릴레이, BCM, 도난방지 경음기
3열 에어컨	15A	리어 에어컨 릴레이
후진 경고	10A	후진 경고 부저
아이엠에스	10A	IMS 컨트롤 모듈, 레인 센서
오디오 #2	10A	파워 윈도우 메인 스위치, DELPHI 오디오, 오디오, 파워 아웃사이드 미러 & 미러 폴딩 모터, BCM, MTS모듈, ATM 키 록 모듈, A/V헤드 모듈, 시계, 핸즈프리 모듈, 튜너 모듈
블로워	30A	블로워 릴레이, 에어컨 스위치 10A, 블로워 모터
정지등	15A	정지등 스위치
전조등 와셔	20A	전조등 와셔 릴레이
비씨엠 #3	10A	도어 워닝 스위치, IMS컨트롤 모듈, 파워 아웃사이드 미러 & 미러 폴딩 모터, 세큐리티 인디게이터, BCM, 파워 윈도우 메인 스위치, 우측 앞 파워 윈도우 스위치
디지털 시계	15A	시계, 자기진단점검단자, 에어컨 컨트롤 모듈
오디어 #1	15A	DELPHI 오디오, 오디오, MRS모듈, A/V헤드 모듈, 튜너 모듈, 네비게이션 모듈
오토티엠	10A	키 솔레노이드, 스포츠 모드 스위치
비씨엠#2	10A	레오스테트, BCM, EPS 모듈

10 우측 방향등

E34 우측 방향등

11 우측 뒤 콤비 램프

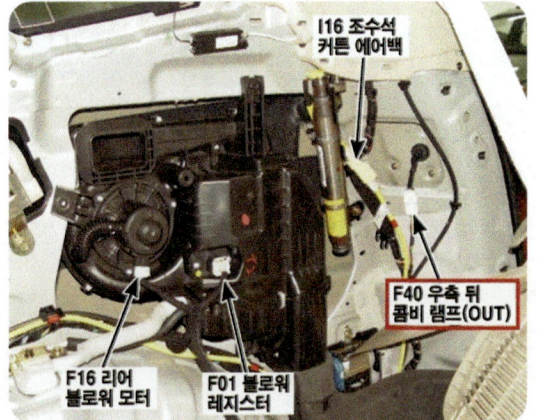

F40 우측 뒤 콤비 램프(OUT)

⑫ M15-A(20P) 계기판

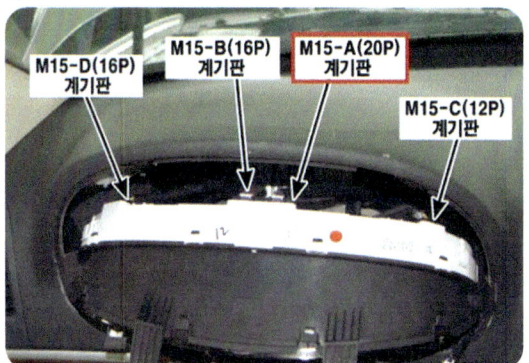

계기판 안쪽 M15-A(20P)

⑬ 사이드 리피터 램프

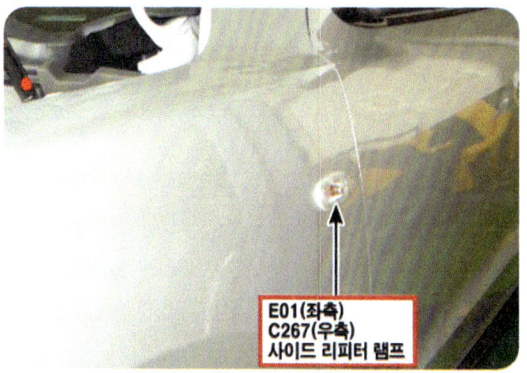

E01(좌측), C267(우측) 사이드 리피터 램프

⑭ 좌측 뒤 콤비 램프

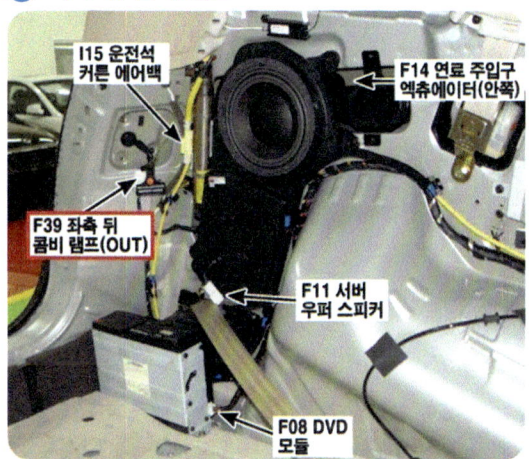

F39 좌측 뒤 콤비 램프(OUT)

⑮ 좌측 전조등

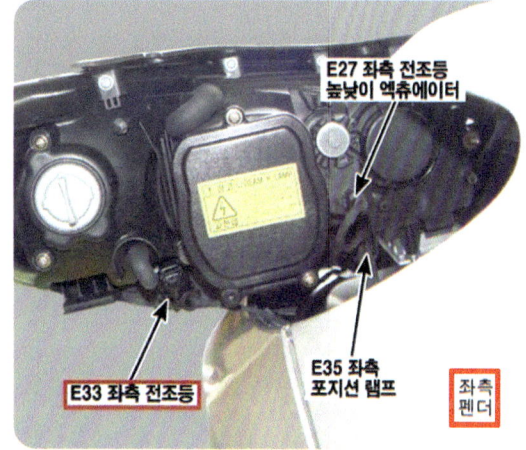

좌측 펜더 E33 좌측 전조등

⑯ M15-B(16P) 계기판

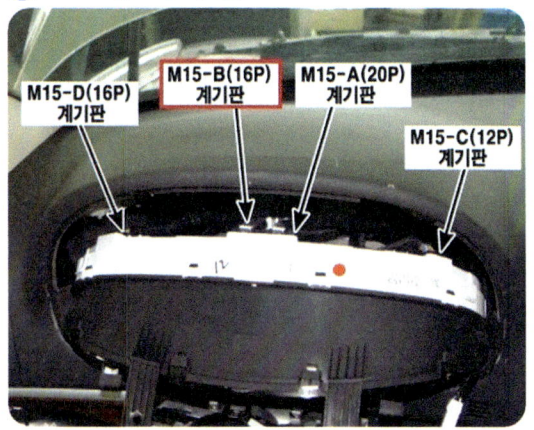

계기판 안쪽 M15-B(16P)

⑰ 사이드 리피터 램프

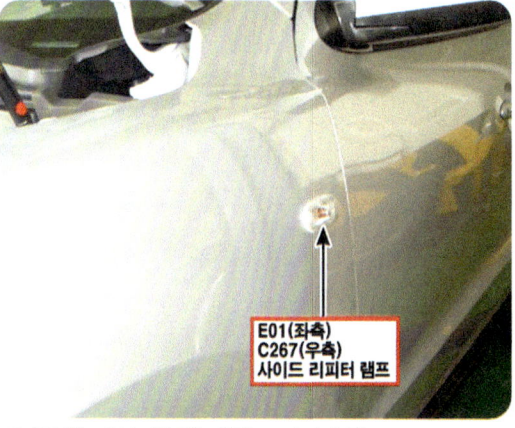

E01(좌측), C267(우측) 사이드 리피터 램프

⑱ 방향등 & 비상등 회로(1) : 방향등 & 비상등 회로(1) 체크 포인트

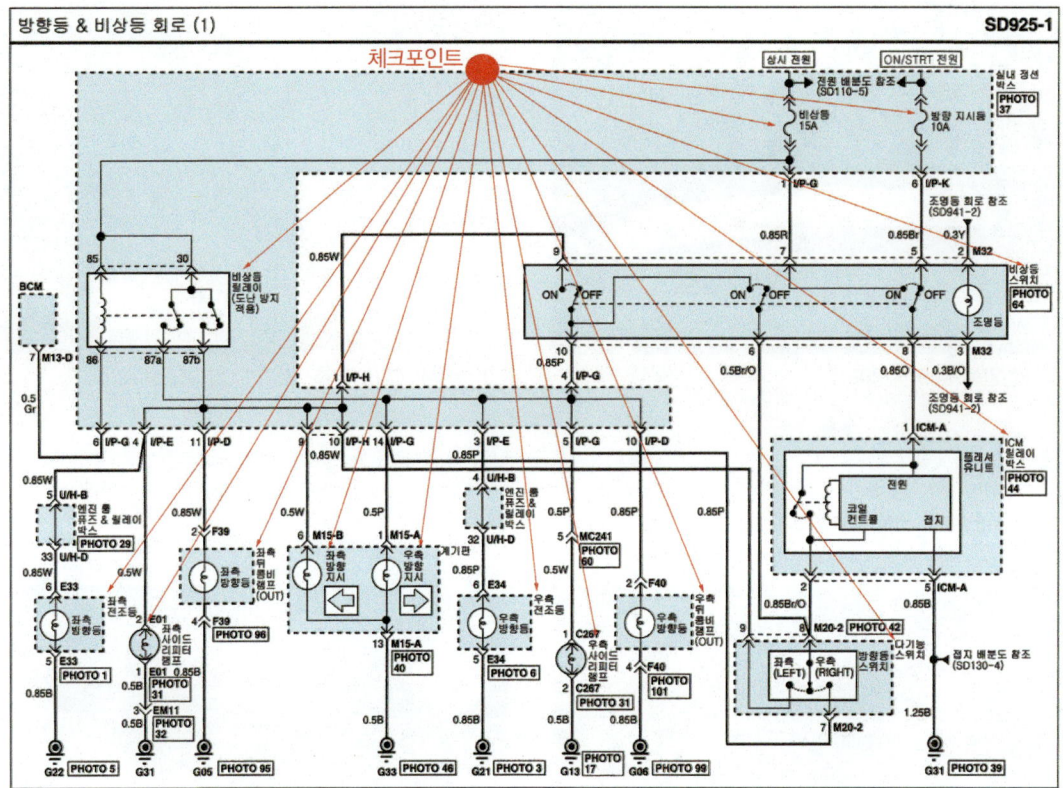

⑲ ICM 릴레이 박스

ICM-A ICM 릴레이 박스

⑳ 비상등 스위치

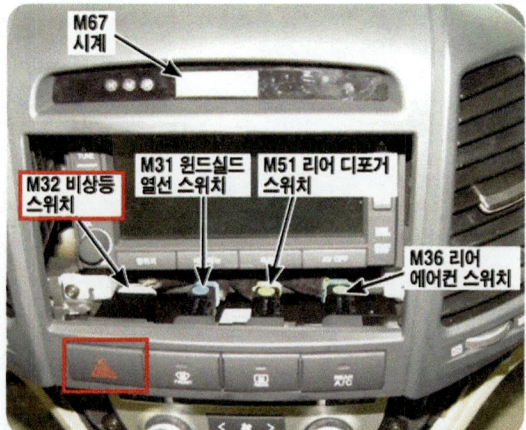

M32 비상등 스위치

작업형실기

21 점등 스위치 점검 : 점등 스위치 및 방향 지시등 스위치 점검방법

1. 점등 스위치 각 위치에서 아래 터미널의 도통 상태를 점검한다.
2. 도통 상태가 바르지 않으면 점등 스위치를 교환한다.

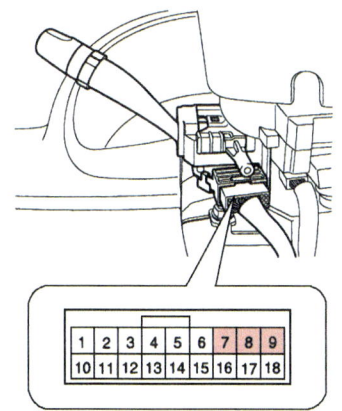

참고자료 — 회로 고장부분과 내용 및 상태

고장부분	내용 및 상태	정비 및 조치할 사항
IG 1 40A 퓨즈	단선	IG 1 40A 퓨즈 교환 후 재점검
방향지시등 10A 퓨즈	단선	방향지시등 10A 퓨즈 교환 후 재점검
비상등 15A 퓨즈	단선	비상등 15A 퓨즈 교환 후 재점검
플래셔유니트	탈거	플래셔유니트 장착 후 재점검
점화스위치 커넥터	탈거	점화스위치 커넥터 결합 후 재점검
다기능 스위치 커넥터	탈거	다기능 스위치 커넥터 결합 후 재점검
다기능 스위치 커넥터 배선	단선	다기능 스위치 커넥터 배선(LH, RH) 결선 후 재점검
전, 후방 방향지시등(LH, RH) 램프	단선	전, 후방 방향지시등(LH, RH) 램프 교환 후 재점검
계기판, 사이드 방향지시등 (LH, RH) 램프	단선	계기판, 사이드 방향지시등(LH, RH) 램프 교환 후 재점검

답안작성 위에서 설명한 에어컨 및 공조, 전조등, 방향지시등 회로 점검방법을 참조하여 고장부분, 내용 및 상태, 정비 및 조치사항을 기재한다.

◆ 전기 2. 기록표

자동차 번호 :

항 목	점검(또는 측정)		정비 및 조치 사항	득 점
	고장 부분	내용 및 상태		
에어컨 및 공조회로	블로워 모터 커넥터	탈거	커넥터 연결 후 재점검	
전조등회로	엔진 룸 정션박스 내 H/LP HI 전조등 릴레이	없음	정격용량의 릴레이 장착 후 재점검	
방향지시등 회로	비상등 스위치	커넥터 빠짐	커넥터 연결 후 재점검	

비 번호 :
시험 위원 확 인 :

기능장 2안 전기 3

파형 측정

주어진 자동차에서 시험위원 지시에 따라 기록표의 요구사항을 점검 및 측정하여 기록하시오.

01 와이퍼 INT 모드 파형

01 와이퍼 & 와셔회로(1) : BCM, 다기능 스위치

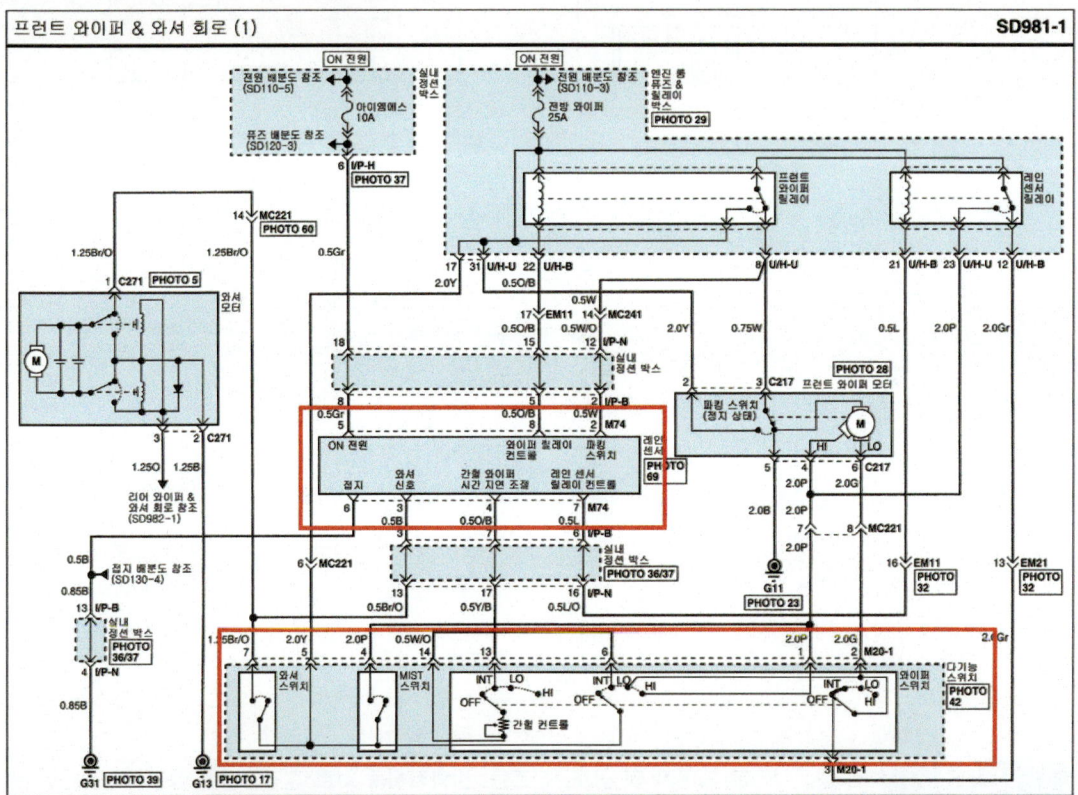

02 와이퍼 & 와셔회로 세부 : BCM 5번(와이퍼 릴레이 컨트롤), 15번 단자(INT 신호), 다기능 스위치 6번 단자(INT 신호)

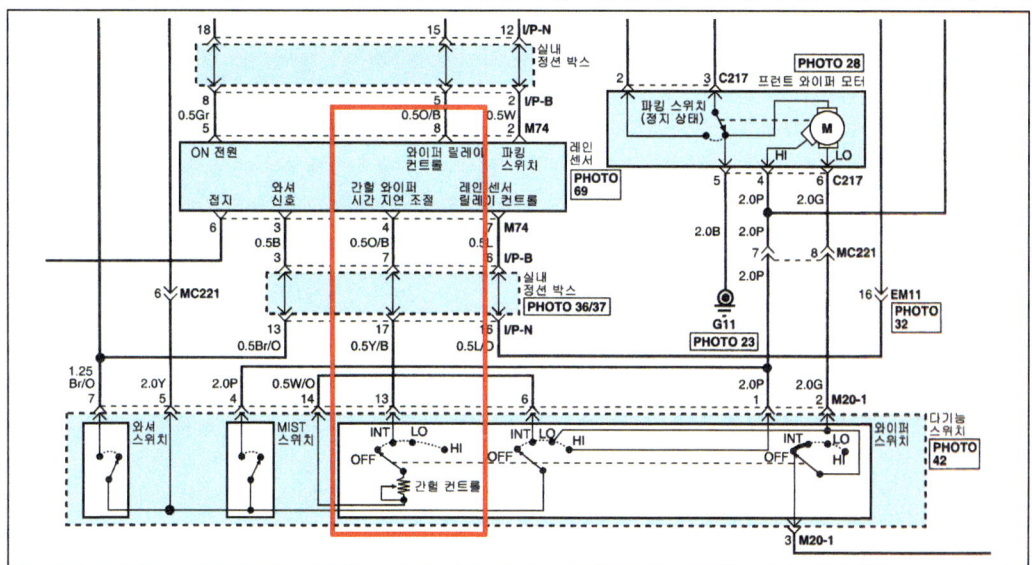

03 M20-1, 다기능스위치

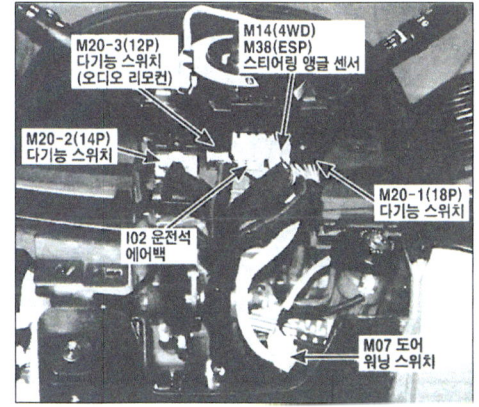

다기능스위치 및 M20-1 커넥터

04 M20-1 커넥터

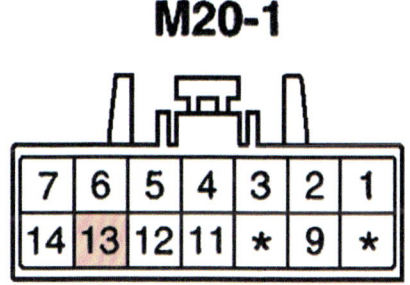

커넥터 13번 단자(INT 신호)

05 채널 1 전원 프로브 연결

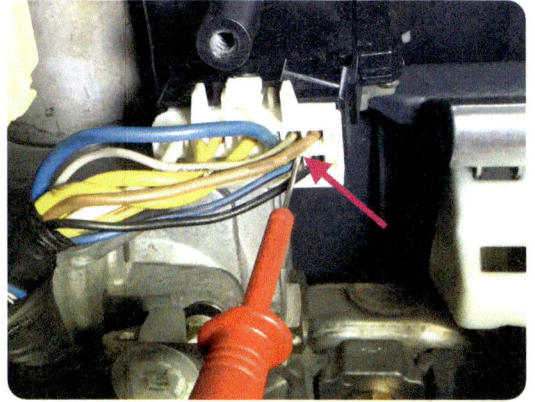

커넥터 13번 단자(INT 신호) 전원 프로브 연결

06 M74 레인 센서 : M74

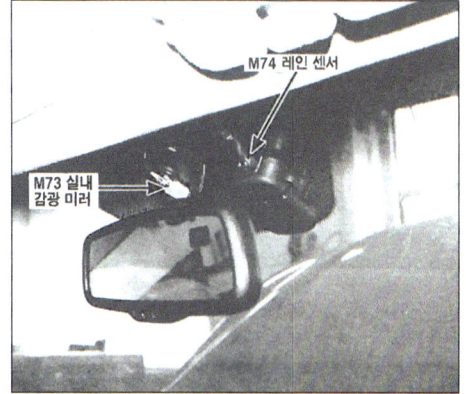

07 레인 센서 M74 커넥터

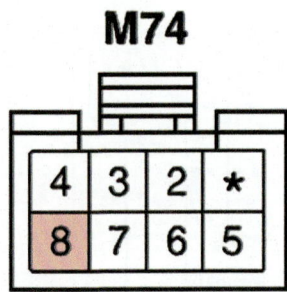

M74 8번 단자(와이퍼 릴레이 컨트롤)

08 전원 프로브 연결

그림과 같이 BCM 커넥터 5번 단자(와이퍼 릴레이 컨트롤) 전원 프로브 연결

09 파형분석(저속)

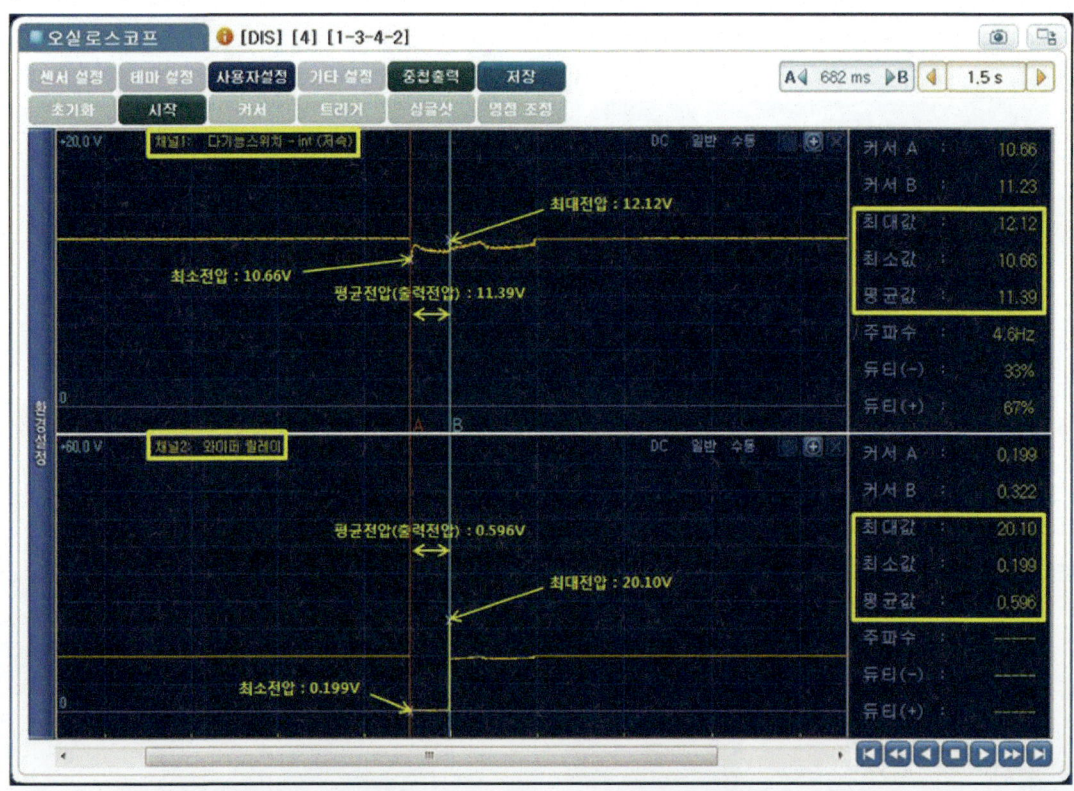

위 그림은 와이퍼 INT 모드 저속(SLOW)작동 시 구간에서의 출력파형으로 커서 A를 작동 시작 지점에 위치하였고 커서 B를 OFF부분에 위치하였으며, 와이퍼 릴레이 컨트롤 최소전압 0.199V, 출력전압(평균전압) 0.596V, 최대전압 20.10V, 투 커서 간 시간차(작동시간) 682ms로 표기함.

작업형실기

⑩ 출력파형 출력물 1 : 와이퍼 INT 모드 저속(SLOW)작동 시(저속) 파형 출력 및 분석내용 표기

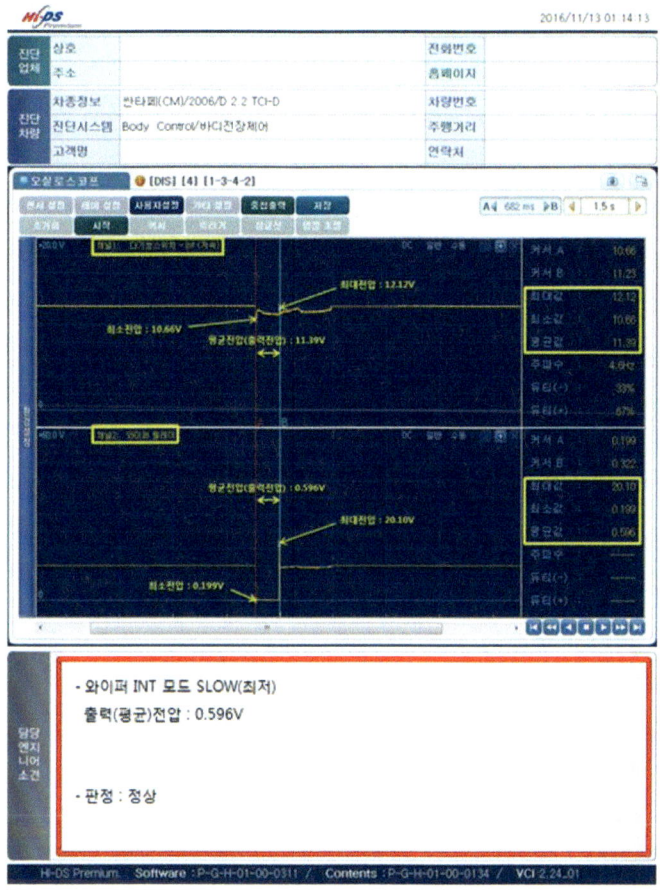

답안작성 와이퍼 INT 모드 저속(SLOW)작동 시(저속) 파형 출력을 기준으로 답안작성

◆ 전기 3. 기록표
1) 파형   자동차 번호 :

| 비 번호 | | 시험 위원 확 인 | |

항 목	파형 분석 및 판정			득 점
	분석 항목	분석내용	판정(□에 '✔'표)	
와이퍼 INT 모드	SLOW(최저) 출력전압 : 0.596V	분석내용은 출력물에 표시하시오	☑ 양 호 □ 불 량	
	FAST(최고) 출력전압 :			

225

⑪ 파형분석(고속)

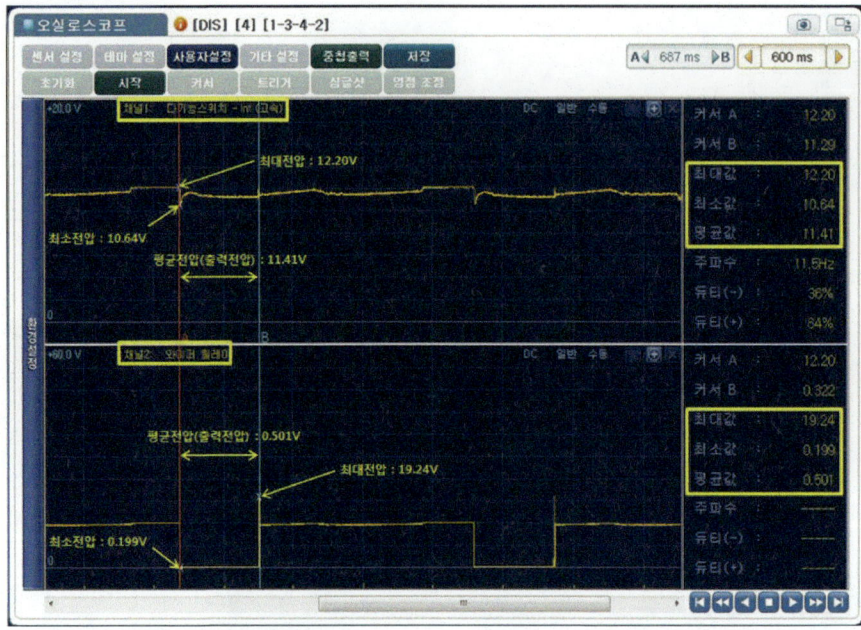

그림은 와이퍼 INT 모드 고속(FAST)작동 시 구간에서의 출력파형으로 커서 A를 작동 시작 지점에 위치하였고 커서 B를 OFF부분에 위치하였으며, 와이퍼 릴레이 컨트롤 최소전압 0.199V, 출력전압(평균전압) 0.501V, 최대전압 19.24V, 투 커서 간 시간차(작동시간) 687ms로 표기함.

⑫ 출력파형 출력물 2 : 와이퍼 INT 모드 저속(SLOW)작동 시(최 고속) 파형 출력 및 분석내용 표기

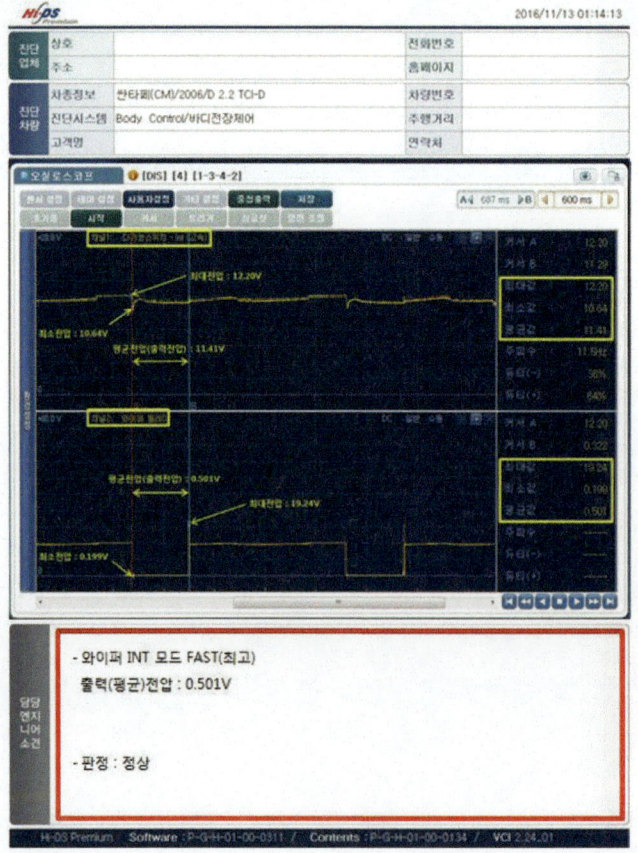

작업형실기

답안작성(저속 및 고속) 와이퍼 INT 모드 저속(SLOW)작동 시(최 고속) 파형 출력을 기준으로 답안작성

◆ 전기 3. 기록표
1) 파형   자동차 번호 :

항목	파형 분석 및 판정			득점
	분석 항목	분석내용	판정(□에 '✔' 표)	
와이퍼 INT 모드	SLOW(최저) 출력전압 : 0.596V FAST(최고) 출력전압 : 0.501V	분석내용은 출력물에 표시하시오	✔ 양 호 □ 불 량	

⑬ 파형분석(저속 전체)

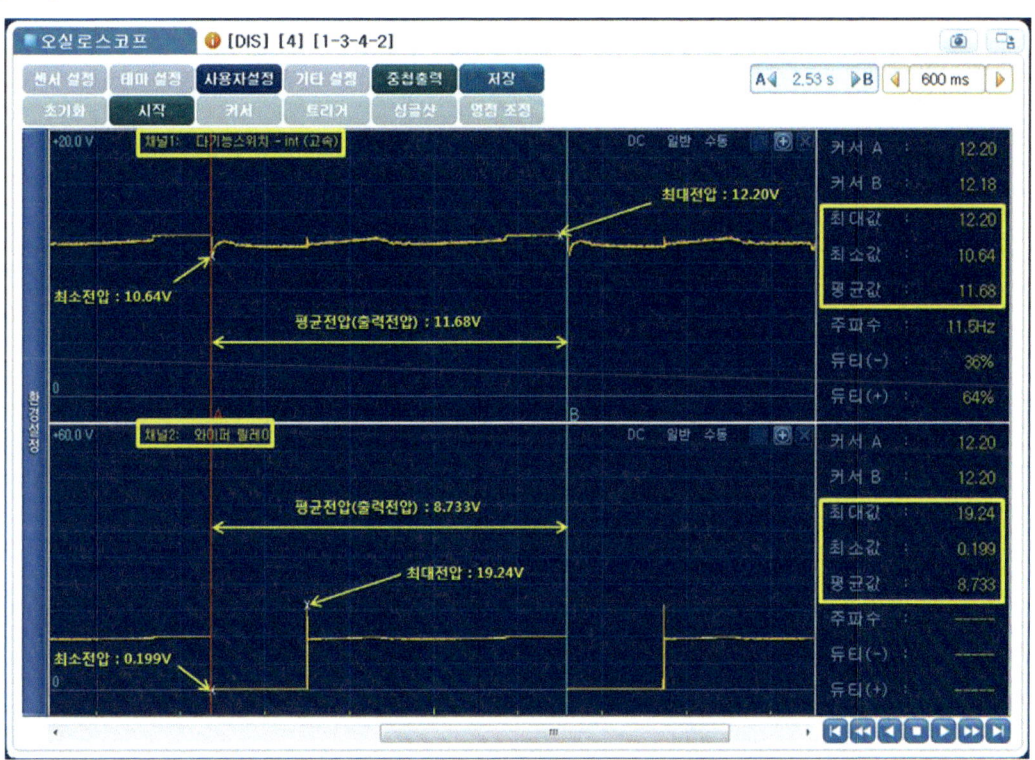

위 그림은 와이퍼 INT 모드 고속(FAST)작동 시 구간에서의 출력파형으로 커서 A를 INT신호 시작 지점에 위치하였고 커서 B를 다음 INT신호 시작 부분에 위치하였으며, INT신호 최소전압 10.64V, 출력전압(평균전압) 11.68V, 최대전압 12.20V, 두 커서 간 시간차(작동시간) 2.53s이고 와이퍼 릴레이 컨트롤 최소전압 0.199V, 출력전압(평균전압) 8.733V, 최대전압 19.24V로 표기함.

227

02 점검 및 측정[도어 S/W 작동 시 전압]

01 사용자 설정

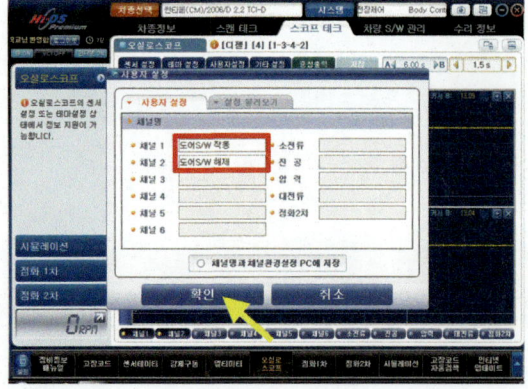

채널 1 도어 S/W 작동 시 전압, 채널 2 도어 S/W 해제 시 전압

02 파워 윈도우 메인 스위치

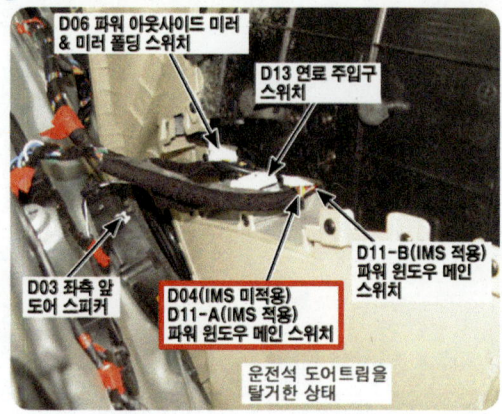

D04(IMS 미적용), D11-A(IMS 적용) 파워 윈도우 메인 스위치

03 파워 도어 록 회로(1)

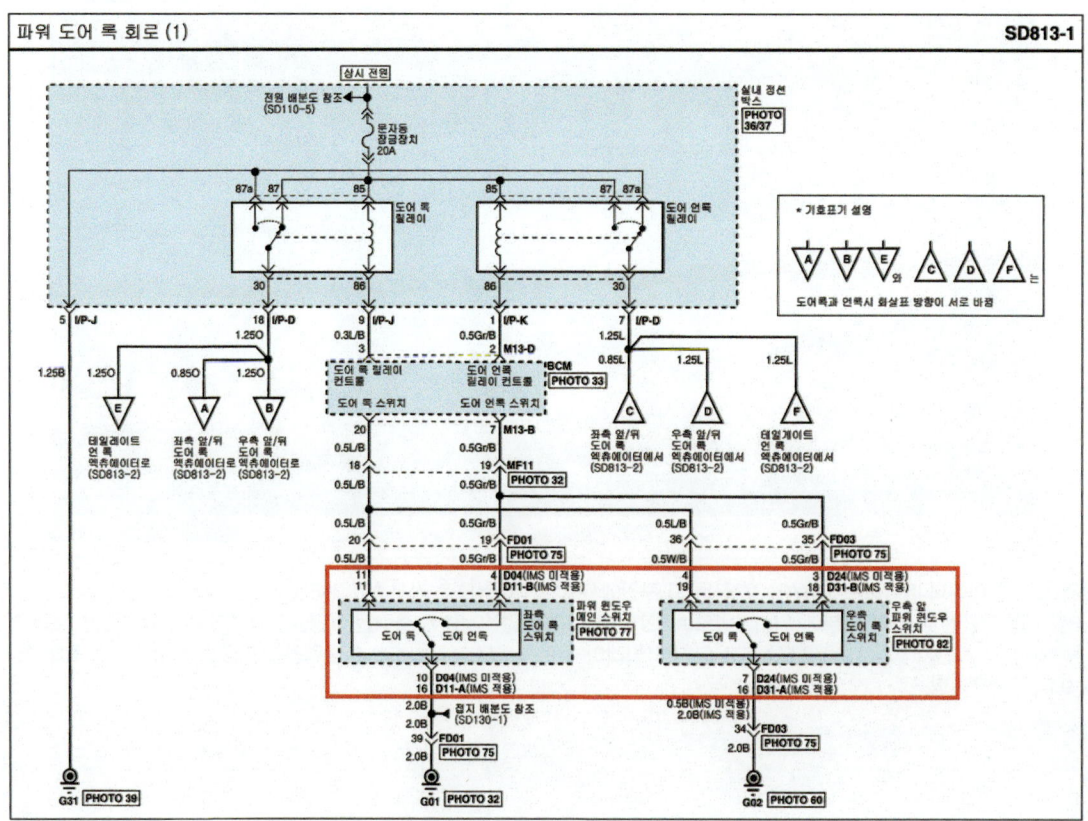

좌측 도어 록 스위치, 우측 앞 파워 윈도우 스위치

04 파워 윈도우 메인 스위치

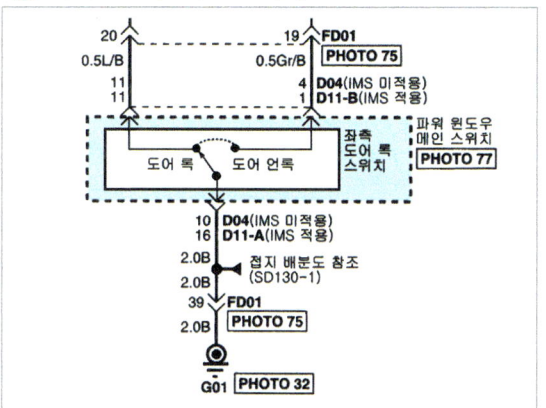

파워 윈도우 메인 스위치 회로도

05 좌측 윈도우 메인 스위치 커넥터

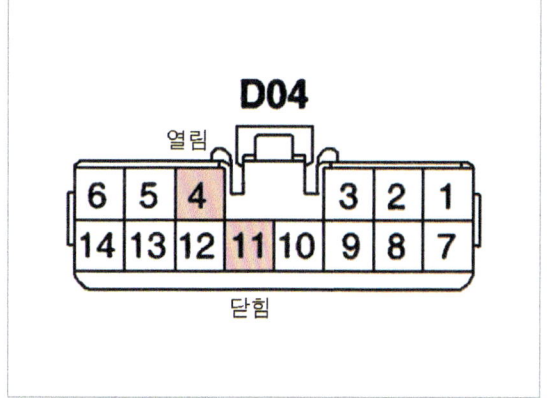

좌측 윈도우 메인 스위치 커넥터 단자(4번 단자 열림, 11번 단자 닫힘)

06 채널 1, 2 프로브 접지

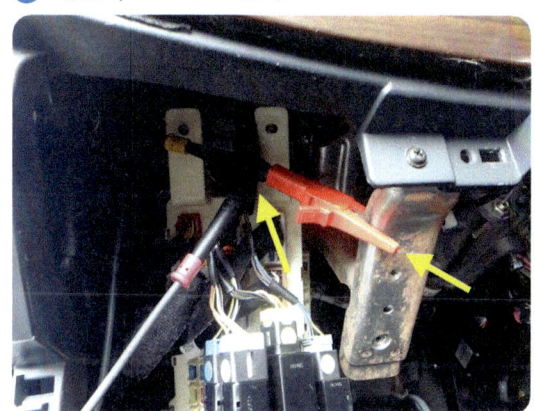

채널 1번과 채널 2번 프로브를 접지한다.

07 채널 1번 전원 프로브 설치

그림과 같이 채널 1번 전원 프로브를 닫힘 단자에 설치한다.

08 채널 2번 전원 프로브 설치

그림과 같이 채널 2번 전원 프로브를 열림 단자에 설치한다.

09 채널 1, 2번 프로브 설치 모습

채널 1, 2번 프로브를 설치한 모습

❿ 도어 록 스위치

◀ 좌측 윈도우 메인 스위치의 도어 록 스위치

⑪ 파형분석 1

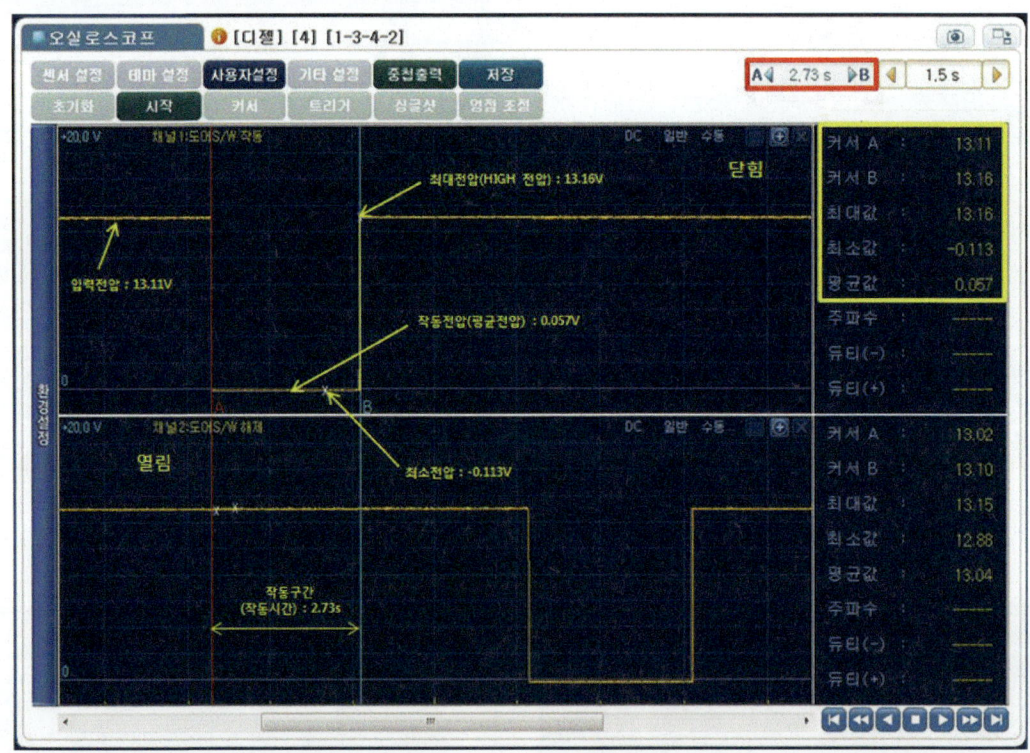

위 그림은 도어 닫힘과 열림 구간에서의 출력파형으로 커서 A를 닫힘 시작 지점에 위치하였고 커서 B를 닫힘 끝부분에 위치하였으며, 입력전압 13.11V, 작동전압(평균전압) 0.057V, 최소전압 -0.113V, 최대전압 13.16V, 투 커서 간 시간차(작동시간) 2.730s로 표기함.

작업형실기

⑫ 파형분석 2

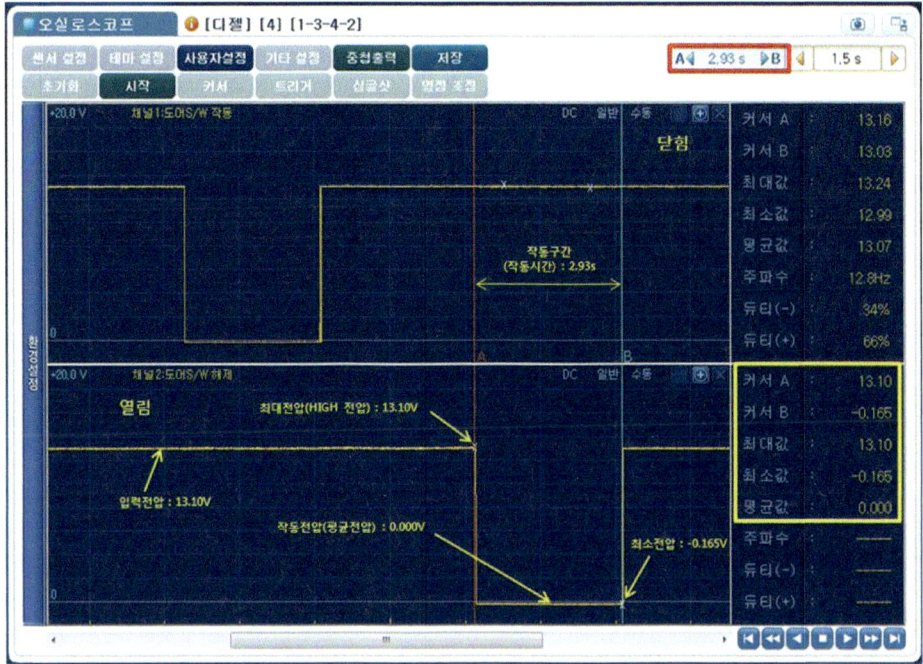

위 그림은 도어 닫힘과 열림 구간에서의 출력파형으로 커서 A를 열림 시작 지점에 위치하였고 커서 B를 열림 끝부분에 위치하였으며, 입력전압 13.10V, 작동전압(평균전압) 0.000V, 최소전압 -0.165V, 최대전압 13.10V, 두 커서 간 시간차(작동시간) 2.930s로 표기함.

⑬ 파형분석 3

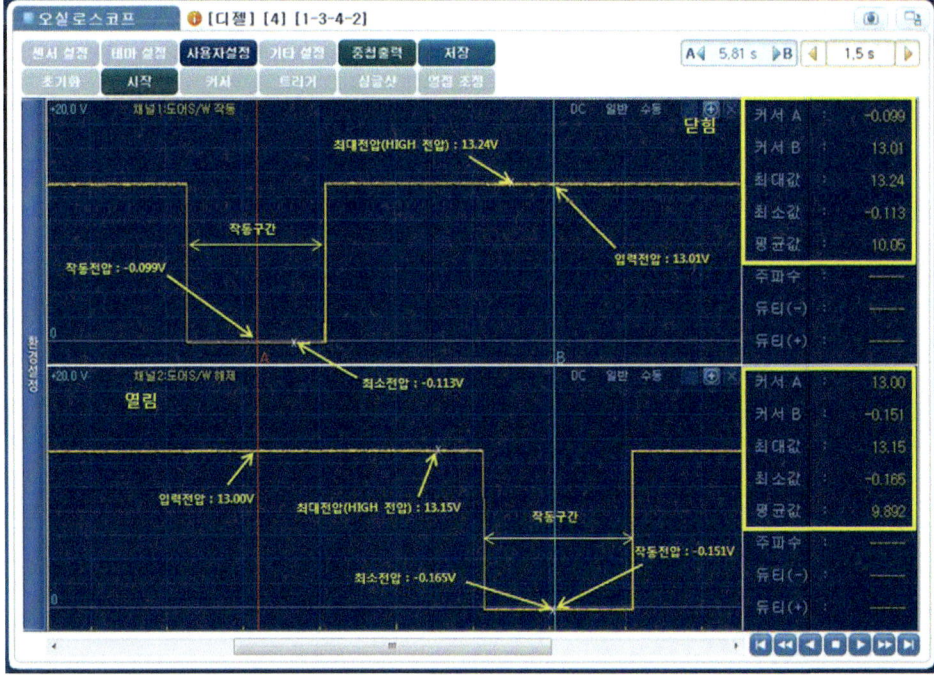

위 그림은 도어 닫힘과 열림 구간에서의 출력파형으로 커서 A를 닫힘 작동 구간에 위치하였고 커서 B를 열림 작동 구간에 위치하였으며, 닫힘에 대한 작동전압(커서 A)은 -0.099V, 열림에 대한 작동전압(커서 B)은 -0.151V이다.

⑭ 출력파형 출력물 : 파형 출력 및 분석내용 표기

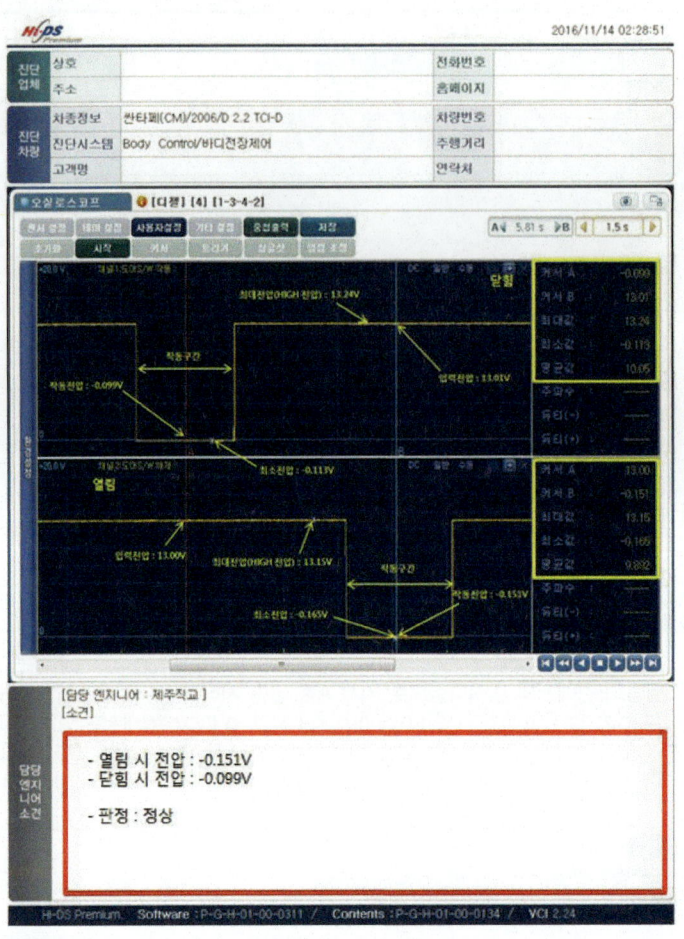

> **답안작성** 도어 록 S/W 작동 시 커서 A는 닫힘 시 전압, 커서 B는 열림 시 전압이다.

2) 점검 및 측정

항 목	측정(또는 점검)	판정 및 정비(또는 조치)사항		득 점
	측정값	판정(□에 '✔' 표)	정비 및 조치할 사항	
도어 S/W 작동 시 전압	열림 시 : −0.151V	☑ 양 호 □ 불 량	정상 또는 정비 및 조치사항 없음	
	닫힘 시 : −0.099V			
도어록 액추에이터 작동 시	전압 :	□ 양 호 □ 불 량		
	전류 :			

작업형실기

03   점검 및 측정[도어 록 액추에이터 작동 시 전압, 전류]

01 오실로스코프 선택

그림과 같이 오실로스코프를 선택한다.

02 사용자설정 및 영점조정

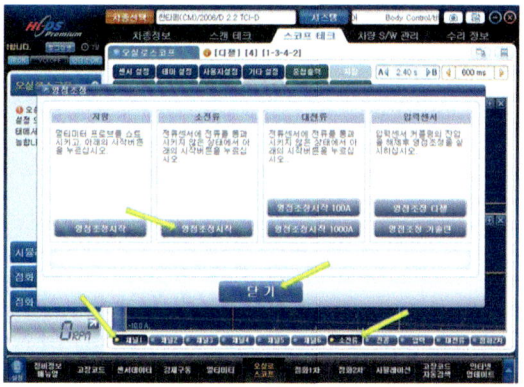

채널 1번과 소 전류 선택 후 영점조정을 실시한다.

03 앞 도어 록 액추에이터

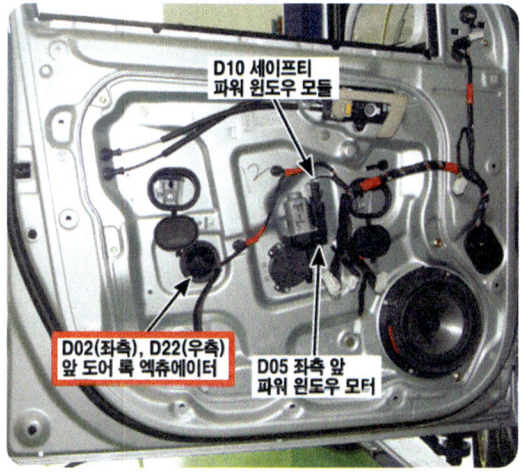

D02(좌측), D22(우측) 앞 도어 록 액추에이터

04 파워 도어 록 회로(2) : 좌측 앞 도어 록 액추에이터

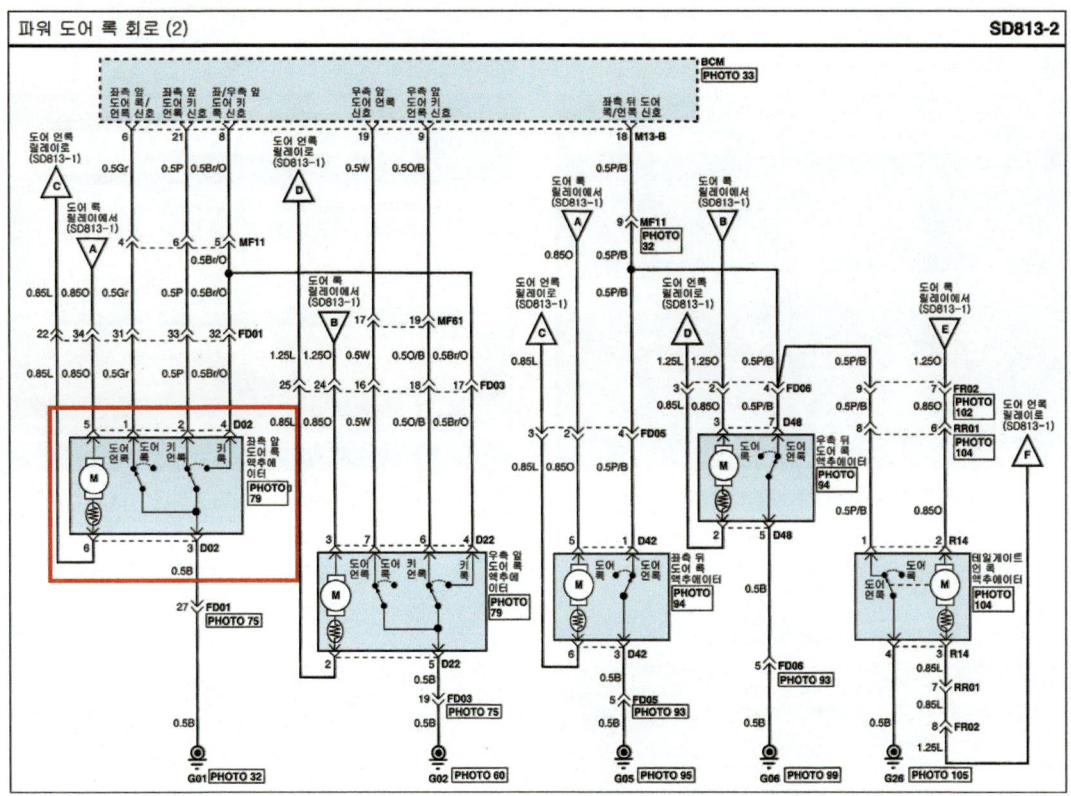

05 좌측 앞 도어 록 액추에이터 회로

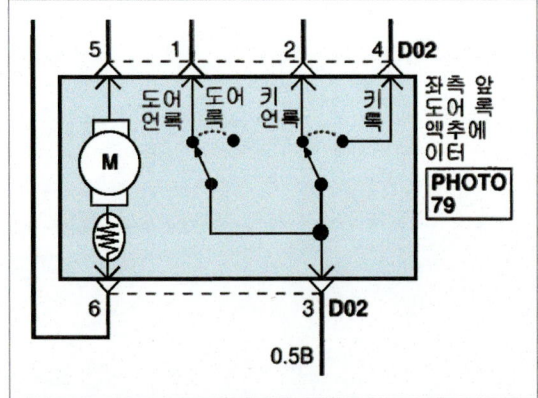

좌측 앞 도어 록 액추에이터 회로

06 좌측 앞 도어 록 액추에이터 커넥터

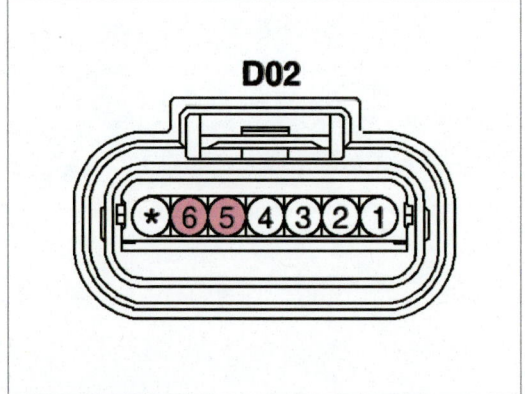

좌측 앞 도어 록 액추에이터 커넥터 단자
(5, 6번 단자 모터)

07 채널 1번과 소 전류계 설치

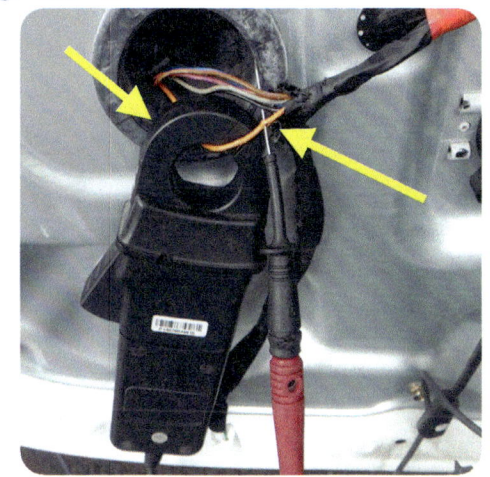

그림과 같이 채널 1번과 소 전류계를 설치한다.

08 도어 록 스위치

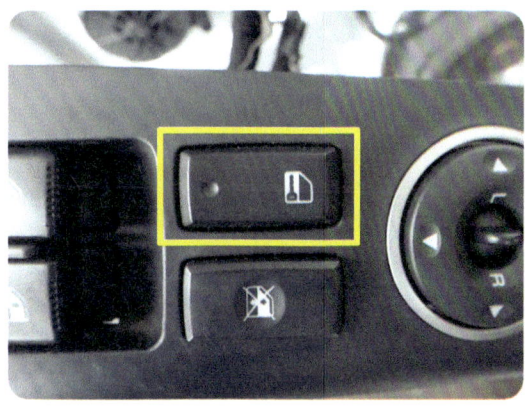

도어 록 스위치를 작동한다.

09 파형측정(액추에이터 작동 시)

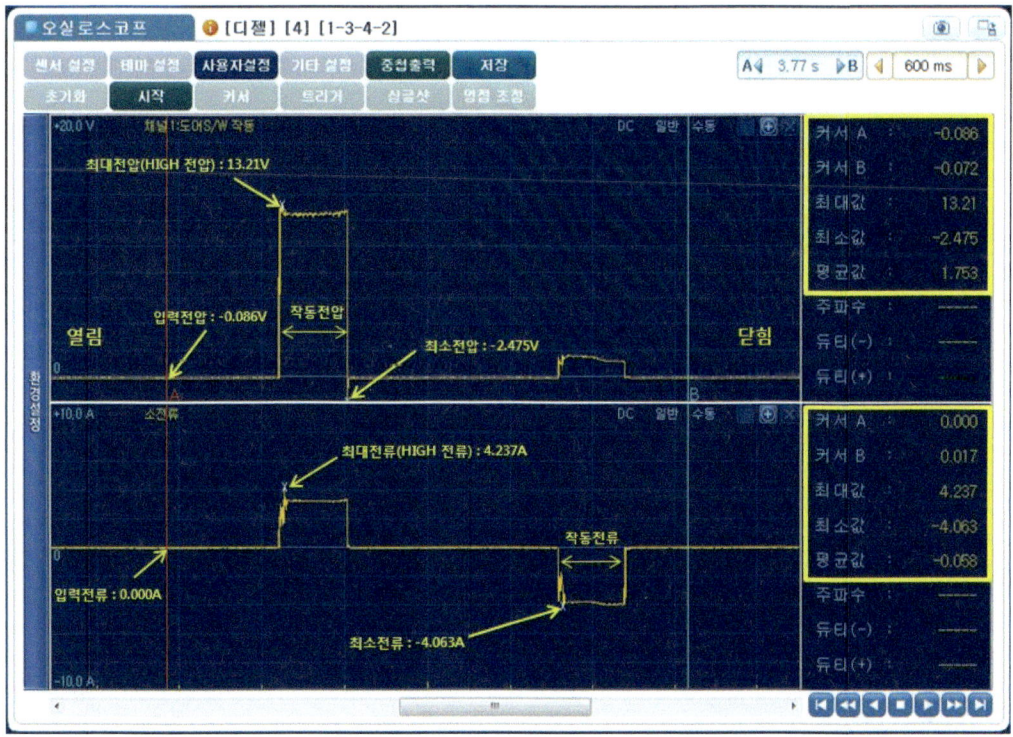

위 그림은 커서 A를 파형 시작 위치에 커서 B를 파형감지 후 구간에 위치시킨 후 도어 S/W 작동 시 커서 A전압(입력전압), 커서 B전압, 최대전압, 최소전압을 표기하였고 또한 소 전류에 대한 입력전류, 최대전류, 최소전류를 표기함.

⑩ 파형분석(열림 신호에 따른 액추에이터 작동 시)

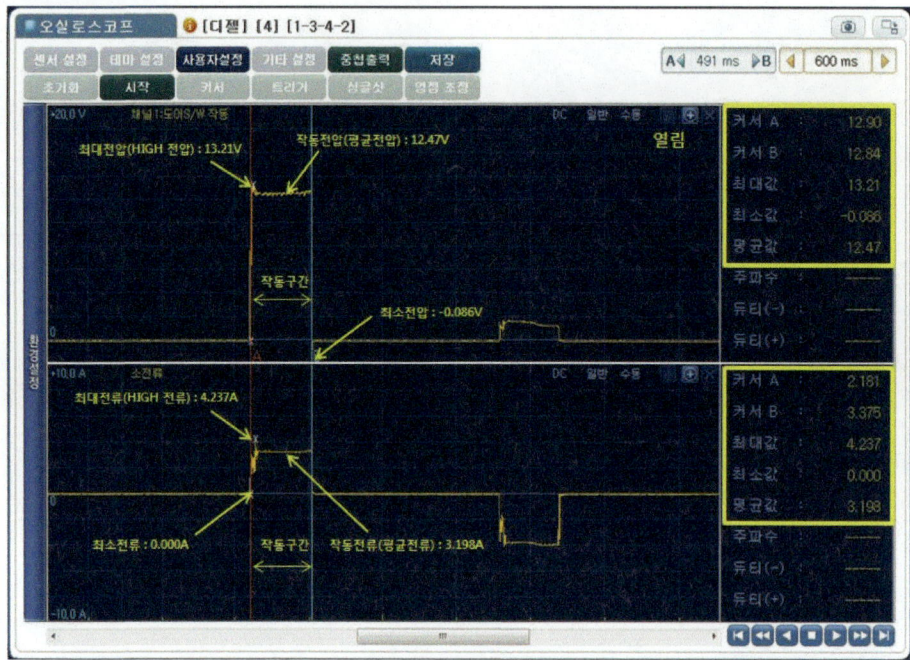

위 그림은 커서 A를 열림 신호 시작 부분에 커서 B를 열림 신호 종료 부분에 위치시킨 후 최대전압 13.21V, 작동전압(평균전압) 12.47V, 투 커서 간 시간차 491ms, 최소전압 -0.086V로 표기하였으며, 소 전류는 최대전류 4.237A, 최소전류 0.000A, 작동전류(평균전류) 3.198A로 표기함.

⑪ 파형분석(닫힘 신호에 따른 액추에이터 작동 시)

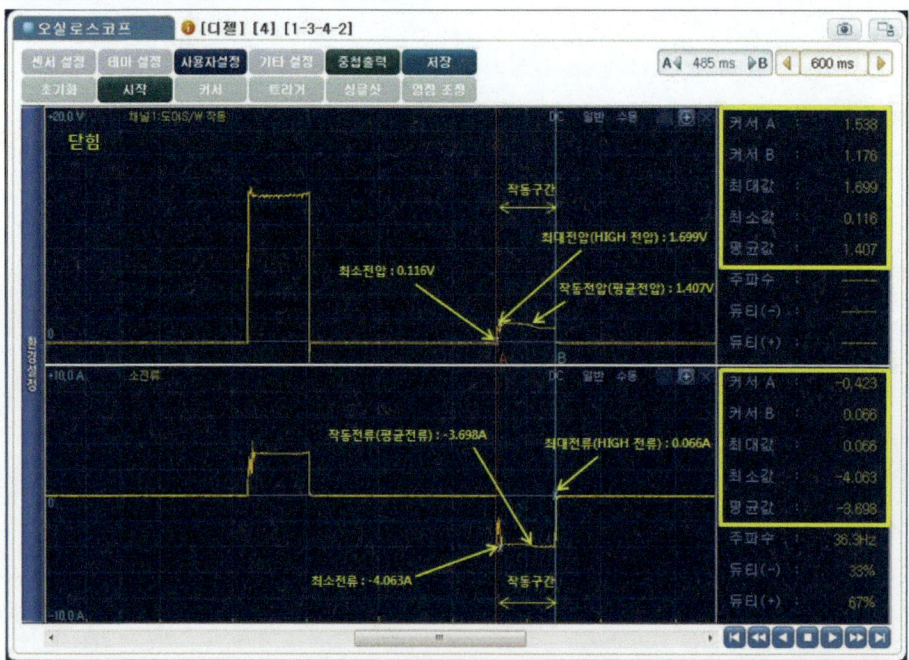

위 그림은 커서 A를 닫힘 신호 시작 부분에 커서 B를 닫힘 신호 종료 부분에 위치시킨 후 최대전압 1.699V, 작동전압(평균전압) 1.407V, 투 커서 간 시간차 485ms, 최소전압 0.116V로 표기하였으며, 소 전류는 최대전류 0.066A, 최소전류 -4.063A, 작동전류(평균전류) -3.698A로 표기함.

작업형실기

⑫ 파형분석(열림/닫힘 신호에 따른 액추에이터 작동 시)

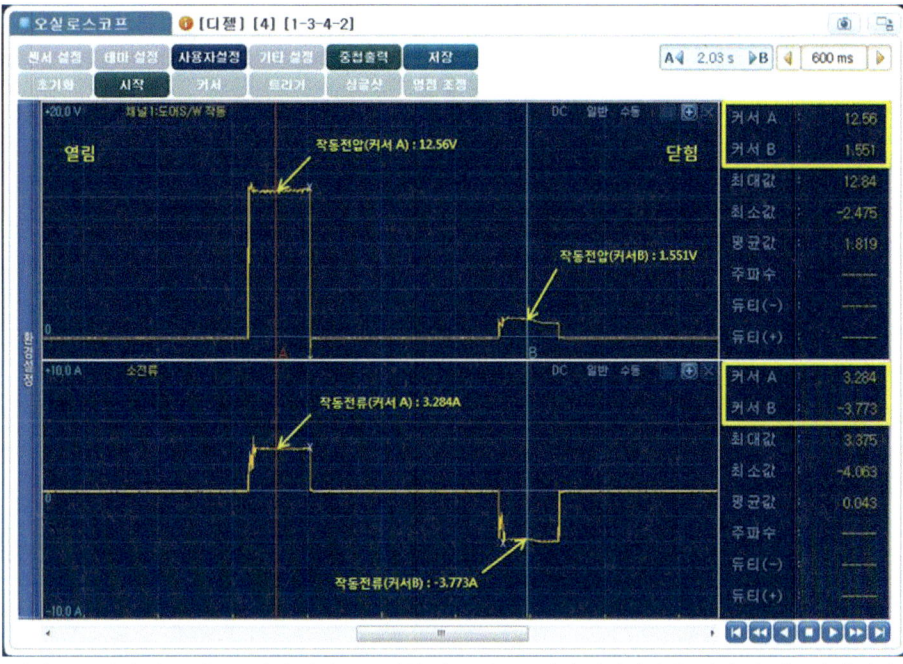

위 그림은 커서 A를 열림 신호 작동구간에 커서 B를 닫힘 신호 작동구간에 위치시킨 후 열림 시 작동전압(커서 A) 12.56V, 작동전류(커서 A) 3.284A, 닫힘 시 작동전압(커서 B) 1.551V, 작동전류(커서 B) −3.773A로 표기함.

⑬ 출력파형 출력물 : 파형 출력 및 분석내용 표기

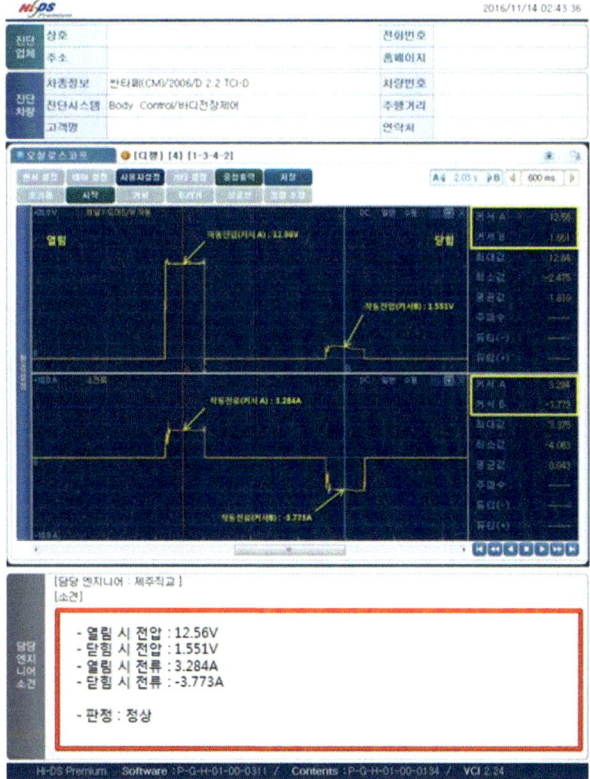

답안작성
도어 록 액추에이터 열림 작동시, 도어 록 액추에이터 닫힘 작동시 답안이다.

■ 도어 록 액추에이터 열림 작동시

2) 점검 및 측정

항 목	측정(또는 점검)		판정 및 정비(또는 조치)사항		득 점
	측정값		판정(□에 '✔' 표)	정비 및 조치할 사항	
도어 S/W 작동 시 전압	열림 시 : −0.151V		☑ 양 호 □ 불 량	정상 또는 정비 및 조치사항 없음	
	닫힘 시 : −0.099V				
도어록 액추에이터 작동 시	전압 : 12.56V		☑ 양 호 □ 불 량		
	전류 : 3.284A				

■ 도어 록 액추에이터 닫힘 작동시

2) 점검 및 측정

항 목	측정(또는 점검)		판정 및 정비(또는 조치)사항		득 점
	측정값		판정(□에 '✔' 표)	정비 및 조치할 사항	
도어 S/W 작동 시 전압	열림 시 : −0.151V		☑ 양 호 □ 불 량	정상 또는 정비 및 조치사항 없음	
	닫힘 시 : −0.099V				
도어록 액추에이터 작동 시	전압 : 1.151V		☑ 양 호 □ 불 량		
	전류 : −3.773A				

국가기술자격검정 실기시험문제 3안

1. 기 관

1. 주어진 전자제어 디젤 기관에서 시험위원의 지시에 따라 크랭크축 리테이너와 고압 연료펌프를 탈거하고 시험위원에게 확인 후 다시 조립(부착)하여 기관 및 시동 관련회로를 점검한 후 시동 작업과 기록표의 요구사항을 점검 및 측정하고 기록표에 기록하시오. (단, 시동되지 않는 경우 2과제는 작업할 수 없음)
2. 주어진 기관에서 시험위원의 지시에 따라 기록표 요구사항을 점검 및 측정하여 기록하시오.
3. 주어진 자동차에서 크랭킹은 가능하나 시동되지 않고 시동된 후에도 부조가 발생합니다. 고장 원인을 찾아 수리 후 기록표를 기록하시오.

2. 섀 시

1. 주어진 자동차에서 시험위원의 지시에 따라 전륜 현가장치의 쇽업소버 코일 스프링을 탈거하고 시험위원에게 확인 후 다시 조립(부착)하여 작동상태를 확인하고 기록표 요구사항을 점검 및 측정하여 기록하시오.
2. 주어진 전자제어 현가장치에서 쇽업소버의 액추에이터를 탈착하여 시험위원의 지시에 따라 작동상태를 확인하고 기록표의 요구사항을 점검 및 측정하여 기록하시오.

3. 전 기

1. 시험위원의 지시에 따라 자동차에서 에어컨 가스를 전부 회수하고 에어컨 컴프레서를 탈·부착한 후 가스를 충전한 다음 작동상태를 확인하고 기록표의 요구사항을 점검 및 측정하고 기록표에 기록하시오.
2. 주어진 자동차에서 정비지침서의 회로도를 이용하여 기록표에서 요구하는 회로를 점검하고 이상이 있으면 이상내용을 기록표에 기록한 후 정비하시오.
3. 주어진 자동차에서 시험위원의 지시에 따라 기록표의 요구사항을 점검 및 측정하여 기록하시오.

자동차정비기능장

국가기술자격검정실기시험문제 3안

| 자격종목 | 자동차 정비기능장 | 작품명 | 자동차 정비 작업 |

- 비 번호
- 시험시간 : 6시간 30분(기관 : 140분, 섀시 : 130분, 전기 : 120분)
  ※ 시험 안 및 요구사항 일부내용이 변경될 수 있음

기능장 3안 기관 1 — 크랭크축 리테이너와 고압 연료펌프 탈·부착

주어진 전자제어 디젤기관에서 시험위원의 지시에 따라 크랭크축 리테이너와 고압 연료펌프를 탈거하고 시험위원에게 확인 후 다시 조립(부착)하시오.

01 크랭크 축 리테이너 탈·부착(프런트)

01 관련부품 명칭

타이밍 벨트 상부커버, 라디에이터 캡, 브래킷, 크랭크샤프트 풀리, 타이밍 벨트 하부커버, 오일필터

02 크랭크샤프트 풀리 탈거

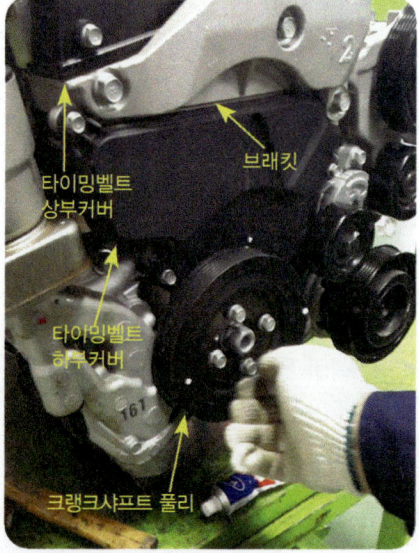

크랭크샤프트 풀리 고정 볼트를 푼 후 풀리를 탈거한다.

작업형실기

03 타이밍 벨트 커버 탈거

타이밍 벨트 하부 및 상부 커버를 탈거한다.

04 브래킷 탈거

그림과 같이 엔진 브래킷을 탈거한다.

05 타이밍 벨트 탈거

그림과 같이 타이밍 벨트를 탈거한다.

06 타이밍 벨트 오토프리 텐셔너 탈거

타이밍 벨트 오토프리 텐셔너 고정 볼트를 푼 후 탈거한다.

07 크랭크 축 스프로킷 탈거

그림과 같이 크랭크 축 스프로킷 고정 볼트를 푼 후 탈거한다.

08 반달 키 탈거

크랭크샤프트에 삽입되어 있는 반달 키를 탈거한다.
참고 스프로킷 고정용

09 리테이너 탈거

그림과 같이 일자 형 수공구를 이용하여 리테이너를 빼낸다.

10 크랭크 축 리테이너(프런트)

탈거 후 크랭크 축 프런트 리테이너 모습

11 크랭크 축 리테이너 설치

그림과 같이 신품의 크랭크 축 리테이너를 설치한다.

12 리테이너 삽입

리테이너 상하좌우를 수평이 되도록 삽입한다.

13 반달 키 장착

그림과 같이 크랭크 축 홈에 반달 키를 장착한다.

14 크랭크 축 스프로킷 장착

크랭크 축 스프로킷을 삽입한 후 고정 볼트를 규정토크로 조인다.

작업형실기

15 타이밍벨트 오토프리 텐셔너 및 벨트 장착

그림과 같이 오토프리 텐셔너를 장착한 후 타이밍 벨트를 장착한다.

16 타이밍 마크 확인 1

그림과 같이 실린더 헤드 커버와 캠 축 스프로킷 타이밍 마크가 맞는지 확인한다.

17 타이밍 마크 확인 2

그림과 같이 크랭크 축 스프로킷의 마크를 확인한다.

18 브래킷 장착

엔진 브래킷을 설치한 후 고정 볼트를 규정토크로 조인다.

19 타이밍 벨트 상부커버 조립

그림과 같이 타이밍 벨트 상부 커버를 설치한 후 고정 볼트를 규정토크로 조인다.

20 타이밍 벨트 하부커버 조립

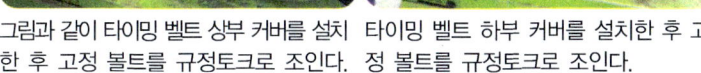

타이밍 벨트 하부 커버를 설치한 후 고정 볼트를 규정토크로 조인다.

21 크랭크샤프트 풀리

크랭크샤프트 풀리를 설치한 후 고정 볼트를 규정토크로 조인다. ▶

02 크랭크 축 리테이너 탈·부착(리어)

01 관련부품 명칭

클러치 압력 판, 링 기어

02 클러치 압력 판 고정 볼트 탈거

그림과 같이 클러치 압력 판 고정 볼트를 탈거한다.

03 클러치 디스크 탈거

클러치 디스크를 탈거한다.
참고 원 안의 SIDE는 조립방향을 나타낸다.

04 플라이 휠 고정 볼트 탈거

그림과 같이 플라이 휠 고정 볼트를 탈거한다.

05 플라이 휠 탈거

그림과 같이 플라이휠을 탈거한다.

06 리테이너 탈거

그림과 같이 일자형 수공구를 이용하여 리테이너를 빼낸다.

07 크랭크 축 리테이너(리어)

탈거 후 크랭크 축 리어 리테이너 모습

08 리테이너 삽입

리테이너 상하좌우를 수평이 되도록 삽입한다.

09 크랭크샤프트 돌기

그림 원 안의 돌기는 플라이 휠 장착 위치를 표시한다.

10 플라이 휠 홈

그림과 같이 플라이휠의 홈을 크랭크샤프트 돌기에 맞추어 설치한다.

11 플라이 휠 장착

그림과 같이 플라이 휠 고정 볼트를 규정 토크로 조이다.

12 클러치 디스크 설치

그림과 같이 클러치 디스크의 SIDE 글자가 보이도록 설치한다.

13 클러치 압력 판 장착

클러치 압력 판을 플라이휠에 설치하고 클러치 디스크 센터를 맞춘 후 고정 볼트를 규정토크로 조인다.

03 고압펌프 탈·부착

01 관련부품 명칭

에어클리너, AFS 커넥터, 터보호스, AFS, 에어호스

02 과압 에어호스 탈거

그림과 같이 에어플랩 쪽 과압 호스 밴드를 유림한 후 에어호스를 탈거한다.

03 AFS 커넥터 탈거

AFS 커넥터를 탈거한 후 에어호스와 에어클리너 커버를 탈거한다.

04 타이밍 마크

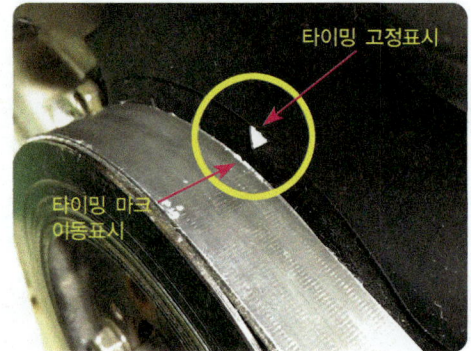

그림과 같이 타이밍벨트 커버의 타이밍 고정표시와 크랭크 축 풀리에 있는 이동표시를 일치시킨다.

05 에어클리너 탈거

에어클리너 고정 볼트를 푼 후 탈거한다.

06 메인 고압파이프 탈거

그림과 같이 커먼 레일과 고압펌프에 연결되어 있는 메인 고압파이프를 탈거한다.

07 연료호스 탈거

연료호스를 고정하고 있는 고정 볼트를 푼 후 입, 출력 호스를 탈거한다.

08 고압펌프 고정 볼트 탈거

그림과 같이 고압펌프 고정 볼트 3개를 탈거한다.

09 고압펌프 탈거

그림과 같이 고압펌프를 탈거한다.

10 고압펌프 장착 위치

실린더 헤드 쪽 캠축의 마크를 확인한다.

11 고압펌프 장착

그림과 같이 고압펌프를 설치한 후 고정 볼트를 규정토크로 조인다.

12 연료호스 장착

그림과 같이 입, 출력 연료호스를 장착한다. **주의** 호스 설치 시 오링이 파손되지 않도록 경유를 바른 후 설치

⑬ 연료호스 고정 볼트

연료호스 가이드를 설치한 후 고정 볼트를 규정토크로 조인다.

⑭ 메인 고압파이프 장착 1

그림과 같이 커먼 레일과 고압펌프에 연결되는 메인 고압파이프를 설치 한 후 규정토크로 조인다.

⑮ 과압 에어호스

그림과 같이 에어플랩 쪽의 과압 호스를 설치한 후 밴드를 조인다.

⑯ 에어클리너 장착

에어클리너를 설치한 후 고정 볼트를 규정토크로 조인다.

⑰ 에어호스 및 AFS 커넥터

◀ 에어호스와 에어클리너 커버를 장착한 후 AFS 커넥터를 끼운다.

작업형실기

기능장 3안 - 기관 1

기관 및 시동 관련회로 점검 후 시동작업

기관 및 시동 관련회로를 점검한 후 시동작업과 기록표의 요구사항을 점검 및 측정하고 기록표에 기록하시오.(단, 시동되지 않는 경우 2과제는 작업할 수 없음)

01 점검 부위 : 1안 참조 (36~41페이지)

02 점검 및 측정[연료펌프] : 2안 참조 (150~153페이지)

기능장 3안 - 기관 2

기록표 요구사항 점검·측정

주어진 기관에서 시험위원의 지시에 따라 기록표 요구사항을 점검 및 측정하여 기록하시오.

01 디젤 인젝터 파형 측정

01 오실로스코프 화면설정

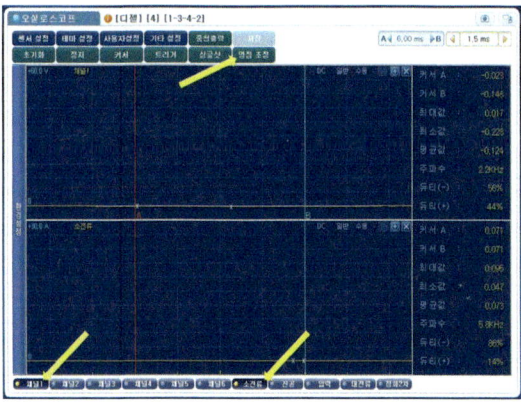

위 그림과 같이 채널 1번과 소 전류를 선택한 후 영점조정을 실시한다.

02 채널 1번 접지 프로브

채널 1번 접지 프로브를 접지한다.

249

03 채널 1번과 소 전류계 설치

채널 1번 전원 프로브와 소 전류계를 인젝터 배선을 설치한다. **주의** 전류 흐름방향 확인

04 측정준비

위 그림은 측정을 위하여 채널 1번과 소 전류계를 설치한 모습

05 파형분석(공회전 시)

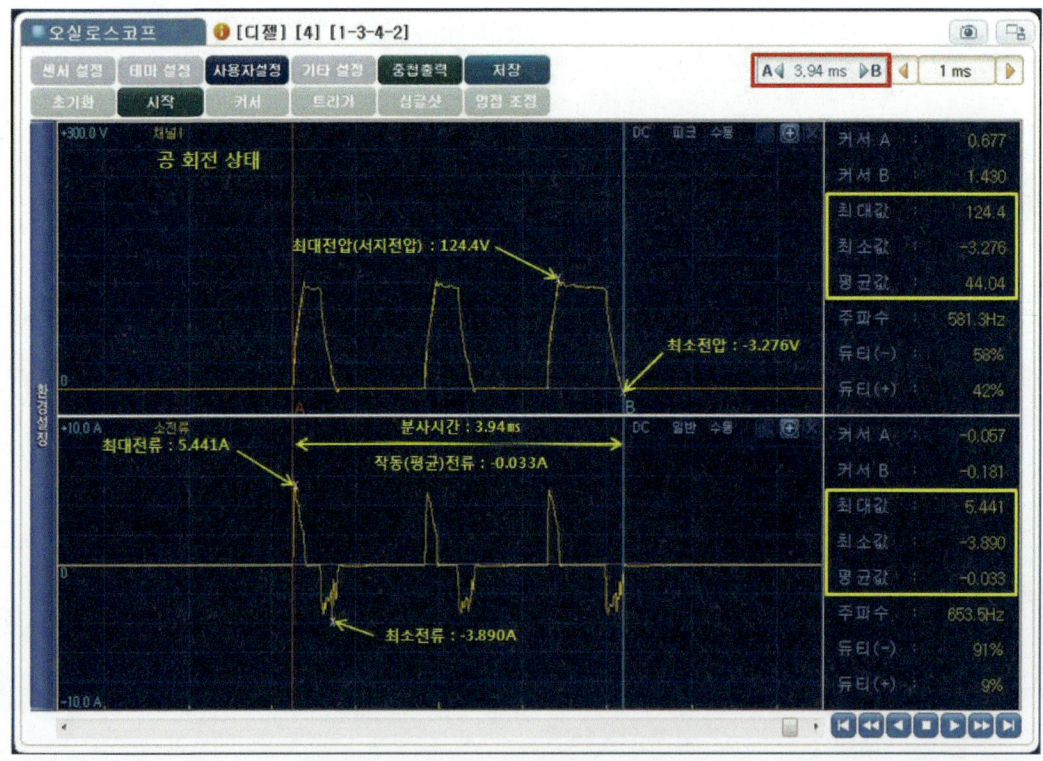

위 그림은 커서 A를 연료분사 시작 부분에 커서 B를 연료분사 종료 부분에 위치시킨 후 최대전압 124.4V, 최소전압 -3.276V, 투 커서 간 시간차(연료분사 시간) 3.94ms로 표기하였으며, 소 전류는 최대전류 5.441A, 최소전류 -3.890A로 표기함.

작업형실기

06 출력파형 출력물 : 파형 출력 및 분석내용 표기

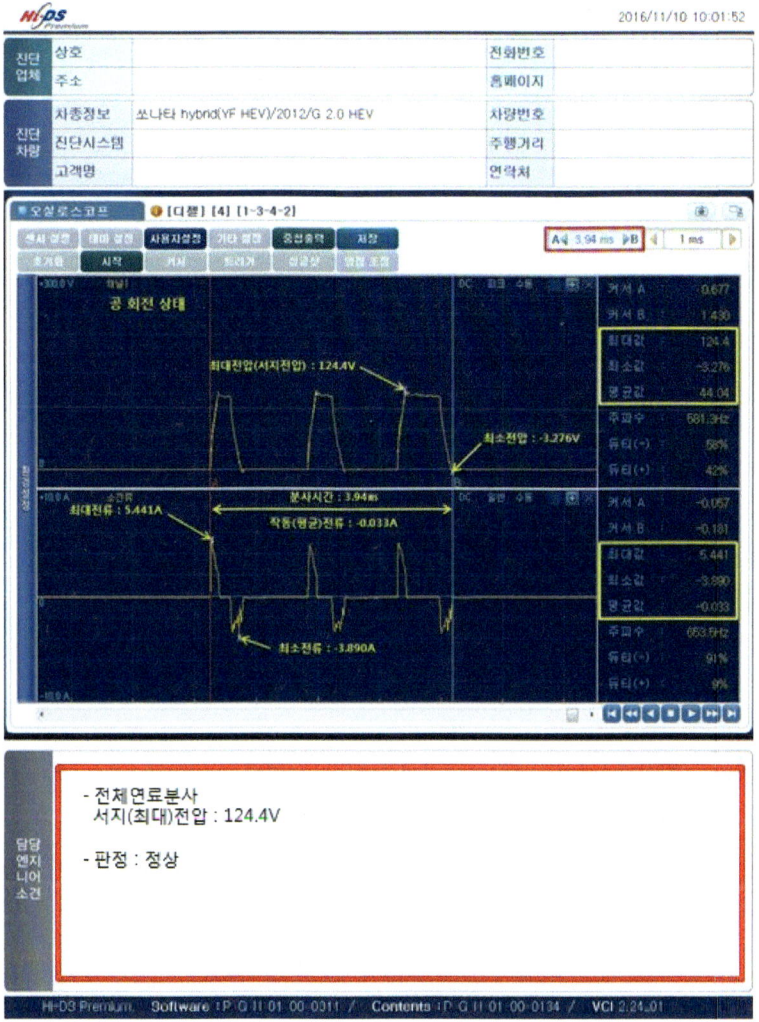

답안작성 파형 출력 및 분석내용 답안작성

◆ 기관 2. 기록표

1) 파형   자동차 번호 :

| 비 번호 | | 시험 위원 확 인 | |

항 목	파형 분석 및 판정			득 점
	분석항목	분석내용	판정(□에 '✔' 표)	
디젤 인젝터 전압 및 전류 파형	주분사 작동전류 :	분석내용은 출력물에 표기하시오.	☑ 양 호 □ 불 량	
	서지전압 : 124.4V			
	예비연료분사시간 :			

※주의사항 : 분석 항목 및 내용은 출력물에 표기하며 관련 사항은 시험위원의 지시에 따른다.

07 파형분석(예비분사 1)

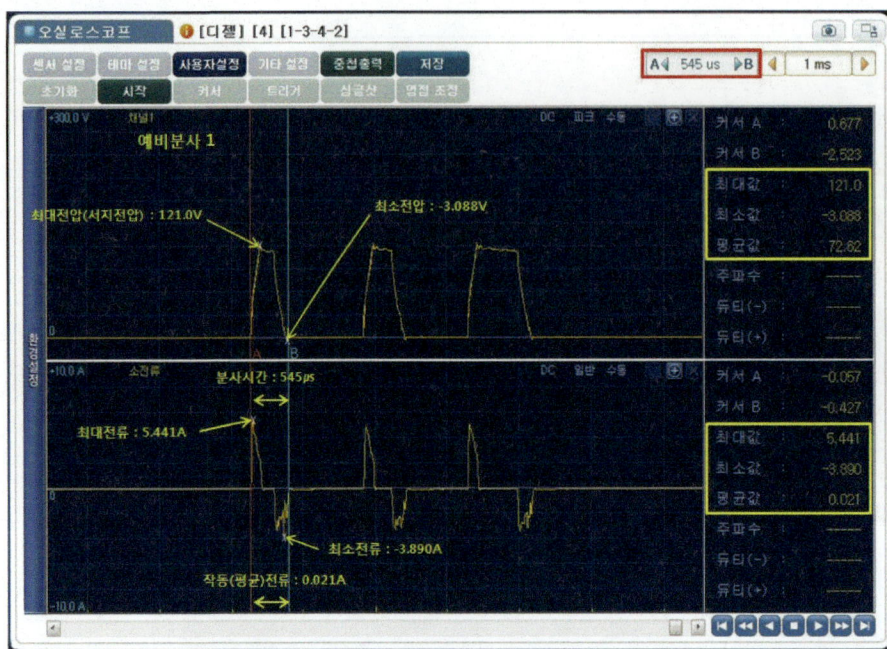

그림은 커서 A, B를 예비분사 1에 위치시킨 후 최대전압 121.0V, 최소전압 -3.088V, 두 커서 간 시간차(연료분사 시간) 545㎲로 표기하였으며, 소 전류는 최대전류 5.441A, 최소전류 -3.890A, 작동(평균)전류 0.021A로 표기함.

08 출력파형 출력물 : 예비분사 1에 대한 파형 출력 및 분석내용 표기

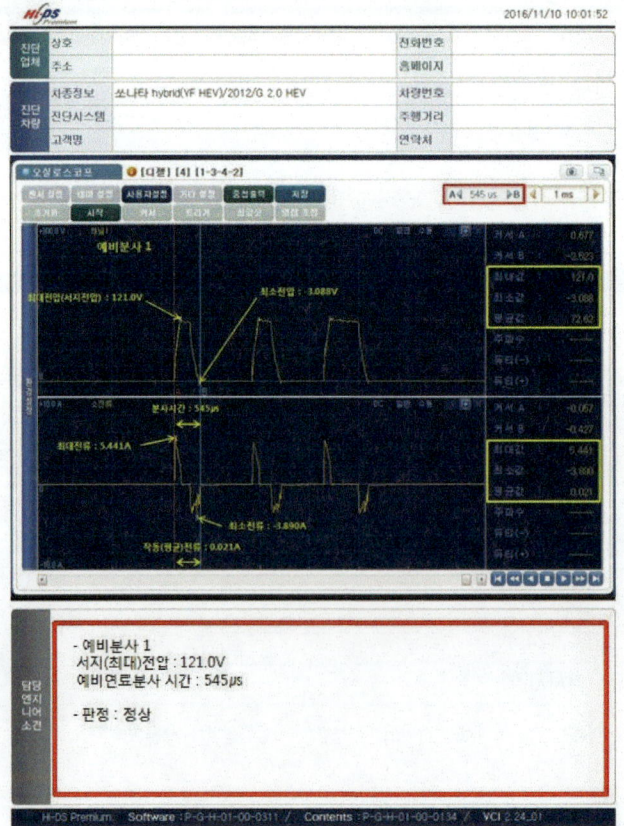

답안작성 예비분사 1에 대한 파형 출력 및 분석내용 답안작성

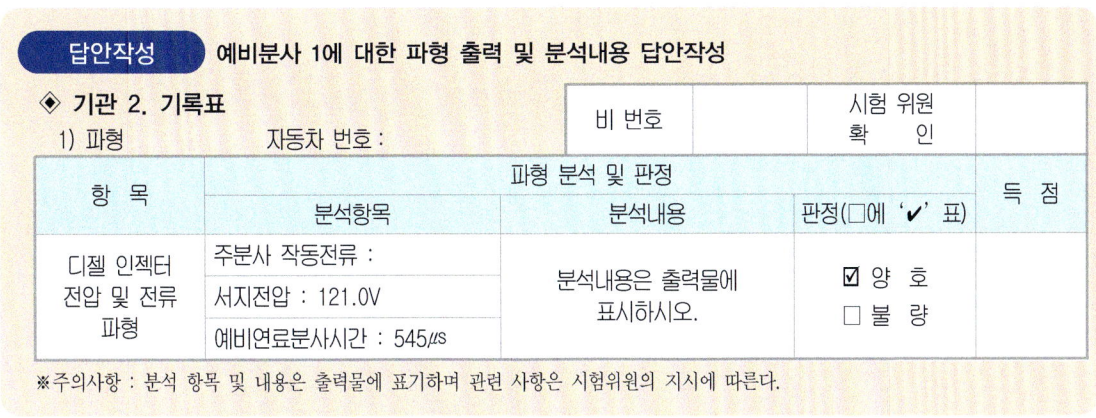

09 파형분석(예비분사 2)

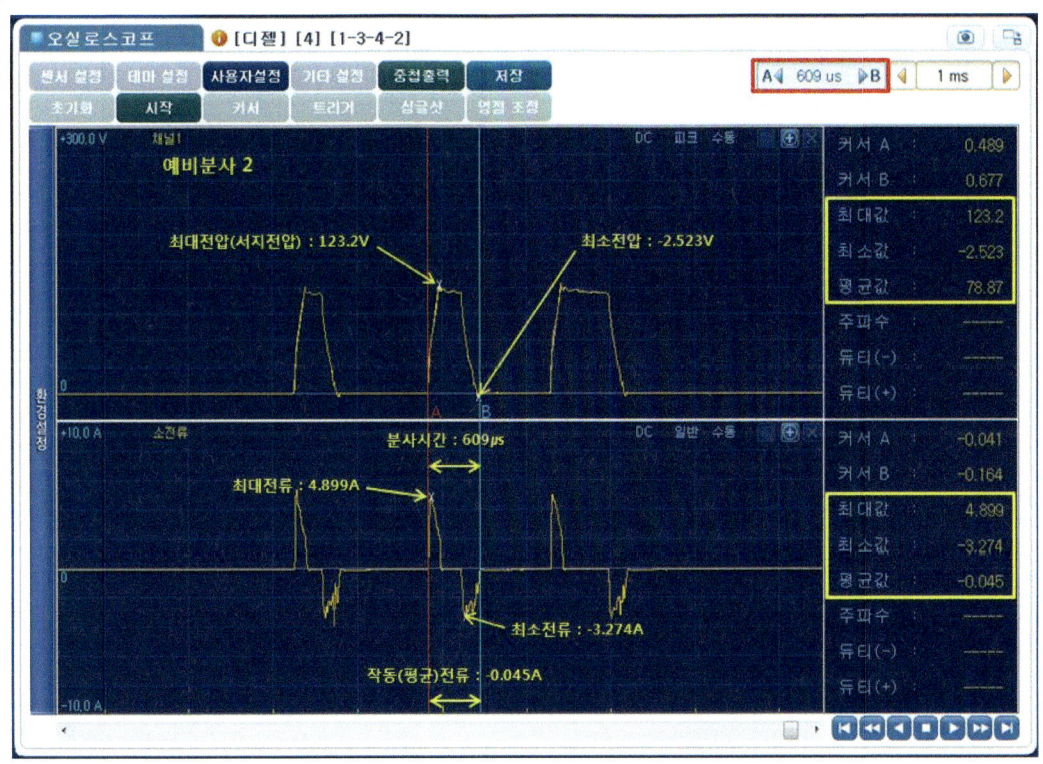

위 그림은 커서 A, B를 예비분사 2에 위치시킨 후 최대전압 123.2V, 최소전압 -2.523V, 투 커서 간 시간차(연료분사 시간) 609μs로 표기하였으며, 소 전류는 최대전류 4.899A, 최소전류 -3.274A, 작동(평균)전류 -0.045A로 표기함.

자동차정비기능장

⑩ **출력파형 출력물** : 예비분사 2에 대한 파형 출력 및 분석내용 표기

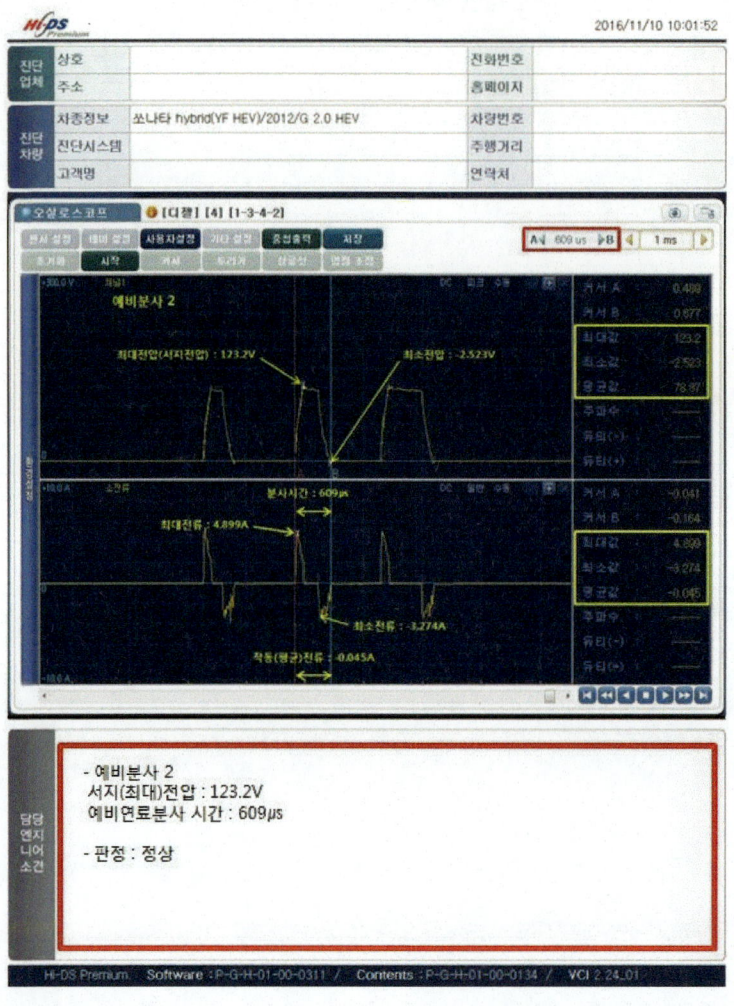

| 답안작성 | 예비분사 2에 대한 파형 출력 및 분석내용 답안작성 |

◆ **기관 2. 기록표**

1) 파형   자동차 번호 :

| 비 번호 | | 시험 위원 확 인 | |

항 목	파형 분석 및 판정			득 점
	분석항목	분석내용	판정(□에 '✔' 표)	
디젤 인젝터 전압 및 전류 파형	주분사 작동전류 : 서지전압 : 123.2V 예비연료분사시간 : 609㎲	분석내용은 출력물에 표시하시오.	☑ 양 호 □ 불 량	

※ 주의사항 : 분석 항목 및 내용은 출력물에 표기하며 관련 사항은 시험위원의 지시에 따른다.

⑪ 파형분석(예비분사 1, 2)

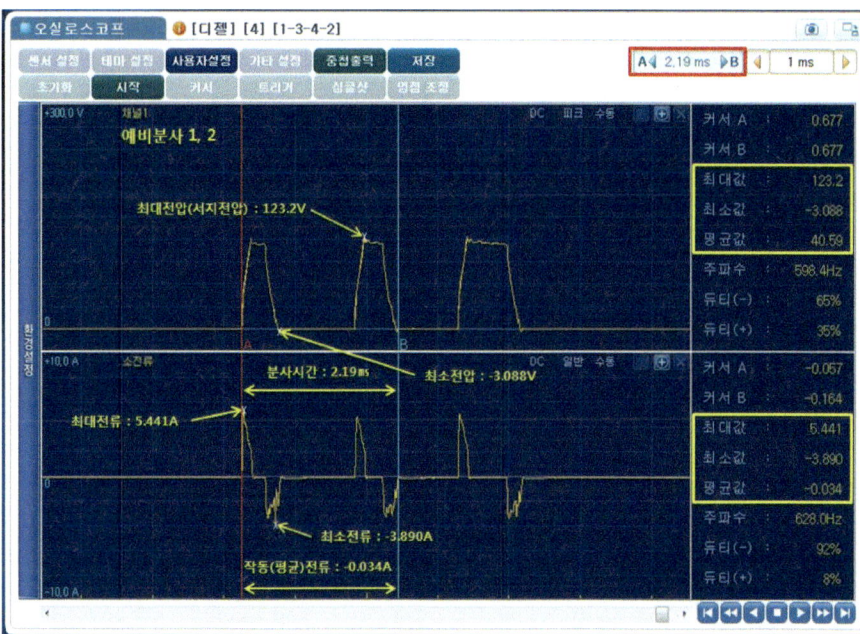

그림은 커서 A, B를 예비분사 1과 2에 위치시킨 후 최대전압 123.2V, 최소전압 -3.088V, 투 커서 간 시간차 (연료분사 시간) 2.19ms로 표기하였으며, 소 전류는 최대전류 5.441A, 최소전류 -3.890A, 작동(평균)전류 -0.034A로 표기함.

⑫ 출력파형 출력물 : 예비분사 1과 2에 대한 파형 출력 및 분석내용 표기

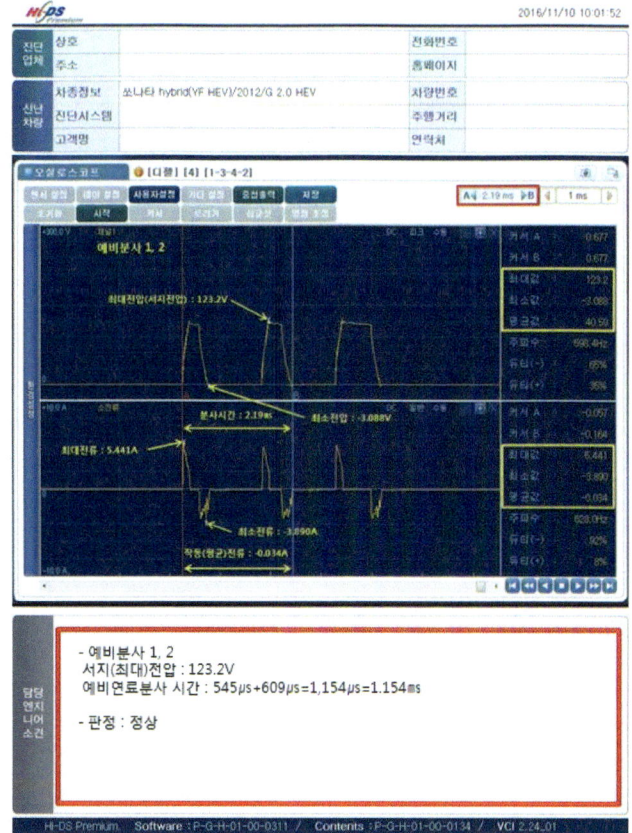

자동차정비기능장

답안작성 예비분사 1과 2에 대한 파형 출력 및 분석내용 답안작성

◆ 기관 2. 기록표

1) 파형   자동차 번호:

| 비 번호 | | 시험 위원 확 인 | |

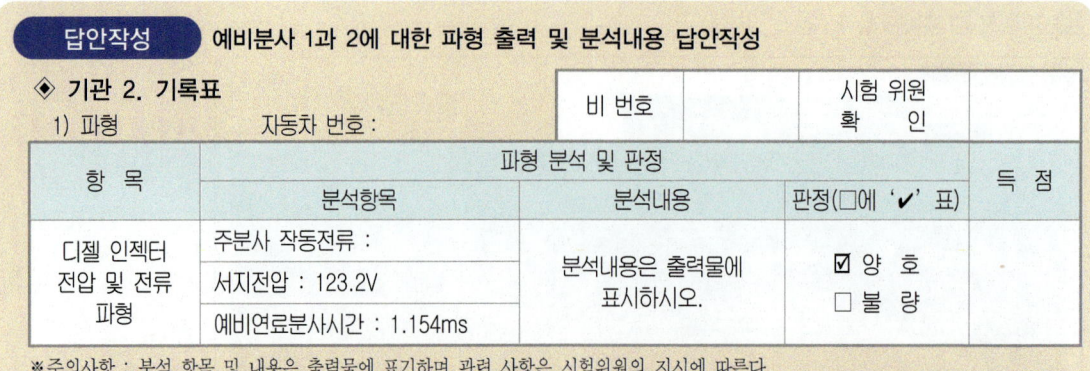

항 목	파형 분석 및 판정			득 점
	분석항목	분석내용	판정(□에 '✔' 표)	
디젤 인젝터 전압 및 전류 파형	주분사 작동전류 : 서지전압 : 123.2V 예비연료분사시간 : 1.154ms	분석내용은 출력물에 표시하시오.	☑ 양 호 □ 불 량	

※주의사항 : 분석 항목 및 내용은 출력물에 표기하며 관련 사항은 시험위원의 지시에 따른다.

13 파형분석(주분사)

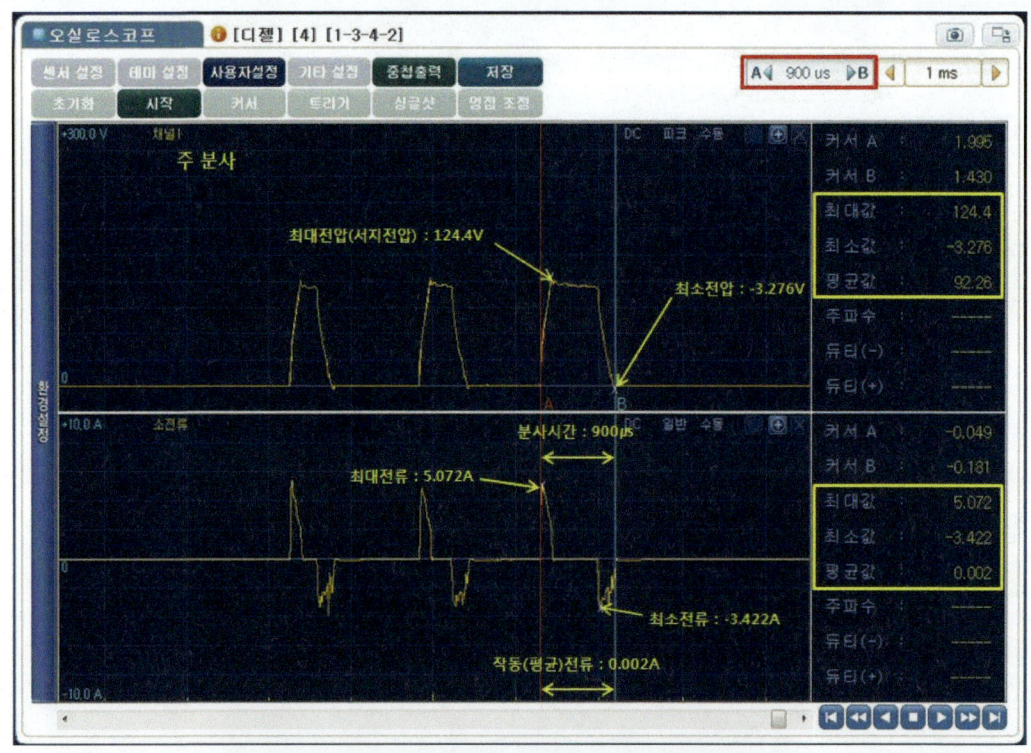

위 그림은 커서 A, B를 주분사에 위치시킨 후 최대전압 124.4V, 최소전압 -3.276V, 투 커서 간 시간차(연료분사 시간) 900㎲로 표기하였으며, 소 전류는 최대전류 5.072A, 최소전류 -3.422A, 작동(평균)전류 0.002A로 표기함.

작업형실기

⑭ 출력파형 출력물 : 주 분사에 대한 파형 출력 및 분석내용 표기

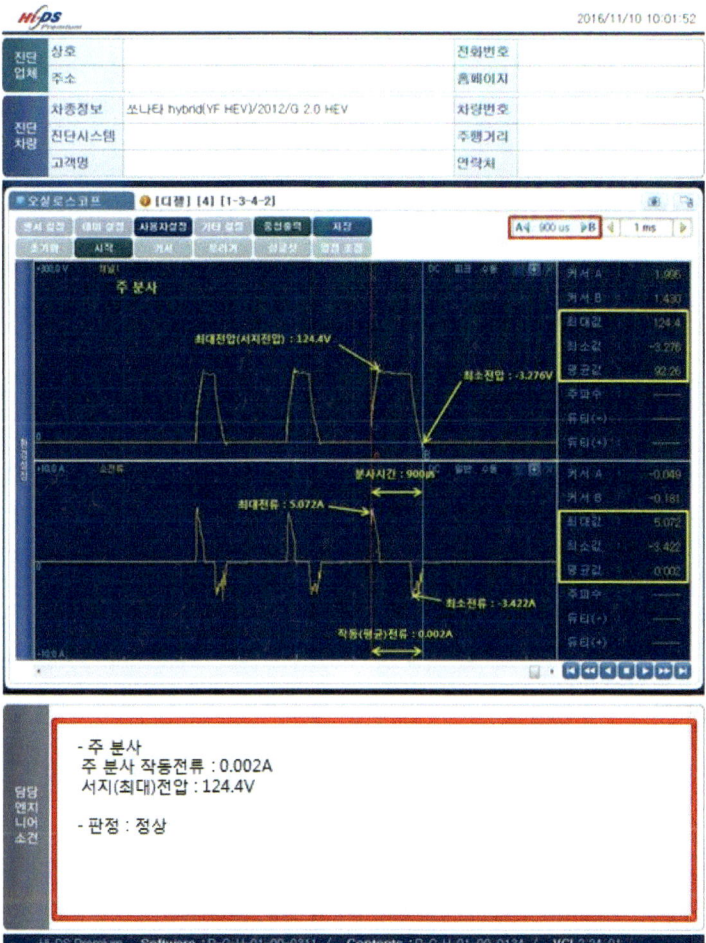

답안작성   주 분사에 대한 파형 출력 및 분석내용 답안작성

◈ **기관 2. 기록표**

1) 파형   자동차 번호 :

| 비 번호 | | 시험 위원 확 인 | |

항 목	파형 분석 및 판정			득 점
	분석항목	분석내용	판정(□에 '✔' 표)	
디젤 인젝터 전압 및 전류 파형	주분사 작동전류 : 0.002A 서지전압 : 124.4V 예비연료분사시간 : 1.154ms	분석내용은 출력물에 표시하시오.	☑ 양 호 □ 불 량	

※주의사항 : 분석 항목 및 내용은 출력물에 표기하며 관련 사항은 시험위원의 지시에 따른다.

02 연료온도센서 출력전압

01 테스터기 설치 및 측정값 판독

디지털멀티미터의 선택레버를 DC V에 위치한 후 흑색 리드 선은 접지, 적색 리드 선은 센서 출력단자에 연결한 후 Key ON 상태에서 출력값(3.628V)을 판독한다.

02 접지단자 및 측정값 판독

적색 리드 선은 센서 접지단자에 연결한 후 Key ON 상태에서 출력값(0.005V)을 판독한다.

03 엔진시동 ON

엔진시동을 ON한 후 정상적인 공회전 상태를 유지한다.

04 출력단자 측정값 판독

출력단자의 측정값을 판독한다.(3.567V)

◀ 접지단자의 측정값을 판독한다.(0.025V)

05 접지단자 측정값 판독

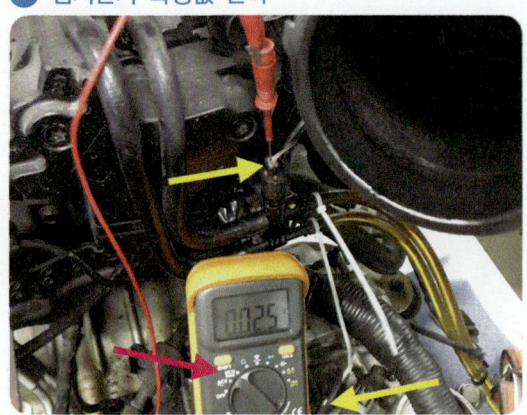

작업형실기

답안작성 파형 출력 및 분석내용 답안작성

2) 점검 및 측정

항 목	측정(또는 점검)		판정 및 정비(또는 조치)사항		득 점
	측정값	규정값(정비한계값)	판정(□에 'v' 표)	정비 및 조치할 사항	
연료 압력 조절 밸브 듀티값			□ 양 호 □ 불 량		
연료 온도 센서(FTS) 출력 전압	3.567V	2.1~4.0V	☑ 양 호 □ 불 량	정비 및 조치사항 없음 또는 정상	
액셀 포지션 센서(APS1 또는 APS2) 출력 전압			□ 양 호 □ 불 량		

03   액셀 포지션 센서 출력전압

01 테스터기 설치 및 측정값 판독

그림과 같이 디지털멀티미터의 선택레버를 DC V에 위치한 후 흑색 리드 선은 접지단자에 적색 리드 선은 센서 1 출력단자에 연결한 후 Key ON 상태에서 출력값(0.736V)을 판독한다.

02 APS 최대 작동 시

액셀러레이터 페달을 끝까지 누른 후 출력값(3.932V)을 판독한다.

03 액셀러레이터 센서 2

그림과 같이 흑색 리드 선은 접지단자에 적색 리드 선은 센서 2 출력단자에 연결한 후 Key ON 상태에서 출력값(0.364V)을 판독한다.

04 APS 최대 작동 시 측정값 판독

액셀러레이터 페달을 끝까지 누른 후 출력값(1.940V)을 판독한다.

답안작성(액셀러레이터 포지션 센서 1) Key ON시 액셀러레이터 포지션 센서 1을 기준으로 답안작성

2) 점검 및 측정

항 목	측정(또는 점검)		판정 및 정비(또는 조치)사항		득 점
	측정값	규정값(정비한계값)	판정(□에 'ν' 표)	정비 및 조치할 사항	
연료 압력 조절 밸브 듀티값			□ 양 호 □ 불 량		
연료 온도 센서(FTS) 출력 전압			□ 양 호 □ 불 량		
액셀 포지션 센서(APS1 또는 APS2) 출력 전압	0.736V	0.7~0.8V	☑ 양 호 □ 불 량	정비 및 조치사항 없음 또는 정상	

답안작성(액셀러레이터 포지션 센서 1) 페달을 끝까지 누른 상태에서 액셀러레이터 포지션 센서 1을 기준으로 답안작성

2) 점검 및 측정

항 목	측정(또는 점검)		판정 및 정비(또는 조치)사항		득 점
	측정값	규정값(정비한계값)	판정(□에 'ν' 표)	정비 및 조치할 사항	
연료 압력 조절 밸브 듀티값			□ 양 호 □ 불 량		
연료 온도 센서(FTS) 출력 전압			□ 양 호 □ 불 량		
액셀 포지션 센서(APS1 또는 APS2) 출력 전압	3.932V	3.2~4.0V	☑ 양 호 □ 불 량	정비 및 조치사항 없음 또는 정상	

답안작성(액셀러레이터 포지션 센서 2) Key ON시 액셀러레이터 포지션 센서 2를 기준으로 답안작성

2) 점검 및 측정

항 목	측정(또는 점검)		판정 및 정비(또는 조치)사항		득 점
	측정값	규정값(정비한계값)	판정(□에 'ν' 표)	정비 및 조치할 사항	
연료 압력 조절 밸브 듀티값			□ 양 호 □ 불 량		
연료 온도 센서(FTS) 출력 전압			□ 양 호 □ 불 량		
액셀 포지션 센서(APS1 또는 APS2) 출력 전압	0.364V	0.32~0.4V	☑ 양 호 □ 불 량	정비 및 조치사항 없음 또는 정상	

답안작성(액셀러레이터 포지션 센서 2) 페달을 끝까지 누른 상태에서 액셀러레이터 포지션 센서 2를 기준으로 답안작성

2) 점검 및 측정

항목	측정(또는 점검)		판정 및 정비(또는 조치)사항		득점
	측정값	규정값(정비한계값)	판정(□에 '✔' 표)	정비 및 조치할 사항	
연료 압력 조절 밸브 듀티값			□ 양 호 □ 불 량		
연료 온도 센서(FTS) 출력 전압			□ 양 호 □ 불 량		
액셀 포지션 센서(APS1 또는 APS2) 출력 전압	1.940V	1.5~2.1V	☑ 양 호 □ 불 량	정비 및 조치사항 없음 또는 정상	

04 연료압력조절밸브 듀티값과 연료온도센서(FTS)출력전압, 액셀포지션센서(APS1 또는 APS2) 출력전압

01 DLC 및 진단커넥터 설치

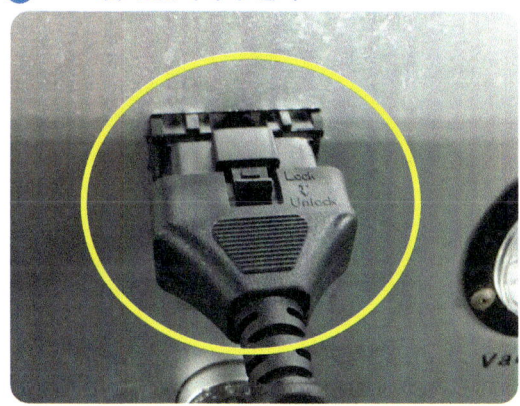

DLC에 스캐너 진단 커넥터를 연결 한 후 Key ON한다.

02 기능선택

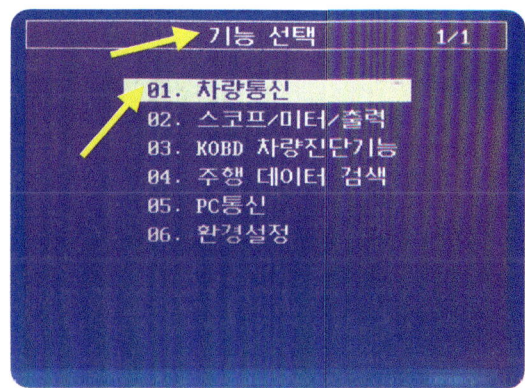

기능선택 화면에서 차량통신 선택 후 ENT 누름

03 제조회사 선택

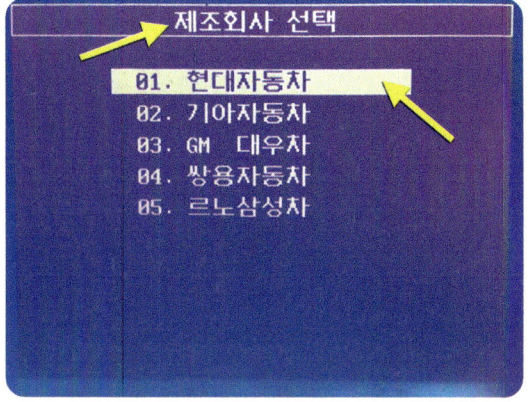

제조회사 화면에서 현대자동차 선택 후 ENT 누름

04 차종 선택

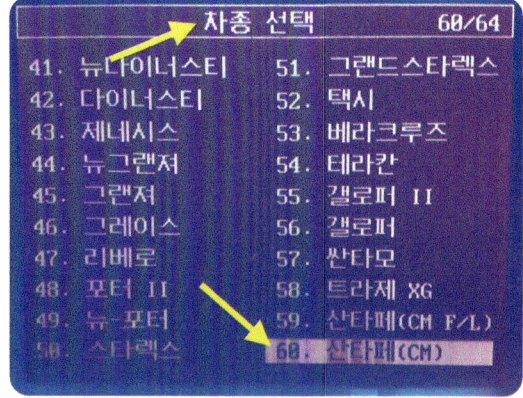

차종선택 화면에서 산타페(CM) 선택 후 ENT 누름

05 제어장치 선택

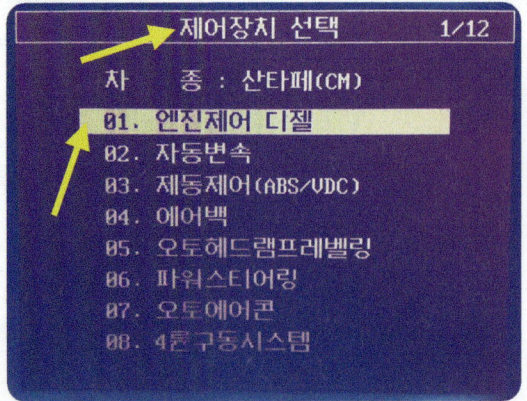

제어장치 화면에서 엔진제어 디젤 선택 후 ENT 누름

06 사양 선택

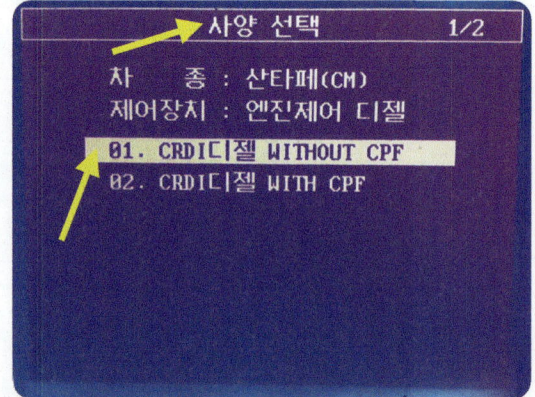

사양선택 화면에서 CRDI디젤 WITHOUT CPF 선택 후 ENT 누름

07 진단기능 선택

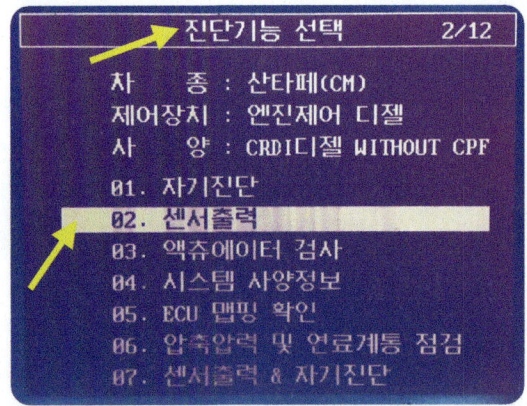

진단기능 선택 화면에서 센서출력 선택 후 ENT 누름

08 해당 데이터 고정 및 측정값 판독

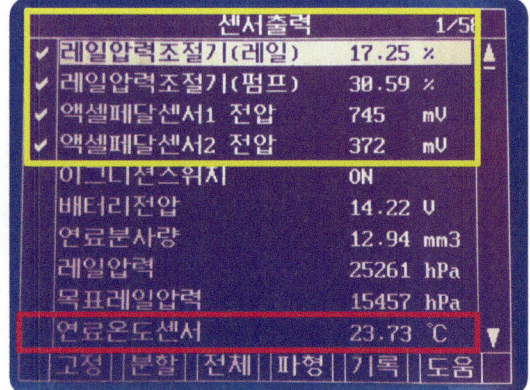

레일압력조절기(레일), 레일압력 조절기(펌프), 액셀페달센서 1 전압, 액셀페달센서 2 전압을 고정하고 하단에 있는 연료온도센서 출력값을 판독한다.

답안작성 [레일압력조절기(레일)] 레일압력조절기(레일)와 액셀페달센서 1을 기준으로 답안작성

2) 점검 및 측정

항 목	측정(또는 점검)		판정 및 정비(또는 조치)사항		득 점
	측정값	규정값(정비한계값)	판정(□에 '✔' 표)	정비 및 조치할 사항	
연료 압력 조절 밸브 듀티값	17.25%	10~25%	☑ 양 호 □ 불 량	정비 및 조치사항 없음 또는 정상	
연료 온도 센서(FTS) 출력 전압	23.73℃	23.73℃	☑ 양 호 □ 불 량	정비 및 조치사항 없음 또는 정상	
액셀 포지션 센서(APS1 또는 APS2) 출력 전압	745mV	700~800mV	☑ 양 호 □ 불 량	정비 및 조치사항 없음 또는 정상	

답안작성 [레일압력조절기(펌프)] 레일압력조절기(펌프)와 액셀페달센서 2를 기준으로 답안작성

2) 점검 및 측정

항 목	측정(또는 점검)		판정 및 정비(또는 조치)사항		득 점
	측정값	규정값(정비한계값)	판정(□에 '✔' 표)	정비 및 조치할 사항	
연료 압력 조절 밸브 듀티값	30.59%	20~45%	☑ 양 호 □ 불 량	정비 및 조치사항 없음 또는 정상	
연료 온도 센서(FTS) 출력 전압	23.73℃	23.73℃	☑ 양 호 □ 불 량	정비 및 조치사항 없음 또는 정상	
액셀 포지션 센서(APS1 또는 APS2) 출력 전압	372㎷	300~700㎷	☑ 양 호 □ 불 량	정비 및 조치사항 없음 또는 정상	

05 연료압력조절밸브 듀티값과 연료온도센서(FTS)출력전압, 액셀포지션센서(APS1 또는 APS2)출력전압

01 센서데이터 진단(초기 공전 시)

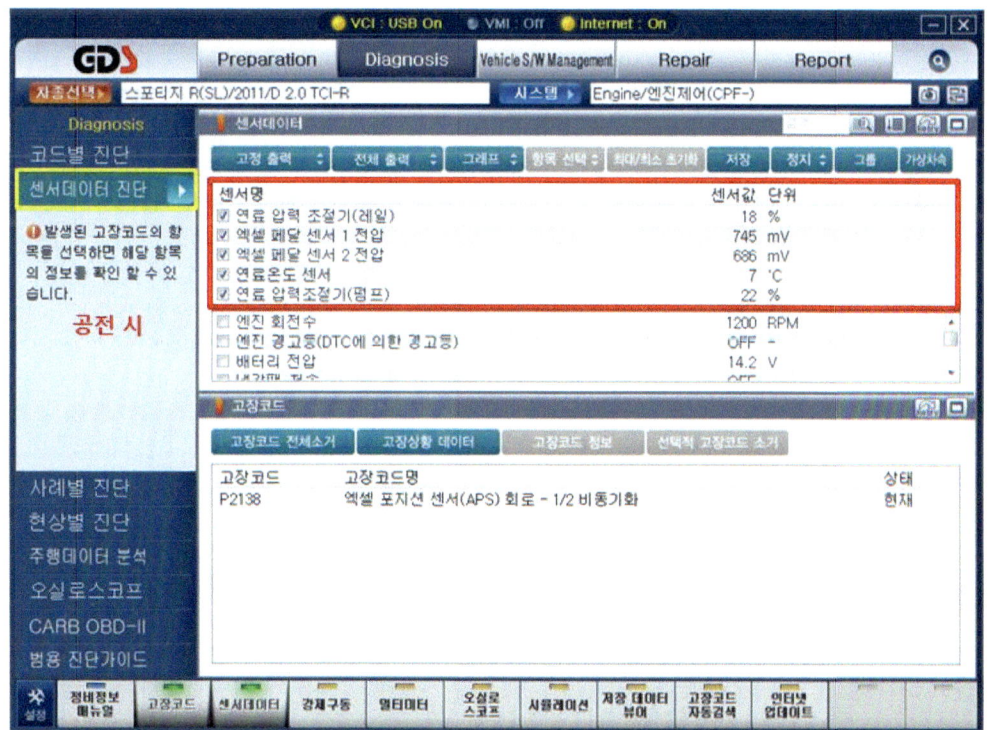

초기 시동에 의한 공전 시(1,200RPM) 센서데이터 진단 화면에서 연료압력조절기(레일), 액셀페달센서 1 전압, 액셀페달센서 2 전압, 연료온도센서, 연료압력 조절기(펌프)를 고정하고 출력값을 판독한다.

답안작성 [레일압력조절기(레일)]
레일압력조절기(레일)와 액셀페달센서 1을 기준으로 답안작성

2) 점검 및 측정

항 목	측정(또는 점검)		판정 및 정비(또는 조치)사항		득 점
	측정값	규정값(정비한계값)	판정(□에 'V' 표)	정비 및 조치할 사항	
연료 압력 조절 밸브 듀티값	18%	10~25%	☑ 양 호 □ 불 량	정비 및 조치사항 없음 또는 정상	
연료 온도 센서(FTS) 출력 전압	7℃	7℃	☑ 양 호 □ 불 량	정비 및 조치사항 없음 또는 정상	
액셀 포지션 센서(APS1 또는 APS2) 출력 전압	745mV	700~800mV	☑ 양 호 □ 불 량	정비 및 조치사항 없음 또는 정상	

답안작성 [레일압력조절기(펌프)]
레일압력조절기(펌프)와 액셀페달센서 2를 기준으로 답안작성

2) 점검 및 측정

항 목	측정(또는 점검)		판정 및 정비(또는 조치)사항		득 점
	측정값	규정값(정비한계값)	판정(□에 'V' 표)	정비 및 조치할 사항	
연료 압력 조절 밸브 듀티값	22%	20~50%	☑ 양 호 □ 불 량	정비 및 조치사항 없음 또는 정상	
연료 온도 센서(FTS) 출력 전압	7℃	7℃	☑ 양 호 □ 불 량	정비 및 조치사항 없음 또는 정상	
액셀 포지션 센서(APS1 또는 APS2) 출력 전압	686mV	300~700mV	☑ 양 호 □ 불 량	정비 및 조치사항 없음 또는 정상	

② 센서데이터 진단(공전 시)

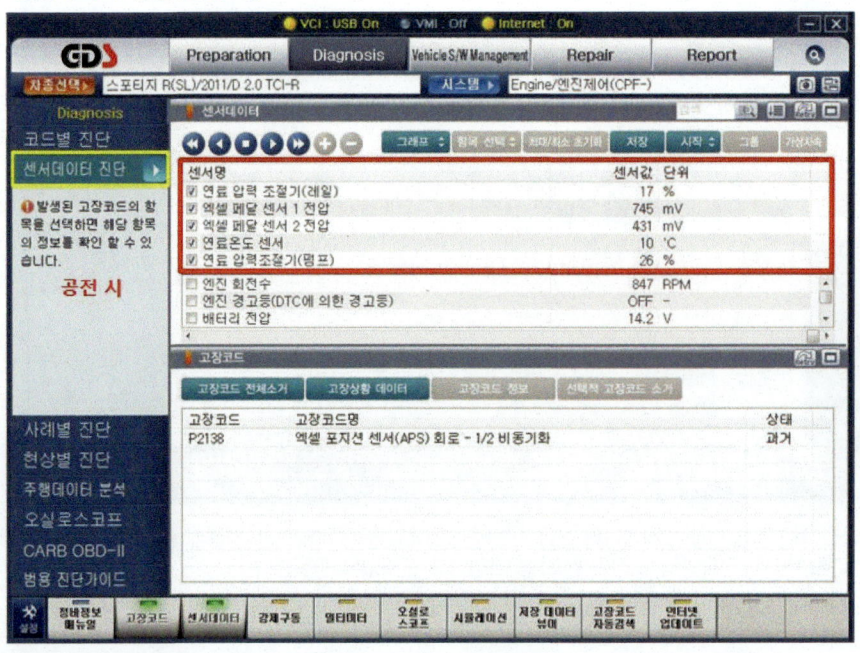

공전 시(847RPM) 센서데이터 진단 화면에서 연료압력조절기(레일), 액셀페달센서 1 전압, 액셀페달센서 2 전압, 연료온도센서, 연료압력 조절기(펌프)를 고정하고 출력값을 판독한다.

작업형실기

답안작성 [레일압력조절기(레일)]
레일압력조절기(레일)와 액셀페달센서 1을 기준으로 답안작성

2) 점검 및 측정

항 목	측정(또는 점검)		판정 및 정비(또는 조치)사항		득 점
	측정값	규정값(정비한계값)	판정(□에 '✓' 표)	정비 및 조치할 사항	
연료 압력 조절 밸브 듀티값	17%	10~25%	☑ 양 호 □ 불 량	정비 및 조치사항 없음 또는 정상	
연료 온도 센서(FTS) 출력 전압	10℃	10℃	☑ 양 호 □ 불 량	정비 및 조치사항 없음 또는 정상	
액셀 포지션 센서(APS1 또는 APS2) 출력 전압	745mV	700~800mV	☑ 양 호 □ 불 량	정비 및 조치사항 없음 또는 정상	

답안작성 [레일압력조절기(펌프)]
레일압력조절기(펌프)와 액셀페달센서 2를 기준으로 답안작성

2) 점검 및 측정

항 목	측정(또는 점검)		판정 및 정비(또는 조치)사항		득 점
	측정값	규정값(정비한계값)	판정(□에 '✓' 표)	정비 및 조치할 사항	
연료 압력 조절 밸브 듀티값	26%	20~50%	☑ 양 호 □ 불 량	정비 및 조치사항 없음 또는 정상	
연료 온도 센서(FTS) 출력 전압	10℃	10℃	☑ 양 호 □ 불 량	정비 및 조치사항 없음 또는 정상	
액셀 포지션 센서(APS1 또는 APS2) 출력 전압	431mV	300~700mV	☑ 양 호 □ 불 량	정비 및 조치사항 없음 또는 정상	

03 센서데이터 진단(급가속 시)

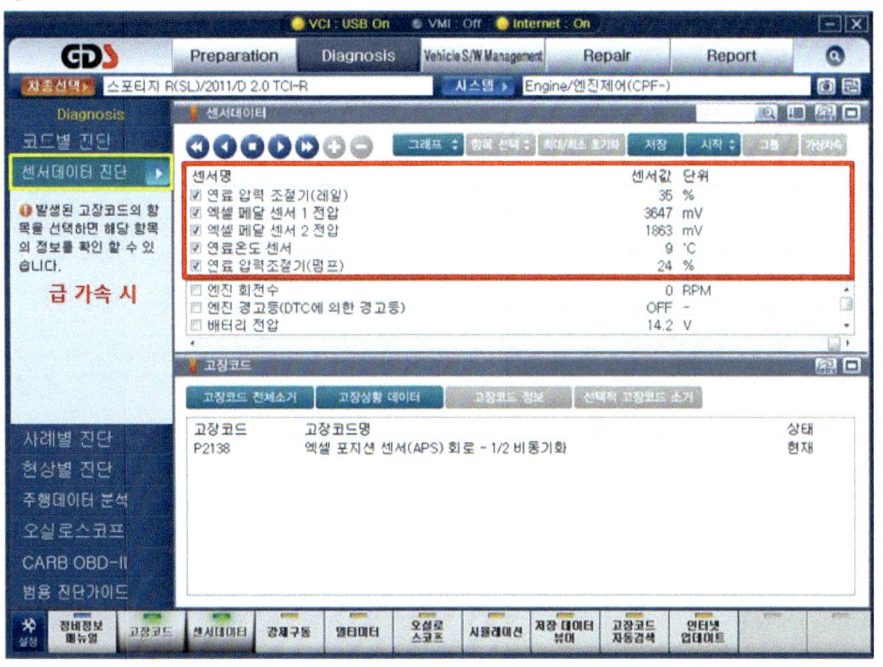

급가속 시 센서데이터 진단 화면에서 연료압력조절기(레일), 액셀페달센서 1 전압, 액셀페달센서 2 전압, 연료온도센서, 연료압력조절기(펌프)를 고정하고 출력값을 판독한다.

답안작성 [레일압력조절기(레일)]
레일압력조절기(레일)와 액셀페달센서 1을 기준으로 답안작성

2) 점검 및 측정

항 목	측정(또는 점검)		판정 및 정비(또는 조치)사항		득 점
	측정값	규정값(정비한계값)	판정(□에 '✔' 표)	정비 및 조치할 사항	
연료 압력 조절 밸브 듀티값	35%	30~40%	☑ 양 호 □ 불 량	정비 및 조치사항 없음 또는 정상	
연료 온도 센서(FTS) 출력 전압	9℃	9℃	☑ 양 호 □ 불 량	정비 및 조치사항 없음 또는 정상	
액셀 포지션 센서(APS1 또는 APS2) 출력 전압	3647mV	3500~3700mV	☑ 양 호 □ 불 량	정비 및 조치사항 없음 또는 정상	

답안작성 [레일압력조절기(펌프)]
레일압력조절기(펌프)와 액셀페달센서 2를 기준으로 답안작성

2) 점검 및 측정

항 목	측정(또는 점검)		판정 및 정비(또는 조치)사항		득 점
	측정값	규정값(정비한계값)	판정(□에 '✔' 표)	정비 및 조치할 사항	
연료 압력 조절 밸브 듀티값	24%	20~50%	☑ 양 호 □ 불 량	정비 및 조치사항 없음 또는 정상	
연료 온도 센서(FTS) 출력 전압	9℃	9℃	☑ 양 호 □ 불 량	정비 및 조치사항 없음 또는 정상	
액셀 포지션 센서(APS1 또는 APS2) 출력 전압	1863mV	1600~1900mV	☑ 양 호 □ 불 량	정비 및 조치사항 없음 또는 정상	

기능장 3안

기관 3 — 시동결함 및 부조발생 원인

주어진 자동차에서 크랭킹은 가능하나 시동되지 않고 시동된 후에도 부조가 발생합니다. 고장부위를 수리하고 기록표를 작성하시오.

01 크랭킹은 가능하나 시동되지 않는 원인 : 1안 참조(63~66페이지)

02 부조발생 : 1안 참조 (66~69페이지)

03 시동결함 및 부조발생 기록표 작성 : 1안 참조 (69페이지)

기능장 3안 섀시 1

전륜 현가장치 쇽업소버 코일 스프링 탈·부착

주어진 자동차에서 시험위원의 지시에 따라 전륜 현가장치의 쇽업소버 코일 스프링을 탈거하고 시험위원에게 확인 후 다시 조립(부착)하여 작동상태를 확인하고 기록표 요구사항을 점검 및 측정하여 기록하시오.

01 전륜 현가장치 쇽업소버 코일 스프링 탈·부착

01 휠 및 타이어 탈거

그림과 같이 보닛을 열고 휠 고정너트를 푼 후 휠 및 타이어를 탈거한다.

02 관련부품 명칭 1

쇽업소버, 캘리퍼, 브레이크 디스크

03 관련부품 명칭 2

브레이크 호스, ABS 휠 스피드 센서 배선, 고정 볼트

04 휠 스피드 센서 배선 및 브레이크 호스 탈거

그림과 같이 휠 스피드 센서 배선과 브레이크 호스 고정 볼트를 탈거한다.

05 스테이빌라이저 링크 탈거

스테이빌라이저 링크 고정너트를 푼 후 링크를 탈거한다.

06 쇽업소버 고정 볼트 탈거

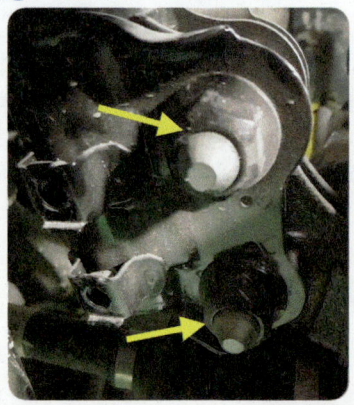

그림과 같이 두 개의 고정너트를 푼 후 볼트를 탈거한다.

07 인슐레이터 고정너트

3개의 인슐레이터 고정너트를 탈거한다.

08 쇽업소버 어셈블리 탈거

그림과 같이 쇽업소버 어셈블리를 탈거한다. 인슐레이터, 코일스프링, 벨로우즈 부트

09 쇽업소버 어셈블리 작기에 설치

그림과 같이 쇽업소버 어셈블리를 작기에 설치하고 하단 실린더 부를 고정한 후 레버를 코일스프링에 걸친 다음 핸들을 돌려 코일을 수축시킨다.

주의 인슐레이터와 코일스프링이 이완된 상태 확인

10 인슐레이터 고정너트 탈거

인슐레이터 고정너트를 탈거한다. ▶

작업형실기

11 인슐레이터 및 댐퍼 탈거

그림과 같이 인슐레이터와 댐퍼를 탈거한다.

12 코일스프링 탈거

핸들을 돌려 코일스프링을 확장시킨 후 스프링을 탈거하고 벨로우즈 부트를 탈거한다.

13 쇽업쇼버 어셈블리 탈거 후

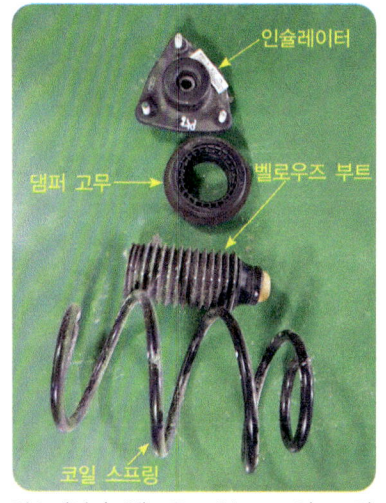

인슐레이터, 벨로우즈 부트, 코일스프링, 댐퍼

14 쇽업쇼버 및 코일스프링 설치

그림과 같이 쇽업쇼버를 작기에 설치하고 하단 실린더 부를 고정한 후 코일스프링을 설치한다.

15 코일스프링 장착위치

그림과 같이 코일스프링 끝 단부를 시트 돌출부에 위치시킨다.

16 작기 레버설치

그림과 같이 양쪽 레버를 코일스프링에 걸친다.

⑰ 작기 레버 위치조정 및 코일스프링 압축

그림과 같이 양쪽 레버의 설치위치를 쇽업소버 샤프트 중심과 일치할 수 있도록 한 후 코일스프링을 압축한다.
주의 코일스프링 압축 시 중심이 한쪽으로 쏠리면 다시 양쪽레버 위치를 설정하여 작업한다.

⑱ 쇽업소버 어셈블리 조립

부트와 댐퍼, 인슐레이터를 설치하고 고정너트를 최대한 조인 후 코일스프링을 확장시킨 다음 고정너트를 규정토크로 조인다. 작기 레버를 제거한 후 쇽업소버 하단 고정레버를 푼 후 탈거한다.

⑲ 쇽업소버 어셈블리 장착위치

휠 하우스, 너클, 스테이빌라이저 로드

⑳ 쇽업소버 어셈블리 설치

그림과 같이 쇽업소버 어셈블리를 휠 하우스와 너클에 설치한다.

21 인슐레이터 장착

그림과 같이 인슐레이터 고정너트를 규정토크로 조인다.

22 쇽업소버 고정 볼트

그림과 같이 두 개의 고정 볼트를 삽입한 후 너트를 규정토크로 조인다.

23 스테이빌라이저 로드 조립

스테이빌라이저 로드 고정너트를 규정토크로 조인다.

24 휠 스피드 센서 배선 및 브레이크 호스 장착

그림과 같이 휠 스피드 센서 배선과 브레이크 호스 고정 볼트를 규정토크로 조인다.

25 휠 및 타이어 장착

그림과 같이 휠 및 타이어를 장착한다. ▶

02 사이드슬립 량

01 측정준비

그림과 같이 측정 대상 차량을 엔진 시동 후 핸들을 직진상 태로 하고 테스터기 답판으로 진입 준비한다.

02 고정레버

답판 고정레버를 OFF한다.

03 테스터 측정준비

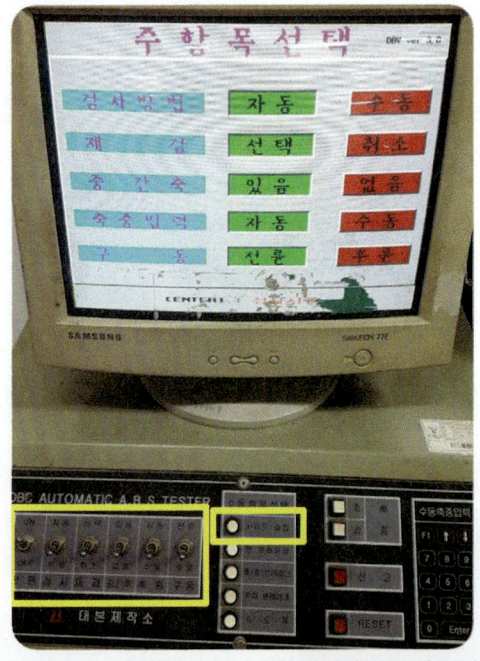

그림과 같이 좌측 하단에 있는 전원 스위치를 ON하고 검사 레버 수동, 재검 취소, 중간축 없음, 축중 수동, 구동 후륜으로 선택한 후 화면이다.

04 사이드슬립 버튼 ON

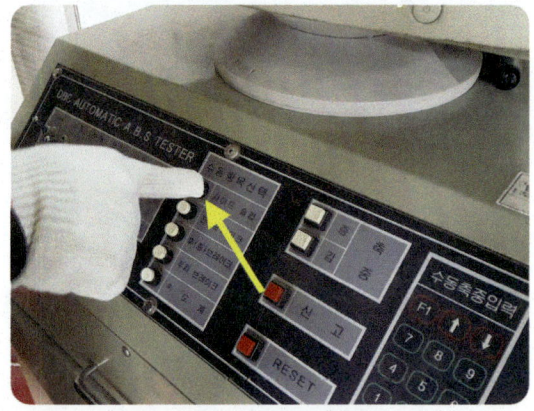

중앙에 위치한 사이드슬립 버튼을 누른다.

05 측정준비 화면

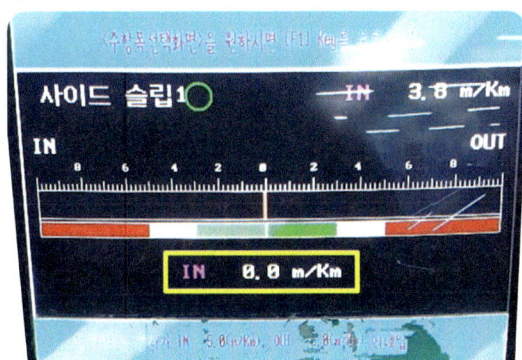

그림은 측정준비가 완료된 초기화면이다.

06 측정

핸들을 직진상태로 위치하고 핸들을 잡지 않은 상태에서 속도를 5km/h 이하로 측정 답판으로 진입한다.

07 측정값 판독 : 측정값은 IN 2.4m/km이며 규정값 이내이므로 양호 임.

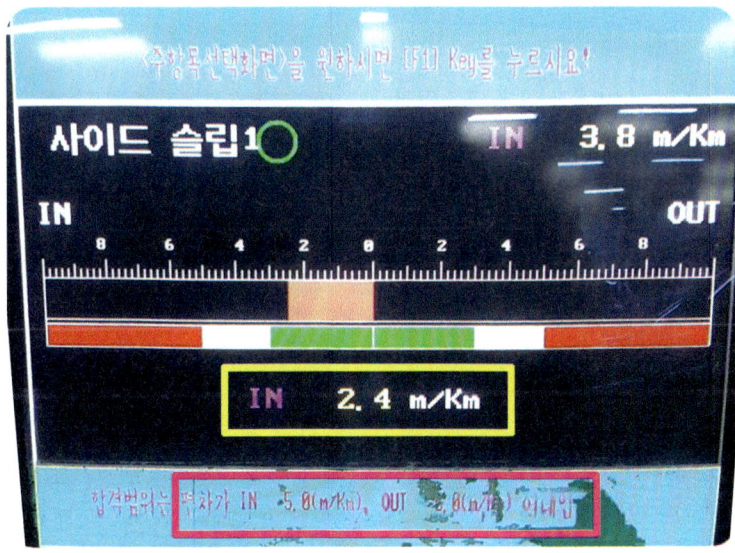

| 답안작성 | 측정값 기준으로 답안작성 |

◆ 섀시 1. 기록표
자동차 번호:

| 비 번호 | | 시험 위원 확 인 | |

항 목	측정(또는 점검)		판정 및 정비(또는 조치)사항		득 점
	측 정 값	규정(기준)값 (정비한계값)	판정(□에 '✔' 표)	정비 및 조치할 사항	
사이드 슬립량	IN 2.4m/km	IN 5.0m/km~OUT 5.0m/km이내	☑ 양 호 □ 불 량	정비 및 조치사항 없음 또는 정상	
타이어 점검	타이어 제작시기 / 트레드 깊이 / 타이어 최대 하중	트레드 깊이	□ 양 호 □ 불 량		✗

※ 시험위원의 지시에 따라 수험자가 직접 조작 및 측정하고 단위 누락이나 틀린 경우는 오답으로 채점합니다.

03 타이어 점검

01 측정

그림과 같이 타이어의 마모가 가장 많은 곳을 트레드 깊이 게이지로 측정한다.

02 측정값 판독

측정값(5.39mm)을 판독한다.

03 철자를 이용한 측정

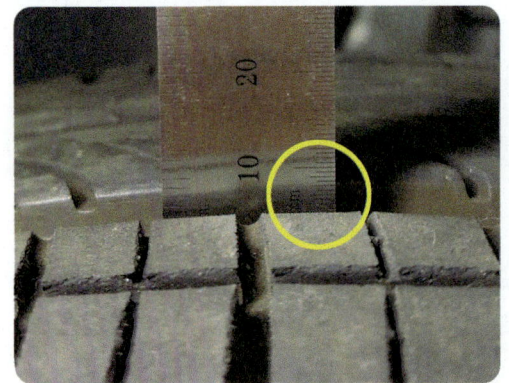

그림은 철자를 이용하여 측정한 것이며 측정값은 5.4mm이다.

04 버니어 캘리퍼스에 의한 측정

버니어 캘리퍼스의 깊이 바를 이용한 측정방법

05 측정값 판독

측정값은 7.80mm이다.

06 타이어 제작시기 1

그림의 원 안은 타이어 제작시기를 나타낸 것이며, 4910은 2010년 49주(2010년 12월 셋째 주)를 표기한 것이다.

07 타이어 제작시기 2

0911은 2011년 9주(2011년 2월 둘째 주)를 표기한 것이다.

08 타이어 최대 하중

그림은 타이어 최대 하중을 나타낸 것이며, 최대하중은 650kg이다.

답안작성 측정 및 판독 값 기준으로 답안작성

◆ 섀시 1. 기록표
자동차 번호 :

| 비 번호 | | 시험 위원 확 인 | |

항 목	측정(또는 점검)		판정 및 정비(또는 조치)사항		득 점
	측 정 값	규정(기준)값 (정비한계값)	판정(□에 '✔' 표)	정비 및 조치할 사항	
사이드 슬립량	IN 2.4m/km	IN 5.0m/km~OUT 5.0m/km이내	☑ 양 호 □ 불 량	정비 및 조치사항 없음 또는 정상	
타이어 점검	타이어 제작시기 0911(2011년 2월2주, 2011년 2월 둘째 주)	트레드 깊이 5.39mm	타이어 최대 하중 650kg	트레드 깊이 1.6mm 이상	☑ 양 호 □ 불 량	✕

※ 시험위원의 지시에 따라 수험자가 직접 조작 및 측정하고 단위 누락이나 틀린 경우는 오답으로 채점합니다.

기능장 3안 섀시 2 — 쇽업소버 액추에이터 탈·부착 및 작동상태 확인

주어진 전자제어 현가장치에서 쇽업소버의 액추에이터를 탈착하여 시험위원의 지시에 따라 작동상태를 확인하고 기록표의 요구사항을 점검 및 측정하여 기록하시오.

01 쇽업소버 액추에이터 탈·부착 및 작동상태 확인

01 휠 및 타이어 탈거

그림과 같이 휠 및 타이어를 탈거한다.

02 관련부품 명칭

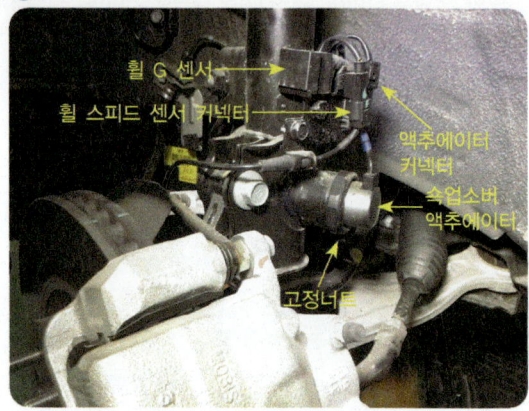

WHEEL G SENSOR, 액추에이터 커넥터, 쇽업소버 액추에이터, 고정너트, 휠 스피드 센서 커넥터

03 휠 스피드 센서 커넥터 및 배선 탈거

그림과 같이 휠 스피드 센서 커넥터를 탈거한 후 배선 고정 볼트를 탈거한다.

04 액추에이터 커넥터 및 고정 볼트 탈거

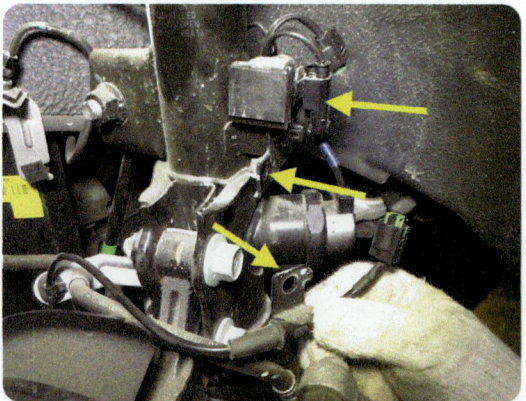

그림과 같이 액추에이터 커넥터를 탈거한 후 WHEEL G SENSOR 및 커넥터 고정 볼트를 탈거한다.

05 액추에이터 고정너트 탈거

그림과 같이 액추에이터 고정너트를 탈거한다.

06 액추에이터 탈거

그림과 같이 액추에이터와 고정너트를 탈거한다.

07 액추에이터 탈거 후

액추에이터 탈거 후 모습이며, 잔류 작동유가 약간 흐르고 있다.

08 액추에이터 탈거 후 부품

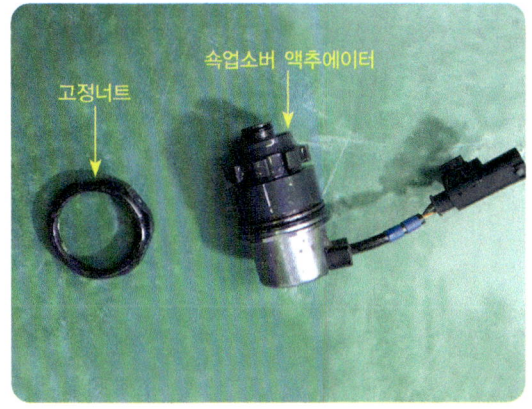

고정너트, 쇽업소버 액추에이터

09 액추에이터 장착

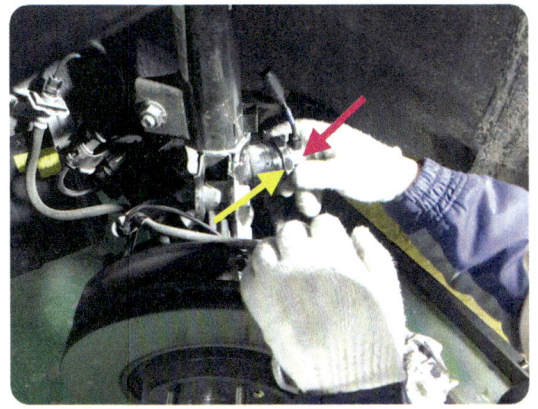

액추에이터를 쇽업소버에 장착한다.

주의 장착 시 오링이 손상되지 않도록 하고 완전히 밀착되도록 누른다.

10 고정너트 조립

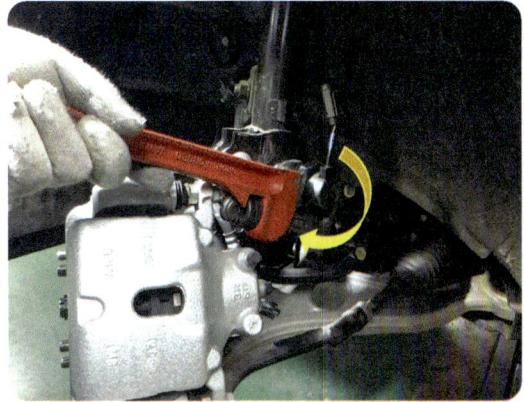

그림과 같이 고정너트를 규정토크로 조인다.

> 자동차정비기능장

⑪ 액추에이터 커넥터 고정 볼트 조립

그림과 같이 WHEEL G SENSOR 및 커넥터 고정 볼트를 규정토크로 조인다.

⑫ 액추에이터 커넥터 장착 및 휠 스피드 센서 고정 볼트 조립

액추에이터 커넥터 및 휠 스피드 센서 고정 볼트를 규정토크로 조인다.

⑬ 휠 스피드 센서 커넥터

그림과 같이 휠 스피드 센서 커넥터를 장착한다.

⑭ 휠 및 타이어 장착

그림과 같이 휠 및 타이어를 허브에 설치한 후 휠 너트를 규정토크로 조인 후 휠 캡을 장착한다.

⑮ 작동상태 확인(경고등)

그림과 같이 엔진시동을 ON한 후 클러스터의 경고등 점등 여부를 확인한다.

⑯ 차량 지상 고 확인

차량 주행 후 그림과 같이 지상 고를 확인한다.

02 앞 차고센서 파형

01 측정화면 설정 : 차종 및 시스템 선택(AFLS : 가변조정전조등)

02 가변형 전조등 시스템 회로 : 가변형 전조등 시스템 회로(ECS 프런트 높낮이 센서 LH)

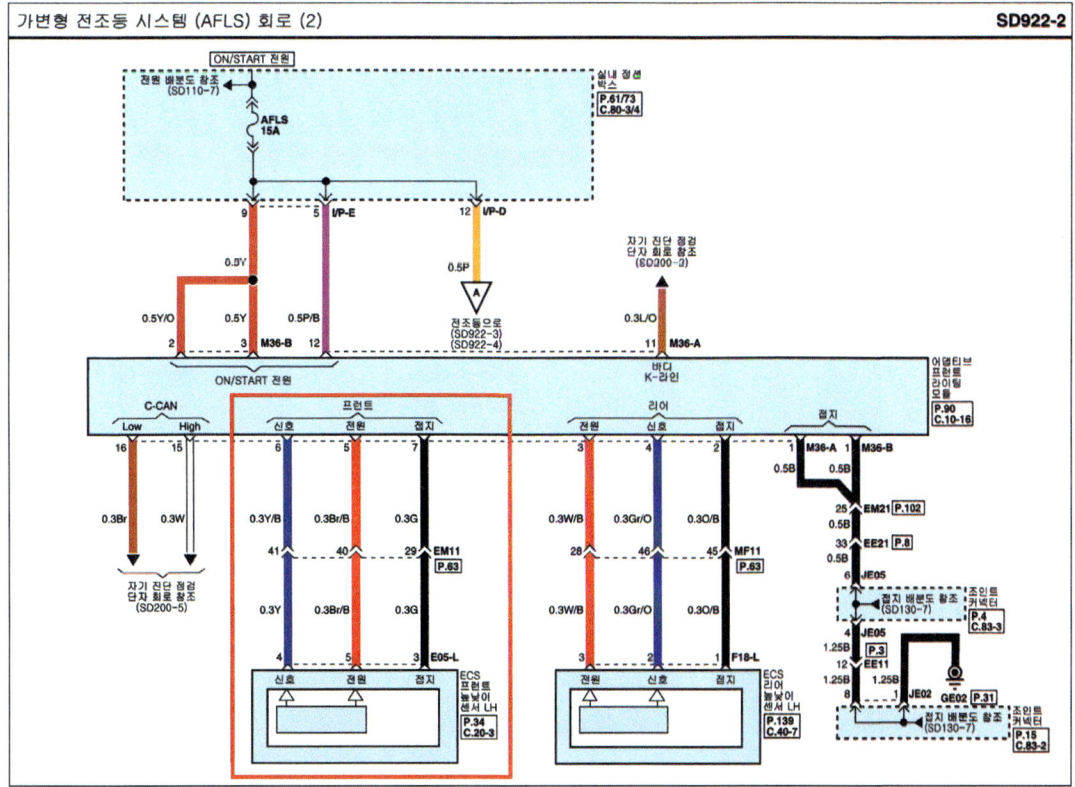

03 ECS 프런트 높낮이 센서 LH : ECS 프런트 높낮이 센서 LH 커넥터 단자

[커넥터]	[위치] [하니스]		
E05-L	ECS 프런트 높낮이 센서 LH	P/No.	-
		P/Name	AMP_MQSWP_06F_B

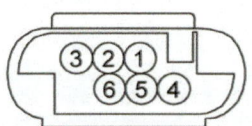

1.	-	-	4.	Y	어댑티브 프런트 라이팅 모듈(신호)
				P/B	ECS유닛(신호)
2.	-	-	5.	Br/B	어댑티브 프런트 라이팅 모듈(전원)
3.	G	어댑티브 프런트 라이팅 모듈(접지)		R	ECS유닛(전원)
	Br/B	ECS 유닛(접지)	6.	-	-

04 채널 프로브 접지

◀ 그림과 같이 채널 프로브를 접지한다.

05 관련부품 명칭

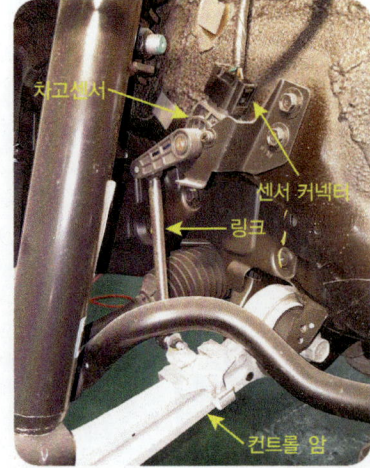

차고센서, 센서 커넥터, 링크, 컨트롤 암

06 전원 프로브 설치

그림과 같이 전원 프로브를 4번 단자에 연결한다.

07 엔진시동 ON

엔진시동을 ON한다.

08 리프트 상승

◀ 그림과 같이 리프트를 상승하여 차고 높이가 최대로 되게 한다.

09 파형분석(최고높이)

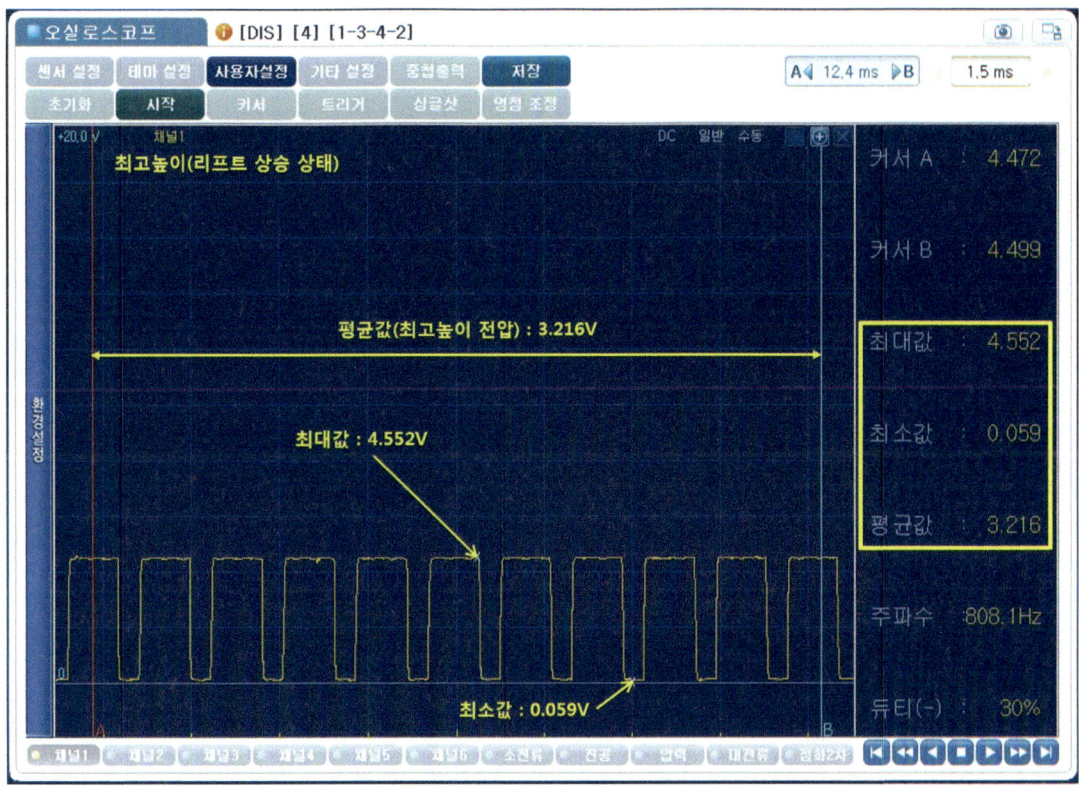

차고 높이가 최대로 되게 한 상태의 출력파형으로 커서 A와 B를 작동구간 내 임의 구간에 위치한 경우 최대전압 4.552V, 평균(최고높이)전압 3.216V, 최소전압 0.059V로 표기한 화면임.

자동차정비기능장

10 출력파형 출력물 : 파형 출력 및 분석내용 표기

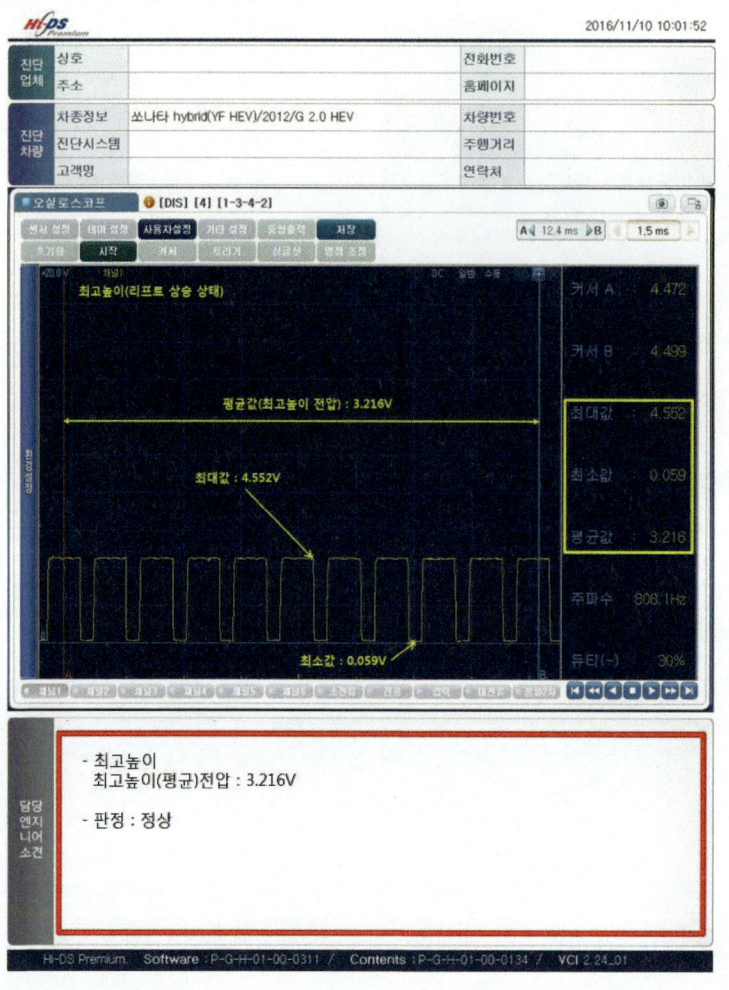

답안작성 리프트를 상승하여 차고 높이가 최대로 되도록 임의적으로 설정한 상태에서 분석내용 표기 및 답안 작성하기

◈ **섀시 2. 기록표**

1) 파형   자동차 번호 :

| 비 번호 | | 시험 위원 확 인 | |

항 목	파형 분석 및 판정			득 점
	분석항목	분석내용	판정(□에 '✔' 표)	
앞차고 센서	최고 높이 전압 : 3.216V	분석내용은 출력물에 표시하시오	☑ 양 호 □ 불 량	
	최저 높이 전압 :			

※ 주의사항 : 분석 항목 및 내용은 출력물에 표기하여 관련 사항은 시험위원의 지시에 따른다.
최고 높이란 차의 높이가 최상단으로 위치할 때, 최저 높이란 차의 높이가 최하단으로 위치할 때를 말한다.

⑪ 파형분석(표준높이)

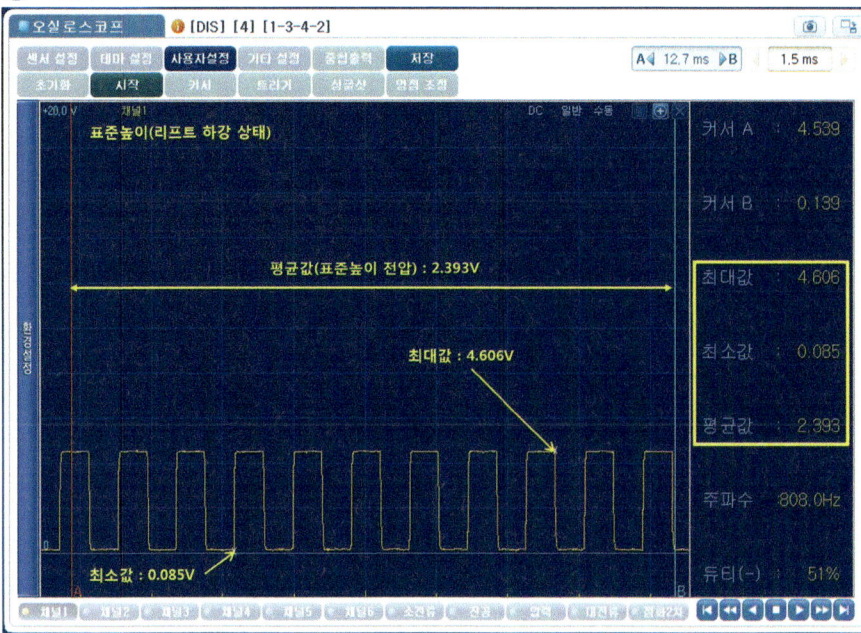

차량 리프트를 하강시켜 높이가 표준으로 되게 한 상태의 출력파형으로 커서 A와 B를 작동구간 내 임의 구간에 위치한 경우 최대전압 4.606V, 평균(표준높이)전압 2.393V, 최소전압 0.085V로 표기한 화면임.

⑫ 출력파형 출력물 : 파형 출력 및 분석내용 표기

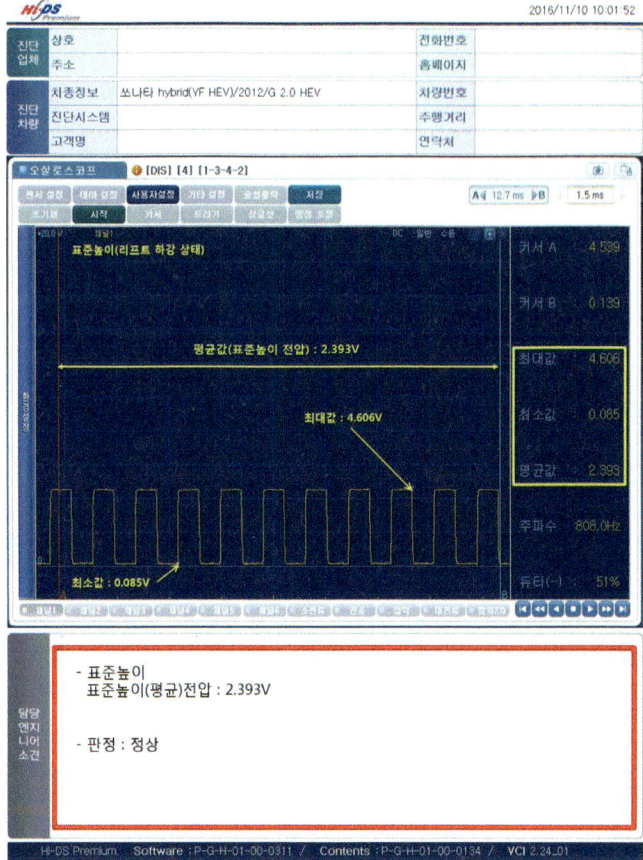

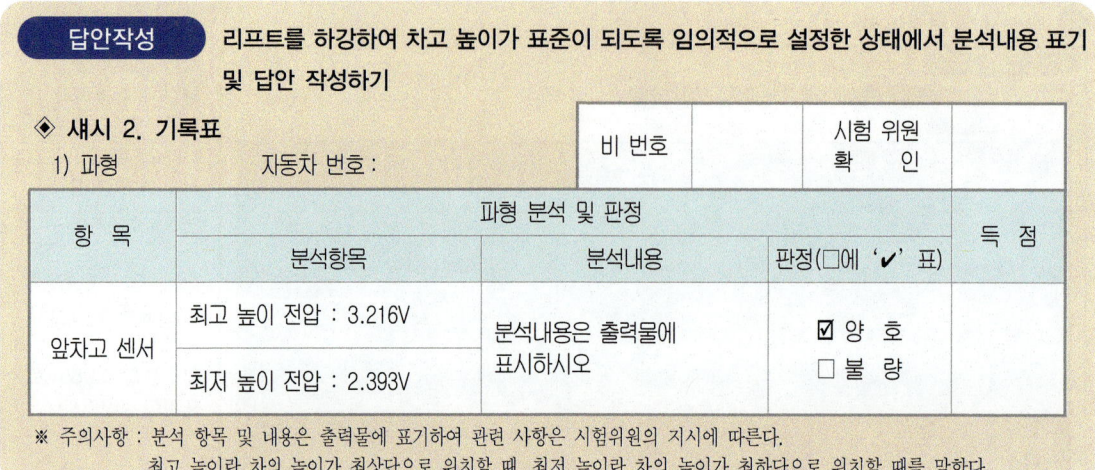

13 파형분석(최저높이)

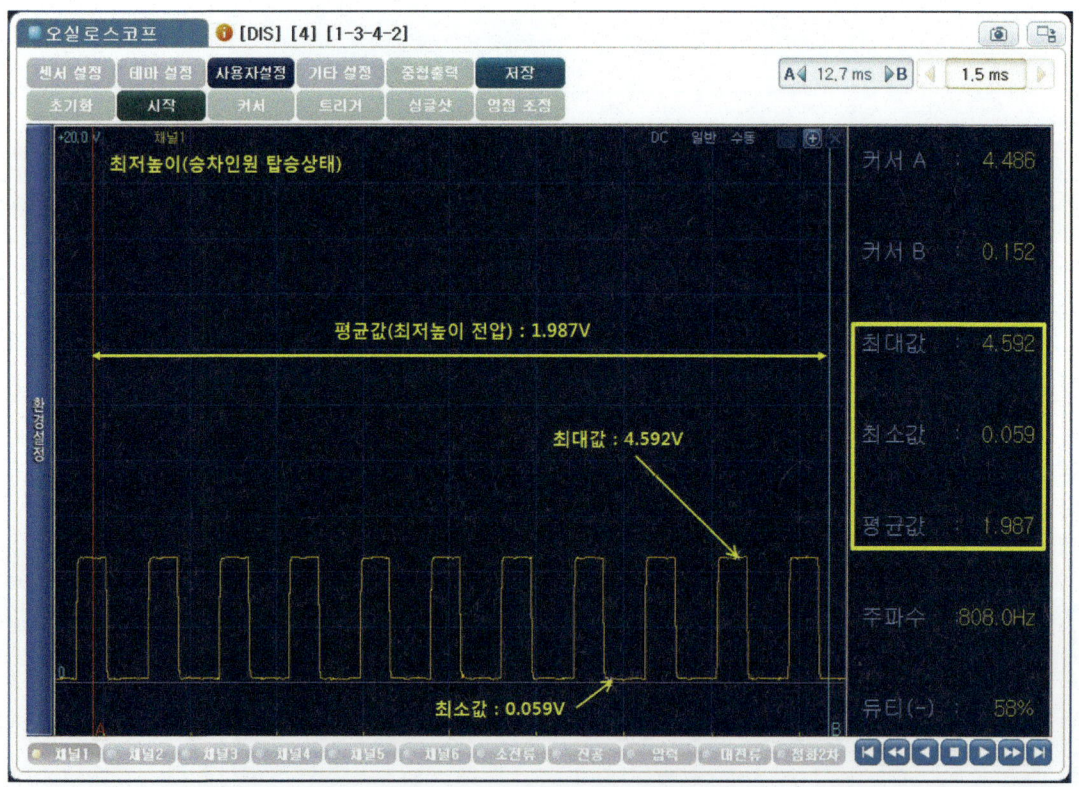

차량에 승차인원을 탑승시킨 후 차고 높이가 최소로 되게 한 상태의 출력파형으로 커서 A와 B를 작동구간 내 임의 구간에 위치한 경우 최대전압 4.592V, 평균(최저높이)전압 1.987V, 최소전압 0.059V로 표기한 화면임.

⑭ 출력파형 출력물 : 파형 출력 및 분석내용 표기

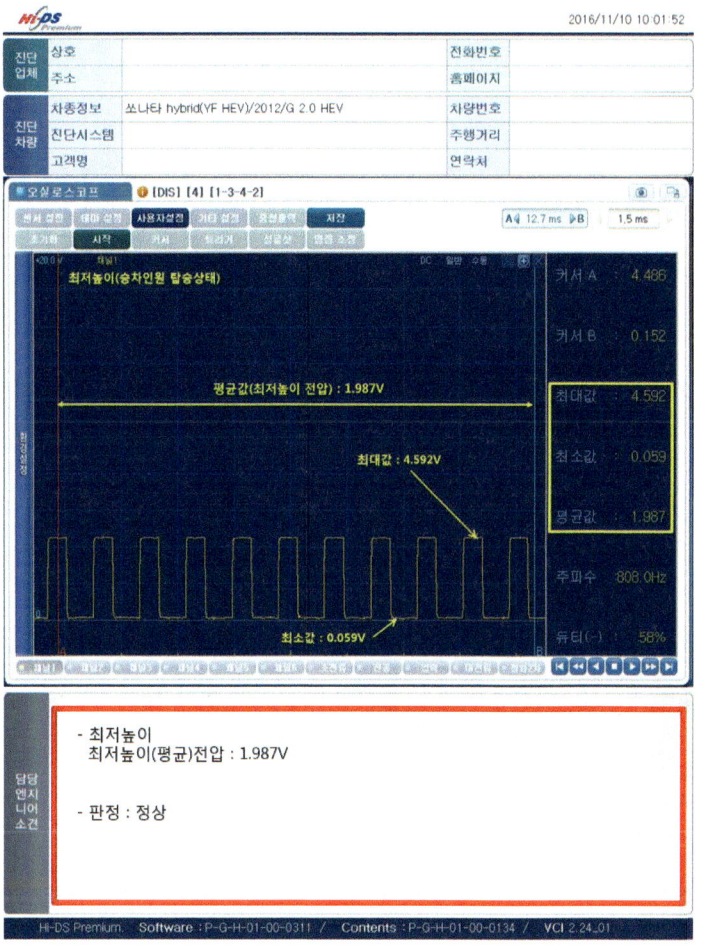

답안작성

◆ **섀시 2. 기록표**
1) 파형   자동차 번호 :

| 비 번호 | | 시험 위원 확 인 | |

항 목	파형 분석 및 판정			득 점
	분석항목	분석내용	판정(□에 '✔' 표)	
앞차고 센서	최고 높이 전압 : 3.216V	분석내용은 출력물에 표시하시오	☑ 양 호 □ 불 량	
	최저 높이 전압 : 1.987V			

※ 주의사항 : 분석 항목 및 내용은 출력물에 표기하여 관련 사항은 시험위원의 지시에 따른다.
　　　　　　최고 높이란 차의 높이가 최상단으로 위치할 때, 최저 높이란 차의 높이가 최하단으로 위치할 때를 말한다.

기능장 3안 섀시 3 — 기록표 요구사항 점검·측정

기록표 요구사항을 점검 및 측정하여 기록하시오.

01 후륜 캠버와 후륜 토우

01 휠 얼라이먼트 테스터

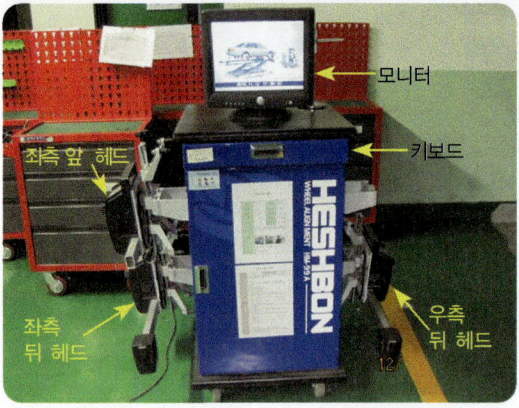

모니터, 키보드, 우측 뒤 헤드, 좌측 뒤 헤드, 좌측 앞 헤드이며 현재 모니터에 나타난 것은 초기화면이다.

02 2안 참조

F1 작업시작, F2 차량제원, F3 작업관리, F4 정비지침, F5 환경설정, F6 작업종료
2안 전륜 캠버 및 전륜 토우 측정 ②~⑱번 참조

03 측정값 판독 : 그림과 같이 후륜에 대한 토우, 전체 토우, 캠버 값을 판독한다.

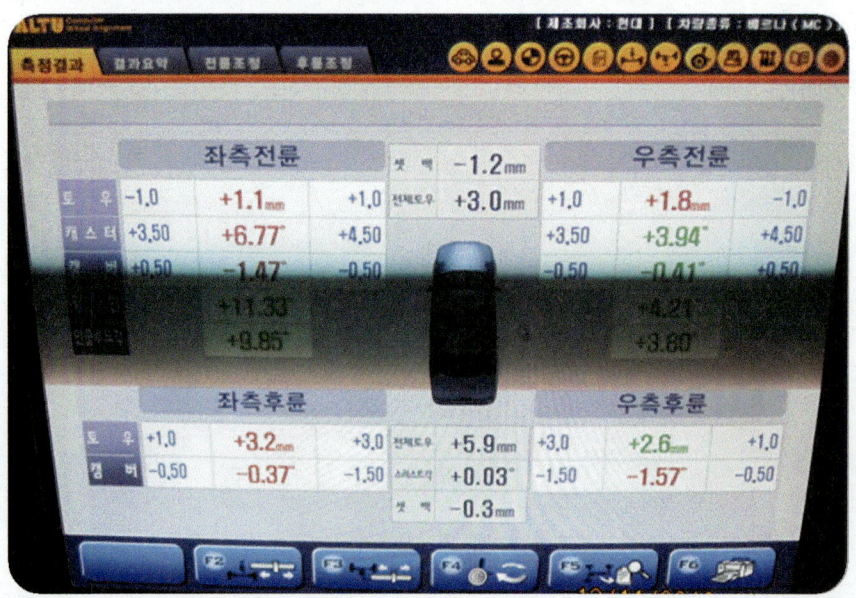

286

작업형실기

답안작성 시험위원의 지시사항 : 후륜 좌측캠버와 후륜 좌측 토우 측정 및 답안작성

2) 점검 및 측정

항 목	점검(또는 측정)		판정 및 정비(또는 조치)사항		득 점
	측 정 값	규정값(정비한계값)	판정(□에 '✔' 표)	정비 및 조치할 사항	
토우(후륜)	3.2mm	+1.0~+3.0mm	□ 양 호 ☑ 불 량	좌측 토우조정용 편심볼트를 돌려 2mm가 되도록 -1.2mm 조정한 후 재측정	
캠버(후륜)	-0.37°	-0.50~-1.50°			

답안작성 시험위원의 지시사항 : 후륜 우측캠버와 후륜 우측 토우 측정 및 답안작성

2) 점검 및 측정

항 목	점검(또는 측정)		판정 및 정비(또는 조치)사항		득 점
	측 정 값	규정값(정비한계값)	판정(□에 '✔' 표)	정비 및 조치할 사항	
토우(후륜)	2.6mm	+1.0~+3.0mm	□ 양 호 ☑ 불 량	우측 캠버조정용 편심볼트를 돌려 0°가 되도록 -1.57° 조정한 후 재측정	
캠버(후륜)	-1.57°	-0.50~-1.50°			

기능장 3안 전기 1

에어컨 가스 회수 및 에어컨 컴프레서 탈·부착 및 가스 충전 후 작동상태 확인, 점검 및 측정

시험위원의 지시에 따라 자동차에서 에어컨 가스를 전부 회수하고 에어컨 컴프레서를 탈·부착한 후 가스를 충전한 다음 작동상태를 확인하고 기록표의 요구사항을 점검 및 측정하고 기록표에 기록하시오.

01 에어컨 가스 회수 및 충전

01 관련부품 명칭

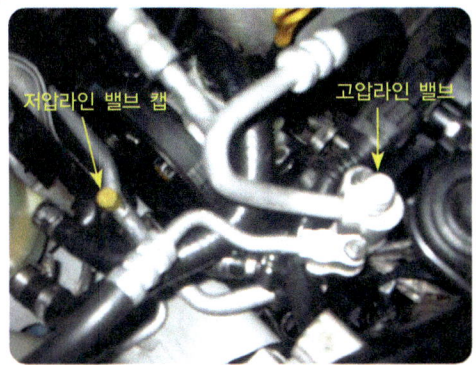

저압라인 밸브 캡, 고압라인 밸브

02 고압 및 저압 라인 연결

그림과 같이 엔진시동 OFF상태에서 저압과 고압라인을 연결한다.

03 고압밸브

그림과 같이 고압밸브를 연다.

04 저압밸브

그림과 같이 저압밸브를 연다.

05 회수버튼 ON

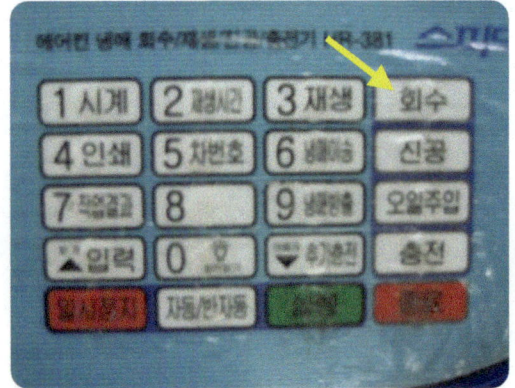

화살표가 가리키는 회수 버튼을 누른 후 실행버튼을 누른다.

06 회수 과정

그림과 같이 저압과 고압게이지가 떨어지면서 회수가 진행 중이며, 액정에 회수모드와 냉매 량이 표기된다.

07 회수 완료

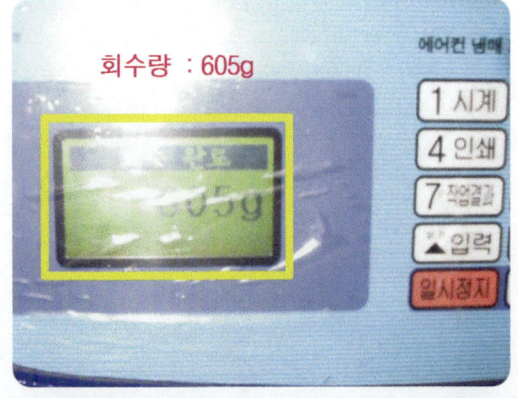

회수가 완료된 화면이며, 회수 량은 605g이다. 다음 단계 진행을 위하여 종료버튼을 누른다.

08 진공

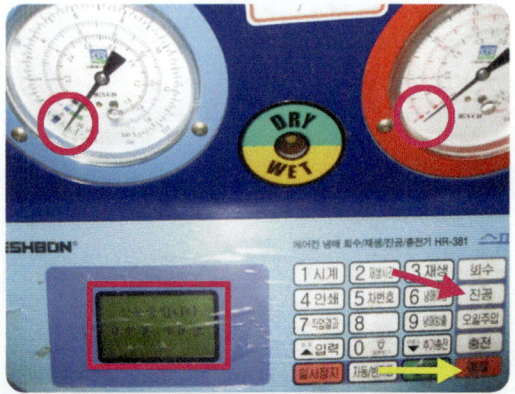

그림과 같이 진공버튼을 누른 후 실행버튼을 누르면 진공이 시작되며, 진공이 완료되면 종료버튼을 누른다.

참고 진공 시간은 조건에 따라 임의로 설정할 수 있으나 최하 4분(테스터기에 따라 차이가 있음.)이며 시간 입력 시 입력버튼을 누른 후 시간을 설정하면 된다.

09 진공 유의사항 및 냉동 유 : 진공 유의 및 주의사항 및 냉동 유

> **유 의**
>
> 냉매를 충전할 경우에는 필히 에어컨 계통을 진공시켜야 한다. 이 진공 작업은 유닛에 유입된 모든 공기와 습기를 제거하기 위해서 행하는 것이며 각 부품을 장착한 후 계통은 10분 이상 진공작업을 한다.
>
> 2. 고압밸브를 개방한 상태에서 R-134a 회수/재생/충전기를 이용하여 냉매를 규정량 만큼 충전시킨 후 고압밸브를 닫는다.
>
> 규정 충전량 : 500 ± 25g
>
> **주 의** : 냉매를 과충전하지 말것. 과충전시 컴프레서가 손상을 입을 우려가 있습니다.
>
> 계통 내 오일의 총량 : PAG 150cc ± 10

10 냉동 유 보충

그림과 같이 회수된 폐유 량을 확인한 후 신유밸브를 열어 회수 량만큼 보충한 후 밸브를 닫는다.

11 에어컨 장치

항 목		제 원
		1.6(LPI)
컴프레서	형 식	VS16M(가변 용량)
	윤활유 타입 및 용량	PAG 150±10cc
	토출량	160cc/rev
컨덴서	방열량	13,400-5% kcal/hr
에어컨 프레셔 트랜스듀서	압력 측정값	전압=0.00878835*압력(psig)
팽창밸브	형 식	블록타입(L=TXV)
냉매	형 식	R-134a
	냉매량(g)	500±25

에어컨 장치 항목 및 제원

12 냉매충전

그림과 같이 충전버튼을 누른 후 입력버튼을 눌러 충전 량(550g)을 입력한 다음 실행 버튼을 누른다.

13 충전모드

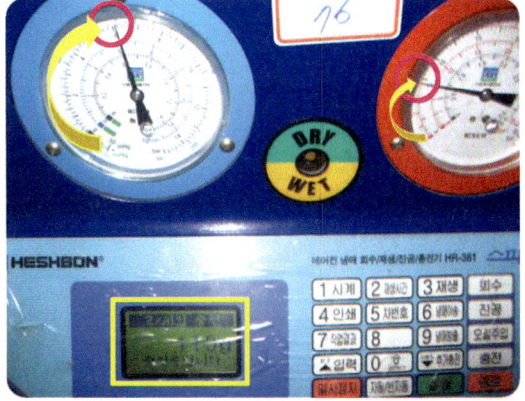

그림과 같이 저압과 고압게이지가 상승하면서 충전이 진행 중이며, 액정에 충전모드와 냉매 량이 표기된다.

⑭ 충전완료

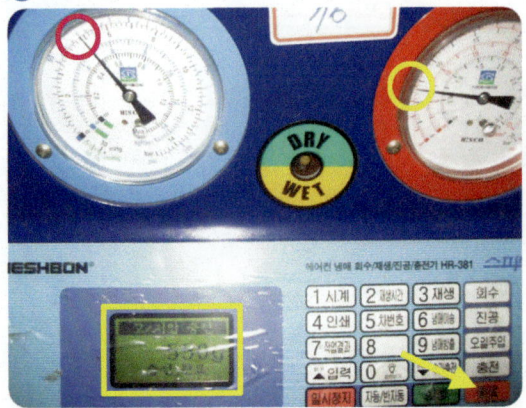

위 그림은 충전이 완료된 화면이며, 종료버튼을 누른다.

⑮ 에어컨 관련 스위치

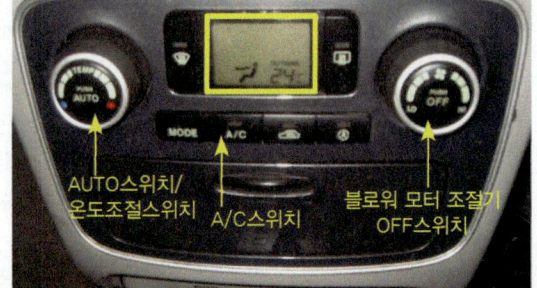

AUTO 스위치/온도조절 스위치, A/C 스위치, 블로워 모터 조절기, OFF 스위치

⑯ 에어컨 ON

엔진시동 ON 후 그림과 같이 AUTO 스위치를 ON한 다음 A/C 스위치 ON한다.

⑰ 히터 및 이배퍼레이터 유닛

항 목		제 원
히터	형식	공기 혼합 온수식
	방열 성능	4,300±5%kcal/hr
	모드 작동방식	액추에이터
	온도 작동방식	액추에이터
이배퍼레이터	온도 조절방식	이배퍼레이터 온도 센서
	에어컨 ON/OFF	ON : 1.7±0.5℃, OFF:0.2℃0.5℃
	팽창밸브 입구측 압력	15.7kgf/cm
	증발기 출구측 압력	2.0kgf/cm

히터 및 이배퍼레이터 제원

⑱ 저압 및 고압 압력 체크

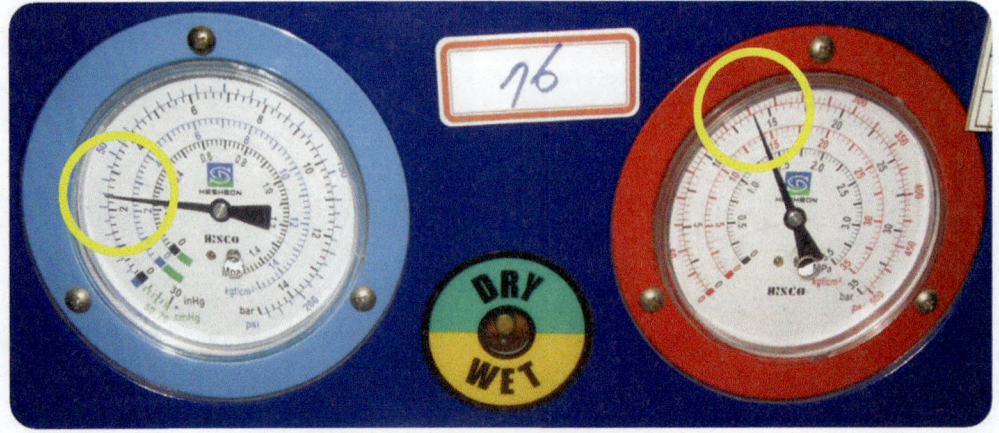

그림과 같이 저압(2.4kg/cm^2)과 고압(14kg/cm^2) 압력을 체크한다.

⑲ 저압라인 온도

에어컨 작동상태에서 저압파이프 라인 온도를 측정한다. (26.5℃)

⑳ 고압라인 온도

에어컨 작동상태에서 고압파이프 라인 온도를 측정한다. (38℃)

02 에어컨 컴프레서 탈·부착

① 벨트 고정 볼트 유림

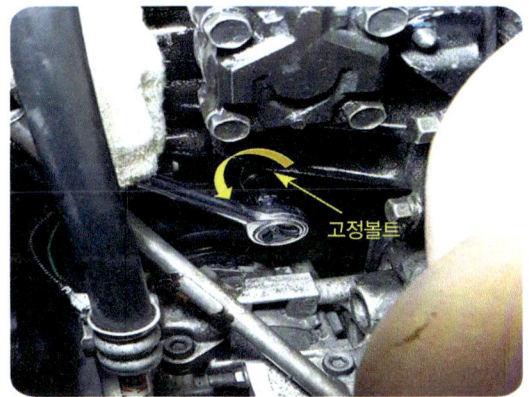

에어컨 벨트 고정 볼트를 유림한다.

② 유격조정 볼트 유림

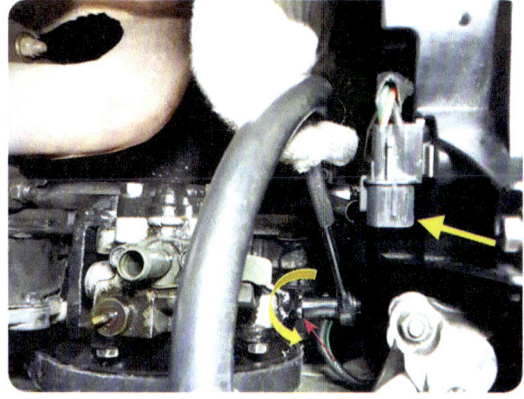

그림과 같이 유격조정 볼트를 유림한다.

③ 에어컨 벨트 탈거

그림과 같이 에어컨 벨트를 탈거한다.

④ 에어컨 고압 파이프 탈거

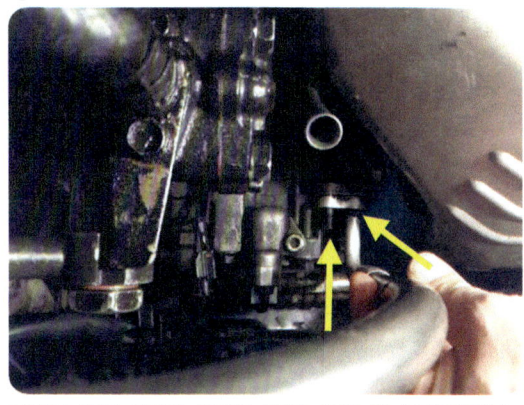

그림과 같이 에어컨 파이프 고정너트를 푼 후 탈거한다.

05 라디에이터 팬 탈거

라디에이터 팬 커넥터 탈거 후 팬 고정 볼트를 푼 후 콘덴서 팬을 탈거한다.

06 마그네틱 커넥터 탈거

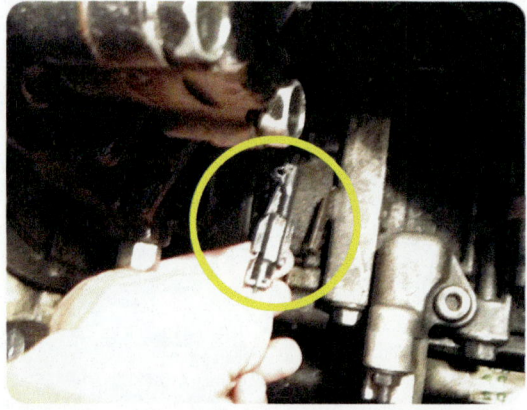

그림과 같이 에어컨 컴프레서 마그네틱 커넥터를 탈거한다.

07 에어컨 저압 파이프 및 고정 볼트 탈거

그림과 같이 저압 파이프 고정너트를 푼 후 파이프를 탈거하고 컴프레서 고정 볼트를 풀어 탈거한다.

08 탈거 후 에어컨 컴프레서

탈거 후 에어컨 컴프레서 모습이며, 화살표는 관통볼트를 나타낸다.

09 에어컨 컴프레서 브래킷

에어컨 컴프레서 탈거 후 브래킷 모습

10 에어컨 컴프레서 장착

그림과 같이 에어컨 컴프레서를 설치한 후 고정 볼트를 규정토크로 조인다.

⑪ 라디에이터 팬 장착

그림과 같이 라디에이터 팬을 설치한 후 고정 볼트를 규정 토크로 조인 다음 커넥터를 끼운다.

⑫ 마그네틱 커넥터

마그네틱 커넥터를 끼운다.

⑬ 에어컨 저압 파이프 장착

그림과 같이 저압 파이프 설치한 후 고정너트를 규정토크로 조인다.

⑭ 에어컨 고압 파이프 장착

고압 파이프를 설치한 후 고정너트를 규정토크로 조인다.

⑮ 에어컨 벨트 장착

그림과 같이 에어컨 벨트를 컴프레서 풀리에 장착한다.

⑯ 벨트 유격조정

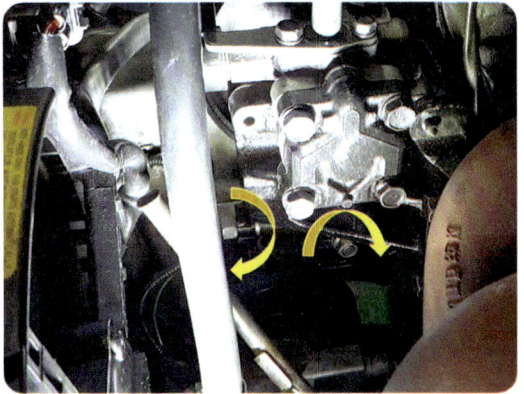

유격조정 볼트 돌려 유격을 조정 한 후 고정 볼트를 규정토크로 조인다.

03 냉매 압력

01 고압 및 저압 라인 연결

그림과 같이 엔진시동 OFF상태에서 저압과 고압라인을 연결한다.

02 고압밸브

그림과 같이 고압밸브를 연다.

03 저압밸브

그림과 같이 저압밸브를 연다.

04 에어컨 ON

엔진시동 ON 후 그림과 같이 AUTO 스위치를 ON한 후 A/C 스위치 ON한다. 참고 에어컨 컴프레서 마그네틱 스위치가 ON상태에서 일정한 압력으로 유지될 때가 측정값 임.

05 저압 및 고압 압력 판독 : 그림과 같이 저압($2.4kg/cm^2$)과 고압($14kg/cm^2$) 압력을 체크한다.

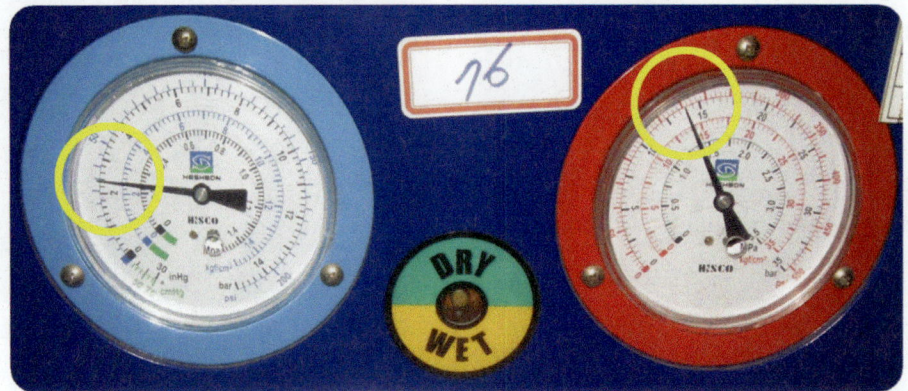

작업형실기

답안작성 — 측정값 분석 및 답안작성

◆ 전기 1. 기록표
기관 번호 :

항목		측정(또는 점검)		판정 및 정비(또는 조치)사항		득점
		측 정 값	규정값(정비한계값)	판정(□에 '✔' 표)	정비 및 조치할 사항	
냉매 압력과 토출온도	저압	압력 : 2.4kg/cm²	압력 : 1~4kg/cm²	☑ 양 호	정비 및 조치사항 없음 또는 정상	
	고압	압력 : 14kg/cm²	압력 : 12~16kg/cm²	□ 불 량		
	토출 온도	압축기 작동시 : 압축기 비작동시 :	압축기 작동시 : 압축기 비작동시 :	□ 양 호 □ 불 량		

※ 주의사항 : 고저압 라인의 냉매 압력 게이지에 표시된 것을 기준으로 기록한다.
　　　　　　시험위원의 지시(측정조건 및 위치 등)에 따라 토출온도를 측정한다.

04 토출 온도

01 에어컨 스위치 ON

엔진시동 ON 후 그림과 같이 AUTO 스위치를 ON한 다음 A/C 스위치 ON하고 온도를 설정한다.

02 온도 판독

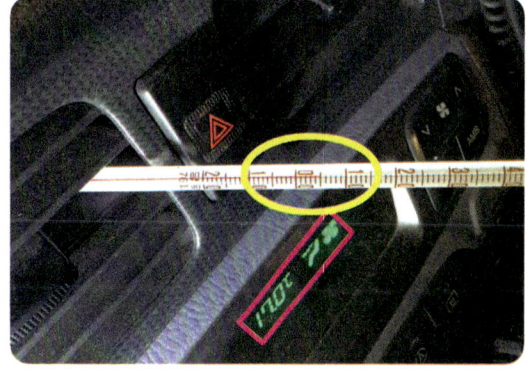

에어컨 컴프레서 마그네틱 스위치가 ON된 상태에서 온도를 판독한다.(5℃) 참고 압축기 작동 시

03 에어컨 OFF

A/C 스위치를 눌러 에어컨 컴프레서 마그네틱 스위치를 OFF한다. 참고 압축기 비작동 시

04 온도 판독

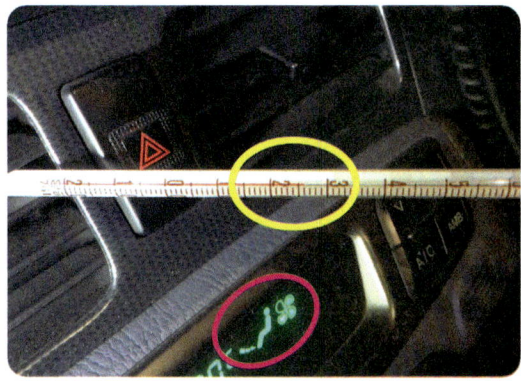

온도를 판독한다.(26℃)

답안작성 정상적인 작동과정에서 실내 온도를 무시하고 닥트 토출온도를 측정할 경우 에어컨 설정 온도가 17℃라면, 압축기 작동 시점 닥트 토출온도는 17℃이고 압축기 비 작동 시점 닥트 토출온도는 17℃이하이다. 그러나 측정 조건을 만족하기에 어려움이 따르므로 임의적으로 A/C 스위치를 ON, OFF하여 측정 하므로 압축기 작동 과정 중 닥트 토출 온도는 5℃로 측정되며, 압축기 비 작동 과정 중 닥트 토출온도를 측정 하므로 온도는 26℃로 측정된다. 따라서 측정값과 규정값은 측정 조건과 상황에 따라 변화될 수 있다.

◆ 전기 1. 기록표
기관 번호 :

항 목		측정(또는 점검)		판정 및 정비(또는 조치)사항		득 점
		측 정 값	규정값(정비한계값)	판정(□에 '✔' 표)	정비 및 조치할 사항	
냉매 압력과 토출온도	저압	압력 : 2.4kg/cm²	압력 : 1~4kg/cm²	☑ 양 호 □ 불 량	정비 및 조치사항 없음 또는 정상	
	고압	압력 : 14kg/cm²	압력 : 12~16kg/cm²			
	토출 온도	압축기 작동시 : 5℃ 압축기 비작동시 :26℃	압축기 작동시 : 1~8℃ 압축기 비작동시 : 17~28℃	☑ 양 호 □ 불 량		

비 번호 : / 시험 위원 확 인 :

※ 주의사항 : 고저압 라인의 냉매 압력 게이지에 표시된 것을 기준으로 기록한다.
　　　　　　시험위원의 지시(측정조건 및 위치 등)에 따라 토출온도를 측정한다.

기능장 3안 전기 2

회로점검 및 기록표 작성

주어진 자동차에서 정비지침서의 회로도를 이용하여 기록표에서 요구하는 회로를 점검하고, 이상이 있으면 이상내용을 기록표에 기록한 후 정비하시오.

01 블로워 모터 회로 점검

01 전원 배분도(1) : 에어컨 릴레이

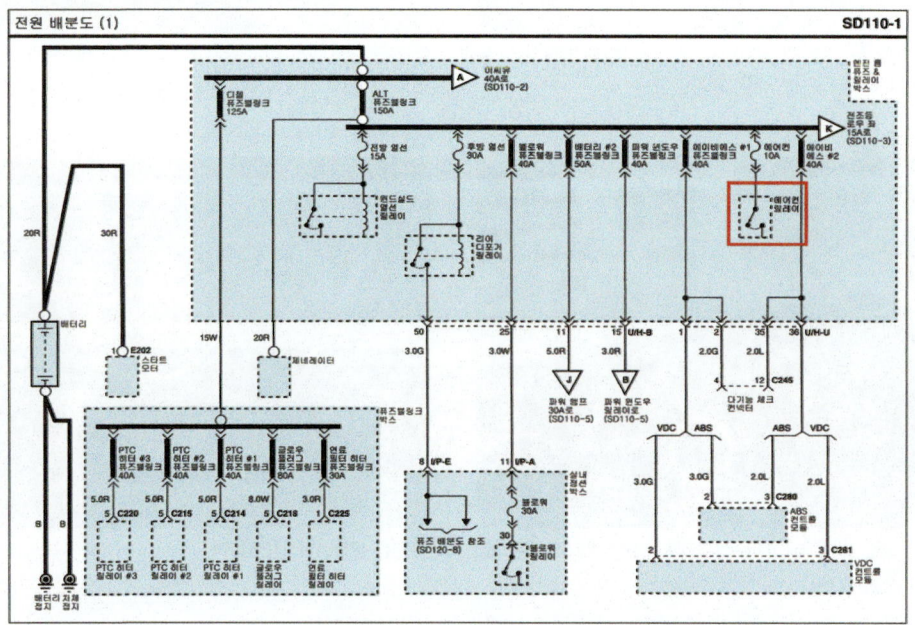

작업형실기

02 전원 배분도(2) : 에어컨 릴레이, 퓨즈블링크 박스

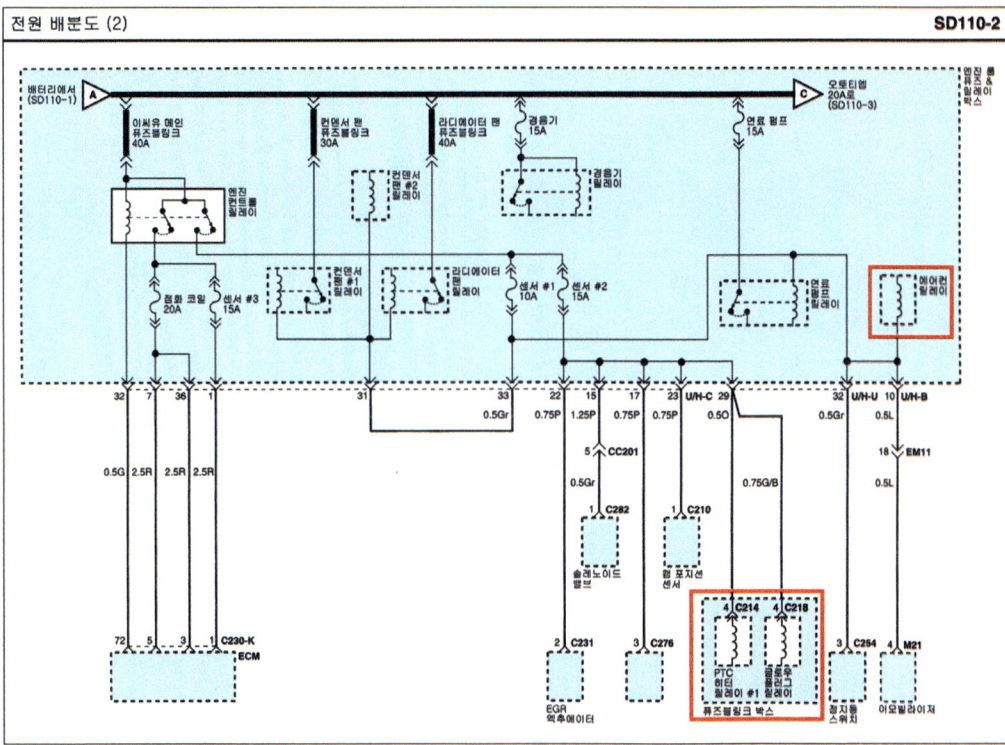

03 퓨즈 배분도(4) : 실내정션박스, 블로워 30A, 블로워 릴레이, 에어컨 스위치, 블로워 모터, 에어컨 컨트롤 모듈

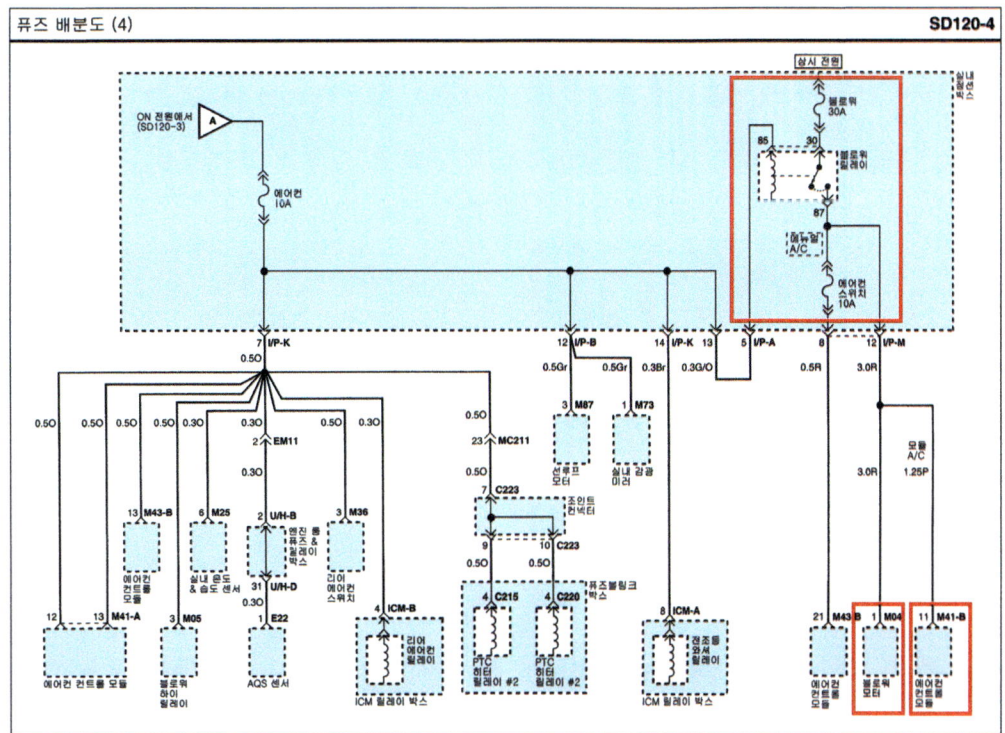

04 I/P-A(14P)

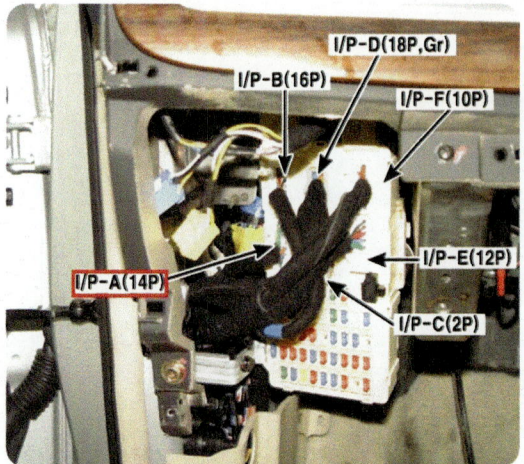

05 좌측 카울 크로스 멤버 : I/P-K(14P), I/P-M(16P)

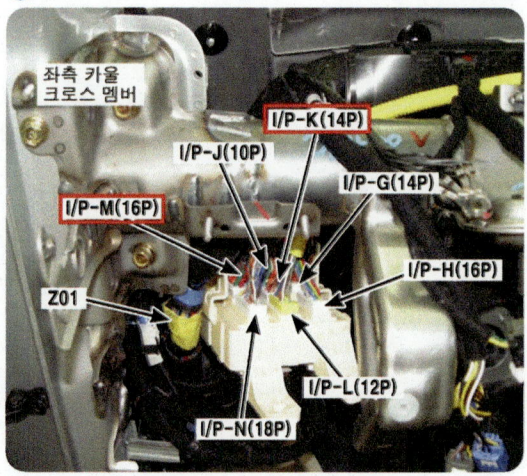

06 블로워 모터 : EM11(24P, G)

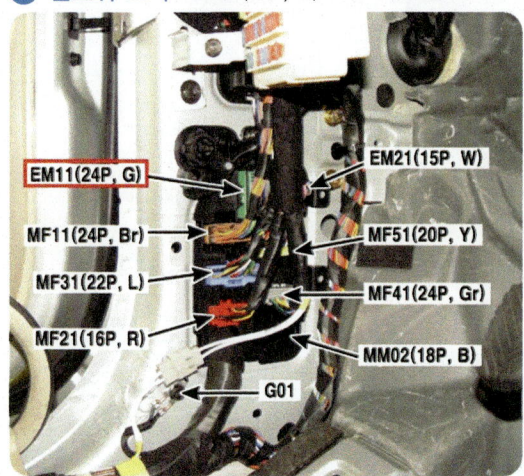

07 블로워 모터 : I/P-A(14P), I/P-E(12P)

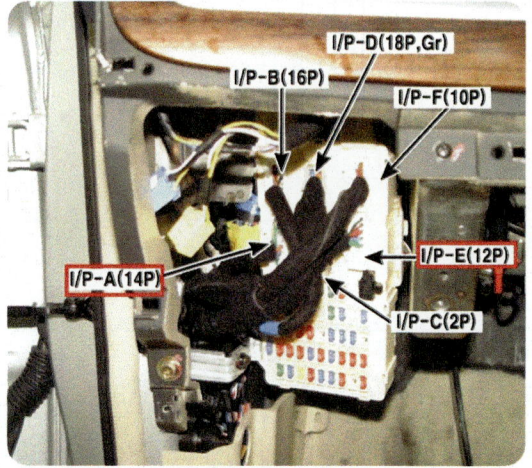

08 블로워 모터 PTC 컨트롤 : MC211(24P, L)

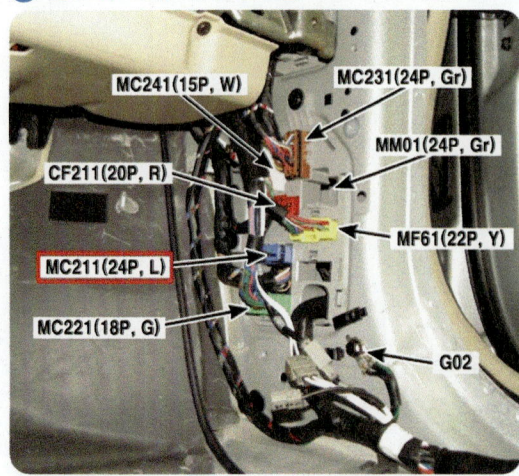

09 블로워 모터 접지 : G36

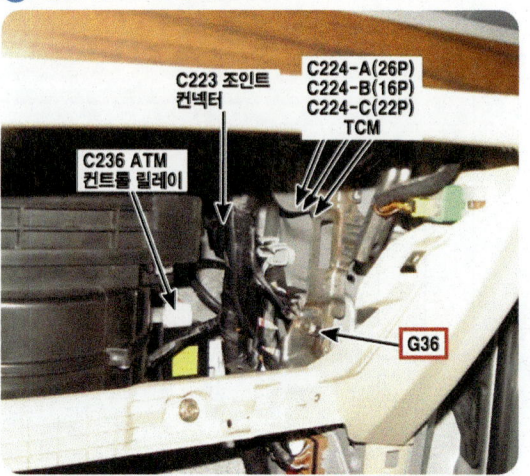

⑩ 퓨즈 연결회로 : 에어컨 용량, 에어컨 스위치, 블로워 연결회로

표기	용량(A)	연결회로
시동	10A	도난 방지 릴레이
파워 윈도우 좌측	30A	파워 윈도우 메인 스위치, 좌측 뒤 파워 윈도우 스위치
파워 윈도우 우측	30A	파워 윈도우 메인 스위치, 우측 앞/뒤 파워 윈도우 스위치
선루프	20A	선루프 모터
전동 시트	30A	IMS컨트롤 모듈
안전파워 윈도우	30A	세이프티 파워 윈도우 ECM
열선 미러	10A	리어 디포거 스위치, 좌/우측 파워 아웃사이드 미러&미러 폴딩 모터
에어백 #1	15A	에어백 컨트롤 모듈#1
실내등	10A	핸즈프리 모듈, 계기판, 좌측 앞 도어 램프, 카고 램프, 리어 퍼스널 램프 LH/고, 맵램프, 실내등, 운전석/조수석 화장 등 스위치
에어컨	10A	에어컨 컨트롤 모듈, 블로워 하이 릴레이, AQS센서, 실내온도&습도센서, 리어 에어컨 스위치, 선루프 모터, 리어 에어컨 릴레이, PTC히터 릴레이#2,#3, 실내 감광미러, 전조등 와셔 릴레이, 블로워 릴레이
열선 좌석	25A	운전석.조수석 시트 히터 컨트롤 모듈
파워 앰프	30A	DELPHI 앰프, 오디오 앰프
파워 아웃렛 센타	15A	리어 파워 아웃렛 #2
파워 아웃렛	25A	프런트 파워 아웃렛, 리어 파워 아웃렛#1
시가라이터	15A	프런트 파워 아웃렛
문자동 잠금장치	20A	도어 록/언록 릴레이, BCM, 좌측 앞/뒤 도어 록, 액추에이터, 우측 앞/뒤 도어 록 액추에이터, 테일 게이트 록 액추에이터
에어백 경고등	10A	계기판
오토티엠 잠금장치	10A	ATM키 록 모듈, VDC스위치, 운전석/조수석 시트 히터 컨트롤 모듈

표기	용량(A)	연결회로
방향지시등	10A	비상등 스위치
조정식 페달	15A	어드저스트 페달 릴레이
비상등	15A	비상등 릴레이, 비상등 스위치
후방 와이퍼	15A	리어 간헐 와이퍼 모듈, 다기능 스위치
에어컨 스위치	10A	에어컨 컨트롤 모듈
계기판	10A	핸즈프리 모듈, MTS잭, 계기판, BCM, 제너레이터
비씨엠 #1	10A	BCN
연료통 주입구 열림	15A	연료 주입구 스위치
경보기	10A	도난 방지 경음기 릴레이, BCM, 도난방지 경음기
3열 에어컨	15A	리어 에어컨 릴레이
후진 경고	10A	후진 경고 부저
아이엠에스	10A	IMS 컨트롤 모듈, 레인 센서
오디오 #2	10A	파워 윈도우 메인 스위치, DELPHI 오디오, 오디오, 파워 아웃사이드 미러&미러 폴딩 모터, BCM, MTS모듈, ATM 키 록 모듈, A/V헤드 모듈, 시계, 핸즈프리 모듈, 튜너 모듈
블로워	30A	블로워 릴레이, 에어컨 스위치 10A, 블로워 모터
정지등	15A	정지등 스위치
전조등 와셔	20A	전조등 와셔 릴레이
비씨엠 #3	10A	도어 워닝 스위치, IMS컨트롤 모듈, 파워 아웃사이드 미러 & 미러 폴딩 모터, 세큐리티 인디게이터, BCM, 파워 윈도우 메인 스위치, 우측 앞 파워 윈도우 스위치
디지털 시계	15A	시계, 자기진단점검단자, 에어컨 컨트롤 모듈
오디오 #1	15A	DELPHI 오디오, 오디오, MRS모듈, A/V헤드 모듈, 튜너 모듈, 네비게이션 모듈
오토티엠	10A	키 솔레노이드, 스포츠 모드 스위치
비씨엠#2	10A	레오스테트, BCM, EPS 모듈

⑪ 블로워 & 에어컨 회로(오토) (1) : 블로워 & 에어컨 회로(오토) (1) 체크 포인트

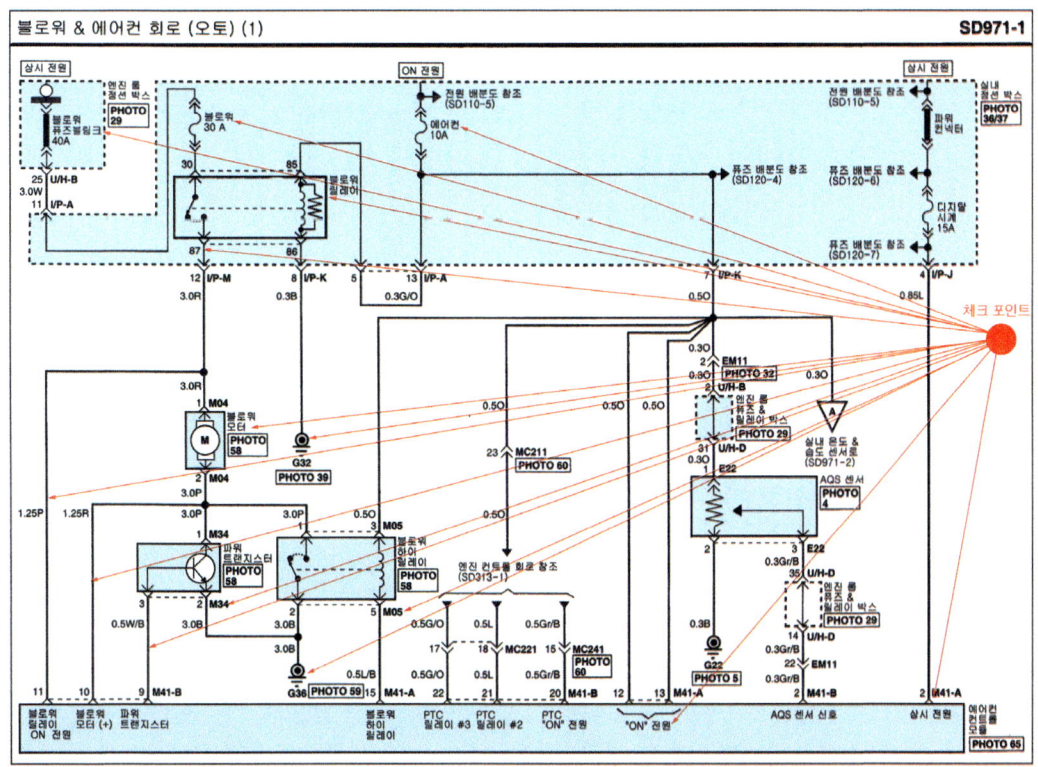

⑫ M34 파워 트랜지스터

M34 파워 트랜지스터 및 커넥터

⑬ M41-A, M41-B

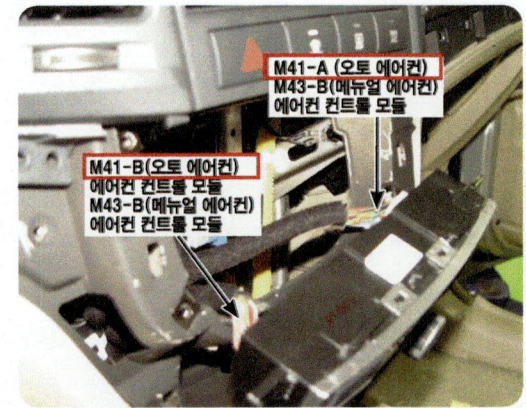

M41-A(오토 에어컨), M41-B(오토 에어컨)

⑭ 실내 정션박스 : 블로워 30A, 에어컨 스위치 10A, 에어컨 10A

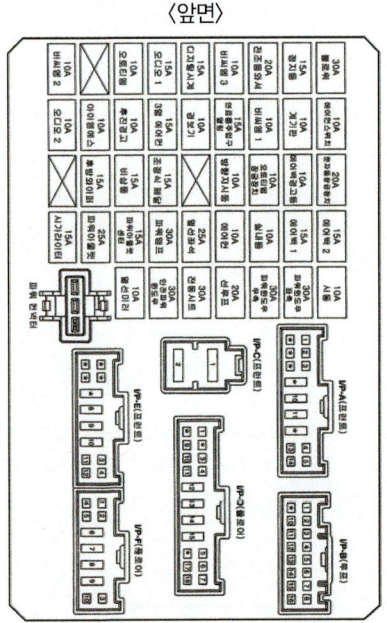

〈앞면〉

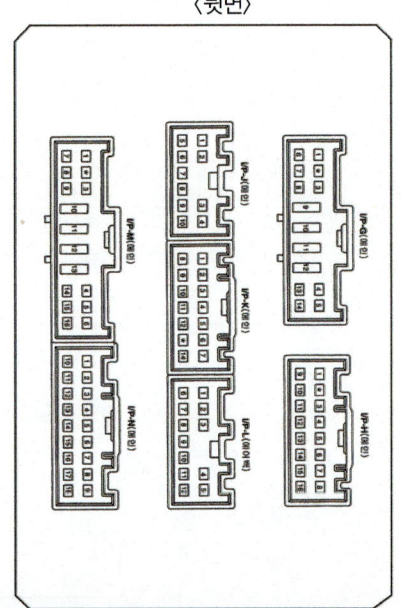

〈뒷면〉

⑮ M40 블로워 모터 : M40 블로워 모터 커넥터

16 퓨즈 및 퓨즈블링크 연결회로 : 이씨유 메인 및 블로워 퓨즈블링크, 에어컨, 센서 관련 퓨즈 연결회로

구분	표기	용량(A)	연결회로
퓨즈블링크	ALT	150A	퓨즈블링크(전방열선, 후방열선, 블로워, 에어컨, 배터리#2, 에이비에스#1, #2, 파워윈도우, 전조등 로우 좌, 전조등 로우 우, 전방 안개등
	디젤	125A	퓨즈블링크 박스(PCT 히터#1, #2, #3, 연료 필터, 글로우 플러그)
	배터리 #1	50A	퓨즈(문자통 잠금장치, 정지등, 연료통 주입구 열림, 오토티엠, 전조등 와셔, 비상등, 파워 컨넥터)
	배터리 #2	40A	퓨즈(파워 앰프, 열선 좌석, 전동 시트, 조정식 페달, 3열 에어컨, 후진 경고, 선루프, 경보기, 도난방지 경음기 릴레이)
	이씨유 메인	40A	엔진 컨트롤 릴레이
	컨덴서 팬	30A	컨덴서 팬#1 릴레이
	이그니션 #1	40A	이그니션 스위치
	이그니션 #2	40A	이그니션 스위치, 퓨즈(시동)
	블로워	40A	퓨즈(블로워)
	파워 윈도우	40A	퓨즈(파워 윈도우 릴레이, 안전 파워 윈도우)
	라디에이터 팬	40A	라디에이터 팬 릴레이
	에이비에스#1	40A	다기능 체크 컨넥터, ABS 컨트롤 모듈, VDC컨트롤 모듈
	에이비에스#1	40A	다기능 체크 컨넥터, ABS 컨트롤 모듈, VDC컨트롤 모듈
퓨즈	1 전방열선	15A	윈드 실드 열선 릴레이
	2 후방 열선	30A	리어 디포거 릴레이
	3 –	–	–
	4 전조등 로우 우	15A	우측 전조등 로우 릴레이
	5 경음기	15A	경음기 릴레이
	6 전조등 로우 좌	15A	좌측 전조등 로우 릴레이
	7 전조등 하이 표시등	10A	계기판
	8 알터네이터 디젤	10A	제너레이터
	9 에어컨	10A	에어컨 릴레이
	10 오토티엠	20A	4WD ECM, ATM 컨트롤 릴레이
	11 –	–	–

구분	표기	용량(A)	연결회로
퓨즈	12 미등 우	10A	우측 포지션 램프, 글로브 박스 램프, 우측 뒤 콤비램프(OUT), 조명등
	13 전방 안개등	10A	앞 안개등 릴레이
	14 센서 #3	15A	ECM
	15 미등 좌	10A	좌측 포지션 램프, 좌측 뒤 콤비램프(OUT)
	16 연료 펌프	15A	연료 펌프 릴레이
	17 전방 와이퍼	25A	다기능스위치, 레인센서 릴레이, 프런트 와이퍼 릴레이, 프런트 와이퍼 모터
	18 티씨유	15A	TCM
	19 에이비에스	10A	ABS컨트롤 모듈, G-YAW센서, VDC컨트롤 모듈, 4WD ECM, 연료 필터 히터 릴레이, 연료 필터 수분 경고 센서, 다기능 체크 컨넥터
	20 냉각팬	10A	–
	21 후진등	10A	입력/출력 속도 센서, 인히비터 스위치, TCM, 후진등 스위치
	22 전조등	10A	퓨즈(전방 와이퍼)
	23 이씨유	10A	차속 센서, ECM, 에어 플로우 센서
	24 전조등 하이	20A	전조등 하이 릴레이
	25 센서#1	10A	연료 펌프 릴레이, 정지등 스위치, 이모빌라이저, 에어컨 릴레이, 컨덴서 팬#1, #2 릴레이, 라디에이터 팬 릴레이
	26 센서#2	15A	EGR액추에이터, 솔레노이드 밸브, 스로틀 플랫 액추에이터, 캠 포지션 센서, PTC히터 릴레이#1
	27 점화코일	20A	ECM
	28 SPARE	10A	–
	29 SPARE	15A	–
	30 SPARE	20A	–
	31 SPARE	25A	–
	32 SPARE	30A	–

참고자료 — 회로 고장부분과 내용 및 상태

고장부분	내용 및 상태	정비 및 조치할 사항
ECU 메인 엔진컨트롤 40A 퓨즈	단선	ECU 메인 엔진컨트롤 40A 퓨즈 교환 후 재점검
블로워 퓨즈블링크 40A	없음	블로워 퓨즈블링크 40A 장착 후 재점검
블로워 30A 퓨즈	단선	블로워 30A 퓨즈 교환 후 재점검
에어컨 10A 퓨즈	단선	에어컨 10A 퓨즈 교환 후 재점검
에어컨스위치 10A 퓨즈	단선	에어컨스위치 10A 퓨즈 교환 후 재점검
블로워 하이 릴레이 1	솔레노이드 코일단선	블로워 하이 릴레이 교환 후 재점검
블로워 하이 릴레이 2 포인트 접점	전원 인가 시 미 통전	블로워 하이 릴레이 교환 후 재점검
블로워 모터 커넥터	탈거	블로워 모터 커넥터 연결 후 재점검
파워 트랜지스터 커넥터	빠짐	파워 트랜지스터 커넥터 연결 후 재점검
에어컨모듈 커넥터	빠짐	에어컨모듈 커넥터 연결 후 재점검
포토센서 커넥터	탈거	포토센서 커넥터 연결 후 재점검
이배퍼레이터 센서 커넥터	탈거	이배퍼레이터 센서 커넥터 끼운 후 재점검

02 정지등 회로점검

01 전원 배분도(2) : 센서#1 10A, 정지등 스위치

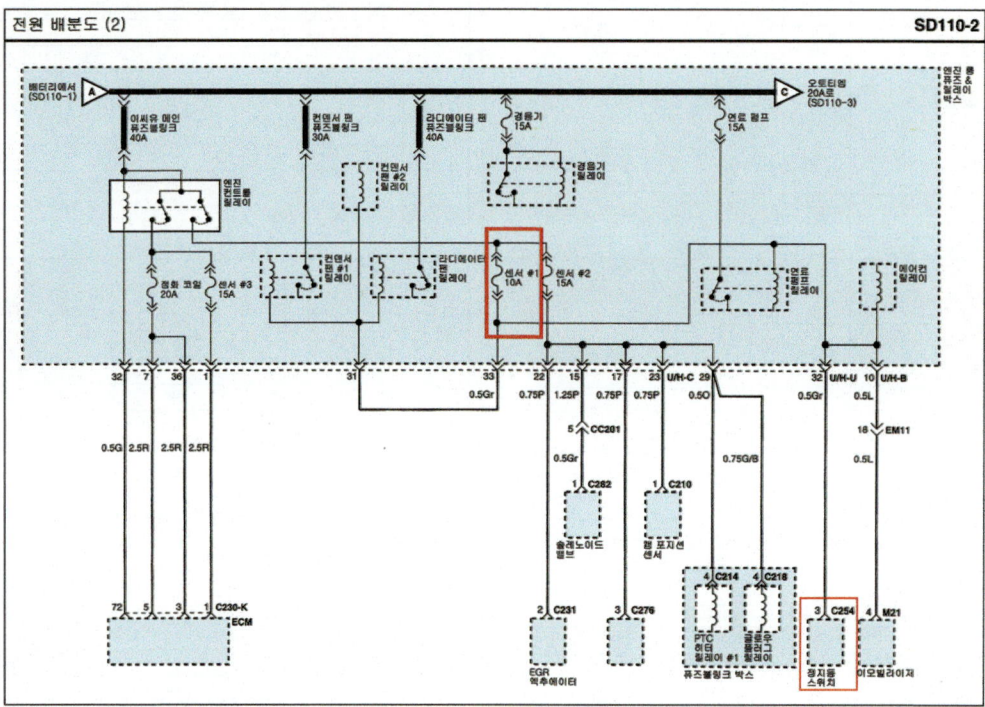

02 전원 배분도(5) : 정지등 15A

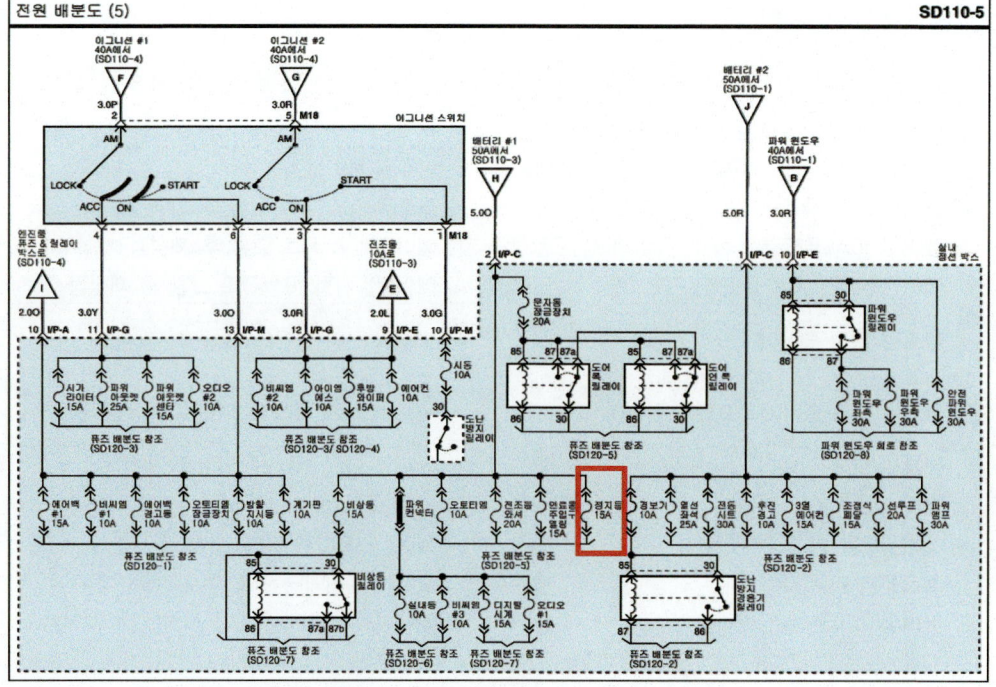

03 C254 정지등 스위치

04 R02 스포일러 상부 정지등

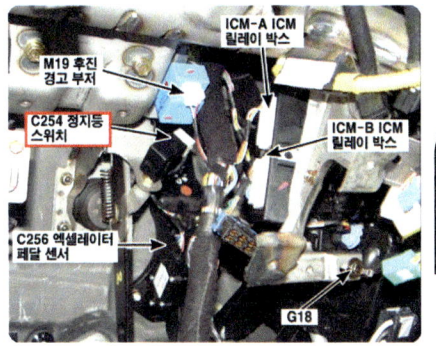
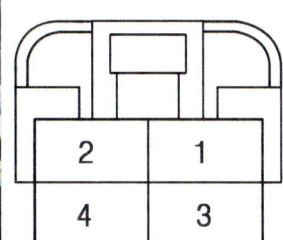

C254 정지등 스위치 및 커넥터 단자   R02 스포일러 상부 정지등 커넥터

05 퓨즈 연결회로 : 정지등 퓨즈 15A, 정지등 스위치

표기	용량(A)	연결회로
시동	10A	도난 방지 릴레이
파워 윈도우 좌측	30A	파워 윈도우 메인 스위치, 좌측 뒤 파워 윈도우 스위치
파워 윈도우 우측	30A	파워 윈도우 메인 스위치, 우측 앞/뒤 파워 윈도우 스위치
선루프	20A	선루프 모터
전동 시트	30A	IMS컨트롤 모듈
안전파워 윈도우	30A	세이프티 파워 윈도우 ECM
열선 미러	10A	리어 디포거 스위치, 좌/우측 파워 아웃사이드 미러&미러 폴딩 모터
에어백 #1	15A	에어백 컨트롤 모듈#1
실내등	10A	핸즈프리 모듈, 계기판, 좌측 앞 도어 램프, 카고 램프, 리어 퍼스널 램프 LH/고, 맴램프, 실내등, 운전석/조수석 화장 등 스위치
에어컨	10A	에어컨 컨트롤 모듈, 블로워 하이 릴레이, AQS센서, 실내온도&습도센서, 리어 에어컨 스위치, 선루프 모터, 리어 에어컨 릴레이, PTC히터 릴레이#2,#3, 실내 감광미러, 전조등 와셔 릴레이, 블로워 릴레이
열선 좌석	25A	운전석.조수석 시트 히터 컨트롤 모듈
파워 앰프	30A	DELPHI 앰프, 오디오 앰프
파워 아웃렛 센타	15A	리어 파워 아웃렛 #2
파워 아웃렛	25A	프런트 파워 아웃렛, 리어 파워 아웃렛#1
시가라이터	15A	프런트 파워 아웃렛
문자동 잠금장치	20A	도어 록/언록 릴레이, BCM, 좌측 앞/뒤 도어 록, 액추에이터, 우측 앞/뒤 도어 록 액추에이터, 테일 게이트 록 액추에이터
에어백 경고등	10A	계기판
오토티엠 잠금장치	10A	ATM키 모듈, VDC스위치, 운전석/조수석 시트 히터 컨트롤 모듈

표기	용량(A)	연결회로
방향지시등	10A	비상등 스위치
조정식 페달	15A	어드저스트 페달 릴레이
비상등	15A	비상등 릴레이, 비상등 스위치
후방 와이퍼	15A	리어 간헐 와이퍼 모듈, 다기능 스위치
에어컨 스위치	10A	에어컨 컨트롤 모듈
계기판	10A	핸즈프리 모듈, MTS잭, 계기판, BCM, 제너레이터
비씨엠 #1	10A	BCN
연료통 주입구 열림	15A	연료 주입구 스위치
경보기	10A	도난 방지 경음기 릴레이, BCM, 도난방지 경음기
3열 에어컨	15A	리어 에어컨 릴레이
후진 경고	10A	후진 경고 부저
아이엠에스	10A	IMS 컨트롤 모듈, 레인 센서
오디오 #2	10A	파워 윈도우 메인 스위치, DELPHI 오디오, 오디오, 파워 아웃사이드 미러&미러 폴딩 모터, BCM, MTS모듈, ATM 키 록 모듈, A/V헤드 모듈, 시계, 핸즈프리 모듈, 튜너 모듈
블로워	30A	블로워 릴레이, 에어컨 스위치 10A, 블로워 모터
정지등	15A	정지등 스위치
전조등 와셔	20A	전조등 와셔 릴레이
비씨엠 #3	10A	도어 워닝 스위치, IMS컨트롤 모듈, 파워 아웃사이드 미러 & 미러 폴딩 모터, 세큐리티 인디게이터, BCM, 파워 윈도우 메인 스위치, 우측 앞 파워 윈도우 스위치
디지털 시계	15A	시계, 자기진단점검단자, 에어컨 컨트롤 모듈
오디어 #1	15A	DELPHI 오디오, 오디오, MRS모듈, A/V헤드 모듈, 튜너 모듈, 네비게이션 모듈
오토티엠	10A	키 솔레노이드, 스포츠 모드 스위치
비씨엠#2	10A	레오스테트, BCM, EPS 모듈

303

06 퓨즈 연결회로 : 센서#1 10A, 연결회로

구분	표기	용량(A)	연결회로
퓨즈블링크	ALT	150A	퓨즈블링크(전방열선, 후방열선, 블로워, 에어컨, 배터리#2, 에이비에스#1, #2, 파워윈도우, 전조등 로우 좌, 전조등 로우 우, 전방 안개등
	디젤	125A	퓨즈블링크 박스(PCT 히터#1, #2, #3, 연료 필터, 글로우 플러그)
	배터리 #1	50A	퓨즈(문자통 잠금장치, 정지등, 연료통 주입구 열림, 오토미엠, 전조등 와셔, 비상등, 파워 컨넥터)
	배터리 #2	40A	퓨즈(파워 앰프, 열선 좌석, 전동 시트, 조정식 페달, 3열 에어컨, 후진 경고, 선루프, 경보기, 도난방지 경음기 릴레이)
	이씨유 메인	40A	엔진 컨트롤 릴레이
	컨덴서 팬	30A	컨덴서 팬#1 릴레이
	이그니션 #1	40A	이그니션 스위치
	이그니션 #2	40A	이그니션 스위치, 퓨즈(시동)
	블로워	40A	퓨즈(블로워)
	파워 윈도우	40A	퓨즈(파워 윈도우 릴레이, 안전 파워 윈도우)
	라디에이터 팬	40A	라디에이터 팬 릴레이
	에이비에스#1	40A	다기능 체크 컨넥터, ABS 컨트롤 모듈, VDC컨트롤 모듈
	에이비에스#1	40A	다기능 체크 컨넥터, ABS 컨트롤 모듈, VDC컨트롤 모듈
퓨즈	1 전방열선	15A	윈드 실드 열선 릴레이
	2 후방 열선	30A	리어 디포거 릴레이
	3 -	-	-
	4 전조등 로우 우	15A	우측 전조등 로우 릴레이
	5 경음기	15A	경음기 릴레이
	6 전조등 로우 좌	15A	좌측 전조등 로우 릴레이
	7 전조등 하이 표시등	10A	계기판
	8 알터네이터 디질	10A	제너레이터
	9 에어컨	10A	에어컨 릴레이
	10 오토티엠	20A	4WD ECM, ATM 컨트롤 릴레이
	11 -	-	-

구분	표기	용량(A)	연결회로
퓨즈	12 미등 우	10A	우측 포지션 램프, 글로브 박스 램프, 우측 뒤 콤비램프(OUT), 조명등
	13 전방 안개등	10A	앞 안개등 릴레이
	14 센서 #3	15A	ECM
	15 미등 좌	10A	좌측 포지션 램프, 좌측 뒤 콤비램프(OUT)
	16 연료 펌프	15A	연료 펌프 릴레이
	17 전방 와이퍼	25A	다기능스위치, 레인센서 릴레이, 프런트 와이퍼 릴레이, 프런트 와이퍼 모터
	18 티씨유	15A	TCM
	19 에이비에스	10A	ABS컨트롤 모듈, G-YAW센서, VDC컨트롤 모듈, 4WD ECM, 연료 필터 히터 릴레이, 연료 필터 수분 경고 센서, 다기능 체크 컨넥터
	20 냉각팬	10A	-
	21 후진등	10A	입력/출력 속도 센서, 인히비터 스위치, TCM, 후진등 스위치
	22 전조등	10A	퓨즈(전방 와이퍼)
	23 이씨유	10A	차속 센서, ECM, 에어 플로우 센서
	24 전조등 하이	20A	전조등 하이 릴레이
	25 센서#1	10A	연료 펌프 릴레이, 정지등 스위치, 이모빌라이저, 에어컨 릴레이, 컨덴서 팬#1, #2 릴레이, 라디에이터 팬 릴레이
	26 센서#2	15A	EGR액추에이터, 솔레노이드 밸브, 스로틀 플랩 액추에이터, 캠 포지션 센서, PTC히터 릴레이#1
	27 점화코일	20A	ECM
	28 SPARE	10A	-
	29 SPARE	15A	-
	30 SPARE	20A	-
	31 SPARE	25A	-
	32 SPARE	30A	-

07 F40 우측 뒤 콤비램프(OUT)

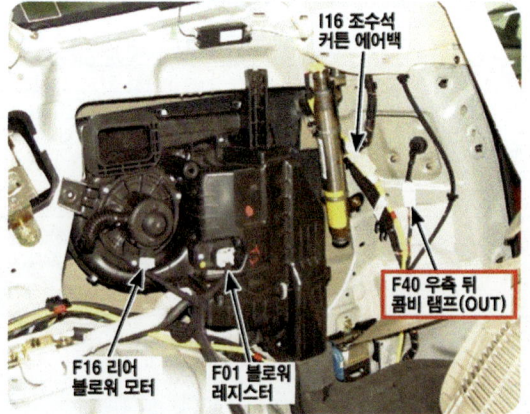

F40 우측 뒤 콤비램프(OUT) 커넥터

08 R16 우측 뒤 콤비램프(IN)

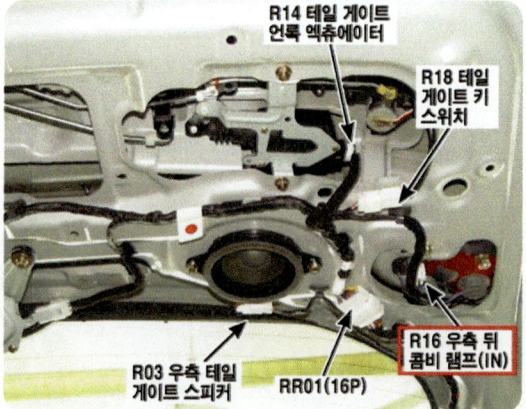

R16 우측 뒤 콤비램프(IN) 커넥터

09 F39 좌측 뒤 콤비램프(OUT)

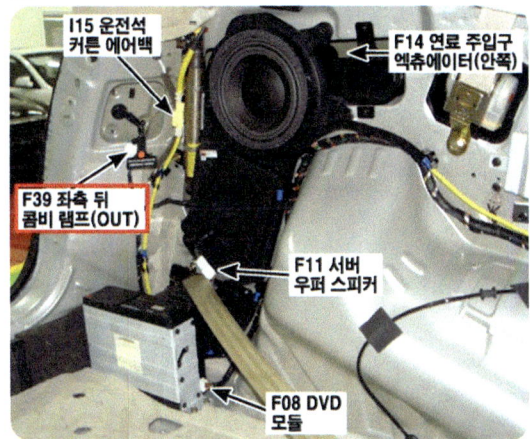

F39 좌측 뒤 콤비램프(OUT) 커넥터

10 R15 좌측 뒤 콤비램프(IN)

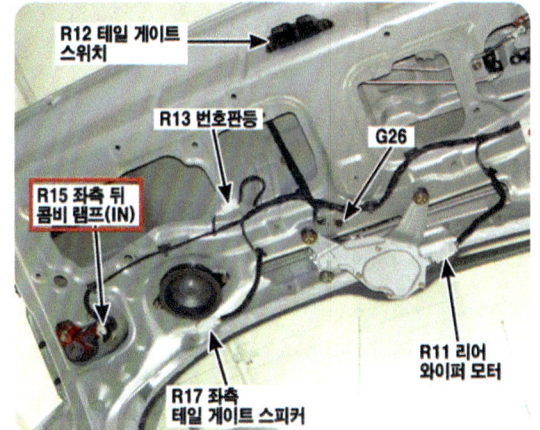

R15 좌측 뒤 콤비램프(IN) 커넥터

11 정지등 회로(1) : 정지등 회로(1) 체크포인트

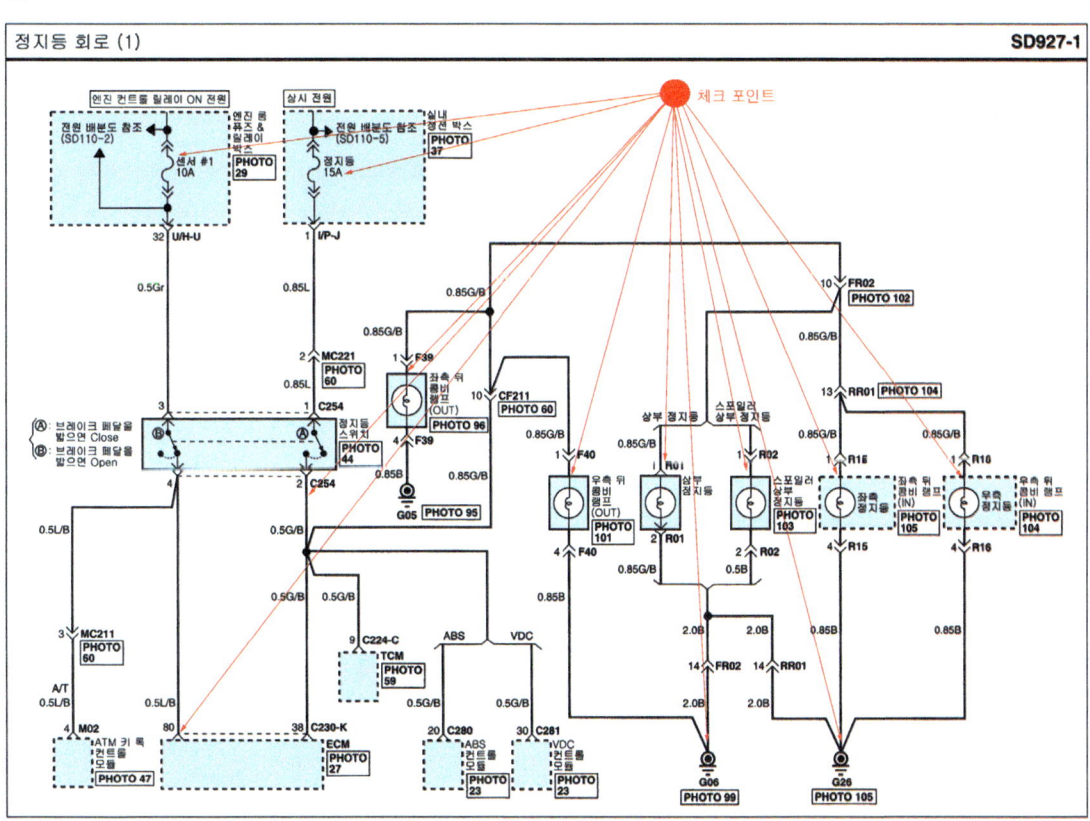

자동차정비기능장

참고자료 — 회로 고장부분과 내용 및 상태

고장부분	내용 및 상태	정비 및 조치할 사항
정지등 15A 퓨즈	단선	정지등 15A 퓨즈 교환 후 재점검
센서 1 10A 퓨즈	단선	센서 1 10A 퓨즈 교환 후 재점검
정지등 스위치 커넥터	탈거	정지등 스위치 커넥터 장착 후 재점검
좌측 뒤 콤비네이션 램프 OUT 커넥터	단선	좌측 뒤 콤비네이션 OUT 커넥터 장착, 결선 후 재점검
우측 뒤 콤비네이션 램프 OUT 커넥터	단선	우측 뒤 콤비네이션 OUT 커넥터 장착, 결선 후 재점검
좌측 뒤 콤비네이션 램프 IN 커넥터	단선	좌측 뒤 콤비네이션 IN 커넥터 장착, 결선 후 재점검
우측 뒤 콤비네이션 램프 IN 커넥터	단선	우측 뒤 콤비네이션 IN 커넥터 장착, 결선 후 재점검
스포일러 상부정지등 램프	단선	스포일러 상부정지등 장착, 결선 후 재점검
상부정지등 램프	단선	상부정지등 장착, 결선 후 재점검

03 실내등 회로점검

01 BCM 회로 & 연료주입구 회로(2) : BCM(바디컨트롤 모듈) & 연료주입구 회로(2) 실내등 회로 참조

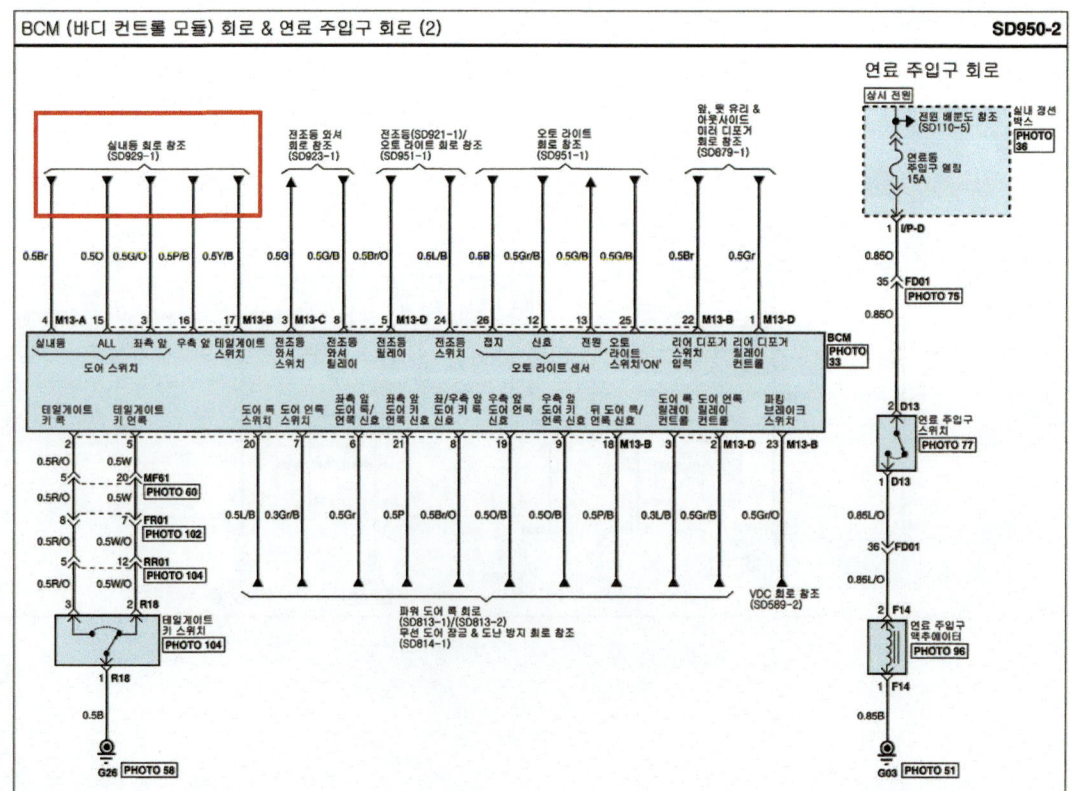

02 선루프 미적용

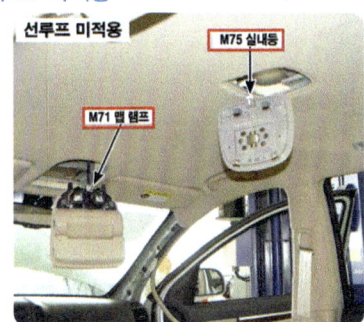

M71 맵 램프, M75 실내등

03 M13-B(26P) BCM

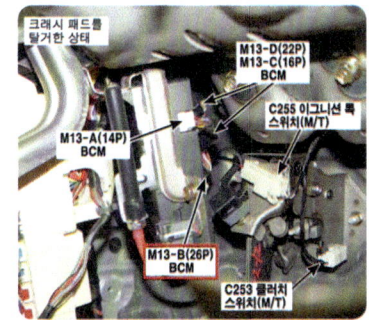

크래시 패드를 탈거한 상태 M13-B(26P) BCM

04 M13-A(14P) BCM

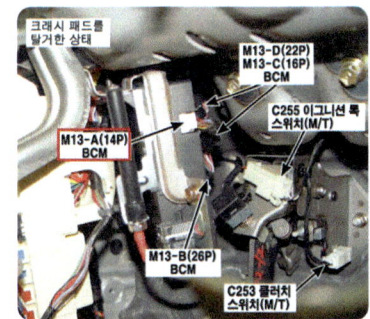

크래시 패드를 탈거한 상태 M13-A(14P) BCM

05 M80(LH), M81(RH)

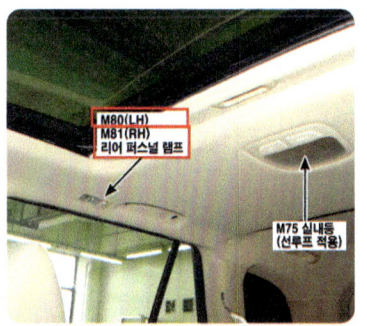

M80(LH), M81(RH) 리어 퍼스널 램프

06 퓨즈 연결회로 : 실내등 퓨즈 10A 연결회로

표기	용량(A)	연결회로
시동	10A	도난 방지 릴레이
파워 윈도우 좌측	30A	파워 윈도우 메인 스위치, 좌측 뒤 파워 윈도우 스위치
파워 윈도우 우측	30A	파워 윈도우 메인 스위치, 우측 앞/뒤 파워 윈도우 스위치
선루프	20A	선루프 모터
전동 시트	30A	IMS컨트롤 모듈
안전파워 윈도우	30A	세이프티 파워 윈도우 ECM
열선 미러	10A	리어 디포거 스위치, 좌/우측 파워 아웃사이드 미러&미러 폴딩 모터
에어백 #1	15A	에어백 컨트롤 모듈#1
실내등	10A	핸즈프리 모듈, 계기판, 좌측 앞 도어 램프, 카고 램프, 리어 퍼스널 램프 LH/고, 맵램프, 실내등, 운전석/조수석 화장 등 스위치
에어컨	10A	에어컨 컨트롤 모듈, 블로워 하이 릴레이, AQS센서, 실내온도&습도센서, 리어 에어컨 스위치, 선루프 모터, 리어 에어컨 릴레이, PTC히터 릴레이#2,#3, 실내 감광미러, 전조등 와셔 릴레이, 블로워 릴레이
열선 좌석	25A	운전석.조수석 시트 히터 컨트롤 모듈
파워 앰프	30A	DELPHI 앰프, 오디오 앰프
파워 아웃렛 센타	15A	리어 파워 아웃렛 #2
파워 아웃렛	25A	프런트 파워 아웃렛, 리어 파워 아웃렛#1
시가라이터	15A	프런트 파워 아웃렛
문자동 잠금장치	20A	도어 록/언록 릴레이, BCM, 좌측 앞/뒤 도어 록, 액추에이터, 우측 앞/뒤 도어 록 액추에이터, 테일게이트 록 액추에이터
에어백 경고등	10A	계기판
오토티엠 잠금장치	10A	ATM키 록 모듈, VDC스위치, 운전석/조수석 시트 히터 컨트롤 모듈

표기	용량(A)	연결회로
방향지시등	10A	비상등 스위치
조정식 페달	15A	어드저스트 페달 릴레이
비상등	15A	비상등 릴레이, 비상등 스위치
후방 와이퍼	15A	리어 간헐 와이퍼 모듈, 다기능 스위치
에어컨 스위치	10A	에어컨 컨트롤 모듈
계기판	10A	핸즈프리 모듈, MTS잭, 계기판, BCM, 제너레이터
비씨엠 #1	10A	BCN
연료통 주입구 열림	15A	연료 주입구 스위치
경보기	10A	도난 방지 경음기 릴레이, BCM, 도난방지 경음기
3열 에어컨	15A	리어 에어컨 릴레이
후진 경고	10A	후진 경고 부저
아이엠에스	10A	IMS 컨트롤 모듈, 레인 센서
오디오 #2	10A	파워 윈도우 메인 스위치, DELPHI 오디오, 오디오, 파워 아웃사이드 미러&미러 폴딩 모터, BCM, MTS모듈, ATM 키 록 모듈, A/V헤드 모듈, 시계, 핸즈프리 모듈, 튜너 모듈
블로워	30A	블로워 릴레이, 에어컨 스위치 10A, 블로워 모터
정지등	15A	정지등 스위치
전조등 와셔	20A	전조등 와셔 릴레이
비씨엠 #3	10A	도어 워닝 스위치, IMS컨트롤 모듈, 파워 아웃사이드 미러 & 미러 폴딩 모터, 세큐리티 인디게이터, BCM, 파워 윈도우 메인 스위치, 우측 앞 파워 윈도우 스위치
디지털 시계	15A	시계, 자기진단점검단자, 에어컨 컨트롤 모듈
오디어 #1	15A	DELPHI 오디오, 오디오, MRS모듈, A/V헤드 모듈, 튜너 모듈, 네비게이션 모듈
오토티엠	10A	키 솔레노이드, 스포츠 모드 스위치
비씨엠#2	10A	레오스테트, BCM, EPS 모듈

07 D01(좌측), D21(우측)

운전석 도어 트림을 탈거한 상태 ▶
D01(좌측), D21(우측) 앞 도어 램프

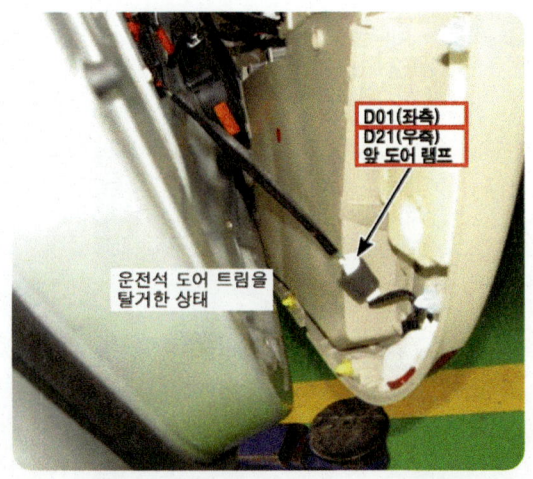

08 퓨즈 연결회로 : 배터리#1 50A 퓨즈블링크 연결회로

구분		표기	용량(A)	연결회로
퓨즈블링크		ALT	150A	퓨즈블링크(전방열선, 후방열선, 블로워, 에어컨, 배터리#2, 에이비에스#1, #2, 파워윈도우, 전조등 로우 좌, 전조등 로우 우, 전방 안개등
		디젤	125A	퓨즈블링크 박스(PCT 히터#1, #2, #3, 연료 필터, 글로우 플러그)
		배터리 #1	50A	퓨즈(문자동 잠금장치, 정지등, 연료통 주입구 열림, 오토티엠, 전조등 와셔, 비상등, 파워 컨넥터)
		배터리 #2	40A	퓨즈(파워 앰프, 열선 좌석, 전동 시트, 조정식 페달, 3열 에어컨, 후진 경고, 선루프, 경보기, 도난방지 경음기 릴레이)
		이씨유 메인	40A	엔진 컨트롤 릴레이
		컨덴서 팬	30A	컨덴서 팬#1 릴레이
		이그니션 #1	40A	이그니션 스위치
		이그니션 #2	40A	이그니션 스위치, 퓨즈(시동)
		블로워	40A	퓨즈(블로워)
		파워 윈도우	40A	퓨즈(파워 윈도우 릴레이, 안전 파워 윈도우)
		라디에이터 팬	40A	라디에이터 팬 릴레이
		에이비에스#1	40A	다기능 체크 컨넥터, ABS 컨트롤 모듈, VDC컨트롤 모듈
		에이비에스#1	40A	다기능 체크 컨넥터, ABS 컨트롤 모듈, VDC컨트롤 모듈
퓨즈	1	전방열선	15A	윈드 실드 열선 릴레이
	2	후방 열선	30A	리어 디포거 릴레이
	3	-	-	-
	4	전조등 로우 우	15A	우측 전조등 로우 릴레이
	5	경음기	15A	경음기 릴레이
	6	전조등 로우 좌	15A	좌측 전조등 로우 릴레이
	7	전조등 하이 표시등	10A	계기판
	8	알터네이터 디젤	10A	제너레이터
	9	에어컨	10A	에어컨 릴레이
	10	오토티엠	20A	4WD ECM, ATM 컨트롤 릴레이
	11	-	-	-

구분	표기	용량(A)	연결회로
12	미등 우	10A	우측 포지션 램프, 글로브 박스 램프, 우측 뒤 콤비램프(OUT), 조명등
13	전방 안개등	10A	앞 안개등 릴레이
14	센서 #3	15A	ECM
15	미등 좌	10A	좌측 포지션 램프, 좌측 뒤 콤비램프(OUT)
16	연료 펌프	15A	연료 펌프 릴레이
17	전방 와이퍼	25A	다기능스위치, 레인센서 릴레이, 프런트 와이퍼 릴레이, 프런트 와이퍼 모터
18	티씨유	15A	TCM
19	에이비에스	10A	ABS컨트롤 모듈, G-YAW센서, VDC컨트롤 모듈, 4WD ECM, 연료 필터 히터 릴레이, 연료 필터 수분 경고 센서, 다기능 체크 컨넥터
20	냉각팬	10A	-
21	후진등	10A	입력/출력 속도 센서, 인히비터 스위치, TCM, 후진등 스위치
22	전조등	10A	퓨즈(전방 와이퍼)
23	이씨유	10A	차속 센서, ECM, 에어 플로우 센서
24	전조등 하이	20A	전조등 하이 릴레이
25	센서#1	10A	연료 펌프 릴레이, 정지등 스위치, 이모빌라이저, 에어건 릴레이, 긴덴서 팬#1, #2 릴레이, 라디에이터 팬 릴레이
26	센서#2	15A	EGR액추에이터, 솔레노이드 밸브, 스로틀 플랫 액추에이터, 캠 포지션 센서, PTC히터 릴레이#1
27	점화코일	20A	ECM
28	SPARE	10A	-
29	SPARE	15A	-
30	SPARE	20A	-
31	SPARE	25A	-
32	SPARE	30A	-

09 F27 우측 뒤 도어 스위치

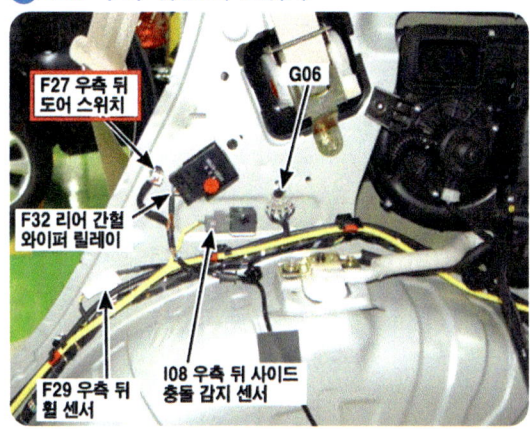

F27 우측 뒤 도어 스위치 커넥터

10 화장등 스위치 및 화장등

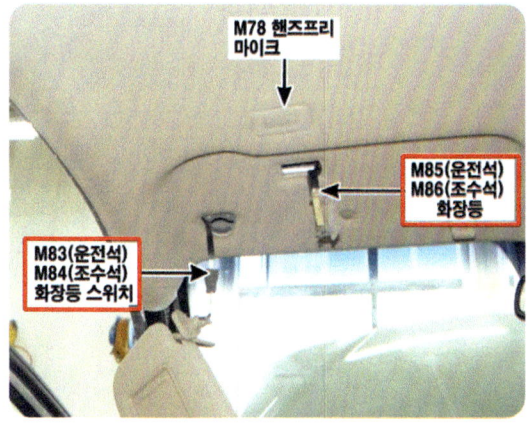

M83(운전석), M84(동승석) 화장등 스위치, M85(운전석), M86(동승석) 화장등

11 전원 배분도(5) : 파워 커넥터, 실내등 10A, 비씨엠#3 10A

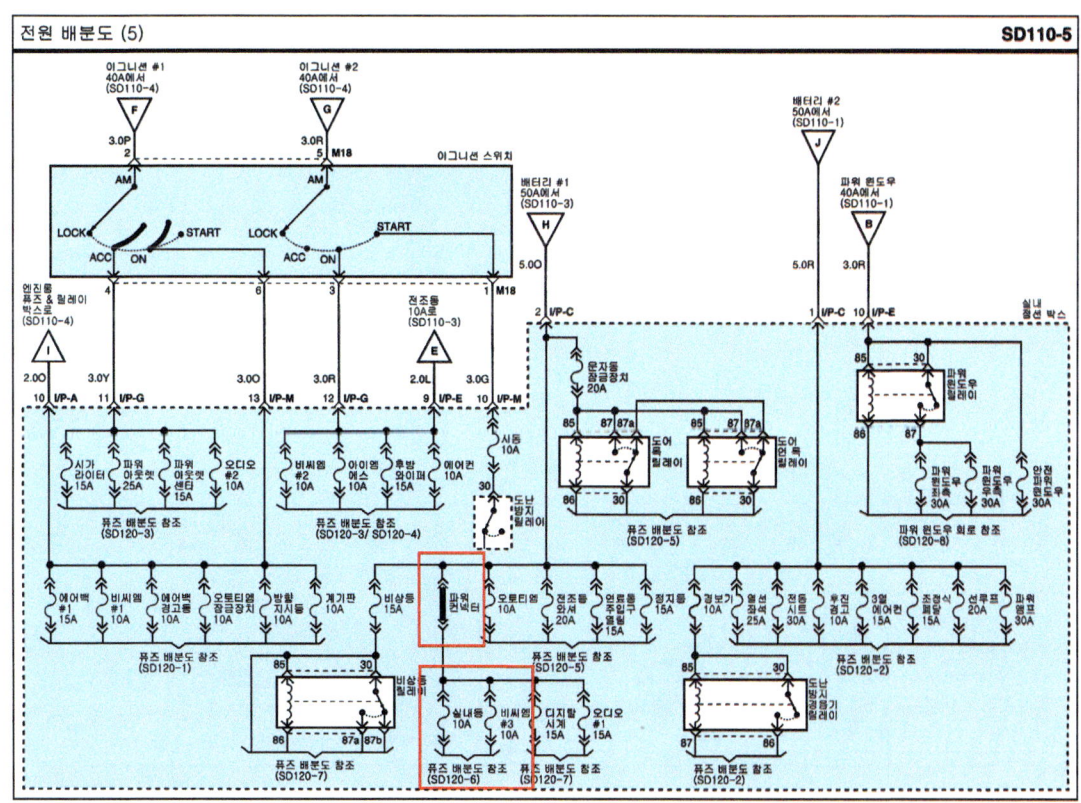

⑫ F26 좌측 뒤 도어 스위치

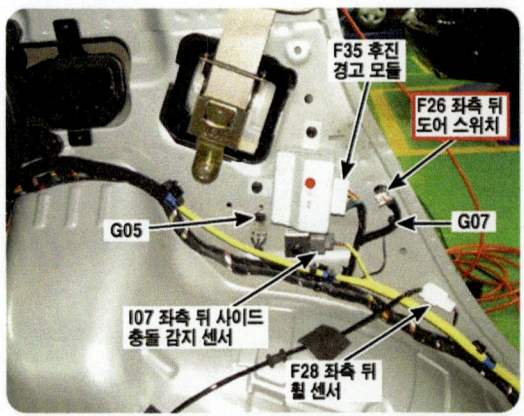

F26 좌측 뒤 도어 스위치 커넥터

⑬ F18(조수석) 도어 스위치

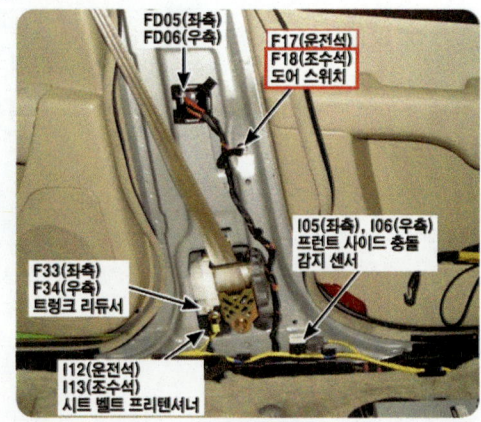

F18(조수석) 도어 스위치 커넥터

⑭ 실내등 회로(1) : 실내등 회로(1) 체크 포인트

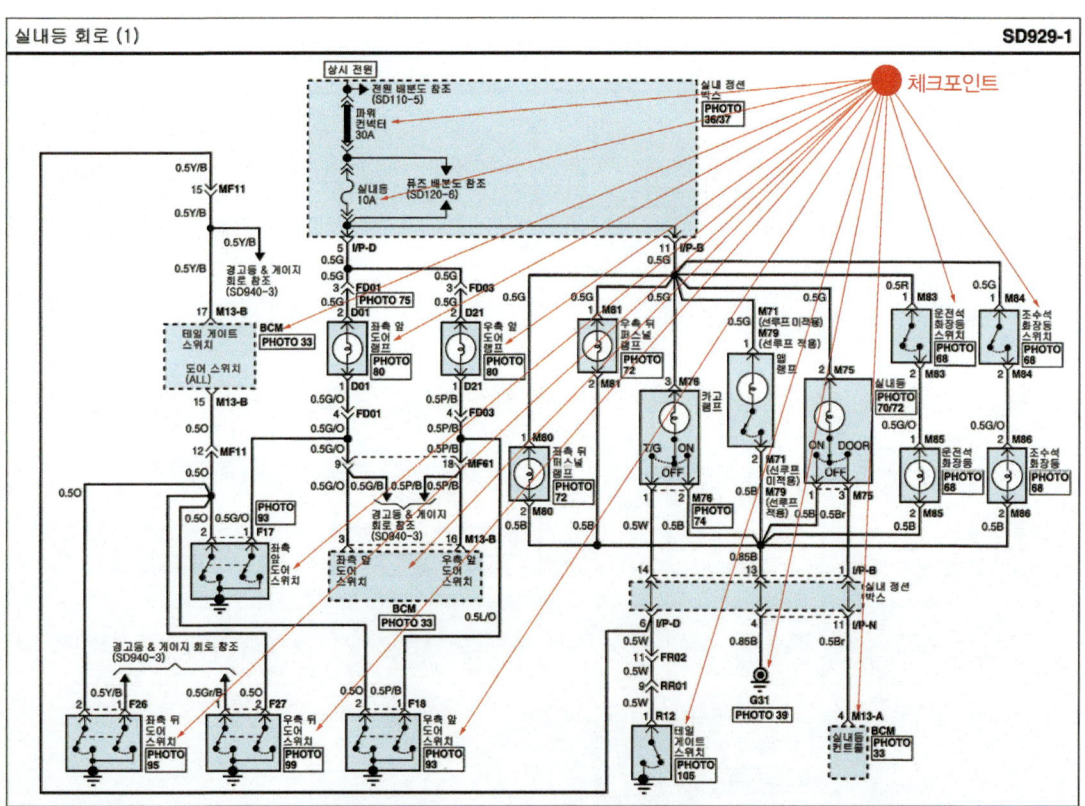

작업형실기

⑮ R12 테일 게이트 스위치

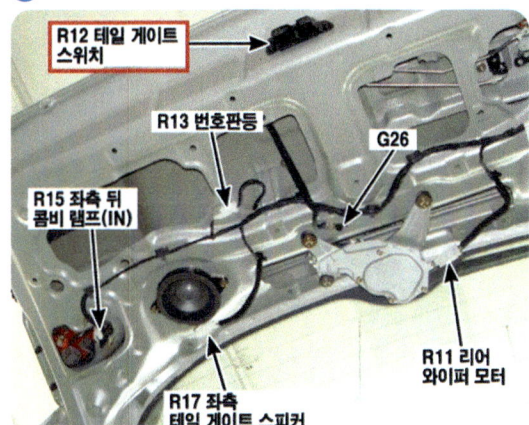

R12 테일 게이트 스위치

⑯ M76 카고 램프

M76 카고 램프

⑰ 퓨즈 배분도(6) : 핸즈프리 모듈, 좌측 앞 도어램프, 좌측 뒤 퍼스널 램프, 맵 램프, 카고램프, 조수석 화장등 스위치

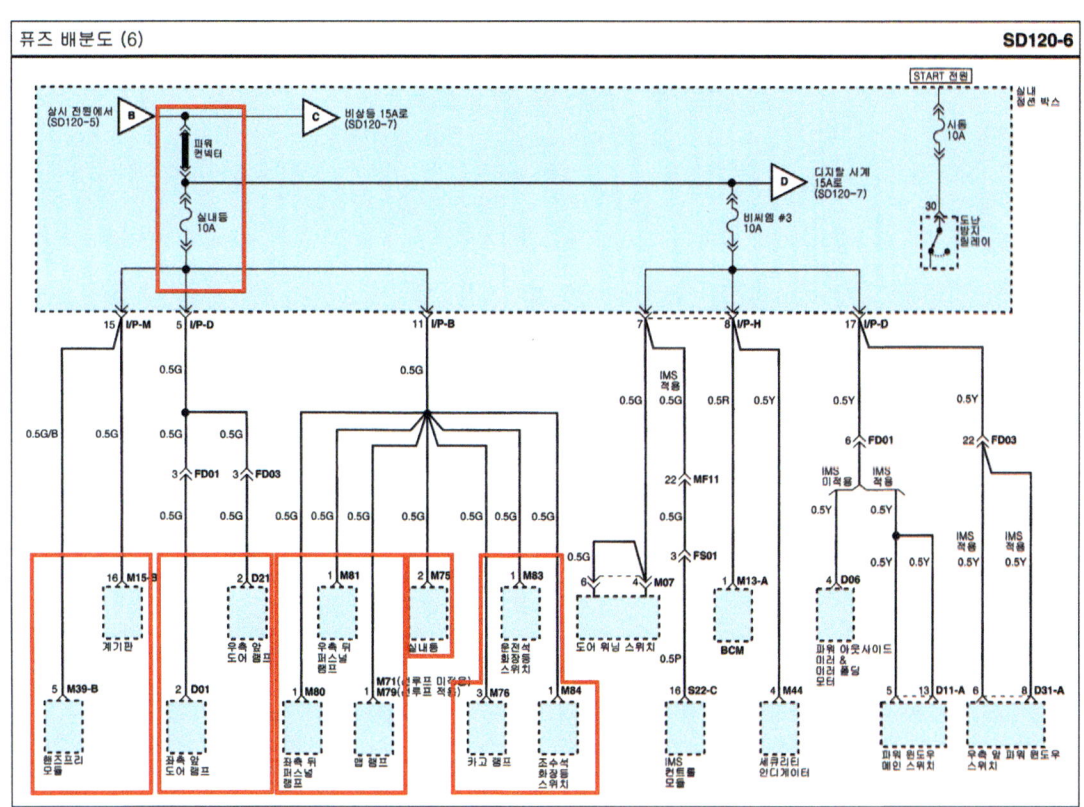

311

자동차정비기능장

참고자료 — 회로 고장부분과 내용 및 상태

고장부분	내용 및 상태	정비 및 조치할 사항
파워 커넥터 30A 퓨즈	단선	파워 커넥터 30A 퓨즈 교환 후 재점검
실내등 10A 퓨즈	단선	실내등 10A 퓨즈 교환 후 재점검
좌측 앞 도어스위치 커넥터	탈거	좌측 앞 도어스위치 커넥터 연결 후 재점검
우측 앞 도어스위치 커넥터	탈거	우측 앞 도어스위치 커넥터 연결 후 재점검
좌측 뒤 도어스위치 커넥터	탈거	좌측 뒤 도어스위치 커넥터 연결 후 재점검
우측 뒤 도어스위치 커넥터	빠짐	우측 뒤 도어스위치 커넥터 연결 후 재점검
후드스위치, 테일게이트 스위치 커넥터	빠짐	후드스위치, 테일게이트 스위치 커넥터 연결 후 재점검
운전석, 동승석 화장등 스위치 커넥터	분리	운전석, 동승석 화장등 스위치 커넥터 연결 후 재점검
운전석, 동승석 화장등 램프 커넥터	분리	운전석, 동승석 화장등 램프 커넥터 연결 후 재점검
도어램프 전, 후(좌, 우) 램프 커넥터	탈거	도어램프 전, 후(좌, 우) 램프 커넥터 연결 후 재점검

답안작성

위에서 설명한 블로워 모터, 정지등, 실내등 회로 점검방법을 참조하여 고장부분, 내용 및 상태, 정비 및 조치사항을 기재한다.

◆ 전기 2. 기록표
자동차 번호 :

비 번호		시험 위원 확 인	

항 목	점검(또는 측정)		정비 및 조치 사항	득 점
	고장 부분	내용 및 상태		
블로워 모터	실내 정션박스 내 블로워 퓨즈 30A	단선	정격용량(30A) 퓨즈 장착(교환) 후 재점검	
정지등 회로	R02 스포일러 상부 정지등 커넥터	빠짐	커넥터 끼운 후 재점검	
실내등 회로	M81(RH) 리어 퍼스널 램프	커넥터 빠짐	커넥터 연결 후 재점검	

작업형실기

기능장 3안 전기 3 — 파형 측정

주어진 자동차에서 시험위원 지시에 따라 기록표의 요구사항을 점검 및 측정하여 기록하시오.

01 CAN 통신 파형 : 1안 참조 (123~130페이지)

02 점검 및 측정 [도어 S/W 작동 시 전압]

① 도어 S/W 탈거

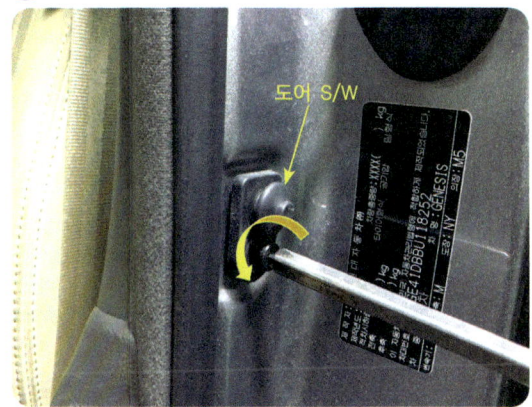

그림과 같이 도어 S/W 고정 피스를 푼 후 탈거한다.

② 도어 S/W 탈거 후

녹색 전원 선, 노란배선 접지

③ 스위치 ON 시(도어 닫힘 시)

디지털 멀티미터 적색 리드 선을 전원단자에 흑색 리드 선을 접지 단자에 연결한 상태에서 스위치를 ON한 경우 측정값은 3.576V 임.

④ 스위치 OFF 시(도어 열림 시)

스위치를 OFF한 경우 측정값은 0.002V 임.

05 스위치 ON 시(도어 닫힘 시)

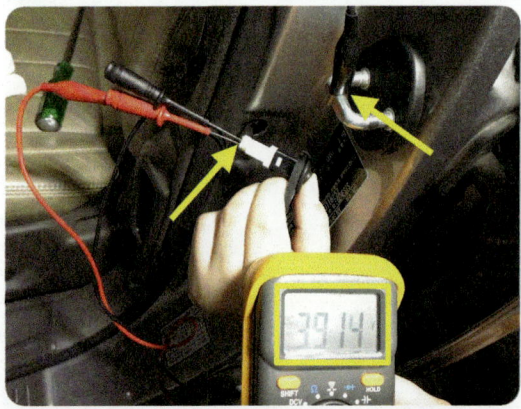

적색 리드 선을 전원단자에 흑색 리드 선을 차체에 접지 한 상태에서 스위치를 ON한 경우 측정값은 3.914V 임.

06 스위치 OFF 시(도어 열림 시)

스위치를 OFF한 경우 측정값은 0.354V 임.

07 스위치 ON 시(도어 닫힘 시)

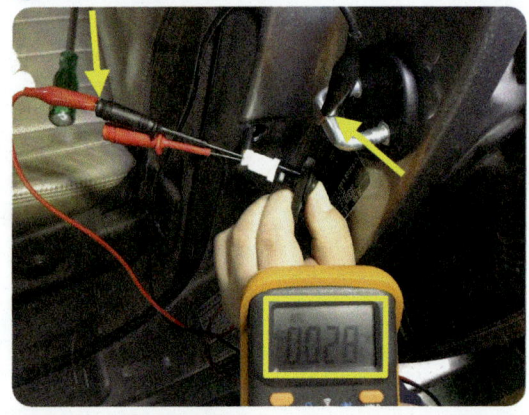

적색 리드 선을 접지단자에 흑색 리드 선을 차체에 접지 한 상태에서 스위치를 ON한 경우 측정값은 0.028V 임.

08 스위치 OFF 시(도어 열림 시)

스위치를 OFF한 경우 측정값은 0.363V 임.

답안작성 도어 S/W 작동 시 전압 측정방법 중 ③~⑥이 정상이다. 따라서 ③~④번을 기준으로 답안작성 함.

2) 점검 및 측정

항 목	측정(또는 점검)		판정 및 정비(또는 조치)사항		득 점
	측정값		판정(□에 '✔' 표)	정비 및 조치할 사항	
도어 S/W 작동시 전압	열림 시 : 0.002V		☑ 양 호	정상 또는 정비 및 조치사항 없음	
	닫힘 시 : 3.576V		□ 불 량		
도어 록 액추에이터 작동시	전압 :		□ 양 호		
	전류 :		□ 불 량		

03 점검 및 측정[도어 록 액추에이터 작동시 전압, 전류] : 2안 참조(233~238페이지)

국가기술자격검정 실기시험문제 4안

1. 기 관

1. 주어진 전자제어 기관에서 시험위원의 지시에 따라 타이밍 벨트와 가변 밸브 타이밍 장치(CVVT 또는 VVT)를 교환(탈·부착)하고 기관 및 시동 관련 점검한 후 시동작업과 기록표의 요구사항을 점검 및 측정하고 기록표에 기록하시오.(단, 시동되지 않는 경우 2과제는 작업할 수 없음)
2. 주어진 기관에서 시험위원의 지시에 따라 기록표 요구사항을 점검 및 측정하여 기록하시오.
3. 주어진 자동차에서 크랭킹은 가능하나 시동되지 않고 시동된 후에도 부조가 발생합니다. 고장원인을 찾아 수리 후 기록표를 기록하시오.

2. 섀 시

1. 주어진 자동차에서 시험위원의 지시에 따라 브레이크 마스터 실린더를 탈거하고 시험위원에게 확인 후 다시 조립(부착)하여 작동상태를 확인하고 기록표 요구사항을 점검 및 측정하여 기록하시오.
2. 주어진 VDC가 설치된 자동차에서 시험위원의 지시에 따라 브레이크 캘리퍼를 탈거하고 시험위원에게 확인 후 다시 조립(부착)하여 에어빼기 작업을 실시하고 브레이크 작동 상태를 점검한 후 기록표의 요구사항을 점검 및 측정하여 기록하시오.

3. 전 기

1. 시험위원의 지시에 따라 자동차에서 실내 블로워 모터를 탈거하고 시험위원에게 확인한 후 다시 조립(부착)하여 작동상태를 확인하고 기록표의 요구사항을 점검 및 측정하고 기록표에 기록하시오.
2. 주어진 자동차에서 정비지침서의 회로도를 이용하여 기록표에서 요구하는 회로를 점검하고 이상이 있으면 이상내용을 기록표에 기록한 후 정비하시오.
3. 주어진 자동차에서 시험위원의 지시에 따라 기록표의 요구사항을 점검 및 측정하여 기록하시오.

국가기술자격검정실기시험문제 4안

자 격 종 목	자동차 정비기능장	작 품 명	자동차 정비 작업

- 비 번호
- 시험시간 : 6시간 30분(기관 : 140분, 섀시 : 130분, 전기 : 120분)
  ※ 시험 안 및 요구사항 일부내용이 변경될 수 있음

기능장 4안 기관 1 — 타이밍 벨트와 가변 밸브 타이밍 장치 탈·부착

주어진 전자제어 기관에서 시험위원의 지시에 따라 타이밍 벨트와 가변 밸브 타이밍 장치(CVVT 또는 VVT)를 탈거하고 시험위원에게 확인 후 다시 조립(부착)하시오.

01 타이밍 벨트와 가변 밸브 타이밍 장치(CVVT 또는 VVT) 탈·부착

01 관련부품 명칭

타이밍 벨트 상부커버, 워터펌프 풀리, 발전기 풀리, 크랭크 샤프트 풀리, 팬벨트, 타이밍 벨트 하부커버

02 워터펌프 풀리 고정 볼트 유림

워터펌프 풀리 고정 볼트(10mm)를 유림한다.

03 팬벨트 탈거

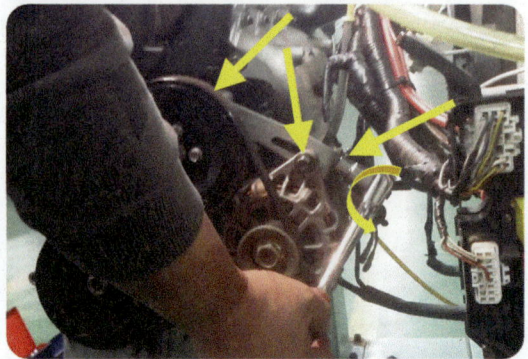

그림과 같이 겉 벨트를 탈거한다.

04 워터펌프 풀리 및 타이밍 벨트 상부커버 탈거

워터펌프 풀리 고정 볼트(10mm)를 푼 후 풀리를 탈거하고 타이밍 벨트 상부커버를 탈거한다.

05 크랭크 축 풀리 탈거

그림과 같이 크랭크 축 고정 볼트(22mm)를 푼 후 풀리를 탈거한다.

06 타이밍 벨트 커버 탈거

그림과 같이 크랭크축 플레이트를 탈거한 후 타이밍 벨트 하부커버를 탈거한다.

07 타이밍 벨트 관련부품

캠 샤프트 스프로킷, 아이들 베어링, 발전기 풀리, 크랭크샤프트 스프로킷, 텐션 베어링, 타이밍 벨트 리어커버

08 캠축 타이밍 마크

그림과 같이 배기캠축 스프로킷 타이밍 마크 확인

10 타이밍 벨트 탈거

그림과 같이 텐션베어링을 좌측으로 민 다음 유격조정 볼트를 고정한 후 타이밍 벨트를 탈거한다.

12 점화코일 탈거

점화코일 커넥터를 탈거하고 고정 볼트(10mm)를 푼 후 점화코일을 탈거한다.

09 크랭크 축 타이밍 마크, 타이밍 벨트 장력유림

그림과 같이 크랭크 축 타이밍 마크를 확인한 후 텐션베어링 고정 볼트와 유격조정 볼트를 유림 한다.

11 PCV 호스 및 브리더호스 탈거

그림과 같이 PCV 호스와 브리더 호스 밴드를 이완한 후 호스를 탈거한다.

13 실린더 헤드커버 탈거

그림과 같이 실린더 헤드커버 고정 볼트(10mm)를 푼 후 탈거한다.

⑭ 캠축 관련부품 및 저널 캡 탈거

타이밍체인, 가변밸브 타이밍 장치, 배기캠 샤프트, 흡·배기 저널 캡, 흡기 캠 샤프트, 흡기와 배기캠 샤프트 저널 캡 고정 볼트(10mm)를 푼 후 저널 캡을 탈거한다.

⑮ 캠축 어셈블리를 탈거한다.

그림과 같이 캠축 어셈블리를 탈거한다.

⑯ 캠축 어셈블리 탈거 후

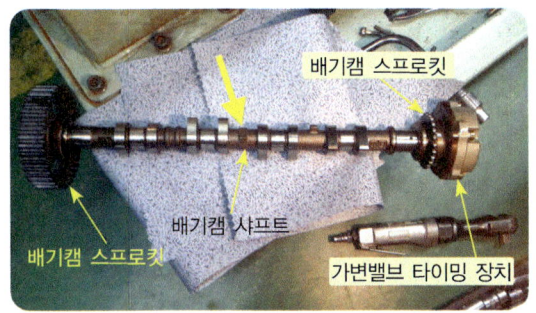

배기캠 샤프트 스프로킷, 배기캠 샤프트, 배기캠 체인 스프로킷, 가변밸브 타이밍 장치,

⑰ 캠축 타이밍 마크

그림과 같이 캠축의 타이밍 마크 홈이 12시 방향으로 향하게 한다.

⑱ 가변밸브 타이밍 장치 탈거

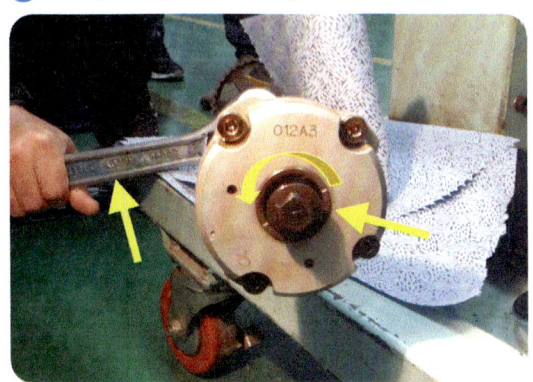

그림과 같이 캠축을 고정한 후 고정 볼트를 푼 후 가변밸브 타이밍 장치를 탈거한다.

⑲ 가변밸브 타이밍 장치 타이밍 마크

그림과 같이 캠축의 돌기와 가변밸브 타이밍 장치 홈을 맞춘다.

⑳ 가변밸브 타이밍 장치 설치

그림과 같이 캠축을 고정한 상태에서 가변밸브 타이밍 장치를 설치한다.

㉑ 가변밸브 타이밍 장치 조립

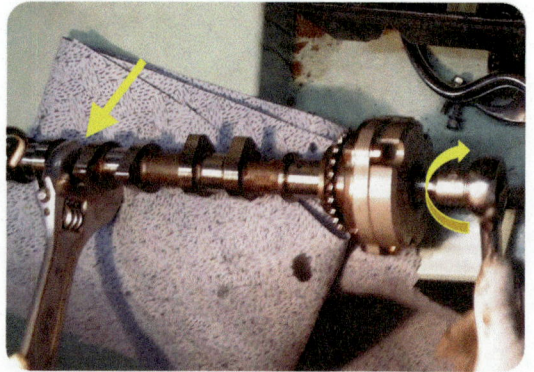

그림과 같이 가변밸브 타이밍 장치 고정 볼트를 규정토크로 조인다.

㉒ 캠축설치

그림과 같이 흡, 배기캠축을 실린더 헤드에 설치한다.

㉓ 타이밍체인 타이밍 마크 확인

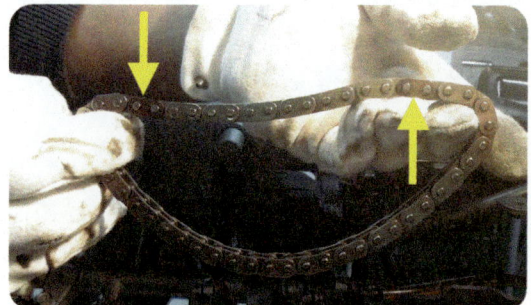

그림과 같이 화살표가 가리키는 어두운 색이 타이밍 마크이다.

㉔ 타이밍 체인 설치방법

그림과 같이 체인 스프로킷 홈과 체인 타이밍 마크를 일치시킨다.

㉕ 타이밍체인 타이밍 마크 확인방법

그림과 같이 가변밸브 타이밍 장치 홈과 체인 타이밍 마크가 일치되는지 확인한다.

26 타이밍 체인 텐셔너 장착

그림과 같이 타이밍 체인 텐셔너를 설치한 후 고정 볼트를 규정토크로 조인다.

27 캠축 저널 캡 장착

그림과 같이 흡, 배기캠축 저널 캡을 설치한 후 고정 볼트를 규정토크로 조인다.

참고 배기캠축 우측 끝 저널 캡에는 캠 포지션 센서가 장착되어 있다.

28 타이밍 벨트 타이밍마크 확인

그림과 같이 타이밍 벨트 타이밍 마크와 텐션베어링 설치상태를 확인한다.

29 타이밍 벨트 장착

그림과 같이 타이밍 벨트를 설치한 후 유격 조정볼트를 유림 하여 장력을 조정하고 유격 조정볼트와 고정 볼트를 규정토크로 조인다.

참고 타이밍마크 재확인

③⓪ 실린더 헤드커버 장착

실린더 헤드커버를 설치한 후 고정 볼트를 규정토크로 조인다.

③① 점화코일 장착

그림과 같이 4개의 점화코일을 장착한다.

③② PCV 호스 및 브리더호스 장착

그림과 같이 점화코일 고정 볼트를 규정토크로 조인 후 PCV 호스와 브리더 호스를 끼운 다음 밴드를 장착한다.

③③ 타이밍 벨트 커버 장착

그림과 같이 타이밍 벨트 상부 및 하부커버를 설치한 후 고정 볼트를 규정토크로 조인다.

③④ 팬벨트 장착

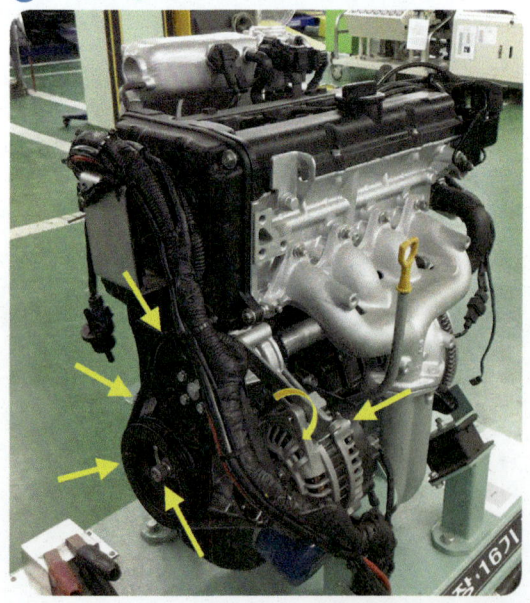

그림과 같이 크랭크축 풀리와 워터펌프 풀리를 장착한 후 팬 벨트를 장착하고 장력을 조정한다.

작업형실기

기능장 4안
기 관 1
기관 및 시동 관련회로 점검 후 시동작업

기관 및 시동 관련회로를 점검한 후 시동작업과 기록표의 요구사항을 점검 및 측정하고 기록표에 기록하시오.(단, 시동되지 않는 경우 2과제는 작업할 수 없음)

01 점검 부위 : 1안 참조 (36~41페이지)

02 점검 및 측정 [캠축 높이 및 양정]

01 기초원 측정

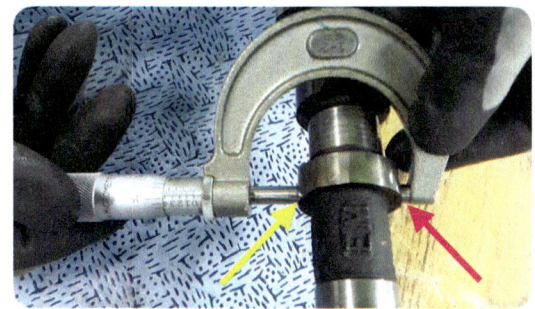

그림과 같이 외경 마이크로미터로 기초원을 측정한다.
(측정값 : 40.65mm)

02 캠 높이 측정

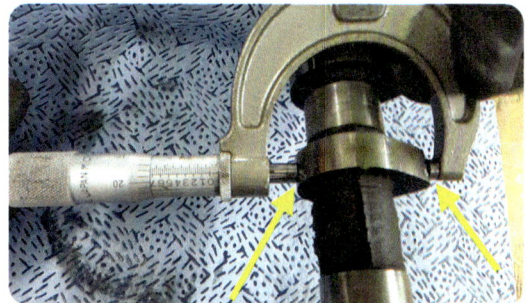

외경 마이크로미터로 캠 높이를 측정한다.
(측정값 : 70.69mm)

【 차종별 캠 높이 규정값(mm) 】

차 종		규정값	한계값	차 종		규정값	한계값
엑셀 FBC	흡기	38.909	38.409	세피아	흡기	36.4514	36.251
	배기	38.974	38.474		배기	36.451	36.251
아반떼 1.5D	흡기	43.2484	42.7484	크레도스	흡기	37.9593	–
	배기	43.8489	43.3489		배기	37.9617	–
EF 쏘나타	흡기	35.493±0.1	–	르 망	흡기	5.61	–
	배기	35.317±0.1	–		배기	6.12	–
쏘나타	흡기	44.525	42.7484	토스카 2.0 D	흡기	5.8106	
	배기	44.525	43.3489		배기	5.3303	
마티즈	흡기	35.156	35.124	토스카 2.5 D	흡기	5.931	
	배기	34.814	34.789		배기	5.3303	
옵티마2.0 D	흡기	35.439	35.993	누비라 1.5 S	흡기	40.445	
	배기	35.317	34.817		배기	40.501	

답안작성 양정=캠 높이-기초원 이므로, 70.69-40.65=30.04mm임.

◆ 기관 1. 기록표
자동차 번호 :

항목		측정(또는 점검)		판정 및 정비(또는 조치)사항		득점
		측정값	규정값(정비한계값)	판정(□에 '✔' 표)	정비 및 조치할 사항	
캠 ☑ 흡기 □ 배기	높이	70.69mm	70.00~70.80mm	☑ 양호 □ 불량	정비 및 조치사항 없음 또는 정상	
	양정	30.04mm				
오일 컨트롤 밸브 저항				□ 양호 □ 불량		

비 번호 :   시험 위원 확인 :

03 점검 및 측정 [오일 컨트롤 밸브 저항]

01 부품 위치

오일 컨트롤 밸브, 오일 컨트롤 밸브 커넥터

02 커넥터 탈거

그림과 같이 오일 컨트롤 밸브 커넥터를 탈거한다.

03 측정기 설치 및 측정

그림과 같이 디지털 멀티미터의 선택레버를 ▶ 저항에 위치시킨 후 오일 컨트롤 밸브 단자에 리드 선을 연결한다.

작업형실기

답안작성 냉간 시 오일 컨트롤 밸브 저항 측정값은 6.8Ω 임.

◆ 기관 1. 기록표
자동차 번호 :

항목		측정(또는 점검)		판정 및 정비(또는 조치)사항		득점
		측 정 값	규정값(정비한계값)	판정(□에 '✔' 표)	정비 및 조치할 사항	
캠 ☑ 흡기 □ 배기	높이	70.69mm	70.00~70.80mm	☑ 양 호 □ 불 량	정비 및 조치사항 없음 또는 정상	
	양정	30.04mm				
오일 컨트롤 밸브 저항		6.8Ω	4~8Ω	☑ 양 호 □ 불 량	정비 및 조치사항 없음 또는 정상	

기능장 4안
기 관 2

기록표 요구사항 점검·측정

주어진 기관에서 시험위원의 지시에 따라 기록표 요구사항을 점검 및 측정하여 기록하시오.

---

01 공기량 센서 파형 측정

01 엔진시동 ON

엔진 시동을 ON한 후 정상 공전RPM 상태

02 채널 1번 프로브 설치

그림과 같이 채널 프로브를 출력단자와 접지단자에 설치한다.

03 공회전 시 AFS 출력 센서 파형

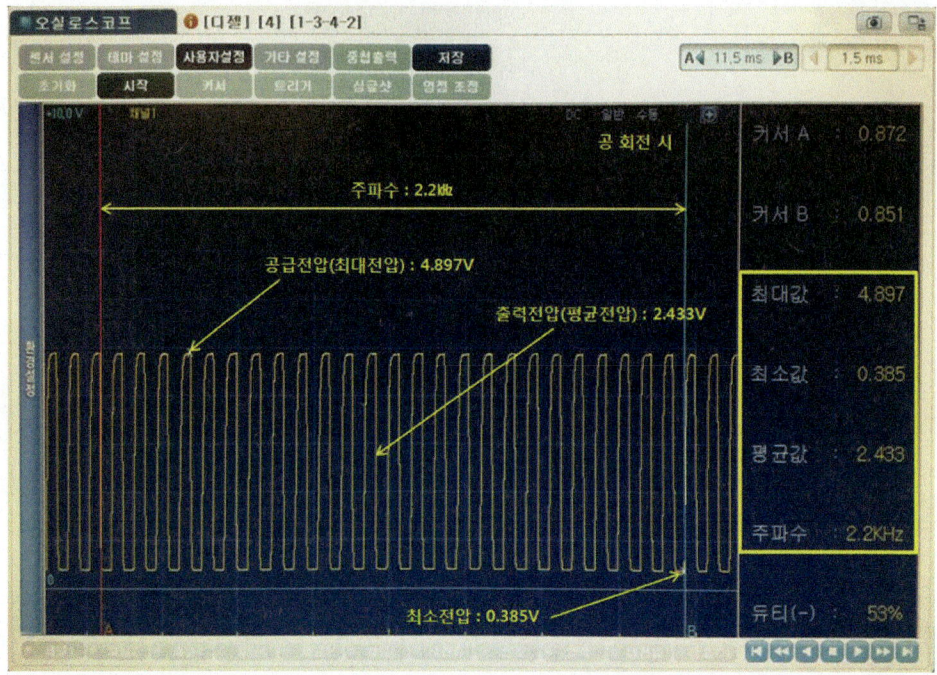

공회전 상태의 센서 출력파형으로 커서 A, B를 임의 구간에 위치한 경우
주파수 2.2kHz, 최대(공급)전압 4.897V, 평균(출력)전압 2.433V, 최소전압 0.385V로 표기한 화면

04 가속 시 AFS 출력 센서 파형

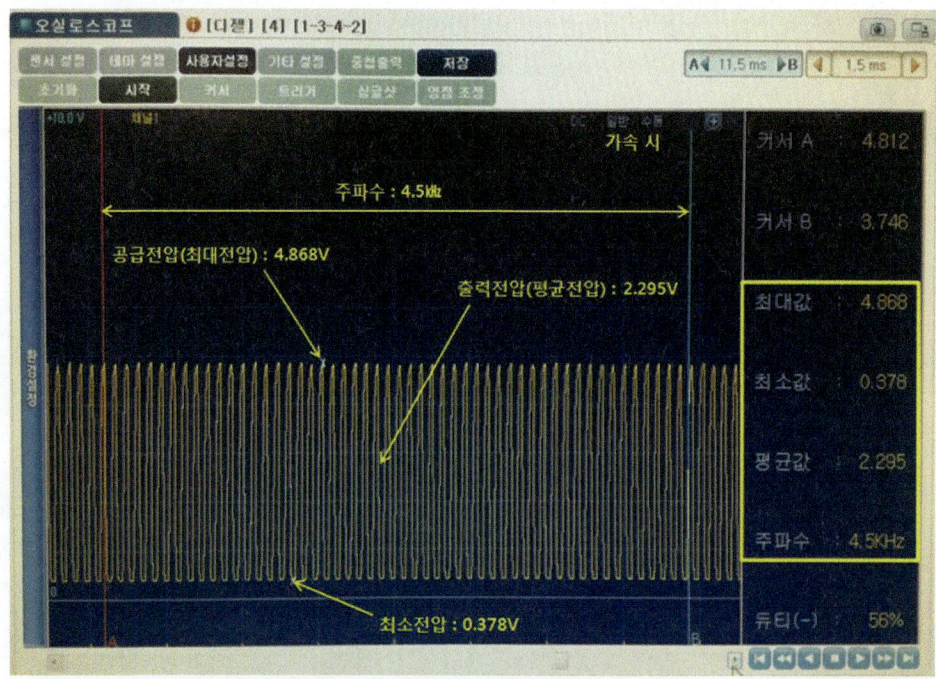

가속 상태의 센서 출력파형으로 커서 A, B를 임의 구간에 위치한 경우
주파수 4.5kHz, 최대(공급)전압 4.868V, 평균(출력)전압 2.295V, 최소전압 0.378V로 표기한 화면

05 출력파형 출력물 : 공회전 시 파형 출력 및 분석내용 표기

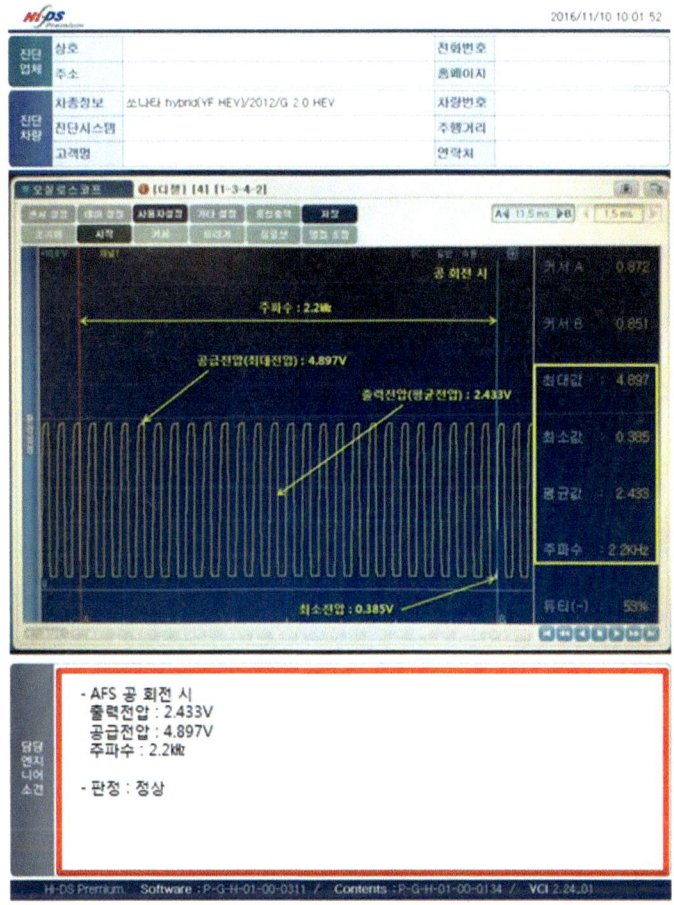

답안작성 공회전시 파형 출력 및 분석내용 답안작성

◈ **기관 2. 기록표**
1) 파형   자동차 번호 :

| 비 번호 | | 시험 위원 확 인 | |

| 항 목 | 파형 분석 및 판정 ||| 득 점 |
	분석 항목	분석내용	판정(□에 '✔' 표)	
공기량 센서	출력 전압 : 2.433V	분석내용은 출력물에 표시하시오.	☑ 양 호 □ 불 량	
	공급 전압 : 4.897V			
	주파수 : 2.2kHz			

※주의사항 : 분석 항목 및 내용은 출력물에 표기하며 관련 사항은 시험위원의 지시에 따른다.

327

자동차정비기능장

06 출력파형 출력물 : 가속상태의 파형 출력 및 분석내용 표기

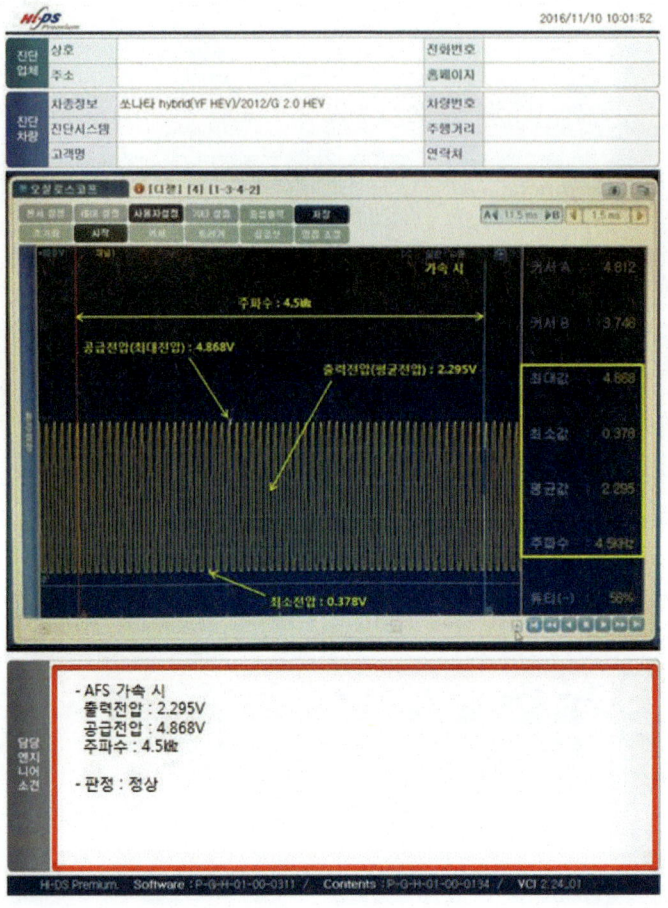

| 답안작성 | 가속 상태의 파형 출력 및 분석내용 답안작성 |

◆ 기관 2. 기록표
1) 파형   자동차 번호 :

| 비 번호 | | 시험 위원 확 인 | |

항 목	파형 분석 및 판정			득 점
	분석 항목	분석내용	판정(□에 '✔'표)	
공기량 센서	출력 전압 : 2.295V	분석내용은 출력물에 표시하시오.	☑ 양 호 □ 불 량	
	공급 전압 : 4.868V			
	주파수 : 4.5kHz			

※주의사항 : 분석 항목 및 내용은 출력물에 표기하며 관련 사항은 시험위원의 지시에 따른다.

작업형실기

| 02 | 공기유량센서(AFS 또는 MAP)와 스로틀 위치센서(TPS) : 2안 참조(160~166페이지) |

기능장 4안
기 관 3

시동결함 및 부조발생 원인

주어진 자동차에서 크랭킹은 가능하나 시동되지 않고 시동된 후에도 부조가 발생합니다. 고장부위를 수리하고 기록표를 작성하시오.

01	크랭킹은 가능하나 시동되지 않는 원인 : 1안 참조(63~66페이지)
02	부조발생 : 1안 참조(66~69페이지)
03	시동결함 및 부조발생 기록표 작성 : 1안 참조(69페이지)

기능장 4안
섀 시 1

브레이크 마스터 실린더 탈·부착 및 작동상태 확인

주어진 자동차에서 시험위원의 지시에 따라 브레이크 마스터 실린더를 탈거하고 시험위원에게 확인 후 다시 조립(부착)하여 작동상태를 확인하고 기록표 요구사항을 점검 및 측정하여 기록하시오.

| 01 | 브레이크 마스터 실린더 탈·부착 및 작동상태 확인 : 1안 참조(70~74페이지) |
| 02 | 브레이크 제동력 : 1안 참조(74~76페이지) |

자동차정비기능장

기능장 4안 - 섀시 2

브레이크 캘리퍼 탈·부착 및 에어빼기 작업 후 작동상태 확인

주어진 VDC가 설치된 자동차에서 시험위원의 지시에 따라 브레이크 캘리퍼를 탈거하고 시험위원에게 확인 후 다시 조립(부착)하여 에어빼기 작업을 실시하고 브레이크 작동 상태를 점검한 후 기록표의 요구사항을 점검 및 측정하여 기록하시오.

01 브레이크 캘리퍼 탈·부착 및 에어빼기 작업 후 작동상태 확인

01 관련부품

캘리퍼, 브레이크 디스크

02 캘리퍼 하우징

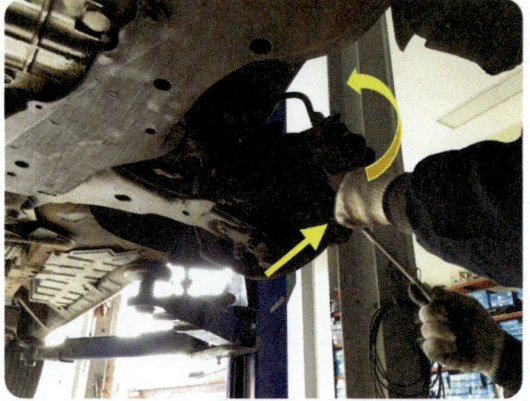

캘리퍼 하우징 고정 볼트를 푼 후 위로 올린다.

03 캘리퍼 피스톤 압축 및 패드 탈거

그림과 같이 브레이크 패드 압축기를 이용하여 캘리퍼 피스톤을 압축한 후 브레이크 패드를 탈거한다.

04 브레이크 호스 및 브래킷 탈거

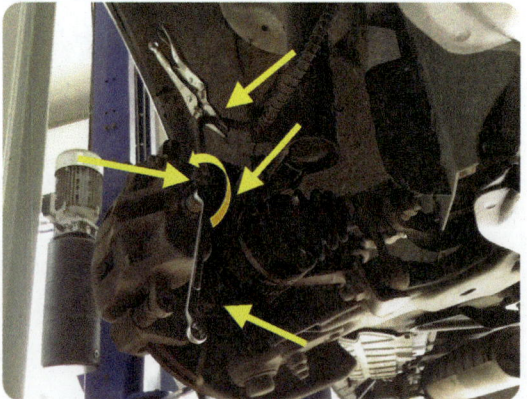

그림과 같이 브레이크 호스를 바이스 플라이어로 고정한 후 고정 볼트를 탈거한 다음 캘리퍼 브래킷 고정 볼트를 풀고 캘리퍼 어셈블리를 탈거한다.

05 캘리퍼 탈거 후 모습

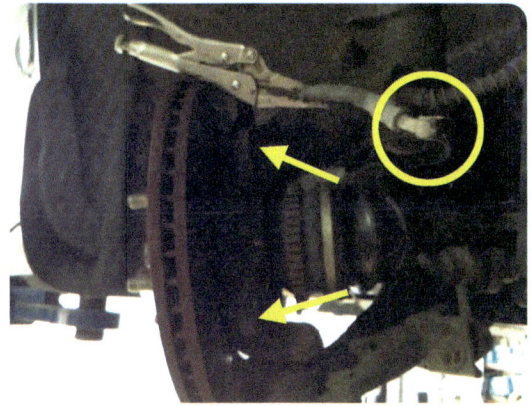

그림은 캘리퍼를 탈거한 후의 모습이며, 두 개의 화살표가 가리키는 곳이 캘리퍼 브래킷 고정 볼트 자리이다.

06 캘리퍼 어셈블리

구품과 신품의 캘리퍼 어셈블리

07 캘리퍼 어셈블리 장착

그림과 같이 신품의 캘리퍼 어셈블리를 설치한 후 브래킷 고정 볼트를 규정토크로 조인다.

08 브레이크 패드 조립

그림과 같이 브레이크 패드를 정 위치에 조립한다.

09 캘리퍼 하우징 소립

캘리퍼 하우징 고정 볼트를 규정토크로 조인다.

10 브레이크 호스 조립

그림과 같이 브레이크 호스 고정 볼트를 규정토크로 조인 후 바이스 플라이어를 제거한다.

⑪ 에어빼기 작업

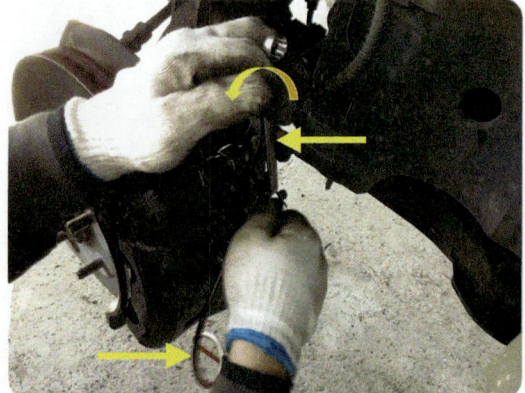

캘리퍼 에어브리더 스크루에 오일탱크 호스 캡을 설치한 후 스크루를 유림 한다.

⑫ 브레이크 페달

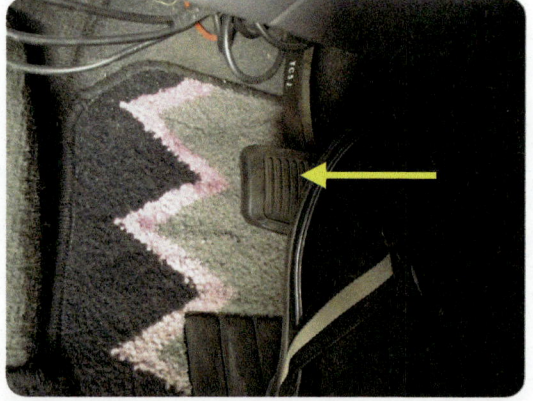

에어빼기 작업을 위하여 브레이크 페달을 여러 번 반복하여 밟는다.
주의 밟고 있는 상태 유지

⑬ 에어빼기 실시

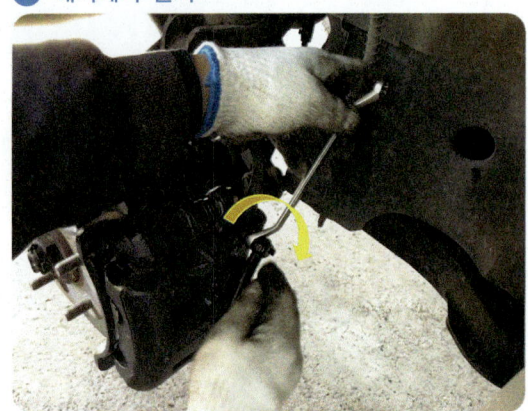

그림과 같이 에어브리더 스크루를 충분히 풀어 에어가 빠진 후 조인다. 에어가 완전히 빠질 때까지 ⑫~⑬번 작업을 반복하여 실시하며, 완료 후 에어브리더 스크루를 규정토크로 조인다.

⑭ 브레이크 마스터 실린더 리저브 탱크

그림과 같이 브레이크 마스터 실린더 리저브 탱크 캡을 연 후 상한선까지 브레이크 오일을 보충한다.
참고 에어빼기 작업 중 수시로 오일량 확인 후 필요시 보충

⑮ 리저브 탱크 캡

그림과 같이 오일량을 확인한 후 정상이면 ▶ 리저브 탱크 캡을 닫는다.

기록표 요구사항 점검 · 측정

기록표 요구사항을 점검 및 측정하여 기록하시오.

01 ABS 휠 스피드 센서 파형(Magnetic Type)

01 채널 1번 프로브 설치

그림과 같이 채널 프로브를 출력단자와 접지단자에 설치한다.

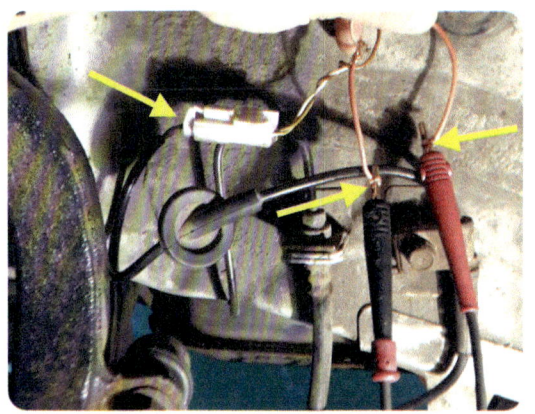

02 엔진 공회전 드라이브 상태 센서 출력파형

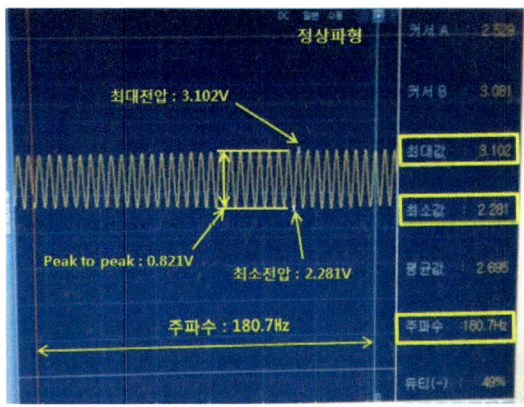

공회전 상태의 센서 출력파형으로 커서 A, B를 임의 구간에 위치한 경우
주파수 180.7Hz, 최대전압 3.102V,
peak to peak 전압 0.821V, 최소전압 2.281V로 표기한 화면

03 엔진 정상 공회전 드라이브 상태 센서 출력파형

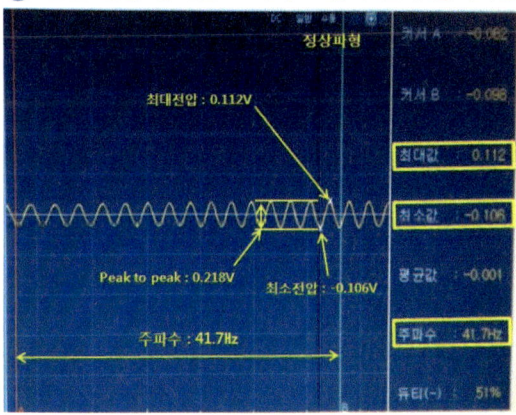

정상 공회전 상태의 센서 출력파형으로 커서 A, B를 임의 구간에 위치한 경우
주파수 41.7Hz, 최대전압 0.112V,
peak to peak 전압 0.218V, 최소전압 −0.106V로 표기한 화면

333

04 엔진 정상 공회전 드라이브 상태 센서 출력파형(화면 확대)

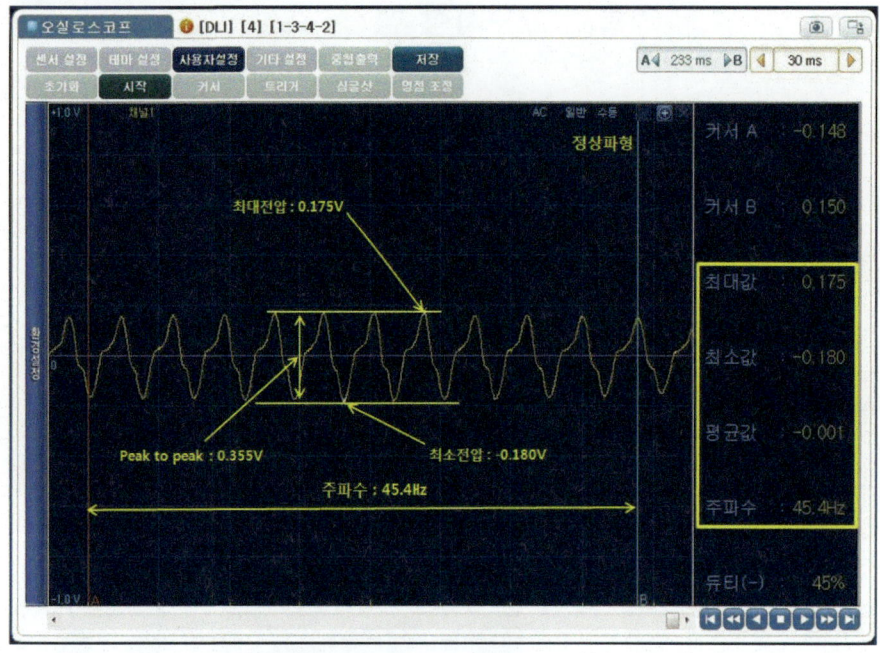

정상 공회전 상태의 센서 출력파형으로 커서 A, B를 임의 구간에 위치한 경우
주파수 45.4Hz,
최대전압 0.175V,
peak to peak 전압 0.355V,
최소전압 -0.180V로 표기한 화면

05 출력파형 출력물 : 정상 공회전 상태의 센서 출력파형 및 분석내용 표기

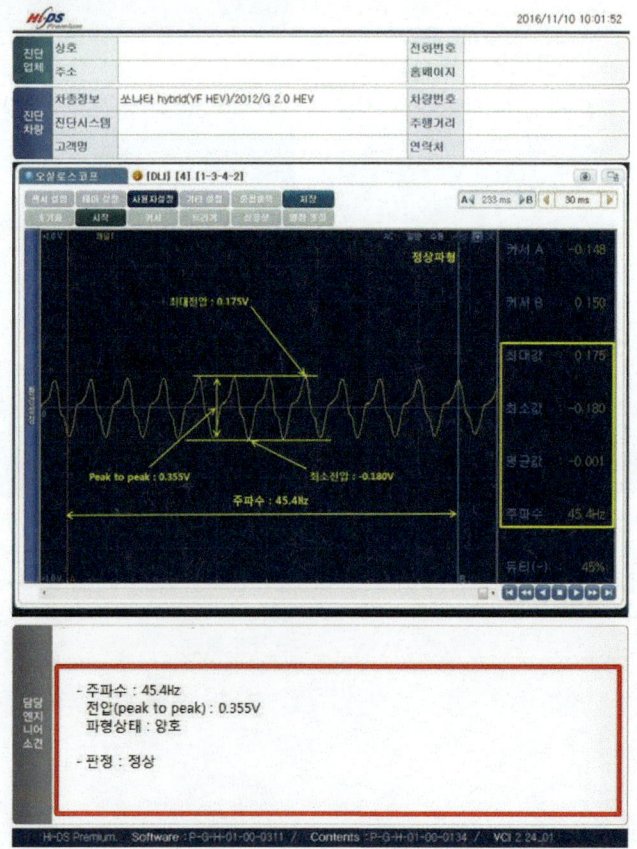

334

작업형실기

답안작성
정상 공회전 상태의 센서 출력파형 분석내용 및 답안작성하기,
peak to peak 전압=최대전압-최소전압 이므로, peak to peak 전압=0.175-(-0.180)=0.355V 임.

◆ 섀시 2. 기록표
1) 파형   자동차 번호:

항목	파형 분석 및 판정			득점
	분석항목	분석내용	판정(□에 '✔' 표)	
ABS 휠 스피드 센서	주파수 : 45.4Hz	분석내용은 출력물에 표시하시오	☑ 양 호 □ 불 량	
	전압(peak to peak) : 0.355V			
	파형 상태(양호, 불량) : 양호			

비 번호: / 시험위원 확인:

※주의사항 : 분석 항목 및 내용은 출력물에 표기하며 관련 사항은 시험위원의 지시에 따른다.

02 ABS 휠 스피드 센서 파형(Active Type)

01 휠 스피드 센서

위 그림은 휠 스피드 센서를 탈거한 모습이다.

02 채널 1번 프로브 설치

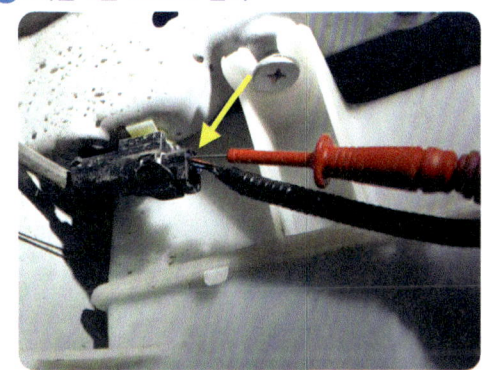

그림과 같이 채널 전원 프로브를 출력단자에 접지 프로브를 차체에 접지한 상태이다.

03 공회전 드라이브 상태 센서 출력파형

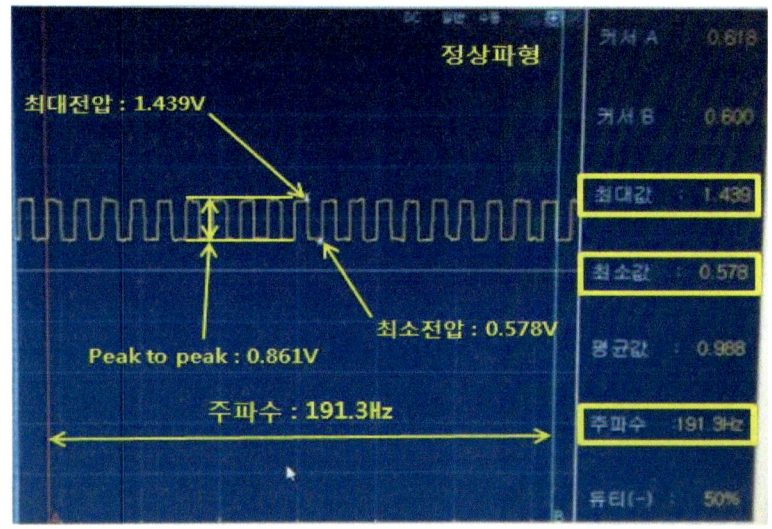

공회전 상태의 센서 출력파형으로 커서 A, B를 임의 구간에 위치한 경우
주파수 191.3Hz,
최대전압 1.439V,
peak to peak 전압 0.861V,
최소전압 0.578V로 표기한 화면

자동차정비기능장

04 출력파형 출력물 : 정상 공회전 상태의 센서 출력파형 및 분석내용 표기

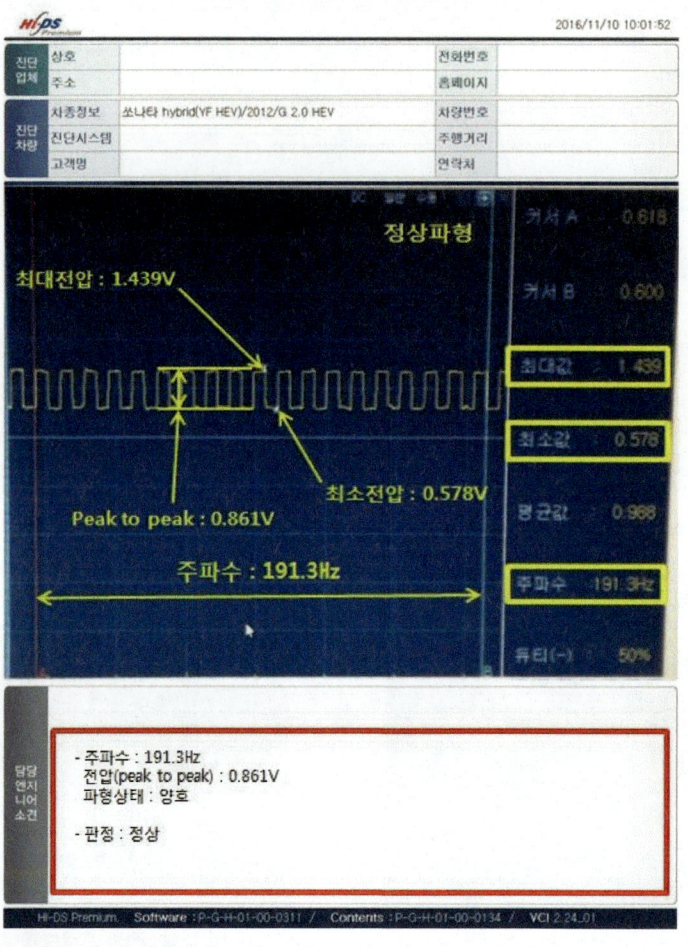

답안작성 정상 공회전 상태의 센서 출력파형 분석내용 및 답안작성하기,
peak to peak 전압=최대전압−최소전압 이므로, peak to peak 전압=1.439−0.578=0.861V 임.

◆ 섀시 2. 기록표
1) 파형   자동차 번호 :

비 번호		시험 위원 확 인	

항 목	파형 분석 및 판정			득 점
	분석항목	분석내용	판정(□에 '✔' 표)	
ABS 휠 스피드 센서	주파수 : 191.3Hz	분석내용은 출력물에 표시하시오	☑ 양 호 □ 불 량	
	전압(peak to peak) : 0.861V			
	파형 상태(양호, 불량) : 양호			

*주의사항 : 분석 항목 및 내용은 출력물에 표기하며 관련 사항은 시험위원의 지시에 따른다.

03 브레이크 디스크 런 아웃

01 측정준비

그림과 같이 다이얼게이지 마그네틱 스탠드를 암에 설치한다.

02 측정 위치조정

그림과 같이 다이얼게이지 스핀들 측정자 위치를 브레이크 디스크 외측부에 위치시킨다.

03 현재눈금 확인

다이얼게이지 측정 시작 눈금 위치를 확인한다 (0mm)

04 브레이크 디스크 1회전

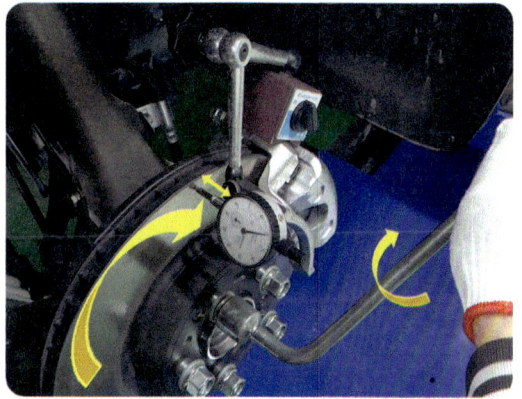

그림과 같이 브레이크 디스크를 천천히 1회전 시킨다.

05 측정값 판독 1

디스크를 회전시키면서 눈금의 이동방향과 수치를 파악한다.(반 시계 방향으로 0.01mm)

06 측정값 판독 2

디스크가 1회전 하는 동안 눈금의 이동방향과 수치를 파악한다.(시계 방향으로 0.05mm)

> **답안작성** 측정값=반 시계 방향 이동량+시계방향 이동량이므로, 측정값 = 0.01+0.05=0.06mm임. 불량 시 디스크 교환 후 재측정

2) 점검 및 측정

항 목	측정(또는 점검)		판정 및 정비(또는 조치)사항		득 점
	측정값	규정값(정비한계값)	판정(□에 '✔' 표)	정비 및 조치할 사항	
브레이크 디스크 런 아웃	0.06mm	0.01~0.10mm	✔ 양 호 □ 불 량	정비 및 조치사항 없음 또는 정상	
휠 스피드 센서 에어 갭					

04 휠 스피드 센서 에어 갭

01 부속부품 명칭

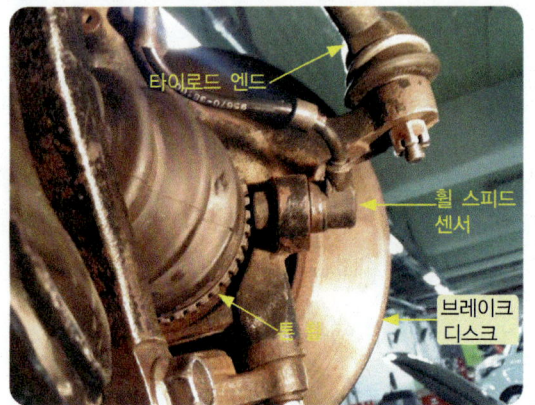

타이로드 엔드, 휠 스피드 센서, 브레이크 디스크, 톤 휠

02 에어 갭

위 그림은 휠 스피드 센서 에어 갭을 나타낸다.

03 측정

그림과 같이 틈새 게이지를 이용하여 휠 스피드 센서 에어 갭을 측정한다.

04 측정값 판독

그림과 같이 틈새 게이지 두 개를 이용하여 측정한 값이다.
(측정값 : 1.143mm)

작업형실기

답안작성	측정값= 0.559+0.584=1.143mm 임.

※주의 : 틈새 게이지에 제시된 수치 중 위쪽은 인치이고 아래는 밀리미터 단위의 눈금이다.

2) 점검 및 측정

항 목	측정(또는 점검)		판정 및 정비(또는 조치)사항		득 점
	측정값	규정값(정비한계값)	판정(□에 'V' 표)	정비 및 조치할 사항	
브레이크 디스크 런 아웃	0.06mm	0.01~0.10mm	☑ 양 호 □ 불 량	정비 및 조치사항 없음 또는 정상	
휠 스피드 센서 에어 갭	1.143mm	1.0~1.4mm			

기능장 4안
전기 1
블로워 모터 탈·부착 및 작동상태 확인, 점검 및 측정

시험위원의 지시에 따라 자동차에서 실내 블로워 모터를 탈거하고 시험위원에게 확인한 후 다시 조립(부착)하여 작동상태를 확인하고 기록표의 요구사항을 점검 및 측정하고 기록표에 기록하시오.

01 블로워 모터 탈·부착 및 작동상태

01 배터리 (−)탈거

그림과 같이 배터리 (−)터미널을 탈거한다.

02 동승석 콘솔 함 탈거

그림과 같이 콘솔 함 레버를 당겨 콘솔 함을 연후 탈거한다.

03 콘솔 함 케이스 탈거

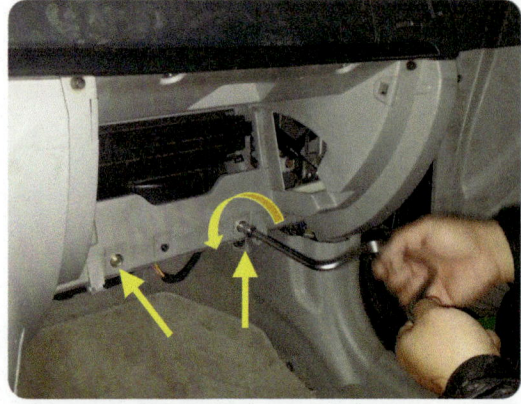

그림과 같이 콘솔 함 케이스 고정 볼트를 푼 후 탈거한다.

04 관련부품 명칭

블로워 모터, 모터 커넥터

05 블로워 모터 탈거

블로워 모터 커넥터를 탈거 한 후 모터 고정피스를 푼 후 탈거한다.

06 분해 후

블로워 모터와 고정피스

07 블로워 모터 장착

그림과 같이 블로워 모터를 설치한 후 고정피스를 조인 다음 모터 커넥터를 끼운다.

08 동승석 콘솔 함 조립

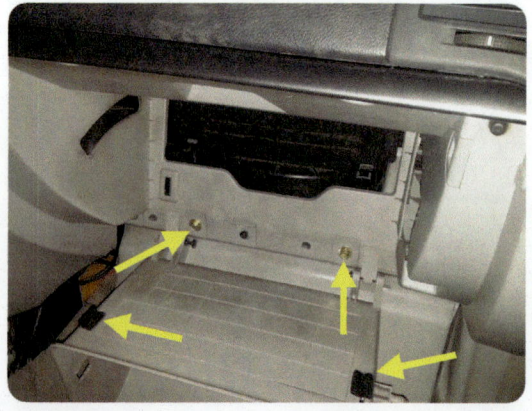

그림과 같이 콘솔 함 케이스 고정 볼트를 규정토크로 조인 후 콘솔 함을 장착한다.

09 배터리 (−) 터미널 장착

그림과 같이 배터리 (−)터미널을 배터리 포스트에 설치한 후 고정너트를 규정토크로 조인다음 에어컨 또는 히터를 작동시켜 블로워 모터 작동상태와 이상소음 발생 여부를 확인한다.

02 블로워 모터 작동전압과 전류측정

01 시스템 선택

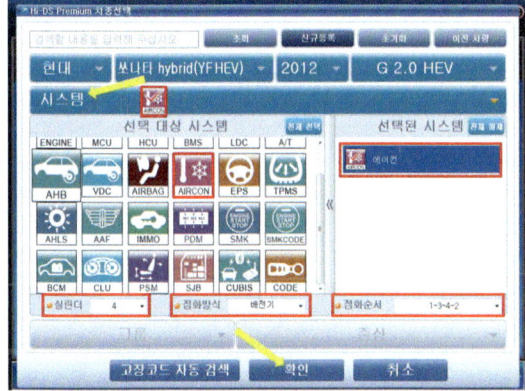

시스템을 에어컨으로 선택한다.

02 VCI ON

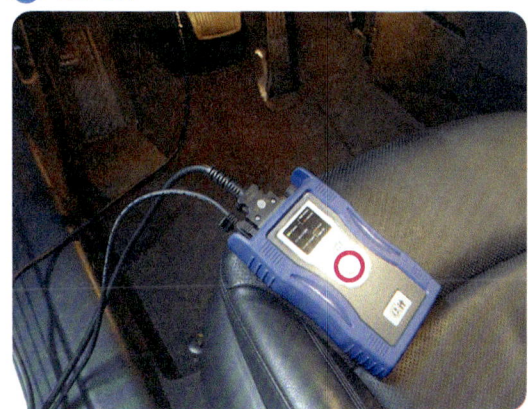

VCI 전원을 ON한다.

03 강제구동 선택

측정선택화면에서 강제구동 클릭

04 통신 초기화

위 그림은 강제구동 선택에 따른 통신초기화 중인 화면

05 강제구동 화면

강제구동 화면에서 블로워 팬 모터로 선택된 화면

06 오실로스코프 선택

측정선택화면에서 오실로스코프 클릭

07 채널 선택

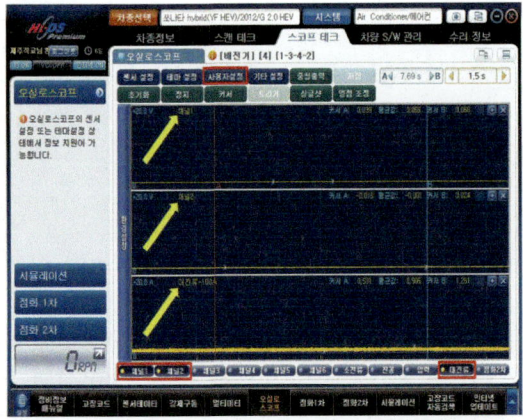

그림과 같이 채널 1, 채널 2, 대 전류 선택화면

08 사용자 설정

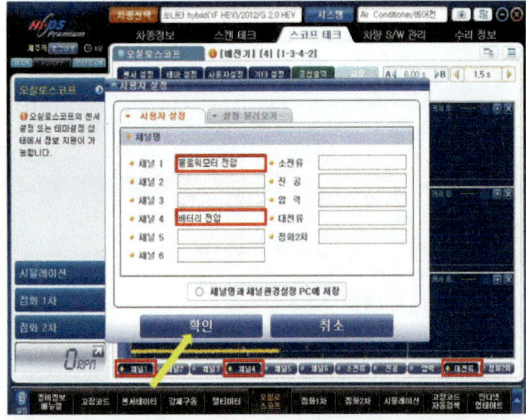

채널 1 블로워 모터 전압, 채널 4 배터리전압 입력 후 확인 클릭

09 대 전류 프로브 전류선택

대 전류 프로브 전류선택 렌지를 100A로 선택한다.

10 전류 선택 렌지

100A로 선택된 모습

⑪ 영점조정 실시

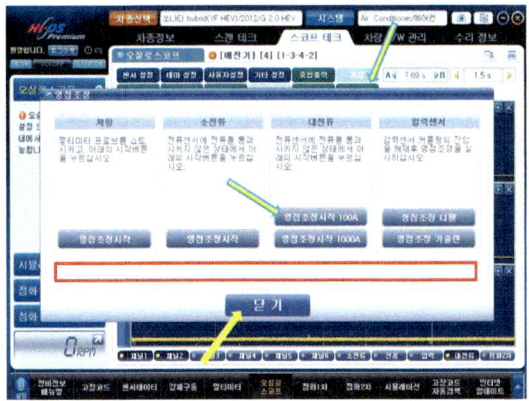

그림과 같이 영점조정을 클릭한 후 대 전류 영점조정시작 100A를 클릭한 다음 영점조정이 완료되면 닫기 클릭

⑫ 배터리 전원 연결

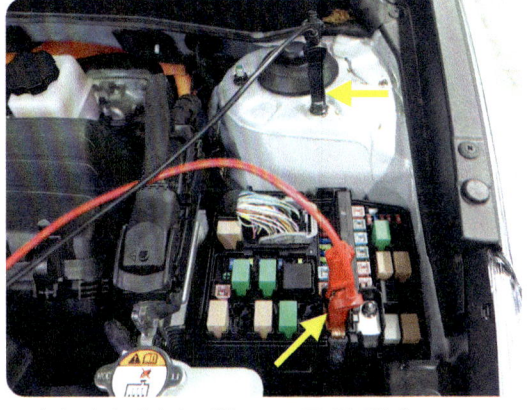

그림과 같이 배터리 전원 프로브를 연결한다.

⑬ 채널 4

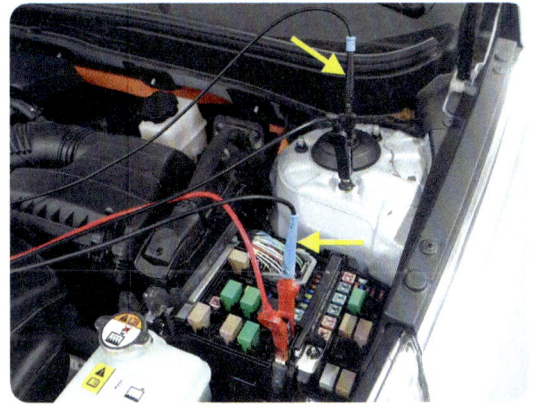

그림과 같이 채널 4 전원 프로브를 (+)에 접지 프로브를 (−)에 연결한다.

⑭ 블로워 모터 위치

그림은 블로워 모터 커넥터 위치이다.

⑮ 에어컨 컨트롤(오토) 회로(1) : 에어컨 컨트롤(오토) 회로(1)의 블로워 모터

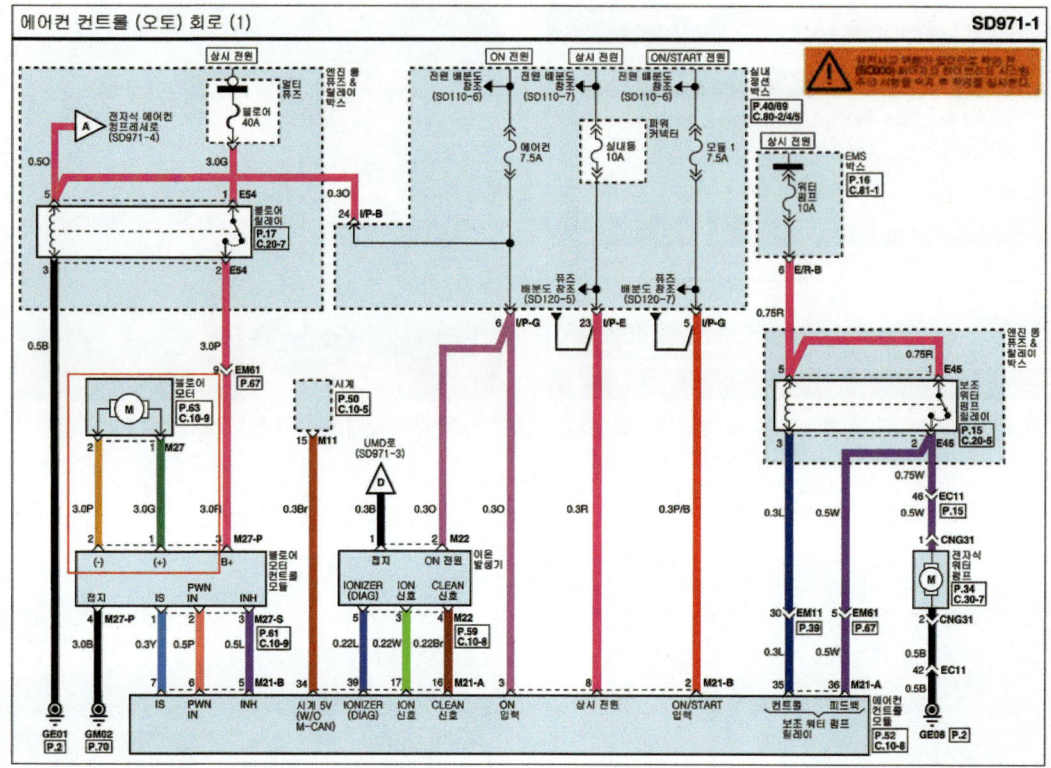

⑯ 블로워 모터

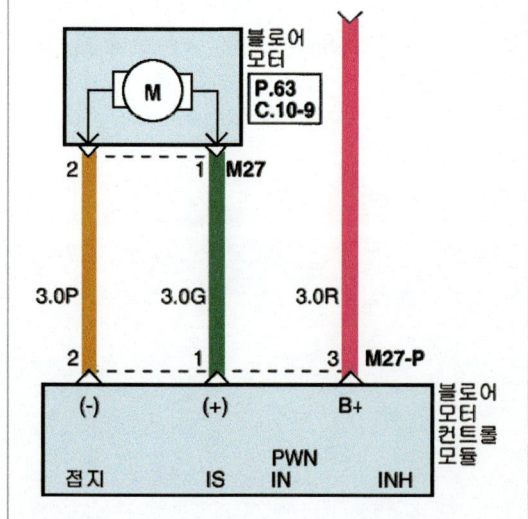

블로워 모터 커넥터 단자회로

⑰ 블로워 모터 단자명칭

1. G 블로어모터 컨트롤 모듈(+)
2. P 블로어모터 컨트롤 모듈(−)

블로워 모터 커넥터 단자 명칭

⑱ 채널 1 설치

그림과 같이 채널 1 프로브를 블로워 모터 컨트롤 모듈(+) 1번 단자에 설치한다.

⑲ 접지 프로브

그림과 같이 채널 1 접지 프로브를 차체에 접지한다.

⑳ 블로워 모터 작동준비

그림과 같이 블로워 모터 작동 상태를 1단계로 설정한다.

㉑ 측정준비 상태 화면

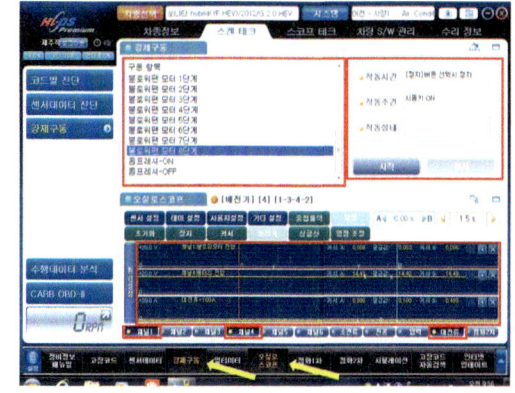

그림과 같이 강제구동과 채널 1 블로워 모터 전압, 채널 4 배터리 전압, 대 전류 측정으로 선택된 화면

㉒ 강제구동 실시

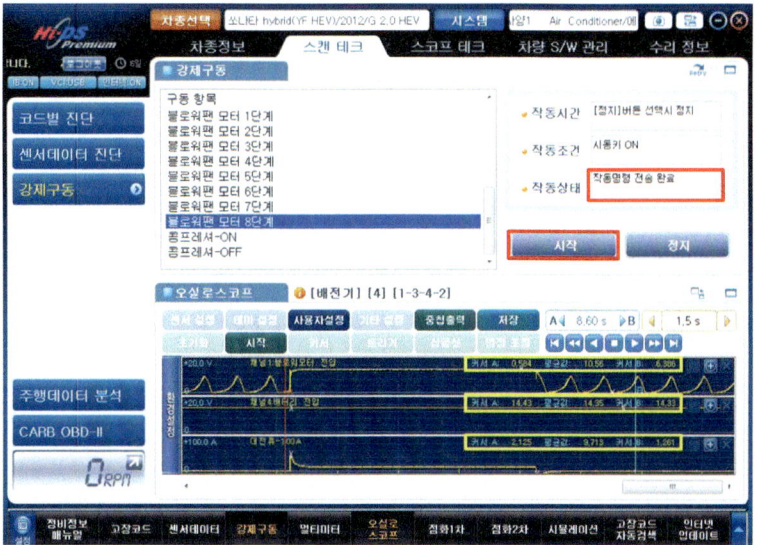

강제구동항목에서 블로워 팬 모터 8단계를 선택하고 시동키 ON 상태에서 우측의 시작버튼을 클릭하면 모터가 구동되며 채널 1에서 블로워 모터 작동 시 전압파형, 채널 4에서는 배터리 전압파형, 대 전류는 모터 작동 시 전류파형이 나타난다.

㉓ 블로워 모터 작동 시 출력파형

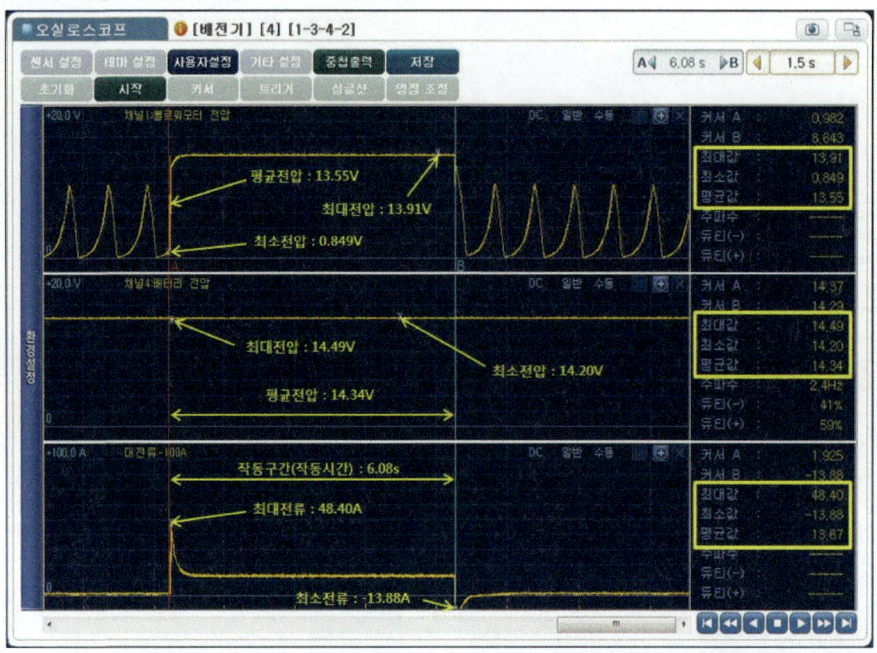

블로워 모터 작동 시 출력파형으로 커서 A를 모터 작동 시작부분에 커서 B를 모터 멈춤 부분에 위치한 경우 블로워 모터 평균전압 13.55V, 최대전압 13.91V, 최소전압 0.849V와 배터리 최대전압 14.49V, 최소전압 14.20V, 평균전압 14.34V, 대 전류에 대한 최대전류 48.40A, 최소전류 -13.88A, 작동구간(작동시간) 6.08s로 표기한 화면

㉔ 출력파형 출력물 : 파형 출력 및 분석내용 표기

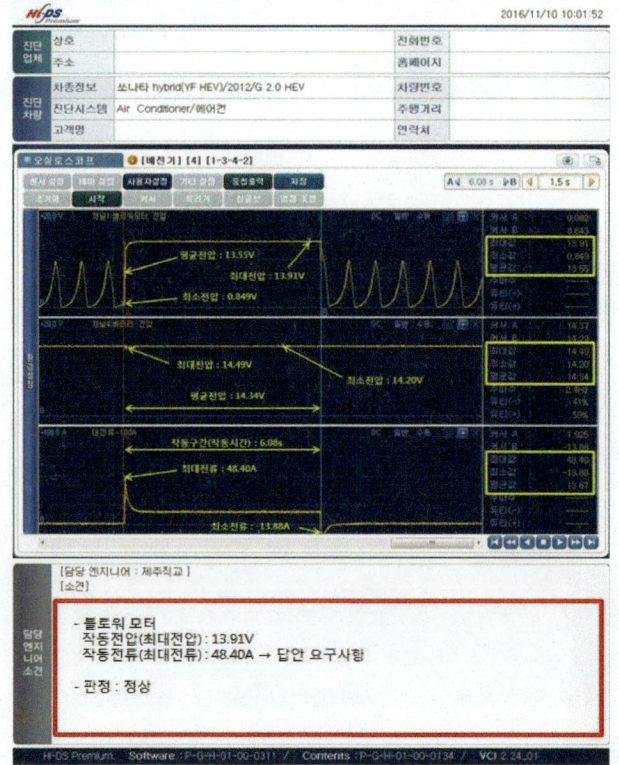

25 **규정값** : 블로워 모터 팬 작동 시 전압

팬	전압(V)	
	수동	자동
1단	3.4	Auto Low(4.5V)
2단	4.6	4.5~5.5
3단	5.9	5.6~6.7
4단	7.2	6.8~7.7
5단	8.3	7.8~8.9
6단	9.5	9.0~10.1
7단	11.3	10.2~11.3
8단	배터리(+)	

답안작성 블로워 모터를 최대(8단)로 작동하는 상태에서 전압과 전류를 측정하였으며, 답안 요구 사항이 최대 전류이므로 작동전압 또한 최대전압을 기재함. 그러나 작동 전압은 모터 작동 구간에 대한 것으로 판단할 수 있으므로 평균전압으로 기재하여도 됨.

◆ 전기 1. 기록표
자동차 번호 :

항목		측정(또는 점검)	판정 및 정비(또는 조치)사항		득점
		측정값	판정(□에 '✔' 표)	정비 및 조치할 사항	
블로워 모터	작동 전압	13.91V	☑ 양 호 □ 불 량	정비 및 조치사항 없음 또는 정상	
	작동 전류 (최대 전류)	48.40A			

비 번호 :
시험 위원 확 인 :

기능장 4안 전기 2 — 회로점검 및 기록표 작성

주어진 자동차에서 정비지침서의 회로도를 이용하여 기록표에서 요구하는 회로를 점검하고, 이상이 있으면 이상내용을 기록표에 기록한 후 정비하시오.

01 에어컨 및 공조회로 점검 : 2안 참조(199~208페이지)

02 사이드 미러 회로점검

01 BCM 회로 및 연료 주입구 회로 : 앞, 뒷 유리 & 아웃사이드 미러 디포거 회로참조

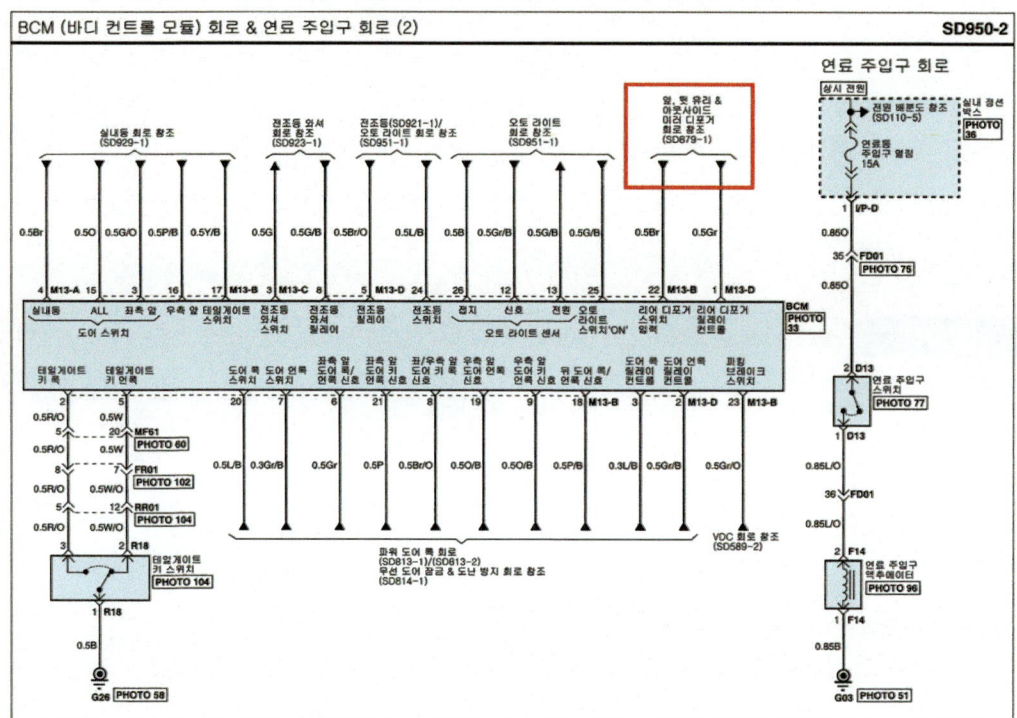

02 파워 아웃 사이드 미러 폴딩 회로(2) : 파워 아웃 사이드 미러 폴딩 회로(2) 체크 포인트

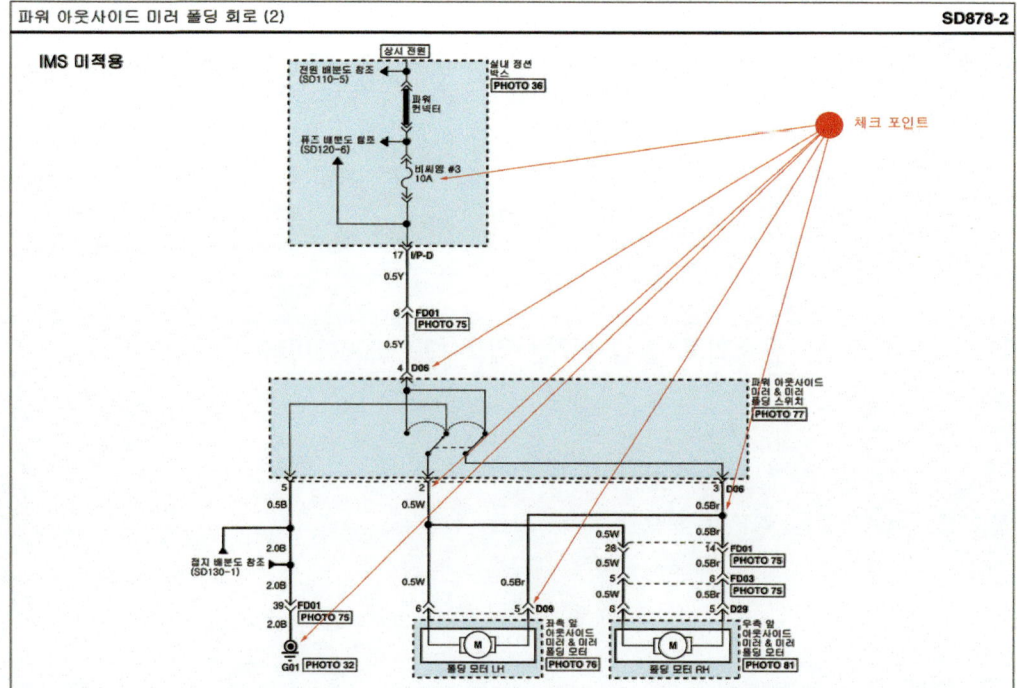

03 파워 아웃사이드 미러 폴딩 회로(1) : 파워 아웃사이드 미러 폴딩 회로(1) 체크 포인트

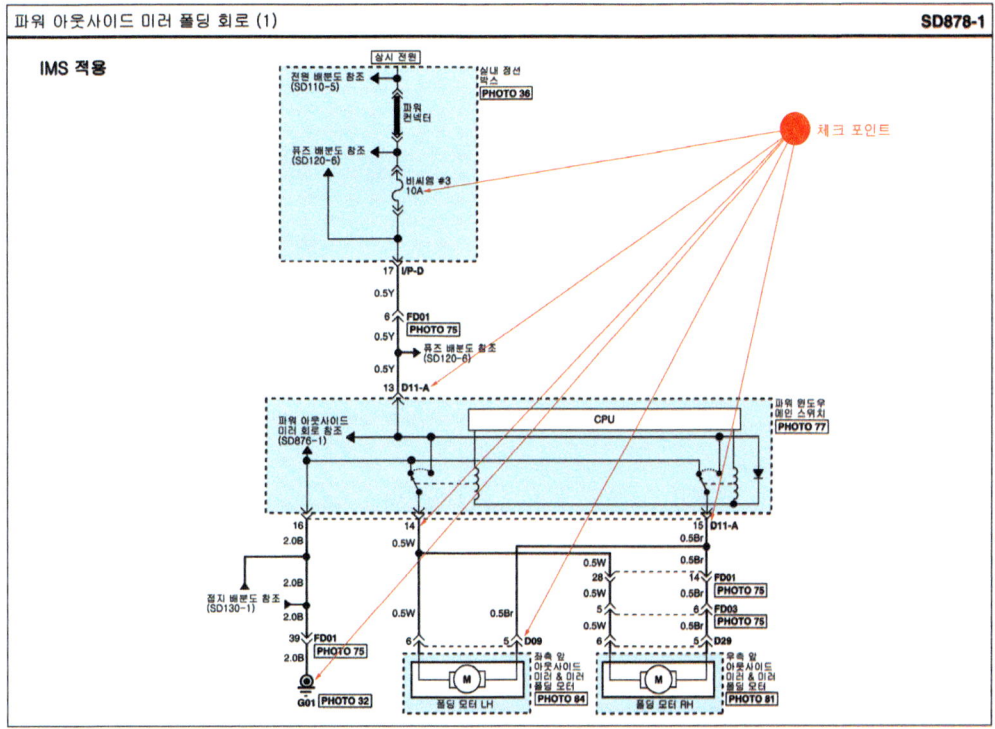

04 전원 배분도(5) : 이그니션#1 40A에서, 오디오#2 10A

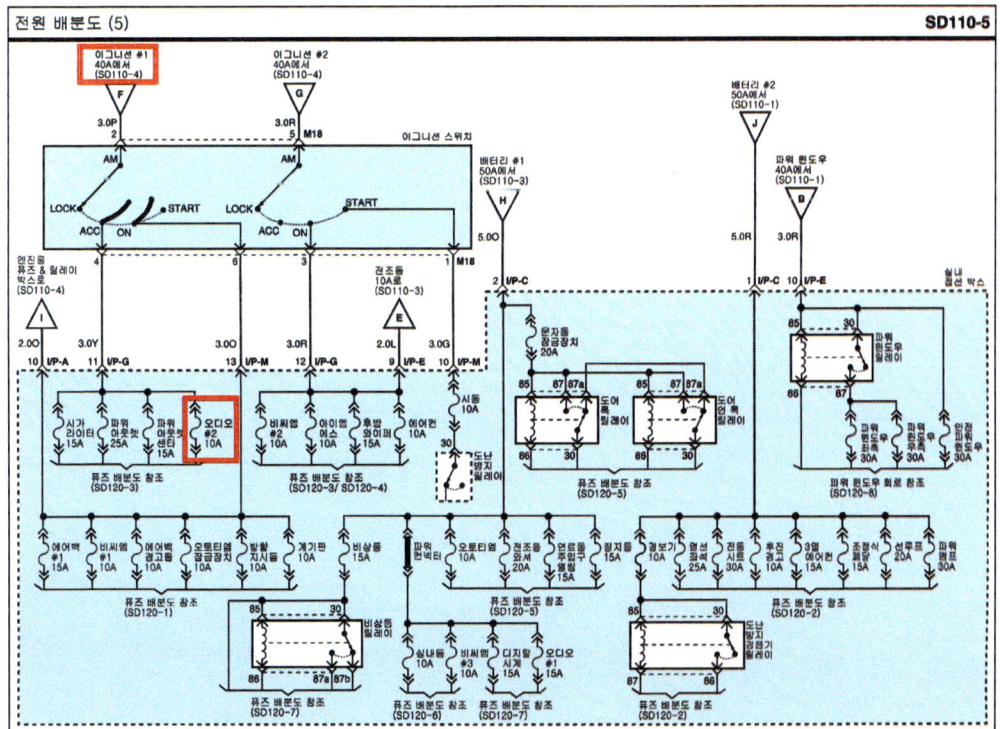

05 I/P-B(16P)

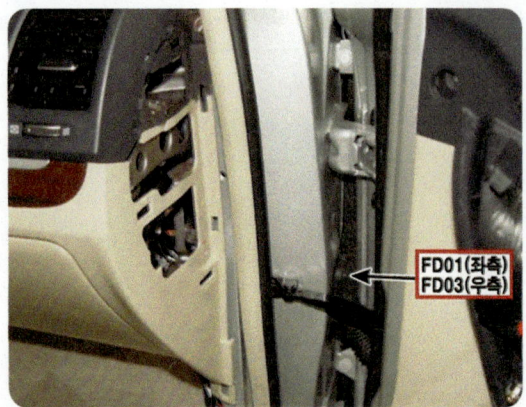

I/P-B(16P) 커넥터

06 I/P-D(18P, Gr)

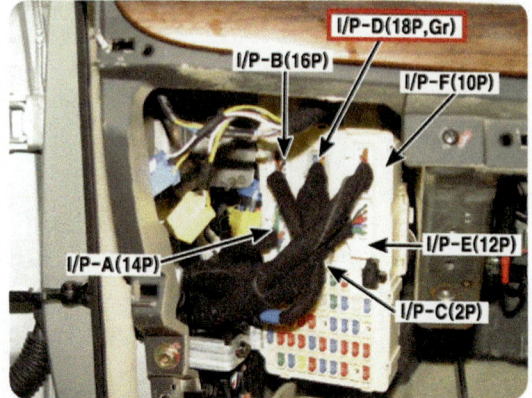

I/P-D(18P, Gr) 커넥터

07 퓨즈 연결 회로 : 열선 미러 10A, 오디오#2 10A, 비씨엠#3 10A 연결회로

표기	용량(A)	연결회로
시동	10A	도난 방지 릴레이
파워 윈도우 좌측	30A	파워 윈도우 메인 스위치, 좌측 뒤 파워 윈도우 스위치
파워 윈도우 우측	30A	파워 윈도우 메인 스위치, 우측 앞/뒤 파워 윈도우 스위치
선루프	20A	선루프 모터
전동 시트	30A	IMS컨트롤 모듈
안전파워 윈도우	30A	세이프티 파워 윈도우 ECM
열선 미러	10A	리어 디포거 스위치, 좌/우측 파워 아웃사이드 미러 & 미러 폴딩 모터
에어백 #1	15A	에어백 컨트롤 모듈#1
실내등	10A	핸즈프리 모듈, 계기판, 좌측 앞 도어 램프, 카고 램프, 리어 퍼스널 램프 LH/고, 맴램프, 실내등, 운전석/조수석 화장 등 스위치
에어컨	10A	에어컨 컨트롤 모듈, 블로워 하이 릴레이, AQS센서, 실내온도&습도센서, 리어 에어컨 스위치, 선루프 모터, 리어 에어컨 릴레이, PTC히터 릴레이#2,#3, 실내 감광미러, 전조등 와셔 릴레이, 블로워 릴레이
열선 좌석	25A	운전석.조수석 시트 히터 컨트롤 모듈
파워 앰프	30A	DELPHI 앰프, 오디오 앰프
파워 아웃렛 센타	15A	리어 파워 아웃렛 #2
파워 아웃렛	25A	프런트 파워 아웃렛, 리어 파워 아웃렛#1
시가라이터	15A	프런트 파워 아웃렛
문자동 잠금장치	20A	도어 록/언록 릴레이, BCM, 좌측 앞/뒤 도어 록, 액추에이터, 우측 앞/뒤 도어 록 액추에이터, 테일게이트 록 액추에이터
에어백 경고등	10A	계기판
오토티엠 잠금장치	10A	ATM키 록 모듈, VDC스위치, 운전석/조수석 시트 히터 컨트롤 모듈

표기	용량(A)	연결회로
방향지시등	10A	비상등 스위치
조정식 페달	15A	어드저스트 페달 릴레이
비상등	15A	비상등 릴레이, 비상등 스위치
후방 와이퍼	15A	리어 간헐 와이퍼 모듈, 다기능 스위치
에어컨 스위치	10A	에어컨 컨트롤 모듈
계기판	10A	핸즈프리 모듈, MTS잭, 계기판, BCM, 제너레이터
비씨엠 #1	10A	BCN
연료통 주입구 열림	15A	연료 주입구 스위치
경보기	10A	도난 방지 경음기 릴레이, BCM, 도난방지 경음기
3열 에어컨	15A	리어 에어컨 릴레이
후진 경고	10A	후진 경고 부저
아이엠에스	10A	IMS 컨트롤 모듈, 레인 센서
오디오 #2	10A	파워 윈도우 메인 스위치, DELPHI 오디오, 오디오, 파워 아웃사이드 미러&미러 폴딩 모터, BCM, MTS모듈, ATM 키 록 모듈, A/V헤드 모듈, 시계, 핸즈프리 모듈, 튜너 모듈
블로워	30A	블로워 릴레이, 에어컨 스위치 10A, 블로워 모터
정지등	15A	정지등 스위치
전조등 와셔	20A	전조등 와셔 릴레이
비씨엠 #3	10A	도어 워닝 스위치, IMS컨트롤 모듈, 파워 아웃사이드 미러 & 미러 폴딩 모터, 세큐리티 인디게이터, BCM, 파워 윈도우 메인 스위치, 우측 앞 파워 윈도우 스위치
디지털 시계	15A	시계, 자기진단점검단자, 에어컨 컨트롤 모듈
오디어 #1	15A	DELPHI 오디오, 오디오, MRS모듈, A/V헤드 모듈, 튜너 모듈, 네비게이션 모듈
오토티엠	10A	키 솔레노이드, 스포츠 모드 스위치
비씨엠#2	10A	레오스테트, BCM, EPS 모듈

작업형실기

08 퓨즈 연결 회로 : 이그니션#1 40A 연결회로

구분	표기	용량(A)	연결회로
퓨즈블링크	ALT	150A	퓨즈블링크(전방열선, 후방열선, 블로워, 에어컨, 배터리#2, 에이비에스#1, #2, 파워윈도우, 전조등 로우 좌, 전조등 로우 우, 전방 안개등
	디젤	125A	퓨즈블링크 박스(PCT 히터#1, #2, #3, 연료 필터, 글로우 플러그)
	배터리 #1	50A	퓨즈/문자통 잠금장치, 정지등, 연료통 주입구 열림, 오토티엠, 전조등 와셔, 비상등, 파워 컨넥터)
	배터리 #2	40A	퓨즈(파워 앰프, 열선 좌석, 전동 시트, 조정식 페달, 3열 에어컨, 후진 경고, 선루프, 경보기, 도난방지 경음기 릴레이)
	이씨유 메인	40A	엔진 컨트롤 릴레이
	컨덴서 팬	30A	컨덴서 팬#1 릴레이
	이그니션 #1	40A	이그니션 스위치
	이그니션 #2	40A	이그니션 스위치, 퓨즈(시동)
	블로워	40A	퓨즈(블로워)
	파워 윈도우	40A	퓨즈(파워 윈도우 릴레이, 안전 파워 윈도우)
	라디에이터 팬	40A	라디에이터 팬 릴레이
	에이비에스#1	40A	다기능 체크 컨넥터, ABS 컨트롤 모듈, VDC컨트롤 모듈
	에이비에스#1	40A	다기능 체크 컨넥터, ABS 컨트롤 모듈, VDC컨트롤 모듈
퓨즈	1 전방열선	15A	윈드 쉴드 열선 릴레이
	2 후방 열선	30A	리어 디포거 릴레이
	3 -	-	-
	4 전조등 로우 우	15A	우측 전조등 로우 릴레이
	5 경음기	15A	경음기 릴레이
	6 전조등 로우 좌	15A	좌측 전조등 로우 릴레이
	7 전조등 하이 표시등	10A	계기판
	8 알터네이터 디질	10A	제너레이터
	9 에어컨	10A	에어컨 릴레이
	10 오토티엠	20A	4WD ECM, ATM 컨트롤 릴레이
	11	-	-

구분	표기	용량(A)	연결회로
퓨즈	12 미등 우	10A	우측 포지션 램프, 글로브 박스 램프, 우측 뒤 콤비램프(OUT), 조명등
	13 전방 안개등	10A	앞 안개등 릴레이
	14 센서 #3	15A	ECM
	15 미등 좌	10A	좌측 포지션 램프, 좌측 뒤 콤비램프(OUT)
	16 연료 펌프	15A	연료 펌프 릴레이
	17 전방 와이퍼	25A	다기능스위치, 레인센서 릴레이, 프런트 와이퍼 릴레이, 프런트 와이퍼 모터
	18 티씨유	15A	TCM
	19 에이비에스	10A	ABS컨트롤 모듈, G-YAW센서, VDC컨트롤 모듈, 4WD ECM, 연료 필터 히터 릴레이, 연료 필터 수분 경고 센서, 다기능 체크 컨넥터
	20 냉각팬	10A	-
	21 후진등	10A	입력/출력 속도 센서, 인히비터 스위치, TCM, 후진등 스위치
	22 전조등	10A	퓨즈(전방 와이퍼)
	23 이씨유	10A	차속 센서, ECM, 에어 플로우 센서
	24 전조등 하이	20A	전조등 하이 릴레이
	25 센서#1	10A	연료 펌프 릴레이, 정지등 스위치, 이모빌라이저, 에어컨 릴레이, 컨덴서 팬#1, #2 릴레이, 라디에이터 팬 릴레이
	26 센서#2	15A	EGR액추에이터, 솔레노이드 밸브, 스로틀 플랫 액추에이터, 캠 포지션 센서, PTC히터 릴레이#1
	27 점화코일	20A	ECM
	28 SPARE	10A	-
	29 SPARE	15A	-
	30 SPARE	20A	-
	31 SPARE	25A	-
	32 SPARE	30A	-

09 D29 아웃사이드 미러 & 미러 폴딩 모터

D29 아웃사이드 미러 & 미러 폴딩 모터 배선

10 접지 : G01

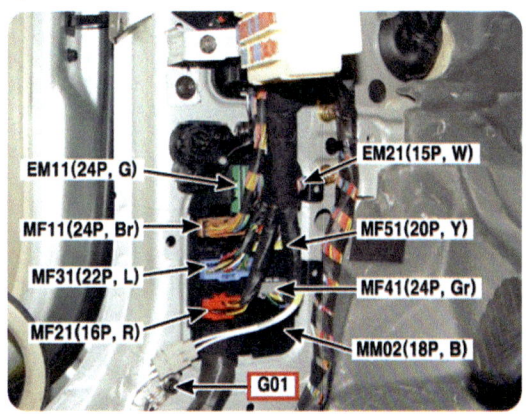

⑪ D11-A(IMS 적용) 파워 윈도우 메인 스위치

운전석 도어 트림을 탈거한 상태 ▶
D11-A(IMS 적용) 파워 윈도우 메인 스위치

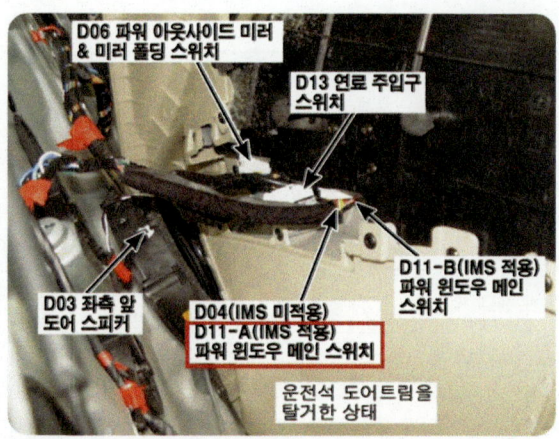

⑫ 엔진 룸 퓨즈 & 릴레이 박스 위치 : 이그니션 1 40A

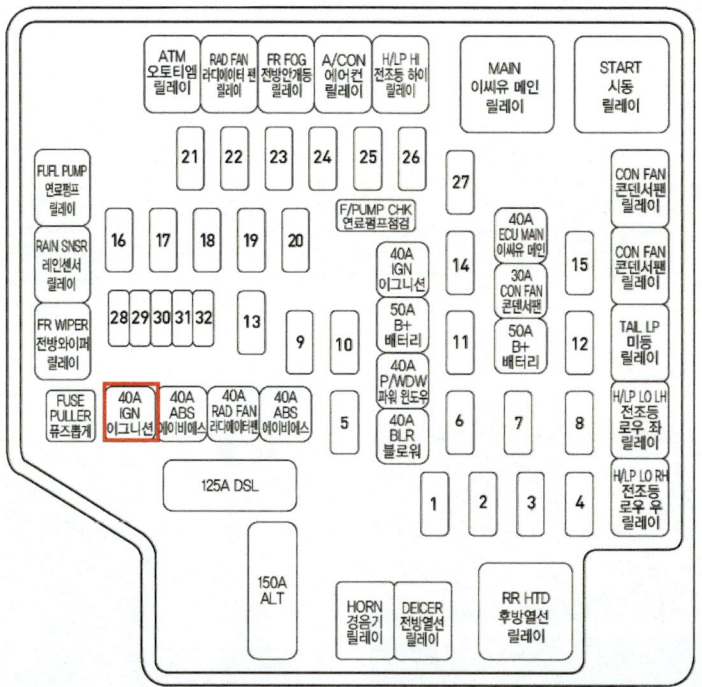

참고자료 — 회로 고장부분과 내용 및 상태

고장부분	내용 및 상태	정비 및 조치할 사항
이그니션 1번 40A 퓨즈	단선	이그니션 1번 40A 퓨즈 교환 후 재점검
BCM 3번 10A 퓨즈	단선	BCM 3번 10A 퓨즈 교환 후 재점검
오디오 2번 10A 퓨즈	단선	오디오 2번 10A 퓨즈 교환 후 재점검
열선미러 10A 퓨즈	단선	열선미러 10A 퓨즈 교환 후 재점검
사이드미러 스위치 커넥터	탈거	사이드미러 스위치 커넥터 결합 후 재점검
좌측 앞 파워 아웃사이드, 폴딩 미러 커넥터	탈거	좌측 앞 파워 아웃사이드, 폴딩 미러 커넥터 결합 후 재점검
우측 앞 파워 아웃사이드, 폴딩 미러 커넥터	탈거	우측 앞 파워 아웃사이드, 폴딩 미러 커넥터 결합 후 재점검

답안작성

위에서 설명한 사이드 미러 회로 점검방법을 참조하여 고장부분, 내용 및 상태, 정비 및 조치사항을 기재한다.

◆ 전기 2. 기록표
자동차 번호 :

비 번호		시험 위원 확 인	

항 목	점검(또는 측정)		정비 및 조치 사항	득 점
	고장 부분	내용 및 상태		
에어컨 및 공조 회로				
사이드 미러 회로	운전석 파워 아웃사이드 미러 & 미러 폴딩 스위치	커넥터 빠짐	커넥터 끼운 후 재점검	
와이퍼 회로				

03 와이퍼 회로점검 : 1안 참조 (116~122페이지)

기능장 4안 전기 3 — 파형 측정

주어진 자동차에서 시험위원 지시에 따라 기록표의 요구사항을 점검 및 측정하여 기록하시오.

01 CAN 통신 파형 : 1안 참조 (123~130페이지)

02 점검 및 측정 [CAN 라인 저항] [1]

01 측정화면에서 멀티미터 클릭

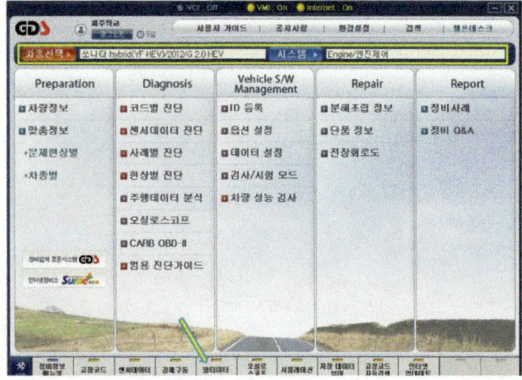

위 그림에서 멀티미터를 클릭한다.

02 영점조정

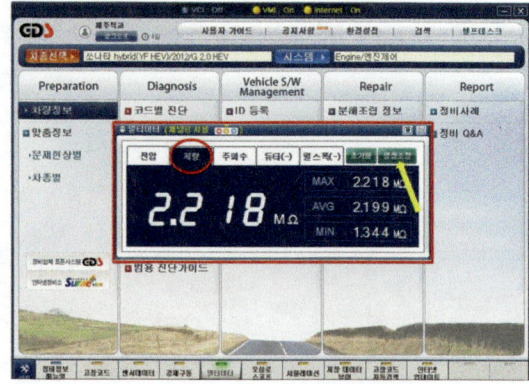

저항을 클릭한 후 영점조정 버튼을 클릭한다.

03 영점조정 실시방법 안내

그림과 같이 영점조정 하는 방법에 대한 안내문구가 나온다. 시작 클릭

04 저항 프로브를 접촉

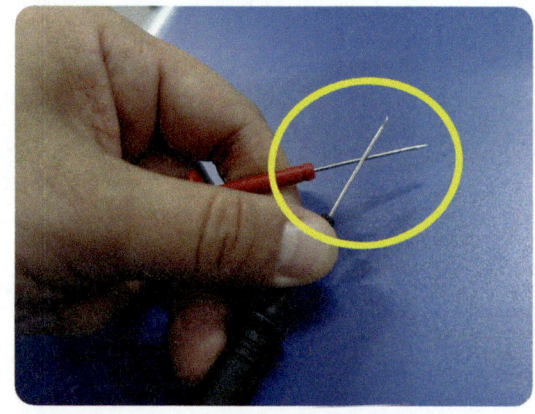

그림과 같이 멀티미터 측정 프로브를 접지한다.

05 영점조정 실시 중

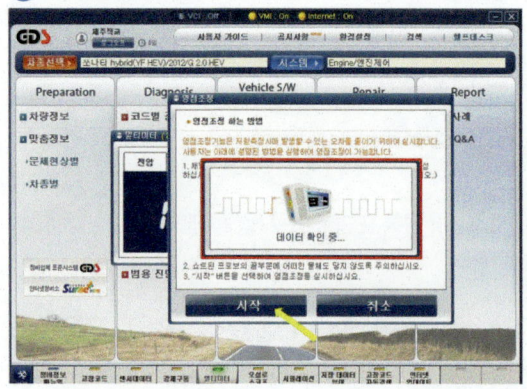

그림과 같이 시작 버튼을 클릭하면 데이터 확인 중이라는 문구가 나온다.

06 영점조정 완료

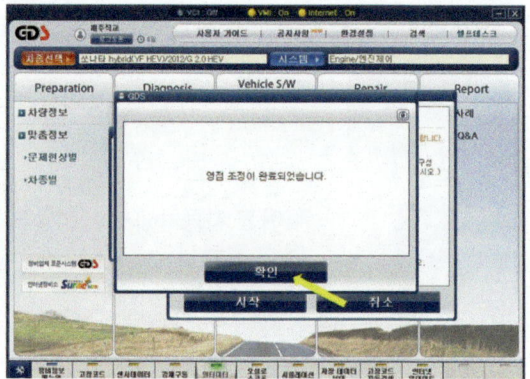

위 그림은 영점조정이 완료된 화면이다. 확인 클릭

07 자기진단 점검단자 회로(1) : C-CAN, CCP-CAN, M-CAN, B-CAN

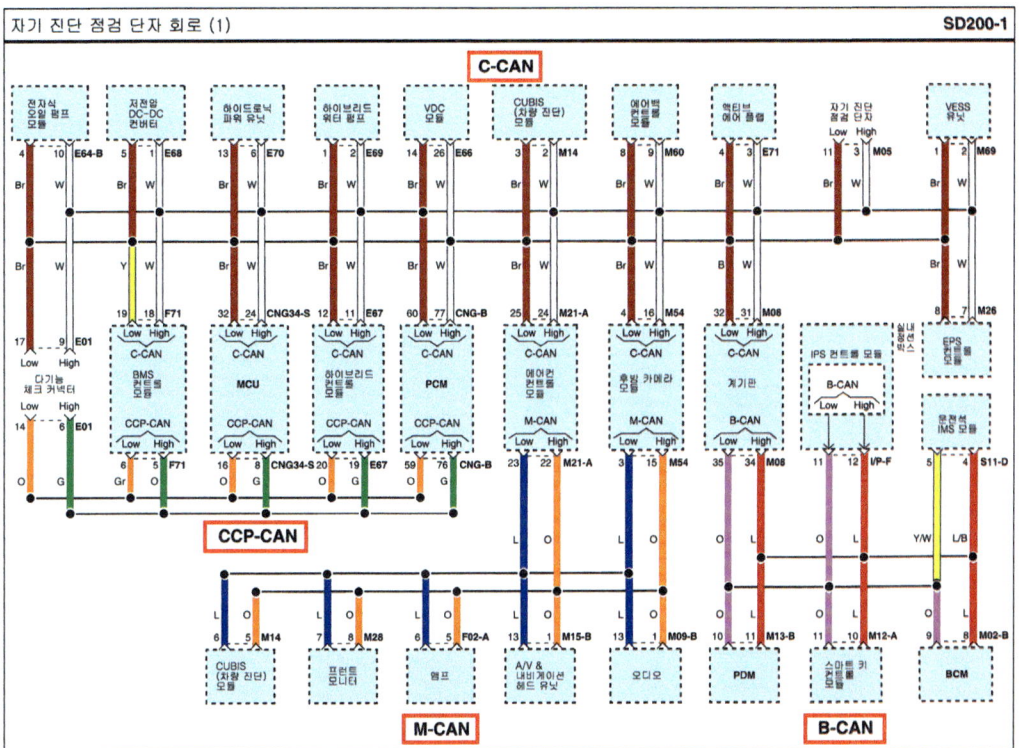

08 자기진단 점검단자 회로(2)

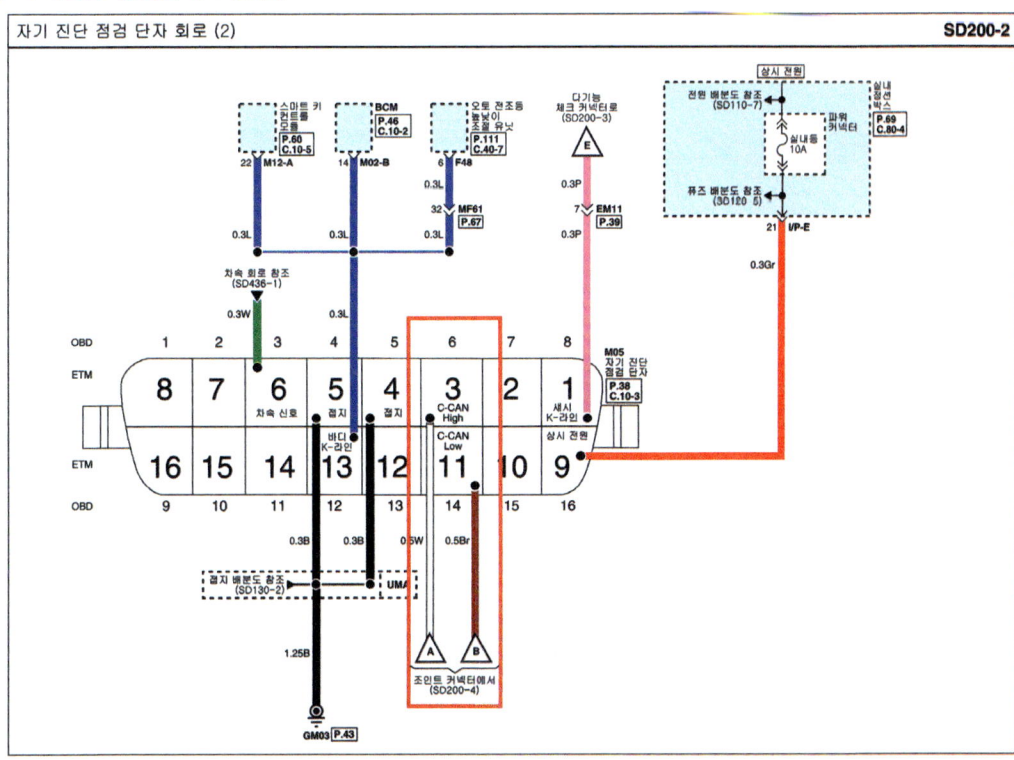

09 자기진단 점검단자 회로(3)

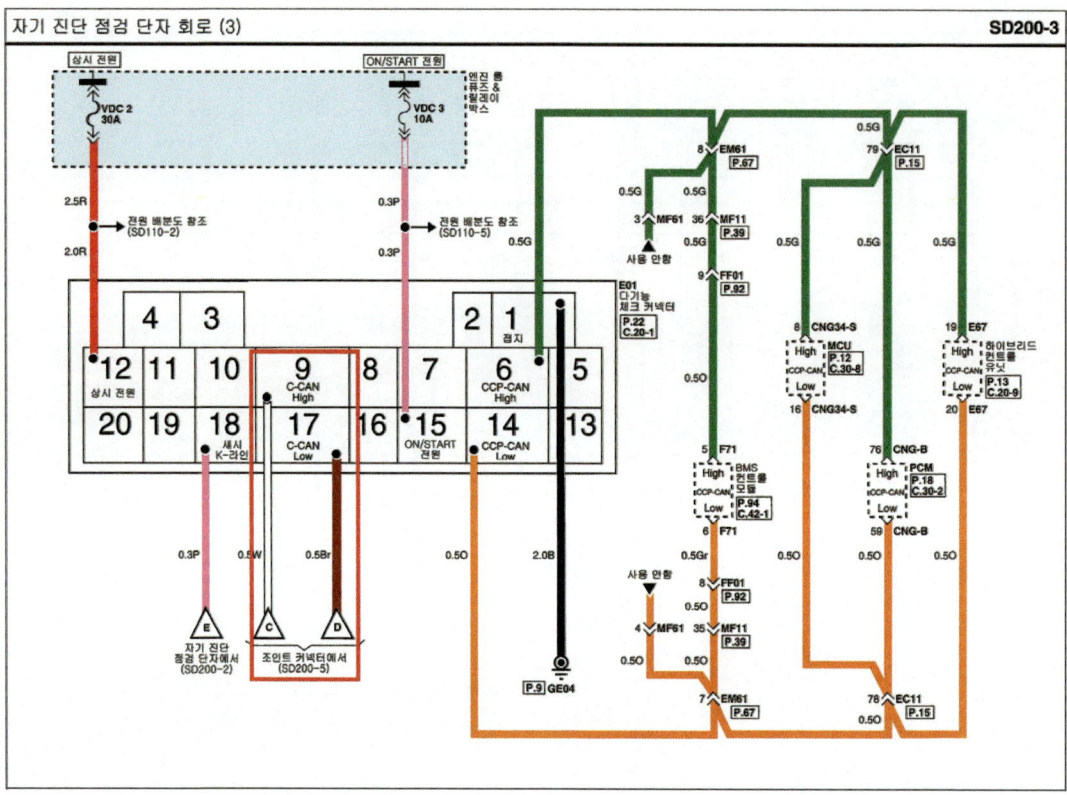

위 그림은 엔진 룸 내 DLC에 대한 C-CAN High(9번)과 C-CAN Low(17번)이다.

10 멀티미터 프로브 설치

그림과 같이 엔진룸 내 DLC에 멀티미터 프로브를 C-CAN High(9번)과 C-CAN Low(17번)에 연결한다.

11 측정값 판독

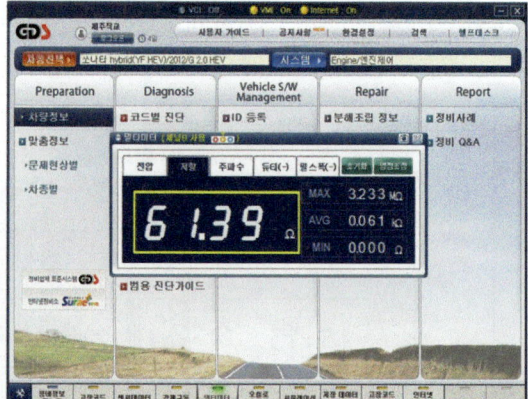

측정값 61.39Ω

작업형실기

12 출력파형 출력물 : 파형 출력 및 분석내용 표기

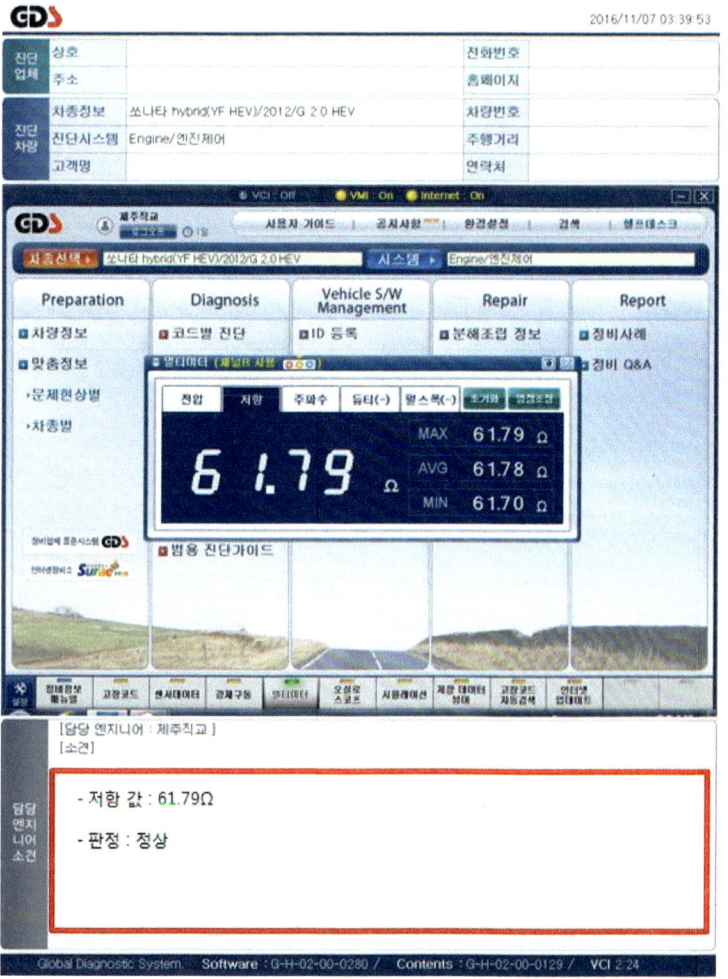

> **답안작성**   측정값을 기준으로 분석하여 답안작성

2) 점검 및 측정

항 목	점검(또는 측정)		판정 및 정비(또는 조치)사항		득 점
	측정값	규정값(정비한계값)	판정(□에 '✔' 표)	정비 및 조치할 사항	
CAN 라인 저항 (high-low 라인간)	61.79Ω	45~65Ω	☑ 양 호 □ 불 량	정비 및 조치사항 없음 또는 정상	
경음기(혼) 소음 측정			□ 양 호 □ 불 량		

※ 주의사항 : 시험위원이 지정하는 CAN 라인의 저항 측정 및 경음기 소음을 측정하여 분석하시오.

357

03 점검 및 측정[CAN 라인 저항] 2

01 배터리 (−)탈거

그림과 같이 배터리 (−)터미널을 탈거한다.

02 엔진 룸 DLC

그림과 같이 엔진룸 내 DLC에 디지털 멀티미터 리드선 프로브를 C-CAN High와 C-CAN Low에 연결한다.

03 실내 DLC

그림과 같이 실내 DLC에 디지털 멀티미터 리드선 프로브를 C-CAN High(3번)과 C-CAN Low(11번)에 연결한다.

04 측정값 판독

측정값 60.6Ω

답안작성 측정값을 기준으로 분석하여 답안작성

2) 점검 및 측정

항 목	점검(또는 측정)		판정 및 정비(또는 조치)사항		득 점
	측정값	규정값(정비한계값)	판정(□에 '✔' 표)	정비 및 조치할 사항	
CAN 라인 저항 (high−low 라인간)	60.6Ω	45~65Ω	☑ 양 호 □ 불 량	정비 및 조치사항 없음 또는 정상	
경음기(혼) 소음 측정			□ 양 호 □ 불 량		

※ 주의사항 : 시험위원이 지정하는 CAN 라인의 저항 측정 및 경음기 소음을 측정하여 분석하시오.

작업형실기

04 점검 및 측정 [경음기(혼) 소음측정]

01 테스터

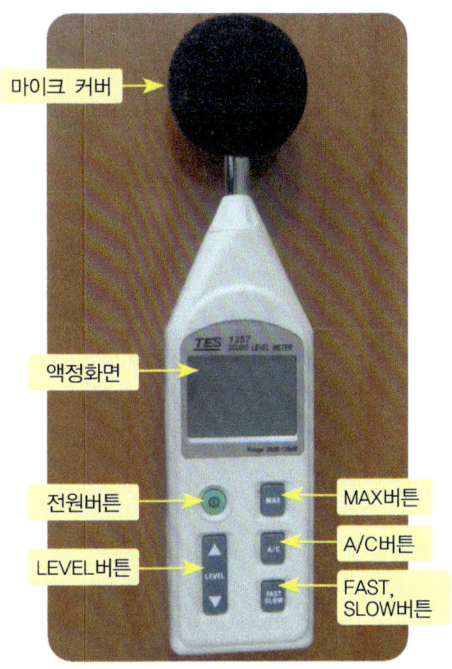

마이크 커버, 액정화면, 전원버튼, MAX 버튼, A/C 버튼, LEVEL 버튼, FAST/SLOW 버튼

02 테스트 설정 1

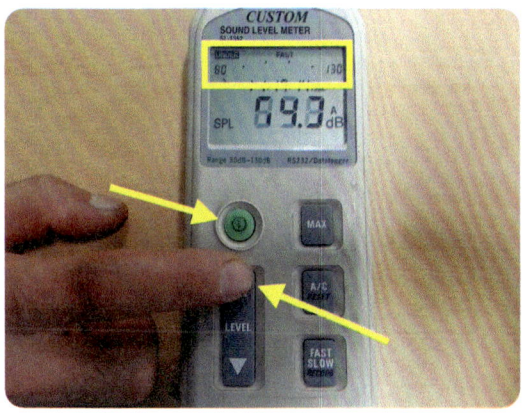

그림과 같이 전원을 ON하고 레벨 상승 버튼을 눌러 80~130dB로 설정한다.

03 테스트 설정 2

그림과 같이 A/C 버튼을 클릭하여 C특성으로 선택

04 테스트 설정 3

FAST/SLOW 버튼을 클릭하여 FAST로 선택한다.

05 테스트 설정 4

MAX 버튼을 클릭하여 MAX로 선택한다.

06 측정준비

그림과 같이 측정 대상차량 정면에서 **측정거리 2m**, **측정높이는 1.2m**에 테스터를 위치한다.

07 혼 스위치 ON

혼 스위치를 약 3초간 ON한다.

08 검사기준 : 경음기 음량에 대한 검사기준

【 경음기 음량 기준값(2006년 1월 1일 이후) 】

자동차 종류	소음항목	경적소음(dB(C))
경자동차		110 이하
승용 자동차	소형, 중형	110 이하
	중대형, 대형	112 이하
화물 자동차	소형, 중형	110 이하
	대형	112 이하

【 경음기 음량 기준값(2000년 1월 1일 이후) 】

차량 종류	소음 항목	경적 소음(dB(C))	비고
경 자동차		110 이하	이륜 자동차 110 이하
승용 자동차	승용 1, 2	110 이하	
	승용 3, 4	112 이하	
화물 자동차	화물 1, 2	110 이하	
	화물 3	112 이하	

답안작성 : 2010년 중형 승용 자동차이므로 측정값을 기준으로 분석하여 답안작성

2) 점검 및 측정

항 목	점검(또는 측정)		판정 및 정비(또는 조치)사항		득 점
	측정값	규정값(정비한계값)	판정(□에 '✔' 표)	정비 및 조치할 사항	
CAN 라인 저항 (high-low 라인간)	60.6Ω	45~65Ω	☑ 양 호 □ 불 량	정비 및 조치사항 없음 또는 정상	
경음기(혼) 소음 측정	98dB	110dB 이하	☑ 양 호 □ 불 량		

※ 주의사항 : 시험위원이 지정하는 CAN 라인의 저항 측정 및 경음기 소음을 측정하여 분석하시오.

국가기술자격검정 실기시험문제 5안

1. 기 관

1. 주어진 전자제어 기관에서 시험위원의 지시에 따라 타이밍 벨트 텐셔너와 배기가스 재순환 장치(EGR)를 탈거하고 시험위원에게 확인 후 다시 조립(부착)하고 기관 및 시동 관련회로를 점검한 후 시동작업과 기록표의 요구사항을 점검 및 측정하고 기록표에 기록하시오.(단, 시동되지 않는 경우 2과제는 작업할 수 없음)
2. 주어진 기관에서 시험위원의 지시에 따라 기록표 요구사항을 점검 및 측정하여 기록하시오.
3. 주어진 자동차에서 크랭킹은 가능하나 시동되지 않고 시동된 후에도 부조가 발생합니다. 고장원인을 찾아 수리 후 기록표에 기록하시오.

2. 섀 시

1. 주어진 자동차에서 시험위원의 지시에 따라 전륜 현가장치의 로어암을 탈거하고 시험위원에게 확인 후 다시 조립(부착)하여 조향장치 작동상태를 점검한 후 기록표의 요구사항을 점검 및 측정하여 기록하시오.
2. 주어진 전자제어 자동변속기 자동차에서 시험위원의 지시에 따라 인히비터 스위치를 탈거하고 시험위원에게 확인 후 다시 조립(부착)하여 1단에서 최고 단까지 주행하여 작동상태를 확인하고 기록표의 요구사항을 점검 및 측정하여 기록하시오.

3. 전 기

1. 시험위원의 지시에 따라 자동차에서 발전기 및 관련 벨트를 탈거하고 시험위원에게 확인 후 다시 조립(부착)하여 작동상태를 확인하고 기록표의 요구사항을 점검 및 측정하고 기록표에 기록하시오.
2. 주어진 자동차에서 정비지침서의 회로도를 이용하여 기록표에서 요구하는 회로를 점검하고 이상이 있으면 이상내용을 기록표에 기록한 후 정비하시오.
3. 주어진 자동차에서 시험위원 지시에 따라 기록표의 요구사항을 점검 및 측정하여 기록하시오.

Master Craftsman Motor Vehicles Maintenance

국가기술자격검정실기시험문제 5안

자격종목	자동차 정비기능장	작품명	자동차 정비 작업

- 비 번호
- 시험시간 : 6시간 30분(기관 : 140분, 섀시 : 130분, 전기 : 120분)
  ※ 시험 안 및 요구사항 일부내용이 변경될 수 있음

기능장 5안 - 기관 1

타이밍 벨트 텐셔너와 배기가스 재순환 장치(EGR) 탈·부착

주어진 전자제어 기관에서 시험위원의 지시에 따라 타이밍 벨트 텐셔너와 배기가스 재순환 장치(EGR)를 탈거하고 시험위원에게 확인 후 다시 조립(부착)하시오.

01 타이밍 벨트 텐셔너 탈·부착 : 1안 참조 (2~19페이지)

02 배기가스 재순환 장치(EGR) 탈·부착

① 관련부품 명칭

전자 EGR 솔레노이드 밸브, 커넥터, 고정 볼트, 점화코일

② 커넥터 탈거

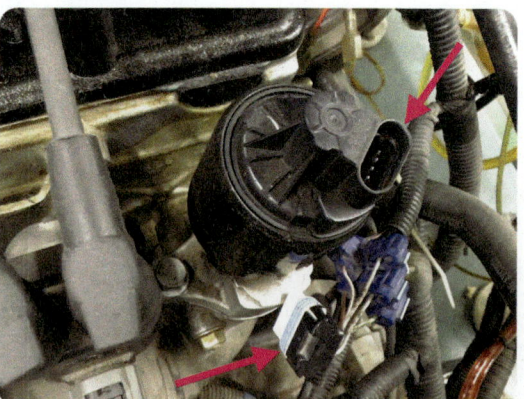

전자 EGR 솔레노이드 밸브 커넥터를 탈거한다.

03 전자 EGR 솔레노이드 밸브 탈거

그림과 같이 전자 EGR 솔레노이드 밸브 고정 볼트(12mm)를 푼 후 밸브를 탈거한다.

04 전자 EGR 솔레노이드 밸브 탈거 후

전자 EGR 솔레노이드 밸브 탈거 후 개스킷 모습

05 전자 EGR 솔레노이드 밸브

전자 EGR 솔레노이드 밸브 모습

06 전자 EGR 솔레노이드 밸브 장착

그림과 같이 개스킷을 설치하고 전자 EGR 솔레노이드 밸브를 설치한다.

07 고징 볼트

고정 볼트를 규정토크로 조인다.

08 커넥터 끼움

그림과 같이 커넥터를 끼운다.

자동차정비기능장

기능장 5안
기관 1
기관 및 시동 관련회로 점검 후 시동작업

기관 및 시동 관련회로를 점검한 후 시동작업과 기록표의 요구사항을 점검 및 측정하고 기록표에 기록하시오. (단, 시동되지 않는 경우 2과제는 작업할 수 없음)

01 점검 부위 : 1안 참조 (36~41페이지)

02 점검 및 측정[공기흐름 센서와 산소센서 출력전압]

01 엔진시동 ON

엔진시동을 ON하여 정상 공회전 상태로 한다.

02 DLC

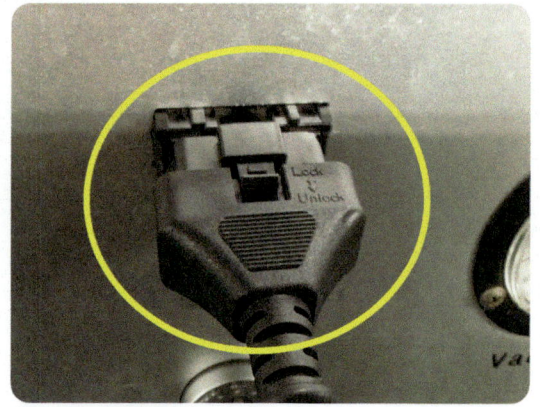

자기진단 커넥터를 DLC에 장착한다.

03 시스템 설정

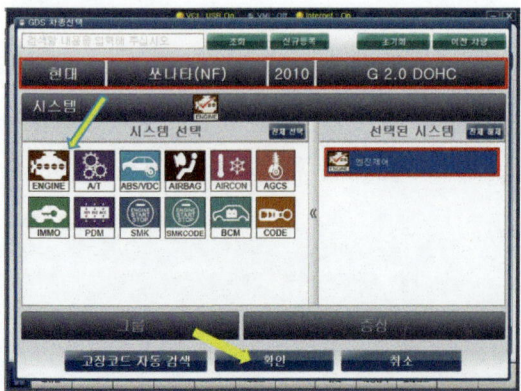

그림과 같이 메이커 및 차종, 연식, 엔진형식 등을 선택한 후 시스템에서 엔진제어를 선택한 다음 확인 클릭

04 VCI ON

그림과 같이 VCI 전원 버튼을 눌러 ON한다.

작업형실기

05 측정선택 화면 설정

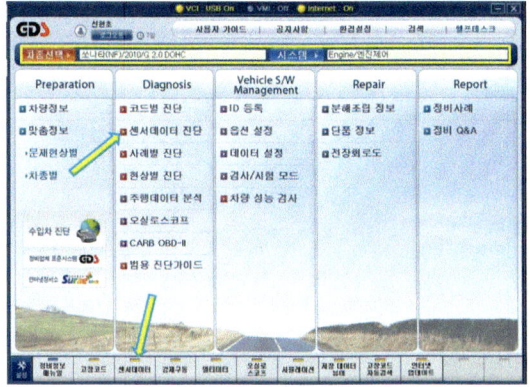

그림과 같이 측정선택 화면에서 센서데이터를 클릭한다.

06 통신 진행 중

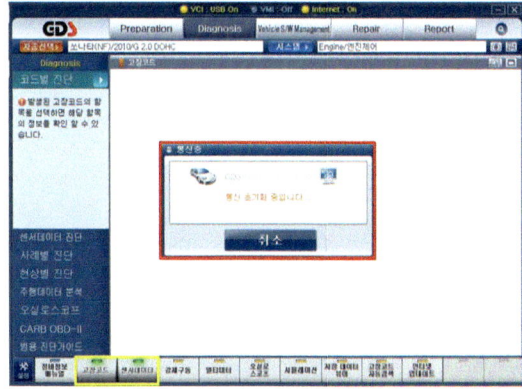

엔진 ECU와 통신 중인 상태 화면

07 데이터 분석

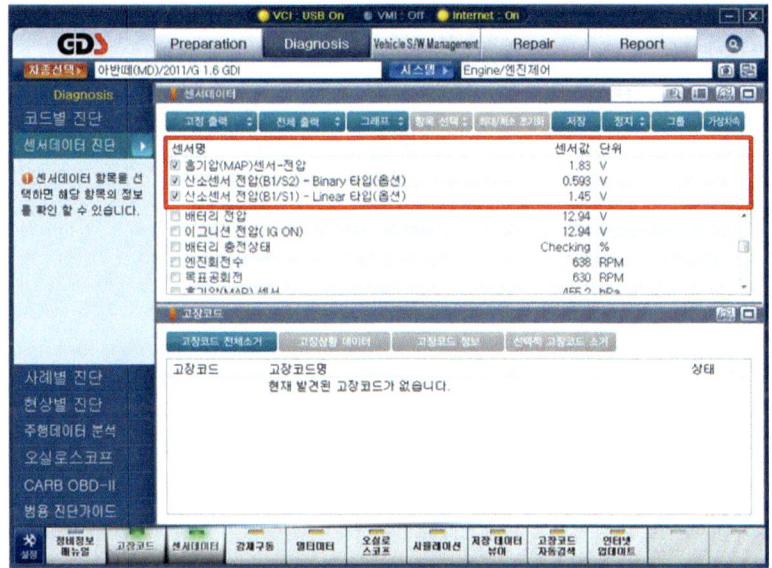

그림은 정상적인 공회전 상태에서 흡기압(MAP)센서와 산소센서(B1/S2), 산소센서(B1/S1)를 고정한 화면으로
흡기압(MAP)센서 전압은 1.83V, 산소센서(B1/S2) 전압 0.593V, 산소센서(B1/S1) 전압 1.45V이다.

답안작성　정상적인 공회전 상태에서 출력전압 분석 및 답안작성

◆ **기관 1. 기록표**
자동차 번호 :

비 번호				시험 위원 확 인	

항 목		측정(또는 점검)		판정 및 정비(또는 조치)사항		득 점
		측 정 값	규정값(정비한계값)	판정(□에 '✔' 표)	정비 및 조치할 사항	
공기흐름 센서 출력 전압		1.83V	1.4~2.0V	☑ 양 호 □ 불 량	정비 및 조치사항 없음 또는 정상	
산소 센서 출력 전압	S1	1.45V	0.5~1.8V	☑ 양 호 □ 불 량	정비 및 조치사항 없음 또는 정상	
	S2	0.593V	0.01~0.7V			

365

03 점검 및 측정 [산소센서 출력전압]

01 부품 명칭

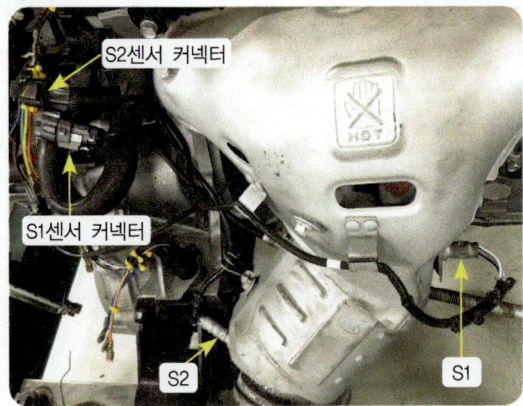

S2 센서 커넥터, S1 센서 커넥터

02 측정 프로브 설치

그림과 같이 멀티미터 측정 프로브를 S1 센서 커넥터 출력 단자에 접지 프로브는 접지한다.

03 측정값 판독 : 센서 출력값 0.59V

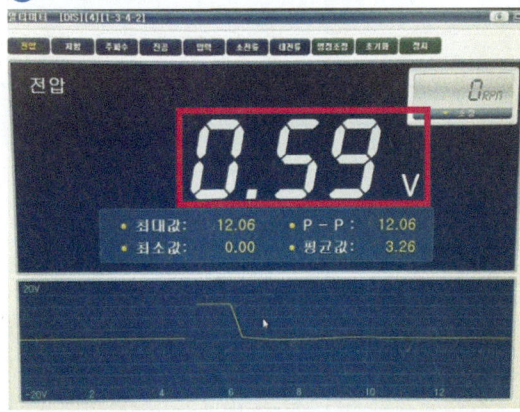

04 측정 프로브 설치

그림과 같이 멀티미터 측정 프로브를 S2 센서 커넥터 출력 단자에 접지 프로브는 접지한다.

05 측정값 판독 : 센서 출력값 0.11V

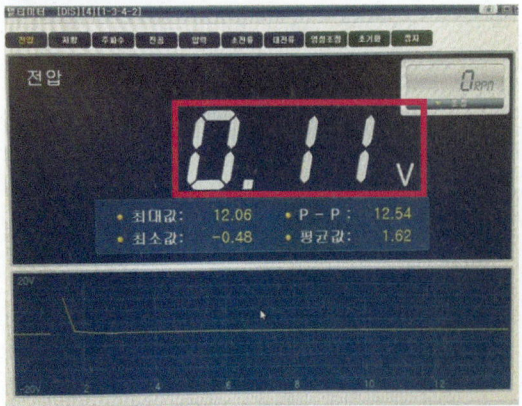

작업형실기

답안작성 — 정상적인 공회전 상태에서 출력전압 분석 및 답안작성

◆ 기관 1. 기록표
자동차 번호 :

항 목		측정(또는 점검)		판정 및 정비(또는 조치)사항		득 점
		측 정 값	규정값(정비한계값)	판정(□에 '✔' 표)	정비 및 조치할 사항	
공기흐름 센서 출력 전압		1.83V	1.4~2.0V	☑ 양 호 □ 불 량	정비 및 조치사항 없음 또는 정상	
산소 센서 출력 전압	S1	0.59V	0.5~1.8V	☑ 양 호 □ 불 량	정비 및 조치사항 없음 또는 정상	
	S2	0.11V	0.01~0.7V			

기능장 5안 — 기 관 2

기록표 요구사항 점검·측정

주어진 기관에서 시험위원의 지시에 따라 기록표 요구사항을 점검 및 측정하여 기록하시오.

01 노크 센서 파형 측정

01 부품 명칭

스로틀 바디, 노크센서 커넥터, 에어호스

02 채널 1번 전원 프로브 설치

그림과 같이 채널 전원 프로브를 노크센서 출력단자에 설치한다.

03 접지 프로브 설치

그림과 같이 접지 프로브를 접지한다.

04 채널 1번 프로브 설치

그림은 채널 1 전원과 접지 프로브를 설치한 모습

05 엔진시동 ON

그림과 같이 엔진시동을 ON하여 정상적인 공회전 상태로 한다. ▶

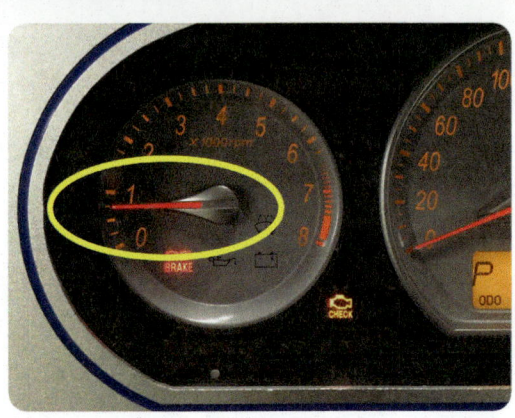

06 공회전 시 노크센서 출력파형(1.5ms)

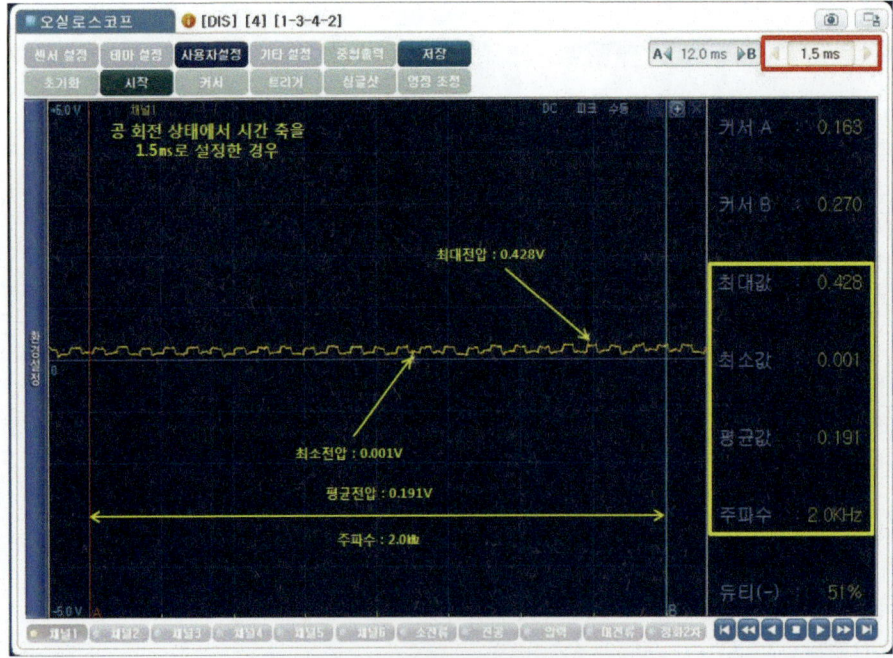

공회전 상태의 센서 출력파형으로 시간 축을 1.5ms로 설정하고 커서 A, B를 임의 구간에 위치한 경우 주파수 2.0kHz, 최대전압 0.428V, 평균전압 0.191V, 최소전압 0.001V로 표기한 화면

07 공회전 시 노크센서 출력파형(6ms)

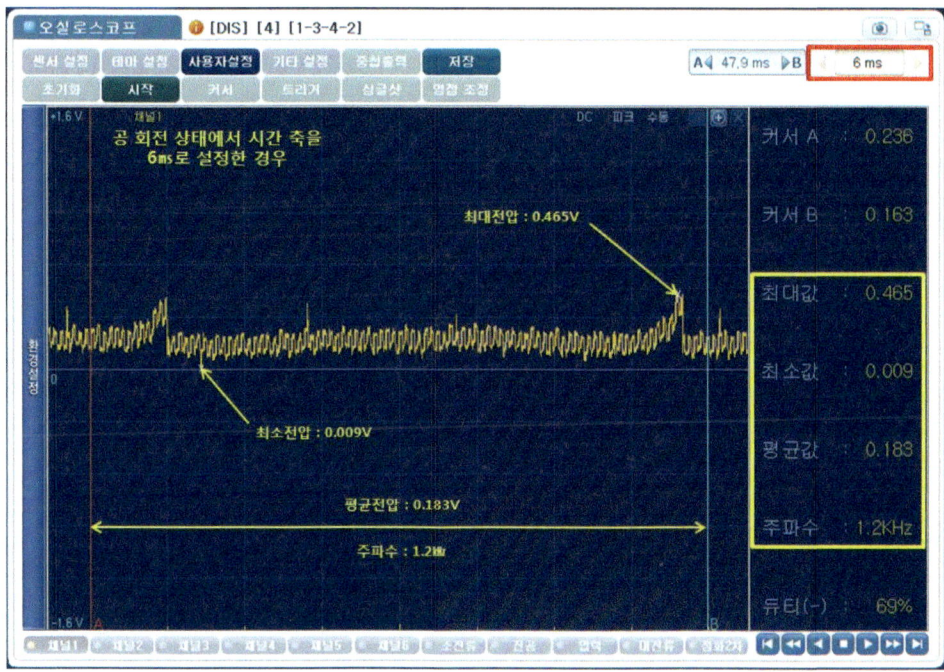

공회전 상태의 센서 출력파형으로 시간 축을 6ms로 설정하고 커서 A, B를 임의 구간에 위치한 경우 주파수 1.2kHz, 최대전압 0.465V, 평균전압 0.183V, 최소전압 0.009V로 표기한 화면

08 공회전 시 노크센서 출력파형(15ms)

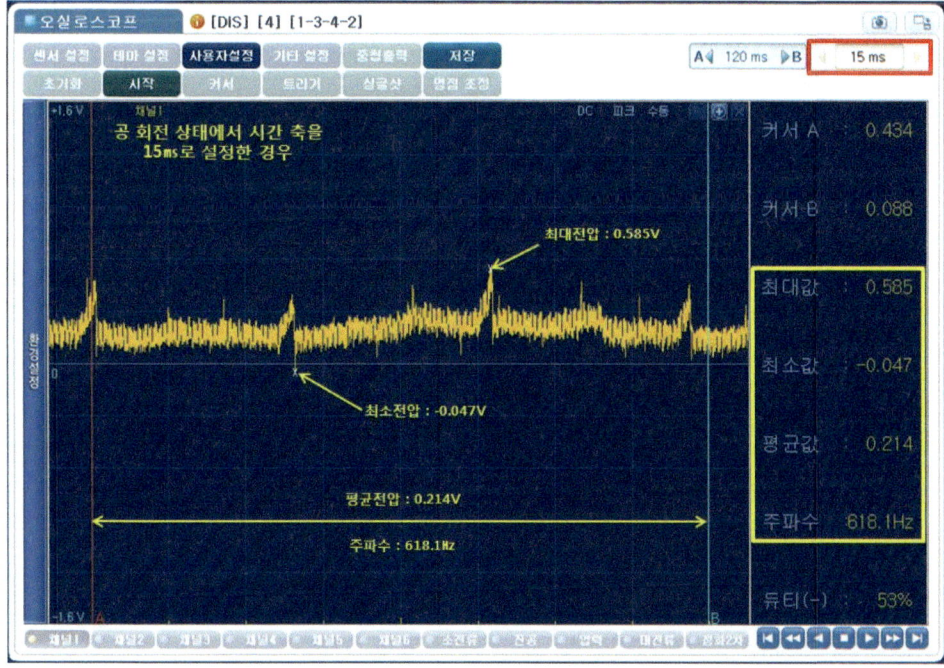

공회전 상태의 센서 출력파형으로 시간 축을 15ms로 설정하고 커서 A, B를 임의 구간에 위치한 경우 주파수 618.1Hz, 최대전압 0.585V, 평균전압 0.214V, 최소전압 -0.047V로 표기한 화면

09 **출력파형 출력물** : 공회전 시 시간 축을 15ms로 설정하고 파형 출력 및 분석내용 표기

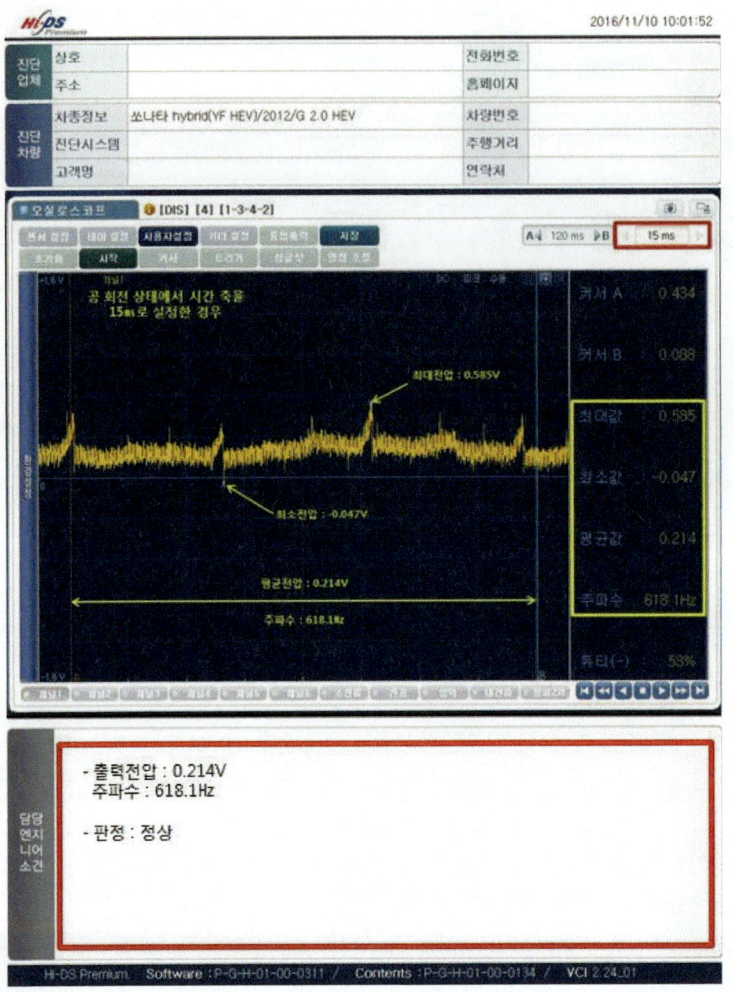

답안작성 공회전 시 시간 축을 15ms로 설정한 상태의 분석내용 답안작성

◆ **기관 2. 기록표**
1) 파형   자동차 번호 :

항 목	파형 분석 및 판정			득 점
	분석 항목	분석내용	판정(□에 '✔' 표)	
노크 센서	출력 전압 : 0.214V 주파수 : 618.1Hz	분석내용은 출력물에 표시하시오.	☑ 양 호 □ 불 량	

※주의사항 : 분석 항목 및 내용은 출력물에 표기하며 관련 사항은 시험위원의 지시에 따른다.

⑩ 3번 인젝터 커넥터 탈거

그림과 같이 3번 인젝터 커넥터를 탈거하여 ▶
진동이 일어나도록 한 상태

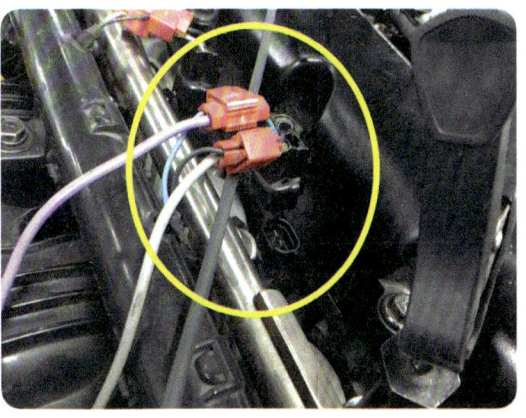

⑪ 공회전 시 노크센서 출력파형(15ms, 3번 인젝터 커넥터 탈거)

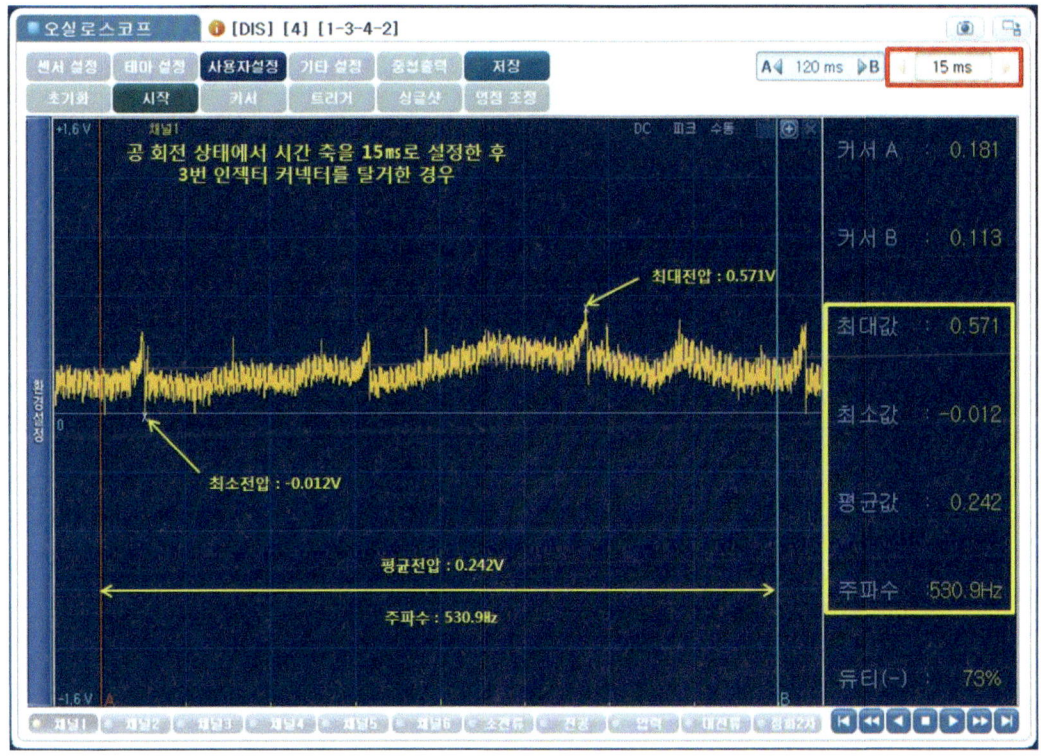

공회전 상태의 센서 출력파형으로 시간 축을 15ms로 설정한 후 3번 인젝터 커넥터를 탈거하고
커서 A, B를 임의 구간에 위치한 경우 주파수 530.9Hz, 최대전압 0.571V, 평균전압 0.242V, 최소전압 -0.012V로
표기한 화면

12 출력파형 출력물

공회전 시 시간 축을 15ms로 설정한 후 3번 인젝터 커넥터를 탈거하고 파형 출력 및 분석내용 표기

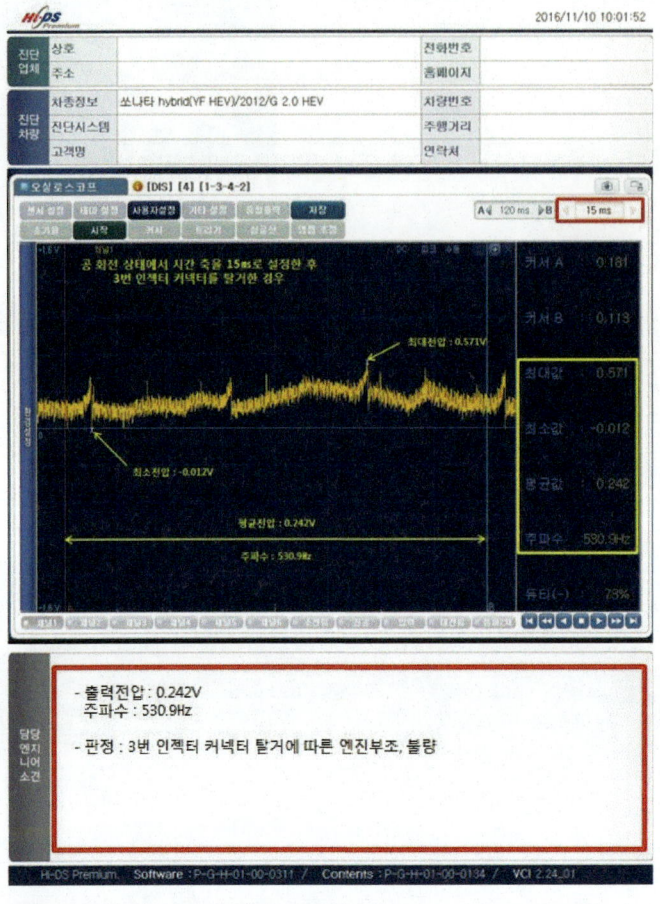

답안작성 공회전 시 시간 축을 15ms로 설정한 후 3번 인젝터 커넥터를 탈거 시 분석내용 답안작성

◆ 기관 2. 기록표

1) 파형   자동차 번호 :

| 비 번호 | | 시험 위원 확 인 | |

항 목	파형 분석 및 판정			득 점
	분석 항목	분석내용	판정(□에 '✔' 표)	
노크 센서	출력 전압 : 0.242V	분석내용은 출력물에 표시하시오.	□ 양 호 ☑ 불 량	
	주파수 : 530.9Hz			

※주의사항 : 분석 항목 및 내용은 출력물에 표기하며 관련 사항은 시험위원의 지시에 따른다.

02 배기가스 측정 : 1안 참조 (57~62페이지)

작업형실기

기능장 5안 - 기관 3

시동결함 및 부조발생 원인

주어진 자동차에서 크랭킹은 가능하나 시동되지 않고 시동된 후에도 부조가 발생합니다. 고장부위를 수리하고 기록표를 작성하시오.

01 크랭킹은 가능하나 시동되지 않는 원인 : 1안 참조 (63~66페이지)

02 부조발생 : 1안 참조 (66~69페이지)

03 시동결함 및 부조발생 기록표 작성 : 1안 참조 (69페이지)

기능장 5안 - 섀시 1

전륜 현가장치 로어암 탈·부착 및 조향장치 작동상태 확인

주어진 자동차에서 시험위원의 지시에 따라 전륜 현가장치의 로어암을 탈거하고 시험위원에게 확인 후 다시 조립(부착)하여 조향장치 작동상태를 점검한 후 기록표의 요구사항을 점검 및 측정하여 기록하시오.

01 전륜 현가장치 로어암 탈·부착 및 조향장치 작동상태 확인

01 휠 및 타이어 탈거

그림과 같이 휠 너트를 푼 후 휠 및 타이어를 탈거한다.

02 관련부품

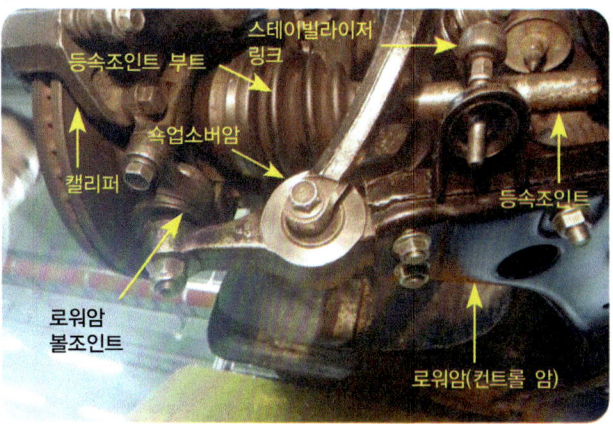

캘리퍼, 등속 조인트 부트, 스테이빌라이저 링크, 쇽업소버 암, 등속 조인트, 로어 암(컨트롤 암), 로어암 볼 조인트

03 쇽업소버 암 고정 볼트 탈거

그림과 같이 쇽업소버 암 고정 볼트와 로어암 볼 조인트 고정너트를 탈거한 후 스테이빌라이저 링크 고정너트를 탈거한다.

04 로어암 고정 볼트 탈거

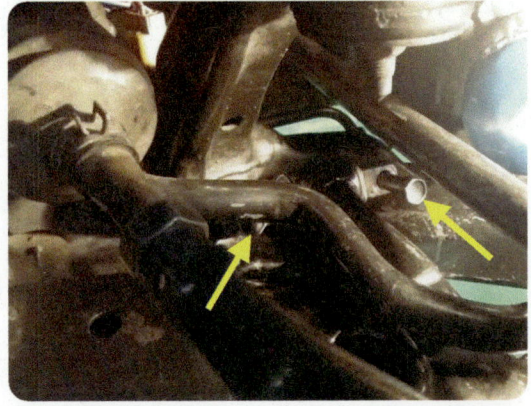

그림과 같이 로어암(멤버 쪽) 고정 볼트를 탈거한다.

05 로어암과 볼 조인트 이완

그림과 같이 로어암과 볼 조인트를 이완한다.

06 로어암 고정 볼트 탈거

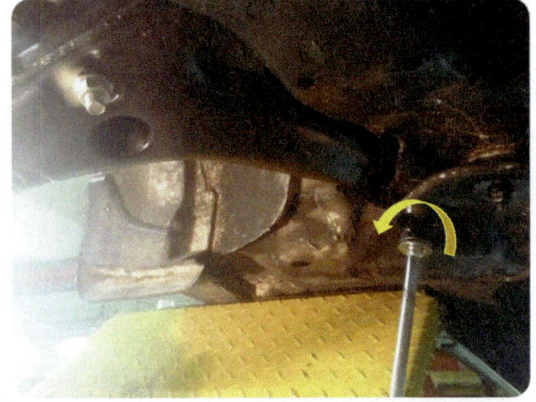

그림과 같이 로어암(차체 쪽) 고정 볼트를 탈거한다.

07 로어암 탈거 후

그림은 로어암 탈거 후 모습이다.

08 로어암

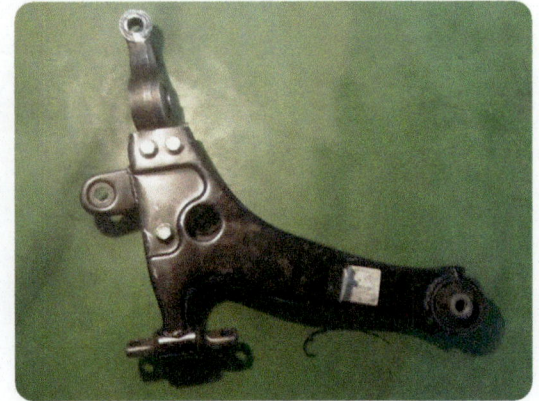

탈거 후 로어암 모습이다.

09 로어암 설치

그림과 같이 로어암을 설치 한 후 고정 볼트(차체 쪽)를 규정토크로 조인다.

10 로어암 고정 볼트 장착

그림과 같이 로어암 고정 볼트(멤버 쪽)를 조인다.

11 로어암 고정 볼트 조임

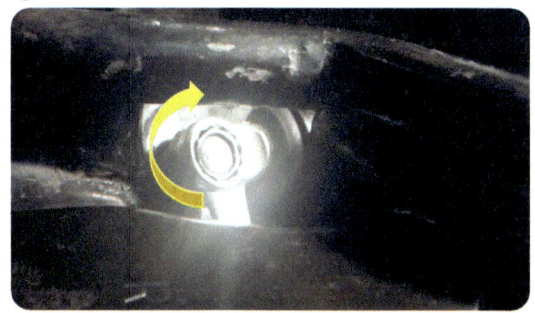

그림과 같이 로어암 고정 볼트(멤버 쪽) 두 개를 규정토크로 조인다.

12 로어암 볼 조인트

그림과 같이 쇽업소버 암 고정 볼트와 로어암 볼 조인트를 장착한다.

13 로어암 볼 조인트 조임

그림과 같이 쇽업소버 암 고정 볼트와 로어암 볼 조인트 고정너트를 규정토크로 조인다.

14 스테이빌라이저 링크

그림과 같이 스테이빌라이저 링크 고정너트를 규정토크로 조인다.

⑮ 휠 및 타이어 조립 후 조향장치 작동상태 확인

그림과 같이 휠 및 타이어를 설치한 후 ▶
휠 너트를 규정토크로 조인 다음
핸들을 좌우로 돌리면서 이상소음 발생
여부와 원활한 작동상태를 확인한다.

02 변속기 오일 온도센서 저항

01 관련부품

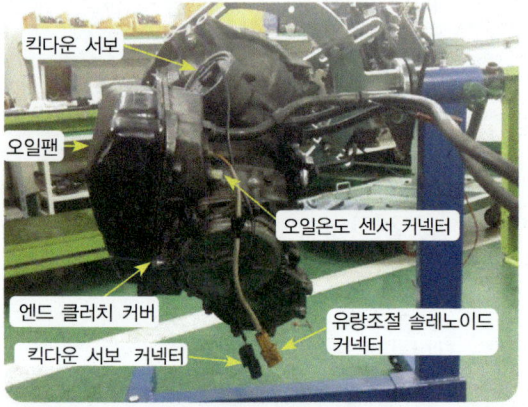

킥다운 서보, 오일 온도센서 커넥터, 유량조절 솔레노이드 커넥터, 킥다운 서보 커넥터, 엔드 클러치 커버, 오일 팬

02 오일 팬 탈거

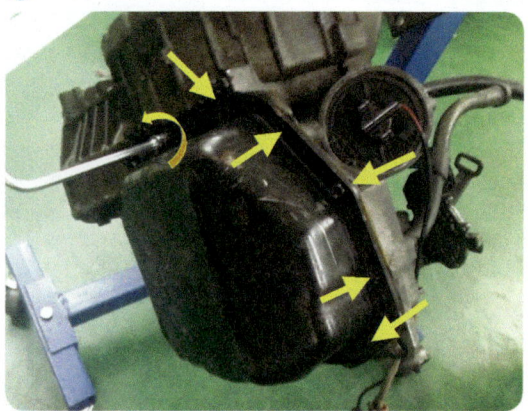

그림과 같이 오일 팬 고정 볼트(10mm)를 탈거한다.

03 오일필터 탈거

그림과 같이 오일필터 고정 볼트(10mm)를 탈거한다.

04 커넥터 명칭

유량조정 솔레노이드 밸브 중간 커넥터, 오일 온도센서 커넥터

작업형실기

05 오일 온도센서 가이드 탈거

그림과 같이 오일 온도센서 가이드 고정 볼트(10mm)를 탈거한다.

06 오일 온도센서 커넥터 탈거

오일 온도센서 커넥터 키를 눌러 탈거한다.

07 오일 온도센서 탈거

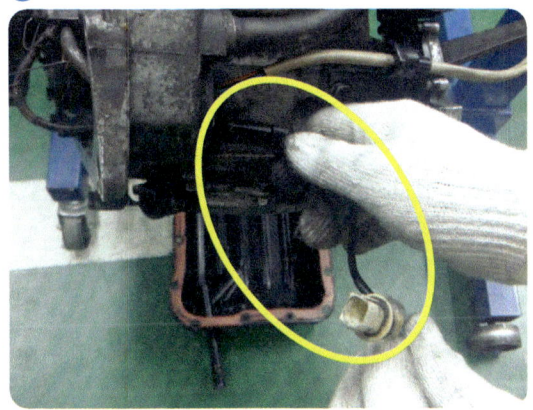

그림과 같이 오일 온도센서를 탈거한다.

08 측정 및 판독

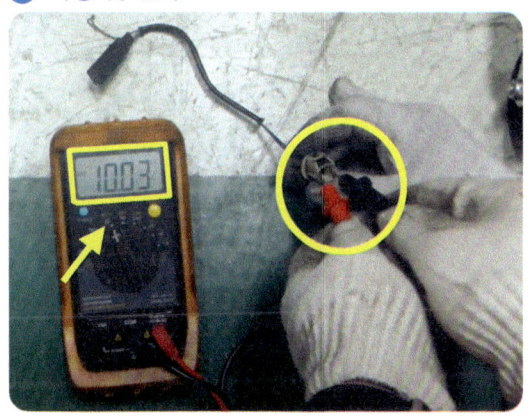

그림과 같이 디지털 멀티미터의 선택레버를 저항에 위치한 후 센서 저항을 측정한다.(측정값 : 10.03kΩ)

답안작성 분석내용 답안작성, 저항값은 센서의 온도에 따라 수시로 변화되므로 규정값은 제시된 값 또는 현재 측정값을 적용하여도 된다.

◆ 섀시 1. 기록표
자동차 번호 :

비 번호		시험 위원 확 인	

항 목	측정(또는 점검)		판정 및 정비(또는 조치)사항		득 점
	측 정 값	규정(기준)값 (정비한계 값)	판정(□에 '✔' 표)	정비 및 조치할 사항	
변속기 오일 온도 센서 저항	10.03kΩ	9.0~12.0kΩ	☑ 양 호 □ 불 량	정비 및 조치사항 없음 또는 정상	
인히비터 스위치 점검	통전단자 변속:( ) → ( )	통전단자 변속:( ) → ( )			

377

03 인히비터 스위치 점검

01 P 레인지

매뉴얼 레버를 P 레인지에 위치한 상태

02 R 레인지

매뉴얼 레버를 R 레인지에 위치한 상태

03 N 레인지

매뉴얼 레버를 N 레인지에 위치한 상태

04 D 레인지

매뉴얼 레버를 D 레인지에 위치한 상태

05 2 레인지

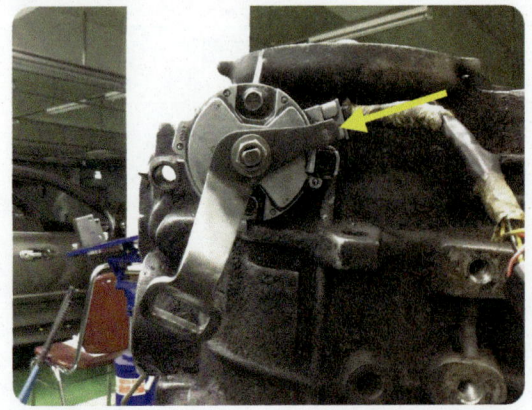

매뉴얼 레버를 2 레인지에 위치한 상태

06 L 레인지

매뉴얼 레버를 L 레인지에 위치한 상태

작업형실기

07 인히비터 스위치 회로도

단자번호	P	R	N	D	2	L	연결단자
1					●		TCU
2			●				TCU
3	●						TCU
4	●	●	●	●	●	●	점화 스위치
5				●			TCU
6				●			TCU
7		●					TCU
8	●		●				점화 스위치
9	●		●				스타터 모터
10		●					점화 스위치
11		●					후진등

F4A2 계열

그림은 인히비터 스위치에 대한 각 레인지 별 단자 번호와 연결 회로이다.

08 커넥터 단자

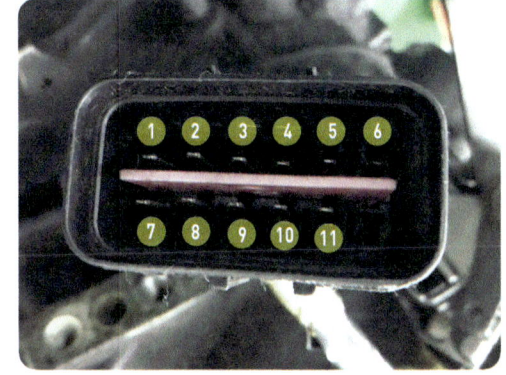

그림은 각 단자번호를 표기한 것이다.

09 P 레인지 ③ - ④

그림과 같이 매뉴얼 레버를 P 레인지에 위치한 상태에서 아날로그 멀티미터 선택레버를 저항에 위치한 후 ③ ④번 단자에 대한 통전 시험을 실시한다. 저항값 나오면(통전) 정상임.

10 P 레인지 ⑧ - ⑨

매뉴얼 레버를 P 레인지에 위치한 상태에서 ⑧ - ⑨번 단자에 대한 통전 시험을 실시한다. 저항값 나오면(통전) 정상임.

11 R 레인지 ④ - ⑦

매뉴얼 레버를 R 레인지에 위치한 상태에서 ④ - ⑦번 단자에 대한 통전 시험을 실시한다. 저항값 나오면(통전) 정상임.

⑫ R 레인지 ⑩ - ⑪

매뉴얼 레버를 R 레인지에 위치한 상태에서 ⑩ - ⑪번 단자에 대한 통전 시험을 실시한다. 저항값 나오면(통전) 정상임.

⑬ N 레인지 ② - ④

매뉴얼 레버를 N 레인지에 위치한 상태에서 ② - ④번 단자에 대한 통전 시험을 실시한다. 저항값 나오면(통전) 정상임.

⑭ N 레인지 ⑧ - ⑨

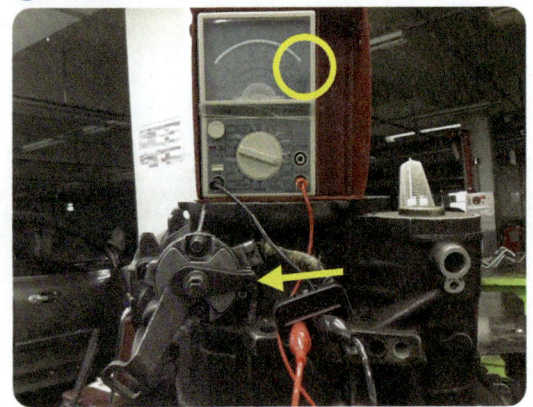

매뉴얼 레버를 N 레인지에 위치한 상태에서 ⑧ - ⑨번 단자에 대한 통전 시험을 실시한다. 저항값 나오면(통전) 정상임.

⑮ D 레인지 ④ - ⑥

매뉴얼 레버를 D 레인지에 위치한 상태에서 ④ - ⑥번 단자에 대한 통전 시험을 실시한다. 저항값 나오면(통전) 정상임.

⑯ 2 레인지 ① - ④

매뉴얼 레버를 2 레인지에 위치한 상태에서 ① - ④번 단자에 대한 통전 시험을 실시한다. 저항값 나오면(통전) 정상임.

⑰ L 레인지 ④ - ⑤

매뉴얼 레버를 L 레인지에 위치한 상태에서 ④ - ⑤번 단자에 대한 통전 시험을 실시한다. 저항값 나오면(통전) 정상임. 그러나 무한대가 나오므로 불량(비 통전)임.

⑱ 배선단선

그림은 ⑤번 단자 배선이 단선된 모습임. ▶

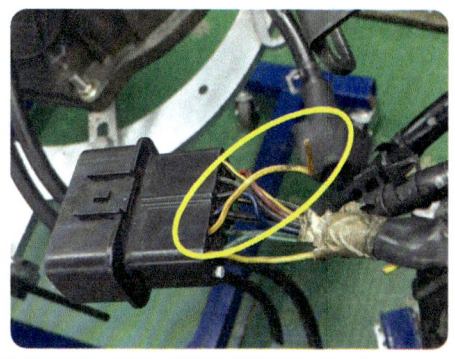

| 답안작성 | 분석내용 답안작성, L 레인지에 대한 통전시험 실시 |

◆ 섀시 1. 기록표
자동차 번호 :

항 목	측정(또는 점검)		판정 및 정비(또는 조치)사항		득 점
	측 정 값	규정(기준)값 (정비한계 값)	판정(□에 '✔' 표)	정비 및 조치할 사항	
비 번호		시험 위원 확 인			
변속기 오일 온도 센서 저항	10.03kΩ	9.0~12.0kΩ	□ 양 호 ☑ 불 량	⑤번 단자 배선연결 후 재점검	
인히비터 스위치 점검 (L 레인지)	통전단자 변속:(④) → (⑤) 비 통전	통전단자 변속:(④) → (⑤) 통전			

기능장 5안

섀시 2

인히비터 스위치 탈·부착 및 1단에서 최고 단까지 주행 작동시험

주어진 전자제어 자동변속기 자동차에서 시험위원의 지시에 따라 인히비터 스위치를 탈거하고 시험위원에게 확인 후 다시 조립(부착)하여 1단에서 최고 단까지 주행하여 작동상태를 확인하고 기록표의 요구사항을 점검 및 측정하여 기록하시오.

01 인히비터 스위치 탈·부착 및 1단에서 최고 단까지 주행 작동시험

01 관련부품

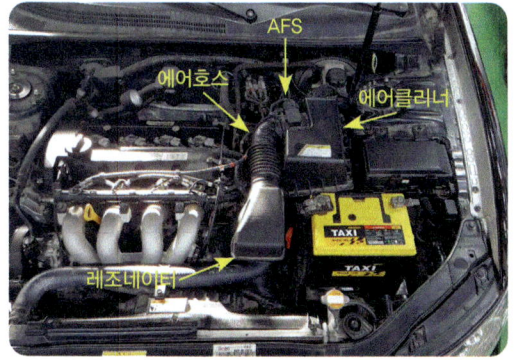

에어호스, AFS, 에어크리너, 레조네이터

02 AFS 커넥터 탈거

그림과 같이 AFS 커넥터를 탈거한다.

03 에어호스 및 에어클리너 커버 탈거

그림과 같이 브리더 호스 밴드를 제거한 후 에어호스와 레조네이터, 에어클리너 커버를 탈거한다.

04 에어클리너 엘리먼트 탈거

그림과 같이 에어클리너 엘리먼트와 ECU 커넥터를 탈거한다.

05 에어클리너 탈거

에어클리너 고정 볼트(10mm)를 푼 후 탈거한다.

06 배터리 탈거

그림과 같이 배터리 터미널을 탈거한 후 배터리 고정 브래킷을 탈거한 다음 배터리를 탈거한다.

07 배터리 받침대 탈거

그림과 같이 고정 볼트(12mm)를 푼 후 탈거한다.

08 선택레버 N

그림과 같이 변속 선택레버를 N 레인지로 위치한다.

09 관련부품 명칭

매뉴얼 레버, 인히비터 스위치

10 인히비터 스위치 커넥터 탈거

그림과 같이 인히비터 스위치 커넥터를 탈거한다.

11 인히비터 스위치 탈거

그림과 같이 변속 케이블 고정너트를 풀어 케이블을 분리하고 매뉴얼 레버 고정너트를 푼 후 레버를 분리한 다음 인히비터 스위치 고정 볼트를 풀어 탈거한다.

12 인히비터 스위치 탈거 후

그림은 인히비터 스위치를 탈거한 후의 모습이다.

13 문해 후 단품

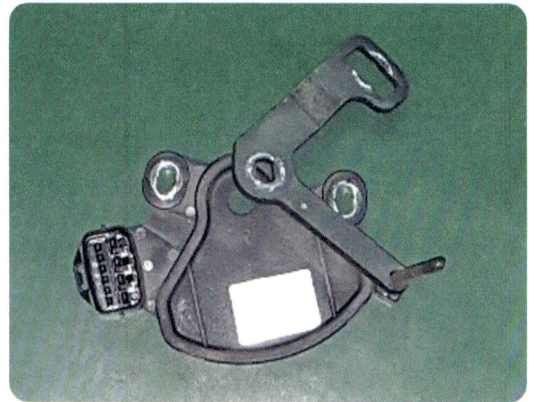

그림은 인히비터 스위치와 매뉴얼 레버이다.

14 인히비터 스위치와 매뉴얼 레버 장착

그림과 같이 인히비터 스위치와 매뉴얼 레버를 설치한 후 고정너트를 조인 다음 인히비터 스위치를 좌우 방향으로 움직여 중립위치로 조정한다.

15 인히비터 스위치 조정

그림과 같이 원 안의 인히비터 스위치와 매뉴얼 레버의 중립 위치를 확인한 후 고정 볼트와 너트를 규정토크로 조인다.

16 변속 케이블 장착

그림과 같이 변속케이블을 매뉴얼 레버에 설치한 후 고정너트를 규정토크로 조인다.

17 인히비터 스위치 커넥터 장착

인히비터 스위치 커넥터를 끼운다.

18 선택레버 N

그림과 같이 변속 선택레버가 N 레인지에 있는지 확인한 후 각 레인지 별로 변속하여 유격이 맞는지 확인한다.

19 배터리 받침대 조립

그림과 같이 받침대를 설치한 후 고정 볼트를 규정토크로 조인다.

20 에어클리너 및 배터리

에어클리너와 ECU 커넥터를 장착한 후 배터리를 설치한 다음 터미널을 포스트에 설치한 후 고정너트를 규정토크로 조인다.

㉑ 에어클리너 커버 및 에어호스 조립, 작동상태 확인

그림과 같이 에어클리너 커버와 에어호스, 레조네이터를 설치한 후 브리더 호스를 장착한 다음 AFS 커넥터를 끼운다. 차량을 리프트에 올려 P 레인지에서 시동을 ON한 후 D 레인지에서 주행시험을 실시한다.

기능장 5안

섀시 3

기록표 요구사항 점검 · 측정

기록표 요구사항을 점검 및 측정하여 기록하시오.

01 자동변속기 입(출)력 센서 파형 : 2안 참조 (173~179페이지)

02 작동 시 변속기 클러치 압력

① P 레인지 위치

공전상태(800rpm)에서 P레인지 위치

② Damper Release

측정압력 : 2.5kg/cm²

385

03 Damper Apply

측정압력 : 2.0kg/cm^2

04 Low & Reverse Brake

측정압력 : 2.4kg/cm^2

05 Under Drive-C

측정압력 : 0kg/cm^2

06 Over Drive-C

측정압력 : 0kg/cm^2

07 Reverse-C

측정압력 : 0kg/cm^2

08 2ND-Brake

측정압력 : 0kg/cm^2

09 선택레버 R

선택레버를 R위치에 놓는다.

10 R 레인지 위치

공전상태(800rpm)에서 R레인지 위치

⑪ Damper Release

측정압력 : 4.5kg/cm²

⑫ Damper Apply

측정압력 : 3kg/cm²

⑬ Low & Reverse Brake

측정압력 : 15.8kg/cm²

⑭ Under Drive-C

측정압력 : 0kg/cm²

⑮ Over Drive-C

측정압력 : 0kg/cm²

⑯ Reverse-C

측정압력 : 15.5kg/cm²

⑰ 2ND-Brake

측정압력 : 0kg/cm²

⑱ 선택레버 N

선택레버를 N위치에 놓는다.

⑲ N 레인지 위치

공전상태(800rpm)에서 N 레인지 위치

⑳ Damper Release

측정압력 : 2.6kg/cm²

㉑ Damper Apply

측정압력 : 2.0kg/cm²

㉒ Low & Reverse Brake

측정압력 : 2.6kg/cm²

㉓ Under Drive-C

측정압력 : 0kg/cm²

㉔ Over Drive-C

측정압력 : 0kg/cm²

㉕ Reverse-C

측정압력 : 0kg/cm²

㉖ 2ND-Brake

측정압력 : 0kg/cm²

27 D 레인지 위치

공전상태(800rpm)에서 D 레인지 위치

28 Damper Release

측정압력 : 5.0kg/cm²

29 Damper Apply

측정압력 : 3.5kg/cm²

30 Low & Reverse Brake

측정압력 : 0kg/cm²

31 Under Drive-C

측정압력 : 10.8kg/cm²

32 Over Drive-C

측정압력 : 0kg/cm²

33 Reverse-C

측정압력 : 0kg/cm²

34 2ND-Brake

측정압력 : 10.1kg/cm²

㉟ 선택레버 D

선택레버 D 홀드 위치에서 - 방향으로 선택레버를 내려 1단 상태로 한다.

㊱ D 레인지 1단 위치

공전상태(800rpm)에서 D 레인지 1단 위치, 차속 약 10km/h

㊲ Damper Release

측정압력 : 4.2kg/cm^2

㊳ Damper Apply

측정압력 : 3.0kg/cm^2

㊴ Low & Reverse Brake

측정압력 : 10.2kg/cm^2

㊵ Under Drive-C

측정압력 : 10.8kg/cm^2

㊶ Over Drive-C

측정압력 : 0kg/cm^2

㊷ Reverse-C

측정압력 : 0kg/cm^2

작업형실기

㊸ 2ND-Brake

측정압력 : 0kg/cm²

㊹ 선택레버 D

선택레버 D 홀드 위치에서 + 방향으로 선택레버를 올려 2단 상태로 한다.

㊺ D 레인지 2단 위치

공전상태(800rpm)에서 D 레인지 2단 위치, 차속 약 18km/h

㊻ Damper Release

측정압력 : 4.3kg/cm²

㊼ Damper Apply

측정압력 : 3.0kg/cm²

㊽ Low & Reverse Brake

측정압력 : 0kg/cm²

㊾ Under Drive-C

측정압력 : 10.9kg/cm²

측정압력 : 0kg/cm²	측정압력 : 0kg/cm²	측정압력 : 10.1kg/cm²

답안작성 측정조건 제시 : 정상 공전상태(약 800±50rpm)에서 D 레인지 2단 위치로 선택한 후 Under Drive-C 압력을 측정하시오.(단, 차속은 무시), 측정 및 분석내용 답안작성

2) 점검 및 측정

항 목	점검(또는 측정)		판정 및 정비(또는 조치)사항		득 점
	측 정 값	규정값(정비한계값)	판정(□에 '✔' 표)	정비 및 조치할 사항	
작동시 변속기 클러치 압력	10.9kg/cm²	10.0~11.5kg/cm²	☑ 양 호 □ 불 량	정상 또는 정비 및 조치사항 없음	
변속기 솔레노이드 저항					

03 변속기 솔레노이드 저항

01 관련부품

02 오일 팬 탈거

그림과 같이 오일 팬 고정 볼트(10mm)를 탈거한다.

킥다운 서보, 오일 온도센서 커넥터, 유량조절 솔레노이드 커넥터,
킥다운 서보 커넥터, 엔드 클러치 커버, 오일 팬

작업형실기

03 오일필터 탈거

그림과 같이 오일필터 고정 볼트(10mm)를 탈거한다.

04 밸브바디 고정 볼트

그림과 같이 밸브바디 고정 볼트(10mm)를 탈거한다.

05 밸브바디 탈거

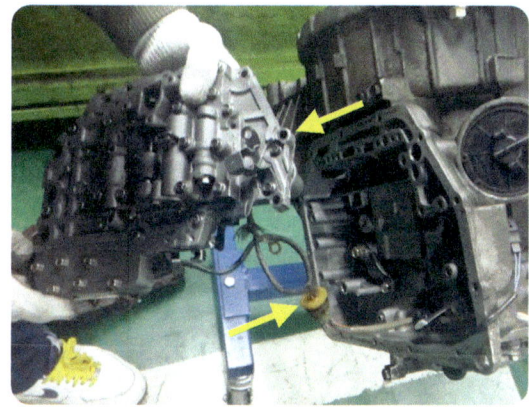

그림과 같이 유량조절 솔레노이드 배선 조인트를 뺀 후 밸브바디를 탈거한다.

06 유량조절 솔레노이드 밸브

SCSV-B, SCSV-A, DCCSV, PCSV

07 유량조절 솔레노이드 밸브 커넥터

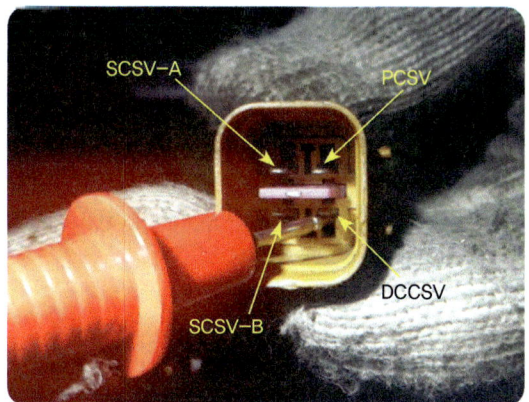

SCSV-B, SCSV-A, DCCSV, PCSV 커넥터 단자

08 측정 및 판독

그림과 같이 디지털 멀티미터의 선택레버를 저항에 위치한 후 센서 저항을 측정한다. (측정값 : 2.4Ω)

393

답안작성 측정조건 제시 : 댐퍼클러치 컨트롤 솔레노이드 밸브(DCCSV) 저항을 측정하시오. 측정 및 분석내용 답안작성

2) 점검 및 측정

항 목	점검(또는 측정)		판정 및 정비(또는 조치)사항		득 점
	측 정 값	규정값(정비한계값)	판정(□에 'v' 표)	정비 및 조치할 사항	
작동시 변속기 클러치 압력	10.9kg/cm²	10.0~11.5kg/cm²	☑ 양 호 □ 불 량	정상 또는 정비 및 조치사항 없음	
변속기 솔레노이드 저항	2.4Ω	2.0~3.0Ω			

기능장 5안 - 전기 1

발전기 및 관련 벨트 탈·부착 및 작동상태 확인, 점검 및 측정

시험위원의 지시에 따라 자동차에서 발전기 및 관련 벨트를 탈거하고 시험위원에게 확인 후 다시 조립(부착)하여 작동상태를 확인하고 기록표의 요구사항을 점검 및 측정하고 기록표에 기록하시오.

01 발전기 및 관련 벨트 탈·부착 및 작동상태

01 관련부품 명칭

타이밍 벨트 상부커버, 발전기, 겉 벨트, 파워 스티어링 펌프,
아이들 베어링, 에어컨 컴프레서, 오토프리 텐션 베어링,
크랭크 축 풀리, 타이밍 벨트 하부커버, 엔진 브래킷

02 배터리 (-)탈거

그림과 같이 배터리 (-)터미널을 탈거한다.

03 발전기 커넥터 탈거

그림과 같이 발전기 커넥터를 탈거한다.

04 B단자 탈거

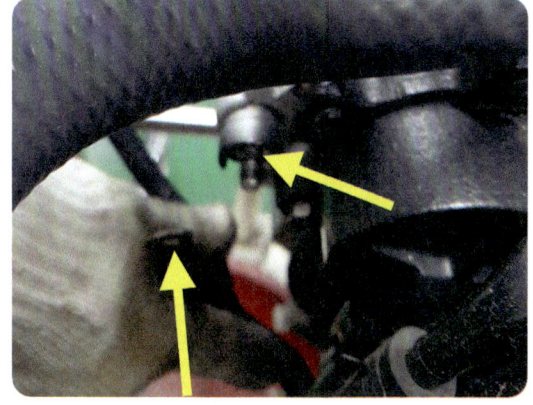

B단자 고정너트를 푼 후 탈거한다.

05 겉 벨트 탈거

오토프리 텐셔너를 돌려 겉 벨트를 탈거한다.

06 진공펌프 유압라인 분리

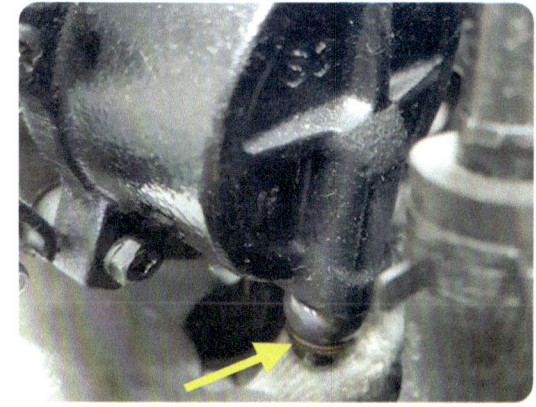

그림과 같이 진공펌프 라인 고정 볼트를 푼 후 호스를 분리한다.

07 유압호스 탈거

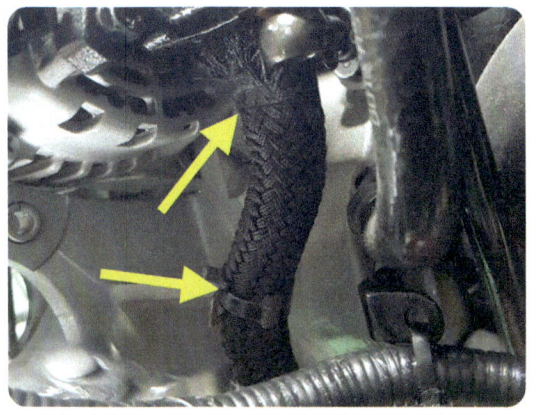

그림과 같이 호스 고정밴드를 제거한 후 탈거한다.

08 진공호스 탈거

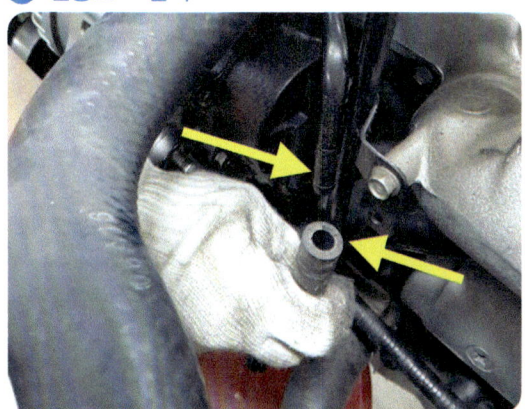

그림과 같이 진공호스 고정밴드를 제거한 후 탈거한다.

09 발전기 고정 볼트와 너트 탈거

그림의 상단 고정 볼트와 하단 고정너트를 탈거한다.

10 발전기 탈거 후

관통볼트

발전기를 탈거한 후 모습

11 발전기 단품

진공펌프

발전기를 탈거한 후 단품 모습

12 발전기 설치

그림과 같이 발전기를 설치한다.

13 발전기 장착

그림과 같이 발전기 고정 볼트와 관통볼트 및 너트를 설치한 후 규정토크로 조인다.

14 진공호스 장착

그림과 같이 진공호스를 파이프에 삽입한 후 고정밴드를 설치한다.

작업형실기

⑮ 유압호스 및 유압라인 장착

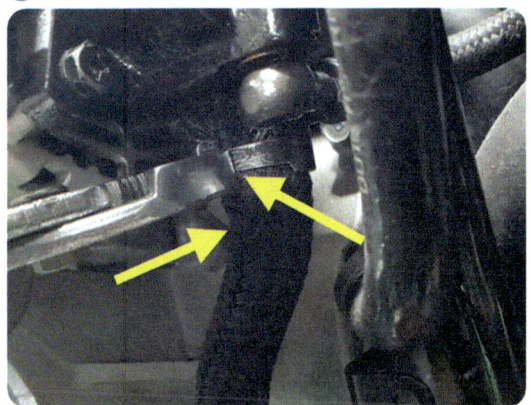

그림과 같이 유압호스를 설치한 후 고정밴드를 장착한 다음 유압라인 고정 볼트를 규정토크로 조인다.

⑯ B단자 및 발전기 커넥터 장착

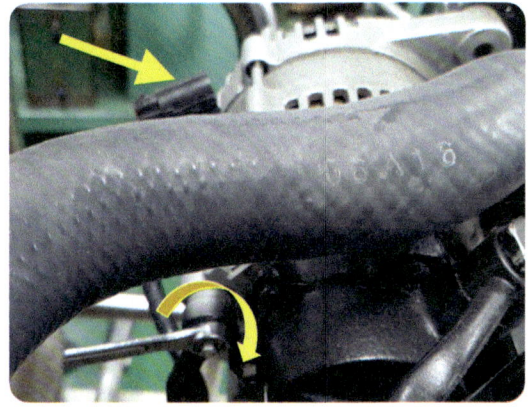

그림과 같이 B단자 배선을 장착한 후 고정너트를 규정토크로 조인 다음 커넥터를 끼운다.

⑰ 겉 벨트 장착 및 작동상태 확인

오토프리 텐셔너를 돌려 겉 벨트를 장착한 후 ▶
배터리 (-)터미널을 장착한다.
엔진시동을 ON하여 이상음 발생여부 및 정상작동 여부를 확인한다.

02 암 전류 측정

① 사용자 설정

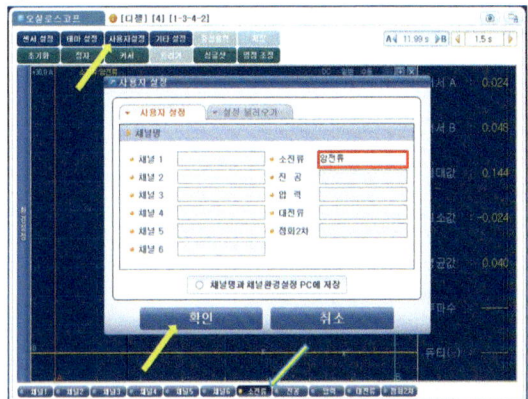

사용자 설정에서 소 전류에 암전류 기록

② 후드 고정레버 OFF

그림과 같이 후드 고정레버를 OFF상태로 한다.

397

03 실내등 점등

실내등 점등상태

04 도어 록

리모컨을 이용하여 도어 록 한다.

05 영점조정

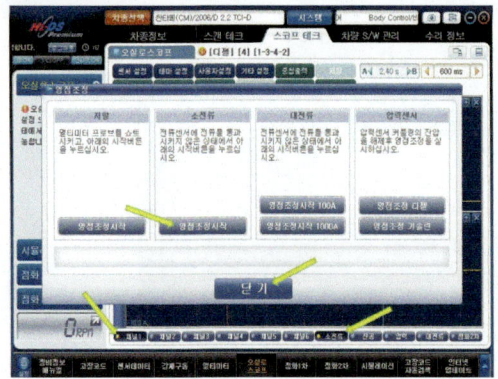

그림과 같이 소 전류 영점조정을 실시한다.

06 소 전류계 설치

그림과 같이 배터리 (−)배선에 소 전류계를 설치한다.
주의 전류계 설치 시 방향 주의

07 암 전류 출력파형

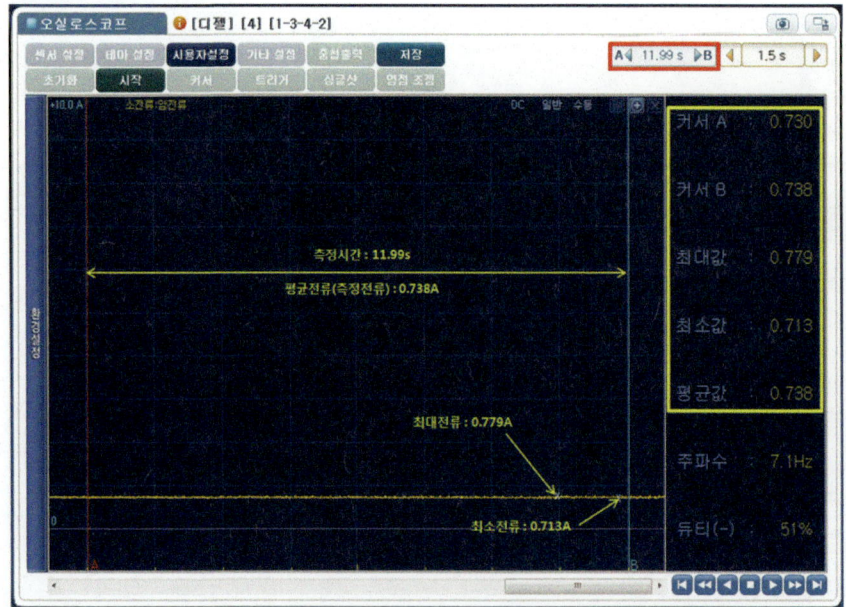

실내등 점등상태의
출력파형으로
커서 A와 B를
임의 구간에 위치한 경우
측정 시간 11.99s,
평균전류 0.738A,
최대전류 0.779A,
최소전류 0.713A로
표기한 화면

작업형실기

08 출력파형 출력물 : 파형 출력 및 분석내용 표기

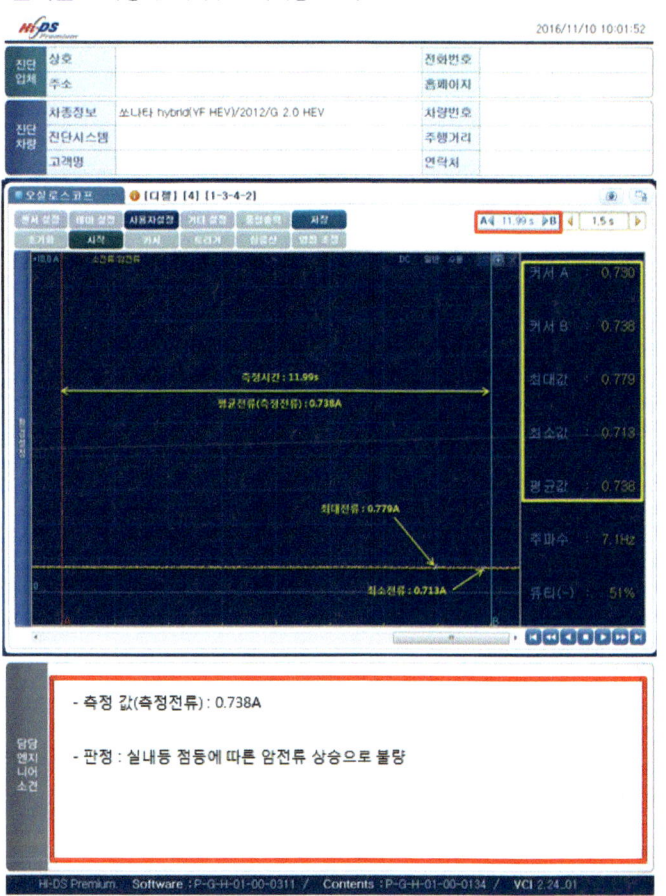

답안작성

◆ **전기 1. 기록표**
자동차 빈호 :

항 목	측정(또는 점검)		판 정	정비 및 조치사항	득 점
	측 정 값	규정값 (정비한계 값)			
암 전류	0.738A	50mA이하	☐ 양 호 ☑ 불 량	실내등 점등에 의한 암 전류 상승 따라서 실내등 소등 후 재측정	
발전기 출력 전류					

비 번호 :   시험 위원 확 인 :

※ 방전으로 인한 크랭킹 불량(방전한계 용량)은 배터리 용량의 30% 방전 시점으로 계산하며, 발전기 고장상태로 운행 시 소모전류는 통상적인 전류입니다.

■ 측정조건 제시 : 주어진 상황에서 측정하시오. 측정 및 분석내용 답안작성
 ※ 방전으로 인한 크랭킹 불량(방전한계 용량)은 배터리 용량의 30% 방전시점으로 계산
  → 계산조건 : 암 전류 측정값 0.738A, 배터리용량 80AH 라면
   방전한계용량이 배터리 용량의 30%이므로, 100AH×0.3=24AH임.
   따라서 크랭킹 불량 현상 발생시점은 $\dfrac{24AH}{0.738A} = 32.52H$ 이다.

399

03 발전기 출력전류 측정

01 멀티미터 선택화면

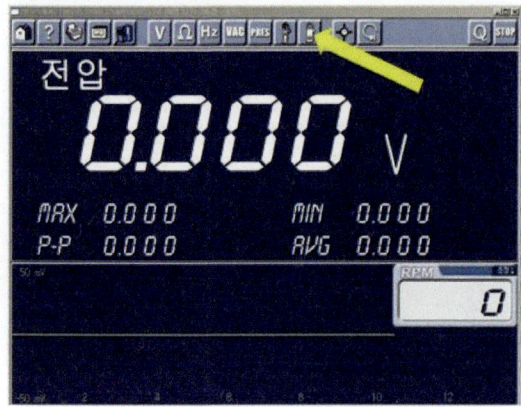

스코프테크 중 멀티미터를 클릭한 후 멀티미터 측정화면에서 대 전류 클릭

02 대 전류계 선택

대 전류계에서 전류 선택 레버를 100A로 한다.

03 전류 레인지 선택

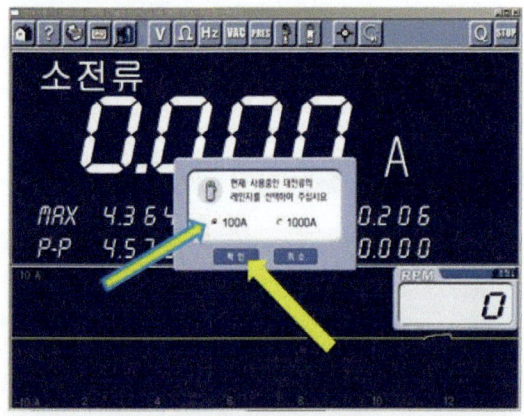

위 화면에서 전류 레인지를 100A 선택 후 확인을 클릭한다.

04 영점조정

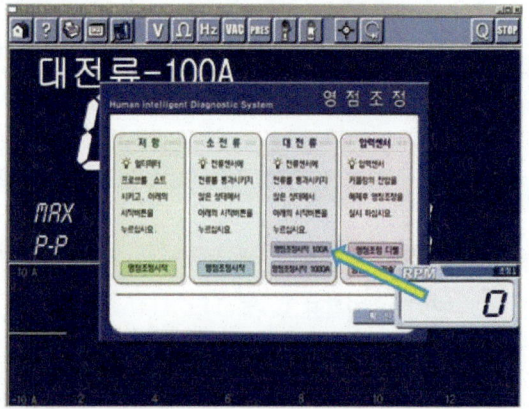

영점조정 버튼을 클릭한 후 대 전류 영점조정시작 100A를 클릭한다.

05 영점조정 완료

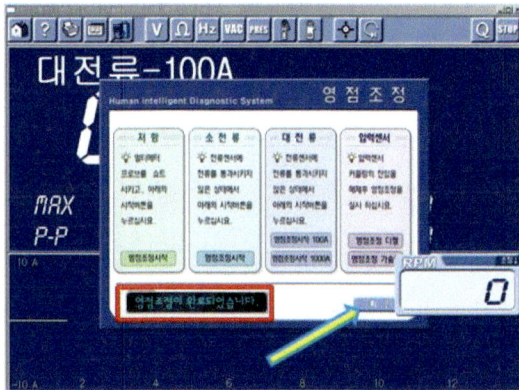

위 화면은 영점조정이 완료된 상태이며 확인 버튼을 클릭한다.

06 영점조정 완료 후

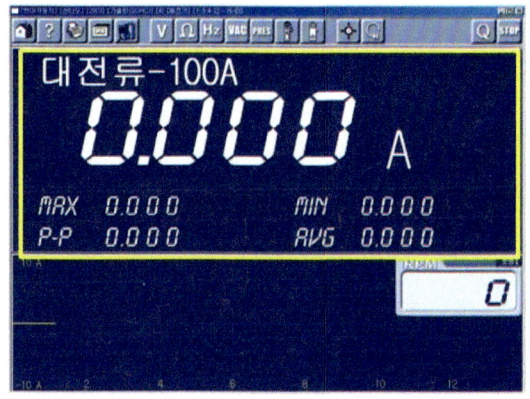

영점조정 후 측정준비가 완료된 상태의 화면임.

07 전류계 설치 위치 1

그림과 같이 전류계를 발전기 B단자 배선에 설치한다.

08 전류계 설치 위치 2

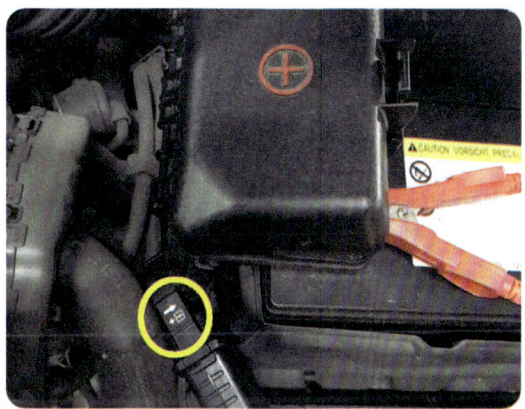

그림과 같이 전류계를 배터리 쪽 발전기 B단자 배선에 설치한다.

09 헤드라이트 스위치 ON

헤드라이트를 점등하고 상향으로 전환한다.

10 열선 ON

열선 스위치를 ON한다.

⑪ 에어컨 ON

그림과 같이 에어컨 스위치를 ON하여 작동시킨다.

⑫ 엔진시동 ON 및 RPM 상승

그림과 같이 엔진 시동을 ON한 후 엔진 회전수를 2,000~2,500rpm으로 유지시킨다.

⑬ 측정값 판독

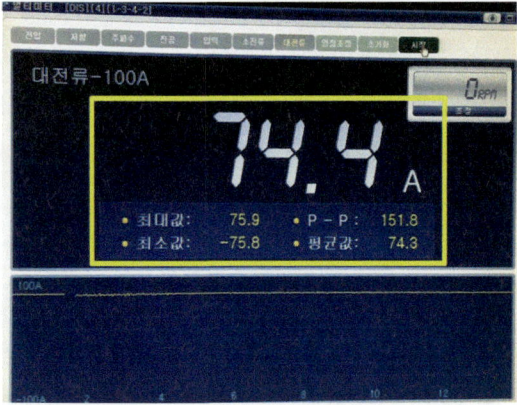

측정값 : 74.4A

⑭ 발전용량

그림과 같이 적색 사각형 내에 있는 전류가 발전용량 이므로 90A 임.

답안작성 : 측정 및 분석내용 답안작성, 규정값 산출
: 규정값은 신품용량의 70%이상이므로 90×0.7=63A이상 임.

◆ 전기 1. 기록표

자동차 번호 :

항목	측정(또는 점검)		판정	정비 및 조치사항	득점
	측 정 값	규정값 (정비한계 값)			
암 전류	0.738A	50mA이하	☐ 양 호 ☑ 불 량	실내등 점등에 의한 암 전류 상승 따라서 실내등 소등 후 재측정	
발전기 출력 전류	74.4A	63A이상			

비 번호 : 　　　시험 위원 확 인 :

※ 방전으로 인한 크랭킹 불량(방전한계 용량)은 배터리 용량의 30% 방전 시점으로 계산하며, 발전기 고장상태로 운행 시 소모전류는 통상적인 전류입니다.

기능장 5안 전기 2 — 회로점검 및 기록표 작성

주어진 자동차에서 정비지침서의 회로도를 이용하여 기록표에서 요구하는 회로를 점검하고, 이상이 있으면 이상내용을 기록표에 기록한 후 정비하시오.

01 도난방지 회로점검

01 BCM 회로 및 연료 주입구 회로(1) : 도난방지 BCM 회로, 체크포인트

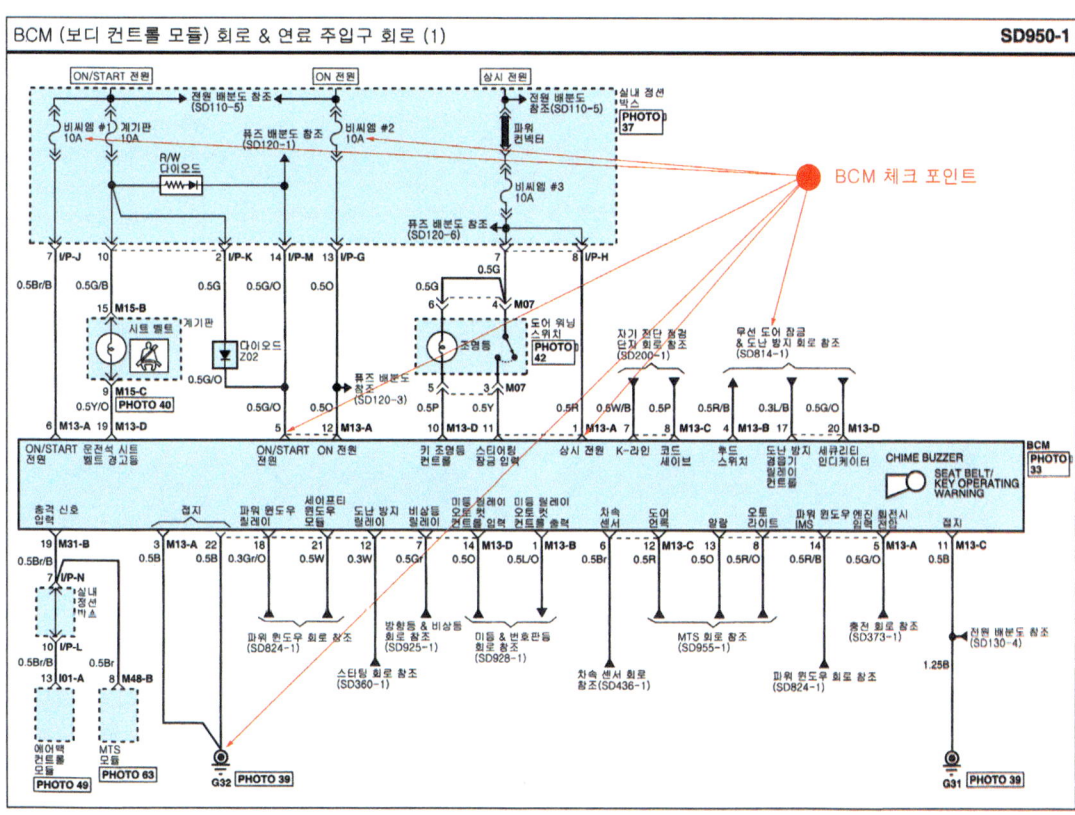

자동차정비기능장

02 BCM 회로 및 연료 주입구 회로(2) : 도난방지 BCM 회로(2)

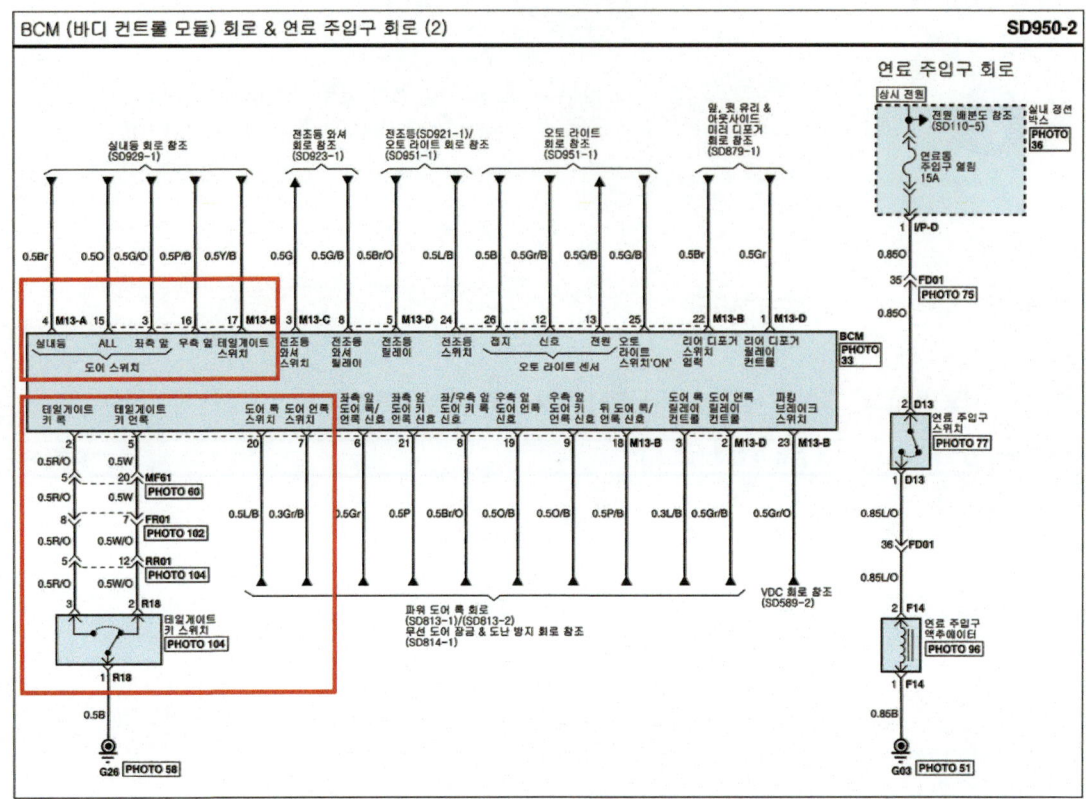

03 BCM 모듈

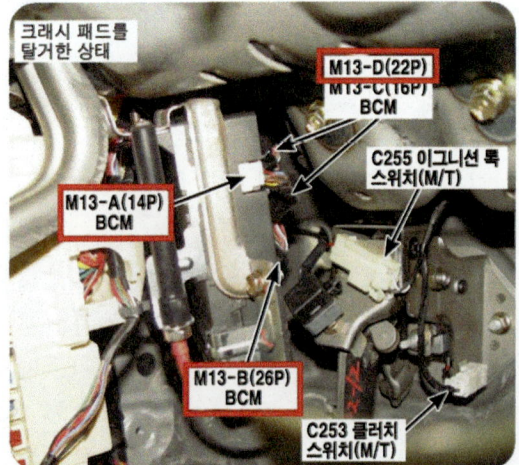

크래시 패드를 탈거한 상태의 M13-A(14P), M13-B (26P) BCM, M13-D(22P) BCM

04 도난방지 경음기

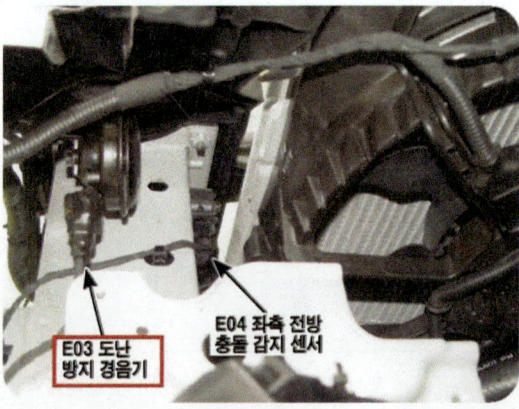

E03 도난 방지 경음기

05 도난방지 실내 릴레이

도어 언록 릴레이, 도난경보 혼 릴레이,
도난 경보 시동 릴레이

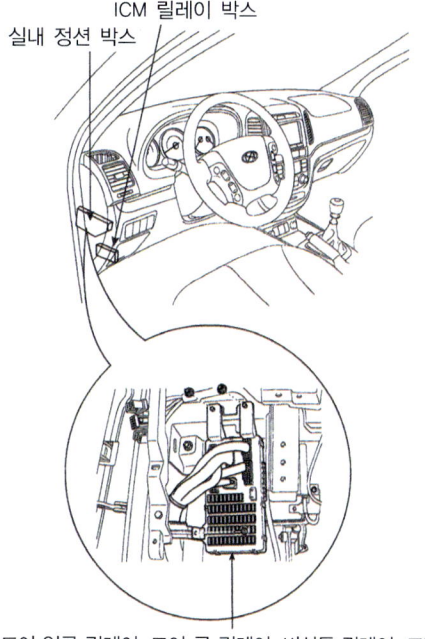

도어 언록 릴레이, 도어 록 릴레이, 비상등 릴레이, 도난 경보 혼 릴레이, 블로어 릴레이, 파워 윈도우 릴레이, 도난 경보 시동 릴레이(정션 박스 내장형)

06 스타팅 회로(1) : 도난방지 스타팅 회로

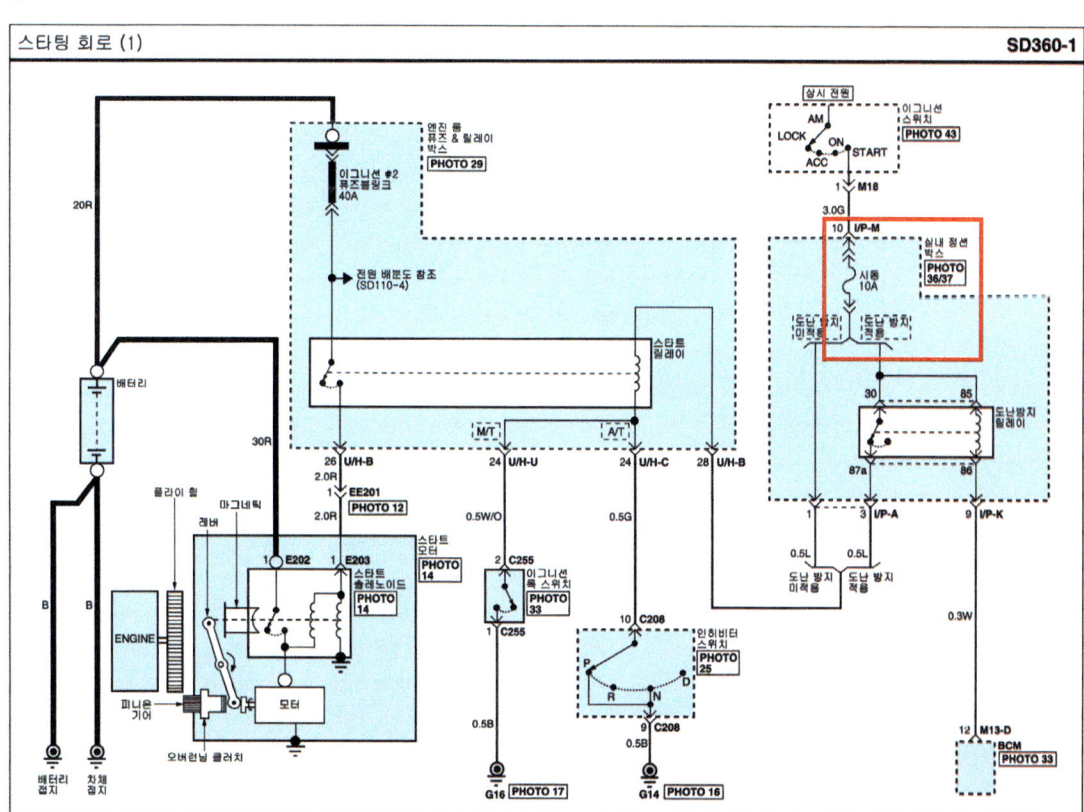

07 퓨즈 연결 회로 1 : 도난방지 실내 정션박스 퓨즈용량 및 연결회로

표기	용량(A)	연결회로
시동	10A	도난 방지 릴레이
파워 윈도우 좌측	30A	파워 윈도우 메인 스위치, 좌측 뒤 파워 윈도우 스위치
파워 윈도우 우측	30A	파워 윈도우 메인 스위치, 우측 앞/뒤 파워 윈도우 스위치
선루프	20A	선루프 모터
전동 시트	30A	IMS컨트롤 모듈
안전파워 윈도우	30A	세이프티 파워 윈도우 ECM
열선 미러	10A	리어 디포거 스위치, 좌/우측 파워 아웃사이드 미러&미러 폴딩 모터
에어백 #1	15A	에어백 컨트롤 모듈#1
실내등	10A	핸즈프리 모듈, 계기판, 좌측 앞 도어 램프, 카고 램프, 리어 퍼스널 램프 LH/고, 맵램프, 실내등, 운전석/조수석 화장 등 스위치
에어컨	10A	에어컨 컨트롤 모듈, 블로워 하이 릴레이, AQS센서, 실내온도&습도센서, 리어 에어컨 스위치, 선루프 모터, 리어 에어컨 릴레이, PTC히터 릴레이#2,#3, 실내 감광미러, 전조등 와셔 릴레이, 블로워 릴레이
열선 좌석	25A	운전석,조수석 시트 히터 컨트롤 모듈
파워 앰프	30A	DELPHI 앰프, 오디오 앰프
파워 아웃렛 센타	15A	리어 파워 아웃렛 #2
파워 아웃렛	25A	프런트 파워 아웃렛, 리어 파워 아웃렛#1
시가라이터	15A	프런트 파워 아웃렛
문자동 잠금장치	20A	도어 록/언록 릴레이, BCM, 좌측 앞/뒤 도어 록, 액추에이터, 우측 앞/뒤 도어 록 액추에이터, 테일 게이트 록 액추에이터
에어백 경고등	10A	계기판
오토티엠 잠금장치	10A	ATM키 록 모듈, VDC스위치, 운전석/조수석 시트 히터 컨트롤 모듈

표기	용량(A)	연결회로
방향지시등	10A	비상등 스위치
조정식 페달	15A	어드저스트 페달 릴레이
비상등	15A	비상등 릴레이, 비상등 스위치
후방 와이퍼	15A	리어 간헐 와이퍼 모듈, 다기능 스위치
에어컨 스위치	10A	에어컨 컨트롤 모듈
계기판	10A	핸즈프리 모듈, MTS잭, 계기판, BCM, 제너레이터
비씨엠 #1	10A	BCN
연료통 주입구 열림	15A	연료 주입구 스위치
경보기	10A	도난 방지 경음기 릴레이, BCM, 도난방지 경음기
3열 에어컨	15A	리어 에어컨 릴레이
후진 경고	10A	후진 경고 부저
아이엠에스	10A	IMS 컨트롤 모듈, 레인 센서
오디오 #2	10A	파워 윈도우 메인 스위치, DELPHI 오디오, 오디오, 파워 아웃사이드 미러&미러 폴딩 모터, BCM, MTS모듈, ATM 키 모듈, A/V헤드 모듈, 시계, 핸즈프리 모듈, 튜너 모듈
블로워	30A	블로워 릴레이, 에어컨 스위치 10A, 블로워 모터
정지등	15A	정지등 스위치
전조등 와셔	20A	전조등 와셔 릴레이
비씨엠 #3	10A	도어 워닝 스위치, IMS컨트롤 모듈, 파워 아웃사이드 미러 & 미러 폴딩 모터, 세큐리티 인디게이터, BCM, 파워 윈도우 메인 스위치, 우측 앞 파워 윈도우 스위치
디지털 시계	15A	시계, 자기진단점검단자, 에어컨 컨트롤 모듈
오디어 #1	15A	DELPHI 오디오, 오디오, MRS모듈, A/V헤드 모듈, 튜너 모듈, 네비게이션 모듈
오토티엠	10A	키 솔레노이드, 스포츠 모드 스위치
비씨엠#2	10A	레오스테트, BCM, EPS 모듈

08 퓨즈 연결 회로 2 : 도난방지 엔진 룸 정션 & 릴레이박스 퓨즈용량 및 연결회로

구분	표기	용량(A)	연결회로
퓨즈블링크	ALT	150A	퓨즈블링크(전방열선, 후방열선, 블로워, 에어컨, 배터리#2, 에이비에스#1, #2, 파워윈도우, 전조등 로우 좌, 전조등 로우 우, 전방 안개등
	디젤	125A	퓨즈블링크 박스(PCT 히터#1, #2, #3, 연료 필터, 글로우 플러그)
	배터리 #1	50A	퓨즈(문자동 잠금장치, 정지등, 연료통 주입구 열림, 오토티엠, 전조등 와셔, 비상등, 파워 컨넥터)
	배터리 #2	40A	퓨즈(파워 앰프, 열선 좌석, 전동 시트, 조정식 페달, 3열 에어킨, 후진 경고, 선루프, 경보기, 도난방지 경음기 릴레이)
	이씨유 메인	40A	엔진 컨트롤 릴레이
	컨덴서 팬	30A	컨덴서 팬1 릴레이
	이그니션 #1	40A	이그니션 스위치
	이그니션 #2	40A	이그니션 스위치, 퓨즈(시동)
	블로워	40A	퓨즈(블로워)
	파워 윈도우	40A	퓨즈(파워 윈도우 릴레이, 안전 파워 윈도우)
	라디에이터 팬	40A	라디에이터 팬 릴레이
	에이비에스#1	40A	다기능 체크 컨넥터, ABS 컨트롤 모듈, VDC컨트롤 모듈
	에이비에스#1	40A	다기능 체크 컨넥터, ABS 컨트롤 모듈, VDC컨트롤 모듈
퓨즈	1 전방열선	15A	윈드 실드 열선 릴레이
	2 후방 열선	30A	리어 디포거 릴레이
	3 -	-	-
	4 전조등 로우 우	15A	우측 전조등 로우 릴레이
	5 경음기	15A	경음기 릴레이
	6 전조등 로우 좌	15A	좌측 전조등 로우 릴레이
	7 전조등 하이 표시등	10A	계기판
	8 알터네이터 디젤	10A	제너레이터
	9 에어컨	10A	에어컨 릴레이
	10 오토티엠	20A	4WD ECM, ATM 컨트롤 릴레이
	11 -	-	-

구분	표기	용량(A)	연결회로
퓨즈	12 미등 우	10A	우측 포지션 램프, 글로브 박스 램프, 우측 뒤 콤비램프(OUT), 조명등
	13 전방 안개등	10A	앞 안개등 릴레이
	14 센서 #3	15A	ECM
	15 미등 좌	10A	좌측 포지션 램프, 좌측 뒤 콤비램프(OUT)
	16 연료 펌프	15A	연료 펌프 릴레이
	17 전방 와이퍼	25A	다기능스위치, 레인센서 릴레이, 프런트 와이퍼 릴레이, 프런트 와이퍼 모터
	18 티씨유	15A	TCM
	19 에이비에스	10A	ABS컨트롤 모듈, G-YAW센서, VDC컨트롤 모듈, 4WD ECM, 연료 필터 히터 릴레이, 연료 필터 수분 경고 센서, 다기능 체크 컨넥터
	20 냉각팬	10A	-
	21 후진등	10A	입력/출력 속도 센서, 인히비터 스위치, TCM, 후진등 스위치
	22 전조등	10A	퓨즈(전방 와이퍼)
	23 이씨유	10A	차속 센서, ECM, 에어 플로우 센서
	24 전조등 하이	20A	전조등 하이 릴레이
	25 센서#1	10A	연료 펌프 릴레이, 정지등 스위치, 이모빌라이저, 에어컨 릴레이, 컨덴서 팬#1, #2 릴레이, 라디에이터 팬 릴레이
	26 센서#2	15A	EGR액추에이터, 솔레노이드 밸브, 스로틀 플랫 액추에이터, 캠 포지션 센서, PTC히터 릴레이#1
	27 점화코일	20A	ECM
	28 SPARE	10A	-
	29 SPARE	15A	-
	30 SPARE	20A	-
	31 SPARE	25A	-
	32 SPARE	30A	-

09 전원 배분도(1, 5) : 도난방지 전원 배분도

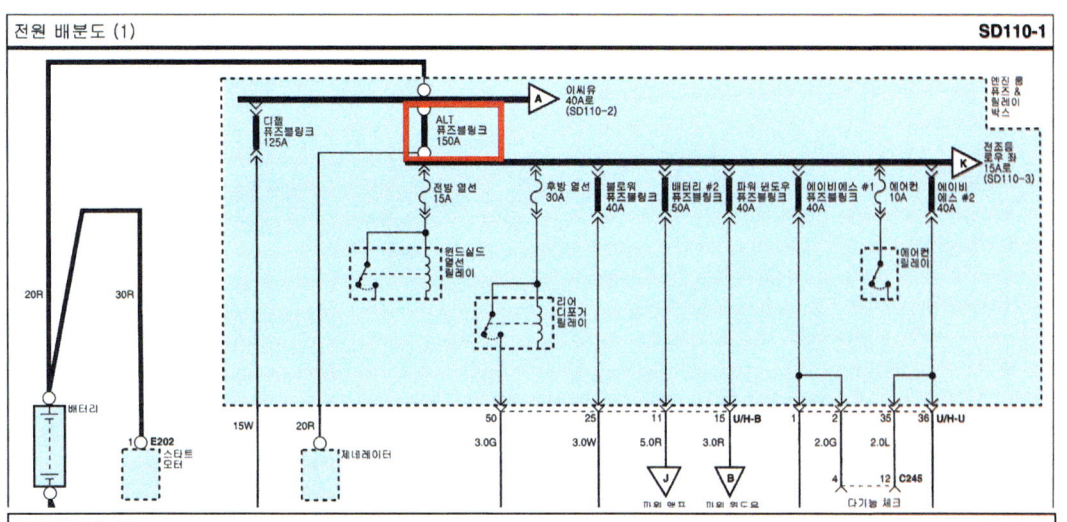

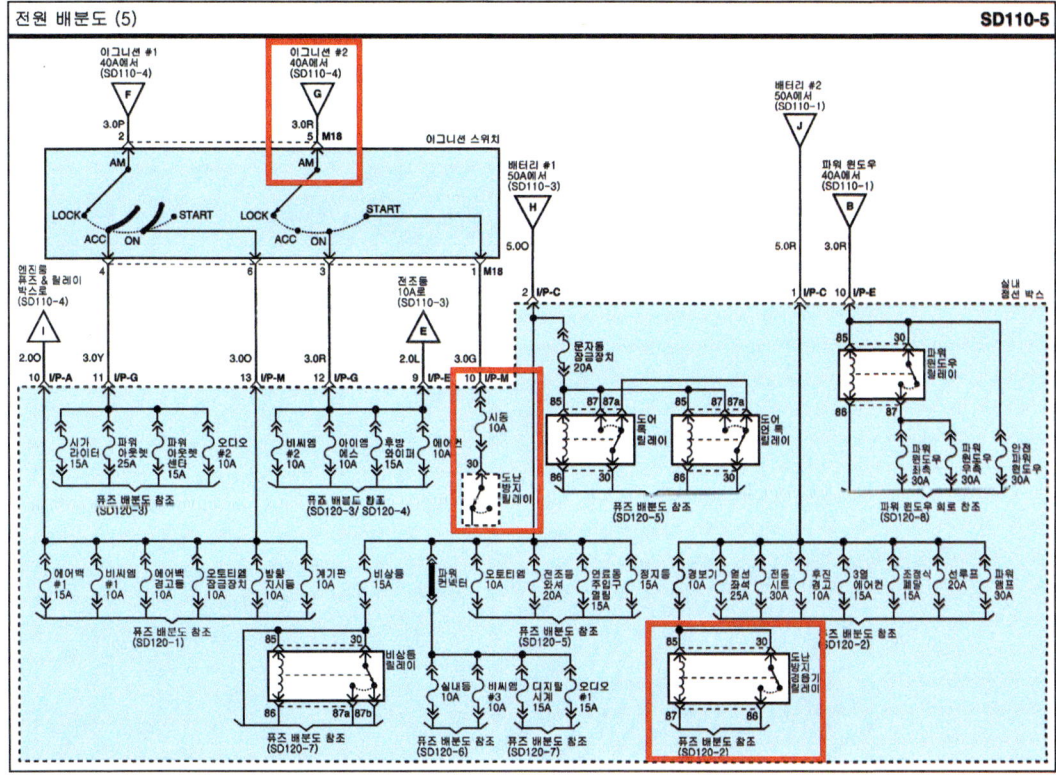

❿ 무선 도어 잠금 & 도난방지 회로(1) : 도난방지 전원 배분도

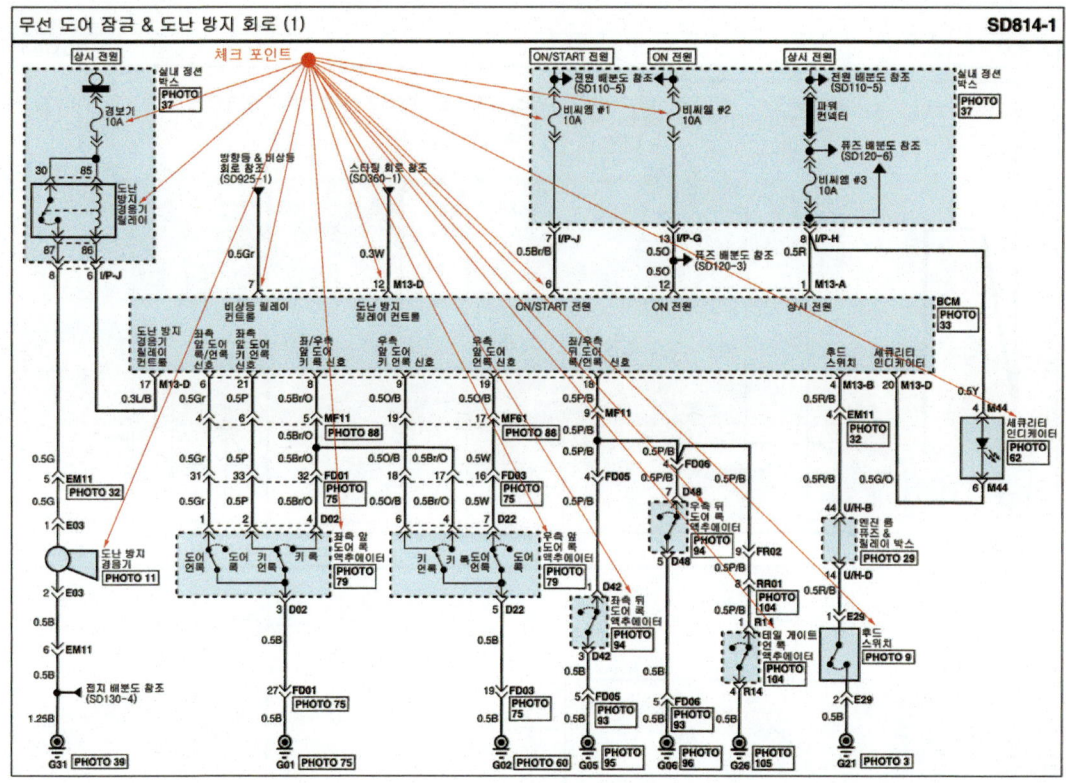

⓫ 엔진 룸 릴레이 박스 : 엔진 룸 도난방지 스타트 릴레이

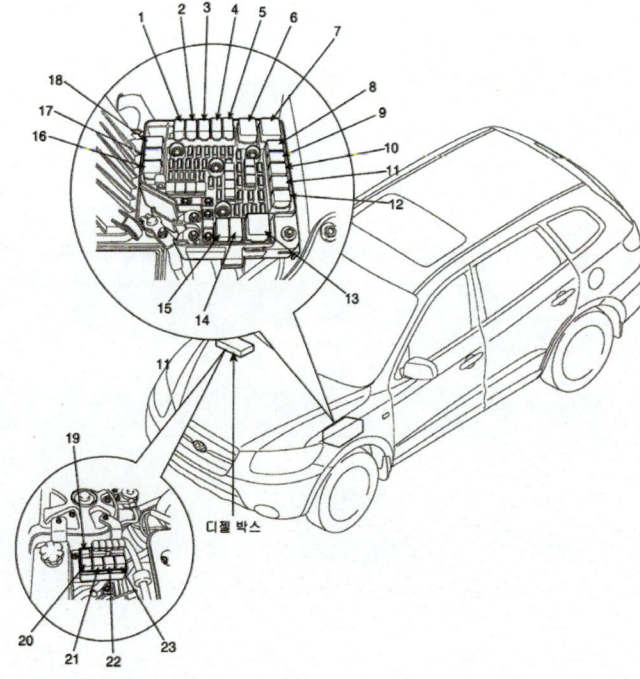

1. 자동변속기 릴레이
2. 냉각팬 릴레이
3. 프런트 안개등 릴레이
4. 에어컨 릴레이
5. 전조등(하이) 릴레이
6. 메인 릴레이
7. 시동 릴레이
8. 컨덴서 팬 2 릴레이
9. 컨덴서 팬 1 릴레이
10. 미등 릴레이
11. 전조등(로우 -좌측) 릴레이
12. 전조등(로우 -우측) 릴레이
13. 디포거 열선 릴레이
14. 윈드실드 열선 릴레이
15. 혼 릴레이
16. 와이퍼 릴레이
17. 레인센서 릴레이
18. 연료펌프 릴레이
19. 연료펌프 히터 릴레이
20. PTC 히터 릴레이 #2
21. 글로우 릴레이
22. PTC 히터 릴레이 #1
23. PTC 히터 릴레이 #3

⑫ 세큐리티 인디게이터

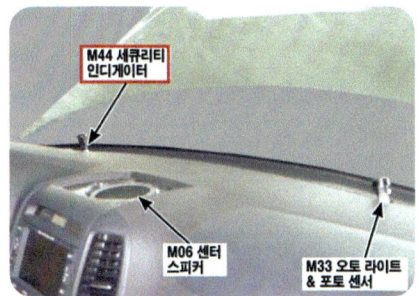

M44 세큐리티 인디게이터

⑬ 좌, 우측 앞 도어 록 액추에이터

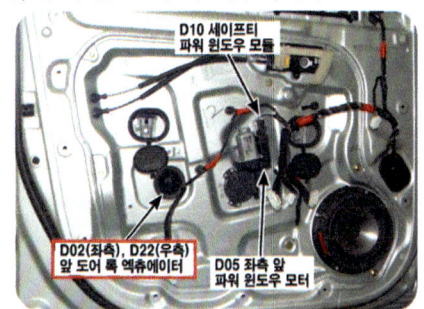

D02(좌측), D22(우측) 앞 도어 록 액추에이터

⑭ 테일게이트 언록 액추에이터

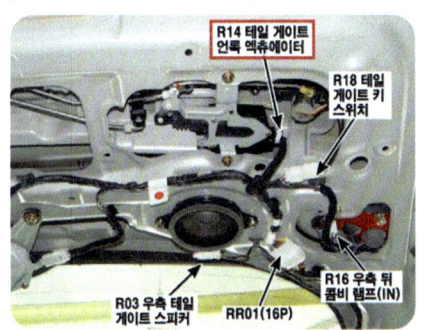

R14 테일 게이트 언록 액추에이터

⑮ 뒤 도어 록 액추에이터

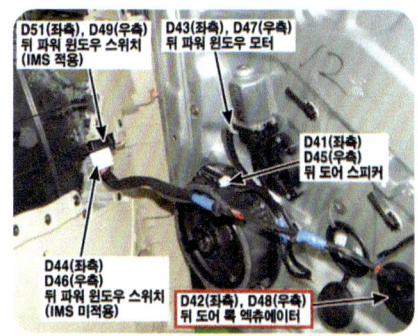

D42(좌측), D48(우측) 뒤 도어 록 액추에이터

참고자료 — 회로 고장부분과 내용 및 상태

고장부분	내용 및 상태	정비 및 조치할 사항
IG 2번 40A 퓨즈	단선	IG 2번 퓨즈 교환 후 재점검
시동 10A 퓨즈	단선	시동 10A 퓨즈 교환 후 재점검
경보기 10A 퓨즈	단선	경보기 10A 퓨즈 교환 후 재점검
비상등 15A 퓨스	단선	비상등 15A 퓨즈 교환 후 재점검
비상등릴레이	탈거	비상등릴레이(장착, 교환) 재점검
도난방지 경음기 릴레이	탈거	도난방지 경음기 릴레이(장착, 교환) 재점검
도난방지 경음기 배선커넥터	탈거	도난방지 경음기 배선커넥터 결합 후 재점검
좌측 앞(도어 록 액추에이터, 도어스위치)커넥터	탈거	좌측 앞(도어 록 액추에이터, 도어스위치)결선, 결합 후 재점검
우측 앞(도어 록 액추에이터, 도어스위치)커넥터	탈거	우측 앞(도어 록 액추에이터, 도어스위치)결선, 결합 후 재점검
좌측 뒤(도어 록 액추에이터, 도어스위치)커넥터	탈거	좌측 뒤(도어 록 액추에이터, 도어스위치)결선, 결합 후 재점검
우측 뒤(도어 록 액추에이터, 도어스위치)커넥터	탈거	우측 뒤(도어 록 액추에이터, 도어스위치)결선, 결합 후 재점검
후드스위치, 테일게이트 언록 엑추에이터 커넥터	탈거	후드스위치, 테일게이트 언록 액추에이터 (결선, 결합 후 재점검)

02 경음기 회로점검

01 퓨즈 연결 회로 : 경음기 엔진 룸 정션 & 릴레이박스 퓨즈용량

구분	표기	용량(A)	연결회로
퓨즈블링크	ALT	150A	퓨즈블링크(전방열선, 후방열선, 블로워, 에어컨, 배터리#2, 에이비에스#1, #2, 파워윈도우, 전조등 로우 좌, 전조등 로우 우, 전방 안개등
	디젤	125A	퓨즈블링크 박스(PCT 히터#1, #2, #3, 연료 필터, 글로우 플러그)
	배터리 #1	50A	퓨즈(문자동 잠금장치, 정지등, 연료통 주입구 열림, 오토티엠, 전조등 와셔, 비상등, 파워 컨넥터)
	배터리 #2	40A	퓨즈(파워 앰프, 열선 좌석, 전동 시트, 조정식 페달, 3열 에어컨, 후진 경고, 선루프, 경보기, 도난방지 경음기 릴레이)
	이씨유 메인	40A	엔진 컨트롤 릴레이
	컨덴서 팬	30A	컨덴서 팬#1 릴레이
	이그니션 #1	40A	이그니션 스위치
	이그니션 #2	40A	이그니션 스위치, 퓨즈(시동)
	블로워	40A	퓨즈(블로워)
	파워 윈도우	40A	퓨즈(파워 윈도우 릴레이, 안전 파워 윈도우)
	라디에이터 팬	40A	라디에이터 팬 릴레이
	에이비에스#1	40A	다기능 체크 컨넥터, ABS 컨트롤 모듈, VDC컨트롤 모듈
	에이비에스#1	40A	다기능 체크 컨넥터, ABS 컨트롤 모듈, VDC컨트롤 모듈
퓨즈	1 전방열선	15A	윈드 실드 열선 릴레이
	2 후방 열선	30A	리어 디포거 릴레이
	3 –	–	–
	4 전조등 로우 우	15A	우측 전조등 로우 릴레이
	5 경음기	15A	경음기 릴레이
	6 전조등 로우 좌	15A	좌측 전조등 로우 릴레이
	7 전조등 하이 표시등	10A	계기판
	8 알터네이터 디젤	10A	제너레이터
	9 에어컨	10A	에어컨 릴레이
	10 오토티엠	20A	4WD ECM, ATM 컨트롤 릴레이
	11		

구분	표기	용량(A)	연결회로
퓨즈	12 미등 우	10A	우측 포지션 램프, 글로브 박스 램프, 우측 뒤 콤비램프(OUT), 조명등
	13 전방 안개등	10A	앞 안개등 릴레이
	14 센서 #3	15A	ECM
	15 미등 좌	10A	좌측 포지션 램프, 좌측 뒤 콤비램프(OUT)
	16 연료 펌프	15A	연료 펌프 릴레이
	17 전방 와이퍼	25A	다기능스위치, 레인센서 릴레이, 프런트 와이퍼 릴레이, 프런트 와이퍼 모터
	18 티씨유	15A	TCM
	19 에이비에스	10A	ABS컨트롤 모듈, G-YAW센서, VDC컨트롤 모듈, 4WD ECM, 연료 필터 히터 릴레이, 연료 필터 수분 경고 센서, 다기능 체크 컨넥터
	20 냉각팬	10A	
	21 후진등	10A	입력/출력 속도 센서, 인히비터 스위치, TCM, 후진등 스위치
	22 전조등	10A	퓨즈(전방 와이퍼)
	23 이씨유	10A	차속 센서, ECM, 에어 플로우 센서
	24 전조등 하이	20A	전조등 하이 릴레이
	25 센서#1	10A	연료 펌프 릴레이, 정지등 스위치, 이모빌라이저, 에어컨 릴레이, 컨덴서 팬#1, #2 릴레이, 라디에이터 팬 릴레이
	26 센서#2	15A	EGR액추에이터, 솔레노이드 밸브, 스로틀 플랩 액추에이터, 캠 포지션 센서, PTC히터 릴레이#1
	27 점화코일	20A	ECM
	28 SPARE	10A	–
	29 SPARE	15A	–
	30 SPARE	20A	–
	31 SPARE	25A	–
	32 SPARE	30A	–

02 전원 배분도(1, 2) : 경음기 전원 배분도(1, 2)

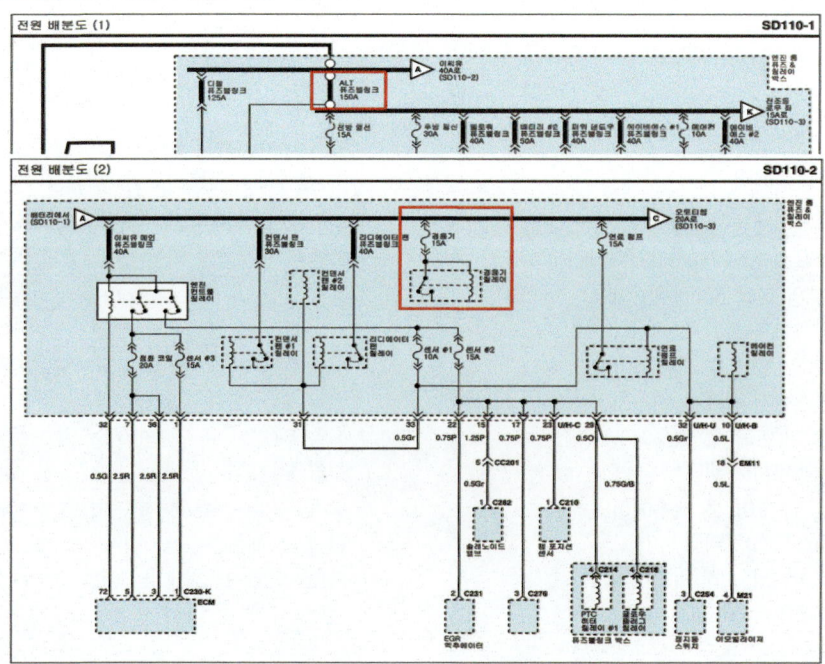

03 경음기 회로(1) : 경음기 회로(1) 체크 포인트

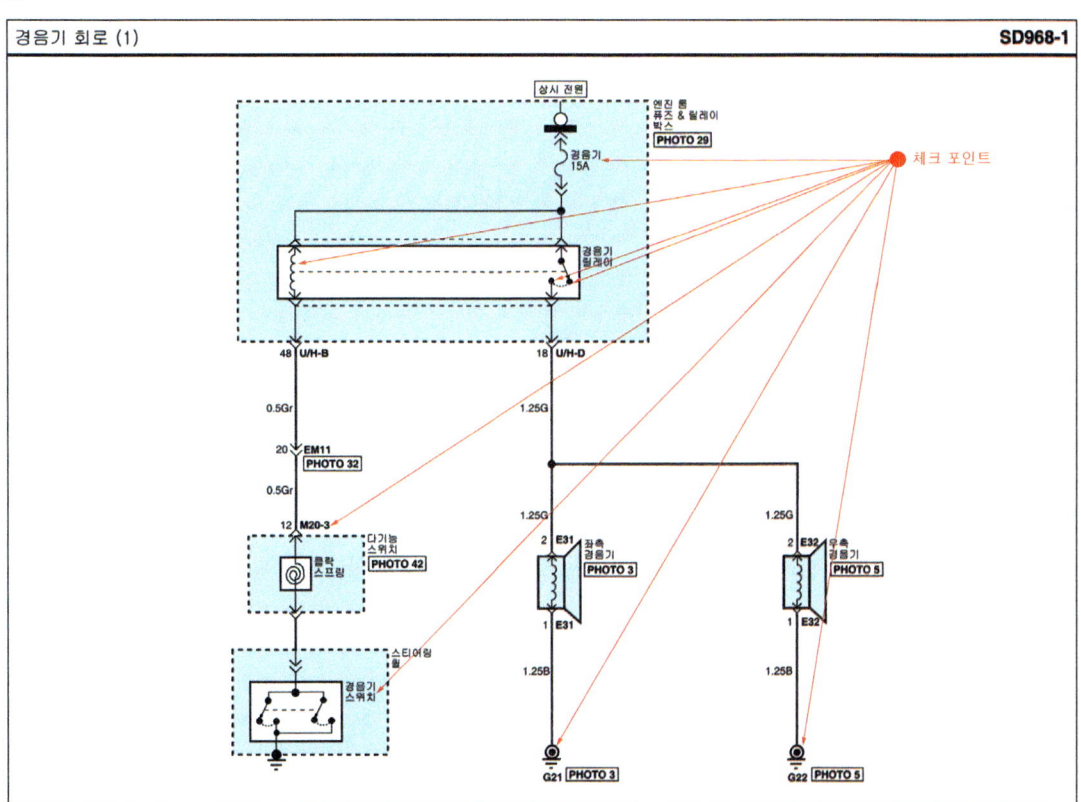

04 경음기 구성품 : 경음기(혼) 구성품 위치

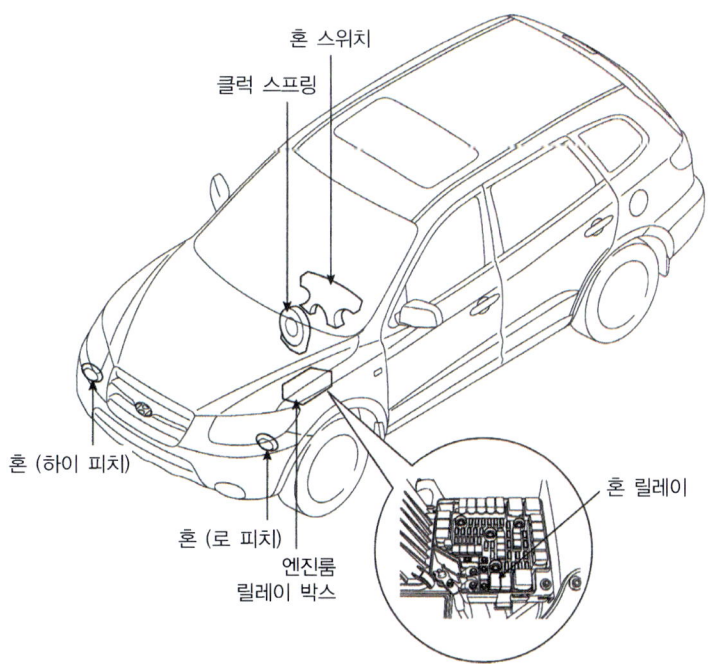

05 다기능 스위치

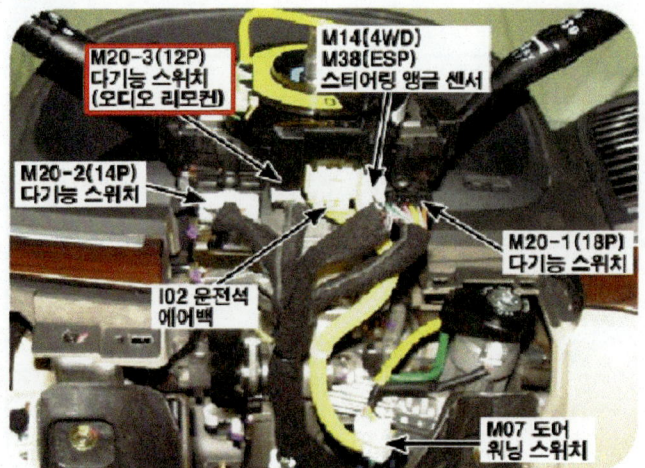

M20-3(12P) 다기능 스위치

06 M20-3(12P)

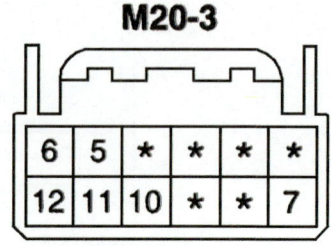

M20-3(12P) 다기능 스위치 커넥터

07 엔진 룸 릴레이 박스 : 엔진 룸 릴레이 박스 내 혼 릴레이

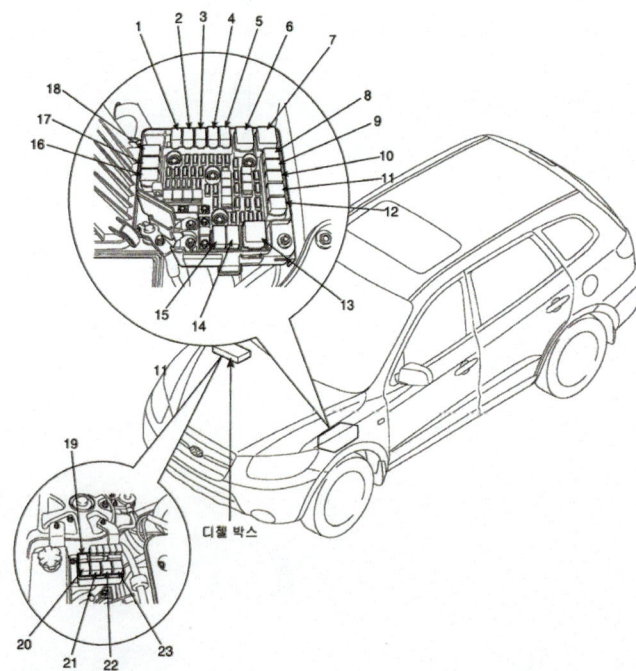

1. 자동변속기 릴레이
2. 냉각팬 릴레이
3. 프런트 안개등 릴레이
4. 에어컨 릴레이
5. 전조등(하이) 릴레이
6. 메인 릴레이
7. 시동 릴레이
8. 컨덴서 팬 2 릴레이
9. 컨덴서 팬 1 릴레이
10. 미등 릴레이
11. 전조등(로우 -좌측) 릴레이
12. 전조등(로우 -우측) 릴레이
13. 디포거 열선 릴레이
14. 윈드실드 열선 릴레이
15. 혼 릴레이
16. 와이퍼 릴레이
17. 레인센서 릴레이
18. 연료펌프 릴레이
19. 연료펌프 히터 릴레이
20. PTC 히터 릴레이 #2
21. 글로우 릴레이
22. PTC 히터 릴레이 #1
23. PTC 히터 릴레이 #3

08 엔진 룸 퓨즈 & 릴레이 박스 : 엔진 룸 퓨즈 & 릴레이 박스 내 경음기 릴레이

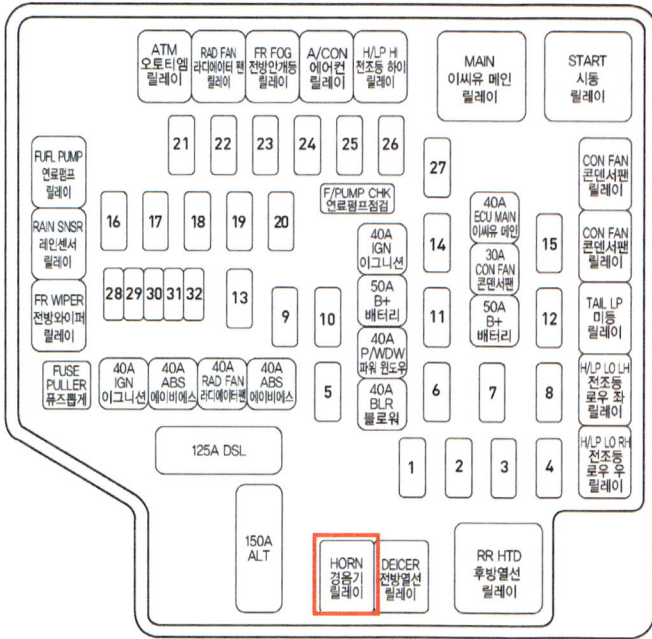

09 우측 경음기 및 접지 : E32 우측 경음기 및 접지

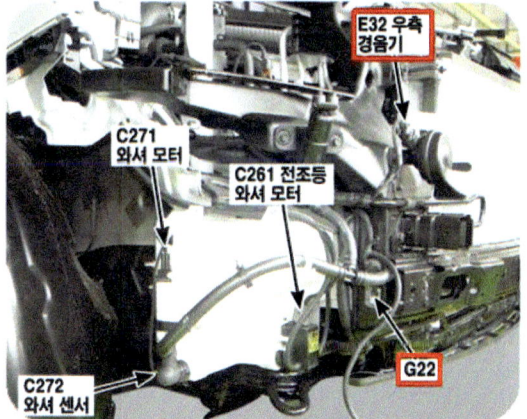

10 우측 경음기 커넥터 단자
: E32 우측 경음기 커넥터 단자

11 좌측 경음기 및 접지 : E31 좌측 경음기 및 접지

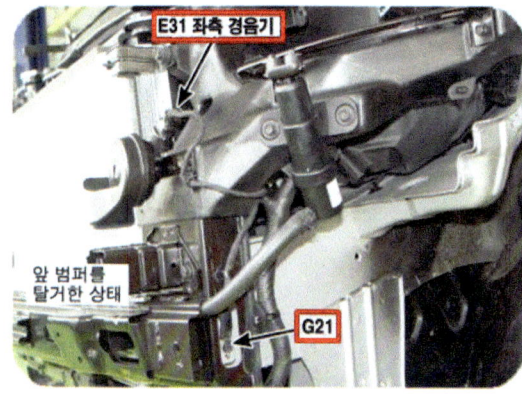

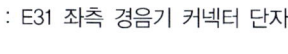

12 좌측 경음기 커넥터 단자
: E31 좌측 경음기 커넥터 단자

⑬ 혼 릴레이 점검 : 혼 릴레이 점검방법

혼 릴레이 점검

1. 엔진룸 릴레이 박스에서 혼 릴레이를 분리한다.
2. 미등 릴레이 단자 85번과 86번 사이에 전원을 인가했을 때 87번과 30번 단자 사이에 통전이 되는지 점검한다.
3. 미등 릴레이 단자 85번과 86번 사이에 전원을 해지했을 때 87번과 30번 단자 사이에 통전이 되는지 점검한다.

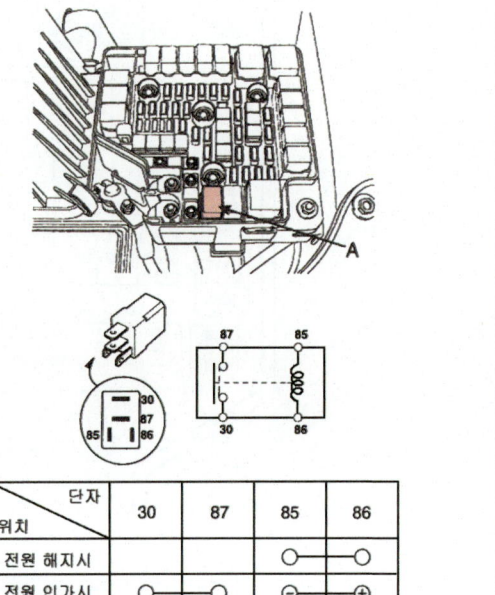

단자 위치	30	87	85	86
전원 해지시			○	○
전원 인가시	○	○	⊖	⊕

참고자료 — 회로 고장부분과 내용 및 상태

고장부분	내용 및 상태	정비 및 조치할 사항
ALT 150A 퓨즈블링크	단선	ALT 150A 퓨즈블링크 교환 후 재점검
경음기(혼) 15A 퓨즈	단선	경음기(혼) 15A퓨즈 교환 후 재점검
경음기(혼) 릴레이	탈거	경음기(혼) 릴레이 장착 후 재점검
경음기(혼) 릴레이 솔레노이드 코일	단선	경음기(혼) 릴레이 교환 후 재점검
경음기(혼) 릴레이 포인트 접점	전원 인가 시 미 통전	경음기(혼) 릴레이 교환 후 재점검
경음기(혼) 클락 스프링 커넥터	빠짐	경음기(혼) 클락 스프링 커넥터 결합 후 재점검
경음기(혼) 스위치 커넥터	탈거	경음기(혼) 스위치 커넥터 결합 후 재점검
경음기(혼) (LH, RH) 배선커넥터	탈거	경음기(혼) (LH, RH) 배선커넥터 결합 후 재점검
경음기(혼) (LH, RH) 배선	단선	경음기(혼) (LH, RH) 배선 결선 후 재점검
경음기(혼) LH, RH 접지선	탈거	경음기(혼)LH, RH 접지선 결선 후 재점검

03 뒷 유리 열선 회로점검

01 BCM 회로 및 연료 주입구 회로(1) : 뒷 유리 열선 회로 체크 포인트

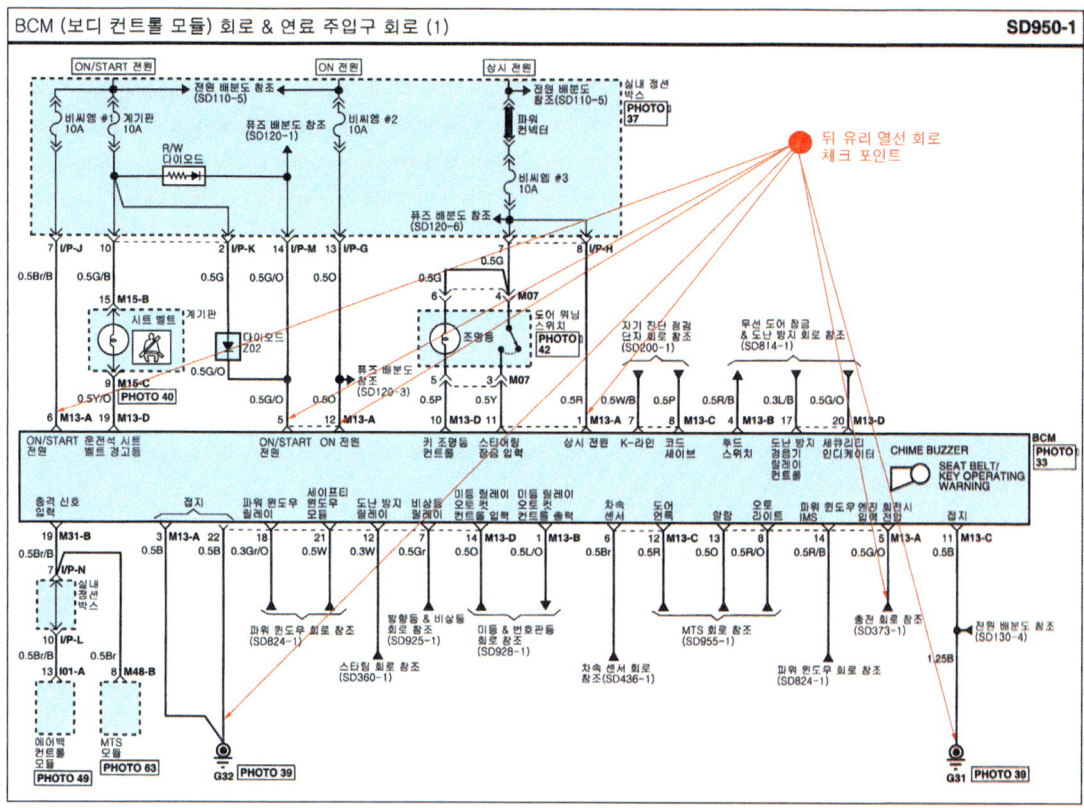

02 열선 릴레이 점검 : 열선 릴레이 점검방법

열선 릴레이 점검

1. 엔진룸 릴레이 박스에서 열선 릴레이를 분리한다.

2. 미등 릴레이 단자 85번과 86번 사이에 전원을 인가했을 때 87번과 30번 단자 사이에 통전이 되는지 점검한다.

3. 미등 릴레이 단자 85번과 86번 사이에 전원을 해지했을 때 87번과 30번 단자 사이에 통전이 되는지 점검한다.

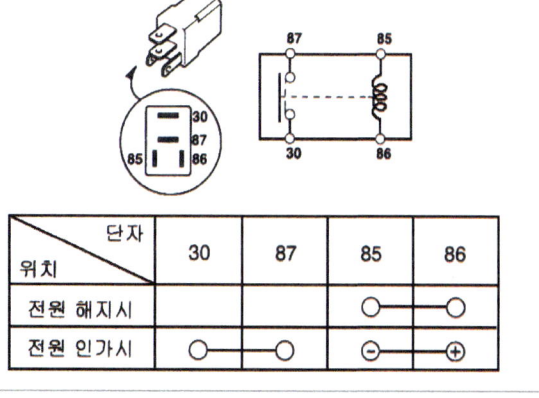

단자 위치	30	87	85	86
전원 해지시			○———○	
전원 인가시	○———○		−	⊕

03 BCM 모듈

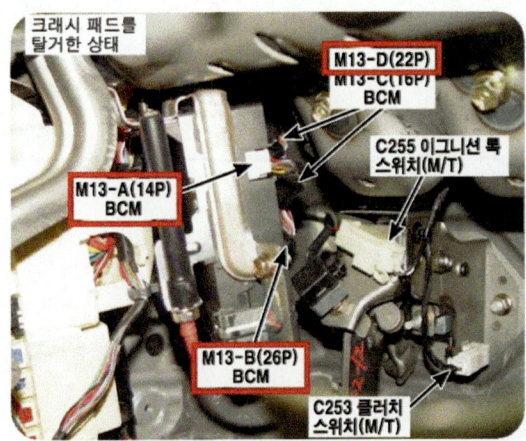

크래시 패드를 탈거한 상태의 M13-A(14P), M13-B (26P) BCM, M13-D(22P) BCM

04 리어 디포거(-)

R05 리어 디포거(-)

05 퓨즈 연결 회로 : 뒷 유리열선 스위치 실내 정션박스 퓨즈 용량

표기	용량(A)	연결회로
시동	10A	도난 방지 릴레이
파워 윈도우 좌측	30A	파워 윈도우 메인 스위치, 좌측 뒤 파워 윈도우 스위치
파워 윈도우 우측	30A	파워 윈도우 메인 스위치, 우측 앞/뒤 파워 윈도우 스위치
선루프	20A	선루프 모터
전동 시트	30A	IMS컨트롤 모듈
안전파워 윈도우	30A	세이프티 파워 윈도우 ECM
열선 미러	10A	리어 디포거 스위치, 좌/우측 파워 아웃사이드 미러&미러 폴딩 모터
에어백 #1	15A	에어백 컨트롤 모듈#1
실내등	10A	핸즈프리 모듈, 계기판, 좌측 앞 도어 램프, 카고 램프, 리어 퍼스널 램프 LH/고, 맵램프, 실내등, 운전석/조수석 화장 등 스위치
에어컨	10A	에어컨 컨트롤 모듈, 블로워 하이 릴레이, AQS센서, 실내온도&습도센서, 리어 에어컨 스위치, 선루프 모터, 리어 에어컨 릴레이, PTC히터 릴레이#2,#3, 실내 감광미러, 전조등 와셔 릴레이, 블로워 릴레이
열선 좌석	25A	운전석,조수석 시트 히터 컨트롤 모듈
파워 앰프	30A	DELPHI 앰프, 오디오 앰프
파워 아웃렛 센타	15A	리어 파워 아웃렛 #2
파워 아웃렛	25A	프런트 파워 아웃렛, 리어 파워 아웃렛#1
시가라이터	15A	프런트 파워 아웃렛
문자동 잠금장치	20A	도어 록/언록 릴레이, BCM, 좌측 앞/뒤 도어 록 액추에이터, 우측 앞/뒤 도어 록 액추에이터, 테일게이트 록 액추에이터
에어백 경고등	10A	계기판
오토티엠 잠금장치	10A	ATM키 록 모듈, VDC스위치, 운전석/조수석 시트 히터 컨트롤 모듈

표기	용량(A)	연결회로
방향지시등	10A	비상등 스위치
조정식 페달	15A	어드저스트 페달 릴레이
비상등	15A	비상등 릴레이, 비상등 스위치
후방 와이퍼	15A	리어 간헐 와이퍼 모듈, 다기능 스위치
에어컨 스위치	10A	에어컨 컨트롤 모듈
계기판	10A	핸즈프리 모듈, MTS잭, 계기판, BCM, 제너레이터
비씨엠#1	10A	BCN
연료통 주입구 열림	15A	연료 주입구 스위치
경보기	10A	도난 방지 경음기 릴레이, BCM, 도난방지 경음기
3열 에어컨	15A	리어 에어컨 릴레이
후진 경고	10A	후진 경고 부저
아이엠에스	10A	IMS 컨트롤 모듈, 레인 센서
오디오 #?	10A	파워 윈도우 메인 스위치, DELPHI 오디오, 오디오, 파워 아웃사이드 미러&미러 폴딩 모터, BCM, MTS모듈, ATM 키 록 모듈, A/V헤드 모듈, 시계, 핸즈프리 모듈, 튜너 모듈
블로워	30A	블로워 릴레이, 에어컨 스위치 10A, 블로워 모터
정지등	15A	정지등 스위치
전조등 와셔	20A	전조등 와셔 릴레이
비씨엠 #3	10A	도어 워닝 스위치, IMS컨트롤 모듈, 파워 아웃사이드 미러 & 미러 폴딩 모터, 세큐리티 인디게이터, BCM, 파워 윈도우 메인 스위치, 우측 앞 파워 윈도우 스위치
디지털 시계	15A	시계, 자기진단점검단자, 에어컨 컨트롤 모듈
오디어 #1	15A	DELPHI 오디오, 오디오, MRS모듈, A/V헤드 모듈, 튜너 모듈, 네비게이션 모듈
오토티엠	10A	키 솔레노이드, 스포츠 모드 스위치
비씨엠#2	10A	레오스테트, BCM, EPS 모듈

06 리어 디포거 스위치

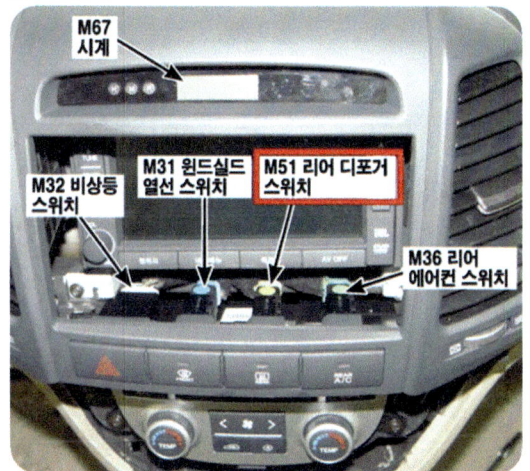

M51 리어 디포거 스위치

07 접지

계기판을 탈거한 상태 G31, G32

08 퓨즈 연결 회로 : 뒷 유리열선 엔진 룸 정션박스 & 릴레이 박스 퓨즈용량

구분	표기	용량(A)	연결회로
퓨즈블링크	ALT	150A	퓨즈블링크(전방열선, 후방열선, 블로워, 에어컨, 배터리2, 에이비에스#1, #2, 파워윈도우, 전조등 로우 좌, 전조등 로우 우, 전방 안개등
	디젤	125A	퓨즈블링크 박스(PCT 히터#1, #2, #3, 연료 필터, 글로우 플러그)
	배터리 #1	50A	퓨즈(문자동 잠금장치, 정지등, 연료통 주입구 열림, 오토티엠, 전조등 와셔, 비상등, 파워 컨넥터)
	배터리 #2	40A	퓨즈(파워 앰프, 열선 좌석, 전동 시트, 조정식 페달, 3열 에어컨, 후진 경고, 선루프, 경보가, 도난방지 경음기 릴레이)
	이씨유 메인	40A	엔진 컨트롤 릴레이
	컨덴서 팬	30A	컨덴서 팬#1 릴레이
	이그니션 #1	40A	이그니션 스위치
	이그니션 #2	40A	이그니션 스위치, 퓨즈(시동)
	블로워	40A	퓨즈(블로워)
	파워 윈도우	40A	퓨즈(파워 윈도우 릴레이, 안전 파워 윈도우)
	라디에이터 팬	40A	라디에이터 팬 릴레이
	에이비에스#1	40A	다기능 체크 컨넥터, ABS 컨트롤 모듈, VDC컨트롤 모듈
	에이비에스#1	40A	다기능 체크 컨넥터, ABS 컨트롤 모듈, VDC컨트롤 모듈
퓨즈	1 전방열선	15A	윈드 실드 열선 릴레이
	2 후방 열선	30A	리어 디포거 릴레이
	3 –	–	–
	4 전조등 로우 우	15A	우측 전조등 로우 릴레이
	5 경음기	15A	경음기 릴레이
	6 전조등 로우 좌	15A	좌측 전조등 로우 릴레이
	7 전조등 하이 표시등	10A	계기판
	8 알터네이터 디젤	10A	제너레이터
	9 에어컨	10A	에어컨 릴레이
	10 오토티엠	20A	4WD ECM, ATM 컨트롤 릴레이
	11 –	–	–

구분	표기	용량(A)	연결회로
퓨즈	12 미등 우	10A	우측 포지션 램프, 글로브 박스 램프, 우측 뒤 콤비램프(OUT), 조명등
	13 전방 안개등	10A	앞 안개등 릴레이
	14 센서 #3	15A	ECM
	15 미등 좌	10A	좌측 포지션 램프, 좌측 뒤 콤비램프(OUT)
	16 연료 펌프	15A	연료 펌프 릴레이
	17 전방 와이퍼	25A	다기능스위치, 레인센서 릴레이, 프런트 와이퍼 릴레이, 프런트 와이퍼 모터
	18 티씨유	15A	TCM
	19 에이비에스	10A	ABS컨트롤 모듈, G-YAW센서, VDC컨트롤 모듈, 4WD ECM, 연료 필터 히터 릴레이, 연료 필터 수분 경고 센서, 다기능 체크 컨넥터
	20 냉각팬	10A	
	21 후진등	10A	입력/출력 속도 센서, 인히비터 스위치, TCM, 후진등 스위치
	22 전조등	10A	퓨즈(전방 와이퍼)
	23 이씨유	10A	차속 센서, ECM, 에어 플로우 센서
	24 전조등 하이	20A	전조등 하이 릴레이
	25 센서#1	10A	연료 펌프 릴레이, 정지등 스위치, 이모빌라이저, 에어컨 릴레이, 컨덴서 팬#1, #2 릴레이, 라디에이터 팬 릴레이
	26 센서#2	15A	EGR액추에이터, 솔레노이드 밸브, 스로틀 플랫 액추에이터, 캠 포지션 센서, PTC히터 릴레이#1
	27 점화코일	20A	ECM
	28 SPARE	10A	–
	29 SPARE	15A	–
	30 SPARE	20A	–
	31 SPARE	25A	–
	32 SPARE	30A	–

09 전원 배분도(1) : 뒷 유리열선 전원 배분도

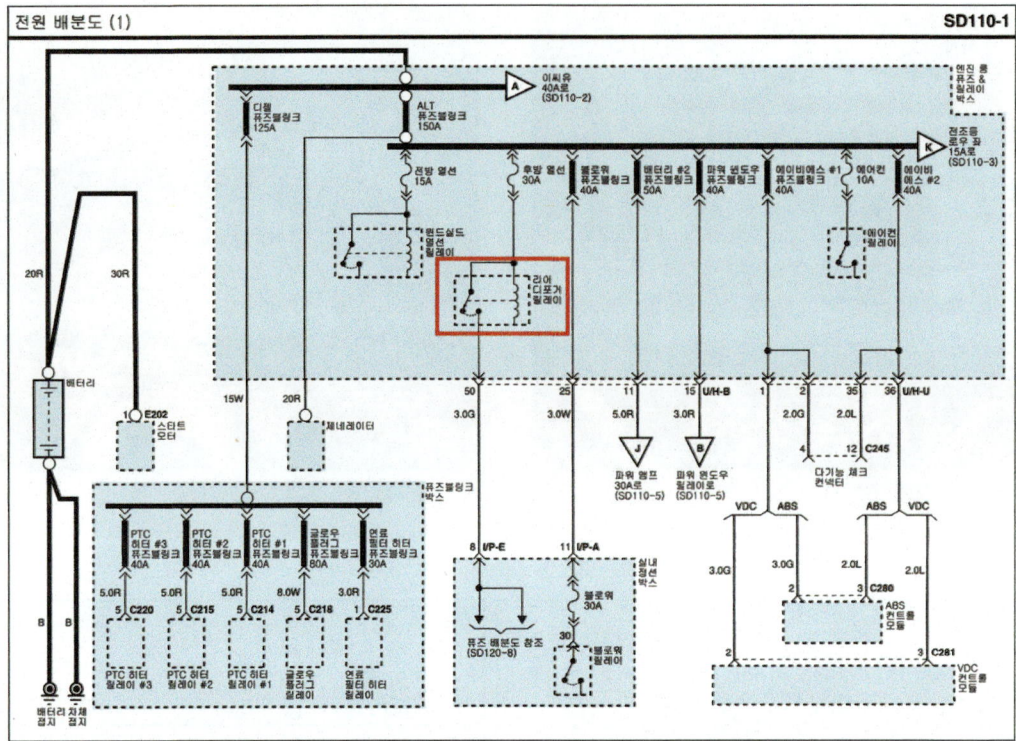

10 앞, 뒷 유리 & 아웃사이드 미러 디포거 회로(1) : 뒷 유리열선 체크 포인트

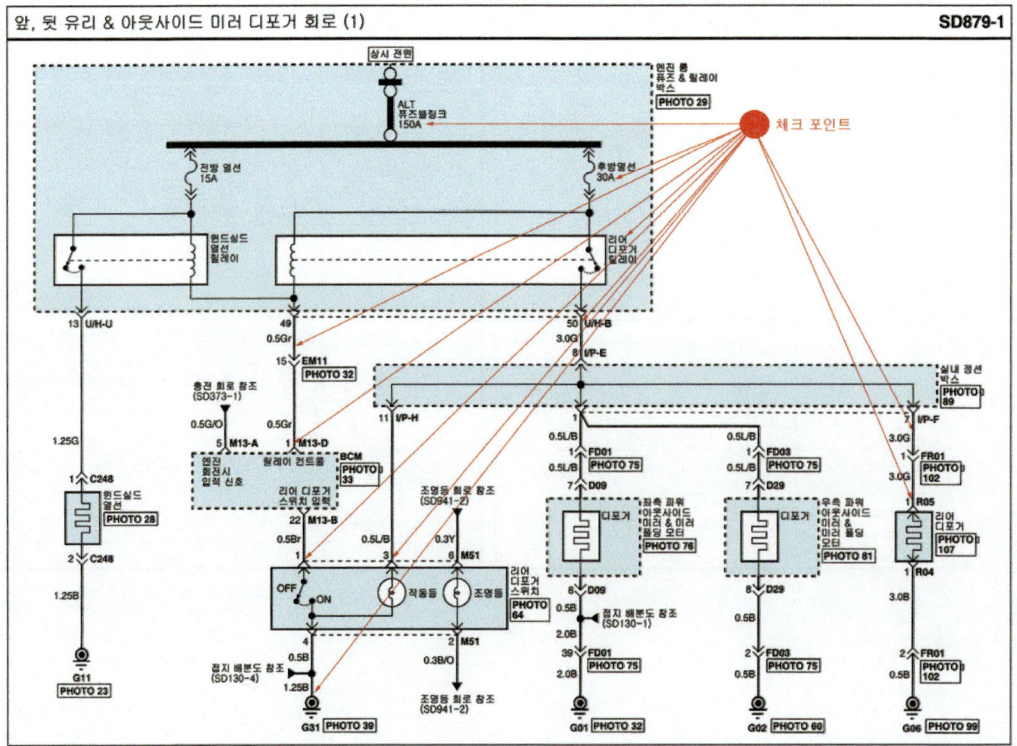

작업형실기

⑪ 뒷 유리열선 커넥터

뒷 유리열선 커넥터 접지 ▶

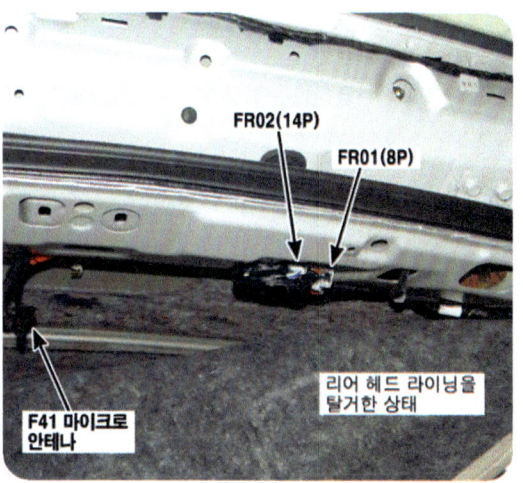

⑫ 퓨즈 배분도(8) : 뒷 유리열선 퓨즈 배분도

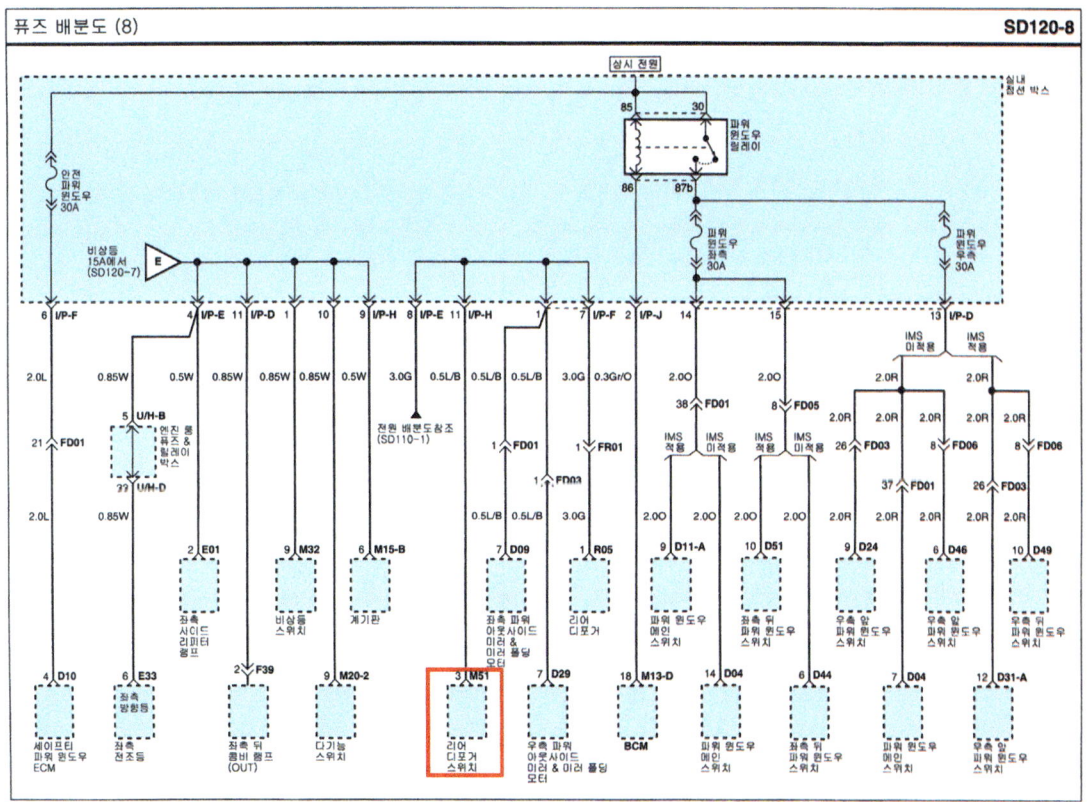

⑬ 엔진 룸 릴레이 박스 : 엔진 룸 릴레이 박스 내 뒷 유리열선 릴레이

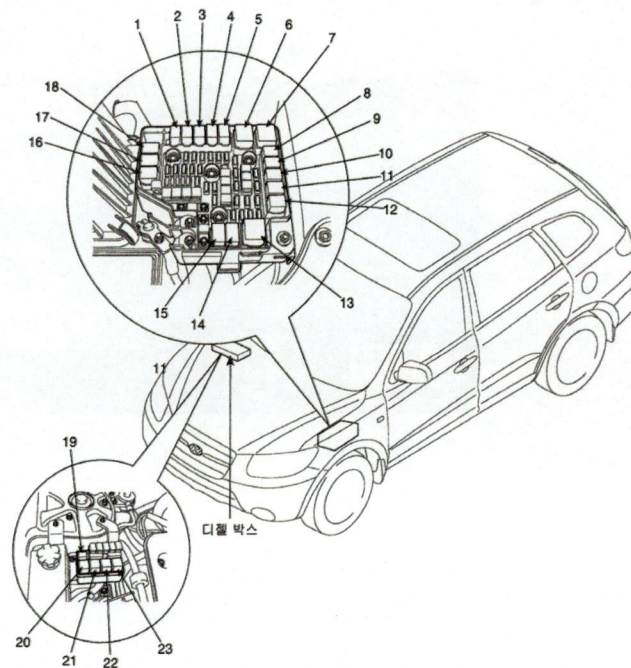

1. 자동변속기 릴레이
2. 냉각팬 릴레이
3. 프런트 안개등 릴레이
4. 에어컨 릴레이
5. 전조등(하이) 릴레이
6. 메인 릴레이
7. 시동 릴레이
8. 컨덴서 팬 2 릴레이
9. 컨덴서 팬 1 릴레이
10. 미등 릴레이
11. 전조등(로우 −좌측) 릴레이
12. 전조등(로우 −우측) 릴레이
13. 디포거 열선 릴레이
14. 윈드실드 열선 릴레이
15. 혼 릴레이
16. 와이퍼 릴레이
17. 레인센서 릴레이
18. 연료펌프 릴레이
19. 연료펌프 히터 릴레이
20. PTC 히터 릴레이 #2
21. 글로우 릴레이
22. PTC 히터 릴레이 #1
23. PTC 히터 릴레이 #3

⑭ 엔진 룸 퓨즈 & 릴레이 박스 : 엔진 룸 퓨즈 & 릴레이 박스 내 후방열선 릴레이

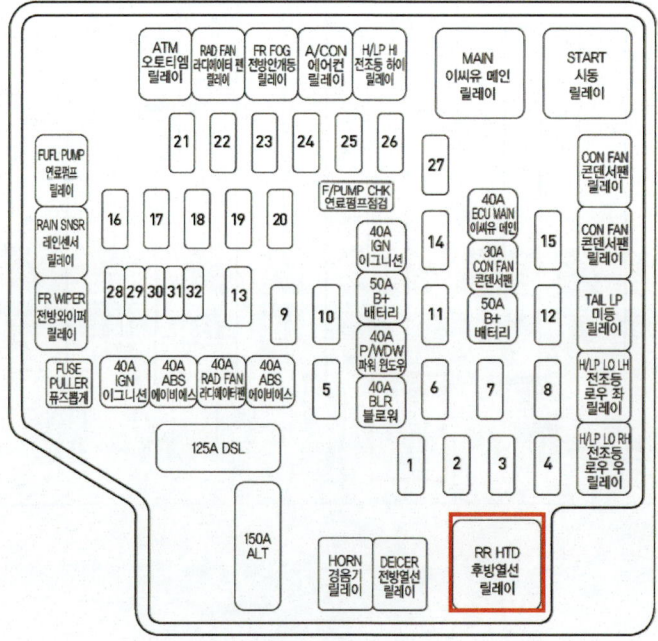

작업형실기

참고자료 — 회로 고장부분과 내용 및 상태

고장부분	내용 및 상태	정비 및 조치할 사항
후방 열선 30A 퓨즈	단선	후방 열선 30A 퓨즈 교환 후 재점검
리어 디포거 릴레이	솔레노이드 코일단선	리어 디포거 릴레이 교환 후 재점검
리어 디포거 릴레이 포인트 접점	전원 인가 시 미 통전	리어 디포거 릴레이 교환 후 재점검
뒤 유리열선 커넥터	탈거	뒤 유리열선 커넥터 결합 후 재점검
BCM 엔진회전 입력신호 커넥터	탈거	BCM 엔진회전 입력신호 커넥터 결합 후 재점검
디포거 스위치 커넥터	탈거	디포거 스위치 커넥터 결합 후 재점검

답안작성
위에서 설명한 도난방지 회로, 경음기 회로, 뒷 유리 열선회로 점검방법을 참조하여 고장부분, 내용 및 상태, 정비 및 조치사항을 기재한다.

◆ 전기 2. 기록표
자동차 번호 :

| 비 번호 | | 시험 위원 확 인 | |

항 목	측정(또는 점검)		정비 및 조치할 사항	득 점
	고장 부분	내용 및 상태		
도난방지 회로	도난방지 경음기	커넥터 탈거	커넥터 체결 후 재점검	
경음기 회로	좌측 경음기 커넥터	빠짐	커넥터 끼운 후 재점검	
뒷유리 열선 회로	리어 디포거 스위치	커넥터 빠짐	커넥터 체결 후 재점검	

기능장 5안 전기 3 — 파형 측정

주어진 자동차에서 시험위원 지시에 따라 기록표의 요구사항을 점검 및 측정하여 기록하시오.

01 CAN 통신 파형 : 1안 참조 (123~130페이지)

02 점검 및 측정 [전조등]

01 테스터

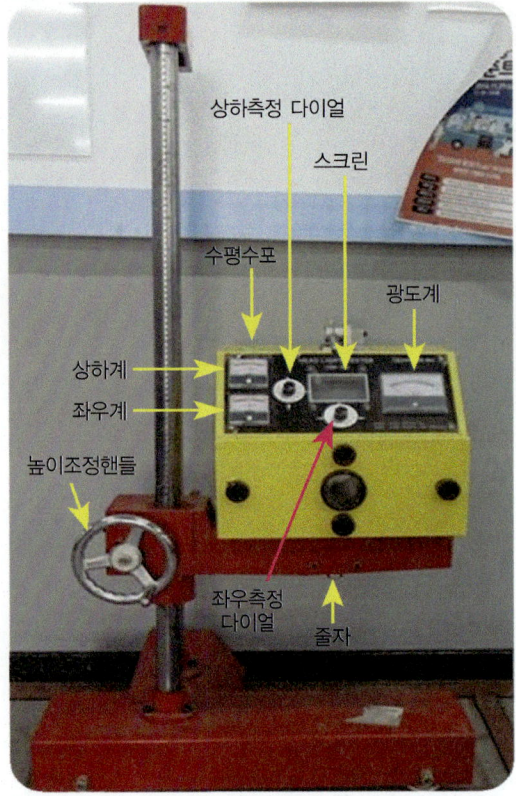

상하측정 다이얼, 스크린, 광도 계, 줄자, 좌우측정 다이얼, 높이조정 핸들, 좌우 계, 상하 계, 수평수포

02 상하측정 다이얼 영점조정

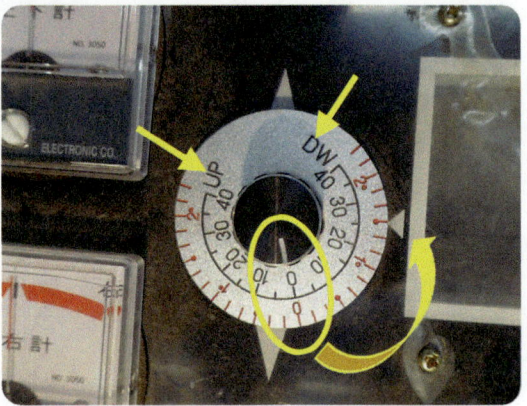

그림과 같이 상하측정 다이얼을 돌려 "0"에 맞춘다.

03 좌우측정 다이얼 영점조정

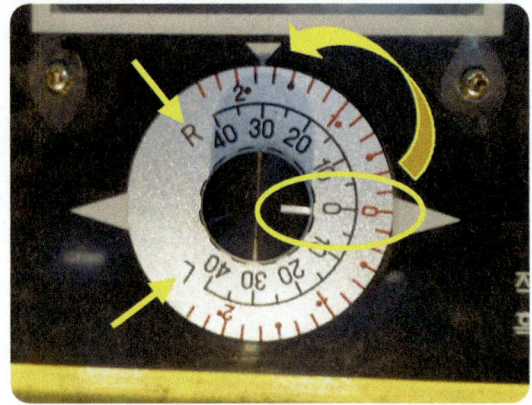

그림과 같이 좌우측정 다이얼을 돌려 "0"에 맞춘다.

04 측정준비

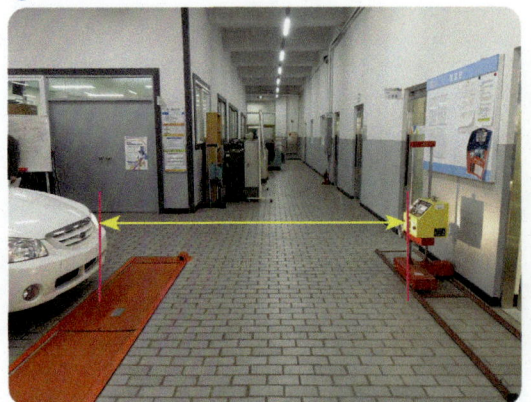

그림과 같이 테스터와 차량을 평행하게 맞춘다.

05 측정거리 조정

그림과 같이 테스터의 줄자를 이용하여 측정거리 3m를 맞춘다.

06 영점조정 완료

그림과 같이 측정 편리를 위하여 우측 헤드라이트 커넥터를 탈거한 후 상향등을 켠다.

08 측정완료 및 측정값 판독

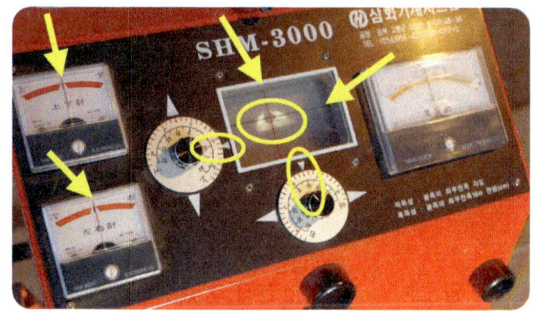

위 그림 상태에서 상하측정 다이얼과 좌우측정 다이얼을 돌려 스크린 내 라이트 불빛 중심에 눈금선이 맞도록 한 후 광폭에 대한 측정값과 광도를 판독한다.

09 광도 측정값 판독

07 측정

그림과 같이 테스터 높이조정 핸들을 돌림과 동시에 테스터를 좌우로 움직여 스크린 중앙에 라이트 불빛이 오도록 한 다음 좌우 계, 상하 계 중앙의 검은 선에 눈금이 오도록 맞춘다.

◀ 그림과 같이 광도계 눈금이 가리키는 수치를 읽으면 되나 중앙에 ×10^2cd가 있으므로 24,000cd로 판독하면 된다.
[엔진회전수를 2,000∼2,500rpm으로 유지한 상태에서 측정]

⑩ 규정값 : 자동차검사기준

【 전조등 광도, 광축 검사 기준 값 】

항 목		검 사 기 준 값	비 고
광도	2등식	15,000cd 이상	
	4등식	12,000cd 이상	
좌·우 진폭	좌측	• 좌 진폭 15cm 이내 • 우 진폭 30cm 이내	
	우측	• 좌 진폭 30cm 이내 • 우 진폭 30cm 이내	
상·하 진폭	좌측	• 상 진폭 10cm 이내	
	우측	• 하 진폭 30cm 이내	

답안작성 측정 및 분석내용 답안작성

※ 측정조건 제시 : 좌측 전조등 측정, 2등식과 4등식은 본인이 구별하며, 상향을 점등하였을 경우 하향과 상향이 동시에 점등되면 4등식이다.

2) 점검 및 측정

자동차 번호 :				비 번호		시험 위원 확 인		
위치	측정 항목	측정(또는 점검)		판정 및 정비(또는 조치)사항				득 점
		측 정 값	기 준 값	판정(□에 '✔' 표)		정비 및 조치할 사항		
☑ 좌 □ 우 전조등	광도	24,000cd	15,000cd 이상	□ 양 호 ☑ 불 량		상향광축을 하향으로 20cm 조정 후 재측정 또는 상향광축을 규정값 내로 조정 후 재측정		
	광축	☑ 좌 □ 우	10cm	15cm 이내				
		☑ 상 □ 하	20cm	10cm 이내				

국가기술자격검정 실기시험문제 6안

1. 기 관

1. 주어진 전자제어 디젤 기관에서 시험위원의 지시에 따라 타이밍 벨트의 아이들(공전) 베어링과 고압펌프를 탈거하고 시험위원에게 확인 후 다시 조립(부착)하여 기관 및 시동 관련회로를 점검한 후 시동작업과 기록표의 요구사항을 점검 및 측정하고 기록표에 기록하시오.
   (단, 시동되지 않는 경우 2과제는 작업할 수 없음)
2. 주어진 기관에서 시험위원의 지시에 따라 기록표 요구사항을 점검 및 측정하여 기록하시오.
3. 주어진 자동차에서 크랭킹은 가능하나 시동되지 않고 시동된 후에도 부조가 발생합니다. 고장원인을 찾아 수리 후 기록표를 기록하시오.

2. 섀 시

1. 주어진 자동차에서 시험위원의 지시에 따라 주어진 자동변속기를 분해 점검하여 시험위원에게 확인 후 다시 조립하고 기록표 요구사항을 점검 및 측정하여 기록하시오.
2. 주어진 전자제어 자동변속기 자동차에서 시험위원의 지시에 따라 인히비터 스위치를 탈거하고 시험위원에게 확인 후 다시 조립(부착)하여 작동상태를 확인하고 기록표의 요구사항을 점검 및 측정하여 기록하시오.

3. 전 기

1. 시험위원의 지시에 따라 자동차에서 라디에이터팬을 탈거하고 시험위원에게 확인 후 다시 조립(부착)하여 작동상태를 확인하고 기록표의 요구사항을 점검 및 측정하고 기록표에 기록하시오.
2. 주어진 자동차에서 정비지침서의 회로도를 이용하여 기록표에시 요구하는 회도를 짐검하고 이상이 있으면 이상내용을 기록표에 기록한 후 정비하시오.
3. 주어진 자동차에서 시험위원의 지시에 따라 기록표의 요구사항을 점검 및 측정하여 기록하시오.

국가기술자격검정실기시험문제 6안

| 자 격 종 목 | 자동차 정비기능장 | 작 품 명 | 자동차 정비 작업 |

- 비 번호
- 시험시간 : 6시간 30분(기관 : 140분, 새시 : 130분, 전기 : 120분)
  ※ 시험 안 및 요구사항 일부내용이 변경될 수 있음

기능장 6안 기관 1

디젤기관 타이밍 벨트의 아이들(공전) 베어링과 고압펌프 탈·부착

주어진 전자제어 디젤 기관에서 시험위원의 지시에 따라 타이밍 벨트의 아이들(공전) 베어링과 고압펌프를 탈거하고 시험위원에게 확인 후 다시 조립(부착)하시오.

01 디젤기관 타이밍 벨트의 아이들(공전) 베어링 탈·부착

01 엔진 부속부품 명칭

타이밍벨트 상부 커버, 엔진 브래킷, 발전기, 타이밍벨트 하부 커버, 크랭크 축 풀리, 오토프리 텐션 베어링, 겉 벨트

02 겉 벨트 탈거

오토프리 텐션 베어링 고정 볼트(17mm)를 반 시계방향으로 돌린 후 겉 벨트를 탈거한다.

03 크랭크축 고정 볼트 탈거

크랭크 축 고정 볼트(22mm)를 푼 후 크랭크 축 풀리 고정 볼트(12mm)를 탈거한다.

04 크랭크 축 풀리 탈거

그림과 같이 크랭크 축 풀리를 탈거한다.

05 타이밍 벨트 커버 탈거

타이밍 벨트 상부 커버와 하부 커버 고정 볼트(10mm)를 푼 후 탈거한다.

06 엔진 브래킷 탈거

엔진 브래킷 고정 볼트를 푼 후 탈거한다.

07 타이밍 벨트 및 관련 부품

위에서 부터 캠 축 스프로킷, 아이들 베어링, 타이밍 벨트, 오토 프리 텐셔너, 워터펌프 스프로킷, 크랭크 축 스프로킷

11 타이밍 벨트 탈거

그림과 같이 타이밍 벨트를 탈거한다.

08 크랭크 축 스프로킷의 타이밍 마크

그림 원 안 크랭크 축 스프로킷의 백색 홈과 프런트 커버의 돌기가 일치하면 된다.

09 캠축 스프로킷의 타이밍 마크

그림 원 안 백색 홈과 실린더 헤드와 커버의 경계선이 일치하면 된다.

10 타이밍 벨트 장력 유림

타이밍 벨트 오토프리 텐셔너 육각 돌기를 수공구를 이용하여 시계방향으로 돌린 후 장력을 유림 시킨다.

12 아이들 베어링 탈거

그림과 같이 아이들 베어링 고정 볼트를 푼 후 아이들 베어링을 탈거한다.

14 아이들 베어링 장착

그림과 같이 아이들 베어링을 설치한 후 고정 볼트를 규정 토크로 조인다.

13 타이밍 마크 확인

그림과 같이 캠축 스프로킷과 크랭크 축 스프로킷 타이밍 마크를 확인한다.

15 타이밍 벨트 회전방향 확인

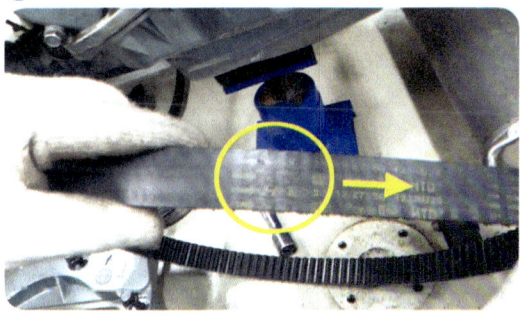

타이밍 벨트에는 화살표로 회전방향이 표시되어 있으므로 장착 시 시계방향으로 향하게 장착할 것.

16 타이밍 벨트 장착

타이밍 마크 일치상태를 확인한 후 크랭크 축 스프로킷부터 워터펌프 스프로킷, 아이들 베어링, 캠축 스프로킷, 오토프리 텐셔너 순으로 장착한다.

⑰ 오토프리 텐셔너 고정 핀 탈거 및 장력조정

그림과 같이 오토프리 텐셔너 고정 핀을 탈거하여 장력을 조정한다.

⑱ 엔진 브래킷 장착

그림과 같이 엔진 브래킷을 장착한다.

⑲ 타이밍 벨트 커버 장착

그림과 같이 상부와 하부 커버 고정 볼트(10mm)를 규정토크로 조여 장착한다.

⑳ 크랭크축 풀리 장착

크랭크 축 풀리를 장착한 후 고정 볼트(22mm)와 풀리 고정 볼트를 규정 토크로 조인다.

㉑ 겉 벨트 장착

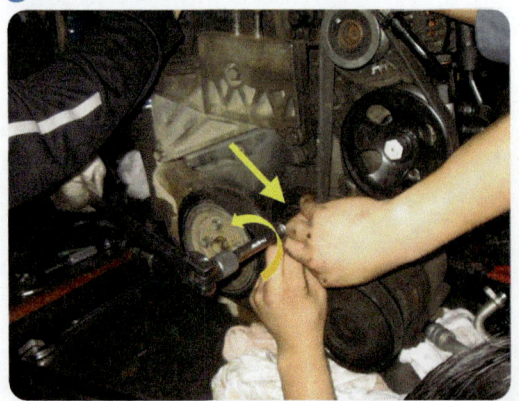

오토프리 텐셔너를 반 시계방향으로 돌린 후 겉 벨트를 장착한다.

㉒ 겉 벨트 장력 확인

그림과 같이 화살표 방향으로 겉 벨트를 당기거나 눌러 장력을 점검한다.

02 고압펌프 탈·부착 : 3안 참조 (246~248페이지)

작업형실기

기능장 6안 - 기 관 1: 기관 및 시동 관련회로 점검 후 시동작업

기관 및 시동 관련회로를 점검한 후 시동작업과 기록표의 요구사항을 점검 및 측정하고 기록표에 기록하시오.(단, 시동되지 않는 경우 2과제는 작업할 수 없음)

- **01** 점검 부위 : 1안 참조 (36~41페이지)
- **02** 점검 및 측정[연료펌프 작동전류, 공급압력] : 2안 참조 (150~153페이지)

기능장 6안 - 기 관 2: 기록표 요구사항 점검·측정

주어진 기관에서 시험위원의 지시에 따라 기록표 요구사항을 점검 및 측정하여 기록하시오.

- **01** 디젤 인젝터 전압 및 전류 파형 측정 : 3안 참조 (249~257페이지)
- **02** 배기가스 측정 : 1안 참조 (57~62페이지)

기능장 6안 - 기 관 3: 시동결함 및 부조발생 원인

주어진 자동차에서 크랭킹은 가능하나 시동되지 않고 시동된 후에도 부조가 발생합니다. 고장부위를 수리하고 기록표를 작성하시오.

- **01** 크랭킹은 가능하나 시동되지 않는 원인 : 1안 참조 (63~66페이지)
- **02** 부조발생 : 1안 참조 (66~69페이지)
- **03** 시동결함 및 부조발생 기록표 작성 : 1안 참조 (69페이지)

기능장 6안 - 섀시

자동변속기 분해·조립

주어진 자동차에서 시험위원의 지시에 따라 주어진 자동변속기를 분해 점검하여 시험위원에게 확인 후 다시 조립하고 기록표 요구사항을 점검 및 측정하여 기록하시오.

01 자동변속기 분해·조립

01 부품 명칭

컨버터 하우징, T/M 케이스, 인히비터 스위치, 리어 커버, 매뉴얼 컨트롤 레버, 오일쿨러 파이프, 밸브바디 커버, 유압조절 솔레노이드 밸브 커넥터

02 매뉴얼 레버 고정너트 및 인히비터 스위치 고정 볼트 유림

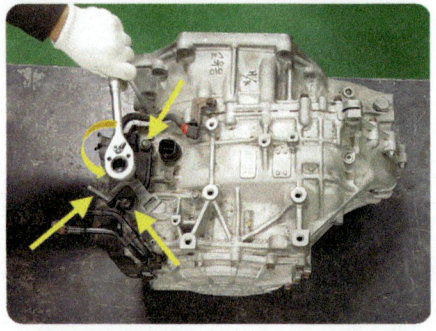

그림과 같이 매뉴얼 레버 고정너트 및 인히비터 스위치 고정 볼트를 푼다.

03 매뉴얼 레버 및 인히비터 스위치 탈거

그림과 같이 매뉴얼 레버 및 인히비터 스위치를 탈거한다.

04 에어브리더 유압호스 탈거

그림과 같이 에어브리더 유압호스를 뺀 후 고정 볼트를 탈거한다.

05 밸브바디 커버 탈거

그림과 같이 밸브바디 고정 볼트(10mm)를 푼 후 커버를 탈거한다.

06 유압조절 솔레노이드 밸브 커넥터 고정 볼트

그림과 같이 유압조절 솔레노이드 밸브 커넥터 고정 볼트를 탈거한다.

07 유압조절 밸브 솔레노이드 커넥터 탈거

그림과 같이 유압조절 솔레노이드 밸브 커넥터를 탈거한다.

08 밸브바디 탈거

그림과 같이 밸브바디 고정 볼트(10mm)를 푼 후 바디를 탈거한다.

09 센서 고정 볼트 탈거

그림과 같이 입력 축 및 출력축 속도센서 고정 볼트(10mm)를 탈거한다.

10 커넥터 고정 볼트 탈거

그림과 같이 커넥터 고정 볼트(10mm)를 푼다.

⑪ 커넥터 어셈블리 탈거

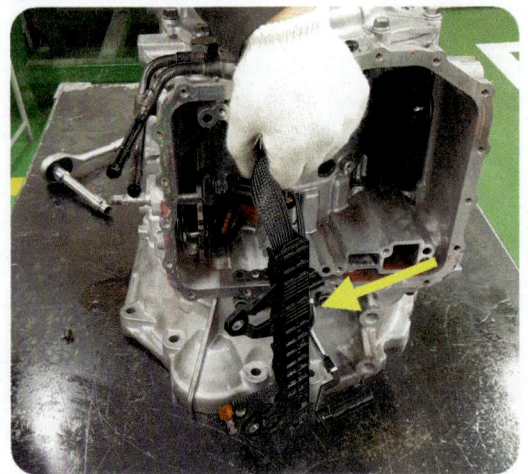

그림과 같이 커넥터 어셈블리를 탈거한다.

⑫ 컨버터 하우징 고정 볼트 탈거

그림과 같이 컨버터 하우징 고정 볼트(12mm)를 푼다.

⑬ 컨버터 하우징 분리

그림과 같이 컨버터 하우징을 분리한다.

⑭ 컨버터 하우징 탈거

그림과 같이 컨버터 하우징을 탈거한다.

⑮ 오일펌프 탈거

그림과 같이 오일펌프 고정 볼트(12mm)를 푼 후 펌프를 탈거한다.

⑯ 리액션 샤프트 탈거

그림과 같이 리액션 샤프트를 탈거한다.

⑰ 디스크 및 플레이트 탈거

그림과 같이 디스크 및 플레이트를 탈거한다.

⑱ 브레이크 허브 탈거

그림과 같이 브레이크 허브를 탈거한다.

⑲ 35R 클러치 스냅 링

그림과 같이 35R 스냅 링을 드라이버를 밀어낸다.

⑳ 35R 클러치 스냅 링 탈거

그림과 같이 35R 스냅 링을 탈거한다.

㉑ 디스크 및 플레이트 탈거

그림과 같이 디스크 및 플레이트를 탈거한다.

㉒ 허브 탈거

그림과 같이 허브를 탈거한다.

㉓ 디퍼런셜 기어 탈거

그림과 같이 디퍼런셜 기어를 탈거한다.

㉔ 리어커버 고정 볼트

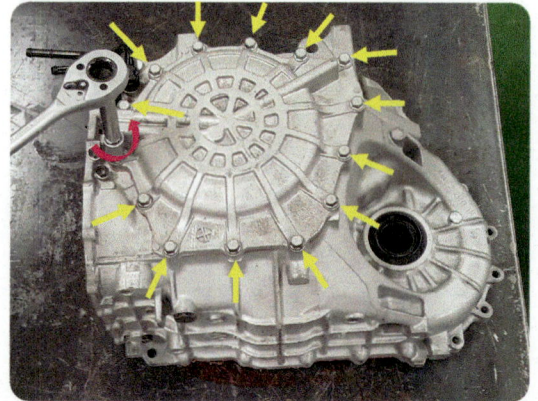

그림과 같이 리어커버 고정 볼트(12mm)를 푼다.

㉕ 리어커버 탈거

그림과 같이 리어커버를 탈거한다.

㉖ 오버드라이브 클러치 리테이너

그림과 같이 오버드라이브 클러치 리테이너를 탈거한다.

㉗ 스냅 링

그림과 같이 스냅 링을 밀어낸다.

㉘ 스냅 링 탈거

그림과 같이 스냅 링을 탈거한다.

㉙ 원웨이 클러치 탈거

그림과 같이 원웨이 클러치를 탈거한다.

㉚ 스냅 링

그림과 같이 스냅 링을 밀어낸다.

31 스냅 링 탈거

그림과 같이 스냅 링을 탈거한다.

32 로어 & 리버스 브레이크

그림과 같이 로어 & 리버스 브레이크 플레이트 및 디스크를 탈거한다.

33 언더 드라이브 브레이크 어셈블리 탈거

그림과 같이 언더 드라이브 브레이크 어셈블리를 탈거한다.

34 분해 후

그림은 분해 후 T/M케이스 모습이다.

35 스냅 링 수축

그림과 같이 스냅 링을 수축한다.

36 리테이너 탈거

그림과 같이 스냅 링을 수축한 상태에서 리테이너를 탈거한다.

37 스냅 링 탈거

그림과 같이 스냅 링을 탈거한다.

38 브레이크 드럼 스냅 링

그림과 같이 브레이크 드럼을 고정하고 있는 스냅 링을 밀어낸다.

㉟ 스냅 링 탈거

그림과 같이 스냅 링을 탈거한다.

㊵ 브레이크 드럼 탈거

그림과 같이 브레이크 드럼을 탈거한다.

㊶ 링 기어 탈거

그림과 같이 링 기어를 탈거한다.

㊷ 유성기어 분리

그림과 같이 유성기어를 분리한다.

㊸ 유성기어 세트 2단 분해 후

그림은 유성기어를 분해 한 후 모습이다.

㊹ 전진 선 기어 탈거

그림과 같이 전진 선 기어를 탈거한다.

㊺ 니들베어링 및 스페이셔

그림은 니들베어링과 스페이셔이다.

46 후진 선 기어 탈거

그림과 같이 후진 선 기어를 탈거한다.

47 유성기어 세트 전체 분해 후 링 기어

그림은 분해 후 링 기어의 모습이다.

48 분해 후 전체 부품

◀그림은 자동변속기를 분해한 후 전체 부품의 모습이다.

| 02 | 변속기 오일 온도센서 저항 : 5안 참조 (376~377페이지) |

| 03 | 인히비터 스위치 점검 : 5안 참조 (378~381페이지) |

기능장 6안 섀시 2 — 인히비터 스위치 탈·부착 및 작동상태 확인

주어진 전자제어 자동변속기 자동차에서 시험위원의 지시에 따라 인히비터 스위치를 탈거하고 시험위원에게 확인 후 다시 조립(부착)하여 작동상태를 확인하고 기록표의 요구사항을 점검 및 측정하여 기록하시오.

| 01 | 인히비터 스위치 탈·부착 및 작동상태 확인 : 5안 참조 (381~385페이지) |

기능장 6안 섀시 3

기록표 요구사항 점검·측정

기록표 요구사항을 점검 및 측정하여 기록하시오.

01 레인지 변환 시(N → D) 유압제어 솔레노이드 파형

01 회로도 : 솔레노이드 밸브 커넥터 단자별 명칭 및 연결정보

[회로도]

[연결정보]

단자	연결 부위	기 능
17	TCM CGG-AA(23)	라인압 제어 솔레노이드 밸브 제어 (LINE_VFS)
16	TCM CGG-AA(43)	언더드라이브 브레이크 제어 솔레노이드 밸브 제어(UD/B_VFS)
11	TCM CGG-AA(46)	26브레이크 제어 솔레노이드 밸브 제어 (26/B_VFS)
12	TCM CGG-AA(26)	SS-B 솔레노이드 밸브 제어(ON/OFF)
5	TCM CGG-AA(87)	솔레노이드 밸브 전원 1
2	TCM CGG-AA(45)	토크컨버터 제어 솔레노이드 밸브 제어 (T/CON_VFS)
7	TCM CGG-AA(22)	오버드라이브 클러치 제어 솔레노이드 밸브 제어(OD/C_VFS)
6	TCM CGG-AA(44)	35R 클러치 제어 솔레노이드 밸브 제어 (35R/C_VFS)
18	TCM CGG-AA(89)	SS-A솔레노이드 밸브 제어(ON/OFF)
10	TCM CGG-AA(88)	솔레노이드 밸브 전원 2

02 솔레노이드 밸브 커넥터

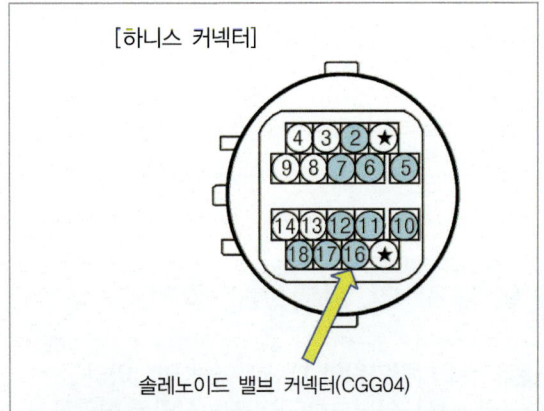

위 그림의 화살표의 ⑯은 언더드라이브 브레이크 제어 솔레노이드 밸브 단자임.

03 ⑯번 단자

언더드라이브 브레이크 제어 솔레노이드 밸브 단자

작업형실기

04 채널 1번 프로브 설치

위 그림과 같이 전원 프로브는 ⑯번 단자에 접지프로브는 차체에 접지한다.

05 엔진시동 ON

그림과 같이 엔진시동을 ON하고 정상적인 공전상태로 유지한다.

06 변속선택레버 N

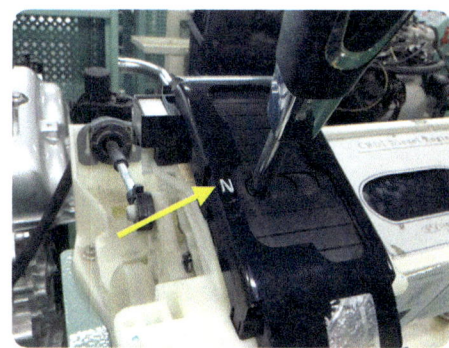

변속선택레버를 N레인지에 위치한다.

07 변속선택레버 D

그림과 같이 변속선택레버를 D레인지로 변환한다.

08 공회전 상태에서 변속선택 레인지를 N → D로 변환 시 출력파형(N레인지 구간)

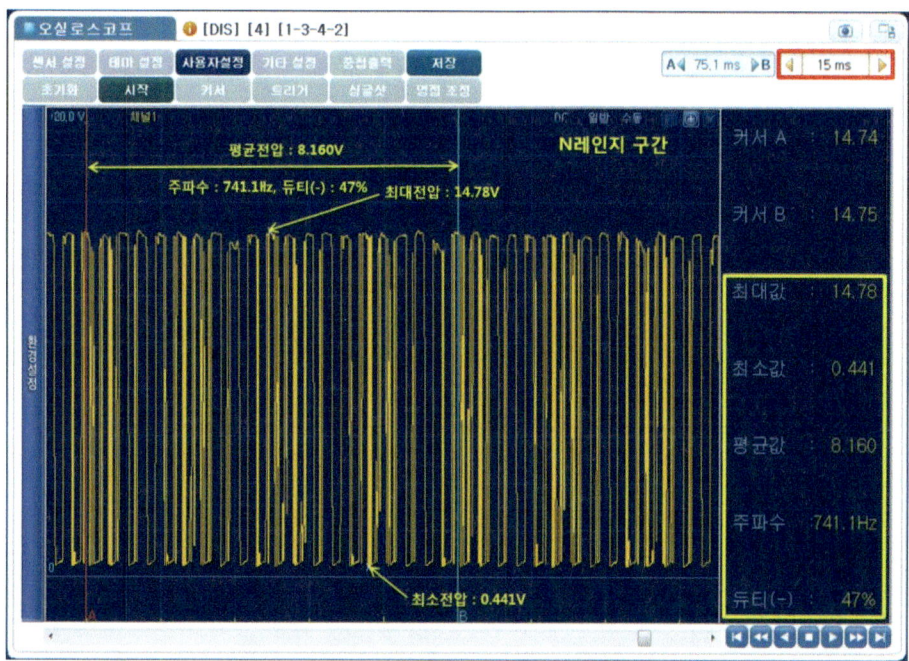

공회전 상태에서 변속선택 레인지를 N→D로 변환 시 출력파형으로 N레인지 구간에 대한 주파수 741.1Hz, 듀티(-) 47%, 최대전압 14.78V, 평균전압 8.160V, 최소전압 0.441V 로 표기한 화면.

441

⑨ 공회전 상태에서 변속선택 레인지를 N→D로 변환 시 출력파형(N→D로 변환 시 구간)

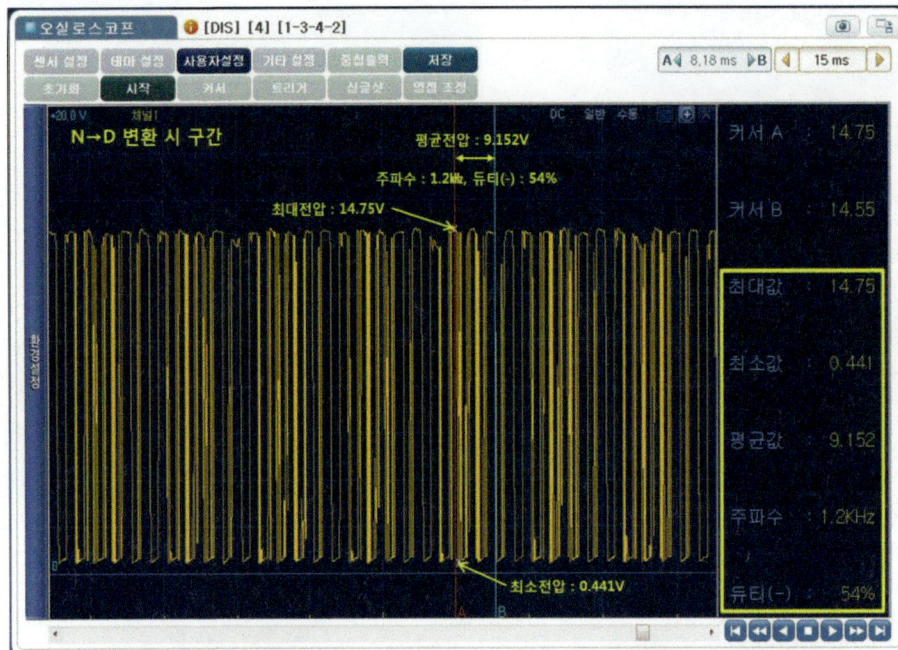

공회전 상태에서 변속선택 레인지를 N → D로 변환 시 출력파형으로 N→D로 변환 시 구간에 대한 주파수 1.2kHz, 듀티(-) 54%, 최대전압 14.75V, 평균전압 9.152V, 최소전압 0.441V 로 표기한 화면.

⑩ 출력파형 출력물 : 정상 공회전 상태의 출력파형 및 분석내용 표기

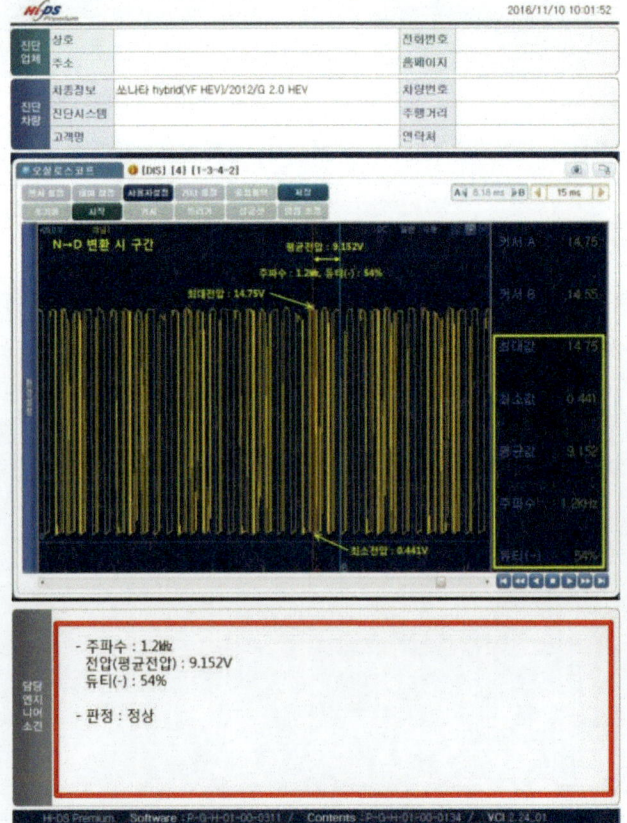

작업형실기

답안작성
공회전 상태에서 변속선택 레인지를 N → D로 변환 시 출력파형으로 N → D로 변환 시 구간에 대한 분석내용 및 답안작성하기

◆ 섀시 2. 기록표
1) 파형   자동차 번호 :

항목	파형 분석 및 판정			득 점
	분석항목	분석내용	판정(□에 '✔' 표)	
레인지 변환시(N → D) 유압제어 솔레노이드 파형	주파수 : 1.2kHz	분석내용은 출력물에 표시하시오	☑ 양 호 □ 불 량	
	전압 : 9.152V			
	듀티 : -54%			

※ 시험위원이 지시하는 유압제어 솔레노이드밸브 파형의 1주기를 측정 및 분석하시오.
　분석 항목 및 내용은 출력물에 표기하여 관련 사항은 시험위원의 지시에 따른다.

⑪ 공회전 상태에서 변속선택 레인지를 N → D로 변환 시 출력파형(D레인지 구간)

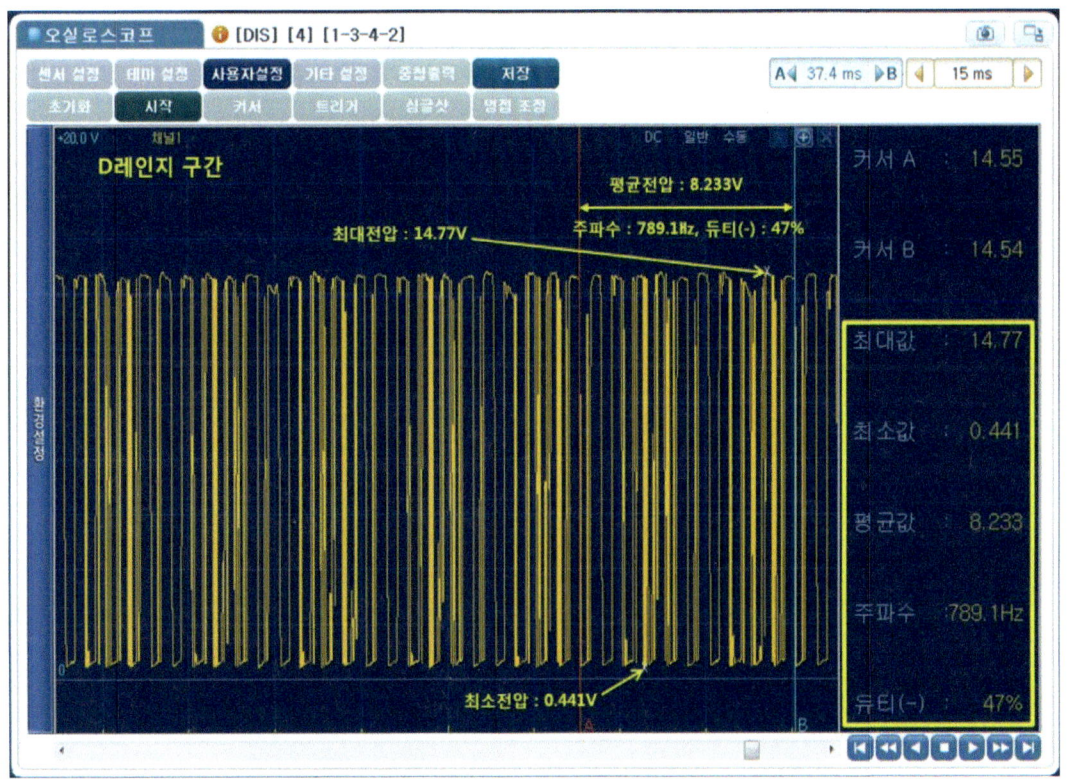

공회전 상태에서 변속선택 레인지를 N → D로 변환 시 출력파형으로 D레인지 구간에 대한
주파수 789.1Hz, 듀티(-) 47%, 최대전압 14.77V, 평균전압 8.233V, 최소전압 0.441V로 표기한 화면

⑫ 공회전 상태에서 변속선택 레인지를 N → D로 변환 시 출력파형(N → D레인지 변속 전체구간)

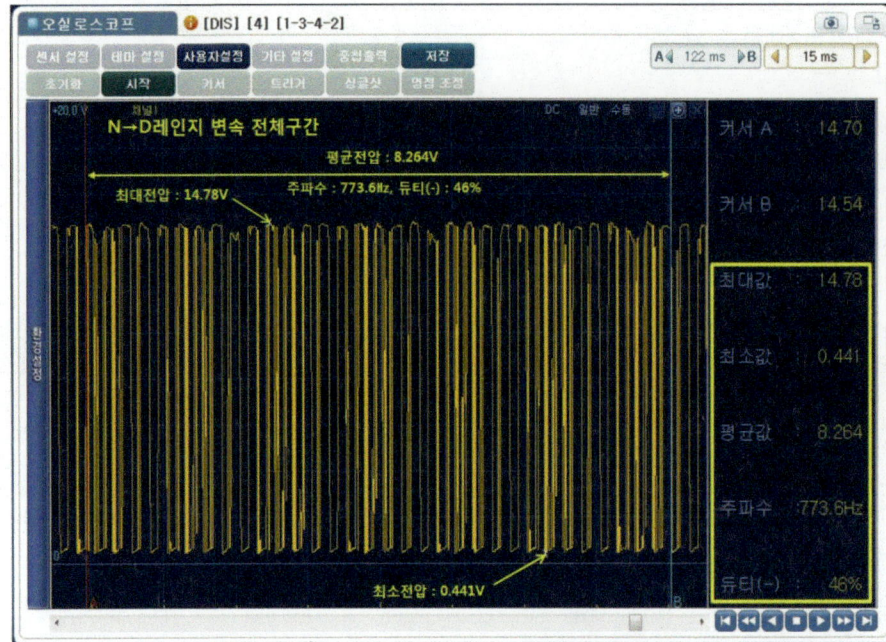

공회전 상태에서 변속선택 레인지를 N → D로 변환 시 출력파형으로 N → D레인지 변속 전체구간에 대한 주파수 773.6Hz, 듀티(-) 46%, 최대전압 14.78V, 평균전압 8.264V, 최소전압 0.441V로 표기한 화면

⑬ 출력파형 출력물 : 정상 공회전 상태의 출력파형 및 분석내용 표기

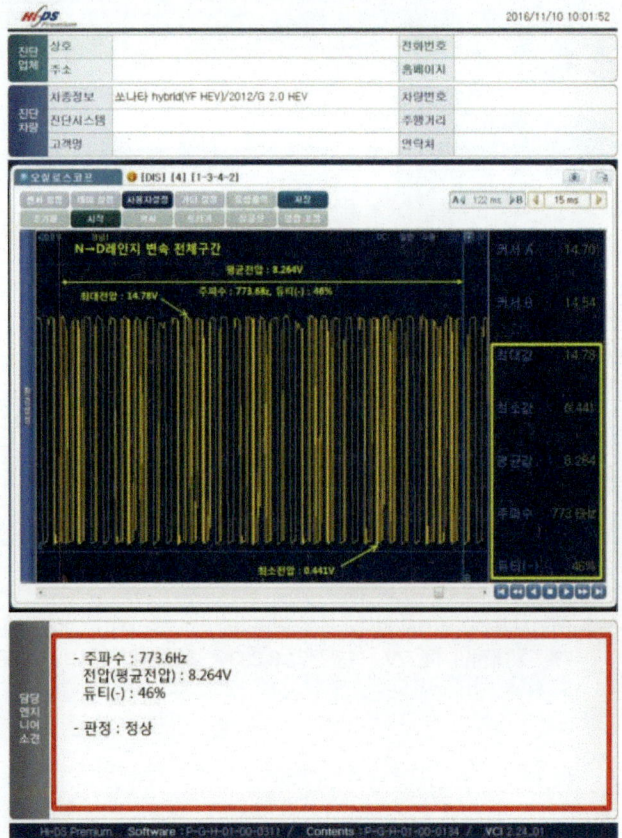

작업형실기

답안작성
공회전 상태에서 변속선택 레인지를 N → D로 변환 시 출력파형으로 N → D레인지 변속 전체구간에 대한 분석내용 및 답안작성하기

◆ 섀시 2. 기록표
1) 파형   자동차 번호 :

| 비 번호 | | 시험 위원 확 인 | |

항 목	파형 분석 및 판정			득 점
	분석항목	분석내용	판정(□에 '✔' 표)	
레인지 변환시(N → D) 유압제어 솔레노이드 파형	주파수 : 773.6Hz	분석내용은 출력물에 표시하시오	☑ 양 호 □ 불 량	
	전압 : 8.264V			
	듀티 : -46%			

※ 시험위원이 지시하는 유압제어 솔레노이드밸브 파형의 1주기를 측정 및 분석하시오.
   분석 항목 및 내용은 출력물에 표기하여 관련 사항은 시험위원의 지시에 따른다.

02 작동 시 변속기 클러치 압력 : 5안 참조(385~392페이지)

03 변속기 솔레노이드 저항 : 5안 참조(392~394페이지)

기능장 6안
전 기 1

라디에이터 팬 탈·부착 및 작동상태 확인, 점검 및 측정

시험위원의 지시에 따라 자동차에서 라디에이터 팬을 탈거하고 시험위원에게 확인 후 다시 조립(부착)하여 작동상태를 확인하고 기록표의 요구사항을 점검 및 측정하고 기록표에 기록하시오.

01 라디에이터 팬 탈·부착 및 작동상태

01 배터리 탈거

그림과 같이 배터리 터미널을 탈거한 후 배터리를 탈거한다.

02 라디에이터 팬 커넥터 탈거

그림과 같이 라디에이터 팬 모터 커넥터를 탈거한다.

03 에어컨 콘덴서 팬 커넥터 탈거

그림과 같이 에어컨 콘덴서 팬 모터 커넥터를 탈거한다.

04 라디에이터 팬 스위치 커넥터 탈거

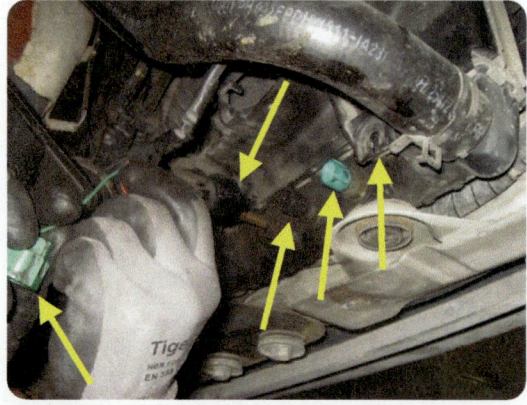

그림과 같이 라디에이터 팬 스위치 커넥터 두 개를 탈거한 후 라디에이터 팬 하부 고정볼트(12mm)를 탈거한다.

05 라디에이터 팬 고정 볼트 탈거

라디에이터 팬 고정 볼트(12mm) 두 개를 탈거한다.

06 라디에이터 팬 탈거

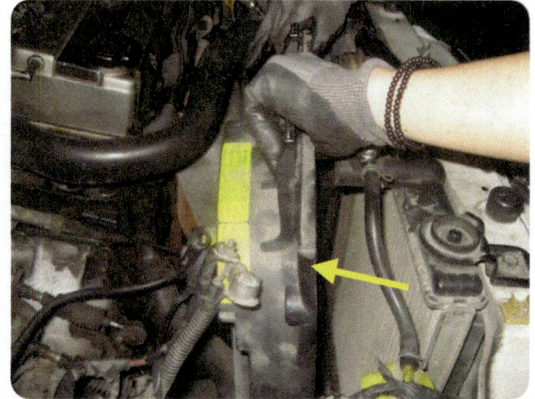

그림과 같이 라디에이터 팬을 탈거한다.

07 라디에이터 팬 탈거 후

그림은 라디에이터 팬을 탈거한 후 모습이다.

08 라디에이터 팬 단품

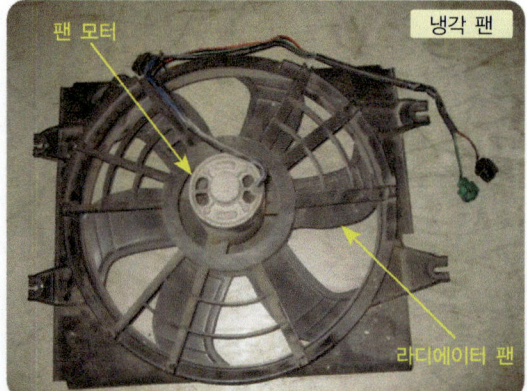

라디에이터 팬, 팬 모터

09 에어컨 콘덴서 팬 상부 고정 볼트 탈거

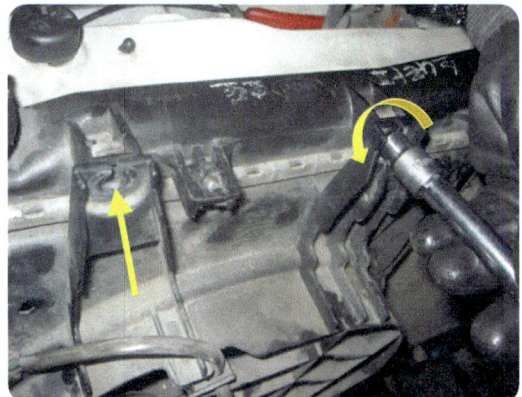

그림과 같이 에어컨 콘덴서 팬 상부 고정 볼트(12mm) 두 개를 탈거한다.

10 에어컨 콘덴서 팬 하부 고정 볼트 탈거

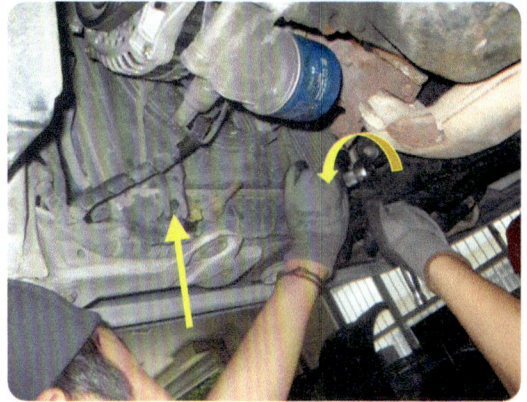

그림과 같이 에어컨 콘덴서 팬 하부 고정 볼트(12mm) 두 개를 탈거한다.

11 에어컨 콘덴서 팬 탈거

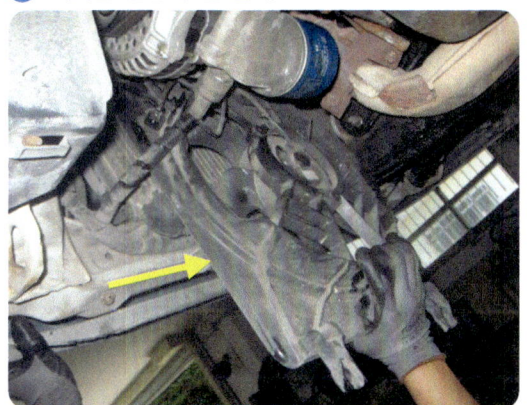

그림과 같이 에어컨 콘덴서 팬을 탈거한다.

12 에어컨 콘덴서 팬 탈거 후

그림은 에어컨 콘덴서 팬을 탈거한 후 모습이다.

13 에어컨 콘덴서 팬 단품

에어컨 콘덴서 팬 탈거 후 단품

14 에어컨 콘덴서 팬 설치

그림과 같이 에어컨 콘덴서 팬을 설치한다.

⑮ 에어컨 콘덴서 팬 장착

그림과 같이 에어컨 콘덴서 팬 상부와 하부 고정 볼트를 규정토크로 조인다.

⑯ 라디에이터 팬 설치

그림과 같이 라디에이터 팬을 설치한다.

⑰ 라디에이터 팬 장착

그림과 같이 라디에이터 팬 고정 볼트를 규정토크로 조인다.

⑱ 에어컨 콘덴서 커넥터 조립

그림과 같이 에어컨 콘덴서 팬 모터 커넥터를 체결한다.

⑲ 라디에이터 팬 커넥터 조립

그림과 같이 라디에이터 팬 모터 커넥터를 체결한다.

⑳ 라디에이터 팬 스위치 커넥터 장착 및 작동시험

그림과 같이 라디에이터 팬 스위치 커넥터를 두 개를 체결한 후 스캐너를 이용하여 작동시험을 실시한다.

02 라디에이터 팬 모터 전압, 전류 측정

01 냉각 팬 모터

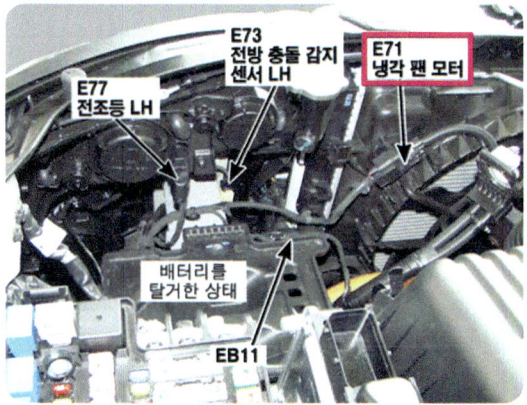

E71 냉각 팬 모터 위치

02 에어 닥트와 레조네이터 탈거

그림과 같이 에어 닥트와 레조네이터를 탈거한다.

03 에어 닥트와 레조네이터 탈거 후

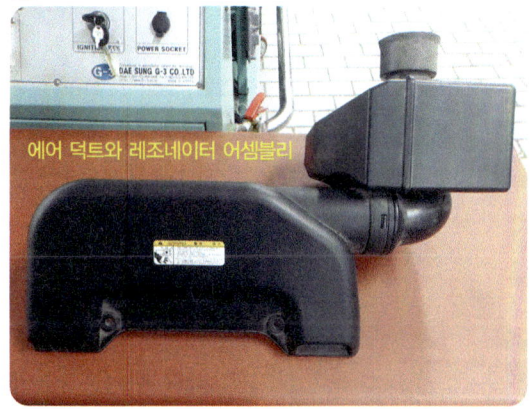

에어 닥트와 레조네이터를 탈거 후 모습

04 냉각 팬 모터 커넥터

냉각 팬 모터 커넥터 모습

05 자기진단 커넥터 연결

그림과 같이 자기진단 커넥터를 DLC에 연결한다.

06 Key ON

그림과 같이 Key ON 한다.

자동차정비기능장

07 VCI ON

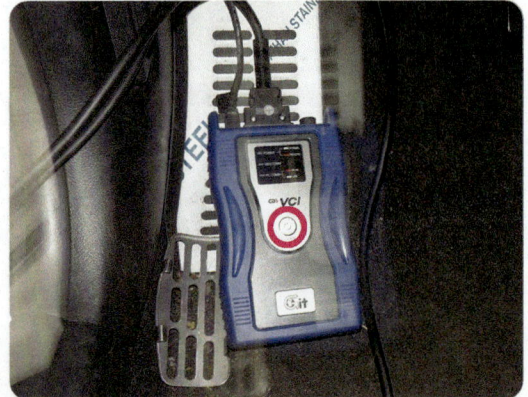

VCI 전원 버튼을 눌러 ON 한다.

08 측정항목 선택

그림과 같이 측정화면에서 강제구동을 클릭한다.

09 강제구동 통신화면

그림은 강제구동 실시를 위한 통신화면이다.

10 전류계 측정레버 선택

그림과 같이 대 전류계 선택 레버를 100A로 위치한다.

11 대 전류 레인지 선택

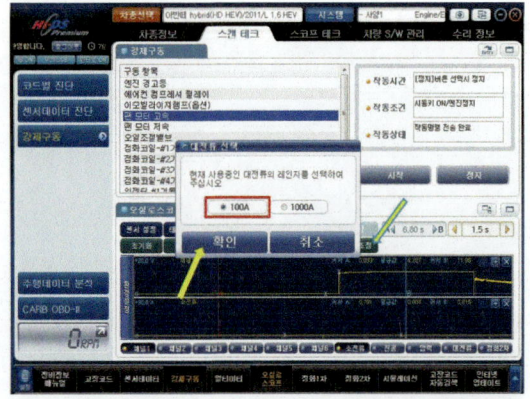

그림과 같이 대 전류 레인지를 100A로 클릭한 후 확인버튼을 클릭한다.

12 영점조정

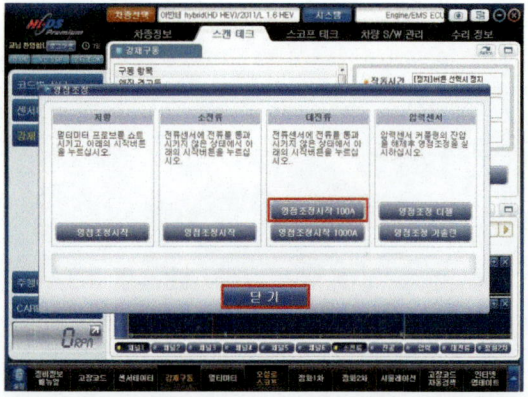

그림과 같이 영점조정시작 100A를 클릭한 후 영점조정이 완료되면 닫기를 클릭한다.

⑬ 냉각 회로(1) : 냉각 회로의 냉각 팬 모터

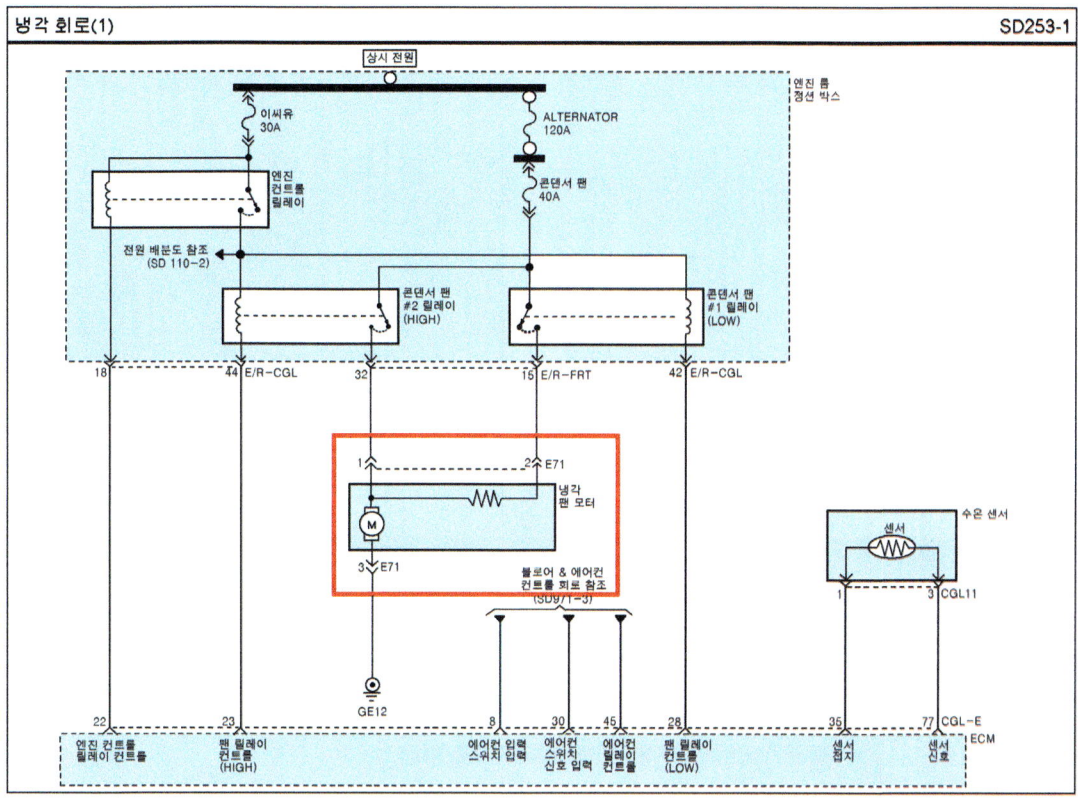

⑭ 냉각 팬 모터 회로

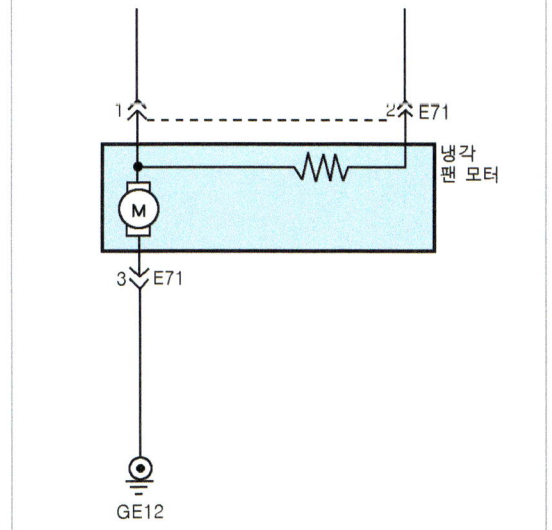

냉각 팬 모터 단자

⑮ 냉각 팬 모터 커넥터

냉각 팬 모터 커넥터 2번 단자

16 접지 프로브 설치

그림과 같이 접지 프로브를 설치한다.

17 채널 1 전원 프로브 및 대 전류계 설치

그림과 같이 채널 1 전원 프로브와 대 전류계를 2번 단자 배선에 설치한다.

18 팬 모터 고속 강제구동

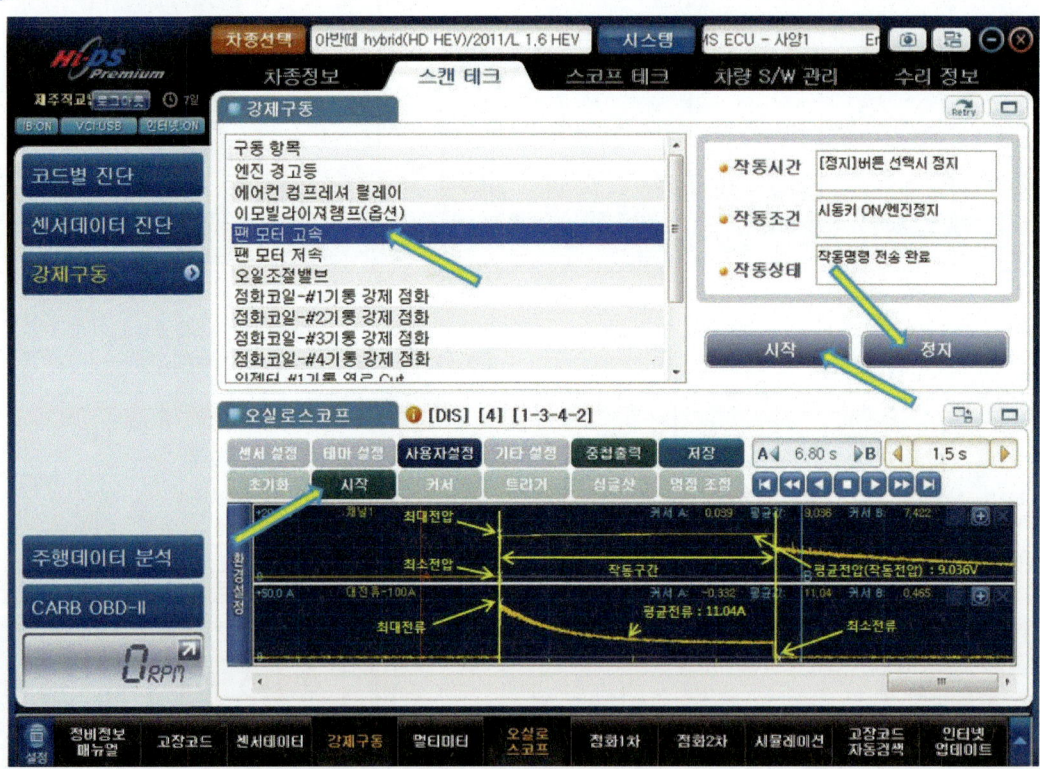

위 그림과 같이 팬 모터 고속을 선택한 후 우측의 시작 버튼을 클릭한다.

⑲ 팬 모터 고속 강제구동 시 출력파형

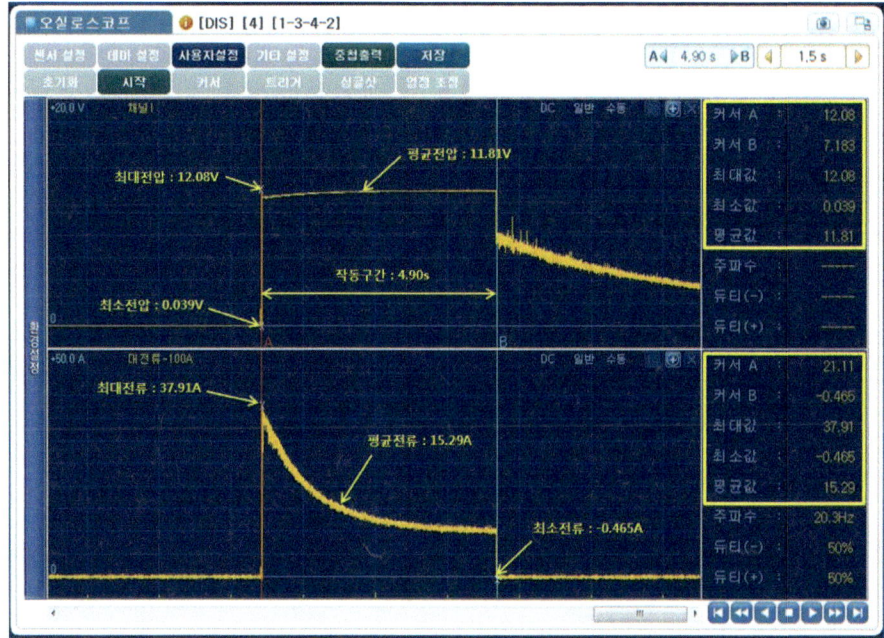

팬 모터 고속 강제구동 시 출력파형으로 커서 A와 B를 모터 구동구간에 위치한 경우 구동시간 4.90s, 평균전압 11.81V, 최대전압 12.08V, 최소전압 0.039V와 평균전류 15.29A, 최대전류 37.91A, 최소전류 -0.465A로 표기한 화면임.

⑳ 출력파형 출력물

: 파형 출력 및 분석내용 표기

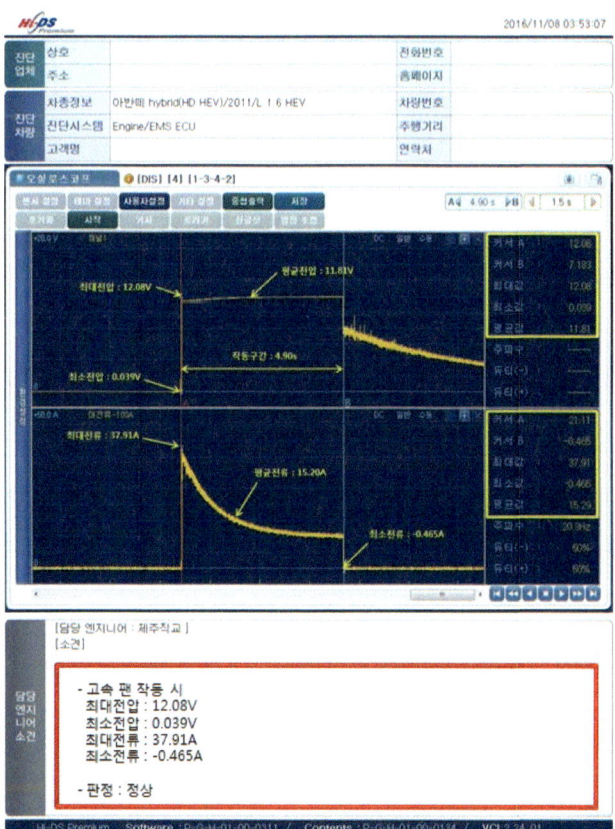

자동차정비기능장

답안작성 측정조건 제시 : 스캐너 및 종합시험기를 이용한 강제구동 실시에 의하여 측정하시오.
또는 디지털 멀티미터와 클램프 타입 전류계를 이용하여 측정 하시오. 측정 및 분석내용 답안작성

◆ 전기 1. 기록표
자동차 번호 :

| 비 번호 | | 시험 위원 확 인 | |

항 목		측정(또는 점검)		판정 및 정비(또는 조치)사항		득 점
		측 정 값	규정값(정비한계값)	판정(□에 '✔' 표)	정비 및 조치할 사항	
라디에이터팬 모터	전압	HIGH : 12.08V LOW : 0.039V	HIGH : 12.0~12.8V LOW : 0~0.2V	☑ 양 호 □ 불 량	정비 및 조치사항 없음 또는 정상	
	전류	HIGH : 37.91A LOW : −0.465A	HIGH : 35.0~40.0A LOW : −1.0~0.0A			

21 팬 모터 저속 강제구동

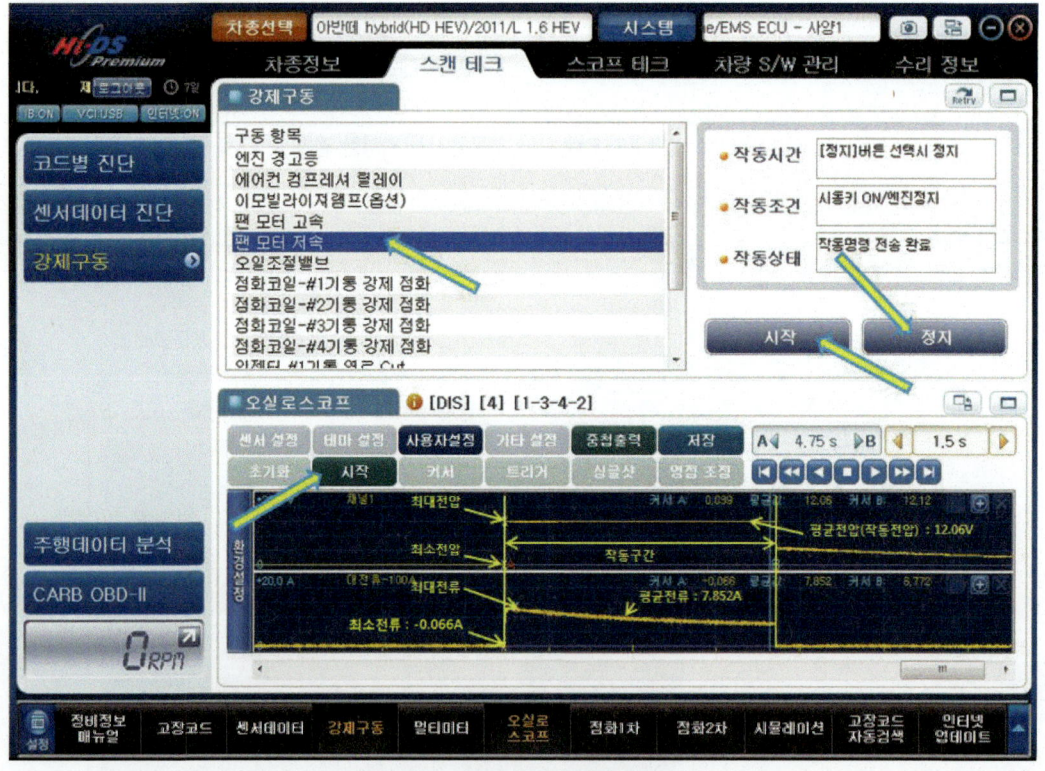

위 그림과 같이 팬 모터 저속을 선택한 후 우측의 시작 버튼을 클릭한다.

454

㉒ 팬 모터 저속 강제구동 시 출력파형

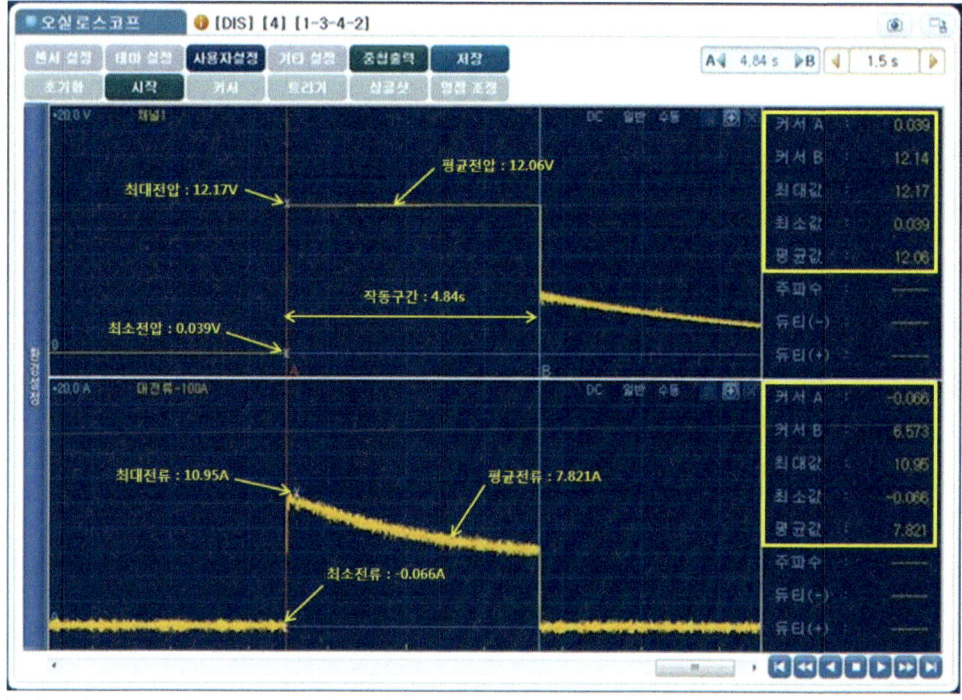

팬 모터 저속 강제구동 시 출력파형으로 커서 A와 B를 모터 구동구간에 위치한 경우 구동시간 4.84s, 평균전압 12.06V, 최대전압 12.17V, 최소전압 0.039V와 평균전류 7.821A, 최대전류 10.95A, 최소전류 -0.066A로 표기한 화면임.

㉓ 출력파형 출력물
: 파형 출력 및 분석내용 표기

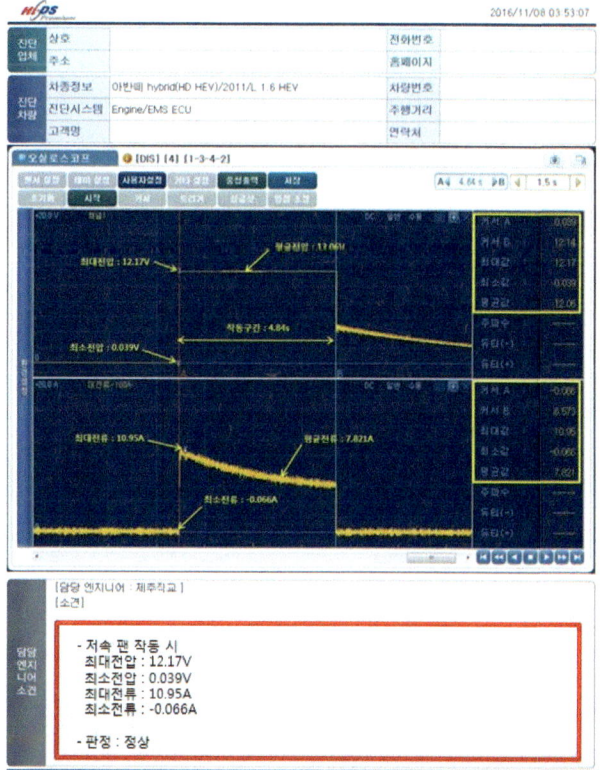

답안작성 측정조건 제시 : 스캐너 및 종합시험기를 이용한 강제구동 실시에 의하여 측정하시오.
또는 디지털 멀티미터와 클램프 타입 전류계를 이용하여 측정 하시오. 측정 및 분석내용 답안작성

◆ 전기 1. 기록표
자동차 번호 :

| 비 번호 | | 시험 위원 확 인 | |

항 목		측정(또는 점검)		판정 및 정비(또는 조치)사항		득 점
		측 정 값	규정값(정비한계값)	판정(□에 '✔' 표)	정비 및 조치할 사항	
라디에이터팬 모터	전압	HIGH : 12.17V LOW : 0.039V	HIGH : 12.0~12.8V LOW : 0~0.2V	☑ 양 호 □ 불 량	정비 및 조치사항 없음 또는 정상	
	전류	HIGH : 10.95A LOW : −0.066A	HIGH : 10.0~15.0A LOW : −1.0~0.0A			

기능장 6안 전기 2 — 회로점검 및 기록표 작성

주어진 자동차에서 정비지침서의 회로도를 이용하여 기록표에서 요구하는 회로를 점검하고, 이상이 있으면 이상내용을 기록표에 기록한 후 정비하시오.

01 에어컨 및 공조 회로점검 : 2안 참조 (199~208페이지)

02 사이드 미러 회로점검 : 4안 참조 (348~353페이지)

03 방향지시등 회로점검 : 2안 참조 (215~221페이지)

기능장 6안 — 전기 3

파형 측정

주어진 자동차에서 시험위원 지시에 따라 기록표의 요구사항을 점검 및 측정하여 기록하시오.

01 LIN 통신 파형

01 배터리 프로브 설치

배터리 프로브를 그림과 같이 배터리 터미널에 설치한다.

02 VMI 전원 ON 및 채널 A 프로브 연결

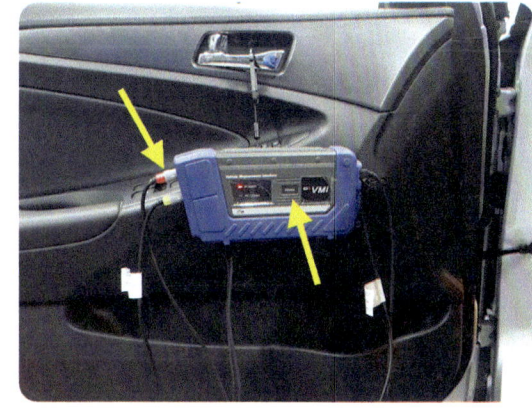

그림과 같이 VMI 전원을 ON 한 후 채널 A 프로브를 연결한다.

03 부품 구성도 : LIN 통신회로 구성도

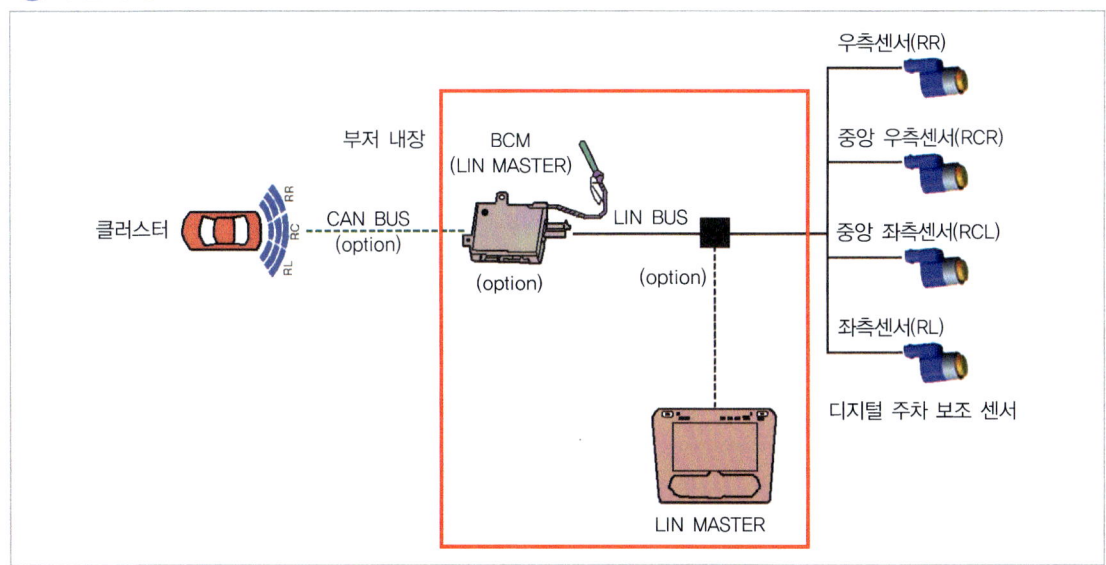

04 LIN 통신 : 후진기어 신호에 따른 LIN 통신과 센서

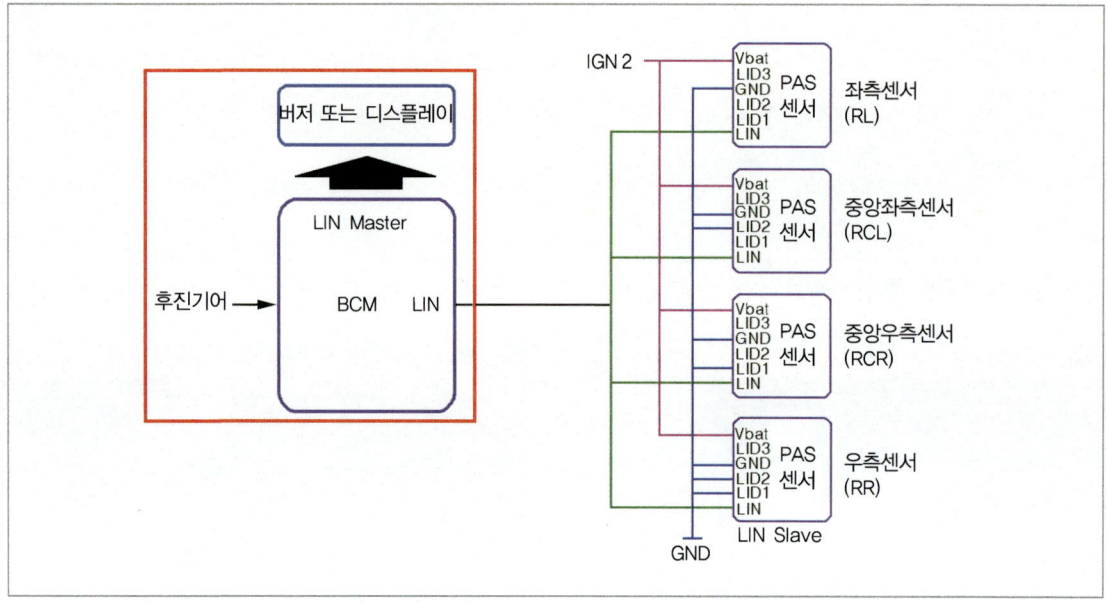

05 주차 보조 시스템 회로(2) : BCM 제어에 따른 LIN 통신과 센서

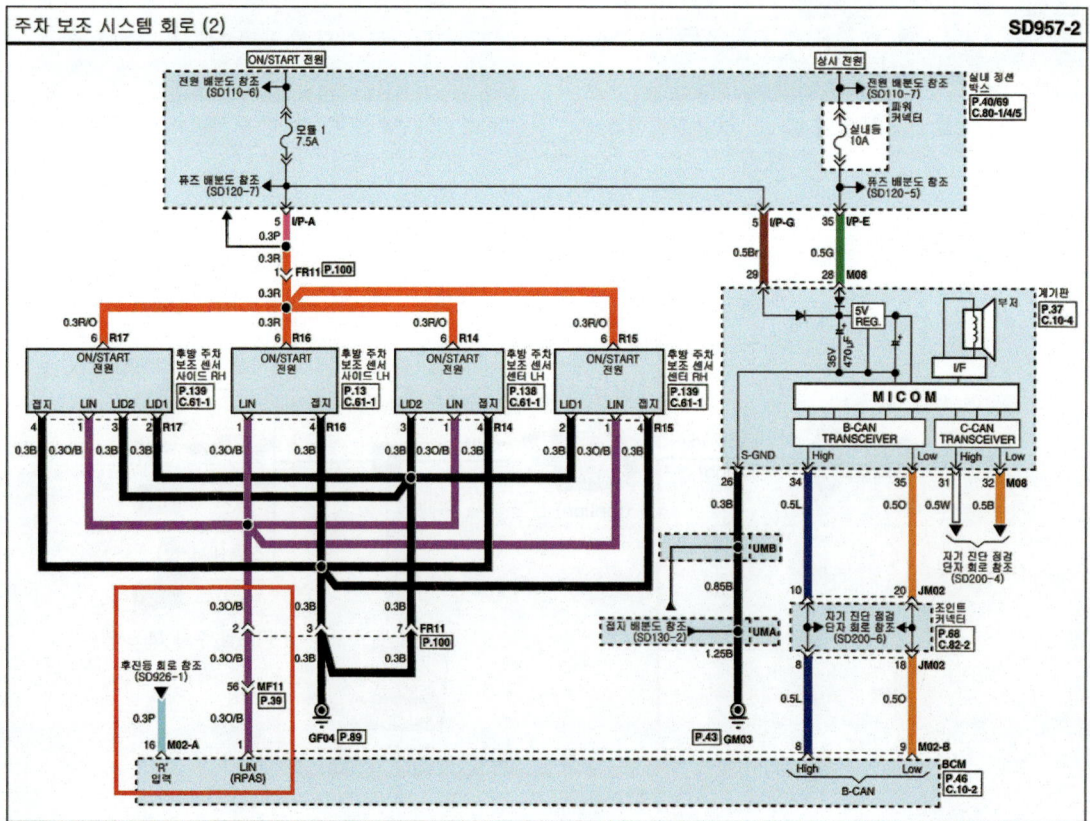

작업형실기

06 LIN 통신단자

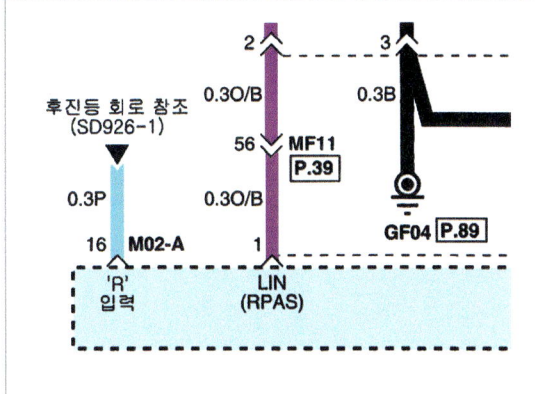

그림은 LIN 통신 단자를 나타낸다.

07 M02-B BCM

46. 대시 패널 중앙

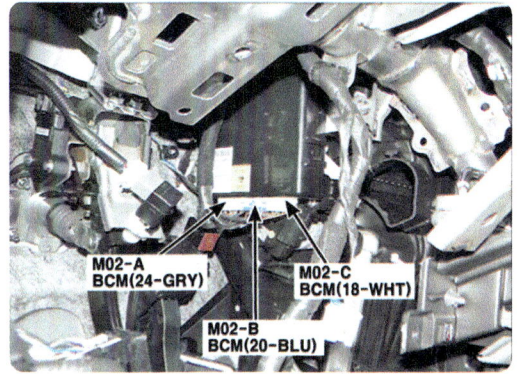

M02-B BCM 위치

08 M02-B BCM 1번 단자

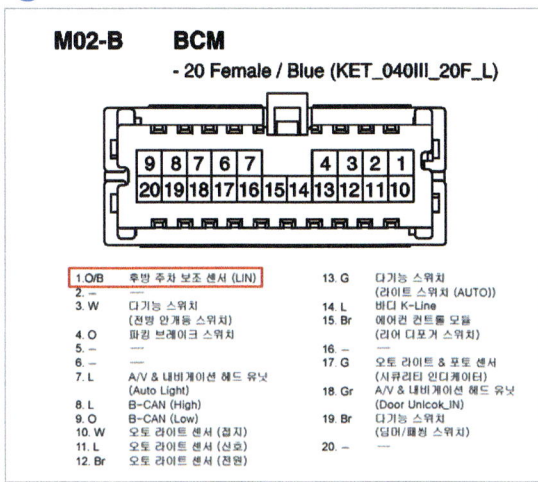

1번 후방 주차 보조 센서(LIN) 단자

09 채널 A 프로브 접지

그림과 같이 채널 A 프로브를 차체에 접지한다.

10 채널 A 전원 프로브 연결

그림과 같이 채널 A 전원 프로브를 1번 단자에 연결한다.

11 Key ON

그림과 같이 Key를 ON 한다.

459

⑫ 변속 선택레버 R레인지

그림과 같이 변속 선택레버를 R레인지로 변속한다.

⑬ 후진등 점등

R레인지 변속에 따른 후진등 점등상태

⑭ LIN 통신파형 1

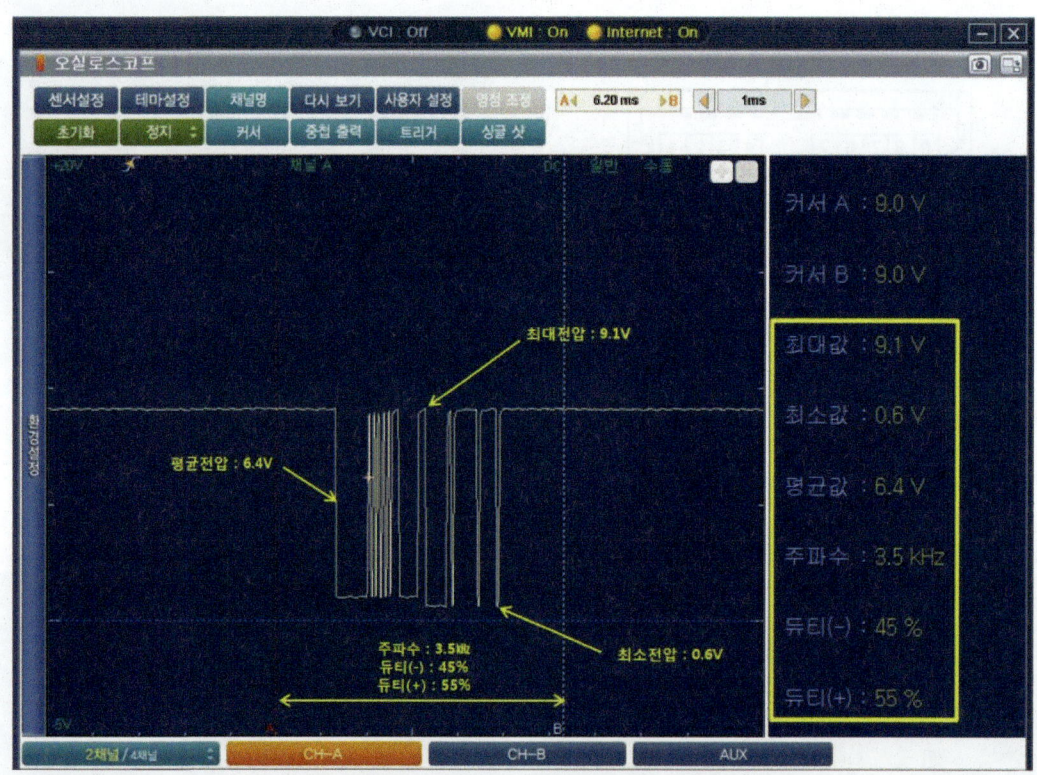

LIN 통신파형으로 커서 A를 통신신호 시작 전에 위치하고 커서 B를 종료 후 임의 구간에 위치한 경우
평균전압 6.4V, 최대전압 9.1V, 최소전압 0.6V, 주파수 3.5kHz, 듀티(-) 45%, 듀티(+) 55%로 표기한 화면임.

⑮ LIN 통신파형 1

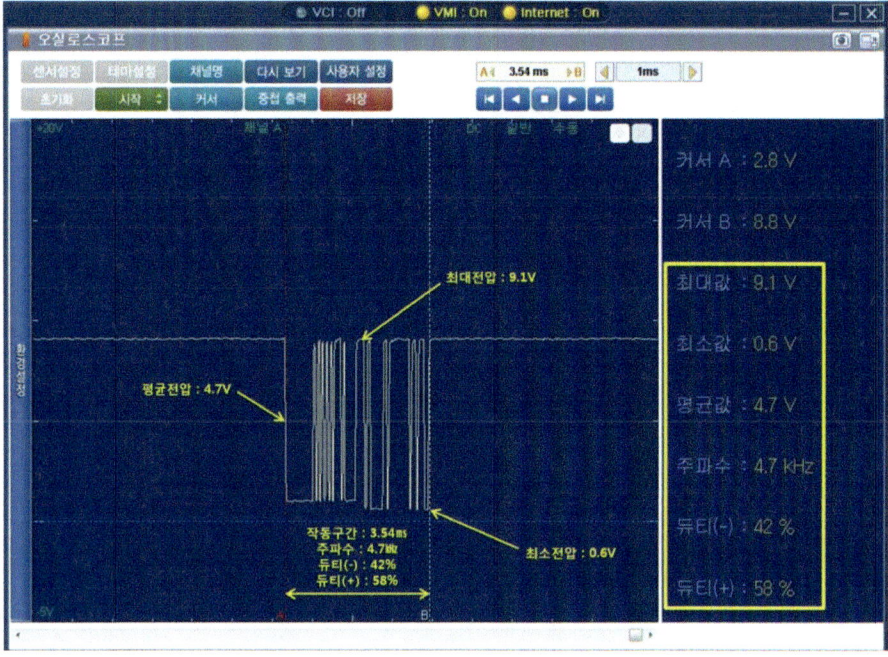

LIN 통신파형으로 커서 A, B를 통신신호 시작 지점에서 종료 지점구간에 위치한 경우 평균전압 4.7V, 최대전압 9.1V, 최소전압 0.6V, 주파수 4.7kHz, 듀티(-) 42%, 듀티(+) 58%로 표기한 화면임.

⑯ 출력파형 출력물 : 파형 출력 및 분석내용 표기

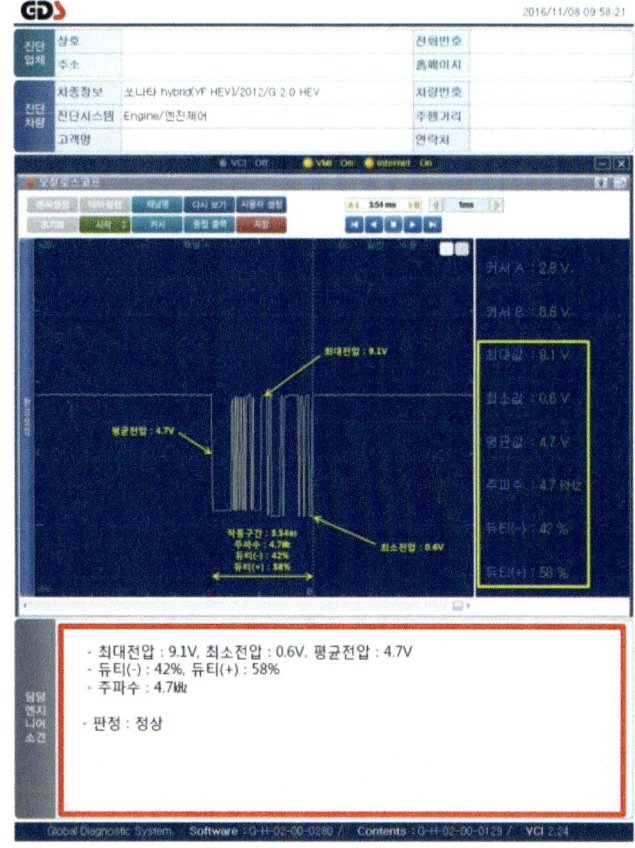

답안작성 측정조건 제시 : LIN 통신 파형의 1주기를 측정하시오. 측정 및 분석내용 답안작성

◈ 전기 3. 기록표

1) 파형   자동차 번호 :

| 비 번호 | | 시험 위원 확 인 | |

항 목	파형 분석 및 판정			득 점
	분석항목	분석내용	판정(□에 '✔' 표)	
LIN 통신 파형	전압 : 4.7V 듀티 : (−)42%, (+)58% 주파수 : 4.7kHz	분석내용은 출력물에 표시하시오	☑ 양 호 □ 불 량	

※ 시험위원의 지정하는 LIN 통신 파형의 1주기를 측정하여 분석하시오.
　 분석 항목 및 내용은 출력물에 표기하여 관련 사항은 시험위원의 지시에 따른다.

02 **점검 및 측정 [전조등] : 5안 참조** (422~424페이지)

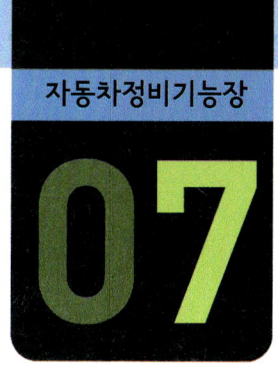

국가기술자격검정 실기시험문제 7안

1. 기 관

1. 주어진 전자제어 기관에서 시험위원의 지시에 따라 흡기캠축과 오일펌프를 탈거하고 시험위원에게 확인 후 다시 조립(부착)하여 기관 및 시동 관련회로를 점검한 후 시동작업과 기록표의 요구사항을 점검 및 측정하고 기록표에 기록하시오.(단, 시동되지 않는 경우 2과제는 작업할 수 없음)
2. 주어진 기관에서 시험위원의 지시에 따라 기록표 요구사항을 점검 및 측정하여 기록하시오.
3. 주어진 자동차에서 크랭킹은 가능하나 시동되지 않고 시동된 후에도 부조가 발생합니다. 고장원인을 찾아 수리 후 기록표에 기록하시오.

2. 섀 시

1. 주어진 자동차에서 시험위원의 지시에 따라 전륜(또는 후륜)의 한쪽 허브 베어링을 탈거 교환하고 시험위원에게 확인 후 다시 조립(부착)하여 작동상태를 확인하고 기록표의 요구 사항을 점검 및 측정하여 기록하시오.
2. 주어진 자동차에서 시험위원의 지시에 따라 등속 조인트를 탈거하여 부트를 교환 한 다음 시험위원에게 확인 후 다시 조립(부착)하여 작동상태를 점검한 후 기록표의 요구사항을 점검 및 측정하여 기록하시오.

3. 전 기

1. 시험위원의 지시에 따라 자동차에서 파워 윈도우 레귤레이터를 탈거하고 시험위원에게 확인 후 다시 조립(부착)하여 작동상태를 확인하고 기록표의 요구사항을 점검 및 측정하고 기록표에 기록하시오.
2. 주어진 자동차에서 정비지침서의 회로도를 이용하여 기록표에서 요구하는 회로를 점검하고 이상이 있으면 이상내용을 기록표에 기록한 후 정비하시오.
3. 주어진 자동차에서 시험위원 지시에 따라 기록표의 요구사항을 점검 및 측정하여 기록하시오.

국가기술자격검정 실기시험문제 7안

자 격 종 목	자동차 정비기능장	작 품 명	자동차 정비 작업

- 비 번호
- 시험시간 : 6시간 30분(기관 : 140분, 섀시 : 130분, 전기 : 120분)
  ※ 시험 안 및 요구사항 일부내용이 변경될 수 있음

기능장 7안 - 기관 1

흡기캠축과 오일펌프 탈·부착

주어진 전자제어 기관에서 시험위원의 지시에 따라 흡기캠축과 오일펌프를 탈거하고 시험위원에게 확인 후 다시 조립(부착)하시오.

01 흡기캠축과 오일펌프 탈·부착

01 엔진 부속부품 명칭

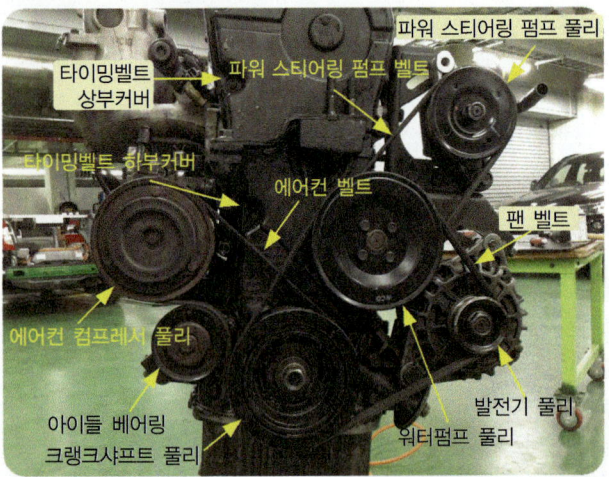

타이밍벨트 상부 커버, 파워 스티어링 펌프 벨트, 파워 스티어링 펌프 풀리, 팬벨트, 발전기 풀리, 워터펌프 풀리, 크랭크 축 풀리, 아이들 베어링, 에어컨 컴프레서 풀리, 타이밍벨트 하부 커버

02 팬벨트 및 파워펌프 벨트 탈거

워터펌프 풀리 고정 볼트(10mm)를 유림한 후 유격고정 볼트(12mm)와 조정 볼트(12mm)를 유림하여 팬벨트를 탈거하고 파워펌프 고정 볼트(14mm) 및 유격조정 볼트(14mm)를 유림하여 파워펌프 벨트를 탈거한다.

03 에어컨 벨트 탈거

그림과 같이 아이들 베어링 고정너트(14mm)를 유림한 후 유격조정 볼트(12mm)를 유림 하여 벨트를 탈거한다.

04 워터펌프 및 크랭크 축 풀리 탈거

그림과 같이 워터펌프 풀리를 탈거한 후 크랭크 축 풀리 고정 볼트(22mm)를 탈거한 다음 풀리를 탈거한다.

05 크랭크 축 풀리 플레이트 및 타이밍벨트 상부커버 탈거

크랭크 축 풀리 플레이트를 뺀 후 타이밍 벨트 상부 커버 고정 볼트(10mm)를 푼 후 탈거한다.

06 엔진 브래킷 가이드 및 타이밍벨트 하부커버 탈거

엔진 브래킷 가이드 고정 볼트 및 너트(17mm)를 푼 후 탈거하고 타이밍 벨트 하부 커버 고정 볼트(10mm)를 푼 다음 탈거한다.

07 타이밍 벨트 및 관련 부품

타이밍 벨트, 워터펌프, 아이들 베어링, 크랭크 축 스프로킷, 오토프리 텐셔너 베어링, 캠 축 스프로킷

08 타이밍 벨트 탈거

그림과 같이 오토프리 텐셔너 베어링 고정 볼트(14mm)를 유림한 후 베어링을 시계방향으로 돌린 후 타이밍벨트를 탈거한다.

09 타이밍 벨트 탈거 후

그림은 타이밍벨트 탈거 후 모습니다.

10 고압 분배배선 탈거

그림과 같이 고압 분배배선을 탈거한다.

11 PCV와 브리더 호스 및 실린더 헤드커버 탈거

그림과 같이 브리더 호스를 분리한 후 PCV 호스 고정밴드를 서지탱크 쪽으로 이동 시킨 다음 호스를 분리하고 실린더 헤드커버 고정 볼트(10mm)를 푼 후 커버를 탈거한다.

12 캠축 위상확인

그림과 같이 1번 실린더가 압축행정 상태이고 4번 실린더 캠이 오버랩 상태로 되어있는지 확인한다.

13 타이밍 체인 마크 확인

그림과 같이 원 안의 타이밍 체인과 캠축 스프로킷의 타이밍 마크가 맞는지 확인한다.

14 흡기 캠축 저널 캡 탈거

그림과 같이 흡기 캠축 저널 캡 고정 볼트(10mm)를 푼 후 저널 캡을 탈거한다.

⑮ 흡기 캠축 탈거

그림과 같이 흡기 캠축을 탈거한다.

⑯ 흡기 캠축 탈거 후

흡기 캠축을 탈거한 후 모습으로 타이밍 체인은 탈거하지 않으며, 배기 캠축 스프로킷의 타이밍 마크가 틀어지지 않도록 주의한다.

⑰ 흡기 캠축 스프로킷 타이밍 마크

그림은 흡기 캠축 스프로킷 타이밍 마크이다.

⑱ 캠축 설치

그림과 같이 흡기 캠축을 설치한 후 타이밍 체인과 캠축 스프로킷이 타이밍 마크가 맞는지 확인한다.

⑲ 흡기 캠축 저널 캡 조립

그림과 같이 흡기 캠축 저널 캡을 설치한 후 고정 볼트를 규정토크로 조인다.

⑳ 실린더 헤드커버 조립

그림과 같이 실린더 헤드 커버를 설치 한 다음 고정 볼트를 규정토크로 조인다.

㉑ PCV 호스 및 브리더호스 조립

PCV 호스를 니블에 끼우고 고정밴드를 설치한 다음 브리더 호스를 장착한다.

㉒ 고압 분배배선 장착

그림과 같이 고압 분배배선을 각 실린더 점화플러그에 장착한다.

㉓ 발전기 및 아이들 베어링 탈거

그림과 같이 발전기 및 타이밍 벨트 아이들 베어링과 에어컨 벨트 아이들 베어링 브래킷을 탈거한다.

㉔ 크랭크축 스프로킷 탈거

그림과 같이 크랭크축 스프로킷을 탈거한다.

㉕ 부품 명칭

프런트 커버, 오일 팬

㉖ 오일 팬 탈거

그림과 같이 오일 팬 고정 볼트(10mm)를 푼 후 팬을 탈거한다.

27 오일 스트레이너 탈거

그림과 같이 오일 스트레이너 고정 볼트(12mm)를 푼 후 탈거한다.

28 프런트커버 탈거

그림과 같이 프런트커버 고정 볼트(12mm)를 푼 후 탈거한다.

29 프런트커버 탈거 후

실린더 블록, 반달 키

30 프런트커버

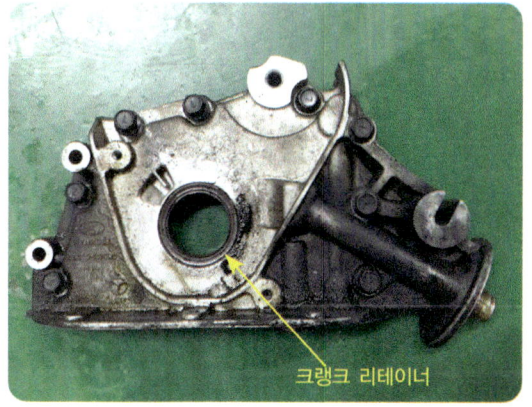

크랭크샤프트 프런트 리테이너

31 오일펌프 커버 탈거

그림과 같이 오일펌프 커버 고정 피스를 푼 후 탈거한다.

32 오일펌프 분해 후

오일펌프 커버, 이너 레이스, 아우터 레이스, 고정 피스

33 오일펌프커버 장착

그림과 같이 오일펌프커버를 설치한 후 고정 피스를 조인다.

34 프런트커버 장착

그림과 같이 프런트커버를 설치한 후 고정 볼트를 규정토크로 조인다.

35 오일 스트레이너 장착

오일 스트레이너를 설치한 후 고정 볼트를 규정토크로 조인다.

36 오일 팬 조립

그림과 같이 오일 팬을 설치한 후 고정 볼트를 규정토크로 조인다.

37 아이들 베어링 및 크랭크 축 스프로킷 장착

그림과 같이 아이들 베어링을 설치한 후 고정 볼트를 규정토크로 조인 다음 크랭크 축 스프로킷을 장착한다.

38 크랭크 축 스프로킷 타이밍 마크

그림과 같이 크랭크 축 스프로킷 타이밍 마크가 맞는지 확인한다.

㉟ 캠축 스프로킷 타이밍 마크

그림과 같이 캠축 스프로킷 타이밍 마크가 맞는지 확인한다.

㊵ 타이밍벨트 장착

그림과 같이 오토프리 텐셔너 베어링을 설치한 다음 타이밍 벨트를 장착한 후 장력조정을 하고 고정 볼트를 규정토크로 조인다.

㊶ 타이밍벨트 커버 조립

그림과 같이 타이밍벨트 상부와 하부커버를 설치한 후 고정 볼트를 규정토크로 조인다.

㊷ 크랭크 축 풀리 장착

그림과 같이 크랭크 축 풀리를 장착한 후 고정 볼트를 규정 토크로 조인다.

㊸ 발전기 및 워터펌프 풀리, 에어컨 벨트 아이들 베어링 장착

그림과 같이 발전기와 워터펌프 풀리, 에어컨 벨트 아이들 베어링을 장착한다.

㊹ 겉 벨트 장착 및 파워펌프 벨트 장력조정

그림과 같이 에어컨 벨트와 파워펌프 벨트, 팬벨트를 장착한 후 파워펌프 벨트 장력을 조정한다.

45 팬벨트 장력 조정

그림과 같이 유격 조정볼트를 시계방향으로 돌려 장력을 조정한 다음 고정 볼트를 규정토크로 조인다.

46 관통볼트 고정너트

그림과 같이 관통볼트 고정너트를 규정토크로 조인 후 발전기 커넥터와 B단자 케이블을 조립한다.

47 에어컨 벨트 장력조정

그림과 같이 에어컨 벨트 유격 조정볼트를 시계방향으로 돌려 장력을 조정한다.

48 에어컨 벨트 장력점검

그림과 같이 고정너트를 규정토크로 조인 후 장력을 점검한다.

기능장 7안

기관 1 — 기관 및 시동 관련회로 점검 후 시동작업

기관 및 시동 관련회로를 점검한 후 시동작업과 기록표의 요구사항을 점검 및 측정하고 기록표에 기록하시오.(단, 시동되지 않는 경우 2과제는 작업할 수 없음)

01 점검 부위 : 1안 참조 (36~41페이지)

02 점검 및 측정 [엔진 오일압력]

01 테스터

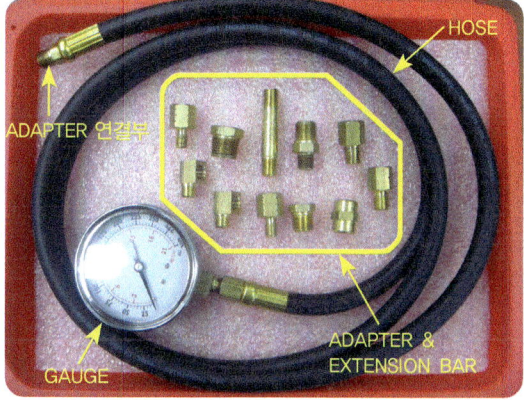

그림은 오일압력 시험기이다. ADAPTER 연결부, HOSE, ADAPTER & EXTENSION BAR, GAUGE

02 관련부품 명칭

커넥터, 오일압력 스위치

03 테스터 설치

그림과 같이 오일압력 스위치를 탈기한 후 오일압력 시험기를 설치한다.

04 엔진시동 ON

그림과 같이 엔진시동을 ON 한다.(냉간 시)

05 오일압력 측정

초기 시동 시 압력을 체크한다.

06 측정값 판독

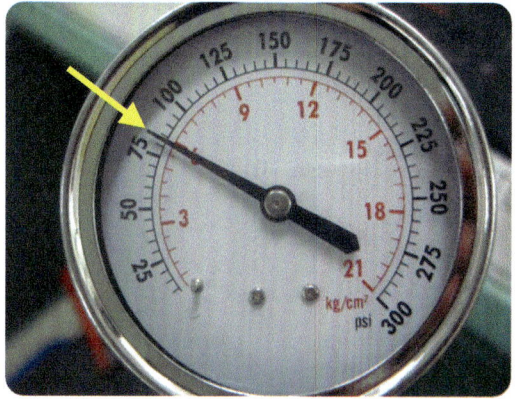

측정값 : 4kg/cm^2

07 오일압력 측정(900rpm)

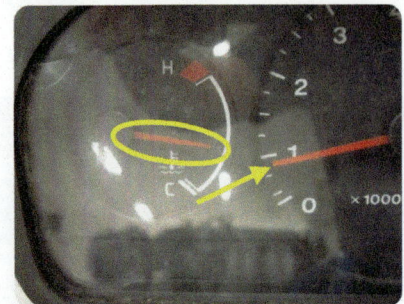

900rpm시 압력을 측정한다.

08 측정값 판독

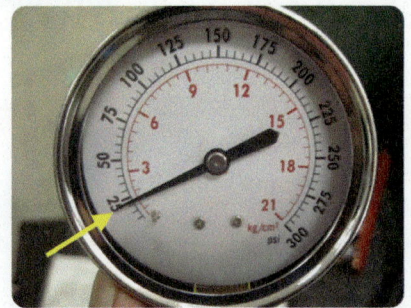

측정값 : 1.5kg/cm^2

09 오일압력 측정(1,500rpm시)

1,500rpm시 압력을 측정한다.

10 측정값 판독

측정값 : 3.25kg/cm^2

11 오일압력 측정(2,000rpm시)

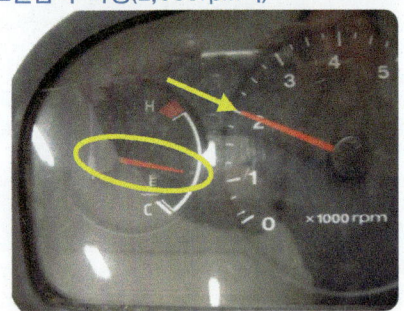

2,000rpm시 압력을 측정한다.

12 측정값 판독

측정값 : 5kg/cm^2

답안작성 측정조건 제시 : 엔진 정상 공회전 상태(850±50rpm)에서 측정, 분석내용 및 답안작성하기

◆ 기관 1. 기록표
기관 번호 :

항 목	측정(또는 점검)		판정 및 정비(또는 조치)사항		득 점
	측 정 값	규정값(정비한계값)	판정(□에 '✔' 표)	정비 및 조치할 사항	
오일 압력	1.5kg/cm^2	1.2~3.2kg/cm^2	☑ 양 호 □ 불 량	정비 및 조치사항 없음 또는 정상	
오일 압력 S/W 전압	시동 전 : 시동 후 :		□ 양 호 □ 불 량		

비 번호 : 　　시험 위원 확 인 :

※ 시험위원의 지시에 따라 압력 스위치 측에서 측정하고 단위가 누락되거나 틀린 경우는 오답으로 채점합니다.

03 점검 및 측정 [오일압력 S/W 전압]

01 Key ON

그림과 같이 Key를 ON 한다.

02 측정

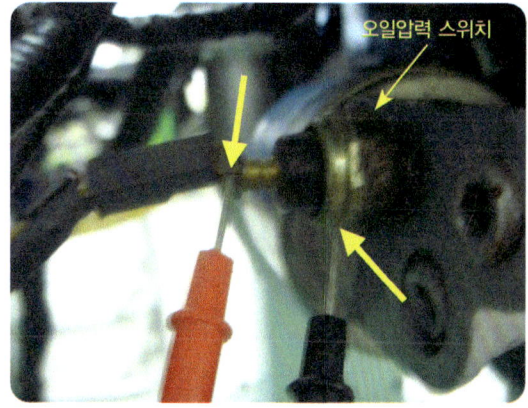

그림과 같이 디지털 멀티미터 적색 리드 선을 커넥터 단자에 흑색 리드 선은 몸체에 설치한다.

03 측정값 판독

측정값 : 0.137V

04 엔진시동 ON

그림과 같이 엔진시동을 ON 한다.

05 엔진 시동 ON시 측정

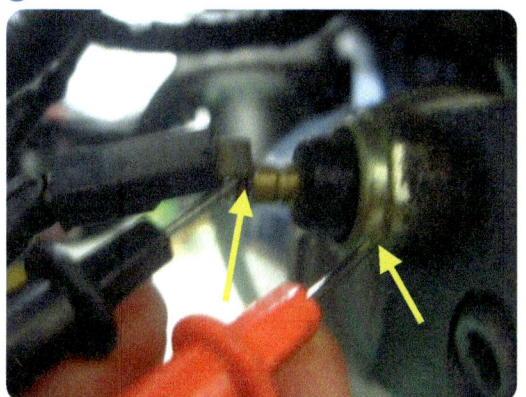

그림과 같이 디지털 멀티미터 적색 리드 선을 몸체에 흑색 리드 선은 커넥터 단자에 설치한다.

06 측정값 판독

측정값 : 13.06V

답안작성 — 분석내용 및 답안작성하기

◈ 기관 1. 기록표
기관 번호:

항 목	측정(또는 점검)		판정 및 정비(또는 조치)사항		득 점
	측 정 값	규정값(정비한계값)	판정(□에 '✔' 표)	정비 및 조치할 사항	
오일 압력	1.5kg/cm²	1.2~3.2kg/cm²	☑ 양 호 □ 불 량	정비 및 조치사항 없음 또는 정상	
오일 압력 S/W 전압	시동 전 : 0.137V	0.0~0.2V	☑ 양 호 □ 불 량	정비 및 조치사항 없음 또는 정상	
	시동 후 : 13.06V	12.8~14.5V			

비 번호 / 시험 위원 확 인

※ 시험위원의 지시에 따라 압력 스위치 측에서 측정하고 단위가 누락되거나 틀린 경우는 오답으로 채점합니다.

기능장 7안 — 기관 2

기록표 요구사항 점검·측정

주어진 기관에서 시험위원의 지시에 따라 기록표 요구사항을 점검 및 측정하여 기록하시오.

01. 노크 센서 파형 측정 : 5안 참조 (367~372페이지)

02. 배기가스 측정 : 1안 참조 (57~62페이지)

기능장 2안 — 기관 3

시동결함 및 부조발생 원인

주어진 자동차에서 크랭킹은 가능하나 시동되지 않고 시동된 후에도 부조가 발생합니다. 고장부위를 수리하고 기록표를 작성하시오.

01. 크랭킹은 가능하나 시동되지 않는 원인 : 1안 참조 (63~66페이지)

02. 부조발생 : 1안 참조 (66~69페이지)

03. 시동결함 및 부조발생 기록표 작성 : 1안 참조 (69페이지)

작업형실기

기능장 7안

섀시 1

허브베어링 분해·조립 및 작동상태 확인

주어진 자동차에서 시험위원의 지시에 따라 전륜(또는 후륜)의 한쪽 허브 베어링을 탈거 교환하고 시험위원에게 확인 후 다시 조립(부착)하여 작동상태를 확인하고 기록표의 요구 사항을 점검 및 측정하여 기록하시오.

01 허브베어링 분해·조립 및 작동상태 확인

01 휠 및 타이어 탈거

그림과 같이 휠 너트를 푼 후 휠 및 타이어를 탈거한다.

02 ABS 휠 스피드 센서

ABS 휠 스피드 센서 고정 볼트(10mm)를 푼 후 센서를 탈거한다.

03 캘리퍼 탈거

그림과 같이 캘리퍼 고정 볼트(17mm) 두 개를 푼 후 탈거한다.

04 컨트롤 암 탈거

그림과 같이 컨트롤 암 고정 볼트(17mm) 두 개를 푼 후 탈거한다.

05 타이로드 엔드 분할 핀 탈거

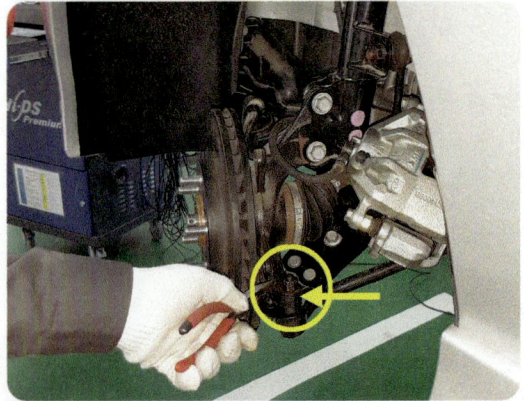

그림과 같이 타이로드 엔드 분할 핀을 탈거한다.

06 타이로드 엔드 고정너트 탈거

타이로드 엔드 고정너트를 탈거한다.

07 타이로드 엔드 탈거

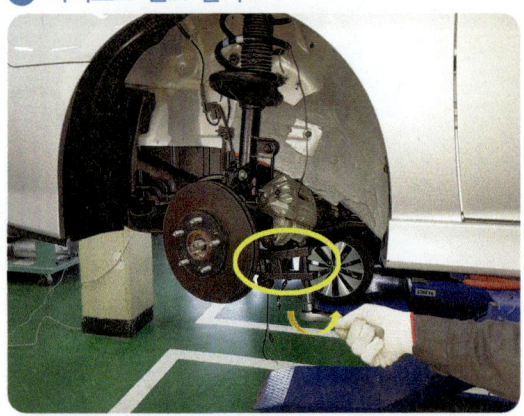

그림과 같이 볼 조인트 플러그를 이용하여 타이로드 엔드를 탈거한다.

08 허브너트 탈거

허브너트 분할 핀을 뺀 후 너트를 탈거한다.

09 브레이크 디스크 탈거

그림과 같이 브레이크 디스크 고정 피스를 푼 후 디스크를 탈거한다.

10 쇽업소버 고정 볼트 탈거

그림과 같이 쇽업소버 고정너트를 푼 후 고정 볼트를 탈거한다.

⑪ 허브 어셈블리 탈거

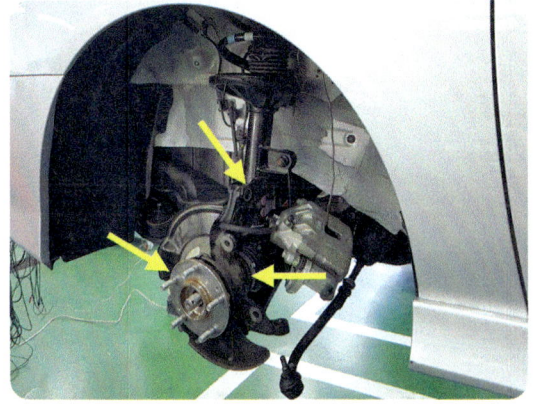

그림과 같이 허브 어셈블리를 탈거한다.

⑫ 허브 어셈블리 탈거 후

디스크 커버, 휠 볼트, 허브

⑬ 스냅 링 탈거

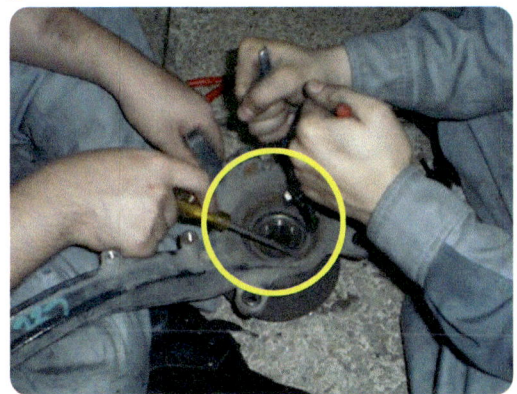

그림과 같이 키 플라이어를 이용하여 베어링 스냅 링을 탈거한다.

⑭ 멀티프레스

그림과 같이 허브 베어링을 탈거하기 위하여 멀티프레스 정반에 허브를 올려놓는다.

⑮ 베어링 지그설치

그림과 같이 프레스 지그를 베어링 위에 설치한다.

⑯ 허브베어링 분리

그림과 같이 프레스 피스톤을 작동하여 허브베어링을 분리한다.

02 사이드슬립 량 : 3안 참조 (272~273페이지)

자동차정비기능장

> **03** 타이어 점검 : 3안 참조 (274~275페이지)

기능장 7안
섀시 3

등속조인트 탈·부착 및 부트 교환, 작동상태 확인

주어진 자동차에서 시험위원의 지시에 따라 등속 조인트를 탈거하여 부트를 교환 한 다음 시험위원에게 확인 후 다시 조립(부착)하여 작동상태를 점검한 후 기록표의 요구사항을 점검 및 측정하여 기록하시오.

---

01 등속조인트 탈·부착 및 부트 교환, 작동상태 확인

01 허브너트 분할 핀 탈거

그림과 같이 허브너트 분할 핀을 탈거한다.

02 허브너트 탈거

그림과 같이 디스크를 고정한 후 허브너트를 탈거한다.

03 컨트롤 암 볼 조인트 고정너트 탈거

그림과 같이 컨트롤 암 볼 조인트 고정 너트(19mm)를 탈거한다.

04 컨트롤 암 볼 조인트 및 버필드 조인트 탈거

그림과 같이 볼 조인트 플러그를 이용하여 컨트롤 암 볼 조인트를 탈거한 후 허브 쪽에 장착되어 있는 버필드 조인트를 탈거한다.

05 더블 오프셋 조인트 탈거

그림과 같이 대 드라이버를 이용하여 변속기 쪽에 장착되어 있는 더블 오프셋 조인트를 탈거한다.

06 더블 오프셋 조인트 부트 탈거

그림과 같이 더블 오프셋 조인트 부트의 소 밴드와 대 밴드를 탈거한 후 부트를 뺀 다음 아웃터 레이스를 탈거한다.

07 인너 레이스 스냅 링 탈거

그림과 같이 키 플라이어를 이용하여 인너 레이스 스냅 링을 탈거한다.

08 인너 레이스 탈거

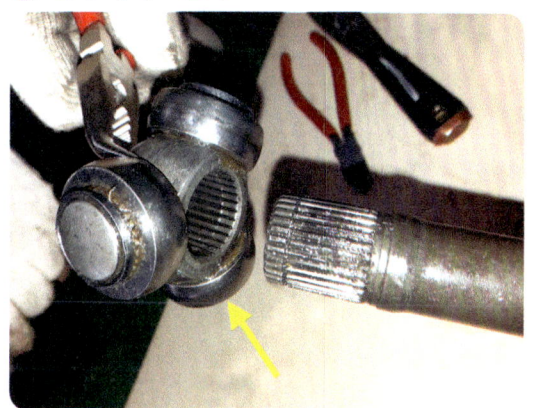

그림과 같이 인너 레이스를 탈거한다.

09 분해 후

인너 레이스, 스냅 링, DOJ 아웃터 레이스, 부트

10 버필드 조인트 밴드 탈거

그림과 같이 버필드 조인트 소 밴드와 대 밴드를 탈거한다.

⑪ 버필드 조인트 부트 분리

버필드 조인트 부트를 아웃터 레이스에서 분리한다.

⑫ 버필드 조인트 부트 탈거

그림과 같이 버필드 조인트에서 부트를 탈거한다.

기능장 7안 섀시 3 — 기록표 요구사항 점검·측정

기록표 요구사항을 점검 및 측정하여 기록하시오.

01 ABS 휠 스피드 센서 : 4안 참조 (335~336페이지)

02 브레이크 디스크 런 아웃 : 4안 참조 (337~338페이지)

03 휠 스피드 센서 에어 갭 : 4안 참조 (338~339페이지)

기능장 7안 전기 1 — 파워 윈도우 레귤레이터 탈·부착 및 작동상태 확인, 점검

시험위원의 지시에 따라 자동차에서 파워 윈도우 레귤레이터를 탈거하고 시험위원에게 확인 후 다시 조립(부착)하여 작동상태를 확인하고 기록표의 요구사항을 점검 및 측정하고 기록표에 기록하시오.

01 파워 윈도우 레귤레이터 탈·부착 및 작동상태

① 관련부품 명칭

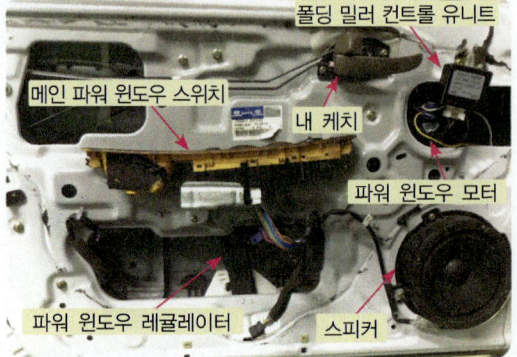

메인 파워 윈도우 스위치, 폴딩 밀러 컨트롤 유니트, 내 케치, 파워 윈도우 모터, 스피커, 파워 윈도우 레귤레이터

② 파워 윈도우 하강

그림과 같이 파워 윈도우 스위치를 눌러 윈도우를 하강시킨다.

03 파워 윈도우 가이드 위치조정

그림과 같이 파워 윈도우 가이드 위치를 조정한다.

04 파워 윈도우 모터 커넥터 탈거

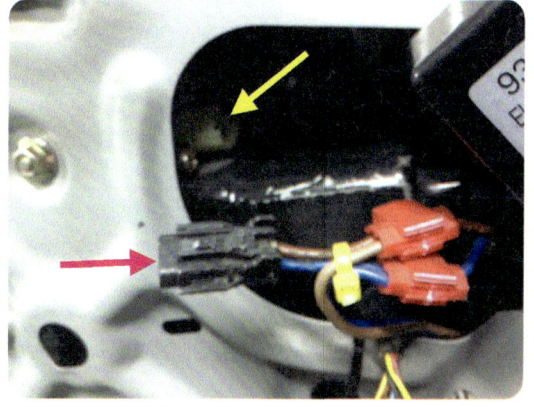

그림과 같이 파워 윈도우 모터 커넥터를 탈거한다.

05 글라스 고정

글라스가 밑으로 떨어지지 않도록 글라스 고정 기를 이용하여 고정한다.

06 파워 윈도우 스위치 탈거

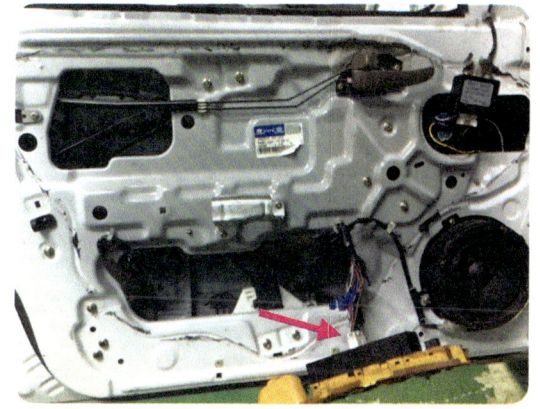

그림과 같이 파워 윈도우 스위치를 탈거한다.

07 파워 윈도우 가이드 고정 볼트 탈거

그림과 같이 파워 윈도우 가이드 고정 볼트(10mm)를 탈거한다.

08 파워 윈도우 레귤레이터 상부너트 탈거

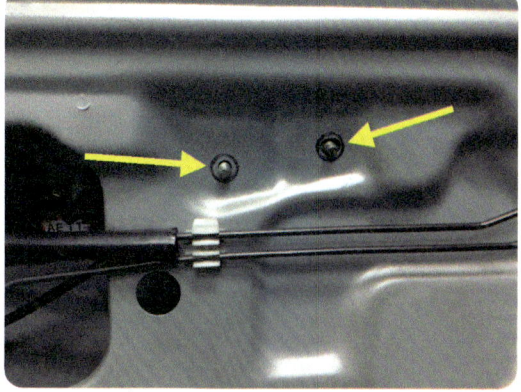

그림과 같이 파워 윈도우 레귤레이터 상부 고정 너트(10mm)를 탈거한다.

자동차정비기능장

09 파워 윈도우 레귤레이터 하부너트 탈거

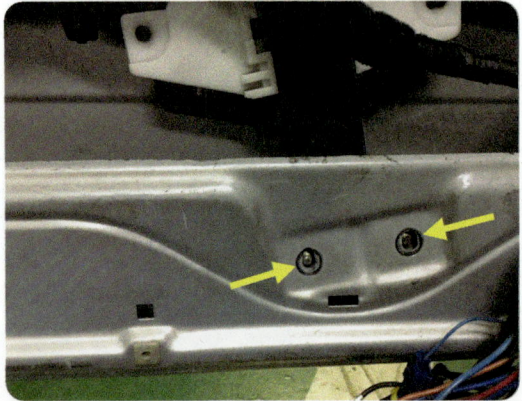

그림과 같이 파워 윈도우 레귤레이터 하부 고정 너트 (10mm)를 탈거한다.

10 파워 윈도우 모터 고정 너트 탈거

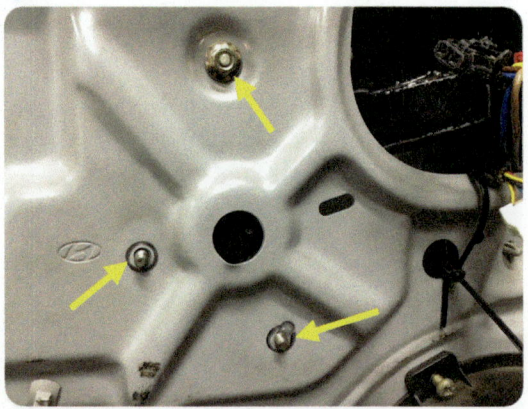

그림과 같이 파워 윈도우 모터 고정 너트(10mm)를 탈거한다.

11 파워 윈도우 레귤레이터 탈거 후

그림은 파워 윈도우 레귤레이터 탈거 후 모습이다.

12 파워 윈도우 레귤레이터 어셈블리

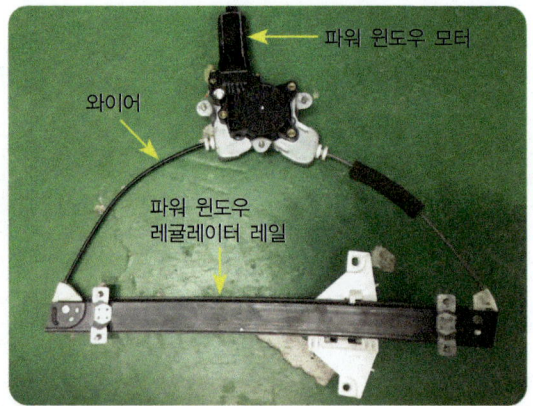

파워 윈도우 모터, 와이어, 파워 윈도우 레귤레이터 레일

13 파워 윈도우 모터 고정 피스 탈거

그림과 같이 파워 윈도우 모터 고정 피스를 탈거한다.

14 파워 윈도우 모터 탈거 후

그림은 파워 윈도우 모터를 탈거한 상태의 모습이다.

⑮ 파워 윈도우 모터 조립

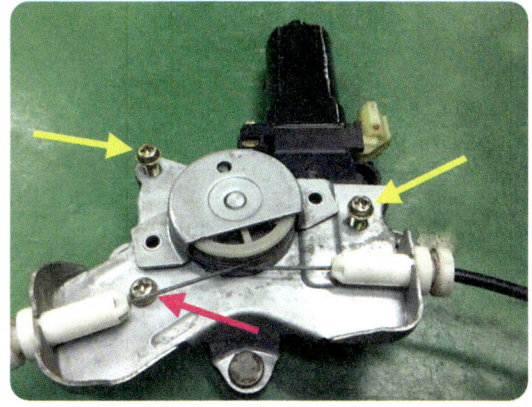

그림과 같이 파워 윈도우 모터를 설치한 후 고정 피스를 조인다.

⑯ 파워 윈도우 레귤레이터 어셈블리 삽입

그림과 같이 파워 윈도우 레귤레이터를 도어내로 삽입한다.

⑰ 파워 윈도우 레귤레이터 어셈블리 장착

그림과 같이 파워 윈도우 레귤레이터와 모터 위치를 잡는다.

⑱ 파워 윈도우 레귤레이터 어셈블리 조립

그림과 같이 파워 윈도우 레귤레이터와 모터 고정 너트를 규정토크로 조인다.

⑲ 글라스 내림

글라스 고정 기를 뺀 후 글라스를 밑으로 내린다.

⑳ 파워 윈도우 가이드 위치 조정

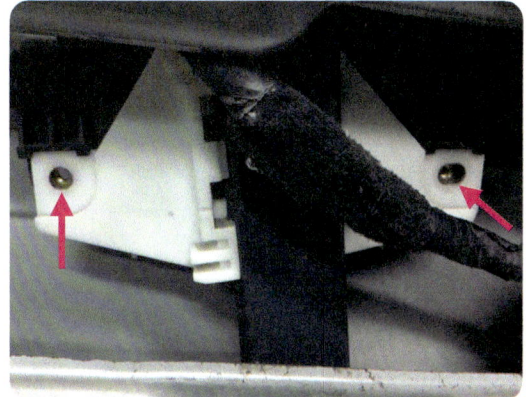

그림과 같이 파워 윈도우 가이드 위치를 조정한다.

㉑ 글라스 조립

그림과 같이 파워 윈도우 가이드 고정 볼트를 규정토크로 조인다.

㉒ 파워 윈도우 모터 커넥터 삽입

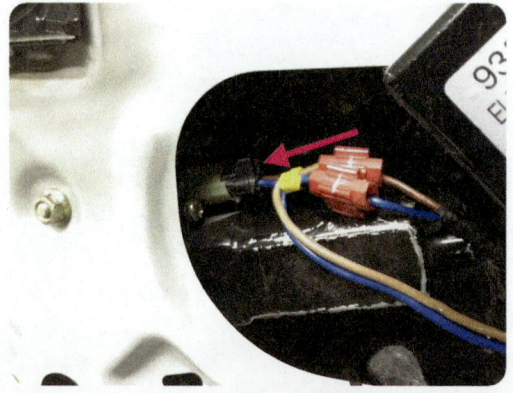

그림과 같이 파워 윈도우 모터 커넥터를 끼운다.

㉓ 파워 윈도우 레귤레이터 작동시험

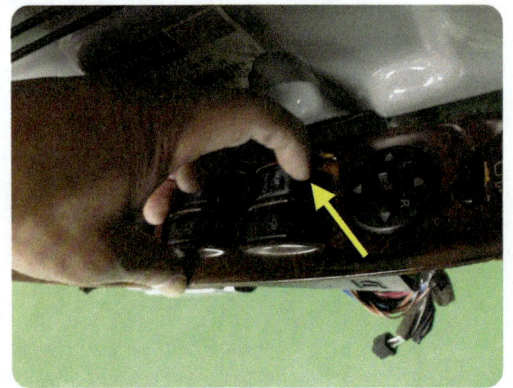

그림과 같이 메인 파워 윈도우 커넥터를 끼운 후 메인 스위치를 올린다.

㉔ 글라스 작동상태 확인

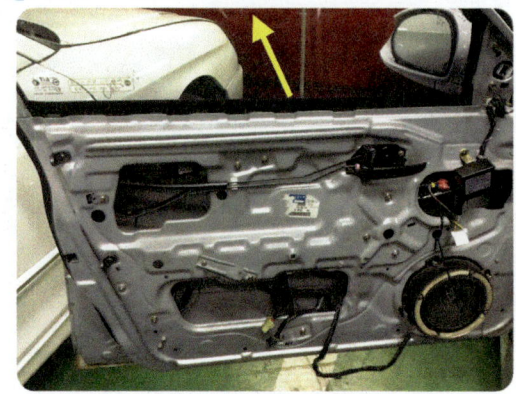

그림과 같이 글라스가 부하 없이 올라가는지 확인한다.

02 파워 윈도우 전압과 전류 파형

① 세이프티 파워 윈도우 모듈

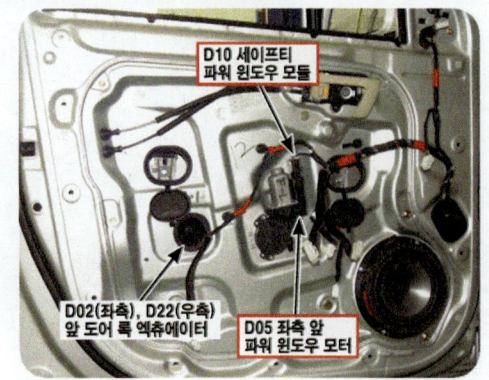

D10 세이프티 파워 윈도우 모듈, D05 좌측 앞 파워 윈도우 모터

② 사용자 설정

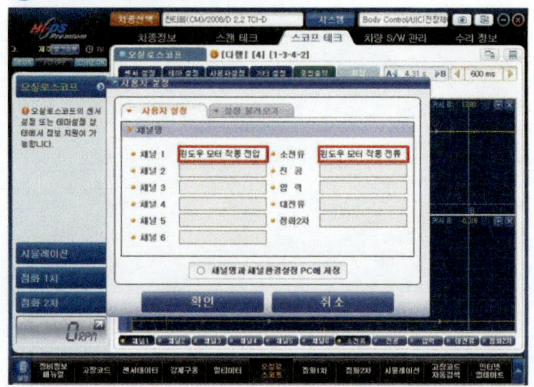

그림과 같이 사용자 설정에서 채널 1 윈도우 모터 작동전압, 소 전류 윈도우 모터 작동 전류로 기입한다.

03 파워 윈도우 회로(1) : 파워 윈도우 메인 스위치

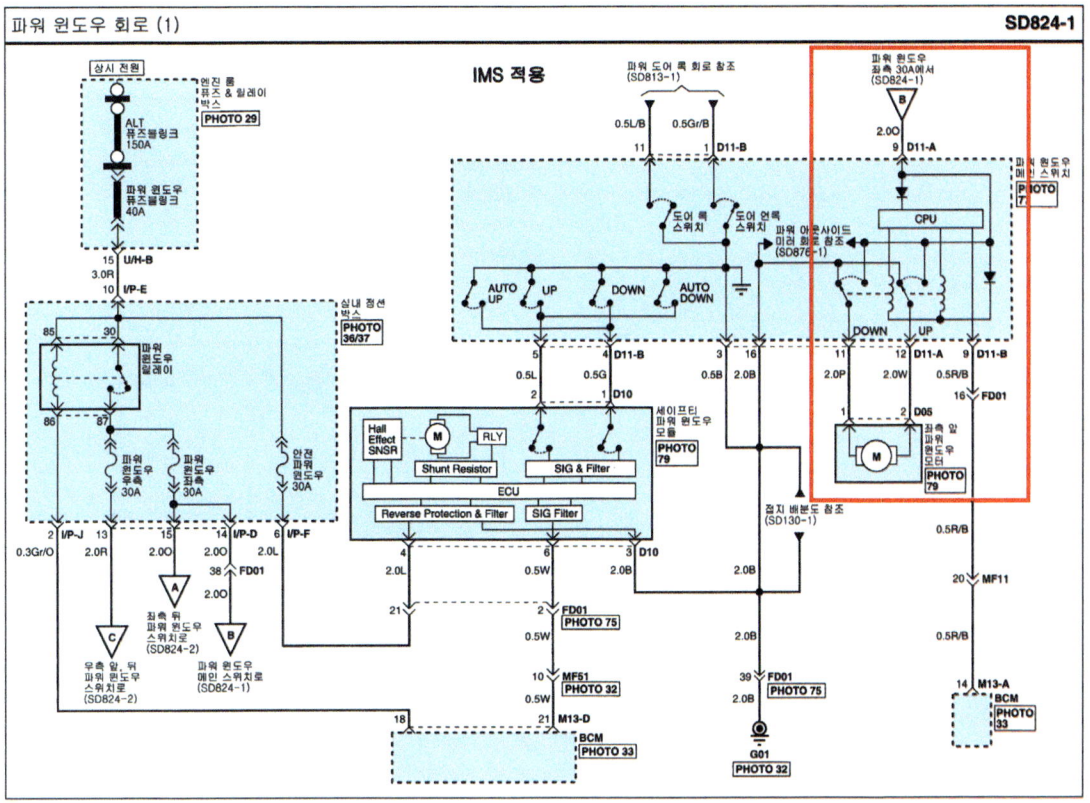

04 세이프티 파워 윈도우 모듈

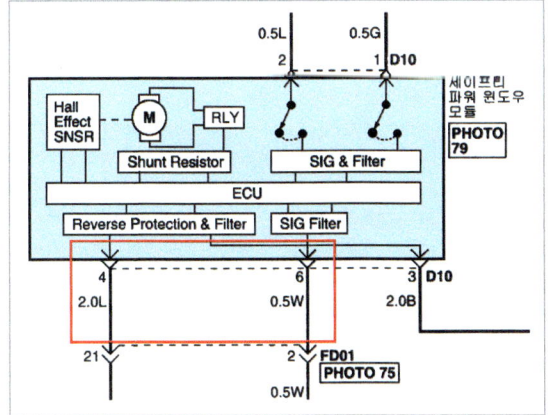

파워 윈도우 모터 단자

05 채널 1 전원 프로브 및 소 전류계 설치

그림과 같이 파워 윈도우 모터 커넥터에 채널 1 전원 프로브를 연결하고 소 전류계를 설치한다.

06 측정준비 출력파형

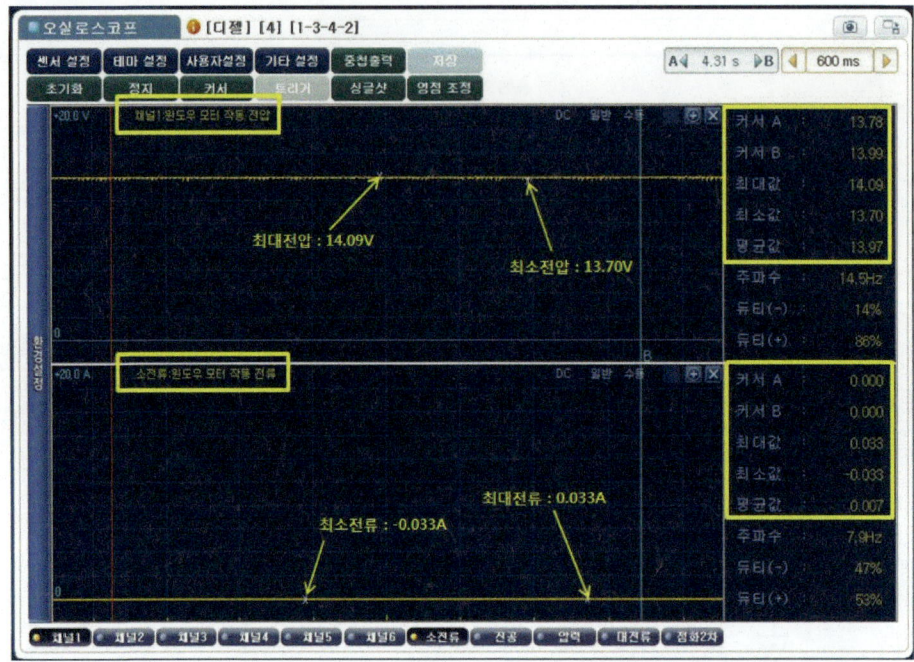

파워 윈도우 작동 시 준비화면으로 커서 A와 B를 모터 작동 전 임의 구간에 위치한 경우
최대전압 14.09V, 최소전압 13.70V와 최대전류 0.033A, 최소전류 -0.033A로 표기한 화면임.

07 파워 윈도우 상승 시 출력파형

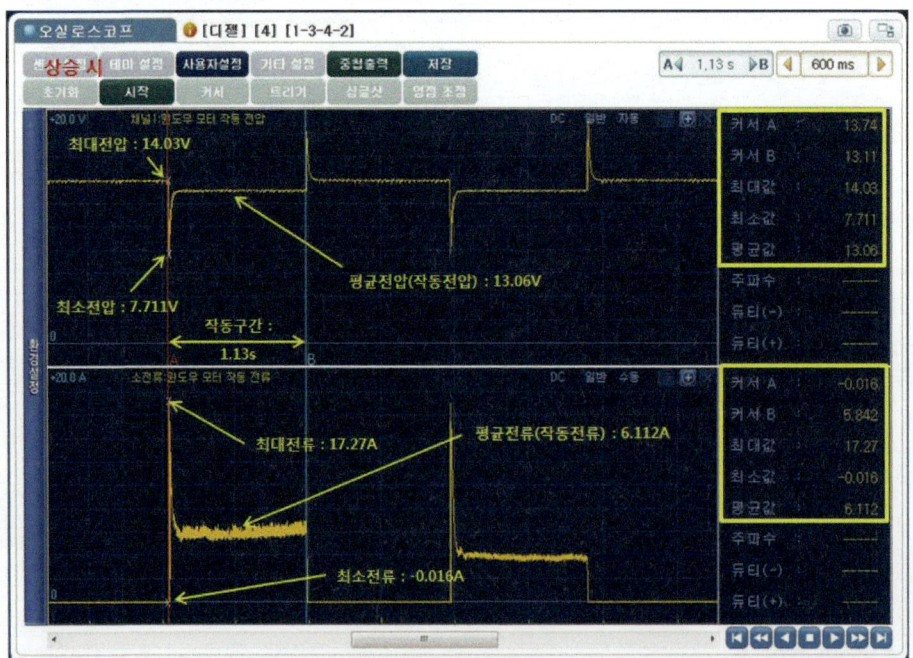

파워 윈도우 상승 시 출력 파형으로 커서 A와 B를 모터 상승 시 구간에 위치한 경우
최대전압 14.03V, 최소전압 7.711V, 작동구간(시간) 1.13s, 평균(작동)전압 13.06V와 최대전류 17.27A,
최소전류 -0.016A, 평균(작동)전류 6.112A로 표기한 화면임.

작업형실기

08 상승 시 출력파형 출력물 : 파워 윈도우 상승 시 파형 출력 및 분석내용 표기

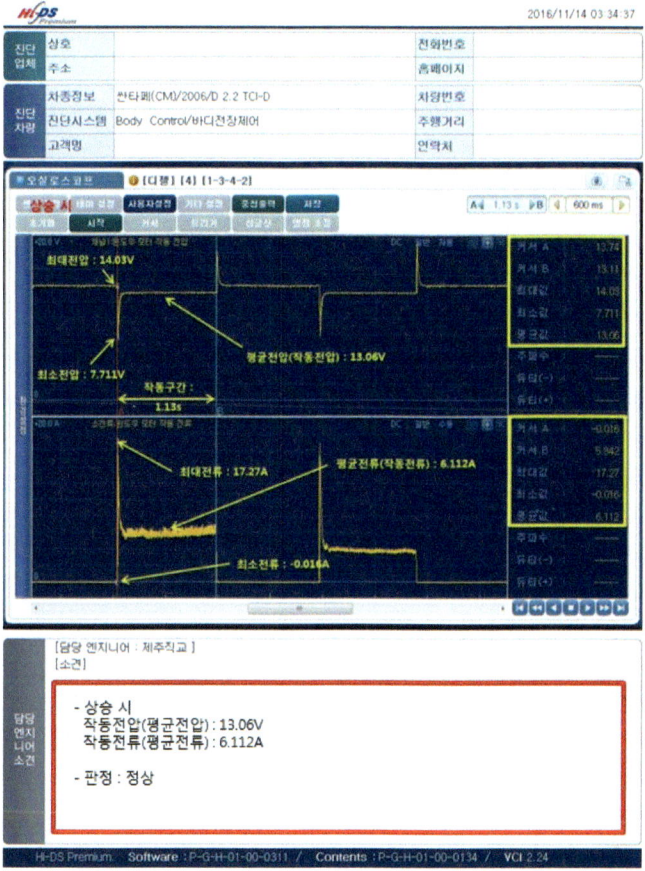

| 답안작성 | 파워 윈도우 상승 시 출력 파형에 의한 분석내용 및 답안작성 |

◆ 전기 1. 기록표

1) 파형   자동차 번호 :

| 비 번호 | | 시험 위원 확 인 | |

항 목	파형 분석 및 판정			득 점
	분석항목	분석내용	판정(□에 '✔' 표)	
파워 윈도우 전압과 전류파형	작동전압 : 13.06V	분석내용은 출력물에 표시하시오	☑ 양 호 □ 불 량	
	작동전류(상승 시) : 6.112A			
	작동전류(하강 시) :			

*주의사항 : 분석 항목 및 내용은 출력물에 표기하며 관련 사항은 시험위원의 지시에 따른다.

⑨ 파워 윈도우 하강 시 출력파형

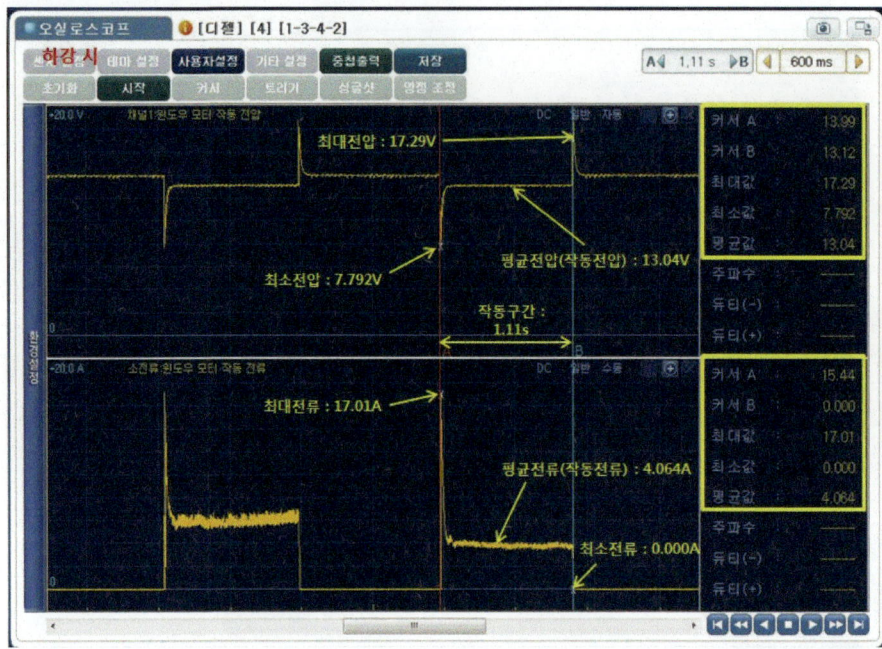

파워 윈도우 하강 시 출력 파형으로 커서 A와 B를 모터 하강 시 구간에 위치한 경우 최대전압 17.29V, 최소전압 7.792V, 작동구간(시간) 1.11s, 평균(작동)전압 13.04V와 최대전류 17.01A, 최소전류 0.000A, 평균(작동)전류 4.064A로 표기한 화면임.

⑩ 하강 시 출력파형 출력물 : 파워 윈도우 하강 시 파형 출력 및 분석내용 표기

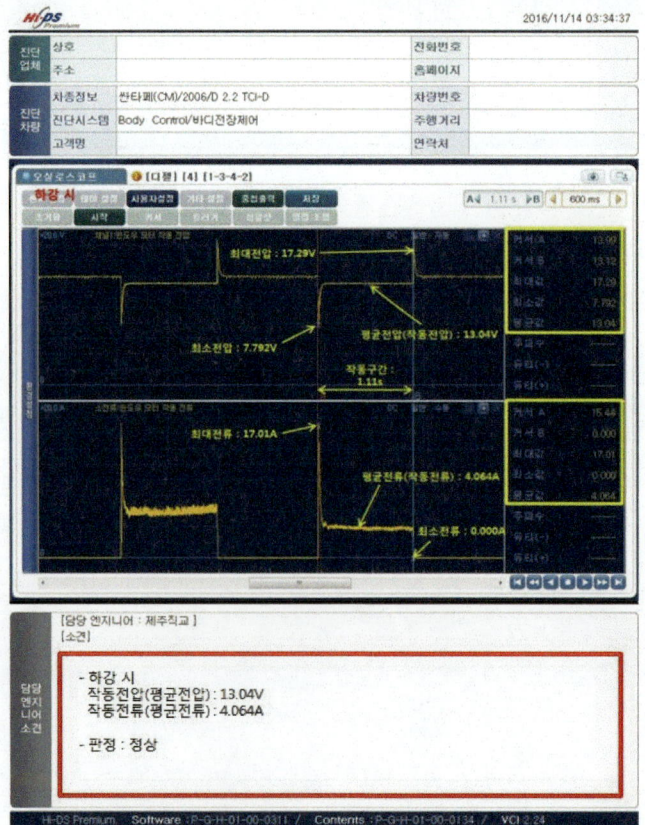

작업형실기

답안작성 — 파워 윈도우 하강 시 출력 파형에 의한 분석내용 및 답안작성

◈ 전기 1. 기록표
1) 파형   자동차 번호 :

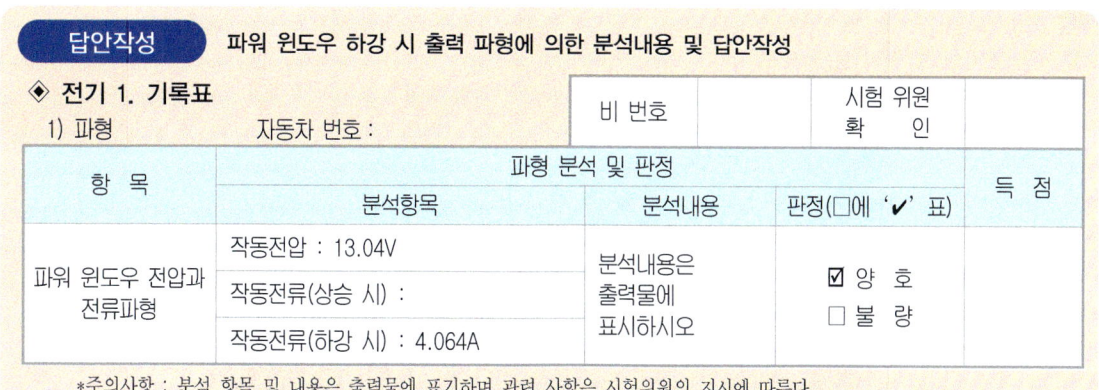

항 목	파형 분석 및 판정			득 점
	분석항목	분석내용	판정(□에 'V' 표)	
파워 윈도우 전압과 전류파형	작동전압 : 13.04V	분석내용은 출력물에 표시하시오	☑ 양 호 □ 불 량	
	작동전류(상승 시) :			
	작동전류(하강 시) : 4.064A			

*주의사항 : 분석 항목 및 내용은 출력물에 표기하며 관련 사항은 시험위원의 지시에 따른다.

⑪ 파워 윈도우 상승 및 하강 시 출력파형

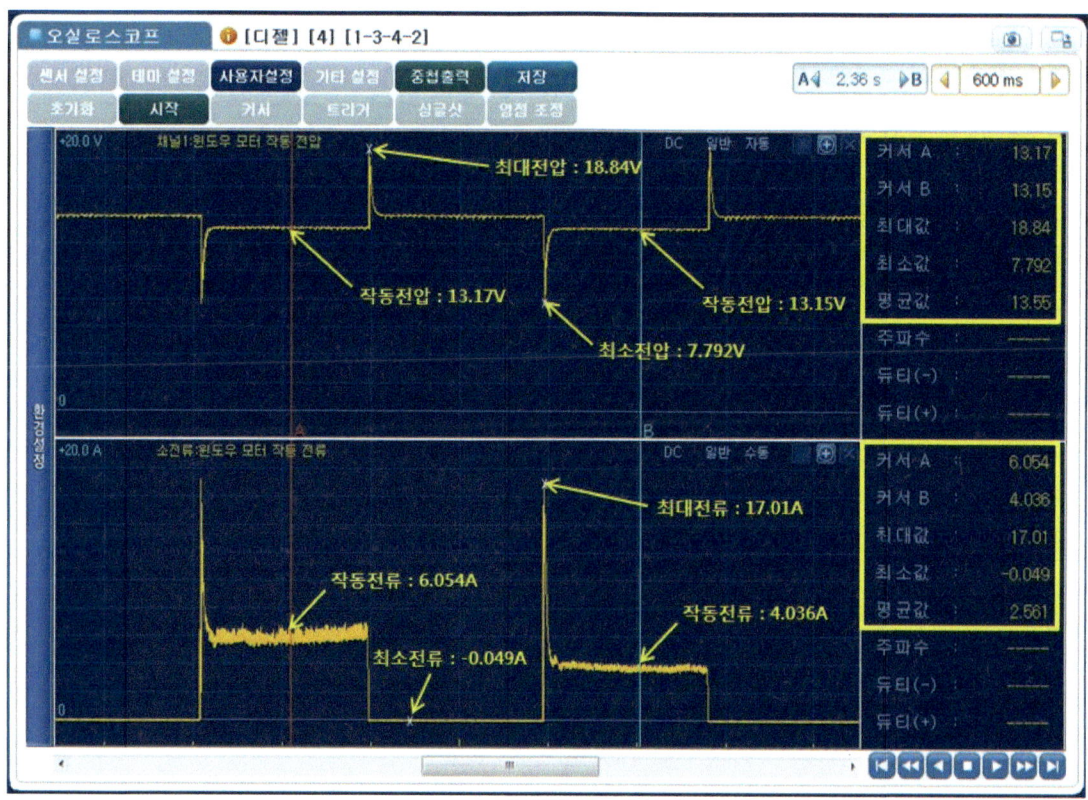

파워 윈도우 상승 및 하강 시 출력 파형으로 커서 A를 상승 시 작동구간 중앙에 커서B를 하강 시 작동구간 중앙에 위치한 경우 최대전압 18.84V, 최소전압 7.792V, 커서 A(작동전압) 13.17V, 커서 B(작동전압) 13.15V와 최대전류 17.01A, 최소전류 -0.049A, 커서 A(작동전류) 6.054A, 커서 B(작동전류) 4.036A로 표기한 화면임.

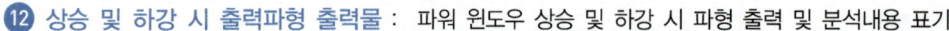

⑫ 상승 및 하강 시 출력파형 출력물 : 파워 윈도우 상승 및 하강 시 파형 출력 및 분석내용 표기

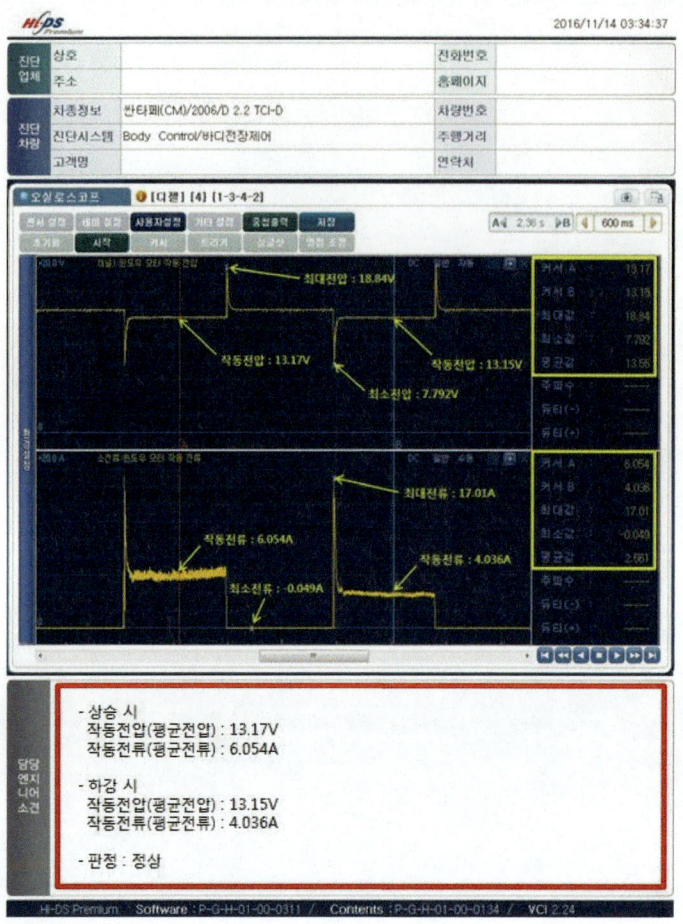

답안작성
파워 윈도우 상승 및 하강 시 출력 파형에 의한 분석내용 및 답안작성

◈ 전기 1. 기록표

1) 파형　　　　자동차 번호 :　　　　비 번호　　　　시험 위원 확　인

항 목	파형 분석 및 판정			득 점
	분석항목	분석내용	판정(□에 '✔' 표)	
파워 윈도우 전압과 전류파형	작동전압 : 13.17V 또는 13.15V	분석내용은 출력물에 표시하시오	☑ 양 호 □ 불 량	
	작동전류(상승 시) : 6.054A			
	작동전류(하강 시) : 4.036A			

*주의사항 : 분석 항목 및 내용은 출력물에 표기하며 관련 사항은 시험위원의 지시에 따른다.

작업형실기

기능장 7안
전기 2

회로점검 및 기록표 작성

주어진 자동차에서 정비지침서의 회로도를 이용하여 기록표에서 요구하는 회로를 점검하고, 이상이 있으면 이상내용을 기록표에 기록한 후 정비하시오.

01 안전벨트 회로점검

① BCM 회로 & 연료 주입구 회로(1) : 안전벨트 BCM 커넥터 및 체크 포인트

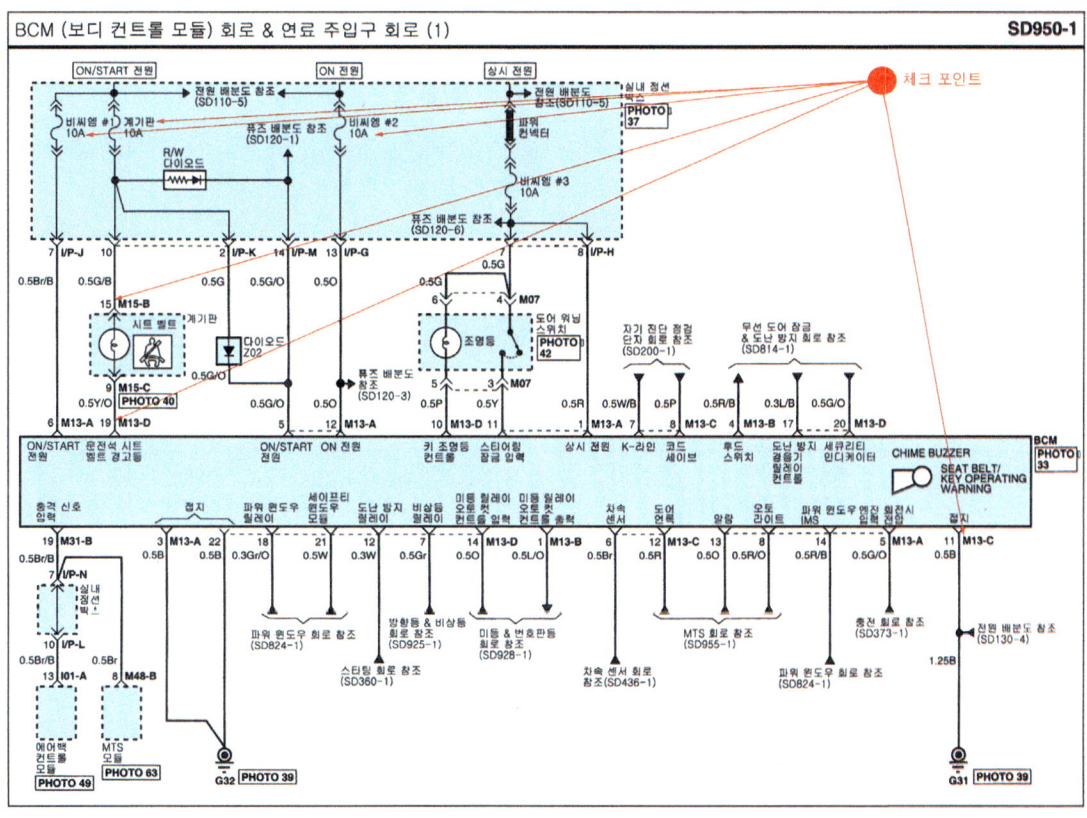

02 전원 배분도(5) : 안전벨트 전원 배분도(5)

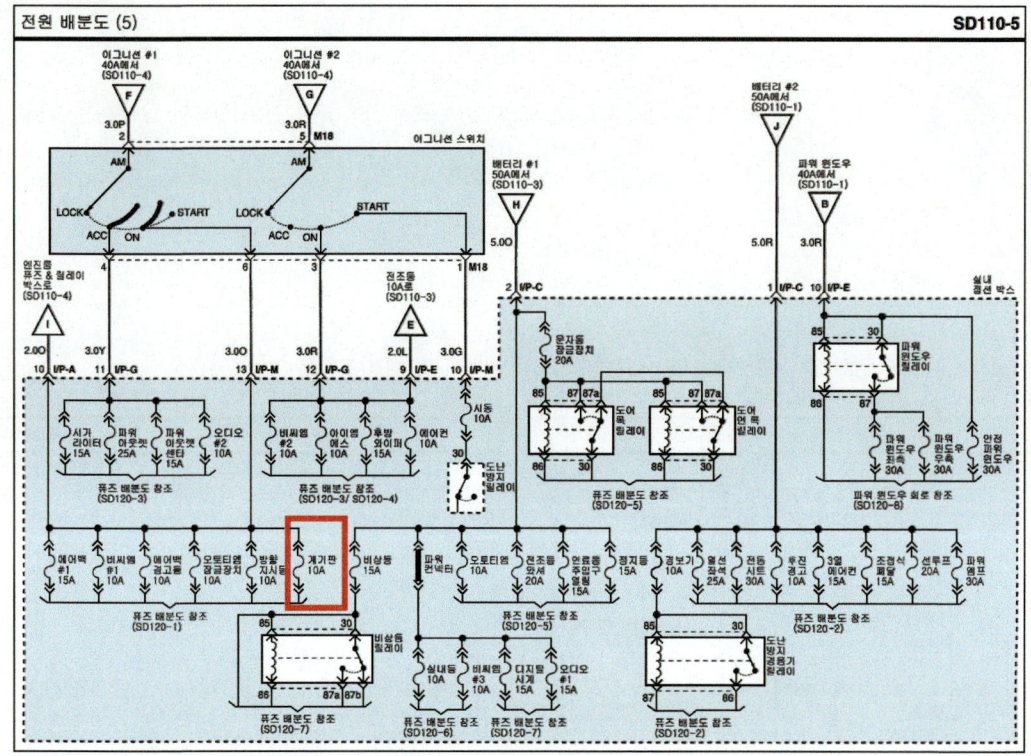

03 경고등 & 게이지 회로(1) : 안전벨트 경고등 & 게이지 회로 체크 포인트

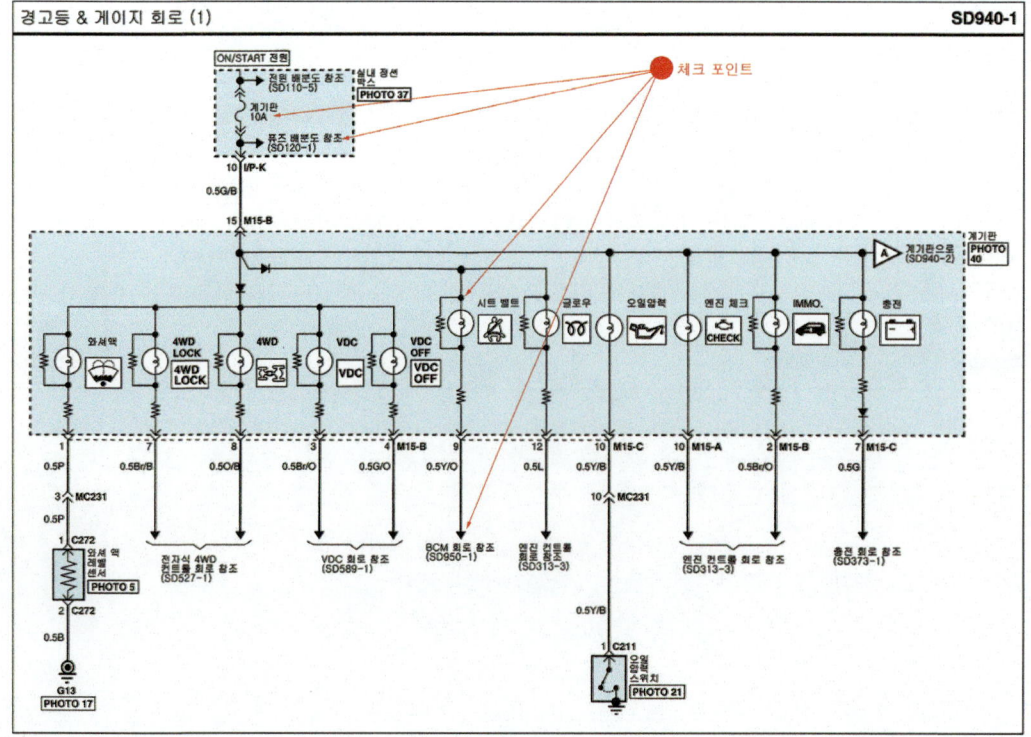

04 퓨즈 연결회로 : 안전벨트 실내 정션박스 퓨즈용량

표기	용량(A)	연결회로
시동	10A	도난 방지 릴레이
파워 윈도우 좌측	30A	파워 윈도우 메인 스위치, 좌측 뒤 파워 윈도우 스위치
파워 윈도우 우측	30A	파워 윈도우 메인 스위치, 우측 앞/뒤 파워 윈도우 스위치
선루프	20A	선루프 모터
전동 시트	30A	IMS컨트롤 모듈
안전파워 윈도우	30A	세이프티 파워 윈도우 ECM
열선 미러	10A	리어 디포거 스위치, 좌/우측 파워 아웃사이드 미러&미러 폴딩 모터
에어백 #1	15A	에어백 컨트롤 모듈#1
실내등	10A	핸즈프리 모듈, 계기판, 좌측 앞 도어 램프, 카고 램프, 리어 퍼스널 램프 LH/고, 맴램프, 실내등, 운전석/조수석 화장 등 스위치
에어컨	10A	에어컨 컨트롤 모듈, 블로워 하이 릴레이, AQS센서, 실내온도&습도센서, 리어 에어컨 스위치, 선루프 모터, 리어 에어컨 릴레이, PTC히터 릴레이#2,#3, 실내 감광미러, 전조등 와셔 릴레이, 블로워 릴레이
열선 좌석	25A	운전석,조수석 시트 히터 컨트롤 모듈
파워 앰프	30A	DELPHI 앰프, 오디오 앰프
파워 아웃렛 센타	15A	리어 파워 아웃렛 #2
파워 아웃렛	25A	프런트 파워 아웃렛, 리어 파워 아웃렛#1
시가라이터	15A	프런트 파워 아웃렛
문자동 잠금장치	20A	도어 록/언록 릴레이, BCM, 좌측 앞/뒤 도어 록, 액추에이터, 우측 앞/뒤 도어 록 액추에이터, 테일 게이트 록 액추에이터
에어백 경고등	10A	계기판
오토티엠 잠금장치	10A	ATM키 록 모듈, VDC스위치, 운전석/조수석 시트 히터 컨트롤 모듈

표기	용량(A)	연결회로
방향지시등	10A	비상등 스위치
조정식 페달	15A	어드저스트 페달 릴레이
비상등	15A	비상등 릴레이, 비상등 스위치
후방 와이퍼	15A	리어 간헐 와이퍼 모듈, 다기능 스위치
에어컨 스위치	10A	에어컨 컨트롤 모듈
계기판	10A	핸즈프리 모듈, MTS잭, 계기판, BCM, 제너레이터
비씨엠 #1	10A	BCN
연료통 주입구 열림	15A	연료 주입구 스위치
경보기	10A	도난 방지 경음기 릴레이, BCM, 도난방지 경음기
3열 에어컨	15A	리어 에어컨 릴레이
후진 경고	10A	후진 경고 부저
아이엠에스	10A	IMS 컨트롤 모듈, 레인 센서
오디오 #2	10A	파워 윈도우 메인 스위치, DELPHI 오디오, 오디오, 파워 아웃사이드 미러&미러 폴딩 모터, BCM, MTS모듈, ATM 키 록 모듈, A/V헤드 모듈, 시계, 핸즈프리 모듈, 튜너 모듈
블로워	30A	블로워 릴레이, 에어컨 스위치 10A, 블로워 모터
정지등	15A	정지등 스위치
전동등 와셔	20A	전동등 와셔 릴레이
비씨엠 #3	10A	도어 워닝 스위치, IMS컨트롤 모듈, 파워 아웃사이드 미러 & 미러 폴딩 모터, 세큐리티 인디게이터, BCM, 파워 윈도우 메인 스위치, 우측 앞 파워 윈도우 스위치
디지털 시계	15A	시계, 자기진단점검단자, 에어컨 컨트롤 모듈
오디오 #1	15A	DELPHI 오디오, 오디오, MRS모듈, A/V헤드 모듈, 튜너 모듈, 네비게이션 모듈
오토티엠	10A	키 솔레노이드, 스포츠 모드 스위치
비씨엠#2	10A	레오스테트, BCM, EPS 모듈

05 퓨즈 배분도(1) : 안전벨트 퓨즈 배분도

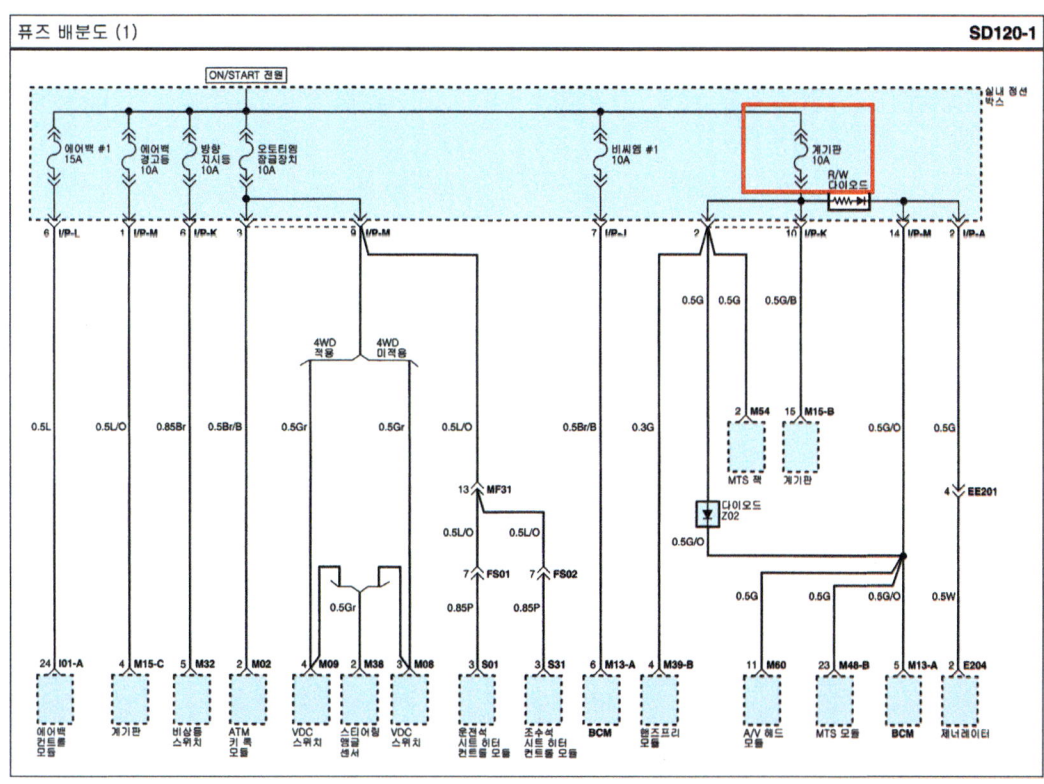

06 BCM 커넥터

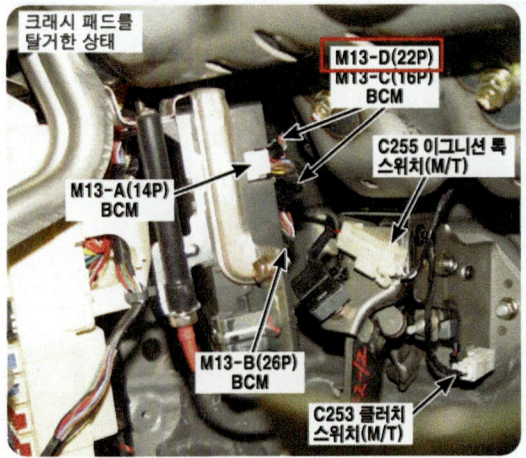

M13-D(22P) 커넥터

07 계기판

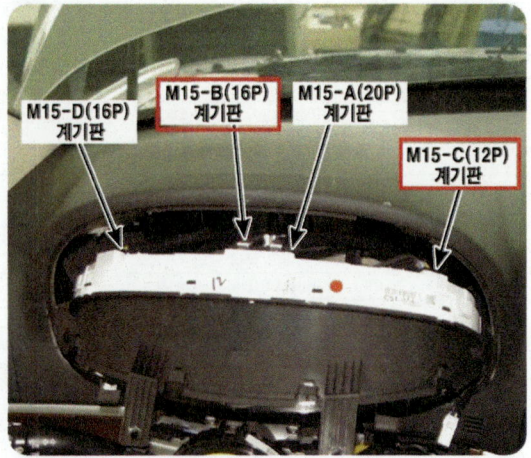

M15-B(16P) 계기판

참고자료 — 회로 고장부분과 내용 및 상태

고장부분	내용 및 상태	정비 및 조치할 사항
계기판 10A 퓨즈	단선	계기판 10A 퓨즈 교환 후 재점검
BCM 1번 10A 퓨즈	단선	BCM 1번 10A 퓨즈 교환 후 재점검
BCM 2번 10A 퓨즈	단선	BCM 2번 10A 퓨즈 교환 후 재점검
계기판 안전벨트 경고등 커넥터	탈거	계기판 안전벨트 경고등 커넥터 결합 후 재점검
BCM 입력전원 커넥터	탈거	BCM 입력전원 커넥터 결합 후 재점검
시트벨트 스위치(운전석, 동승석) 커넥터	탈거	시트벨트 스위치(운전석, 동승석) 커넥터 결합 후 재점검

02 에어백 회로점검

01 전원 배분도(4) : 에어백 전원 배분도(4)

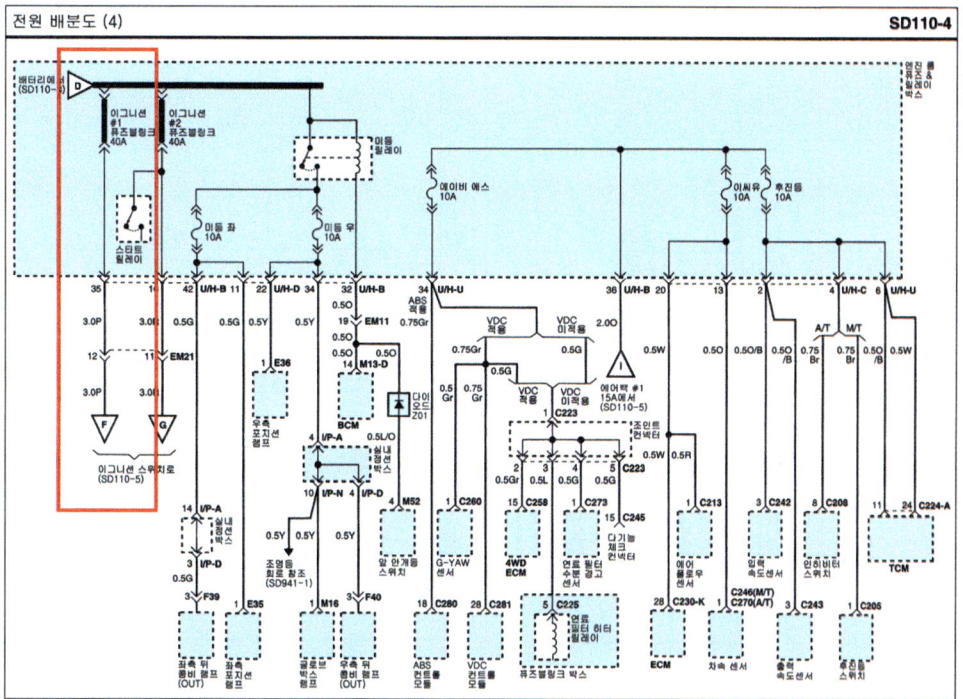

02 전원 배분도(5) : 에어백 전원 배분도(5)

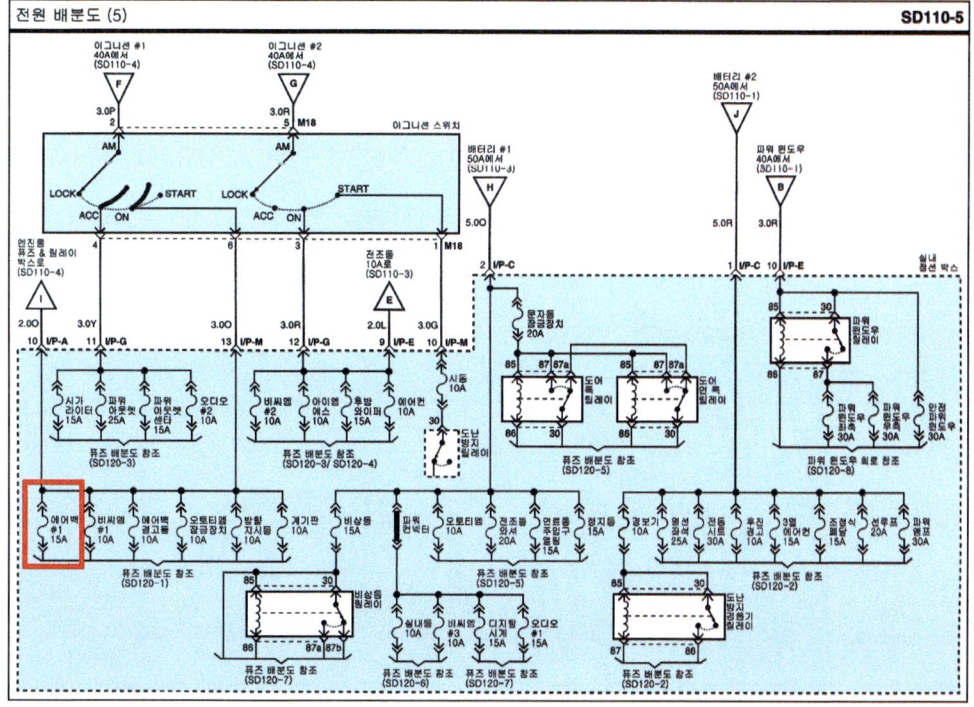

03 퓨즈 연결회로 : 에어백 실내 정션박스 퓨즈용량

표기	용량(A)	연결회로
시동	10A	도난 방지 릴레이
파워 윈도우 좌측	30A	파워 윈도우 메인 스위치, 좌측 뒤 파워 윈도우 스위치
파워 윈도우 우측	30A	파워 윈도우 메인 스위치, 우측 앞/뒤 파워 윈도우 스위치
선루프	20A	선루프 모터
전동 시트	30A	IMS컨트롤 모듈
안전파워 윈도우	30A	세이프티 파워 윈도우 ECM
열선 미러	10A	리어 디포거 스위치, 좌/우측 파워 아웃사이드 미러&미러 폴딩 모터
에어백 #1	15A	에어백 컨트롤 모듈#1
실내등	10A	핸즈프리 모듈, 계기판, 좌측 앞 도어 램프, 카고 램프, 리어 퍼스널 램프 LH/고, 맵램프, 실내등, 운전석/조수석 화장 등 스위치
에어컨	10A	에어컨 컨트롤 모듈, 블로워 하이 릴레이, AQS센서, 실내온도&습도센서, 리어 에어컨 스위치, 선루프 모터, 리어 에어컨 릴레이, PTC히터 릴레이#2,#3, 실내 감광미러, 전동식 와셔 릴레이, 블로워 릴레이
열선 좌석	25A	운전석,조수석 시트 히터 컨트롤 모듈
파워 앰프	30A	DELPHI 앰프, 오디오 앰프
파워 아웃렛 센타	15A	리어 파워 아웃렛 #2
파워 아웃렛	25A	프런트 파워 아웃렛, 리어 파워 아웃렛#1
시가라이터	15A	프런트 파워 아웃렛
문자동 잠금장치	20A	도어 록/언록 릴레이, BCM, 좌측 앞/뒤 도어 록, 액추에이터, 우측 앞/뒤 도어 록 액추에이터, 테일 게이트 록 액추이에터
에어백 경고등	10A	계기판
오토티엠 잠금장치	10A	ATM키 록 모듈, VDC스위치, 운전석/조수석 시트 히터 컨트롤 모듈

표기	용량(A)	연결회로
방향지시등	10A	비상등 스위치
조정식 페달	15A	어드저스트 페달 릴레이
비상등	15A	비상등 릴레이, 비상등 스위치
후방 와이퍼	15A	리어 간헐 와이퍼 모듈, 다기능 스위치
에어컨 스위치	10A	에어컨 컨트롤 모듈
계기판	10A	핸즈프리 모듈, MTS잭, 계기판, BCM, 제너레이터
비씨엠 #1	10A	BCN
연료통 주입구 열림	15A	연료 주입구 스위치
경보기	10A	도난 방지 경음기 릴레이, BCM, 도난방지 경음기
3열 에어컨	15A	리어 에어컨 릴레이
후진 경고	10A	후진 경고 부저
아이엠에스	10A	IMS 컨트롤 모듈, 레인 센서
오디오 #2	10A	파워 윈도우 메인 스위치, DELPHI 오디오, 오디오, 파워 아웃사이드 미러&미러 폴딩 모터, BCM, MTS모듈, ATM 키 록 모듈, A/V헤드 모듈, 시계, 핸즈프리 모듈, 튜너 모듈
블로워	30A	블로워 릴레이, 에어컨 스위치 10A, 블로워 모터
정지등	15A	정지등 스위치
전조등 와셔	20A	전조등 와셔 릴레이
비씨엠 #3	10A	도어 워닝 스위치, IMS컨트롤 모듈, 파워 아웃사이드 미러 & 미러 폴딩 모터, 세큐리티 인디게이터, BCM, 파워 윈도우 메인 스위치, 우측 앞 파워 윈도우 스위치
디지털 시계	15A	시계, 자기진단점검단자, 에어컨 컨트롤 모듈
오디어 #1	15A	DELPHI 오디오, 오디오, MRS모듈, A/V헤드 모듈, 튜너 모듈, 네비게이션 모듈
오토티엠	10A	키 솔레노이드, 스포츠 모드 스위치
비씨엠#2	10A	레오스테트, BCM, EPS 모듈

04 에어백 회로(1) : 에어백 회로 체크 포인트

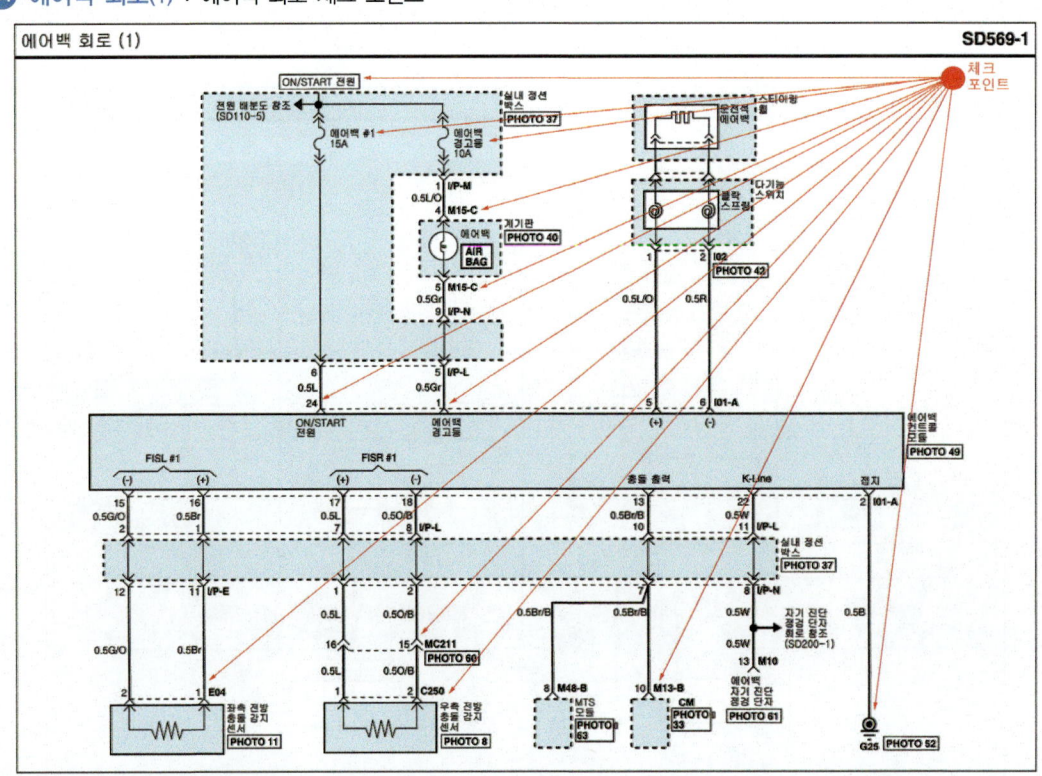

05 계기판

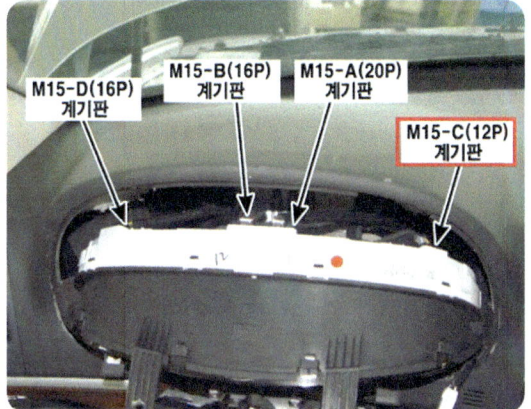

에어백 계기판

06 충돌감지 센서

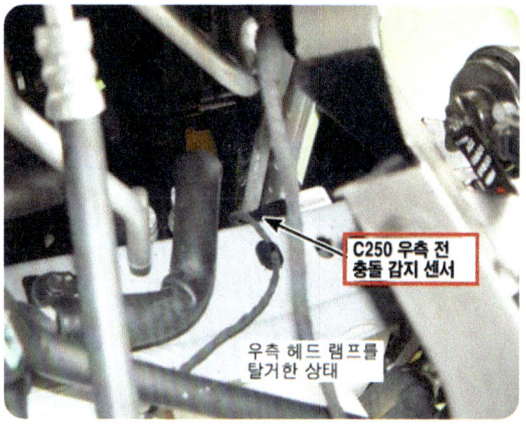

에어백 우측전방 충돌감지 센서

07 자기진단 점검단자

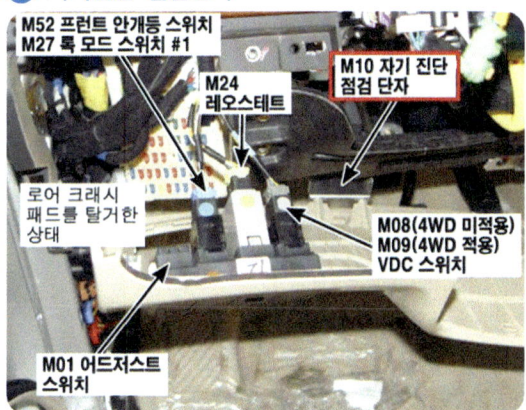

에어백 자기진단 점검단자

08 좌측전방 충돌감지 센서

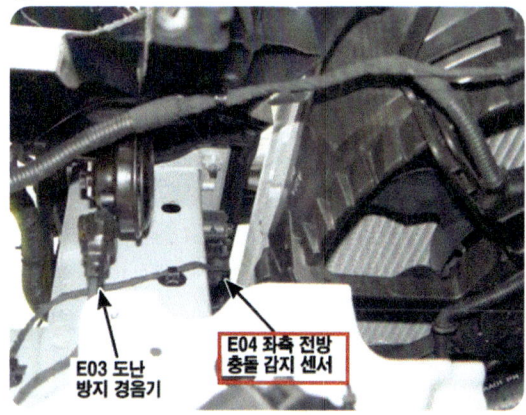

에어백 좌측전방 충돌감지 센서

09 에어백 컨트롤 모듈

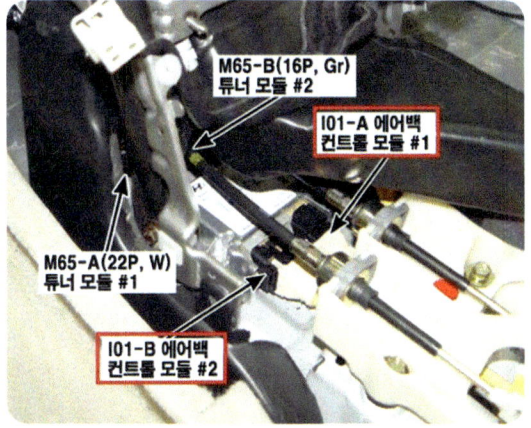

101-A 에어백 컨트롤 모듈 #1, 101-B 에어백 컨트롤 모듈 #2

10 운전석 에어백

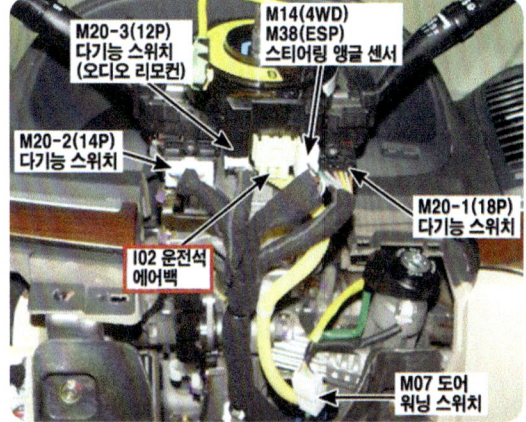

102 운전석 에어백

자동차정비기능장

참고자료 | 회로 고장부분과 내용 및 상태

고장부분	내용 및 상태	정비 및 조치할 사항
이그니션 1번 퓨즈블링크 40A	단선	이그니션 1번 퓨즈블링크 40A 교환 후 재점검
에어백 1번 15A 퓨즈	없음	에어백 1번 15A퓨즈 장착 후 재점검
에어백 경고등 퓨즈	단선	에어백 경고등 퓨즈 교환 후 재점검
에어백 클락 스프링 커넥터	탈거	에어백 클락 스프링 커넥터 결합 후 재점검
좌측전방 충돌감지센서 커넥터	탈거	좌측전방 충돌감지센서 커넥터 결합 후 재점검
우측전방 충돌감지센서 커넥터	탈거	우측전방 충돌감지센서 커넥터 결합 후 재점검

답안작성
위에서 설명한 안전벨트 회로 및 에어백 회로 점검방법을 참조하여 고장부분, 내용 및 상태, 정비 및 조치사항을 기재한다.

◆ 전기 2. 기록표
자동차 번호 :

항 목	점검(또는 측정)		정비 및 조치 사항	득 점
	고장 부분	내용 및 상태		
안전벨트 회로	실내 정션박스 내 계기판 퓨즈 10A	단선	정격용량의 퓨즈 교환 후 재점검	
에어백 회로	우측 전 충돌 감지 센서	커넥터 빠짐	커넥터 끼운 후 재점검	
윈도우 모터 회로				

비 번호 :
시험 위원 확 인 :

---

03 윈도우 모터 회로점검 : 1안 참조 (93~99페이지)

작업형실기

기능장 7안
전 기 3
파형 측정

주어진 자동차에서 시험위원 지시에 따라 기록표의 요구사항을 점검 및 측정하여 기록하시오.

01 충전시스템[충전전압 및 전류]

01 오실로스코프 설정

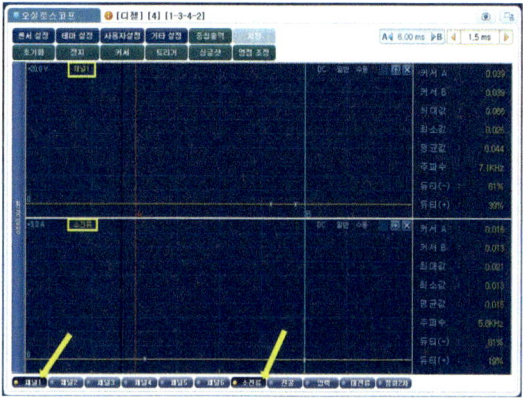

그림과 같이 채널 1과 소 전류를 선택한다.

02 사용자 설정

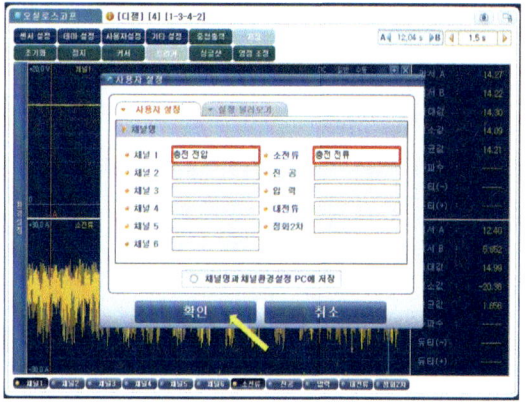

그림과 같이 사용자 설정에서 채널 1 충전전압, 소 전류 충전전류로 기입한다.

03 소 전류계

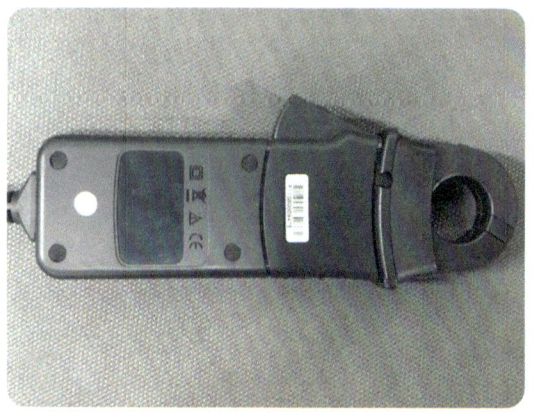

소 전류계를 준비한다.

04 영점조정

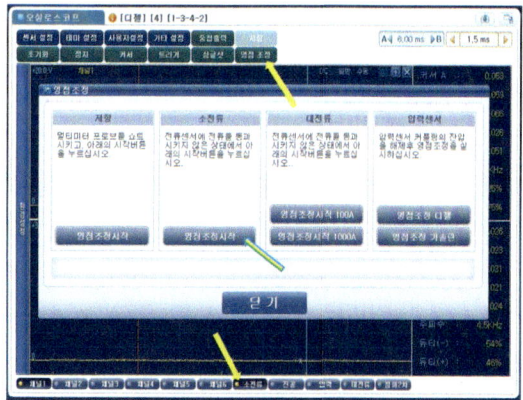

그림과 같이 영점조정을 실시한다.

501

05 충전회로(1) : ALT 퓨즈블링크 150A, 배터리

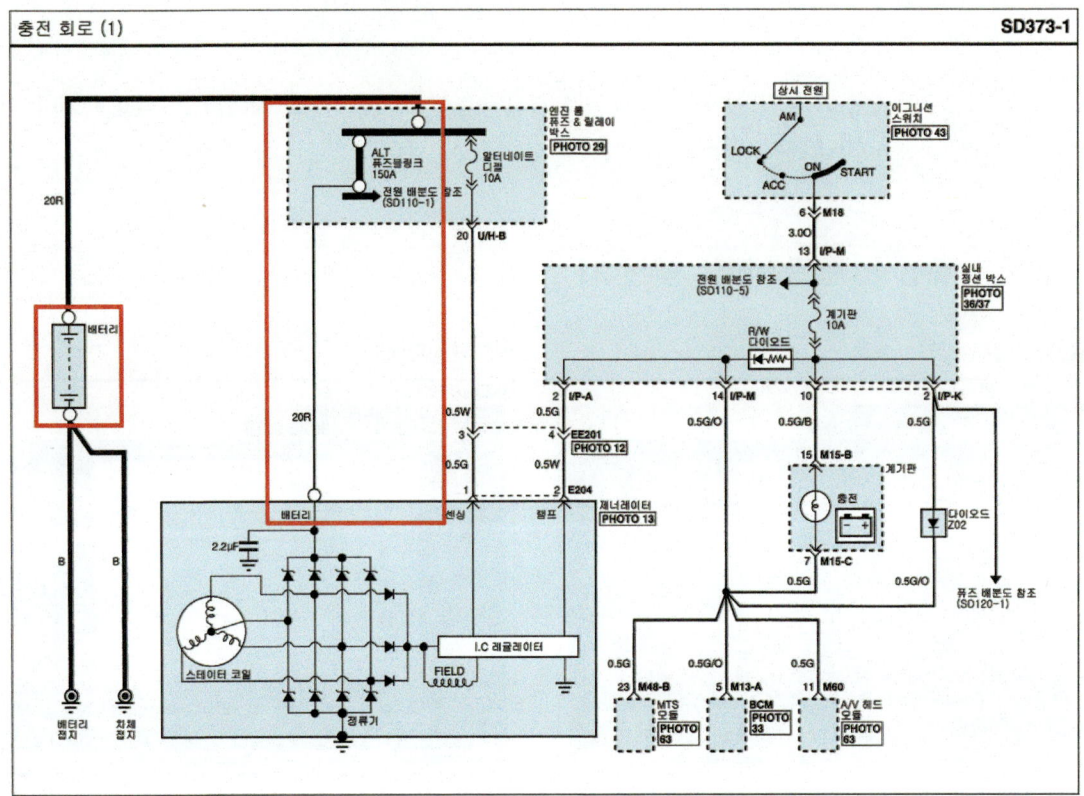

06 채널 1 설치

채널 1 프로브를 배터리 (+), (-)에 설치한다.

07 소 전류계 설치

그림과 같이 소 전류계를 발전기 B단자 배선에 설치한다.

08 무 부하 시 출력파형

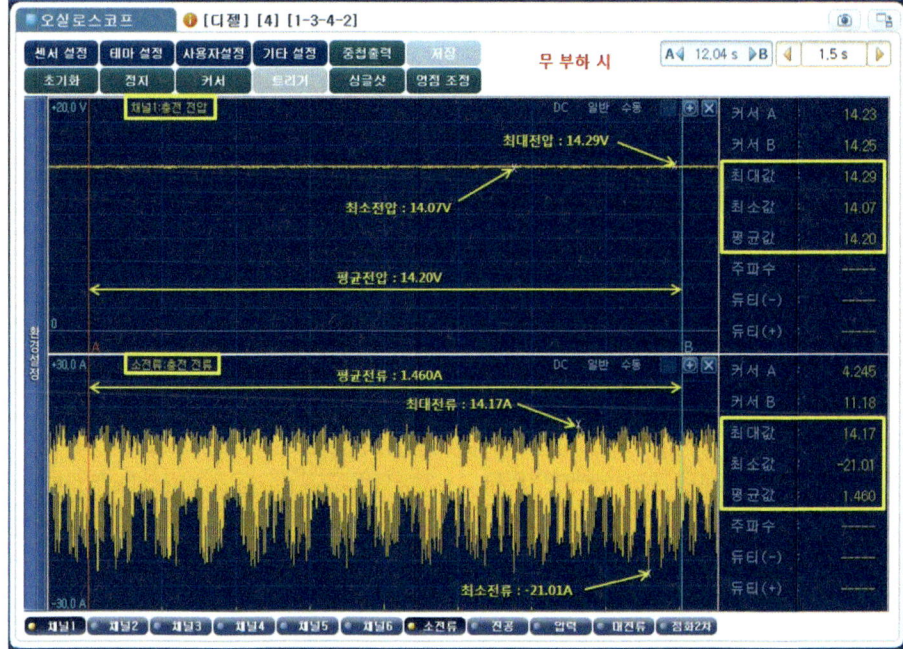

무 부하 시 충전전압과 충전전류 파형으로 커서 A, B를 임의 구간에 위치한 경우 최대전압 14.29V, 최소전압 14.07V, 평균전압 14.20V와 최대전류 14.17A, 최소전류 -21.01A, 평균전류 1.460A로 표기한 화면임.

09 무 부하 시 출력파형 출력물 : 무 부하 시 파형 출력 및 분석내용 표기

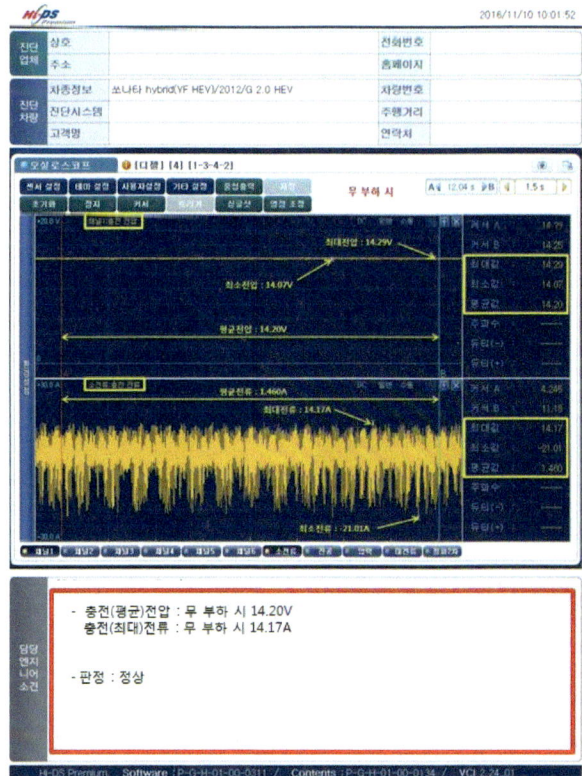

◆ 전기 3. 기록표

답안작성: 무 부하 시 출력 파형에 의한 분석내용 및 답안작성

1) 점검 및 측정 자동차 번호:

비 번호		시험 위원 확 인	

항 목		측정(또는 점검)		판정 및 정비(또는 조치)사항		득 점
		측정값	규정값 (정비한계값)	판정(□에 '✔' 표)	정비 및 조치할 사항	
충전 시스템	충전 전압	무부하 시 : 14.20V	12.5~14.50V	☑ 양 호 □ 불 량	정비 및 조치사항 없음 또는 정상	
		부하 시 :				
	충전 전류	무부하 시 : 14.17A	0~25.0A			
		부하 시 :				

⑩ 전조등 전원 ON

그림과 같이 전조등을 ON 하고 상향등을 켠다.

⑪ 열선 ON

그림과 같이 열선 스위치를 ON 한다.

⑫ 에어컨 ON

그림과 같이 에어컨을 ON 한다.

⑬ 부하 시 출력파형

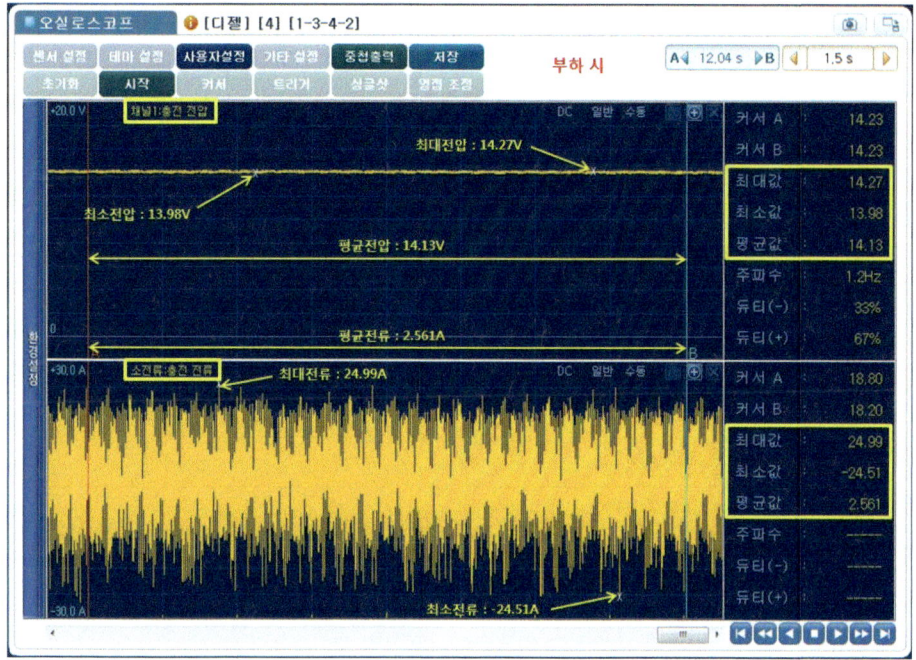

부하 시 충전전압과 충전전류 파형으로 커서 A, B를 임의 구간에 위치한 경우 최대전압 14.27V, 최소전압 13.98V, 평균전압 14.13V와 최대전류 24.99A, 최소전류 -24.51A, 평균전류 2.561A로 표기한 화면임.

⑭ 부하 시 출력파형 출력물 : 부하 시 파형 출력 및 분석내용 표기

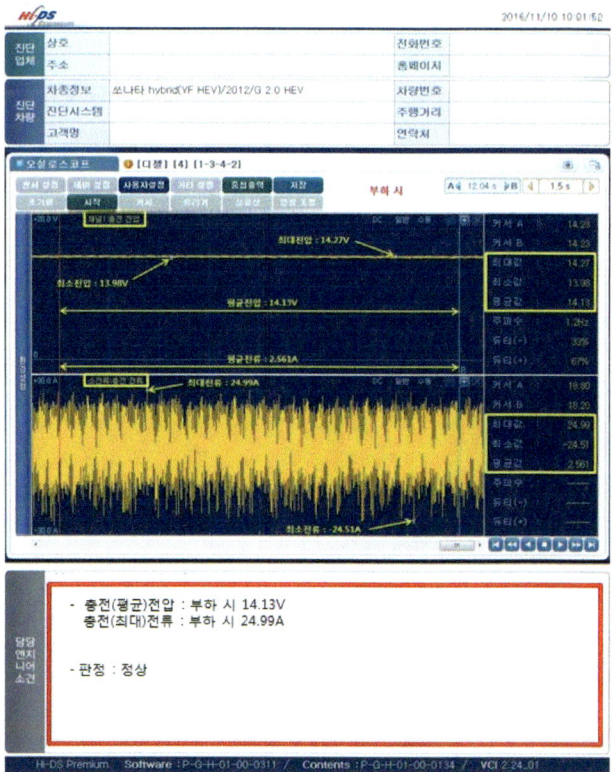

자동차정비기능장

답안작성 부하 시 출력 파형에 의한 분석내용 및 답안작성

◆ 전기 3. 기록표
1) 점검 및 측정   자동차 번호 :

| 비 번호 | | 시험 위원 확 인 | |

항 목		측정(또는 점검)		판정 및 정비(또는 조치)사항		득 점
		측정값	규정값 (정비한계값)	판정(□에 '✔' 표)	정비 및 조치할 사항	
충전 시스템	충전 전압	무부하 시 : 14.20V	13.5~14.8V	☑ 양 호 □ 불 량	정비 및 조치사항 없음 또는 정상	
		부하 시 : 14.13V	13.5~14.8V			
	충전 전류	무부하 시 : 14.17A	0~25.0A			
		부하 시 : 24.99A	10~40.0A			

02 충전시스템[충전전류]

01 대 전류계 레인지 설정

그림과 같이 대 전류계 레인지를 100A로 선택한다.

02 영점조정

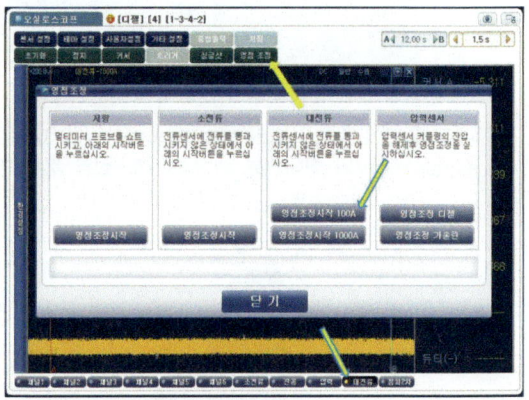

그림과 같이 영점조정시작 100A를 클릭한 후 영점조정이 완료되면 닫기를 클릭한다.

03 대 전류계 설치

대 전류계를 발전기 B단자 배선에 설치한다.

04 무 부하 시 출력파형

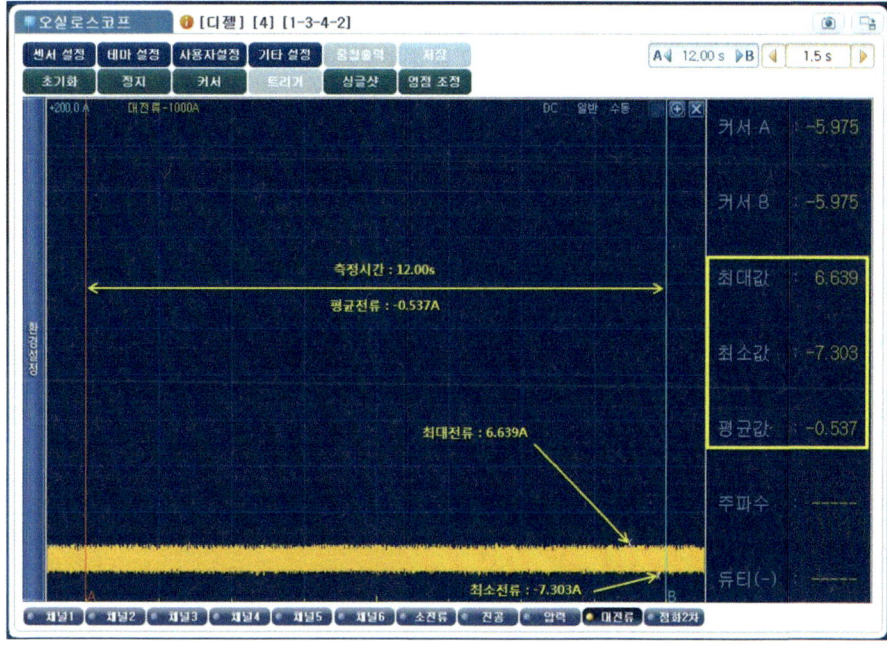

무 부하 시 충전전류 파형으로 커서 A, B를 임의 구간에 위치한 경우
측정시간 12.00s, 최대전류 6.639A, 최소전류 -7.303A, 평균전류 -0.537A로 표기한 화면임.

05 무 부하 시 출력파형 출력물 : 무 부하 시 파형 출력 및 분석내용 표기

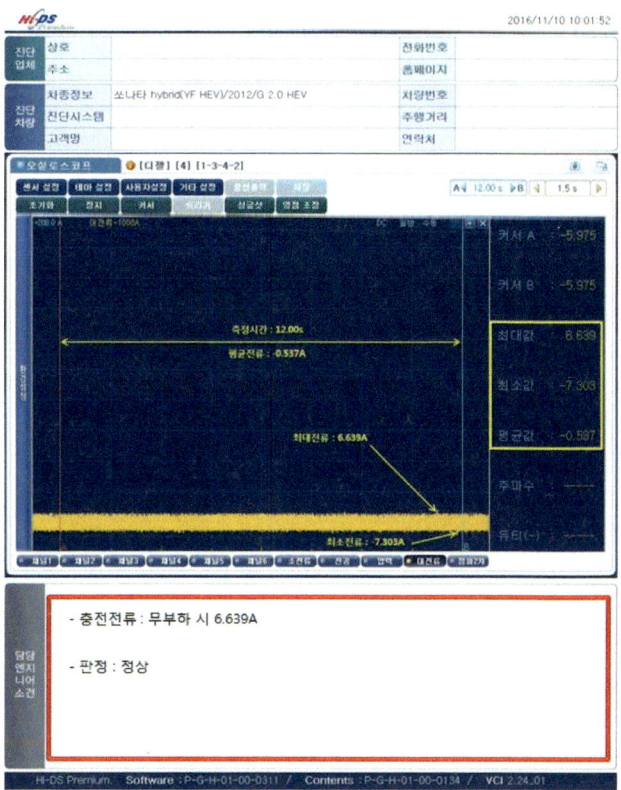

답안작성 — 무 부하 시 출력 파형에 의한 분석내용 및 답안작성

◆ 전기 3. 기록표

1) 점검 및 측정   자동차 번호 :

| 비 번호 | | 시험 위원 확 인 | |

항 목		측정(또는 점검)		판정 및 정비(또는 조치)사항		득 점
		측정값	규정값 (정비한계값)	판정(□에 '✓' 표)	정비 및 조치할 사항	
충전 시스템	충전 전압	무부하 시 :		☑ 양 호 □ 불 량	정비 및 조치사항 없음 또는 정상	
		부하 시 :				
	충전 전류	무부하 시 : 6.639A	0~25.0A			
		부하 시 :				

06 대 전류계 레인지 설정

그림과 같이 대 전류계 레인지를 1000A로 선택한다.

07 영점조정

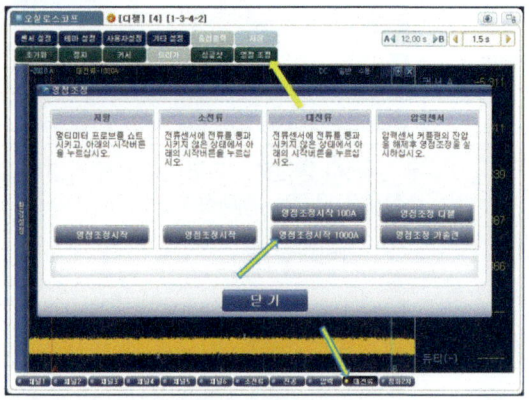

그림과 같이 영점조정시작 1000A를 클릭한 후 영점조정이 완료되면 닫기를 클릭한다.

08 대 전류계 설치

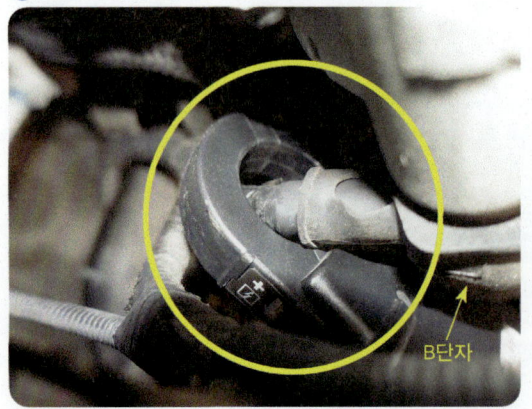

대 전류계를 발전기 B단자 배선에 설치한다.

09 전조등 전원 ON

그림과 같이 전조등을 ON 하고 상향등을 켠다.

⑩ 열선 ON

그림과 같이 열선 스위치를 ON 한다.

⑪ 에어컨 ON

그림과 같이 에어컨을 ON 한다.

⑫ 엔진 RPM 상승

그림과 같이 엔진을 가속하여 ▶
2,000~2,500rpm으로 유지한다.

⑬ 부하 시 출력파형

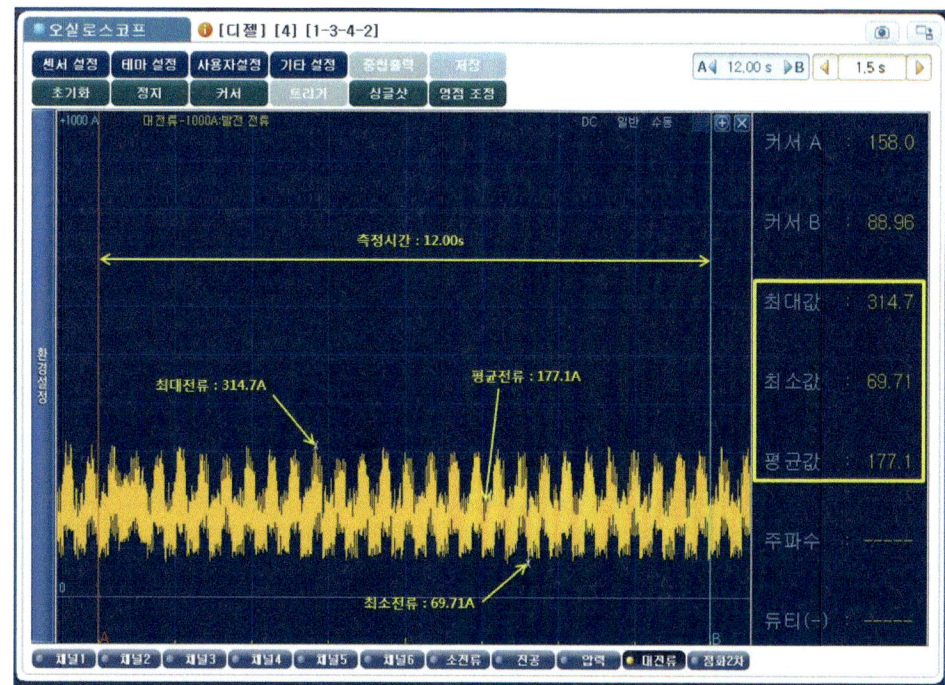

부하 시 충전전류 파형으로 커서 A, B를 임의 구간에 위치한 경우
측정시간 12.00s, 최대전류 314.7A, 최소전류 69.71A, 평균전류 177.1A로 표기한 화면임.

⑭ 발전기 신품용량

그림과 같이 발전기 신품 용량은 120A이다.

⑮ 부하 시 출력파형 출력물 : 부하 시 파형 출력 및 분석내용 표기

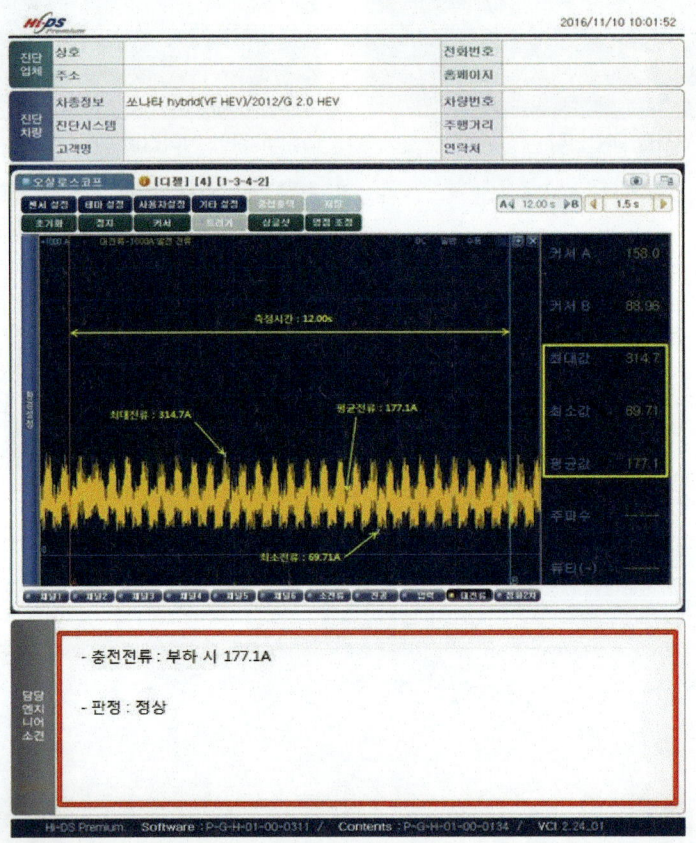

| 답안작성 | 규정값 산출 방법은 신품 용량의 70%이상이므로 120×0.7=84A 이상이다. 부하 시 출력 파형에 의한 분석내용 및 답안작성 |

◆ 전기 3. 기록표

1) 점검 및 측정   자동차 번호 :

| 비 번호 | | 시험 위원 확 인 | |

항 목		측정(또는 점검)		판정 및 정비(또는 조치)사항		득 점
		측정값	규정값 (정비한계값)	판정(□에 '✔' 표)	정비 및 조치할 사항	
충전 시스템	충전 전압	무부하 시 :		☑ 양 호 □ 불 량	정비 및 조치사항 없음 또는 정상	
		부하 시 :				
	충전 전류	무부하 시 : 6.639A	0~25.0A			
		부하 시 : 177.1A	84A 이상			

03 점검 및 측정[CAN 라인 저항] : 4안 참조 (354~358페이지)

04 점검 및 측정 [배기 음(소음)]

01 테스터

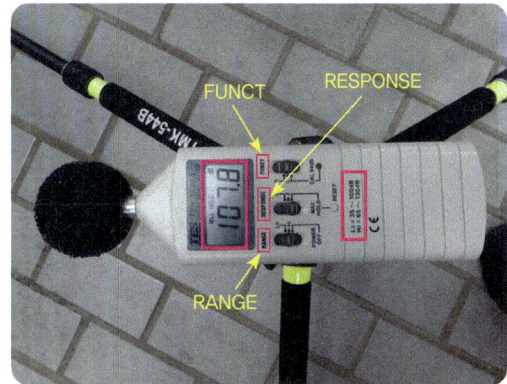

FUNCT, RESPONSE, RANGE, Lo = 35~100dB, Hi = 65~130dB

02 테스터 설치

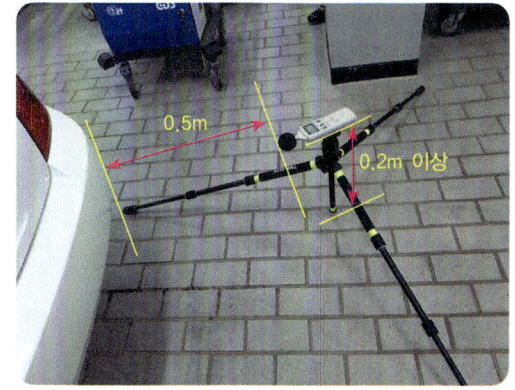

그림과 같이 측정거리 0.5m, 측정높이 0.2m 이상 위치에 설치한다.

03 설치 위치

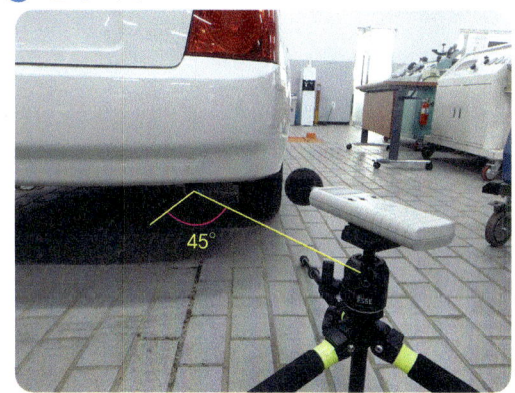

그림과 같이 설치 위치는 머플러에서 45°로 한다.

04 측정 및 판독 1

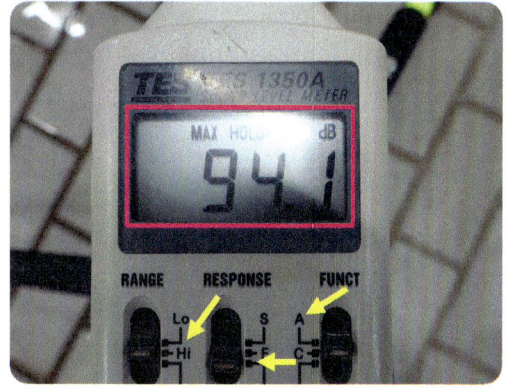

그림과 같이 RANGE Hi, RESPONSE MAX HOLD, FUNCT C로 위치한 후 엔진 시동을 ON한 상태에서 공회전 시 측정하며, 측정값은 94.1dB 임.

답안작성 엔진 공회전 시 측정하며, 규정값은 소음·진동 관리법 시행규칙 [별표 13] 자동차의 소음허용기준 (제29조 및 제40조 관련) 참조, 측정값에 의한 분석내용 및 답안작성

2) 점검 및 측정

항 목	점검(또는 측정)		판정 및 정비(또는 조치)사항		득 점
	측정값	규정값(정비한계값)	판정(□에 '✔' 표)	정비 및 조치할 사항	
CAN 라인 저항 (high-low 라인간)			□ 양 호 □ 불 량	정비 및 조치사항 없음 또는 정상	
배기음(소음) 측정	94.1dB	100dB 이하	✔ 양 호 □ 불 량		

※ 주의사항 : 시험위원이 지정하는 CAN 라인의 저항 측정 및 배기 음(소음) 측정하여 분석하시오.

05 측정 및 판독 2

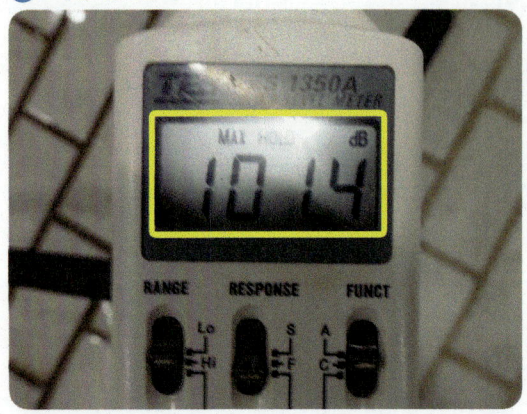

엔진 급가속 상태에서 측정하며, 측정값은 101.4dB임.

답안작성 엔진 급가속 상태에서 측정하며, 규정값은 소음·진동 관리법 시행규칙 [별표 13] 자동차의 소음허용기준(제29조 및 제40조 관련) 참조, 측정값에 의한 분석내용 및 답안작성

2) 점검 및 측정

항 목	점검(또는 측정)		판정 및 정비(또는 조치)사항		득 점
	측정값	규정값(정비한계값)	판정(□에 '✔' 표)	정비 및 조치할 사항	
CAN 라인 저항 (high-low 라인간)			□ 양 호 □ 불 량	머플러 교환 후 재측정	
배기음(소음) 측정	101.1dB	100dB 이하	□ 양 호 ✔ 불 량		

※ 주의사항 : 시험위원이 지정하는 CAN 라인의 저항 측정 및 배기 음(소음) 측정하여 분석하시오.

국가기술자격검정 실기시험문제 8안

1. 기 관

1. 주어진 전자제어 기관에서 시험위원의 지시에 따라 배기캠축과 인젝터를 탈거하고 시험위원에게 확인 후 다시 조립(부착)하여 기관 및 시동 관련회로를 점검한 후 시동작업과 기록표의 요구사항을 점검 및 측정하고 기록표에 기록하시오.
   (단, 시동되지 않는 경우 2과제는 작업할 수 없다)
2. 주어진 기관에서 시험위원의 지시에 따라 기록표 요구사항을 점검 및 측정하여 기록하시오.
3. 주어진 자동차에서 크랭킹은 가능하나 시동되지 않고 시동된 후에도 부조가 발생합니다. 고장원인을 찾아 수리 후 기록표를 기록하시오.

2. 섀 시

1. 주어진 전자제어 전동식 동력 조향장치[전기유압식 동력 조향장치(MDPS)] 자동차에서 시험위원의 지시에 따라 조향기어박스를 교환(탈·부착)하여 작동상태를 확인하고, 기록표의 요구사항을 점검 및 측정하여 기록하시오.
2. 주어진 자동차에서 시험위원의 지시에 따라 전동식 동력 조향장치(MDPS)컬럼 샤프트를 탈거하고 시험위원에게 확인 후 다시 조립(부착)하여 조향장치 작동상태를 점검한 후 기록표의 요구사항을 점검 및 측정하여 기록하시오.

3. 전 기

1. 시험위원의 지시에 따라 자동차에서 에어컨 가스를 전부 회수하고 에이컨 콘덴서를 탈 부착한 후 가스를 충전시킨 다음 작동상태를 확인하고 기록표의 요구사항을 점검 및 측정하고 기록표에 기록하시오.
2. 주어진 자동차에서 정비지침서의 회로도를 이용하여 기록표에서 요구하는 회로를 점검하고 이상이 있으면 이상내용을 기록표에 기록한 후 정비하시오.
3. 주어진 자동차에서 시험위원 지시에 따라 기록표의 요구사항을 점검 및 측정하여 기록하시오.

자동차정비기능장

국가기술자격검정실기시험문제 8안

| 자 격 종 목 | 자동차 정비기능장 | 작 품 명 | 자동차 정비 작업 |

- 비 번 호
- 시험시간 : 6시간 30분(기관 : 140분, 섀시 : 130분, 전기 : 120분)
  ※ 시험 안 및 요구사항 일부내용이 변경될 수 있음

기능장 8안 — 기관 1

배기캠축과 인젝터 탈·부착

주어진 전자제어 기관에서 시험위원의 지시에 따라 배기캠축과 인젝터를 탈거하고 시험위원에게 확인 후 다시 조립(부착)하시오.

01 배기캠축과 인젝터 탈·부착

01 엔진 부속부품 명칭

진공호스, MAP 센서, PCV, TPS, ISC, 에어 브리더 호스, 분배 파이프, 연료압력 조절기, 고압 분배배선

02 고압 분배배선 탈거

그림과 같이 고압 분배배선을 탈거한다.

03 TPS 및 ISC 커넥터 탈거

그림과 같이 TPS와 ISC 커넥터를 탈거한다.

04 에어 브리더 호스 및 인젝터 커넥터 탈거

그림과 같이 에어 브리더 호스를 탈거한 후 인젝터 커넥터를 탈거한다.

05 MAP 센서 커넥터 및 PCV 호스, 연료압력조절기 진공호스, 분배파이프 탈거

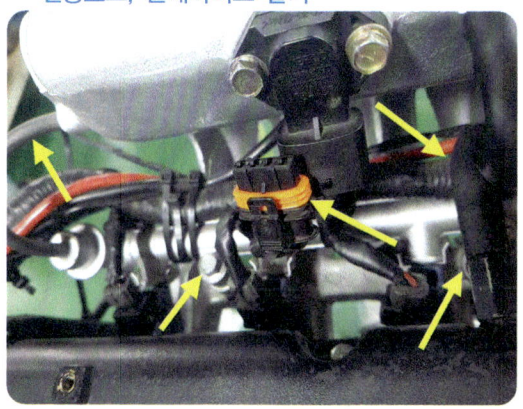

그림과 같이 MAP 센서 커넥터를 탈거한 후 PCV 호스와 연료압력조절기 진공호스를 뺀 후 연료 분배파이프 고정 볼트(12mm)를 탈거한다.

06 연료 분배파이프 탈거

그림과 같이 연료 분배파이프를 탈거한 후 인젝터를 탈거한다.

07 인젝터

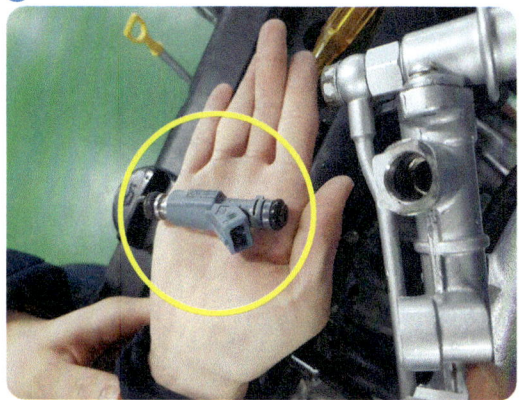

그림은 연료 분배파이프에서 인젝터를 탈거한 모습이다.

08 연료 분배파이프 조립 및 고압분배배선 장착

그림과 같이 연료 분배파이프를 설치한 후 고정 볼트를 규정토크로 조인 후 고압 분배배선을 장착한다.

09 TPS, ISC, MAP 센서, 인젝터 커넥터 장착 및 연료 압력조절기 진공호스 연결

그림과 같이 TPS와 ISC , MAP 센서, 인젝터 커넥터를 장착한 후 연료압력조절기 진공호스를 끼운다.

10 실린더 헤드커버 탈거

그림과 같이 실린더 헤드커버 고정 볼트(10mm)를 푼 후 커버를 탈거한다.

11 팬벨트 탈거

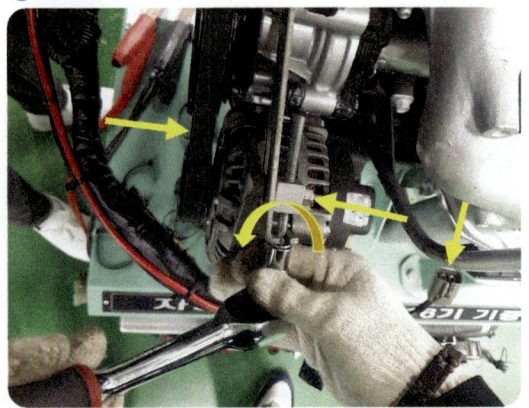

그림과 같이 발전기 커넥터를 탈거한 후 고정 볼트(12mm)를 유림한 다음 유격조정볼트(12mm)를 유림 하여 팬벨트를 탈거한다.

12 타이밍벨트 상부커버 및 워터펌프 풀리 탈거

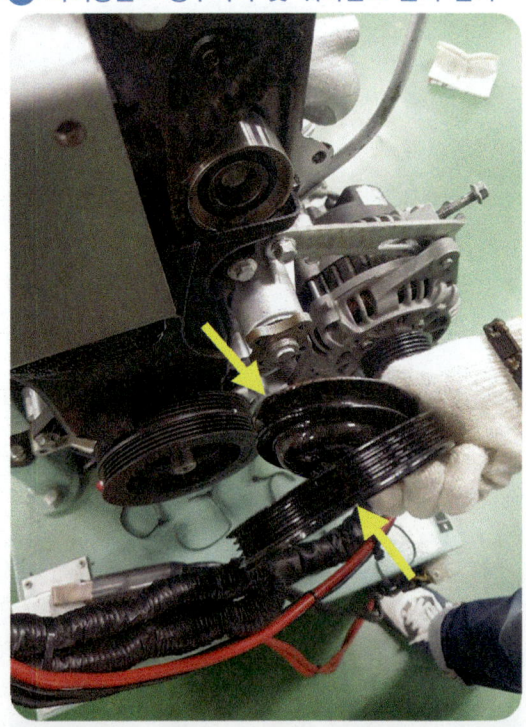

그림과 같이 타이밍벨트 상부커버 고정 볼트(10mm)를 푼 다음 커버를 탈거한 후 워터펌프 풀리 고정 볼트(10mm)를 풀어 풀리를 탈거한다.

13 크랭크 축 풀리 탈거

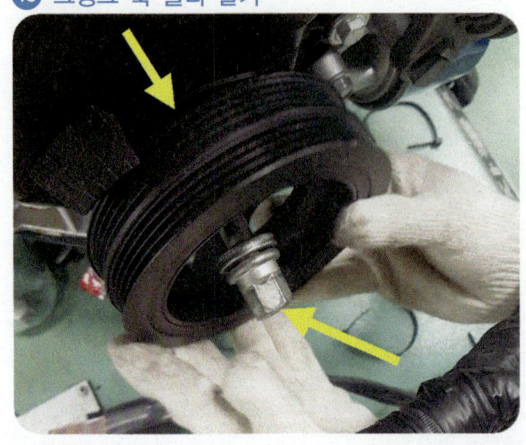

◀ 그림과 같이 크랭크 축 고정 볼트(19mm)를 푼 후 풀리를 탈거한다.

작업형실기

14 플레이트 및 타이밍벨트 하부커버 탈거

그림과 같이 크랭크 축 풀리 플레이트를 뺀 후 타이밍벨트 하부커버 고정 볼트(10mm)를 푼 다음 커버를 탈거한다.

15 타이밍벨트 관련부품 명칭

캠 샤프트 스프로킷, 아이들 베어링, 타이밍 벨트, 워터펌프, 크랭크 축 스프로킷, 타이밍 벨트 텐션 베어링

16 배기 캠축 스프로킷 타이밍 마크

그림은 배기 캠축 스프로킷 타이밍 마크이다.

17 타이밍 벨트 탈거

그림과 같이 타이밍 벨트 텐션 베어링 고정 볼트(12mm)와 유격조정 볼트(12mm)를 유림 한 후 벨트를 탈거한다.

517

18 타이밍 벨트 텐션 베어링 위치

그림과 같이 타이밍 벨트 텐션 베어링을 좌측으로 밀어놓은 상태에서 고정 볼트를 조인다.

19 흡기캠축 타이밍 마크

그림과 같이 타이밍 체인과 흡기캠축 스프로킷의 타이밍 마크가 맞는지 확인한다.

20 배기캠축 타이밍 마크

그림과 같이 타이밍 체인과 배기캠축 스프로킷의 타이밍 마크가 맞는지 확인한다.

21 배기 캠축 저널 캡 탈거

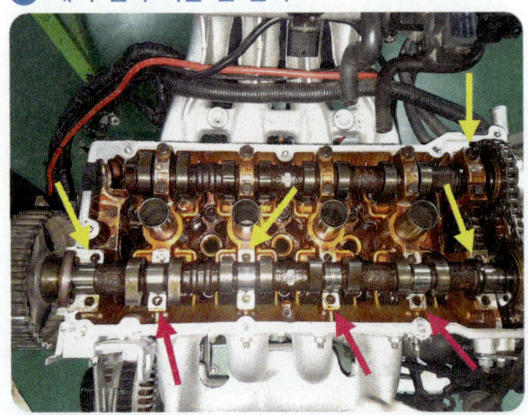

그림과 같이 배기 캠축 저널 캡 고정 볼트(10mm)를 푼 후 저널 캡을 탈거한다.

22 배기 캠축 탈거

그림과 같이 배기 캠축을 탈거한다.

23 타이밍 체인

그림은 배기 캠축을 탈거한 후 타이밍 체인의 모습이다.

24 캠축 설치

그림과 같이 배기 캠축을 설치한 후 저널 캡을 장착한 다음 고정 볼트를 규정토크로 조인다.

25 캠축 체인 스프로킷 타이밍 마크

그림과 같이 흡기와 배기 캠축 체인 스프로킷의 타이밍 마크가 맞는지 확인한다.

26 타이밍벨트 장착

그림과 같이 타이밍벨트를 설치한다.

27 배기 캠축 스프로킷 타이밍 마크 확인

그림과 같이 배기 캠축 스프로킷 타이밍 마크가 맞는지 확인한다.

㉘ 크랭크축 스프로킷 타이밍 마크 확인

그림과 같이 크랭크축 스프로킷 타이밍 마크가 맞는지 확인한다.

㉙ 장력조정

그림과 같이 유격조정볼트 푼 후 장력이 조정되면 다시 규정토크로 조인 다음 고정 볼트를 규정토크로 조인다.

㉚ 실린더 헤드커버 및 브리더호스와 PCV 호스 조립

그림과 같이 실린더 헤드 커버를 설치 한 다음 고정 볼트를 규정토크로 조인 후 에어 브리더호스와 PCV 호스를 니블에 끼운다.

㉛ 타이밍벨트 커버와 워터펌프 및 크랭크축 풀리, 팬벨트 조립

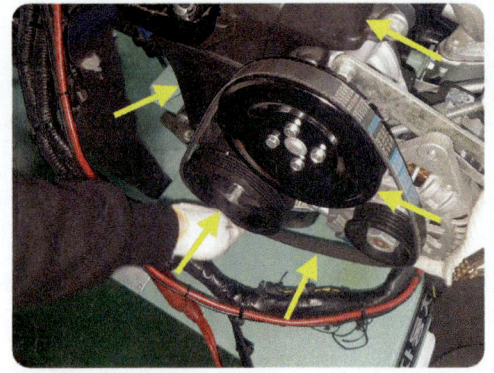

그림과 같이 타이밍벨트 상부와 하부 커버를 설치한 후 고정 볼트를 규정토크로 조인 후 워터펌프 및 크랭크축 풀리 고정 볼트를 규정토크로 조인 다음 팬벨트를 장착하고 장력을 조정한다.

㉜ 고압 분배배선 장착

그림과 같이 고압 분배배선을 각 실린더 점화플러그에 장착한다.

기능장 8안 기관 1 — 기관 및 시동 관련회로 점검 후 시동작업

기관 및 시동 관련회로를 점검한 후 시동작업과 기록표의 요구사항을 점검 및 측정하고 기록표에 기록하시오.(단, 시동되지 않는 경우 2과제는 작업할 수 없음)

01 점검 부위 : 1안 참조 (36~41페이지)

02 점검 및 측정[연료탱크 압력센서(FTPS) 출력전압]

01 주변부품 명칭

연료압송 파이프 커플링, FTPS(연료탱크압력센서), 연료펌프 및 유니트 커넥터

02 측정화면 설정

그림과 같이 오실로스코프를 선택한다.

03 채널 1 전원 프로브 설치

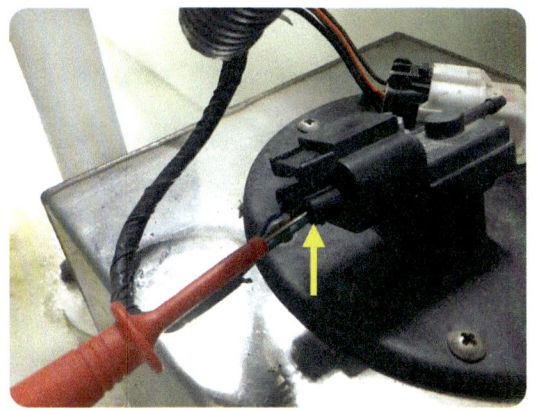

그림과 같이 채널 1 전원 프로브를 센서 출력단자에 설치한다.

04 채널 1 접지 프로브 설치

그림과 같이 채널 1 접지 프로브를 차체에 접지한다.

05 채널 1 프로브 설치모습

◀ 그림은 채널 1 전원 프로브와 접지 프로브를 설치한 모습

06 Key ON 및 공회전 상태 출력파형

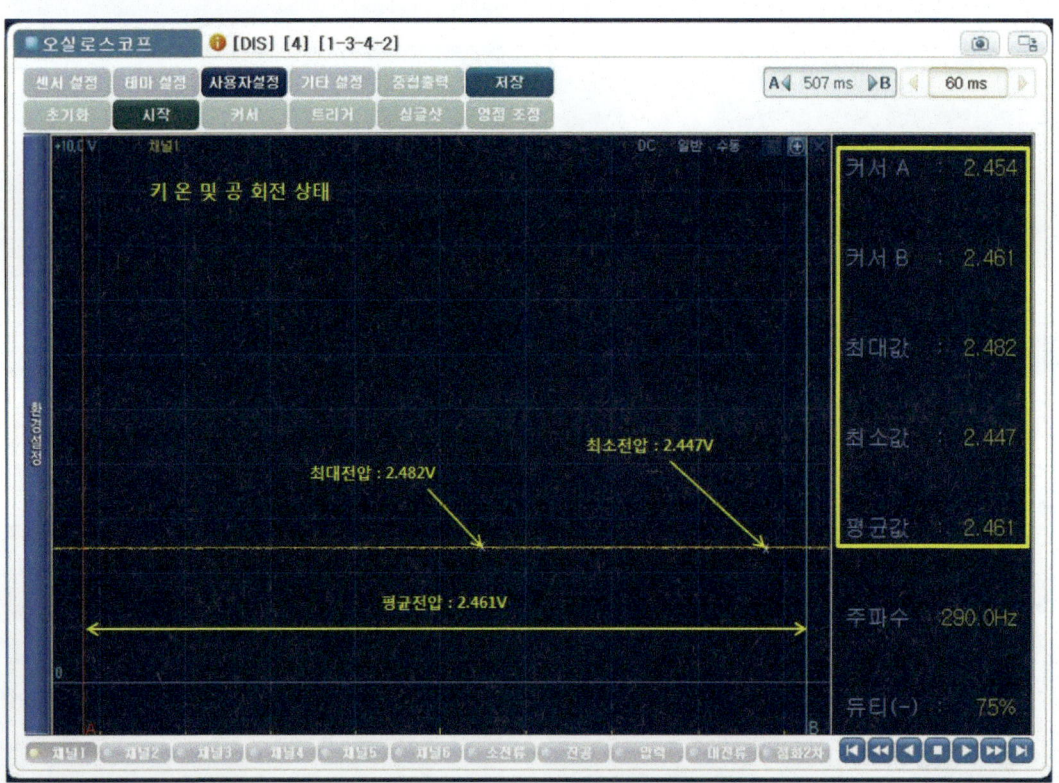

Key ON 및 공회전 상태 출력 파형으로 커서 A, B를 임의 구간에 위치한 경우 최대전압 2.482V, 최소전압 2.447V, 평균전압 2.461V로 표기한 화면임.

작업형실기

07 Key ON 및 공회전 상태 출력파형 출력물 : Key ON 및 공회전 상태 파형 출력 및 분석내용 표기

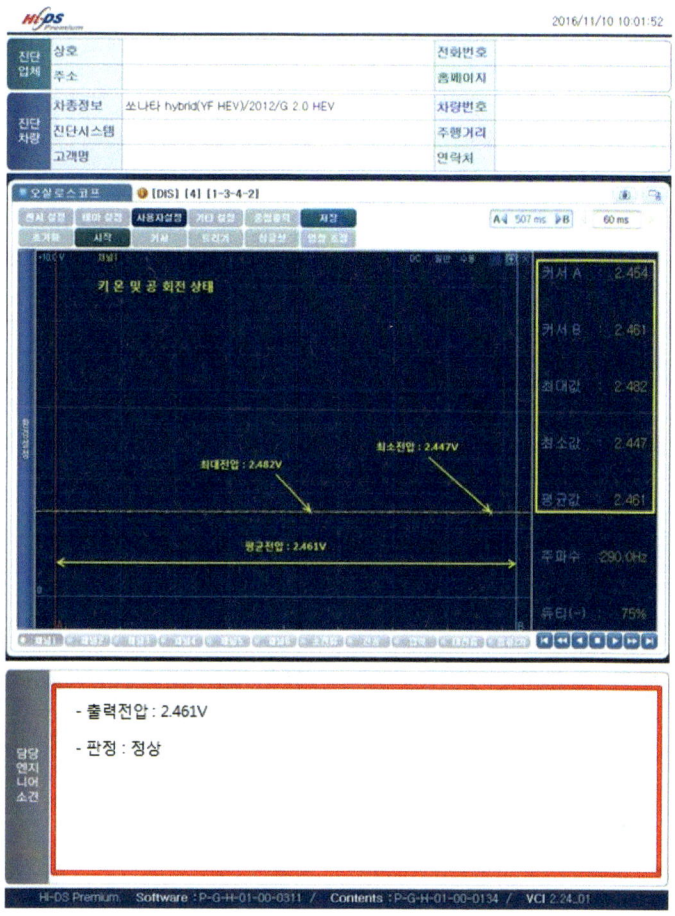

| 답안작성 | 측정조건 제시 : Key ON 및 공회전 상태 에서 측정, 분석내용 및 답안작성하기 |

◆ 기관 1. 기록표
자동차 번호 :

항 목	측정(또는 점검)		판정 및 정비(또는 조치)사항		득 점
	측 정 값	규정값(정비한계값)	판정(□에 'v'표)	정비 및 조치할 사항	
연료탱크 압력센서 (FTPS) 출력전압	2.461V	2.0~2.8V	☑ 양 호 □ 불 량	정비 및 조치사항 없음 또는 정상	
연료펌프 구동전류			□ 양 호 □ 불 량		

| 비 번호 | | 시험 위원 확 인 | |

08 측정화면 설정

그림과 같이 멀티미터를 선택한다.

09 전압선택

그림과 같이 전압을 선택한다.

10 멀티미터 프로브

그림은 멀티미터 전원 및 접지 프로브이다.

11 접지 프로브 설치

그림과 같이 접지 프로브를 차체에 접지한다.

12 전원 프로브 설치

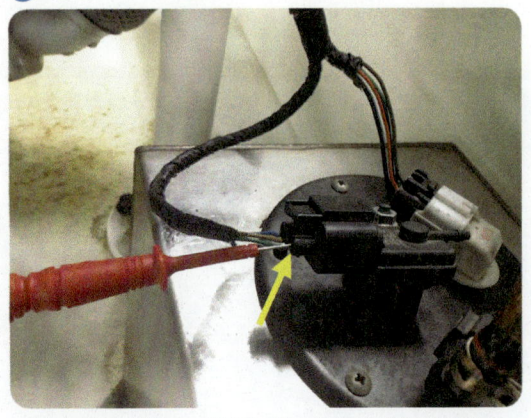

그림과 같이 전원 프로브를 센서 출력단자에 설치한다.

13 멀티미터 프로브 설치모습

그림은 멀티미터 전원 프로브와 접지 프로브를 설치한 모습이다.

⑭ 측정값 판독 : 측정값 2.528V

답안작성 측정조건 제시 : Key ON 및 공회전 상태에서 측정, 분석내용 및 답안작성하기

◆ **기관 1. 기록표**
자동차 번호 :

항 목	측정(또는 점검)		판정 및 정비(또는 조치)사항		득 점
	측 정 값	규정값(정비한계값)	판정(□에 '✔' 표)	정비 및 조치할 사항	
연료탱크 압력센서 (FTPS) 출력전압	2.528V	2.0~2.8V	☑ 양 호 □ 불 량	정비 및 조치사항 없음 또는 정상	
연료펌프 구동전류			□ 양 호 □ 불 량		

비 번호 :
시험 위원 확 인 :

---

03 점검 및 측정[연료펌프 구동전류] : 2안 참조 (150~153페이지)

기능장 8안

기 관 2

기록표 요구사항 점검·측정

주어진 기관에서 시험위원의 지시에 따라 기록표 요구사항을 점검 및 측정하여 기록하시오.

---

01 가솔린 인젝터 전압 및 전류파형 측정 : 2안 참조 (153~160페이지)

02 배기가스 측정 : 1안 참조 (57~62페이지)

기관 3 (기능장 8안) — 시동결함 및 부조발생 원인

주어진 자동차에서 크랭킹은 가능하나 시동되지 않고 시동된 후에도 부조가 발생합니다. 고장부위를 수리하고 기록표를 작성하시오.

01 크랭킹은 가능하나 시동되지 않는 원인 : 1안 참조 (63~66페이지)

02 부조발생 : 1안 참조 (66~69페이지)

03 시동결함 및 부조발생 기록표 작성 : 1안 참조 (69페이지)

섀시 1 (기능장 8안) — MDPS 조향기어박스 탈·부착 및 작동상태 확인

주어진 전자제어 전동식 동력 조향장치(전기유압식 동력 조향장치(MDPS)) 자동차에서 시험위원의 지시에 따라 조향기어박스를 교환(탈, 부착)하여 작동상태를 확인하고, 기록표의 요구사항을 점검 및 측정하여 기록하시오.

01 MDPS 조향기어박스 탈·부착 및 작동상태 확인

01 관련부품 명칭

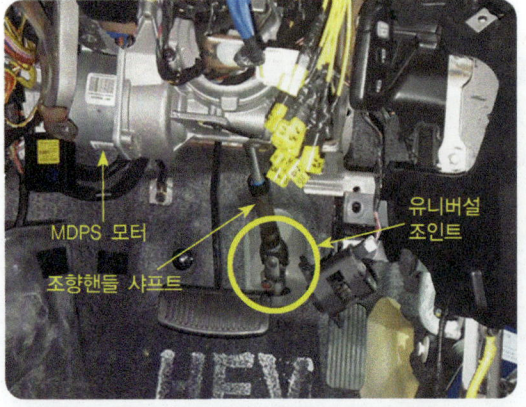

유니버설 조인트, 조향핸들 샤프트, MDPS 모터

02 유니버설 조인트 고정 볼트

그림과 같이 유니버설 조인트 고정 볼트(12mm)를 푼다.

03 유니버설 조인트 분리

그림과 같이 유니버설 조인트를 분리한다.

04 스태빌라이저 링크 탈거

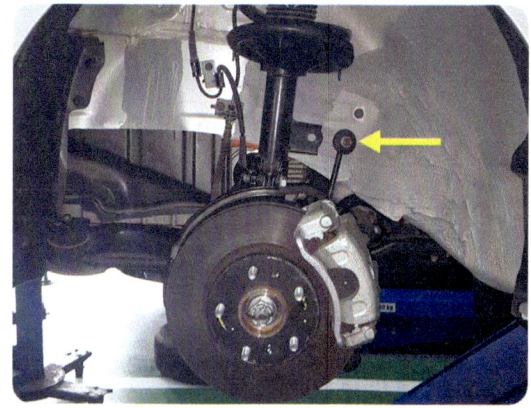

그림과 같이 스태빌라이저 링크 고정너트(14mm)를 푼 후 탈거한다.

05 컨트롤 암 볼 조인트 탈거

그림과 같이 컨트롤 암 볼 조인트 고정 볼트(14mm)를 푼 후 탈거한다.

06 타이로드 엔드 고정너트 탈거

그림과 같이 고정너트(19mm)를 푼 후 볼 조인트 풀러를 사용하여 타이로드 엔드를 탈거한다.

07 언더커버 탈거

그림과 같이 언더커버 고정 볼트(12mm)를 푼 후 커버를 탈거한다.

08 엔진 크로스 멤버 고정 볼트

그림과 같이 엔진 로크로스 멤버 고정 볼트를 푼다.

⑨ 리어 마운트 미미 브래킷

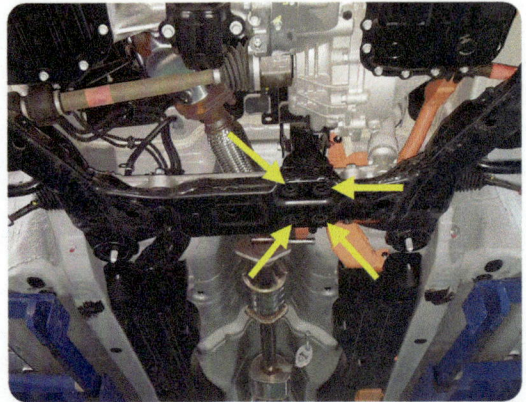

그림과 같이 리어 마운트 미미 브래킷 고정 볼트를 탈거한다.

⑩ 프런트 마운트 미미 센터 고정 볼트

그림과 같이 프런트 마운트 미미 센터 고정 볼트를 탈거한다.

⑪ 엔진 크로스 멤버 어셈블리 탈거

그림과 같이 엔진 크로스 멤버 어셈블리를 탈거한다.

⑫ 조향기어 박스 고정 볼트

그림과 같이 조향기어 박스 고정 볼트를 탈거한다.

⑬ 조향기어 박스

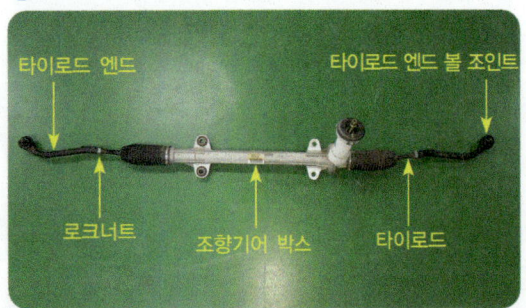

타이로드 엔드, 로크너트, 조향기어 박스, 타이로드, 타이로드 엔드 볼 조인트

⑭ 크로스 멤버 주변부품 명칭

스태빌라이저 링크(로드), 컨트롤 암, 마운트 미미, 멤버, 컨트롤 암 볼 조인트, 스태빌라이저

작업형실기

02 최소회전반경

01 차량상승 및 턴테이블 설치

그림과 같이 1번과 2번 잭을 상승시켜 차량을 올린 뒤 턴테이블을 좌우 앞 타이어 중심부위에 위치시킨다.

02 턴테이블 위치 조정

그림과 같이 턴테이블을 휠 및 타이어 중심부에 맞춘 후 고정 핀을 탈거한다.

03 차량 하강

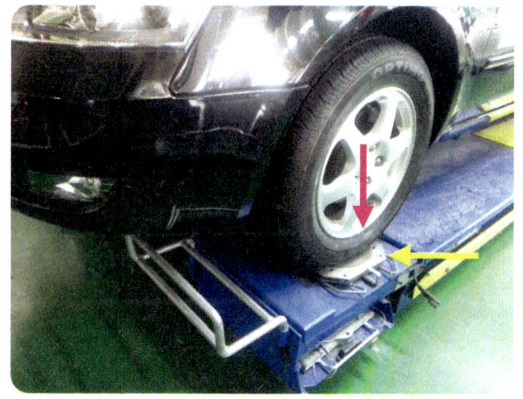

그림과 같이 1번과 2번 잭을 서서히 하강시켜 차량을 턴테이블에 안착 시킨다.

04 턴테이블 눈금 확인

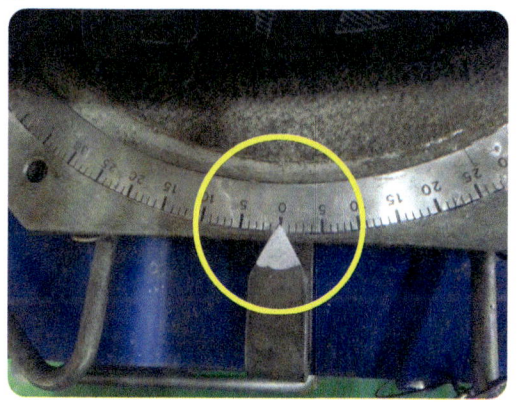

그림과 같이 턴테이블의 현재 눈금(0°)을 확인한다.

05 핸들 우회전

그림과 같이 핸들을 우측으로 최대한 돌린다.

06 측정값 판독

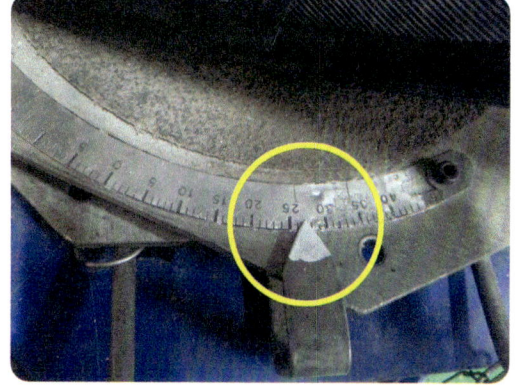

턴테이블의 눈금을 판독한다.((26°= sin26°)

07 축거

그림과 같이 줄자를 이용하여 축거를 측정한다.

08 측정 시작부분

그림과 같이 앞 휠 처음부분에서부터 측정한다.

09 측정 끝부분 및 축거판독

◀ 그림과 같이 뒤 휠 처음부분까지 측정하며, 측정축거는 2.76m 이다.

답안작성 측정조건 제시 : r=0.04m이며 우회전 시 측정, 분석내용 및 답안작성하기

◆ 섀시 1. 기록표
   자동차 번호 :

비 번호		시험 위원 확 인	

항 목	측정(또는 점검)		기준값	판정 (□에 '✔' 표)	정비및조치 사항	득 점
	측정값					
회전 반경	방향 (□에 '✔' 표시) □좌 ☑우	축거 : 2.76m	최소회전반경 12m이내	☑ 양 호 □ 불 량	정비 및 조치사항 없음 또는 정상	
		조향각 : sin26°				
		최소회전반경 : 6.45m				
산출 근거	최소회전반경 = $\dfrac{L}{\sin\alpha}$ + r 이므로, $\dfrac{2.76}{\sin 26°}$ + 0.04 = 6.45m $\sin\alpha$: 외측 앞바퀴 회전각, L : 축거					

※ 주의사항 : 바퀴 접지면 중심과 킹핀 중심과의 거리(r)값은 시험위원이 준다.

작업형실기

기능장 8안 섀시 2

MDPS 컬럼 샤프트 탈·부착 및 작동상태 확인

주어진 자동차에서 시험위원의 지시에 따라 전동식 동력 조향장치(MDPS)컬럼 샤프트를 탈거하고 시험위원에게 확인 후 다시 조립(부착)하여 조향장치 작동상태를 점검한 후 기록표의 요구사항을 점검 및 측정하여 기록하시오.

01 MDPS 컬럼 샤프트 탈·부착 및 작동상태 확인

01 배터리 (-) 탈거

그림과 같이 배터리 (-)터미널을 탈거한다.

02 혼 스위치 고정 볼트 탈거

그림과 같이 혼 스위치 고정 볼트를 탈거한다.

03 혼 스위치 탈거

그림과 같이 혼 스위치를 탈거한다.

04 혼 스위치 및 에어백 커넥터 탈거

그림과 같이 혼 스위치 및 운전석 에어백 커넥터를 탈거한다.

> 자동차정비기능장

05 카 오디오 및 핸즈프리 커넥터 탈거

그림과 같이 카 오디오 및 핸즈프리 커넥터를 탈거한다.

06 핸들 고정너트 탈거

그림과 같이 핸들 고정너트를 탈거한다.

07 핸들 탈거

그림과 같이 핸들을 탈거한다.

08 키 박스 카울 고정피스 탈거

그림과 같이 키 박스 어셈블리 카울 좌우 고정피스를 탈거한다.

09 키 박스 카울 하부 고정피스 탈거

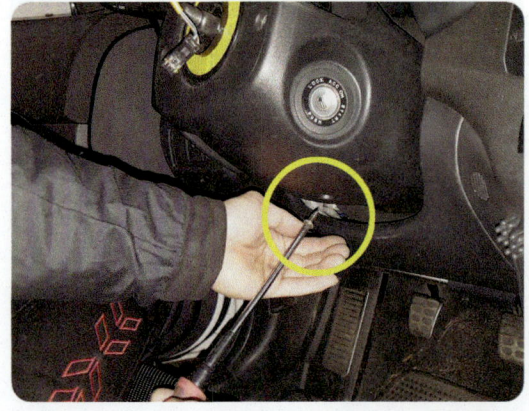

그림과 같이 키 박스 어셈블리 카울 하부 고정피스를 탈거한다.

10 카울 탈거

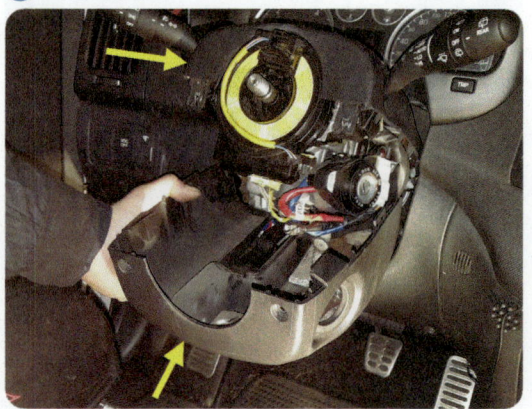

그림과 같이 키 박스 어셈블리 상하 카울을 탈거한다.

11 콘택트 코일 커넥터 탈거

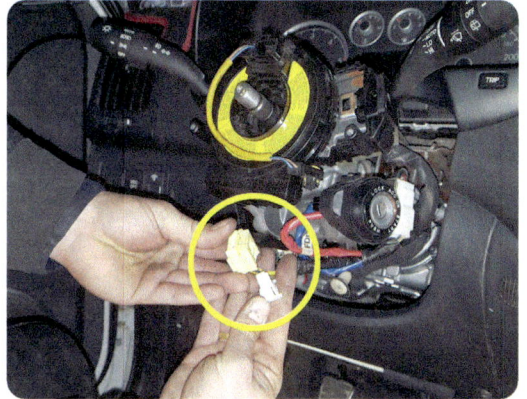

그림과 같이 콘택트 코일 커넥터를 분리한다.

12 콘택트 코일 탈거

그림과 같이 콘택트 코일을 탈거한다.

13 다기능 스위치 및 키 박스 커넥터 탈거

그림과 같이 다기능 스위치 및 키박스 커넥터를 탈거한다.

14 사이드 크래시 패널 캡 탈거

그림과 같이 사이드 크래시 패널 캡을 탈거한다.

15 사이드 크래시 패널 탈거

그림과 같이 사이드 크래시 패널을 탈거한다.

16 언더 크래시 패널 좌측 고정피스 탈거

그림과 같이 언더 크래시 패널 좌측 고정피스를 탈거한다.

자동차정비기능장

17 언더 크래시 패널 하부 고정피스 탈거

그림과 같이 언더 크래시 패널 하부 고정피스를 탈거한다.

18 VDC OFF 스위치 및 계기판 조명등 커넥터 탈거

그림과 같이 VDC OFF 스위치 및 계기판 조명등 스위치 커넥터를 탈거한다.

19 DLC

그림과 같이 DLC를 탈거한다.

20 핸들 브래킷 탈거

그림과 같이 핸들 브래킷 고정 볼트를 푼 후 탈거한다.

21 MDPS 커넥터 탈거

그림과 같이 MDPS 커넥터를 탈거한다.

22 키 홀 조명 커넥터 탈거

그림과 같이 키 홀 조명 커넥터를 탈거한다.

작업형실기

㉓ 유니버설 조인트 탈거

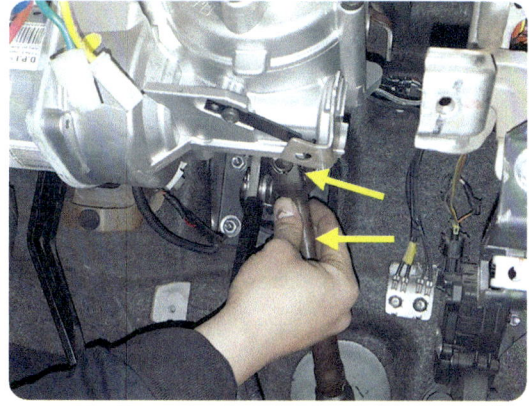

그림과 같이 유니버설 조인트 고정 볼트를 푼 후 조인트를 탈거한다.

㉔ 컬럼 샤프트 우측 고정 볼트 탈거

그림과 같이 컬럼 샤프트 우측 상하 고정 볼트를 탈거한다.

㉕ 컬럼 샤프트 좌측 고정 볼트 탈거

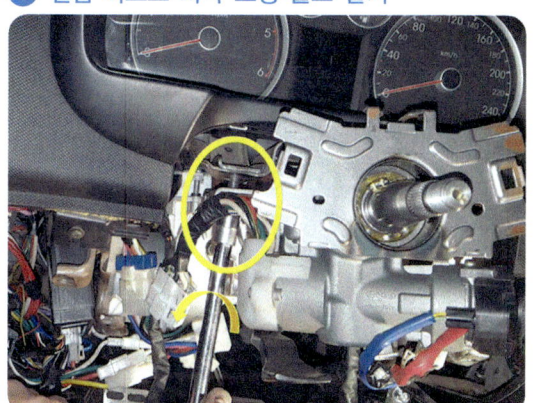

그림과 같이 컬럼 샤프트 좌측 상하 고정 볼트를 탈거한다.

㉖ 컬럼 샤프트 어셈블리 탈거

그림과 같이 컬럼 샤프트 어셈블리를 탈거한다.

㉗ 컬럼 샤프트 어셈블리 탈거 후

그림은 컬럼 샤프트 어셈블리를 탈거한 후 모습이다.

㉘ 컬럼 샤프트 어셈블리

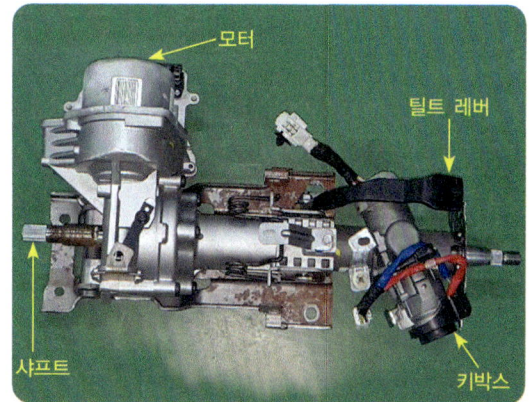

틸트 레버, 키 박스, 샤프트, 모터

기능장 8안 - 섀시 3

기록표 요구사항 점검·측정

기록표 요구사항을 점검 및 측정하여 기록하시오.

01 MDPS 모터 전류파형(정지 시 측정) : 1안 참조 (80~82페이지)

02 토크센서 및 조향 각 센서

01 자기진단 커넥터 연결

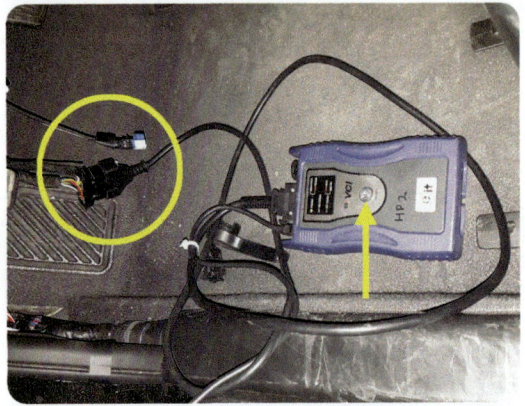

그림과 같이 DLC에 자기진단 커넥터를 연결한 후 VCI 전원을 ON한다.

02 시스템 선택

그림과 같이 시스템 화면에서 EPS(파워스티어링)를 클릭한 후 확인버튼을 클릭한다.

03 센서데이터 진단 클릭

그림과 같이 센서데이터 진단을 클릭한다.

04 측정값(직진 시)

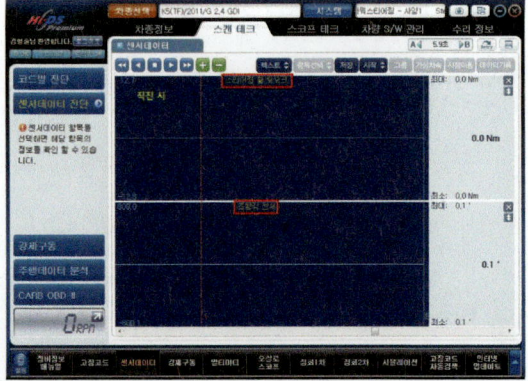

위 그림은 직진 시 스티어링 휠 토크 센서와 조향 각 센서의 출력값이다.

05 측정값(우회전 시)

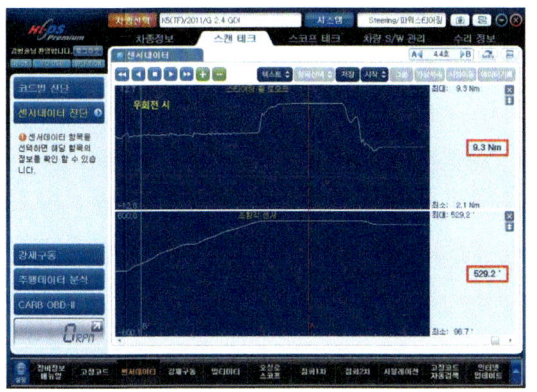

06 측정값(좌회전 시)

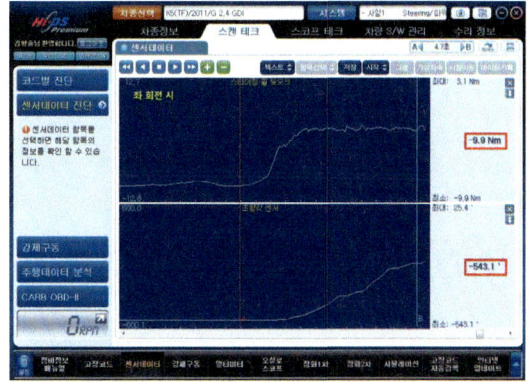

스티어링 휠 토크 센서 출력값은 9.3Nm이며, 조향 각 센서의 출력값은 529.2°이다.

스티어링 휠 토크 센서 출력값은 -9.9Nm이며, 조향 각 센서의 출력값은 -543.1°이다.

답안작성 측정조건 제시 : 우회전 시 측정, 분석내용 및 답안작성하기

2) 점검 및 측정

항 목	측정(또는 점검)		판정 및 정비(또는 조치)사항		득 점
	측정값	규정(기준)값 (정비한계값)	판정(□에 '✔' 표)	정비 및 조치할 사항	
토크센서 값	9.3Nm	9.0~9.8Nm	☑ 양 호 □ 불 량	정비 및 조치사항 없음 또는 정상	
조향각센서 값	529.2°	529.2°			

*주의사항 : 시험위원의 지시에 따라(핸들 조작 시) 측정한다.

답안작성 측정조건 제시 : 좌회전 시 측정, 분석내용 및 답안작성하기

2) 점검 및 측정

항 목	측정(또는 점검)		판정 및 정비(또는 조치)사항		득 점
	측정값	규정(기준)값 (정비한계값)	판정(□에 '✔' 표)	정비 및 조치할 사항	
토크센서 값	-9.9Nm	-9.5~10.2Nm	☑ 양 호 □ 불 량	정비 및 조치사항 없음 또는 정상	
조향각센서 값	-543.1°	-543.1°			

*주의사항 : 시험위원의 지시에 따라(핸들 조작 시) 측정한다.

기능장 8안 전기 1 — 에어컨 콘덴서 탈·부착 및 작동상태 확인, 점검 및 측정

시험위원의 지시에 따라 자동차에서 에어컨 가스를 전부 회수하고 에어컨 콘덴서를 탈 부착한 후 가스를 충전시킨 다음 작동상태를 확인하고 기록표의 요구사항을 점검 및 측정하고 기록표에 기록하시오.

01 에어컨 가스 회수 및 충전 후 작동상태 : 3안 참조(287~291페이지)

02 에어컨 콘덴서 탈·부착 및 작동상태

01 관련부품 명칭

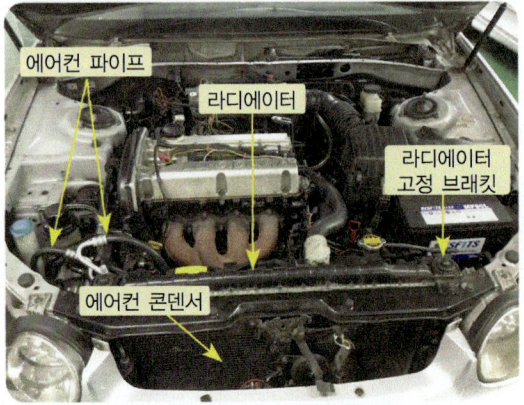

에어컨 파이프, 라디에이터, 라디에이터 고정 브래킷, 에어컨 콘덴서

02 배터리 (-) 탈거

그림과 같이 배터리 (-)터미널을 탈거한다.

03 에어컨 테스터 라인 클램프 설치

그림과 같이 에어컨 테스터 고압과 저압라인 클램프를 설치한 후 밸브를 연다.

04 냉매 회수

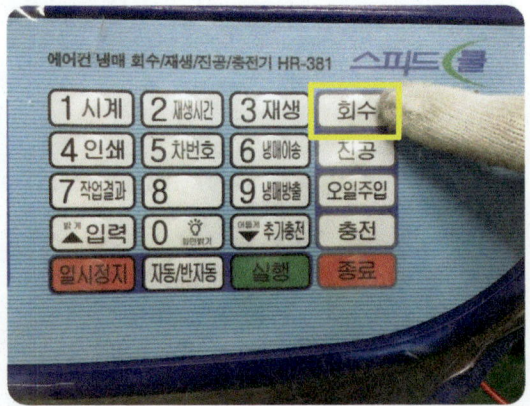

그림과 같이 테스터를 이용하여 냉매를 회수한 후 에어컨 테스터 고압과 저압라인 클램프를 분리한다.

작업형실기

05 라디에이터 상부호스 탈거

그림과 같이 라디에이터 상부호스 밴드를 유림한 후 호스를 탈거한다.

06 라디에이터 하부호스 탈거

그림과 같이 라디에이터 하부호스 밴드를 유림한 후 호스를 탈거한다.

07 라디에이터 팬 커넥터 탈거

그림과 같이 라디에이터 팬 커넥터를 탈거한다.

08 에어컨 콘덴서 팬 커넥터 탈거

그림과 같이 에어컨 팬 커넥터를 탈거한다.

09 에어컨 고압과 저압라인 파이프 고정너트 탈거

그림과 같이 에어컨 고압과 저압라인 파이프 고정너트(10mm)를 탈거한다.

10 에어컨 고압과 저압라인 파이프 탈거

그림과 같이 에어컨 고압과 저압라인 파이프를 탈거한다.

⑪ A/T 오일쿨러 호스 탈거

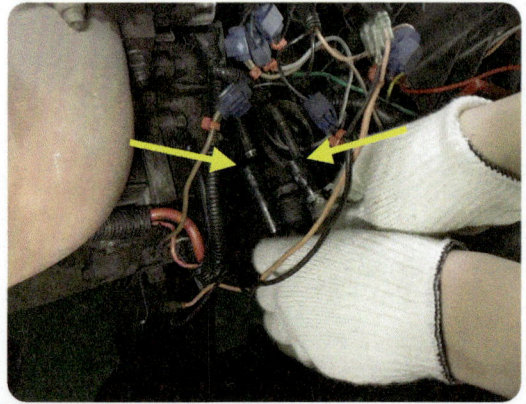

그림과 같이 A/T 오일쿨러 흡입과 배출 호스 밴드를 유림한 후 호스를 탈거한다.

⑫ 라디에이터 고정 브래킷 탈거

그림과 같이 라디에이터 좌우 고정 브래킷 고정 볼트(12mm)를 탈거한 후 브래킷을 탈거한다.

⑬ 에어컨 콘덴서 가이드 탈거

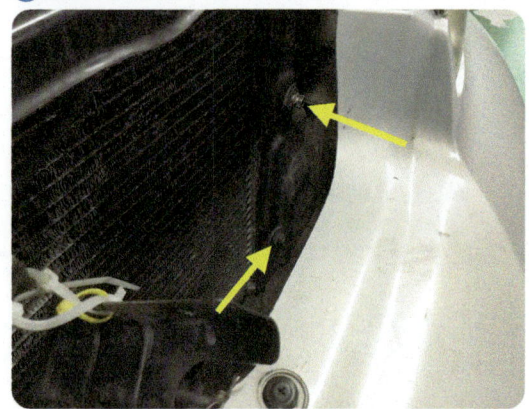

그림과 같이 에어컨 콘덴서 가이드 고정 볼트(12mm)를 탈거한 후 가이드를 탈거한다.

⑭ 어큐뮬레이터 커넥터 탈거

그림과 같이 에어컨 어큐뮬레이터 커넥터를 탈거한다.

⑮ 팬 고정 볼트 탈거

그림과 같이 라디에이터 및 에어컨 콘덴서 팬 고정 볼트(12mm)를 탈거한다.

⑯ 라디에이터 및 에어컨 콘덴서 팬 탈거

그림과 같이 라디에이터 및 에어컨 콘덴서 팬을 탈거한다.

⑰ 에어컨 콘덴서 및 라디에이터 팬

그림은 에어컨 콘덴서 팬 및 라디에이터 팬 모습이다.

⑱ 라디에이터 및 에어컨 콘덴서 탈거

그림과 같이 라디에이터 및 에어컨 콘덴서를 탈거한다.

⑲ 에어컨 콘덴서 및 라디에이터

그림은 에어컨 콘덴서 및 라디에이터 모습이다.

⑳ 에어컨 콘덴서 고정 볼트 탈거

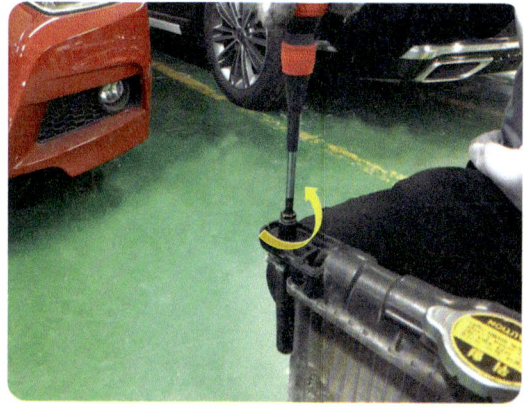

그림과 같이 에어컨 콘덴서 좌측 고정 볼트(10mm)를 탈거한다.

㉑ 에어컨 콘덴서 우측 고정 볼트 탈거

그림과 같이 에어컨 콘덴서 우측 고정 볼트(10mm)를 탈거한다.

㉒ 에어컨 콘덴서 우측하단 고정 볼트 탈거

그림과 같이 에어컨 콘덴서 우측하단 고정 볼트(10mm)를 탈거한다.

❷❸ 라디에이터 및 에어컨 콘덴서 분리

그림과 같이 라디에이터 및 에어컨 콘덴서를 분리한다.

❷❹ 에어컨 콘덴서

그림은 에어컨 콘덴서 모습이다.

❷❺ 에어컨 콘덴서 설치

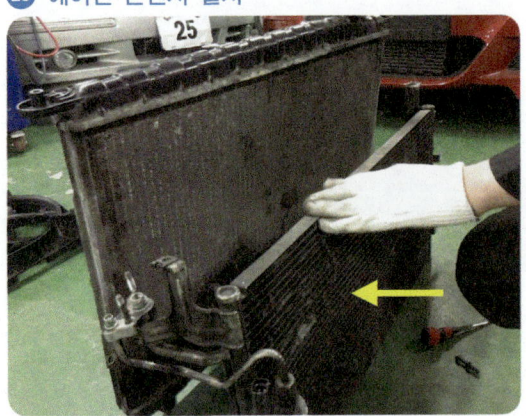

그림과 같이 라디에이터에 에어컨 콘덴서를 설치한다.

❷❻ 에어컨 콘덴서 우측하단 고정 볼트 조립

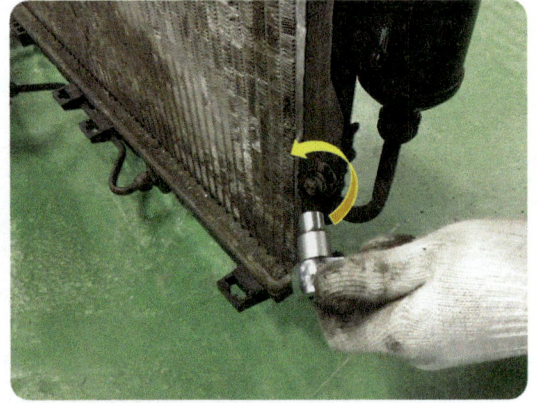

그림과 같이 에어컨 콘덴서 우측하단 고정 볼트를 규정토크로 조인다.

❷❼ 에어컨 콘덴서 우측 고정 볼트 조립

그림과 같이 에어컨 콘덴서 우측 고정 볼트를 규정토크로 조인다.

❷❽ 에어컨 콘덴서 좌측 고정 볼트 조립

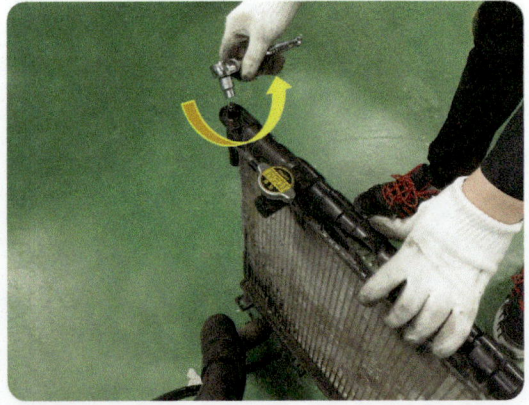

그림과 같이 에어컨 콘덴서 좌측 고정 볼트를 규정토크로 조인다.

작업형실기

29 에어컨 콘덴서 조립상태

그림은 에어컨 콘덴서 조립상태의 모습이다.

30 라디에이터 및 에어컨 콘덴서 장착

그림과 같이 라디에이터 및 에어컨 콘덴서를 장착한다.

31 팬 고정 볼트 조립

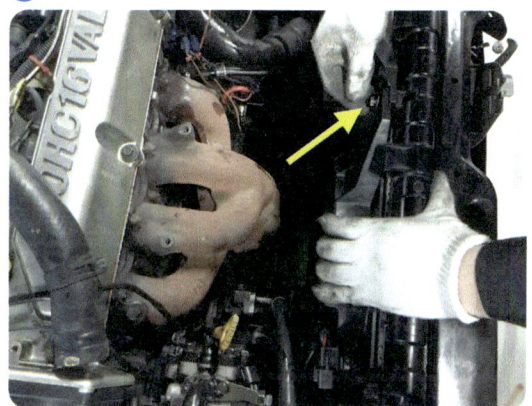

그림과 같이 라디에이터 및 에어컨 콘덴서 팬 고정 볼트를 규정토크로 조인다.

32 에어컨 콘덴서 가이드 조립

그림과 같이 에어컨 콘덴서 가이드를 설치한 후 고정 볼트를 규정토크로 조인다.

33 라디에이터 우측 고정 브래킷 조립

그림과 같이 라디에이터 우측 고정 브래킷을 장착한 후 고정 볼트를 규정토크로 조인다.

34 라디에이터 좌측 고정 브래킷 조립

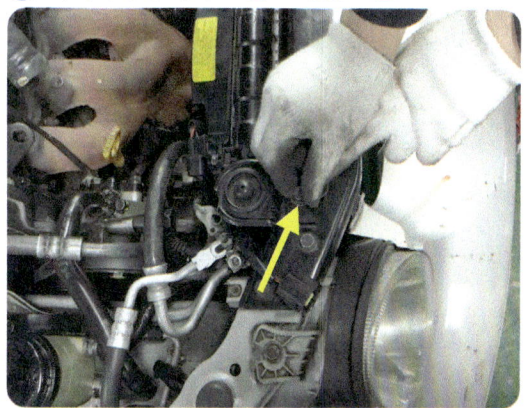

그림과 같이 라디에이터 좌측 고정 브래킷을 장착한 후 고정 볼트를 규정토크로 조인다.

㉟ 에어컨 콘덴서 팬 커넥터 장착

그림과 같이 에어컨 콘덴서 팬 커넥터를 끼운다.

㊱ 라디에이터 팬 커넥터 장착

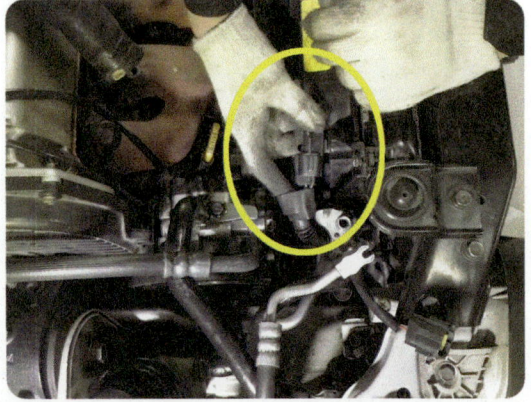

그림과 같이 라디에이터 팬 커넥터를 끼운다.

㊲ 어큐뮬레이터 커넥터 장착

그림과 같이 에어컨 어큐뮬레이터 커넥터를 끼운다.

㊳ A/T 오일쿨러 호스 조립

그림과 같이 A/T 오일쿨러 흡입과 배출 호스를 끼운 후 밴드를 설치한다.

㊴ 라디에이터 하부호스 조립

그림과 같이 라디에이터 하부호스를 끼운 후 밴드를 설치한다.

㊵ 라디에이터 상부호스 조립

그림과 같이 라디에이터 상부호스를 끼운 후 밴드를 설치한다.

작업형실기

㊶ 에어컨 고압과 저압라인 파이프 조립

그림과 같이 에어컨 고압과 저압라인 파이프를 설치한 후 고정너트를 규정토크로 조립한다.

㊷ 배터리 (−)터미널 조립

그림과 같이 배터리 (−)터미널을 포스트에 장착한 후 고정너트를 규정토크로 조인다.

㊸ 에어컨 테스터 라인 클램프 설치

그림과 같이 에어컨 테스터 고압과 저압라인 클램프를 설치한 후 밸브를 연다.

㊹ 냉매 충전

그림과 같이 테스터를 이용하여 냉매를 충전한 후 에어컨 테스터 고압과 저압라인 클램프를 분리한다.

㊺ 냉각수 보충

◀ 그림과 같이 냉각수를 보충한 후
엔진시동을 ON한 다음
에어컨 작동상태를 확인한다.

03 냉매압력과 토출온도 : 3안 참조 (294~296페이지)

기능장 8안 전기 2 — 회로점검 및 기록표 작성

주어진 자동차에서 정비지침서의 회로도를 이용하여 기록표에서 요구하는 회로를 점검하고, 이상이 있으면 이상내용을 기록표에 기록한 후 정비하시오.

01 파워 윈도우 회로점검 : 1안 참조(93~99페이지)

02 미등 회로점검 : 1안 참조 (100~115페이지)

03 와이퍼 회로점검 : 1안 참조 (116~122페이지)

기능장 8안 전기 3 — 파형 측정

주어진 자동차에서 시험위원 지시에 따라 기록표의 요구사항을 점검 및 측정하여 기록하시오.

01 안전벨트 차임벨 타이머 파형

01 BCM 회로 & 연료 주입구 회로(1) : 운전석 시트 벨트 경고등

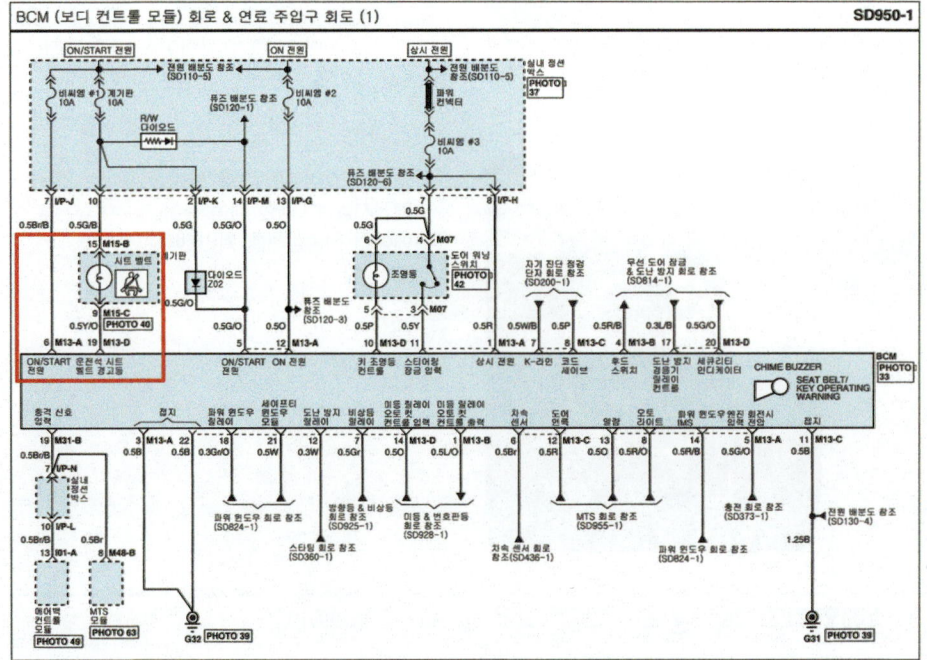

02 BCM 커넥터

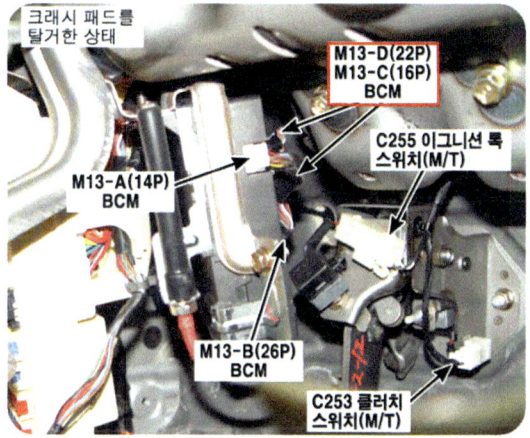

M13-C(16P), M13-D(22P)

03 M13-D

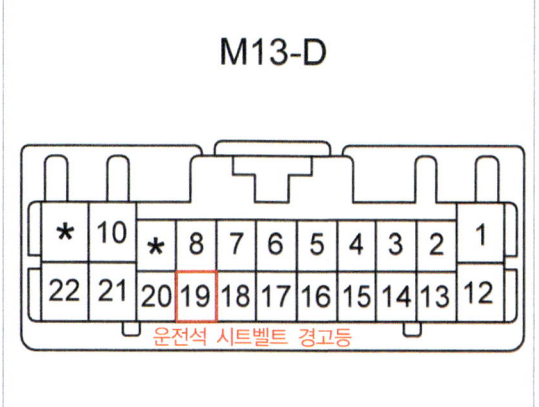

19번 단자 운전석 시트벨트 경고등

04 프로브 연결

19번 단자 운전석 시트벨트 경고등 단자에 프로브 연결

05 BCM 커넥터

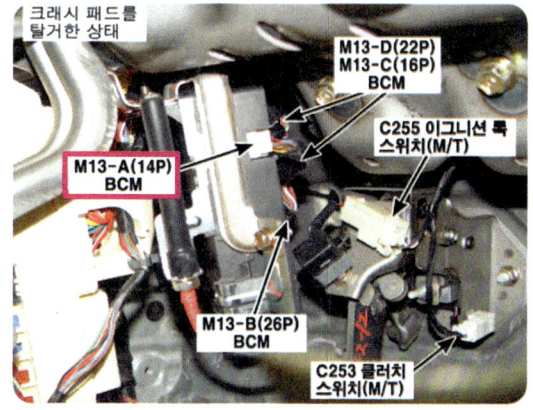

M13-A(14P)

06 M13-A

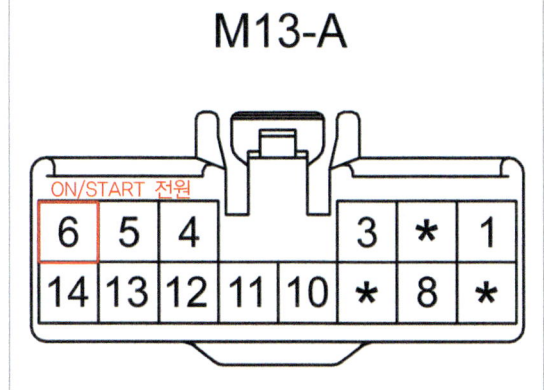

6번 단자 ON/START 전원

07 프로브 연결

그림과 같이 6번 단자 ON/START 전원 프로브 연결

08 접지 프로브 연결

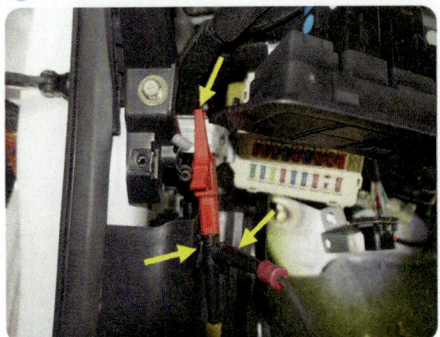

그림과 같이 차체에 접지 프로브를 연결한다.

09 안전벨트

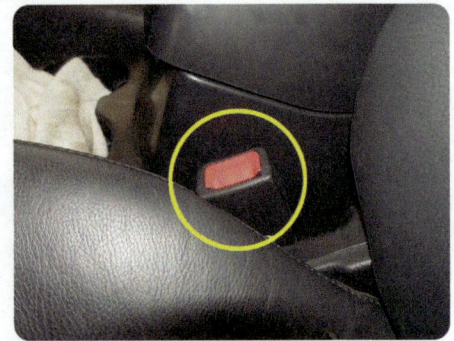

그림과 같이 안전벨트를 OFF상태로 한다.

10 Key ON

Key를 ON한다. ▶

11 타이머 작동 시 파형

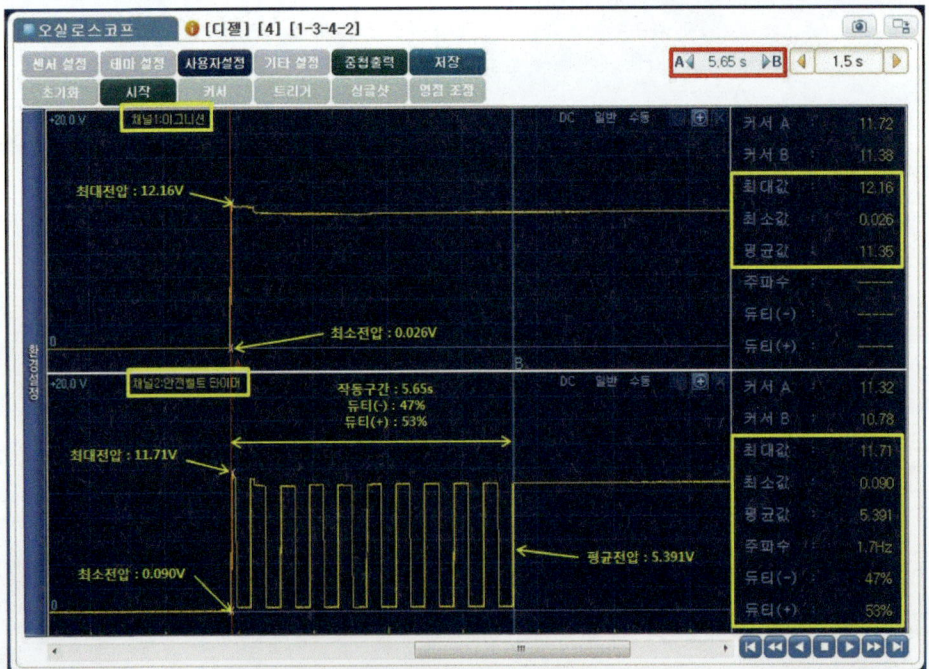

안전벨트 차임벨 타이머 작동 시 파형으로 커서 A를 차임벨 작동 시작 부분에 커서 B를 차임벨 작동 종료 부분에 위치한 경우 이그니션 전원에 대한 최대전압 12.16V, 최소전압 0.026V와 안전벨트 차임벨 타이머에 대한 최대전압 11.71V, 최소전압 0.090V, 평균전압 5.391V, 작동시간 5.65s, 듀티(-) 47%, 듀티(+) 53%로 표기한 화면임.

⑫ 타이머 작동 시 출력파형 출력물 : 안전벨트 차임벨 타이머 작동 시 파형 출력 및 분석내용 표기

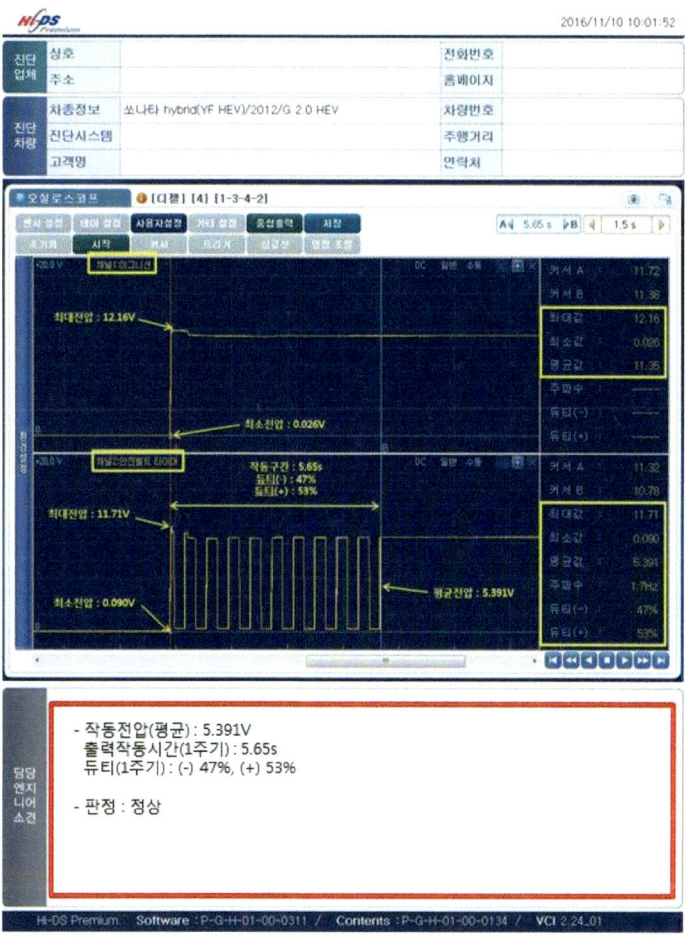

| 답안작성 | 안전벨트 차임벨 타이머 작동 시 파형에 의한 분석내용 및 답안작성 |

◆ 전기 3. 기록표
1) 파형   자동차 번호 :

| 비 번호 | | 시험 위원 확 인 | |

항 목	파형 분석 및 판정			득 점
	분석항목	분석내용	판정(□에 '✔'표)	
안전벨트 차임벨 타이머 파형	작동전압 : 5.391V	분석내용은 출력물에 표시하시오	☑ 양 호 □ 불 량	
	출력 작동시간(1주기) : 5.65s			
	듀티(1주기) : (−)47%, (+)53%			

※ 주의사항: 분석항목 및 내용은 출력물에 표기하며 관련 사항은 시험위원의 지시에 따른다.

02 유해가스 감지 센서(AQS) 출력 전압 : 1안 참조 (130~135페이지)

03 핀 서모 센서 : 1안 참조 : 1안 참조 (135~142페이지)

국가기술자격검정 실기시험문제 9안

1. 기 관

1. 주어진 전자제어 기관에서 시험위원의 지시에 따라 배기 캠축을 탈거하여 오토래시(HLA)를 교환하고 시험위원에게 확인 후 다시 조립(부착)하여 기관 및 시동 관련회로를 점검한 후 시동작업과 기록표의 요구사항을 점검 및 측정하고 기록표에 기록하시오.
   (단, 시동되지 않는 경우 2과제는 작업할 수 없다)
2. 주어진 기관에서 시험위원의 지시에 따라 기록표 요구사항을 점검 및 측정하여 기록하시오.
3. 주어진 자동차에서 크랭킹은 가능하나 시동되지 않고 시동된 후에도 부조가 발생합니다. 고장원인을 찾아 수리 후 기록표에 기록하시오.

2. 섀 시

1. 주어진 자동차에서 시험위원의 지시에 따라 전륜 현가장치의 로어암을 탈거하고 시험위원에게 확인 후 다시 조립(부착)하여 조향장치 작동상태를 점검한 후 기록표의 요구사항을 점검 및 측정하여 기록하시오.
2. 주어진 자동차에서 시험위원의 지시에 따라 유압식 동력 조향장치 오일펌프를 탈거하고 시험위원에게 확인 후 다시 조립(부착)하여 에어빼기 작업을 실시하고 조향장치 작동상태를 확인하고 기록표의 요구사항을 점검 및 측정하여 기록하시오.

3. 전 기

1. 시험위원의 지시에 따라 자동차에서 와이퍼 모터를 탈거하고 시험위원에게 확인 후 다시 조립(부착)하여 작동상태를 확인하고 기록표의 요구사항을 점검 및 측정하고 기록표에 기록하시오.
2. 주어진 자동차에서 정비지침서의 회로도를 이용하여 기록표에서 요구하는 회로를 점검하고, 이상이 있으면 이상내용을 기록표에 기록한 후 정비하시오
3. 주어진 자동차에서 시험위원 지시에 따라 기록표의 요구사항을 점검 및 측정하여 기록하시오.

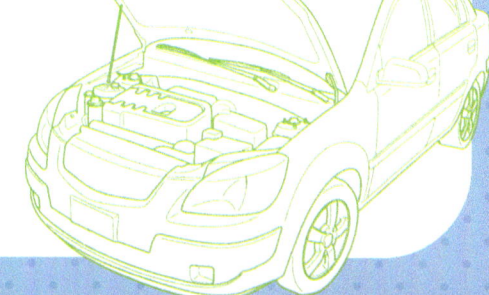

국가기술자격검정실기시험문제 9안

| 자격종목 | 자동차 정비기능장 | 작품명 | 자동차 정비 작업 |

- 비 번호
- 시험시간 : 6시간 30분(기관 : 140분, 섀시 : 130분, 전기 : 120분)
  ※ 시험 안 및 요구사항 일부내용이 변경될 수 있음

기능장 9안 — 기관 1 : 배기캠축과 오토래시(HLA) 탈·부착

주어진 전자제어 기관에서 시험위원의 지시에 따라 배기 캠축을 탈거하여 오토래시(HLA)를 탈거하고 시험위원에게 확인 후 다시 조립(부착)하시오.

01 배기캠축과 오토래시(HLA) 탈·부착

01 고압 분배배선 탈거

그림과 같이 고압 분배배선을 탈거한다.

02 진공호스 및 PCV 호스 탈거

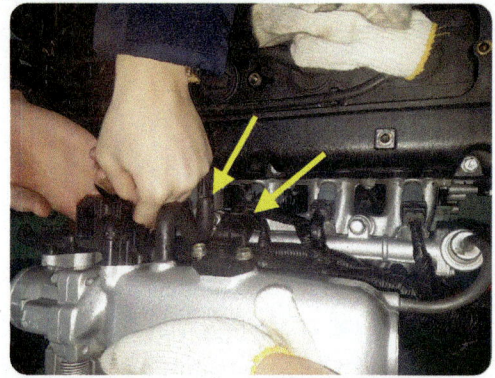

그림과 같이 에어 진공호스 및 PCV 호스를 탈거한다.

03 실린더 헤드커버 탈거

그림과 같이 실린더 헤드커버 고정 볼트(10mm)를 푼 후 커버를 탈거한다.

04 팬벨트 탈거

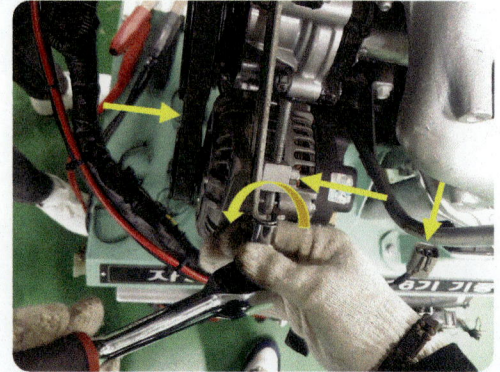

그림과 같이 발전기 커넥터를 탈거한 후 고정 볼트(12mm)를 유림한 다음 유격조정볼트(12mm)를 유림 하여 벨트를 탈거한다.

05 워터펌프 풀리 탈거

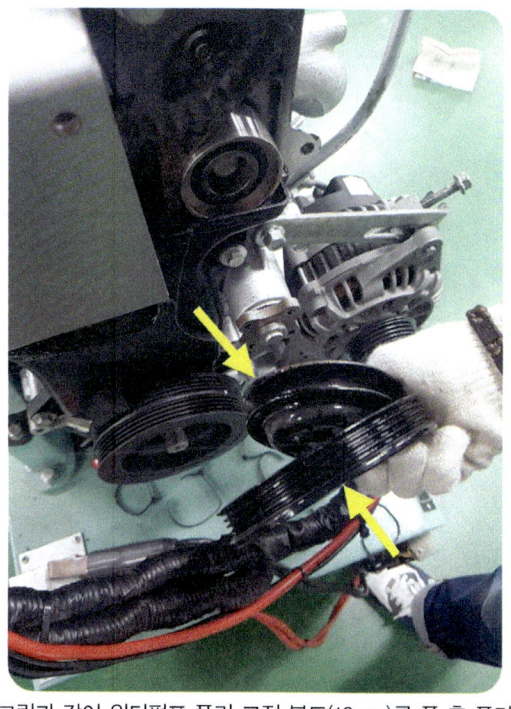

그림과 같이 워터펌프 풀리 고정 볼트(10mm)를 푼 후 풀리를 탈거한다.

06 크랭크 축 풀리 탈거

그림과 같이 크랭크 축 고정 볼트(19mm)를 푼 후 풀리를 탈거한다.

07 플레이트 및 타이밍벨트 커버 탈거

그림과 같이 크랭크 축 풀리 플레이트를 뺀 후 타이밍벨트 상, 하부커버 고정 볼트(10mm)를 푼 다음 커버를 탈거한다.

08 타이밍벨트 관련부품 명칭

캠 샤프트 스프로킷, 아이들 베어링, 타이밍 벨트, 워터펌프, 크랭크 축 스프로킷, 타이밍 벨트 텐션 베어링

09 배기 캠축 스프로킷 타이밍 마크

그림과 같이 배기 캠축 스프로킷 타이밍 마크가 맞는지 확인한다.

10 타이밍 벨트 탈거

그림과 같이 타이밍 벨트 텐션 베어링 고정 볼트(12mm)와 유격조정 볼트(12mm)를 유림 한 후 벨트를 탈거한다.

11 타이밍 벨트 텐션 베어링 위치

그림과 같이 타이밍 벨트 텐션 베어링을 좌측으로 밀어놓은 상태에서 고정 볼트를 조인다.

12 배기캠축 타이밍 마크

그림과 같이 타이밍 체인과 배기캠축 스프로킷의 타이밍 마크가 맞는지 확인한다.

13 흡기캠축 타이밍 마크

그림과 같이 타이밍 체인과 흡기캠축 스프로킷의 타이밍 마크가 맞는지 확인한다.

⑭ 배기 캠축 저널 캡 탈거

그림과 같이 배기 캠축 저널 캡 고정 볼트(10mm)를 푼 후 저널 캡을 탈거한다.

⑮ 배기 캠축 탈거

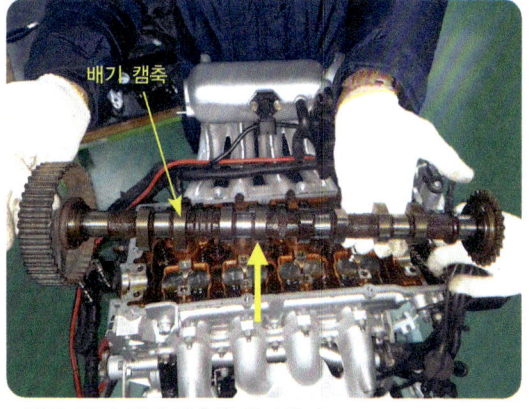

그림과 같이 배기 캠축을 탈거한다.

⑯ 오토래시(HLA)

그림은 오토래시(HLA)의 모습이다.

⑰ 오토래시 탈거

그림은 2번 실린더용 배기 오토래시(HLA)이다.

⑱ 오토래시

그림은 3번 실린더용 배기 오토래시(HLA)이다.

⑲ 오토래시 조립

그림과 같이 2번 배기 오토래시(HLA)를 조립한다.

⑳ 타이밍 체인

그림은 배기 캠축을 탈거한 후 타이밍 체인의 모습이다.

㉑ 캠축 설치

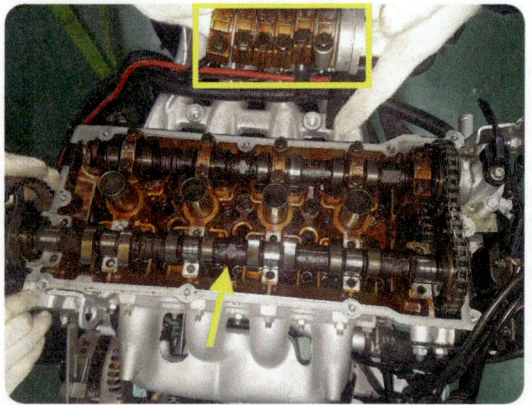

그림과 같이 배기 캠축을 설치한 후 저널 캡을 장착한 다음 고정 볼트를 규정토크로 조인다.

㉒ 캠축 체인 스프로킷 타이밍 마크

그림과 같이 흡기와 배기 캠축 체인 스프로킷의 타이밍 마크가 맞는지 확인한다.

㉓ 타이밍벨트 장착

▲ 그림과 같이 타이밍벨트를 설치한다.

㉔ 배기 캠축 스프로킷 타이밍 마크 확인

◀ 그림과 같이 배기 캠축 스프로킷 타이밍 마크가 맞는지 확인한다.

25 크랭크축 스프로킷 타이밍 마크 확인

그림과 같이 크랭크축 스프로킷 타이밍 마크가 맞는지 확인한다.

27 실린더 헤드커버 및 브리더호스와 PCV 호스 조립

그림과 같이 실린더 헤드 커버를 설치 한 다음 고정 볼트를 규정토크로 조인 후 에어 브리더호스와 PCV 호스를 니블에 끼운다.

26 장력조정

그림과 같이 유격 조정볼트를 푼 후 장력이 조정되면 다시 규정토크로 조인 다음 고정 볼트를 규정토크로 조인다.

28 타이밍벨트 커버와 워터펌프 및 크랭크축 풀리, 팬벨트 조립

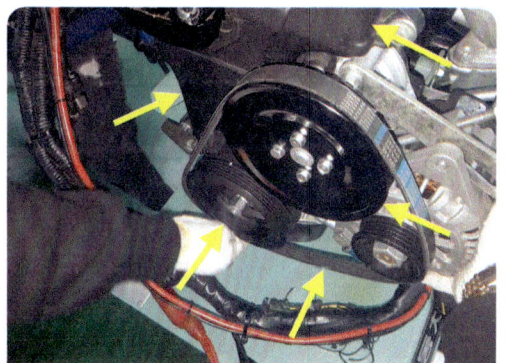

그림과 같이 타이밍벨트 상부와 하부 커버를 설치한 후 고정 볼트를 규정토크로 조인 후 워터펌프 및 크랭크축 풀리 고정 볼트를 규정토크로 조인 다음 팬벨트를 장착하고 장력을 조정한다.

29 고압 분배배선 장착

◀ 그림과 같이 고압 분배배선을 각 실린더 점화플러그에 장착한다.

기능장 9안 - 기관 1: 기관 및 시동 관련회로 점검 후 시동작업

기관 및 시동 관련회로를 점검한 후 시동작업과 기록표의 요구사항을 점검 및 측정하고 기록표에 기록하시오.(단, 시동되지 않는 경우 2과제는 작업할 수 없음)

01 점검 부위 : 1안 참조 (36~41페이지)

02 점검 및 측정[캠 및 오일 컨트롤 밸브 저항] : 4안 참조 (323~325페이지)

기능장 9안 - 기관 2: 기록표 요구사항 점검·측정

주어진 기관에서 시험위원의 지시에 따라 기록표 요구사항을 점검 및 측정하여 기록하시오.

01 점화파형 측정 : 1안 참조 (48~57페이지)

02 공기유량센서(MAP 또는 AFS)출력전압 파형: 2안, 4안 참조(160~166, 325~328페이지)

03 TPS 출력 전압파형 : 2안, 4안 참조(160~166, 325~328페이지)

기능장 9안 - 기관 3: 시동결함 및 부조발생 원인

주어진 자동차에서 크랭킹은 가능하나 시동되지 않고 시동된 후에도 부조가 발생합니다. 고장부위를 수리하고 기록표를 작성하시오.

01 크랭킹은 가능하나 시동되지 않는 원인 : 1안 참조 (63~66페이지)

02 부조발생 : 1안 참조 (66~69페이지)

03 시동결함 및 부조발생 기록표 작성 : 1안 참조 (69페이지)

작업형실기

기능장 9안 - 섀시 1: 전륜 현가장치 로어암 탈·부착 및 작동상태 확인

주어진 자동차에서 시험위원의 지시에 따라 전륜 현가장치의 로어암을 탈거하고 시험위원에게 확인 후 다시 조립(부착)하여 조향장치 작동상태를 점검한 후 기록표의 요구사항을 점검 및 측정하여 기록하시오.

01 전륜현가장치 로어암 탈·부착 및 작동상태 확인: 5안 참조(373~376페이지)

02 파워 스티어링 펌프압력 : 1안 참조 (83~84페이지)

03 핸들 유격 : 2안 참조(167~168페이지)

기능장 9안 - 섀시 2: 유압식 동력 조향장치 오일펌프 탈·부착 및 에어빼기 작업 후 작동상태 확인

주어진 자동차에서 시험위원의 지시에 따라 유압식 동력 조향장치 오일펌프를 탈거하고 시험위원에게 확인 후 다시 조립(부착)하여 에어빼기 작업을 실시하고 조향장치 작동상태를 확인하고 기록표의 요구사항을 점검 및 측정하여 기록하시오.

01 유압식 동력 조향장치 오일펌프 탈·부착 및 에어빼기 작업 후 작동상태 확인 : 1안 참조
- 76~80페이지 참조

기능장 9안 - 섀시 3: 기록표 요구사항 점검·측정

기록표 요구사항을 점검 및 측정하여 기록하시오.

자동차정비기능장

01 EPS 솔레노이드 밸브(밸브 작동 시) 전압, 전류파형

01 EPS 솔레노이드 밸브

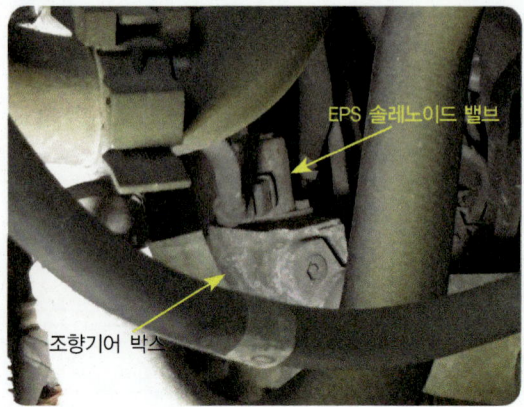

EPS 솔레노이드 밸브, 조향기어 박스

02 EPS 솔레노이드 밸브 커넥터

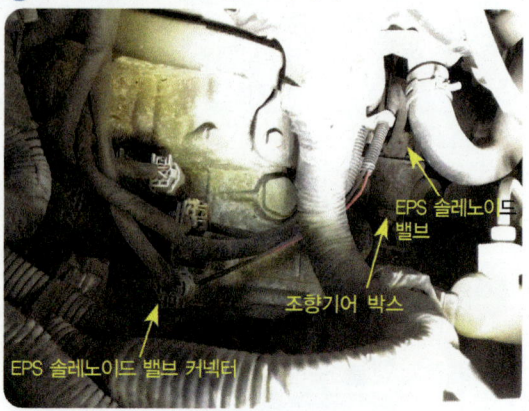

EPS 솔레노이드 밸브 커넥터 위치 모습이다.

03 오실로스코프 선택

그림과 같이 오실로스코프 버튼을 클릭한다.

04 채널 1과 소 전류 선택

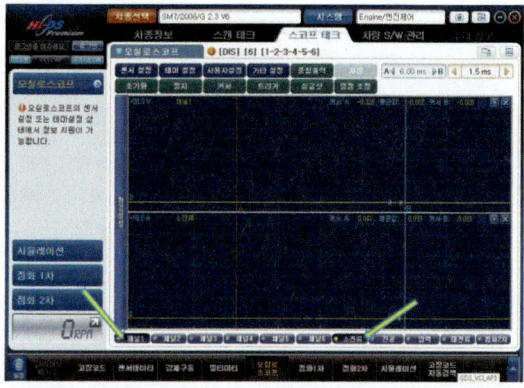

그림과 같이 채널 1과 소 전류를 선택한다.

05 사용자 설정

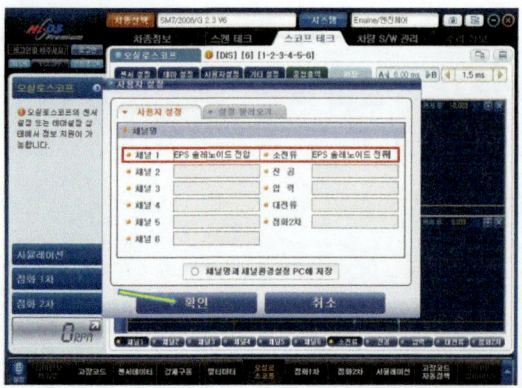

그림과 같이 채널 1에 EPS 솔레노이드 전압과 소 전류에 EPS 솔레노이드 전류를 입력한 후 확인 버튼을 클릭한다.

06 측정대기 화면

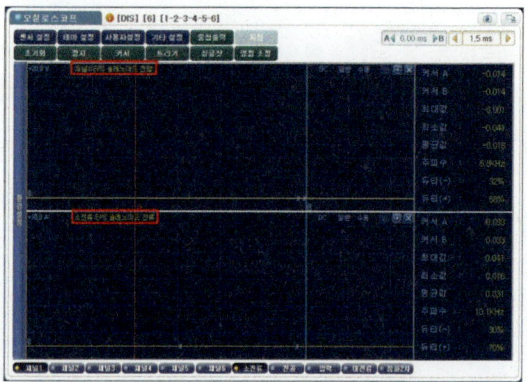

그림과 같이 채널 1에 EPS 솔레노이드 전압과 소 전류에 EPS 솔레노이드 전류가 표기되어있는 화면모습

07 소 전류계

그림과 같이 소 전류계를 준비한다.

08 영점조정

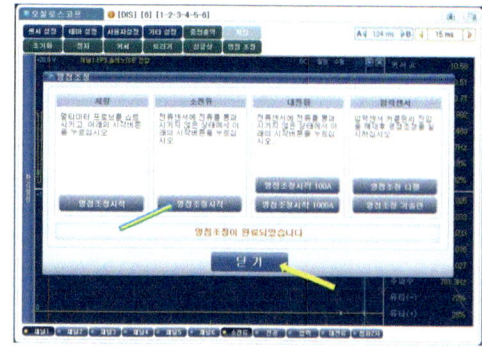

그림과 같이 소 전류 영점조정시작 버튼을 클릭한 후 영점조정이 완료되면 닫기를 클릭한다.

09 채널 1 프로브와 소 전류계 설치

그림과 같이 채널 1 전원 프로브를 EPS 솔레노이드 밸브 커넥터 출력단자에 설치하고 접지 프로브는 접지시킨 후 소 전류계를 EPS 솔레노이드 커넥터 출력단자 배선(적색)에 설치한다.

10 Key ON

그림과 같이 Key를 ON한다.

11 Key ON시 EPS 솔레노이드 밸브 출력파형

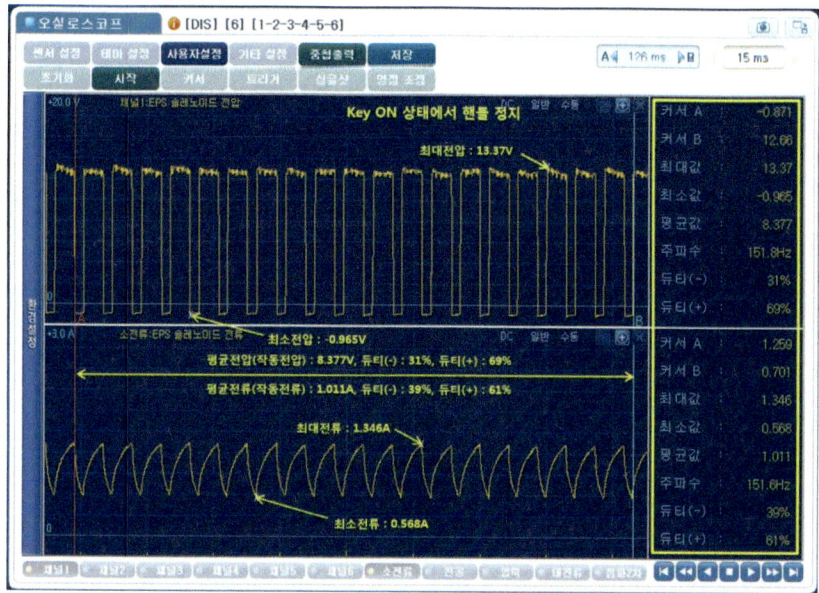

Key ON 시 EPS 솔레노이드 밸브 출력파형으로 커서 A, B를 임의 구간에 위치한 경우 전압구간에 대한 최대전압 13.37V, 최소전압 -0.965V, 평균(작동)전압 8.377V, 듀티(-) 31%, 듀티(+) 69%이고 전류구간에 대한 최대전류 1.346A, 최소전류 0.568A, 평균(작동)전류 1.011A, 듀티(-) 39%, 듀티(+) 61%로 표기한 화면임.

⑪ 핸들 좌회전

그림과 같이 Key ON상태에서 핸들을 좌측으로 회전시킨다.

⑫ 핸들 우회전

그림과 같이 Key ON상태에서 핸들을 우측으로 회전시킨다.

⑬ Key ON상태에서 핸들 좌우 회전 시 EPS 솔레노이드 밸브 출력파형

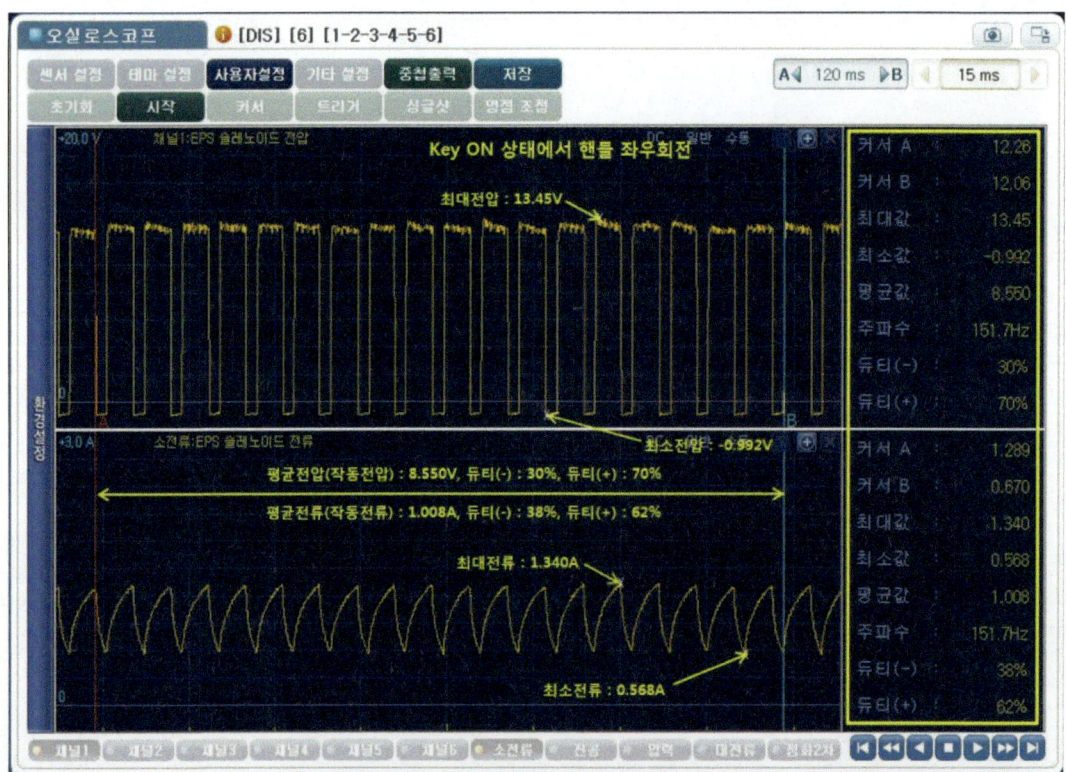

Key ON상태에서 핸들 좌우 회전 시 EPS 솔레노이드 밸브 출력파형으로 커서 A, B를 임의 구간에 위치한 경우 전압구간에 대한 최대전압 13.45V, 최소전압 -0.992V, 평균(작동)전압 8.550V, 듀티(-) 30%, 듀티(+) 70%이고 전류구간에 대한 최대전류 1.340A, 최소전류 0.568A, 평균(작동)전류 1.008A, 듀티(-) 38%, 듀티(+) 62%로 표기한 화면임.

작업형실기

⑭ Key ON상태에서 핸들 좌우 회전 시 EPS 솔레노이드 밸브 출력파형 출력물

Key ON상태에서 핸들 좌우 회전 시
EPS 솔레노이드 밸브
파형 출력 및 분석내용 표기

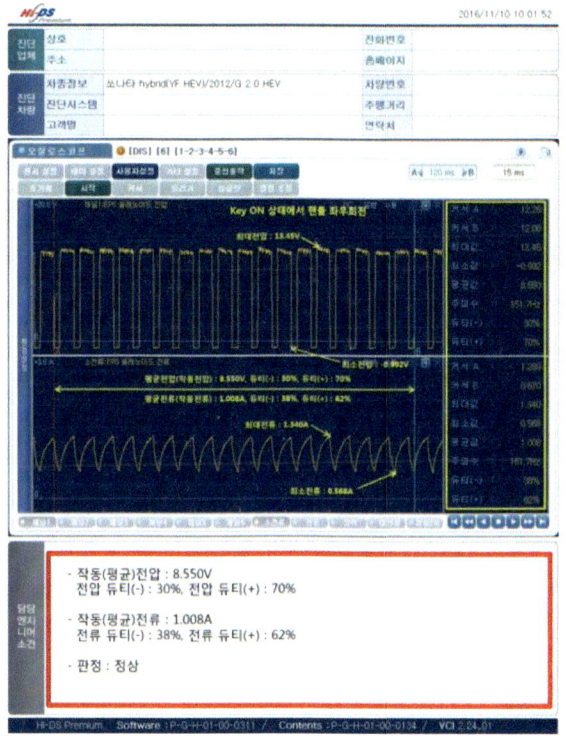

- 작동(평균)전압 : 8.550V
  전압 듀티(-) : 30%, 전압 듀티(+) : 70%
- 작동(평균)전류 : 1.008A
  전류 듀티(-) : 38%, 전류 듀티(+) : 62%
- 판정 : 정상

답안작성 Key ON상태에서 핸들 좌우 회전 시 EPS 솔레노이드 밸브 파형에 의한 분석내용 및 답안작성

◆ 섀시 2. 기록표
1) 파형   자동차 번호 :

| 비 번호 | | 시험 위원 확 인 | |

항 목	파형 분석 및 판정			득 점
	분석 항목	분석 내용	판정(□에 '✔' 표)	
EPS 솔레노이드 밸브(밸브 작동시)	작동전압 : 8.550V 작동전류 : 1.008A 듀티 : 전압듀티(-) 30%, 전압듀티(+) 70%, 전류듀티(-) 38%, 전류듀티(+) 62%	분석내용은 출력물에 표시하시오.	☑ 양 호 □ 불 량	

*주의사항 : 분석 항목 및 내용은 출력물에 표기하며 관련 사항은 시험위원의 지시에 따른다.

⑮ 핸들 좌회전

엔진시동 ON상태에서 핸들을 좌측으로 회전시킨다.

⑯ 핸들 우회전

엔진시동 ON상태에서 핸들을 우측으로 회전시킨다.

⑰ 엔진시동 ON상태에서 핸들 좌우 회전 시 EPS 솔레노이드 밸브 출력파형(공회전 상태)

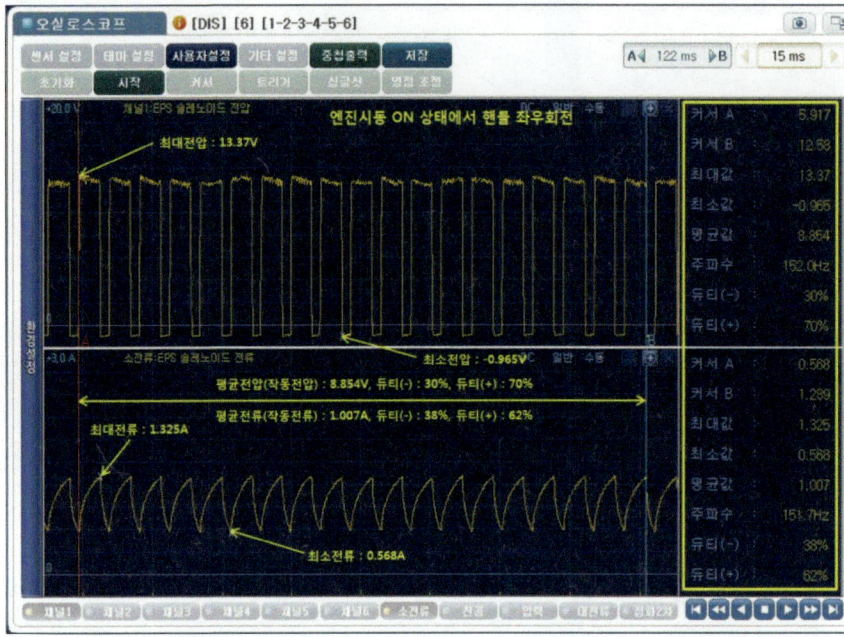

엔진시동 ON상태에서 핸들 좌우 회전 시 EPS 솔레노이드 밸브 출력파형으로 커서 A, B를 임의 구간에 위치한 경우 전압구간에 대한 최대전압 13.37V, 최소전압 -0.965V, 평균(작동)전압 8.854V, 듀티(-) 30%, 듀티(+) 70%이고 전류구간에 대한 최대전류 1.325A, 최소전류 0.568A, 평균(작동)전류 1.007A, 듀티(-) 38%, 듀티(+) 62%로 표기한 화면임.

⑱ 엔진시동 ON상태에서 핸들 좌우 회전 시 EPS 솔레노이드 밸브 출력파형 출력물(공회전 상태)

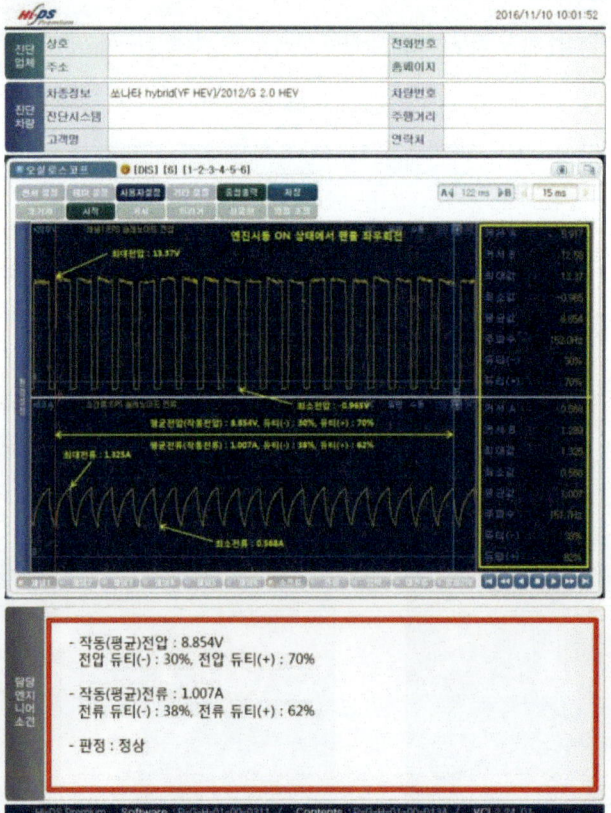

엔진시동 ON상태에서 핸들 좌우 회전 시 EPS 솔레노이드 밸브 파형 출력 및 분석내용 표기

답안작성 엔진시동 ON상태에서 핸들 좌우 회전 시 EPS 솔레노이드 밸브 파형에 의한 분석내용 및 답안작성

◈ 섀시 2. 기록표

1) 파형   자동차 번호 :

| 비 번호 | | 시험 위원 확 인 | |

항목	파형 분석 및 판정			득 점
	분석 항목	분석 내용	판정(□에 '✔' 표)	
EPS 솔레노이드 밸브(밸브 작동시)	작동전압 : 8.854V	분석내용은 출력물에 표시하시오	☑ 양 호 □ 불 량	
	작동전류 : 1.007A			
	듀티 : 전압듀티(-) 30%, 전압듀티(+) 70%, 전류듀티(-) 38%, 전류듀티(+) 62%			

*주의사항 : 분석 항목 및 내용은 출력물에 표기하며 관련 사항은 시험위원의 지시에 따른다.

02 전륜 캠버, 전륜 토우 : 2안 참조 (179~183페이지)

기능장 9안 전기 1 — 와이퍼 모터 탈·부착 및 작동상태 확인, 점검 및 측정

시험위원의 지시에 따라 자동차에서 와이퍼 모터를 탈거하고 시험위원에게 확인 후 다시 조립(부착)하여 작동상태를 확인하고 기록표의 요구사항을 점검 및 측정하고 기록표에 기록하시오.

01 와이퍼 모터 탈·부착 및 작동상태 확인 : 2안 참조 (183~186페이지)

02 와이퍼 Low 모드시 전압 및 와셔 모터 작동전압 : 2안 참조 (186~193페이지)

기능장 9안 전기 2 — 회로점검 및 기록표 작성

주어진 자동차에서 정비지침서의 회로도를 이용하여 기록표에서 요구하는 회로를 점검하고, 이상이 있으면 이상내용을 기록표에 기록한 후 정비하시오.

01 도난방지 회로점검 : 5안 참조(403~409페이지)

02 미등 회로점검 : 1안 참조 (100~115페이지)

03 와이퍼 회로점검 : 1안 참조 (116~122페이지)

기능장 9안 전기 3 — 파형 측정

주어진 자동차에서 시험위원 지시에 따라 기록표의 요구사항을 점검 및 측정하여 기록하시오.

01 감광식 룸 램프 작동 파형

01 실내등 회로(1) : BCM(테일 게이트 스위치, 도어 스위치, 실내등)

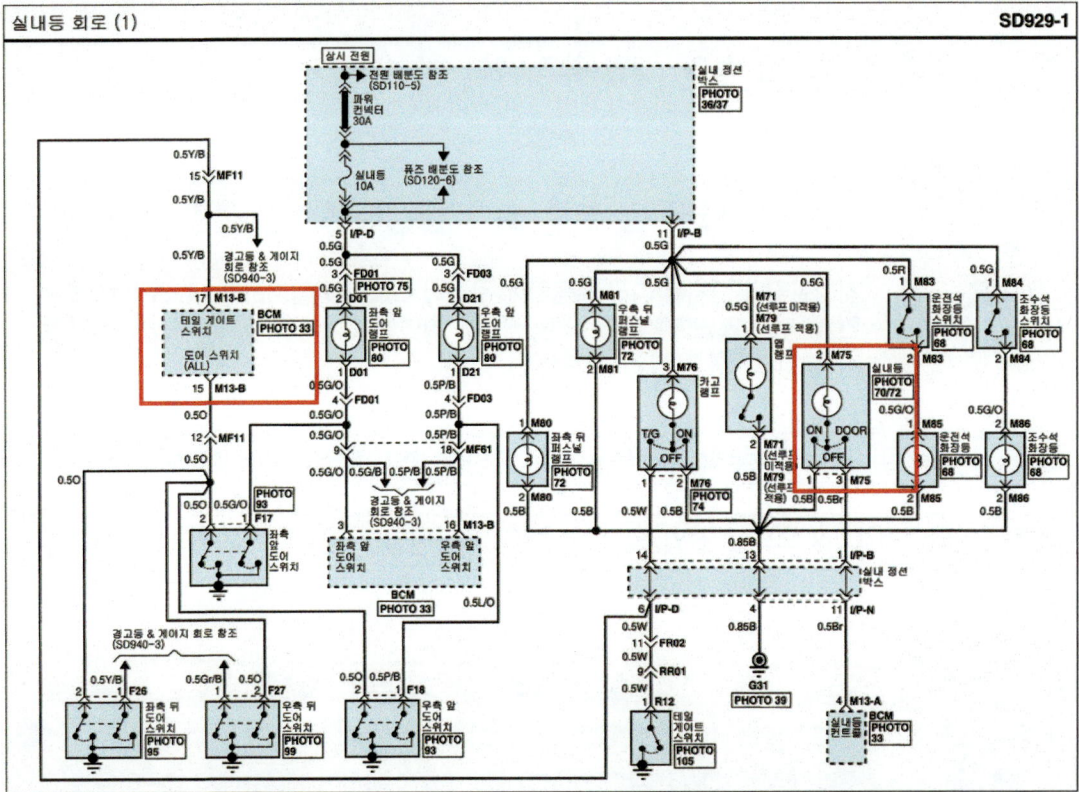

02 BCM 커넥터

M13-B(26P) 커넥터 위치

03 M13-B

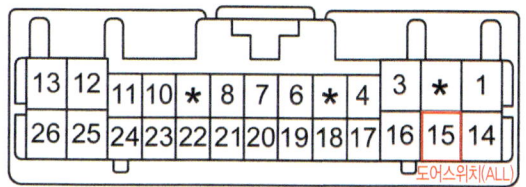

15번 단자 도어 스위치(ALL)

04 채널 1 전원 프로브 연결

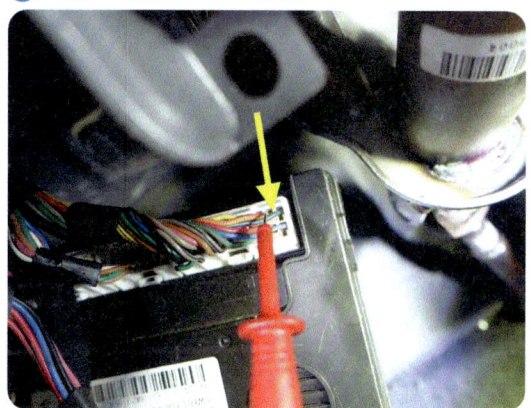

채널 1 전원 프로브를 15번 단자 도어 스위치(ALL)에 연결한다.

05 실내등

M75 실내등 커넥터

06 M75 커넥터 : 3번 단자 DOOR

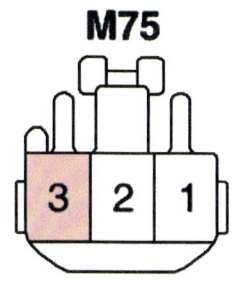

07 실내등 커버

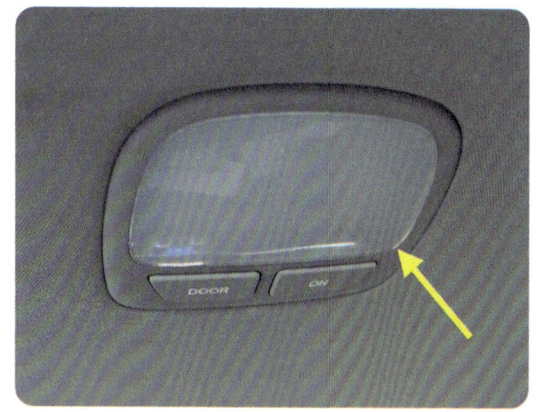

그림과 같이 실내등 커버를 일자 리무버를 이용하여 탈거한다.

08 실내등 케이스 탈거

그림과 같이 실내등 케이스 고정 피스를 푼 후 탈거한다.

09 실내등 커넥터

그림은 실내등 커넥터 위치를 나타낸다.

10 소 전류계

그림과 같이 측정을 위하여 소 전류계를 준비한다.

11 영점조정

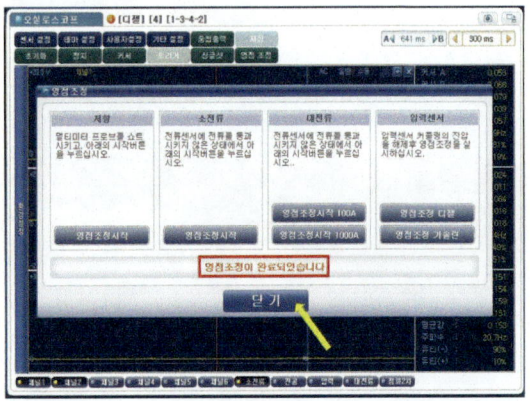

그림과 같이 영점조정을 실시하여 완료되면 닫기를 클릭한다.

12 사용자 설정

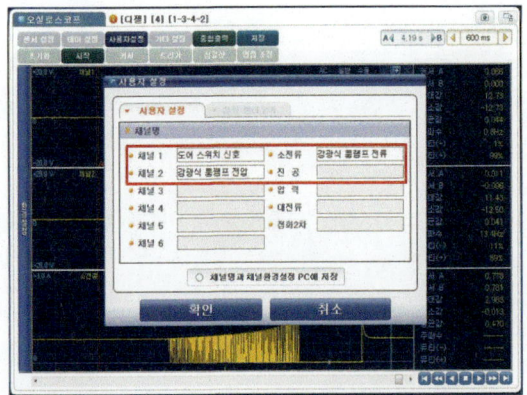

그림과 같이 채널 1에 도어 스위치 신호, 채널 2는 감 광식 룸램프 전압, 소 전류에 룸 램프 전류를 기입한 후 확인을 클릭한다.

13 채널 2 전원 프로브 및 소 전류계 연결

그림과 같이 채널 2 전원 프로브를 실내등 커넥터 3번 단자에 연결하고 배선에 소 전류계를 설치한다.

⑭ 감 광식 룸램프 작동 시 파형

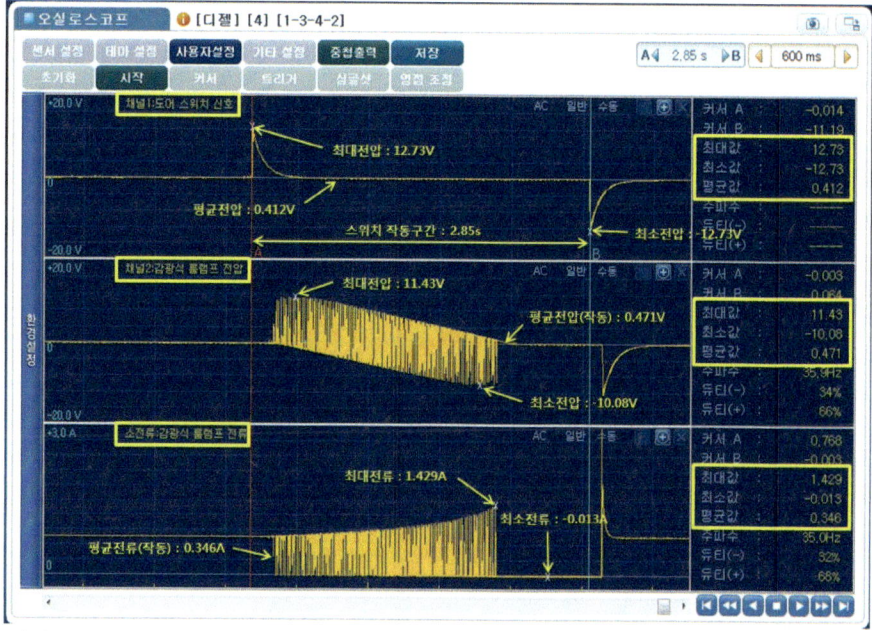

도어스위치 열림과 닫힘 신호 시 감 광식 룸램프 작동파형으로 커서 A를 도어 스위치 닫힘 신호 시작 부분에 커서 B를 도어 스위치 열림 신호 시작 부분에 위치한 경우 도어 스위치 신호에 대한 최대전압 12.73V, 최소전압 -12.73V, 평균전압 0.412V, 스위치 작동구간(시간) 2.85s와 감 광식 룸 램프 전압에 대한 최대전압 11.43V, 최소전압 -10.08V, 평균(작동)전압 0.471V와 감 광식 룸램프 소모전류에 대한 최대전류 1.429A, 최소전류 -0.013A, 평균(작동)전류 0.346A로 표기한 화면임.

⑮ 감 광식 룸램프 작동 시 파형

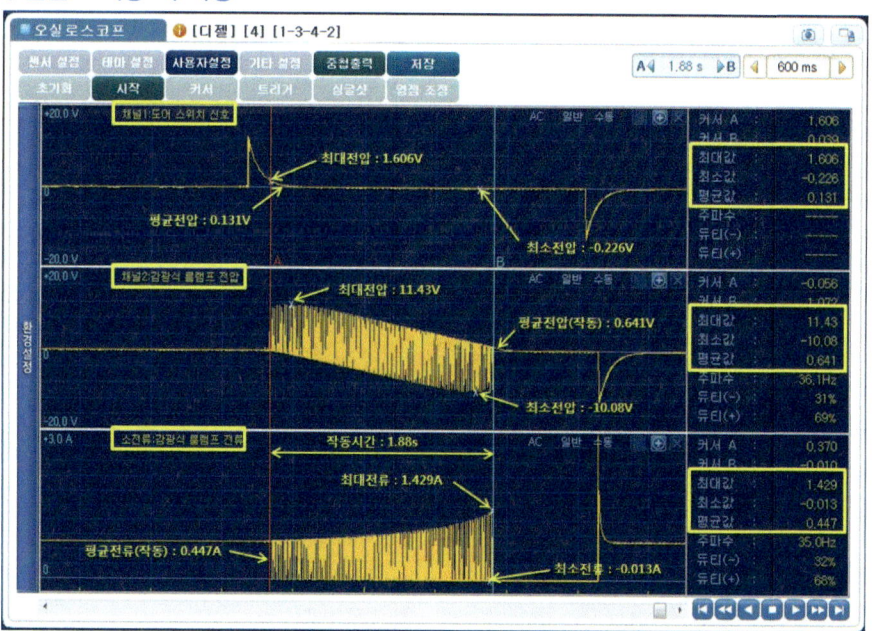

도어스위치 열림과 닫힘 신호 시 감 광식 룸램프 작동파형으로 커서 A를 감광식 룸램프 점등 시작 부분에 커서 B를 감광식 룸램프 소등 부분에 위치한 경우 도어 스위치 신호에 대한 최대전압 1.606V, 최소전압 -0.226V, 평균전압 0.131V, 감광식 룸램프 작동구간(시간) 1.88s와 감 광식 룸 램프 전압에 대한 최대전압 11.43V, 최소전압 -10.08V, 평균(작동)전압 0.641V와 감 광식 룸램프 소모전류에 대한 최대전류 1.429A, 최소전류 -0.013A, 평균(작동)전류 0.447A로 표기한 화면임.

⑯ 감 광식 룸램프 작동 시 출력파형 출력물 :

도어스위치 열림과 닫힘 신호 시
감 광식 룸램프 작동 시
파형 출력 및 분석내용 표기

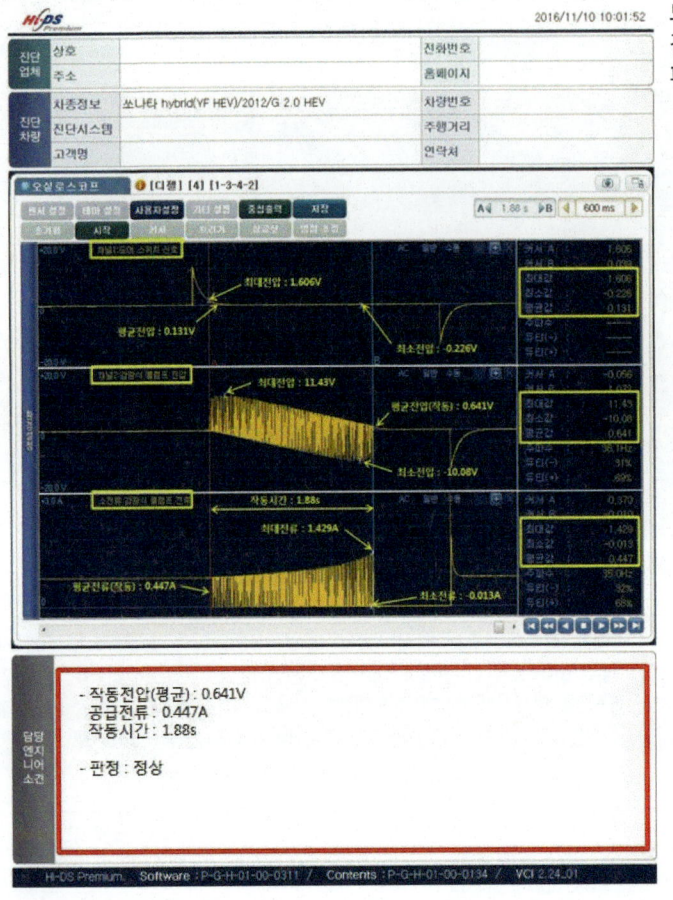

답안작성 도어스위치 열림과 닫힘 신호 시 감 광식 룸램프 작동 시 파형에 의한 분석내용 및 답안작성

◆ 전기 3. 기록표
1) 파형　　　자동차 번호 :

비 번호		시험 위원 확 인	

항 목	파형 분석 및 판정				득 점
	분석 항목		분석 내용	판정(□에 '✔'표)	
도어 스위치 열림, 닫힘 시 감 광식 룸 램프 작동 파형	작동전압 : 0.641V		분석내용은 출력물에 표시하시오	☑ 양 호 □ 불 량	
	공급전류 : 0.447A				
	작동시간 : 1.88s				

*주의사항 : 분석 항목 및 내용은 출력물에 표기하며 관련 사항은 시험위원의 지시에 따른다.

02 CAN 라인 저항 : 4안 참조 (354~358페이지)

03 경음기 소음측정 : 4안 참조 (359~360페이지)

국가기술자격검정 실기시험문제 10안

1. 기 관

1. 주어진 기관에서 시험위원의 지시에 따라 MLA와 흡기 캠 샤프트를 탈거하고 (시험위원에게 확인) 다시 조립(부착)하고 기관 및 시동 관련회로를 점검한 후 시동작업과 기록표의 요구사항을 점검 및 측정하고 기록표에 기록하시오.
  (단, 시동되지 않는 경우 2과제는 작업할 수 없다)
2. 주어진 기관에서 시험위원의 지시에 따라 기록표 요구사항을 점검 및 측정하여 기록하시오.
3. 주어진 자동차에서 크랭킹은 가능하나 시동되지 않고 시동된 후에도 부조가 발생합니다. 고장부위를 수리하고 기록표를 작성하시오.

2. 섀 시

1. 주어진 자동차에서 시험위원의 지시에 따라 ABS 모듈을 탈거하고 (시험위원에게 확인) 다시 조립(부착)하여 브레이크 장치 작동상태를 점검한 후 기록표의 요구사항을 점검 및 측정하여 기록하시오.
2. 주어진 전자제어 유압식 동력 조향장치(EPS) 및 전자식 동력 조향장치(MDPS) 자동차에서 시험위원의 지시에 따라 파워 펌프를 교환(탈·부착)하여 에어빼기를 실시하고 조향장치 작동상태를 확인하고 기록표의 요구사항을 점검 및 측정하여 기록하시오.

3. 전 기

1. 주어진 자동차에서 시험위원의 지시에 따라 중앙 집중제어장치(BCM, ETACS, ISU)를 탈거한 후 (시험위원에게 확인) 새로운 중앙 집중제어장치를 (조립)부착하여 리모컨을 입력시킨 후 작동상태를 확인하고 기록표에 기록하시오.
2. 주어진 자동차에서 정비지침서의 회로도를 이용하여 기록표에서 요구하는 회로를 점검하고, 이상이 있으면 이상내용을 기록표에 기록한 후 정비하시오
3. 주어진 자동차에서 시험위원 지시에 따라 기록표의 요구사항을 점검 및 측정하여 기록하시오.

Master Craftsman Motor Vehicles Maintenance

자동차정비기능장

국가기술자격검정실기시험문제 10안

| 자 격 종 목 | 자동차 정비기능장 | 작 품 명 | 자동차 정비 작업 |

- 비 번 호
- 시험시간 : 6시간 30분(기관 : 140분, 새시 : 130분, 전기 : 120분)
  ※ 시험 안 및 요구사항 일부내용이 변경될 수 있음

기능장 10안 — 기관 1

MLA와 흡기캠축 탈·부착

주어진 기관에서 시험위원의 지시에 따라 MLA와 흡기 캠 샤프트를 탈거하고 시험위원에게 확인 후 다시 조립(부착)하시오.

01 MLA와 흡기캠축 탈·부착

01 엔진 부속부품 명칭

타이밍벨트 상부 커버, 파워 스티어링 펌프 벨트, 파워 스티어링 펌프 풀리, 팬벨트, 발전기 풀리, 워터펌프 풀리, 크랭크 축 풀리, 아이들 베어링, 에어컨 컴프레서 풀리, 타이밍벨트 하부 커버

02 팬벨트 및 파워펌프 벨트 탈거

워터펌프 풀리 고정 볼트(10mm)를 유림한 후 유격고정 볼트(12mm)와 조정 볼트(12mm)를 유림하여 팬벨트를 탈거하고 파워펌프 고정 볼트(14mm) 및 유격조정 볼트(14mm)를 유림 하여 파워펌프 벨트를 탈거한다.

03 에어컨 벨트 탈거

그림과 같이 아이들 베어링 고정너트(14mm)를 유림한 후 유격조정 볼트(12mm)를 유림하여 벨트를 탈거한다.

04 워터펌프 및 크랭크 축 풀리 탈거

그림과 같이 워터펌프 풀리를 탈거한 후 크랭크 축 풀리 고정 볼트(22mm)를 탈거한 다음 풀리를 탈거한다.

05 크랭크 축 풀리 플레이트 및 타이밍벨트 상부커버 탈거

크랭크 축 풀리 플레이트를 뺀 후 타이밍 벨트 상부 커버 고정 볼트(10mm)를 푼 후 탈거한다.

06 엔진 브래킷 가이드 및 타이밍벨트 하부커버 탈거

엔진 브래킷 가이드 고정 볼트 및 너트(17mm)를 푼 후 탈거하고 타이밍 벨트 하부 커버 고정 볼트(10mm)를 푼 다음 탈거한다.

07 타이밍 벨트 및 관련 부품

타이밍 벨트, 워터펌프, 아이들 베어링, 크랭크 축 스프로킷, 오토프리 텐셔너 베어링, 캠 축 스프로킷

08 타이밍 벨트 탈거

그림과 같이 오토프리 텐셔너 베어링 고정 볼트(14mm)를 유림한 후 베어링을 시계방향으로 돌린 후 타이밍벨트를 탈거한다.

09 타이밍 벨트 탈거 후

그림은 타이밍벨트 탈거 후 모습입니다.

10 고압 분배배선 탈거

그림과 같이 고압 분배배선을 탈거한다.

11 PCV와 브리더 호스 및 실린더 헤드커버 탈거

그림과 같이 브리더 호스를 분리한 후 PCV 호스 고정밴드를 서지탱크 쪽으로 이동 시킨 다음 호스를 분리하고 실린더 헤드커버 고정 볼트(10mm)를 푼 후 커버를 탈거한다.

12 캠축 위상확인

그림과 같이 1번 실린더가 압축행정 상태이고 4번 실린더 캠이 오버랩 상태로 되어있는지 확인한다.

13 타이밍 체인 마크 확인

그림과 같이 원 안의 타이밍 체인과 캠축 스프로킷의 타이밍 마크가 맞는지 확인한다.

14 흡기 캠축 저널 캡 탈거

그림과 같이 흡기 캠축 저널 캡 고정 볼트(10mm)를 푼 후 저널 캡을 탈거한다.

작업형실기

⑮ 흡기 캠축 탈거

그림과 같이 흡기 캠축을 탈거한다.

⑯ 흡기 캠축 탈거 후

흡기 캠축을 탈거한 후 모습으로 타이밍 체인은 탈거하지 않으며, 배기 캠축 스프로킷의 타이밍 마크가 틀어지지 않도록 주의한다.

⑰ 흡기 MLA

그림은 흡기 MLA의 모습이다.

⑱ MLA 탈거 1

그림과 같이 1번 실린더 흡기 MLA를 탈거한다.

⑲ MLA 탈거 2

그림과 같이 1번 실린더 두 번째 흡기 MLA를 탈거한다.

⑳ MLA 조립

그림과 같이 두 개의 MLA를 조립한다.

575

㉑ 흡기 캠축 체인 스프로킷 타이밍 마크

흡기 캠축 체인 스프로킷 타이밍 마크이다.

㉒ 캠축 설치

그림과 같이 흡기 캠축을 설치한 후 타이밍 체인과 캠축 스프로킷의 타이밍 마크가 맞는지 확인한다.

㉓ 흡기 캠축 저널 캡 조립

그림과 같이 흡기 캠축 저널 캡을 설치한 후 고정 볼트를 규정토크로 조인다.

㉔ 실린더 헤드커버 조립

그림과 같이 실린더 헤드 커버를 설치 한 다음 고정 볼트를 규정토크로 조인다.

㉕ PCV 호스 및 브리더호스 조립

PCV 호스를 니블에 끼우고 고정밴드를 설치한 다음 브리더 호스를 장착한다.

㉖ 고압 분배배선 장착

그림과 같이 고압 분배배선을 각 실린더 점화플러그에 장착한다.

27 크랭크 축 스프로킷 타이밍 마크

그림과 같이 크랭크 축 스프로킷 타이밍 마크가 맞는지 확인한다.

28 캠축 스프로킷 타이밍 마크

그림과 같이 캠축 스프로킷 타이밍 마크가 맞는지 확인한다.

29 타이밍벨트 장착

그림과 같이 오토프리 텐셔너 베어링을 설치한 다음 타이밍 벨트를 장착한 후 장력조정을 하고 고정 볼트를 규정토크로 조인다.

30 타이밍벨트 커버 조립

그림과 같이 타이밍벨트 상부와 하부커버를 설치한 후 고정 볼트를 규정토크로 조인다.

31 크랭크 축 풀리 장착

그림과 같이 크랭크 축 풀리를 장착한 후 고정 볼트를 규정 토크로 조인다.

32 발전기 및 워터펌프 풀리, 에어컨 아이들 베어링 장착

그림과 같이 발전기와 워터펌프 풀리, 에어컨 아이들 베어링을 장착한다.

33 겉 벨트 장착 및 파워펌프 벨트 장력조정

그림과 같이 에어컨 벨트와 파워펌프 벨트, 팬벨트를 장착한 후 파워펌프 벨트 장력을 조정한다.

34 팬벨트 장력 조정

그림과 같이 유격 조정볼트를 시계방향으로 돌려 장력을 조정한 다음 고정 볼트를 규정토크로 조인다.

35 관통볼트 고정너트

그림과 같이 관통볼트 고정너트를 규정토크로 조인 후 발전기 커넥터와 B단자 케이블을 조립한다.

36 에어컨 벨트 장력조정

그림과 같이 에어컨 벨트 유격 조정볼트를 시계방향으로 돌려 장력을 조정한다.

37 에어컨 벨트 장력점검

◀그림과 같이 고정너트를 규정토크로 조인 후 장력을 점검한다.

작업형실기

기능장 10안
기관 1
기관 및 시동 관련회로 점검 후 시동작업

기관 및 시동 관련회로를 점검한 후 시동작업과 기록표의 요구사항을 점검 및 측정하고 기록표에 기록하시오.(단, 시동되지 않는 경우 2과제는 작업할 수 없음)

01 점검 부위 : 1안 참조 (36~41페이지)

02 점검 및 측정[MLA 밸브간극]

01 고압 분배배선 탈거

그림과 같이 고압 분배배선을 탈거한다.

02 PCV 호스탈거

그림과 같이 PCV 호스를 서지탱크 쪽에서 분리한다.

03 타이밍벨트 상부커버 고정 볼트 탈거

그림과 같이 타이밍벨트 상부커버 고정 볼트(10mm)를 탈거한다.

04 실린더 헤드커버 탈거

그림과 같이 실린더 헤드커버 고정 볼트(10mm)를 푼 후 커버를 탈거한다.

05 타이밍 마크 일치

그림과 같이 크랭크축을 회전시켜 타이밍 고정표지와 이동표지가 일치되도록 맞춘다.

06 캠축 위상확인

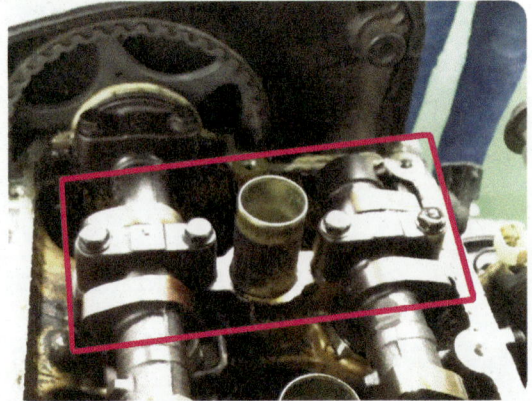

그림과 같이 1번 캠축의 위상이 압축행정 초기상태인지 확인한다.

07 밸브간극 측정 대상

그림과 같이 선이 지나가는 캠을 측정한다.
참고 1번 흡배기, 2번 흡기, 3번 배기 캠 측정

08 밸브간극 측정 1

그림과 같이 시크니스 게이지를 이용하여 간극을 측정한다.
(1번 캠)

09 밸브간극 측정 2

그림과 같이 시크니스 게이지를 이용하여 간극을 측정한다.
(3번 배기 캠)

10 크랭크축 1회전

그림과 같이 크랭크축을 1회전시켜 타이밍 고정표지와 이동표지가 일치되도록 맞춘다.

⑪ 캠축 위상확인

그림과 같이 4번 캠축의 위상이 압축행정 초기상태인지 확인한다.

⑫ 밸브간극 측정 대상

그림과 같이 선이 지나가는 캠을 측정한다.
참고 4번 흡배기, 3번 흡기, 2번 배기 캠 측정

⑬ 밸브간극 측정 1

그림과 같이 시크니스 게이지를 이용하여 간극을 측정한다. (4번 캠)

⑭ 밸브간극 측정 2

그림과 같이 시크니스 게이지를 이용하여 간극을 측정한다. (2번 배기 캠)

⑮ 규정값 · 아래 표는 MLA 밸브간극 규정값이다.

HYUNDAI Beta 2.0 DOHC Mechanical Lash Adjustment

흡기밸브 간극 : 0.200 흡기밸브 한계값 : 0.17~0.23mm
배기밸브 간극 : 0.280 배기밸브 한계값 : 0.25~0.31mm

Unit : (mm)

구분/실린더 번호		1st		2nd		3rd		4th	
흡기	현재 밸브 측정 간극	0.220	0.210	0.230	0.220	0.210	0.210	0.210	0.210
	규정치와 차이	0.020	0.010	0.030	0.020	0.010	0.010	0.010	0.010
	현재 쉼 두께	2.400	2.370	2.370	2.340	2.370	2.340	2.370	2.330
	새로운 쉼 두께	2.420	2.380	2.400	2.360	2.380	2.350	2.380	2.340
배기	현재 밸브 측정 간극	0.320	0.320	0.320	0.280	0.210	0.210	0.210	0.210
	규정치와 차이	0.040	0.040	0.040	0.000	0.010	0.010	0.010	0.010
	현재 쉼 두께	2.320	2.410	2.440	2.420	2.370	2.340	2.370	2.330
	새로운 쉼 두께	2.360	2.450	2.480	2.430	2.380	2.350	2.380	2.340

자동차정비기능장

답안작성 — 흡기 캠 밸브간극 측정에 따른 분석내용 및 답안작성

◆ 기관 1. 기록표

자동차 번호 :

항목	측정(또는 점검)		판정 및 정비(또는 조치)사항		득점
	측정값	규정값(정비한계값)	판정(□에 '✔' 표)	정비 및 조치할 사항	
MLA 밸브 간극	0.20mm	0.17~0.23mm	✔ 양 호 □ 불 량	정비 및 조치사항 없음 또는 정상	
OCV 유량 조절 밸브 저항			□ 양 호 □ 불 량		

비 번호: 　　　시험 위원 확인:

---

03 점검 및 측정[OCV 유량 조절 밸브 저항] : 4안 참조 (324~325페이지)

기능장 10안

기 관 2

기록표 요구사항 점검·측정

주어진 기관에서 시험위원의 지시에 따라 기록표 요구사항을 점검 및 측정하여 기록하시오.

---

01 가변 밸브 타이밍 기구 파형 측정 : 파형측정

01 가변밸브 타이밍 기구

그림은 가변밸브 타이밍 기구이다.

02 오실로스코프

측정을 위하여 오실로스코프를 선택한다.

03 전원 프로브 설치

그림과 같이 전원 프로브를 출력단자에 설치한다.

04 측정 프로브 설치

그림과 같이 전원과 접지 프로브를 설치한다.

05 엔진시동 ON

엔진시동을 ON한 후 ▶
정상 공회전 상태가 되도록 한다.

06 가변밸브 타이밍 기구 작동 시 파형(공회전 상태)

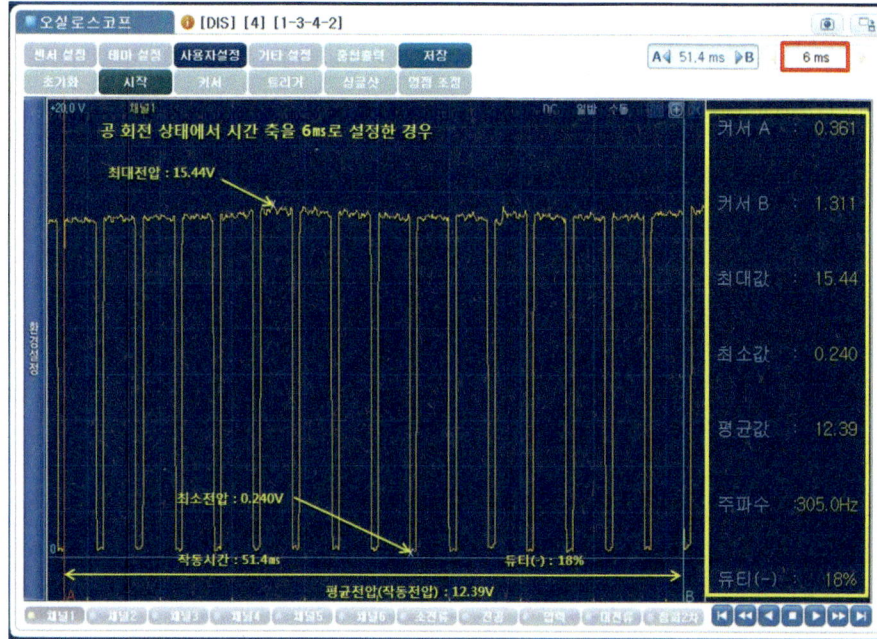

공회전 상태에서 가변밸브 타이밍 기구 작동 시 파형으로 시간 축을 6ms로 설정한 후 커서 A, B를 임의 구간에 위치한 경우 최대전압 15.44V, 최소전압 0.240V, 평균(작동)전압 12.39V, 작동시간 51.4ms, 듀티(-) 18%로 표기한 화면임.

07 가변밸브 타이밍 기구 작동 시 파형 [공회전 상태, 듀티(+)구역]

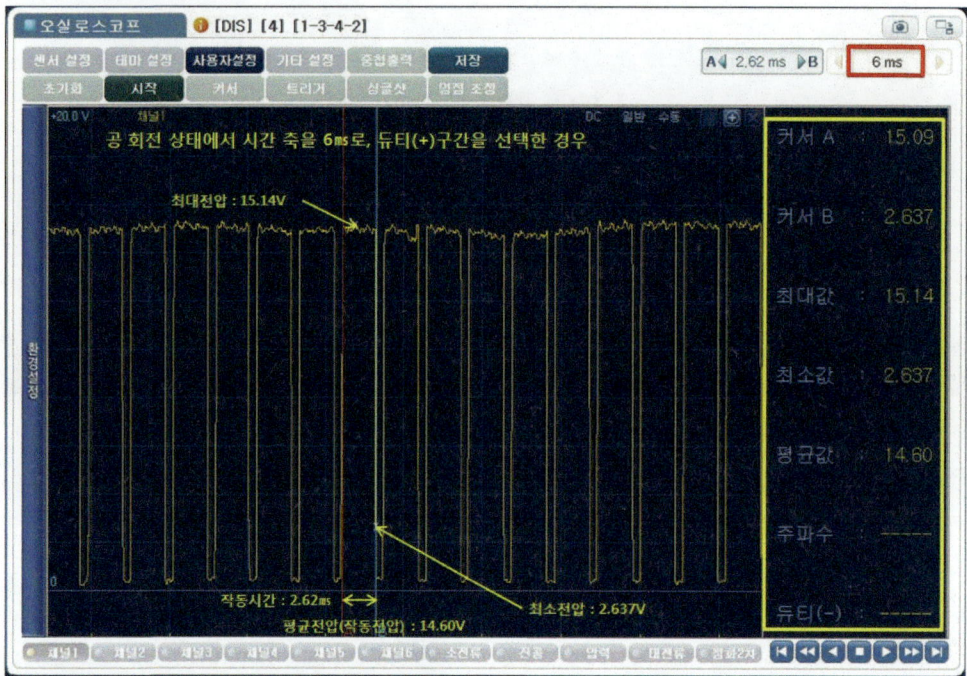

공회전 상태에서 가변밸브 타이밍 기구 작동 시 파형으로 시간 축을 6ms로 설정한 후 커서 A, B를 듀티(+) 구역에 위치한 경우 최대전압 15.14V, 최소전압 2.637V, 평균(작동)전압 14.60V, 작동시간 2.62ms로 표기한 화면임.

08 가변밸브 타이밍 기구 작동 시 파형 [공회전 상태, 듀티(-)구역]

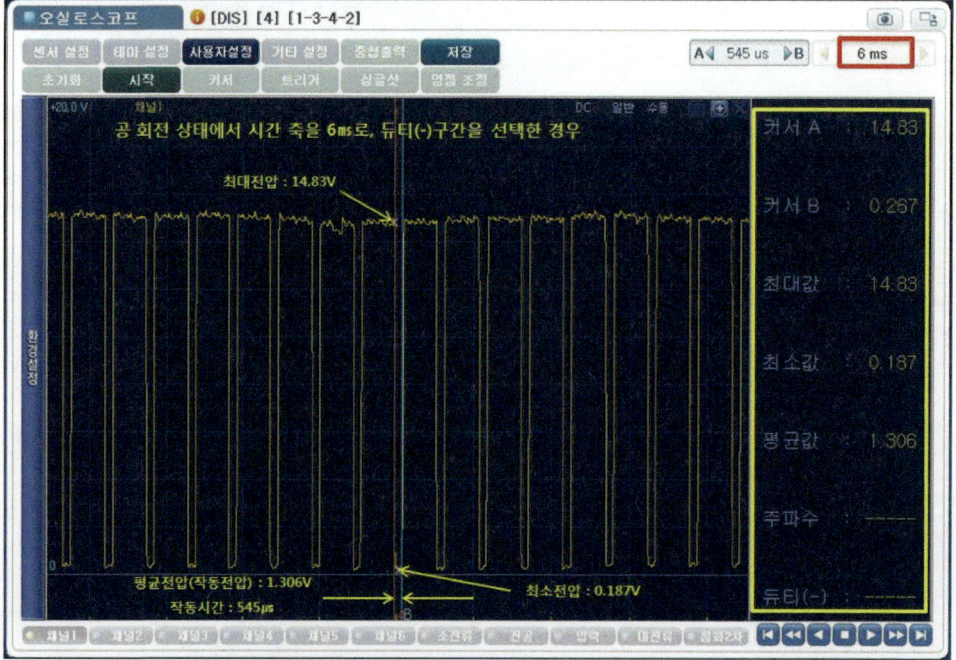

공회전 상태에서 가변밸브 타이밍 기구 작동 시 파형으로 시간 축을 6ms로 설정한 후 커서 A, B를 듀티(-) 구역에 위치한 경우 최대전압 14.83V, 최소전압 0.187V, 평균(작동)전압 1.306V, 작동시간 545μs로 표기한 화면임.

09 가변밸브 타이밍 기구 작동 시 출력파형 출력물

◀ 공회전 상태에서
　가변밸브 타이밍 기구 작동 시
　파형 출력 및 분석내용 표기

답안작성 공회전 상태에서 가변밸브 타이밍 기구 작동 시 파형에 의한 분석내용 및 답안작성

◆ 기관 2. 기록표

1) 파형　　　자동차 번호 :

비 번호		시험 위원 확 인	

항 목	파형 분석 및 판정			득 점
	분석 항목	분석 내용	판정(□에 '✔' 표)	
가변 밸브타이밍 기구	작동전압 : 12.39V 듀티 : (-)18% 작동시간 : 51.4ms	분석내용을 출력물에 표시하시오.	☑ 양 호 □ 불 량	

※ 주의사항 : 분석 항목 및 내용은 출력물에 표기하여 관련 사항은 시험위원의 지시에 따른다.

⑩ 가변밸브 타이밍 기구 작동 시 파형(공회전 상태)

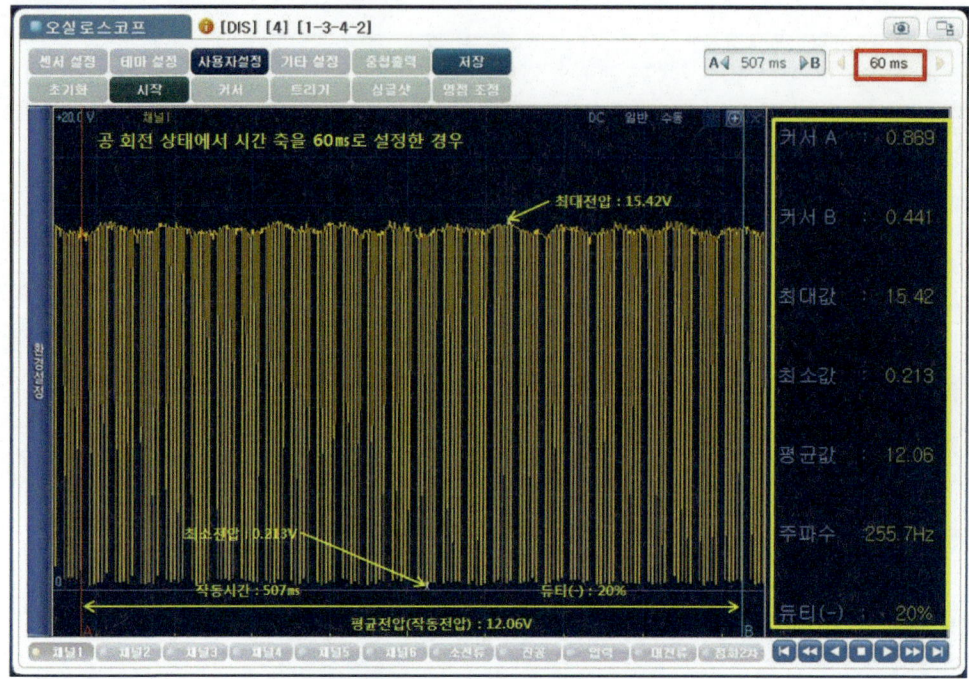

공회전 상태에서 가변밸브 타이밍 기구 작동 시 파형으로 시간 축을 60ms로 설정한 후 커서 A, B를 임의 구간에 위치한 경우 최대전압 15.42V, 최소전압 0.213V, 평균(작동)전압 12.06V, 작동시간 507ms, 듀티(−) 20%로 표기한 화면임.

⑪ 가변밸브 타이밍 기구 작동 시 파형(공회전 상태, 제어구간)

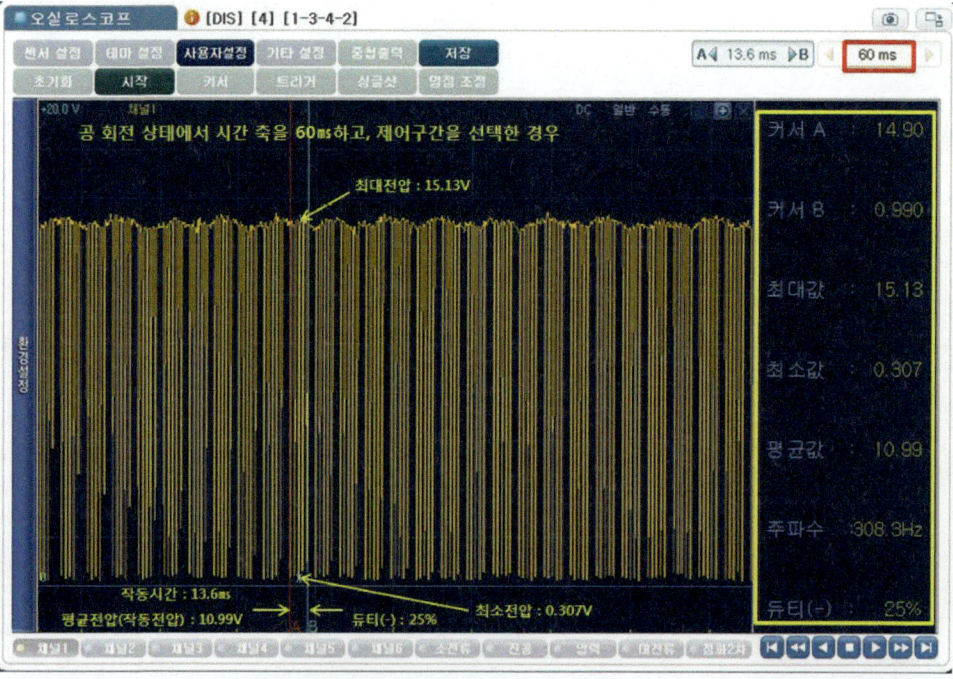

공회전 상태에서 가변밸브 타이밍 기구 작동 시 파형으로 시간 축을 60ms로 설정한 후 커서 A, B를 제어구간에 위치한 경우 최대전압 15.13V, 최소전압 0.307V, 평균(작동)전압 10.99V, 작동시간 13.6ms, 듀티(−) 25%로 표기한 화면임.

⑫ 가변밸브 타이밍 기구 작동 시 파형(공회전 상태, 미 제어구간)

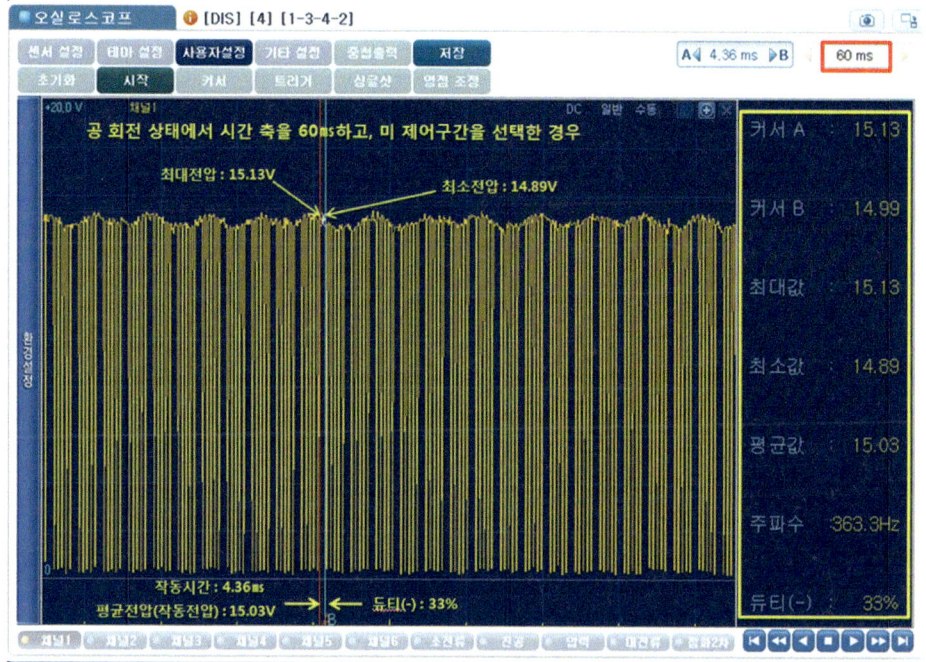

공회전 상태에서 가변밸브 타이밍 기구 작동 시 파형으로 시간 축을 60ms로 설정한 후 커서 A, B를 미 제어구간에 위치한 경우 최대전압 15.13V, 최소전압 14.89V, 평균(작동)전압 15.03V, 작동시간 4.36ms, 듀티(−) 33%,로 표기한 화면임.

⑬ 가변밸브 타이밍 기구 제어 시 출력파형 출력물

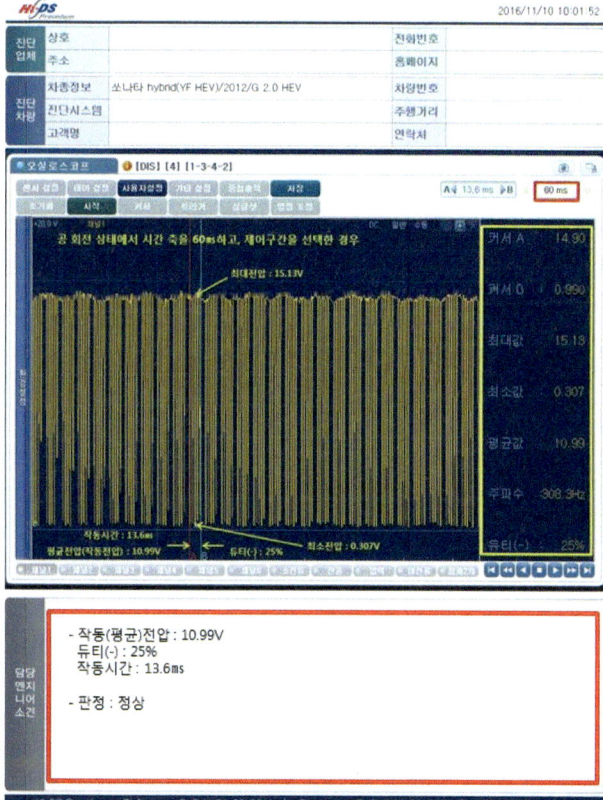

◀ 공회전 상태에서 가변밸브 타이밍 기구 제어 시 파형 출력 및 분석내용 표기

답안작성 공회전 상태에서 가변밸브 타이밍 기구 제어 시 파형에 의한 분석내용 및 답안작성

◈ 기관 2. 기록표
1) 파형   자동차 번호 :

| 비 번호 | | 시험 위원 확 인 | |

항 목	파형 분석 및 판정			득 점
	분석 항목	분석 내용	판정(□에 '✔' 표)	
가변 밸브타이밍 기구	작동전압 : 10.99V 듀티 : (−)25% 작동시간 : 13.6ms	분석내용을 출력물에 표시하시오.	✔ 양 호 □ 불 량	

※ 주의사항 : 분석 항목 및 내용은 출력물에 표기하여 관련 사항은 시험위원의 지시에 따른다.

02 연료압력조절 밸브 듀티 값 : 3안 참조 (261~266페이지)

03 연료온도센서(FTS) 출력전압 : 3안 참조 (258~259페이지)

04 액셀 포지션 센서(APS1 또는 APS2) 출력전압 : 3안 참조 (259~261페이지)

기능장 10안

기 관 3

시동결함 및 부조발생 원인

주어진 자동차에서 크랭킹은 가능하나 시동되지 않고 시동된 후에도 부조가 발생합니다. 고장부위를 수리하고 기록표를 작성하시오.

01 크랭킹은 가능하나 시동되지 않는 원인 : 1안 참조 (63~66페이지)

02 부조발생 : 1안 참조 (66~69페이지)

03 시동결함 및 부조발생 기록표 작성 : 1안 참조 (69페이지)

기능장 10안 섀시 1

ABS 모듈 탈·부착 및 브레이크 장치 작동상태 확인

주어진 자동차에서 시험위원의 지시에 따라 ABS 모듈을 탈거하고 (시험위원에게 확인) 다시 조립(부착)하여 브레이크 장치 작동상태를 점검한 후 기록표의 요구사항을 점검 및 측정하여 기록하시오.

01 ABS 모듈 탈·부착 및 브레이크 작동상태 확인

01 관련부품 명칭

ABS 모듈, 브레이크 마스터 실린더 리저브 탱크

02 배터리 (−)탈거

그림과 같이 배터리 (−)터미널을 탈거한다.

03 주변부품 명칭

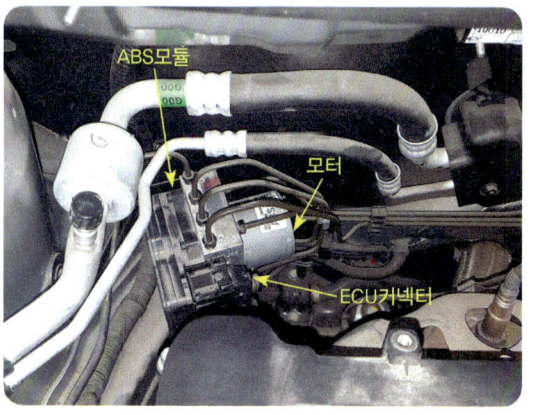

ABS 모듈, 모터, ECU(HCU) 커넥터

04 ECU(HCU) 커넥터 탈거

그림과 같이 ECU(HCU) 커넥터를 탈거한다.

05 상부 브레이크 파이프 탈거

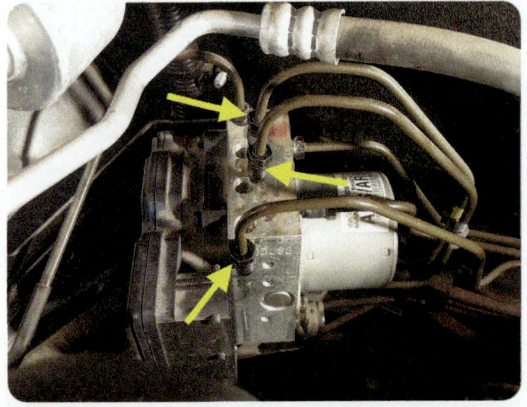

그림과 같이 상부 브레이크 파이프를 탈거한다.

06 전면 브레이크 파이프 탈거

그림과 같이 상부 및 전면 브레이크 파이프를 탈거한다.

07 ABS 모듈 고정 볼트 탈거

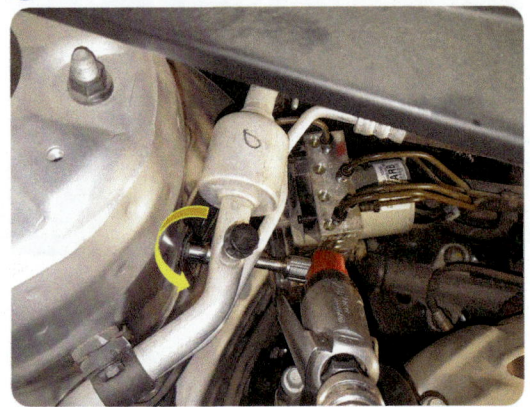

그림과 같이 ABS 모듈 상부 고정 볼트(10mm)를 탈거한다.

08 하단 고정 너트 탈거

그림과 같이 하단 고정 너트(10mm)를 탈거한다.

09 측면 고정 너트 탈거

그림과 같이 측면 고정 너트(10mm)를 탈거한다.

10 ABS 모듈 탈거

그림과 같이 ABS 모듈을 탈거한다.

작업형실기

⑪ ABS 모듈 탈거 후

그림은 ABS 모듈을 탈거한 후 모습이다.

⑫ ABS 모듈

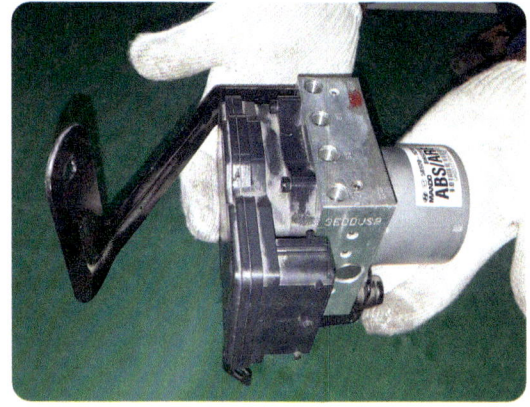

그림은 ABS 모듈 단품 임.

⑬ ABS 모듈 장착

그림과 같이 ABS 모듈을 장착한다.

⑭ ABS 모듈 고정 볼트 및 너트

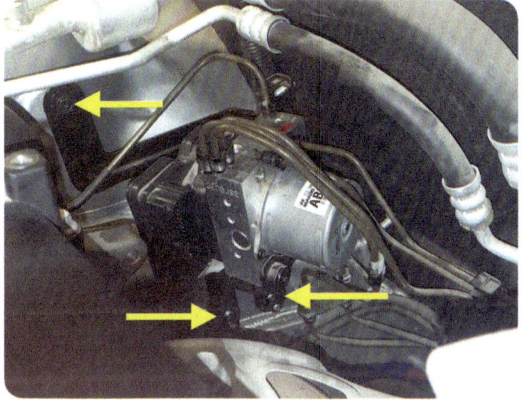

그림과 같이 ABS 모듈 고정 볼트 및 너트를 규정토크로 조인다.

⑮ 브레이크 파이프 조립

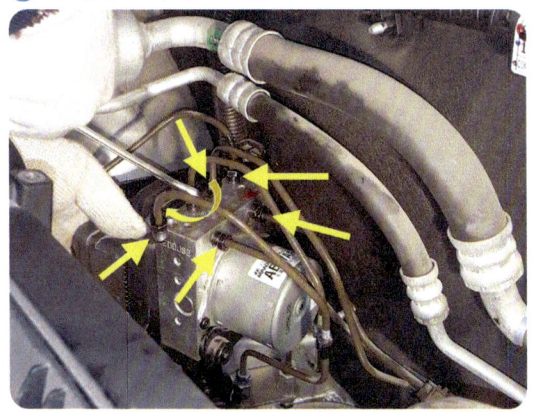

그림과 같이 모든 브레이크 파이프를 조립한다.

⑯ ECU(HCU) 커넥터 장착

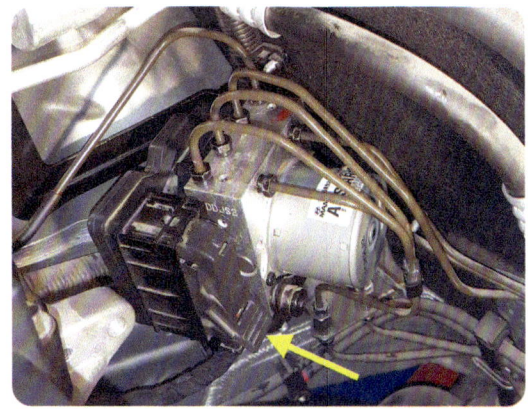

그림과 같이 ECU(HCU) 커넥터를 장착한다.

⑰ 브레이크 오일 보충

그림과 같이 브레이크 마스터 실린더 리저브 탱크에 브레이크 오일을 보충한다.

⑱ VCI 설치

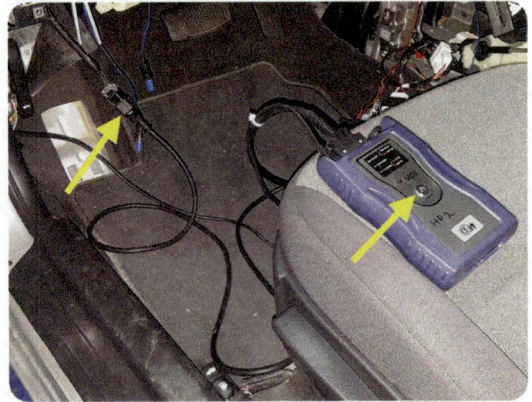

그림과 같이 DLC에 자기진단 커넥터를 연결한 후 VCI 전원을 ON한다.

⑲ 에어빼기 작업(앞쪽)

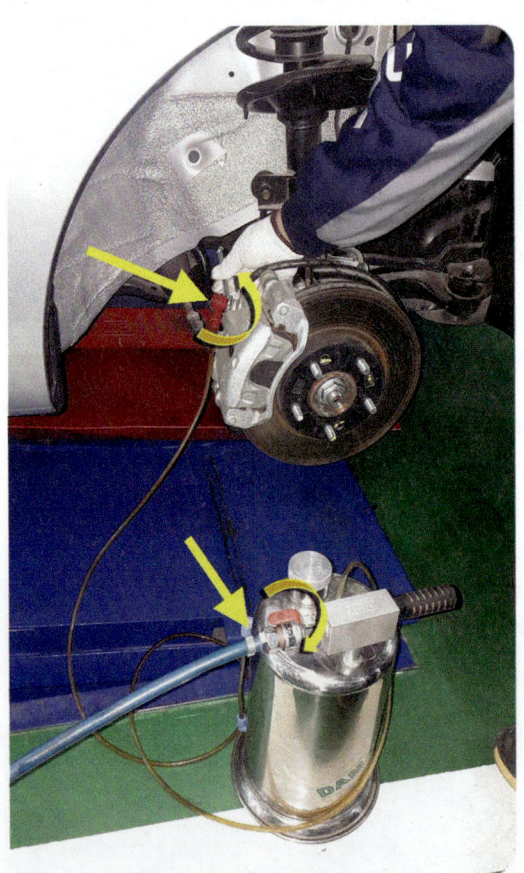

그림과 같이 양쪽 앞바퀴에 대하여 브레이크 오일 교환기를 이용하여 에어빼기 작업을 실시한다.

⑳ 에어빼기 작업(뒤쪽)

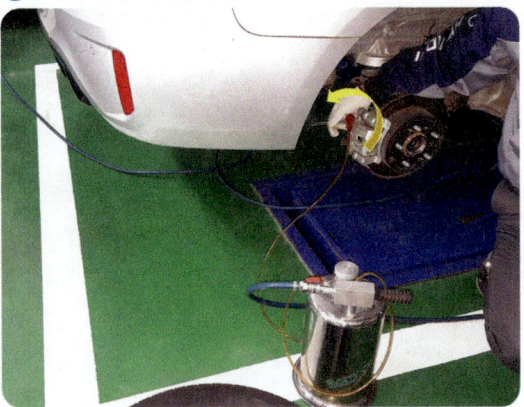

그림과 같이 양쪽 뒷바퀴에 대하여 브레이크 오일 교환기를 이용하여 에어빼기 작업을 실시한다.

㉑ 시스템 선택

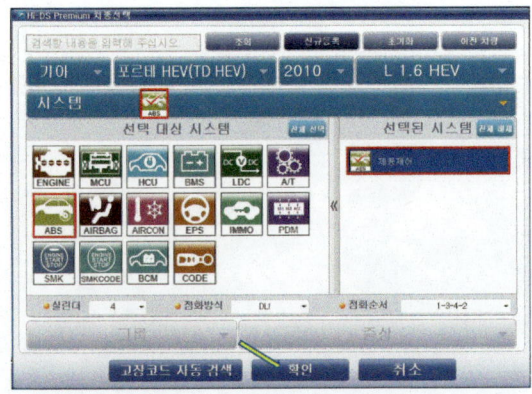

선택대상 시스템에서 ABS(제동제어)를 클릭한 후 확인버튼을 클릭한다.

㉒ 검사/시험모드

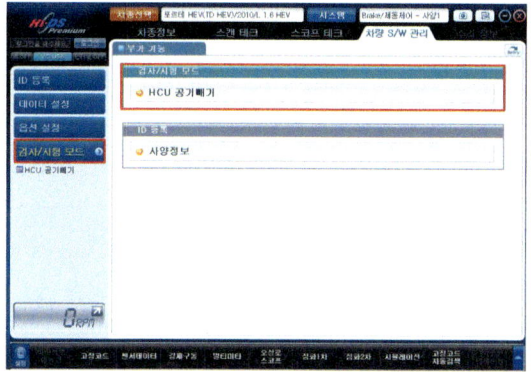

그림과 같이 검사/시험모드 선택한 후 HCU 공기빼기를 클릭한다.

㉓ HCU 공기 빼기

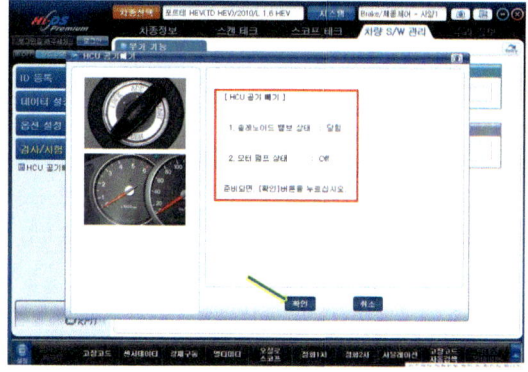

그림은 공기 빼기 작업 전 준비 상태 안내 화면으로 1. 솔레노이드 밸브 상태 : 닫힘, 2. 모터 펌프 상태 : OFF로 표시하며 준비가 완료되면 확인버튼을 클릭하면 된다.

㉔ HCU 공기 빼기 안내문구

이제, 모든 NC 밸브들과 펌프모터가 구동됩니다. 이때 브레이크페달을 밟아서 브레이크페달이 반력 없이 전진되면 브레이크 페달을 놓는 작업을 60초 동안 반복적으로 정확하게 실시하십시오. 60초 동안 기다려주십시오.

㉕ 공기 빼기 작업 완료화면

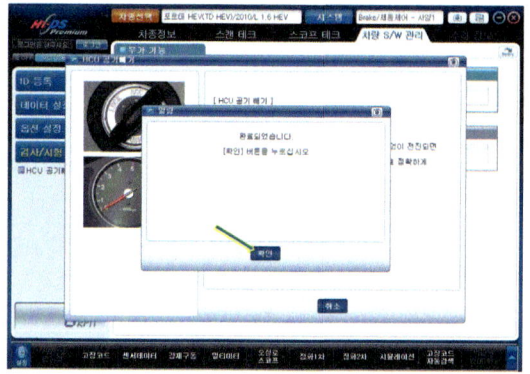

공기 빼기 작업이 완료되면 위와 같이 완료되었습니다. [확인] 버튼을 누르십시오. 라는 문구가 생성된다. 이때 확인버튼을 클릭하면 된다.

02   파워 스티어링 펌프압력 : 1안 참조 (83~84페이지)

03   제동력 측정 : 1안 참조(74~76페이지)

기능장 10안 / 섀시 2

유압식 동력 조향장치 오일펌프 탈·부착 및 에어빼기 작업 후 작동상태 확인

주어진 전자제어 유압식 동력 조향장치(EPS) 및 전자식 동력 조향장치(MDPS) 자동차에서 시험위원의 지시에 따라 파워 펌프를 교환(탈·부착)하여 에어빼기를 실시하고 조향장치 작동상태를 확인하고 기록표의 요구사항을 점검 및 측정하여 기록하시오.

01   유압식 동력 조향장치 오일펌프 탈부착 및 에어빼기 작업 후 작동상태 확인 : 1안 참조(76~80페이지)

자동차정비기능장

기능장 10안 / 섀시 3 — 기록표 요구사항 점검·측정

기록표 요구사항을 점검 및 측정하여 기록하시오.

- **01** MDPS 모터 전압, 전류파형(정지 시 측정) : 1안 참조 (80~82페이지)
- **02** 오일펌프 배출 압력 : 1안 참조 (83~84페이지)
- **03** 유량제어 솔레노이드 저항 : 1안 참조 (85페이지)

기능장 10안 / 전기 1 — 중앙 집중제어장치(BCM, ETACS, ISU) 탈·부착 및 리모컨 입력, 점검 및 측정

주어진 자동차에서 시험위원의 지시에 따라 중앙 집중제어장치(BCM, ETACS, ISU)를 탈거한 후 (시험위원에게 확인) 새로운 중앙 집중제어장치를 (조립)부착하여 리모컨을 입력시킨 후 작동상태를 확인하고 기록표에 기록하시오.

01 중앙 집중제어장치(BCM, ETACS, ISU) 탈·부착

01 배터리 (-)탈거

그림과 같이 배터리 (-)터미널을 탈거한다.

02 BCM 커넥터 탈거

그림과 같이 BCM 커넥터를 탈거한다.

03 BCM 커넥터 탈거 후

그림은 BCM 커넥터 3개를 탈거한 모습이다.

04 BCM 고정 너트 탈거

그림과 같이 BCM 고정 너트(10mm)를 탈거한다.

05 BCM 탈거

그림과 같이 BCM을 탈거한다.

06 BCM 탈거 후

그림은 BCM을 탈거한 후 단품 모습이다.

07 BCM 장착

그림과 같이 BCM을 장착한다.

08 BCM 고정 너트

그림과 같이 BCM 고정 너트를 규정토크로 조인다.

09 BCM 커넥터 조립

그림과 같이 BCM 커넥터를 끼운다.

10 배터리 (-)터미널 조립

그림과 같이 배터리 (-)터미널을 포스트에 장착하고 고정너트를 규정토크로 조인다.

자동차정비기능장

02 리모컨 입력 후 작동상태 확인

01 자기진단 커넥터 연결

그림과 같이 DLC에 스캐너 자기진단 커넥터를 연결한다.

02 Key ON

그림과 같이 Key를 ON한다.

03 기능선택

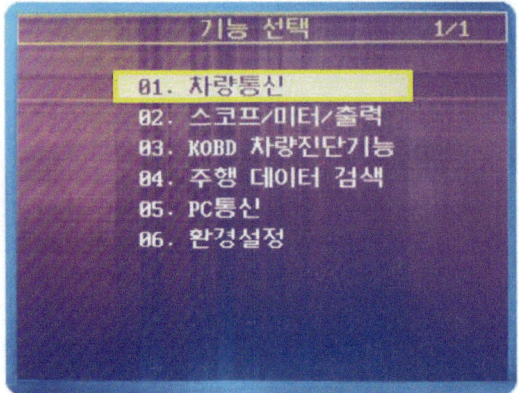

기능선택에서 차량통신을 선택한 후 ENT를 누른다.

04 제조회사 선택

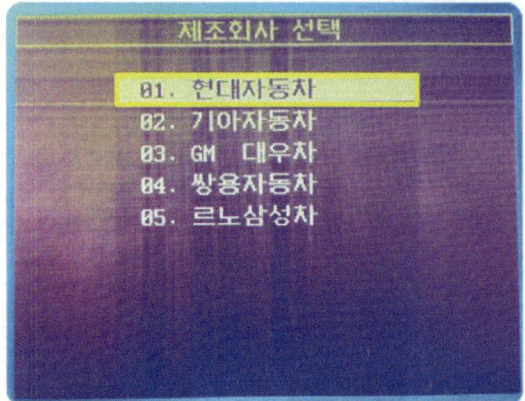

그림과 같이 제조회사 선택에서 현대자동차를 선택한 후 ENT를 누른다.

05 차종선택

차종선택 화면에서 제네시스를 선택한 후 ENT를 누른다.

06 제어장치 선택

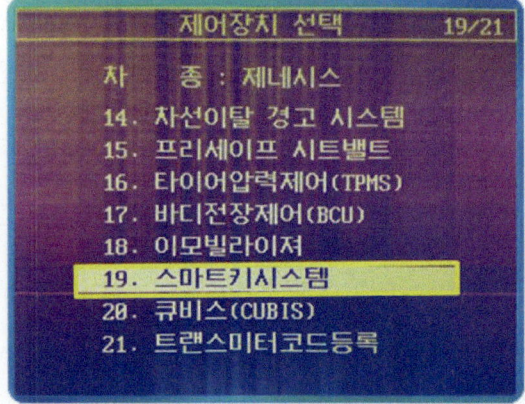

제어장치 선택에서 스마트키 시스템을 선택한 후 ENT를 누른다.

07 사양선택

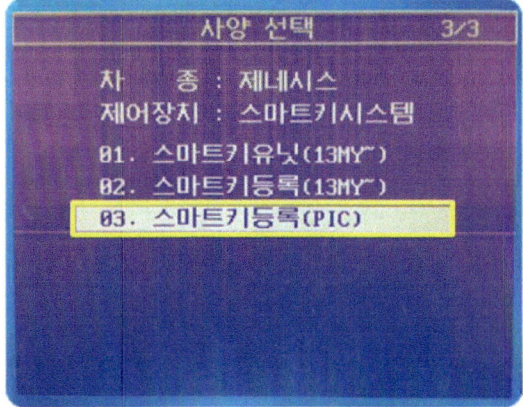

그림과 같이 사양선택 화면에서 스마트키 등록(PIC)을 선택한 후 ENT를 누른다.

08 핀 코드 학습

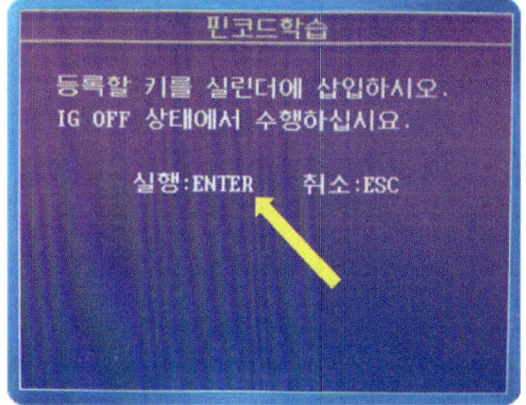

그림과 같이 ENT를 누른다.

09 키 실린더

그림은 키 실린더(키 폴더) 위치를 나타낸다.

10 리모컨 삽입

그림과 같이 리모컨을 실린더에 삽입한다.

11 핀 코드 학습

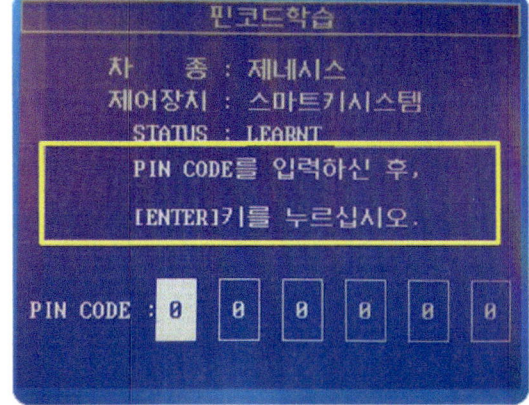

메이커에 문의하여 알려주는 핀 코드를 입력한 후 ENT를 누른다.

12 핀 코드 학습 진행

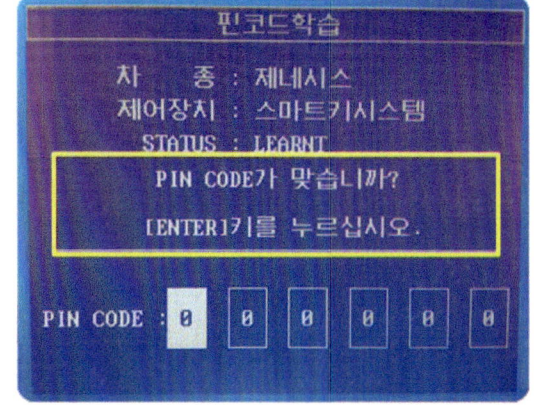

그림은 핀 코드를 입력하지 않은 상태에서 ENT를 누른 화면이며, ENT를 다시 누른다.

⑬ 핀 코드 학습 종료

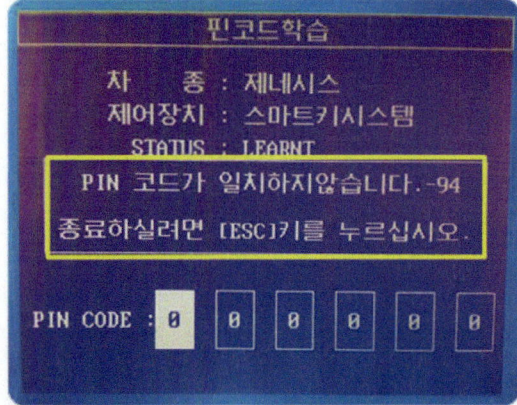

그림과 같이 핀 코드가 일치하지 않으므로 나타나는 문구이며, 정상적으로 핀 코드가 입력되었을 시 등록 완료되었음을 알려주는 문구가 나온다.(ECS 누름)

⑭ 클러스터 화면

그림과 같이 리모컨 등록이 완료되므로 폴더에서 스마트키를 빼라는 문구가 나타난다.

⑮ 리모컨 탈거 및 작동상태 확인

그림과 같이 키 폴더에서 리모컨을 뺀 후 ▶ 엔진 시동을 ON하여 작동상태를 확인한다.

03   도어 액추에이터 전압 : 2안 참조 (233~238페이지)

기능장 10안   전기 2

회로점검 및 기록표 작성

주어진 자동차에서 정비지침서의 회로도를 이용하여 기록표에서 요구하는 회로를 점검하고, 이상이 있으면 이상내용을 기록표에 기록한 후 정비하시오.

01   도난방지 회로점검 : 5안 참조 (403~409페이지)

02   사이드 미러 회로점검 : 4안 참조 (348~353페이지)

03   전조등 회로점검 : 2안 참조 (209~210페이지)

기능장 10안 전기 3 — 파형 측정

주어진 자동차에서 시험위원 지시에 따라 기록표의 요구사항을 점검 및 측정하여 기록하시오.

01 LIN 통신 파형 : 6안 참조 (457~462페이지)

02 외기 온도 센서 저항 및 출력전압

01 외기온도센서 위치

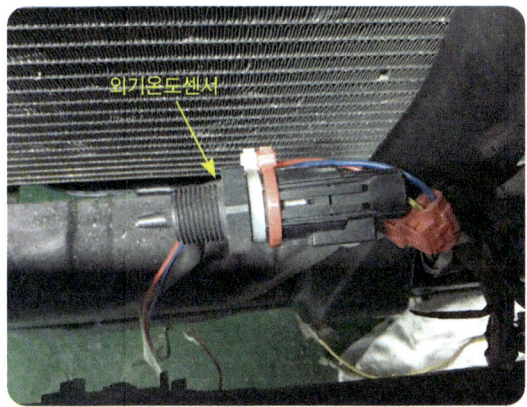

그림은 에어컨 콘덴서 전면에 위치한 외기온도센서 위치를 나타낸다.

02 외기온도센서 단자배선

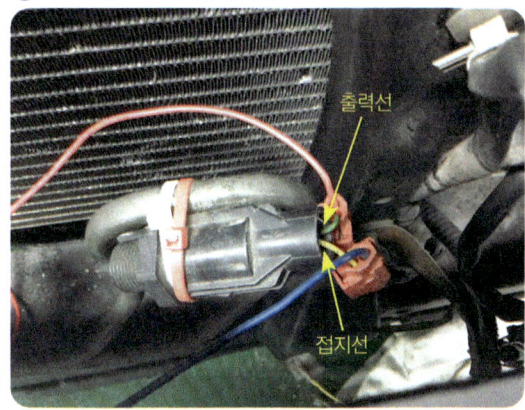

그림과 같이 녹색 배선은 출력단자 배선이며, 황색은 접지 단자 배선이다.

03 멀티미터 선택

그림과 같이 멀티미터 기능을 클릭한다.

04 전압 측정화면

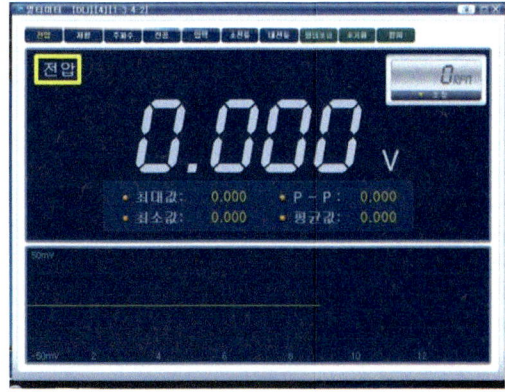

그림은 전압 측정화면으로 전환된 모습이다.

05 멀티미터 프로브 설치

그림과 같이 멀티미터 프로브를 센서 커넥터 전원단자와 접지단자에 연결한다.

06 Key ON

그림과 같이 Key를 ON한다.

07 측정값 판독

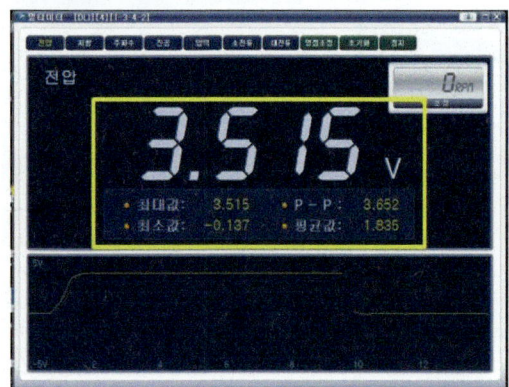

그림은 외기온도센서 출력전압(3.515V)이다.

08 Key OFF

그림과 같이 Key를 OFF한다.

09 멀티미터 기능 저항 선택

그림과 같이 멀티미터 기능에서 저항을 선택한다.

10 멀티미터 프로브 접지

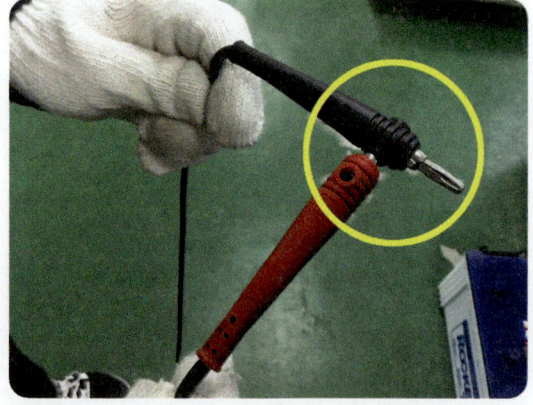

그림과 같이 멀티미터 전원 프로브와 접지 프로브를 접촉시킨다.

⑪ 영점조정

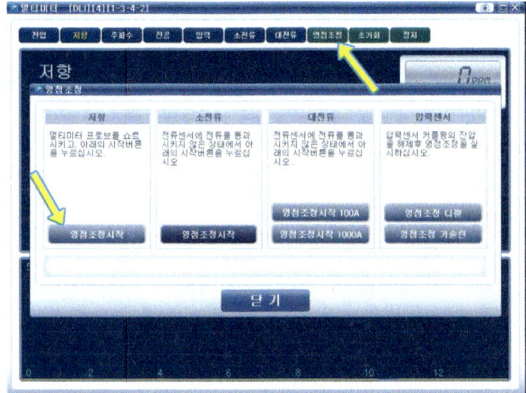

그림과 같이 영점조정을 클릭한 후 저항 영점조정시작 버튼을 클릭한다.

⑫ 영점조정 완료

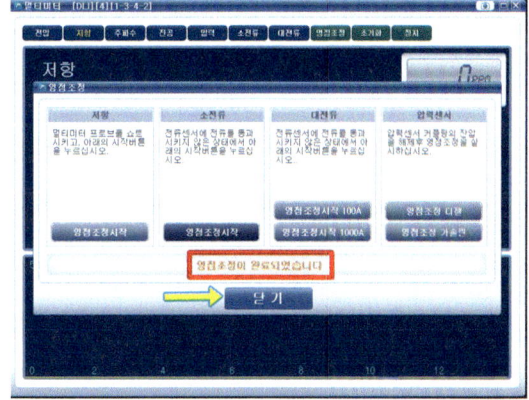

그림과 같이 영점조정이 완료되면 닫기를 클릭한다.

⑬ 멀티미터 프로브 설치

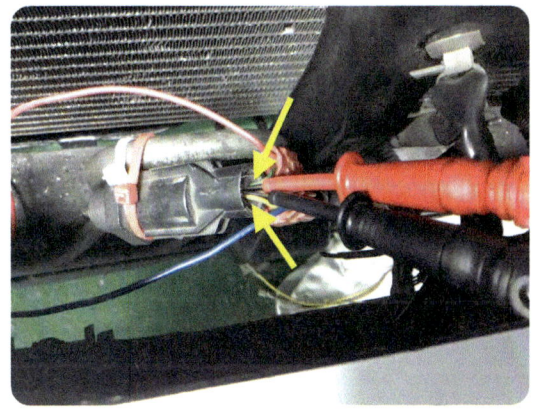

그림과 같이 멀티미터 프로브를 센서 커넥터의 전원과 접지 단자에 연결한다.

⑭ 측정값 판독

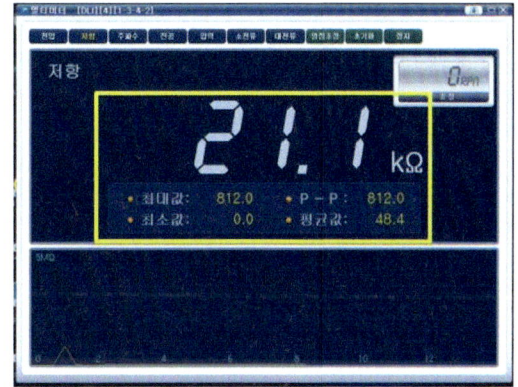

그림은 외기온도센서 저항값(21.1kΩ)이다.

⑭ 외기온도센서 단품

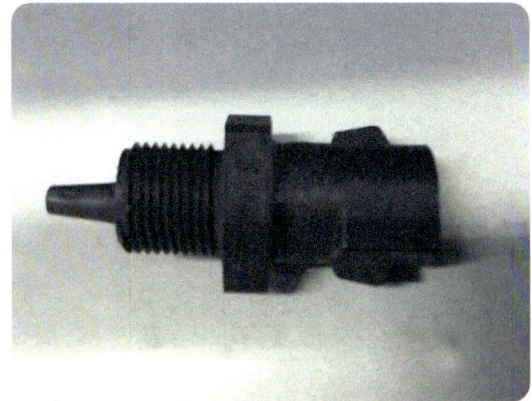

그림은 외기온도센서를 탈거한 후 모습이다.

⑮ 멀티미터 프로브 설치

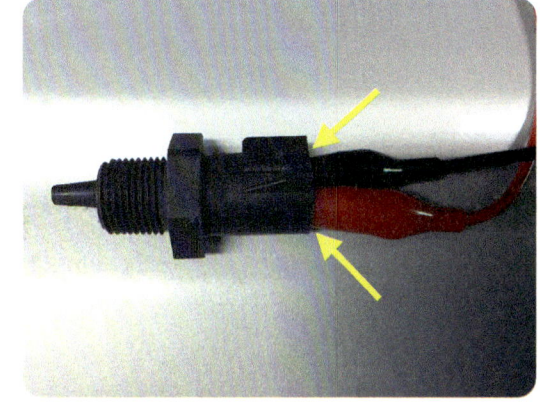

그림과 같이 멀티미터 프로브를 센서 단자에 연결한다.

⑯ 측정값 판독

그림은 외기온도센서 **저항값(41.40kΩ)**이다. ▶

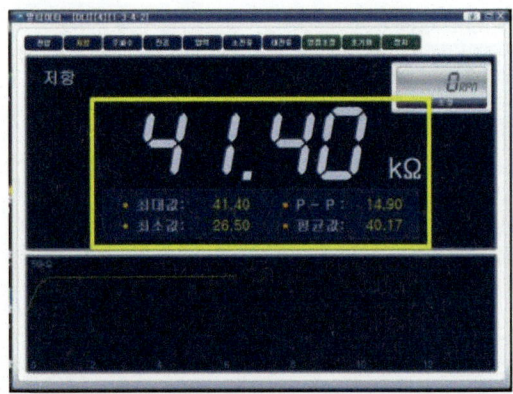

답안작성 위 저항 측정값은 Key OFF 상태에서 커넥터를 탈거하지 않고 측정한 것이며, 분석내용 및 답안작성

2) 점검 및 측정

항 목	측정(또는 점검)		판정 및 정비(또는 조치)사항		득 점
	측정값	규정(기준)값 (정비한계값)	판정(□에 '✔' 표)	정비 및 조치할 사항	
외기 온도 센서	저항 : 21.1kΩ	18.0~25.0kΩ	☑ 양 호 □ 불 량	정상 또는 정비 및 조치사항 없음	
	출력전압 : 3.515V	3.0~4.0V			
에어컨 냉매압력	저압		□ 양 호 □ 불 량		
	고압				

답안작성 위 저항 측정값은 외기온도센서를 탈거한 후 단품상태에서 측정한 것이며, 분석내용 및 답안작성

2) 점검 및 측정

항 목	측정(또는 점검)		판정 및 정비(또는 조치)사항		득 점
	측정값	규정(기준)값 (정비한계값)	판정(□에 '✔' 표)	정비 및 조치할 사항	
외기 온도 센서	저항 : 41.40kΩ	35.0~45.0kΩ	☑ 양 호 □ 불 량	정상 또는 정비 및 조치사항 없음	
	출력전압 : 3.515V	3.0~4.0V			
에어컨 냉매압력	저압		□ 양 호 □ 불 량		
	고압				

03 에어컨 냉매압력 : 3안 참조 (294~296페이지)

자동차정비기능장

국가기술자격검정 실기시험문제 11안

1. 기 관

1. 주어진 전자제어 기관에서 시험위원의 지시에 따라 타이밍 벨트(체인)와 가변밸브 타이밍 장치(CVVT 또는 VVT)를 교환(탈·부착)하고 기관 및 시동 관련회로를 점검한 후 시동작업과 기록표의 요구사항을 점검 및 측정하고 기록표에 기록하시오.(단, 시동되지 않는 경우 2과제는 작업할 수 없다)
2. 주어진 기관에서 시험위원의 지시에 따라 기록표 요구사항을 점검 및 측정하여 기록하시오.
3. 주어진 자동차에서 크랭킹은 가능하나 시동되지 않고 시동된 후에도 부조가 발생합니다. 고장 부위를 수리하고 기록표를 작성하시오.

2. 섀 시

1. 주어진 자동차에서 시험위원의 지시에 따라 전륜 현가장치의 쇽 업쇼버 코일 스프링을 탈거하고 시험위원에게 확인 후 다시 조립(부착)하여 작동상태를 확인하고 기록표의 요구사항을 점검 및 측정하여 기록하시오.
2. 주어진 전자제어 유압식 동력 조향장치 자동차에서 시험위원의 지시에 따라 핸들 컬럼샤프트를 교환(탈부착)하여 작동상태를 확인하고, 점검한 후 기록표의 요구사항을 점검 및 측정하여 기록하시오.

3. 전 기

1. 시험위원의 지시에 따라 자동차에서 파워 윈도우 레귤레이터를 탈거하고 시험위원에게 확인 후 다시 조립(부착)하여 작동상태를 확인하고 기록표의 요구사항을 점검 및 측정하고 기록표에 기록하시오.
2. 주어진 자동차에서 정비지침서의 회로도를 이용하여 기록표에서 요구하는 회로를 점검하고, 이상이 있으면 이상내용을 기록표에 기록한 후 정비하시오
3. 주어진 자동차에서 시험위원 지시에 따라 기록표의 요구사항을 점검 및 측정하여 기록하시오.

국가기술자격검정실기시험문제 11안

| 자 격 종 목 | 자동차 정비기능장 | 작 품 명 | 자동차 정비 작업 |

- 비 번 호
- 시험시간 : 6시간 30분(기관 : 140분, 섀시 : 130분, 전기 : 120분)
  ※ 시험 안 및 요구사항 일부내용이 변경될 수 있음

기능장 11안 - 기관 1

타이밍벨트와 가변밸브 타이밍 장치(CVVT 또는 VVT) 탈·부착

주어진 전자제어 기관에서 시험위원의 지시에 따라 타이밍 벨트(체인)와 가변밸브 타이밍 장치(CVVT 또는 VVT)를 탈거하고 시험위원에게 확인 후 다시 조립(부착)하시오.

01 타이밍벨트와 가변밸브 타이밍 장치(CVVT 또는 VVT) 탈·부착 : 4안 참조 (316~322페이지)

기능장 11안 - 기관 1

기관 및 시동 관련회로 점검 후 시동작업

기관 및 시동 관련회로를 점검한 후 시동작업과 기록표의 요구사항을 점검 및 측정하고 기록표에 기록하시오.(단, 시동되지 않는 경우 2과제는 작업할 수 없음)

01 점검 부위 : 1안 참조 (36~41페이지)
02 점검 및 측정[캠 및 오일 컨트롤 밸브 저항] : 4안 참조 (323~325페이지)

기능장 11안 - 기관 2

기록표 요구사항 점검·측정

주어진 기관에서 시험위원의 지시에 따라 기록표 요구사항을 점검 및 측정하여 기록하시오.

01 가변밸브 타이밍 기구 파형측정 : 10안 참조 (582~588페이지)

02 공기유량센서(MAP 또는 AFS) 출력전압(파형): 2안 참조 (160~166페이지)

03 TPS 출력전압(파형) : 2안 참조 (160~166페이지)

기능장 11안 — 기관 3 : 시동결함 및 부조발생 원인

주어진 자동차에서 크랭킹은 가능하나 시동되지 않고 시동된 후에도 부조가 발생합니다. 고장부위를 수리하고 기록표를 작성하시오.

01 크랭킹은 가능하나 시동되지 않는 원인 : 1안 참조 (63~66페이지)

02 부조발생 : 1안 참조 (66~69페이지)

03 시동결함 및 부조발생 기록표 작성 : 1안 참조 (69페이지)

기능장 10안 — 섀시 1 : 전륜 현가장치의 쇽업소버 코일스프링 탈·부착 및 작동상태 확인

주어진 자동차에서 시험위원의 지시에 따라 전륜 현가장치의 쇽 업쇼버 코일 스프링을 탈거하고 시험위원에게 확인 후 다시 조립(부착)하여 작동상태를 확인 하고 기록표의 요구사항을 점검 및 측정하여 기록하시오.

01 전륜 현가장치의 쇽업소버 코일스프링 탈·부착 및 작동상태 확인 : 3안 참조 (267~271페이지)

02 사이드슬립 량 : 3안 참조 (272~273페이지)

03 타이어 측정 : 3안 참조 (274~275페이지)

기능장 10안 — 섀시 2 : 유압식 동력 조향장치 핸들 컬럼샤프트 및 작동상태 확인

주어진 전자제어 유압식 동력 조향장치 자동차에서 시험위원의 지시에 따라 핸들 컬럼샤프트를 교환(탈부착)하여 작동상태를 확인하고, 점검한 후 기록표의 요구사항을 점검 및 측정하여 기록하시오.

01 유압식 동력 조향장치 핸들 컬럼샤프트 탈·부착 및 작동상태 확인 : 2안 참조

■ 168~172 페이지 참조

기능장 10안 — 섀시 3

기록표 요구사항 점검·측정

기록표 요구사항을 점검 및 측정하여 기록하시오.

- **01** 자동변속기 입(출)력 센서 파형 : 2안 참조 (172~178페이지)
- **02** 전륜캠버 및 전륜 토우 : 2안 참조 (179~183페이지)

기능장 10안 — 전기 1

파워 윈도우 레귤레이터 탈·부착 및 작동상태 확인, 점검 및 측정

시험위원의 지시에 따라 자동차에서 파워 윈도우 레귤레이터를 탈거하고 시험위원에게 확인 후 다시 조립(부착)하여 작동상태를 확인하고 기록표의 요구사항을 점검 및 측정하고 기록표에 기록하시오.

- **01** 파워 윈도우 레귤레이터 탈·부착 : 7안 참조 (482~486페이지)
- **02** 파워 윈도우 전압과 전류파형 : 7안 참조 (486~492페이지)

기능장 10안 — 전기 2

회로점검 및 기록표 작성

주어진 자동차에서 정비지침서의 회로도를 이용하여 기록표에서 요구하는 회로를 점검하고, 이상이 있으면 이상내용을 기록표에 기록한 후 정비하시오.

- **01** 에어컨 및 공조회로 점검 : 2안 참조 (199~208페이지)
- **02** 전조등 회로점검 : 2안 참조 (209~214페이지)
- **03** 방향지시등 회로점검 : 2안 참조 (215~221페이지)

기능장 10안 - 전기 3: 파형 측정

주어진 자동차에서 시험위원 지시에 따라 기록표의 요구사항을 점검 및 측정하여 기록하시오.

01. 안전벨트 차임벨 타이머 파형 : 8안 참조 (546~549페이지)

02. 유해가스 감지센서(AQS) 출력전압 : 1안 참조 (130~135페이지)

03. 핀 서모센서 저항 및 출력전압 : 1안 참조 (135~142페이지)

 **저자약력 및 Q&A**

정 우 규 [現] 한국폴리텍대학 서울정수캠퍼스
신 현 초 [現] 한국폴리텍대학 제주캠퍼스
전 철 환 [現] 한국폴리텍대학 강릉캠퍼스

자동차정비기능장 작업형실기

초 판 발 행 | 2017년 5월 2일
제2판1쇄발행 | 2025년 3월 10일

지 은 이 | 정우규, 신현초, 전철환
발 행 인 | 김 길 현
발 행 처 | (주) 골든벨
등   록 | 제 1987—000018호   ⓒ 2017 Golden Bell
I S B N | 979-11-5806-226-2
가   격 | 37,000원

이 책을 만든 사람들

기 획	이상호	편 집 및 디 자 인	조경미, 권정숙, 박은경
표 지 디 자 인	조경미	제 작 진 행	최병석
웹 매 니 지 먼 트	안재명, 양대모, 김경희	오 프 마 케 팅	우병춘, 오민석, 이강연
공 급 관 리	오민석, 정복순	회 계 관 리	김경아

㈜04316 서울특별시 용산구 원효로 245[원효로1가] 골든벨빌딩 6F
• TEL : 도서 주문 및 발송 02-713-4135 / 회계 경리 02-713-4137
          내용 관련 문의 02-713-7452 / 해외 오퍼 및 광고 02-713-7453
• FAX : 02-718-5510   • http : // www.gbbook.co.kr   • E-mail : 7134135@naver.com

이 책에서 내용의 일부 또는 도해를 다음과 같은 행위자들이 사전 승인없이 인용할 경우에는
저작권법 제93조 「손해배상청구권」에 적용 받습니다.
  ① 단순히 공부할 목적으로 부분 또는 전체를 복제하여 사용하는 학생 또는 복사업자
  ② 공공기관 및 사설교육기관(학원, 인정직업학교), 단체 등에서 영리를 목적으로 복제·배포하는 대표, 또는 당해 교육자
  ③ 디스크 복사 및 기타 정보 재생 시스템을 이용하여 사용하는 자

※ 파본은 구입하신 서점에서 교환해 드립니다.